U0151734

高等学校测绘工程系列教材

武汉大学规划教材建设项目资助出版

地球物理大地测量学原理与方法

（第二版）

许才军　申文斌　温扬茂　王正涛　汪建军　刘洋　李进　编著

WUHAN UNIVERSITY PRESS

武汉大学出版社

图书在版编目(CIP)数据

地球物理大地测量学原理与方法/许才军等编著.—2版.—武汉:武汉大学出版社,2023.12
高等学校测绘工程系列教材
ISBN 978-7-307-23915-9

Ⅰ.地…　Ⅱ.许…　Ⅲ.①地球物理学—高等学校—教材　②大地测量学—高等学校—教材　Ⅳ.①P3　②P22

中国国家版本馆 CIP 数据核字(2023)第 153514 号

审图号:GS(2023)3875 号

责任编辑:鲍　玲　　责任校对:李孟潇　　版式设计:马　佳

出版发行:**武汉大学出版社**　(430072　武昌　珞珈山)
（电子邮箱:cbs22@ whu.edu.cn 网址:www.wdp.com.cn）
印刷:武汉科源印刷设计有限公司
开本:787×1092　1/16　印张:30.25　字数:711 千字
版次:2006 年 9 月第 1 版　　2023 年 12 月第 2 版
　2023 年 12 月第 2 版第 1 次印刷
ISBN 978-7-307-23915-9　　　定价:75.00 元

前　　言

　　本书是为武汉大学测绘工程专业、地球物理学专业本科生及研究生开设的大地形变测量学、地震大地测量学及地球物理大地测量学课程而编写的，也是在 2006 年由武汉大学出版社出版的教材《地球物理大地测量学原理与方法》的基础上修订而成的。

　　大地测量学科发展的总趋势是向地球科学纵深发展，深入到其他地学学科的交叉领域，其主要任务是监测和研究地球动力学现象，研究地球本体的各种物理场，认识与探索地球内部的各种物理过程并揭示其规律。地球物理大地测量学是现代大地测量学的延伸和拓展，随着科学技术的发展，以及社会和学科需求的增长，地球物理大地测量学应运而生，成为现代地学的前沿学科。

　　地球物理大地测量学与地球物理学、地震学、地质学、地球动力学关系密切。通俗地讲，地球物理大地测量学是利用现代大地测量学技术与方法研究地球物理学科的相关问题并对其进行解释的一门学科，而这些相关问题本身就属于地震学、地质学、地球动力学的重要科学问题抑或是大地测量学与其交叉领域中的重要科学问题。例如，利用大地测量资料研究地震预测预报问题、活动地块理论、地球的整体运动、地球内部运动及其与地表结构的相互作用和关系等。地球物理大地测量学亦涉及灾害监测、环境变迁和资源勘探等问题，在减灾防灾、环境保护和新能源开发利用等领域可发挥重要作用，这些也关系到国泰民安、社会可持续发展的根本问题。近年来地球物理大地测量学科发展迅速，通过卫星遥感、航空摄影、地面观测等天-空-地一体化观测技术，结合大数据分析、高性能计算、机器学习和人工智能等现代科技手段，测绘学科与地球物理学科交叉融合得更加深入，取得了显著成果。本书充分吸取了作者及相关地学工作者的最新科研成果，优化了教材内容及知识体系结构，体现出地球物理学与大地测量学的深度交融特色。

　　本教材共 12 章，其中第 1、4 章由许才军教授编写，第 2 章由申文斌教授编写，第 3、8、12 章由许才军教授、温扬茂教授编写，第 5 章由许才军教授、刘洋副教授编写，第 6 章由许才军教授、汪建军副教授编写，第 7 章由温扬茂教授编写，第 9 章由申文斌教授、李进研究员编写，第 10 章由申文斌教授、王正涛教授、汪建军副教授编写，第 11 章由王正涛教授编写，第 12 章的 12.2.3 小节由王帅讲师编写，栾威博士、熊露雲博士、郭倩博士、刘雨鑫硕士对个别章节内容也有贡献，全书由许才军教授负责统稿工作。郭倩博士、郭志亮博士、张惠凤博士、张国庆博士、蔡剑锋博士、张栓硕士、张江龙硕士等做了大量的编辑、文献检索等工作，在此向他们一并致谢。

　　限于水平，书中缺点和疏漏在所难免，敬请读者指正。

编著者

2023 年 2 月

目　　录

第1章 绪 论

本章首先介绍地球物理大地测量学的发展过程，然后介绍地球物理大地测量学的任务及主要内容，讨论了地球物理大地测量学的内涵及相关命名，论述了地球物理大地测量学与动力大地测量学及地球动力学的关系。

1.1 地球物理大地测量学的发展过程

传统大地测量学是研究地面点位置、地球形状和地球重力场测定的学科。自 20 世纪 50 年代开始，由于电磁波测距、声呐、卫星大地测量、高速电子计算机和人工智能以及甚长基线干涉测量等新技术的相继出现，大地测量技术发生了革命性的变化。现代大地测量已经或将要实现无人干预自动连续观测和数据预处理，可提供几乎是任意时域分辨率的观测时间序列，可以说现代大地测量技术已跨越了时空和恶劣自然环境的限制，成为一种能持续稳定工作，以高灵敏度、高准确度监测地球动力学过程所反映的地表大地测量信号的精密技术系统。国际大地测量学和地球物理学联合会（IUGG）认为，大地测量学已发展成为一门基础地学学科，它有能力对地学的诸多领域（包括全球板块运动、地震区的形变、地球重力场及其随时间的变化、极移、地球自转速度变化、固体潮以及地球深部结构等）作出重要贡献。

大体上说，大地测量学包括几何大地测量学、物理大地测量学和卫星大地测量学（或空间大地测量学）三个主要学科分支，并进一步延伸和拓展，形成第四学科分支——地球物理大地测量学。

几何大地测量学是经典大地测量学的主要分支，是研究用几何法测定地球形状和大小以及地面点几何位置的学科。它采用一个同地球外形最为接近的旋转椭球代表地球形状，用几何方法（如天文大地测量方法）测定该椭球的形状和大小，并以它的表面为参考面，研究和测定大地水准面，建立大地坐标系和推算地面点的几何位置。

物理大地测量学是研究用物理方法测定地球形状及其外部重力场的学科，又称大地重力学，是根据几何大地测量和重力测量结果研究地球形状的重力学的一个分支学科。物理大地测量学同空间科学、地球物理学和地质学等学科有着密切的联系。它为计算人造地球卫星和远程弹道导弹等空间飞行器的运行轨道提供精确的地球形状及其外部重力场的数据，还为地球物理学和地质学提供有关地球内部构造和局部特征的信息。

卫星大地测量学（或空间大地测量学）是利用人造地球卫星（或利用人造地球卫星及其他空间探测器）上的各种测量仪器系统，对地球的局部和整体运动、地球重力场及其变化进行全天候、高精度、大范围的测量，用以监测和研究全球环境变化、地壳运动、地球内部的物质运动与迁移、地震火山灾害等现象和规律以及相关的地球动力学过程和机制，为人类的活动提供基础地学信息的学科。

　　在 17 世纪以前，大地测量只是处于萌芽状态，但是人类对于地球形状的认识有了较大的突破。继牛顿(Newton，1642—1727 年)于 1687 年发表万有引力定律之后，惠更斯(Huygens，1629—1695 年)于 1690 年在其著作《论重力起因》中，根据地球表面的重力值从赤道向两极增大的规律，得出地球的外形为两极略扁的论断。1743 年法国的克莱洛发表了《地球形状理论》，提出了克莱洛定理。惠更斯和克莱洛的研究为根据物理学观点研究地球形状奠定了理论基础。随着望远镜、测微器、水准器等的相继发明，测量仪器精度得到大幅度提高，为大地测量学的发展奠定了技术基础。因此可以说大地测量学是在 17 世纪末形成的。到了 20 世纪中叶，几何大地测量学和物理大地测量学都已发展到了相当完善的程度。但是，由于天文大地测量工作只能在陆地上实施，无法跨越海洋；重力测量在海洋、高山和荒漠地区也仅有少量资料，因此对地球形状和地球重力场的测定都未得到令人满意的结果。直到 1957 年第一颗人造地球卫星发射成功之后，产生了卫星大地测量学，才使大地测量学发展到一个崭新的阶段。在人造卫星出现后的不久时间内，人类利用卫星观测技术精密地测定了地球椭球的扁率。而且不少国家在地面建立了卫星跟踪站，从而为建立全球大地坐标系奠定了基础。此外，利用卫星雷达测高技术测定海洋大地水准面的起伏也取得了很好的成果。同时，利用发射至月球和太阳系其他行星的航天器，成功地测定了月球和行星的简单的几何参数和物理参数。卫星大地测量学仍在发展中，并且有很大的潜力(陈俊勇，等，2001)。

　　随着全球卫星导航系统(GNSS)、卫星测高系统、卫星重力测量系统、合成孔径雷达干涉(InSAR)系统、甚长基线干涉测量(VLBI)系统及卫星激光测距(SLR)系统等空间技术的发展，以卫星大地测量为主的现代空间大地测量学作用越来越大，多种空间技术手段的应用显著提高了现代大地测量监测能力。

　　同传统大地测量比较，现代大地测量在三个方面有重大进展和突破：一是提高了观测精度；二是扩大了跨越范围；三是缩短了观测周期。如同生产技术的突破带来产品档次的更新换代，现代大地测量技术给大地测量成果带来了量和质的飞跃。整体测量精度水平提高了 2~3 个数量级；相对定位的相邻站点之间的距离可达数千公里量级；可进行全天候观测，单点定位时间只需几分钟。GNSS 技术与 InSAR 技术融合不仅可以提供网点的地形变信息，还可以提供相应整个地表面的形变信息；卫星影像和 InSAR 技术还可以在冰川、沙漠以及人类无法到达的地区得到应用，提供地壳运动与形变的信息。

　　现代科学技术的迅速发展促使大地测量出现了以上的重大突破，技术上的突破也导致了大地测量学科经历了一次跨时代的革命性转变，从而推动了传统大地测量在概念上的更新，它从描述地球的几何空间发展到描述地球的物理-几何空间。传统的大地测量是在静态刚性地球的假设下测定地面点的坐标和地球几何参数(半径、扁率等)，现代大地测量则是测定地球重力场、极移、自转、板块运动、断层蠕变等地球物理参数，并监测研究非刚性旋转地球的动态变化。因此，现代大地测量学与地球物理学、地质学、地球动力学等学科相互交叉与渗透。更重要的方面体现在从地球表层测量到内部结构的反演：传统的大地测量理论只描述地球表面及其外部重力场，现代大地形变测量和全球动力学监测不仅要求观测地球的各种动态变化,而且还要对这些变化的激发机制作出解释,大地测量必须由地球表面深入到地球内部结构的反演。因此,大地测量从原来的服务对象为测绘地形和工程测量等提供地面标准点位的控制(即为工程技术服务)的初级阶段为主转向为研究地球科学问题、为探索地球深部结构和动力学过程乃至为地学各个领域提供多种信息的高级阶段。现代大地测量学将扩大其直接服务于社会经济活动的应用面,但总的趋势是向地球科学的深层次发展,推动学科发展的主动力已经是其在相关地学领域的科学目的。大地测量学的学科性质将从以工程应用为主的应用型学科转向为以研究地球科学问题为主的基础性学科。现代大地测量已大大丰富了原来传统大地测量的目标,形成了学科交叉意义上的大地测量学,可以提供和处理原来是地球动力学、大气学、海洋学、冰川学、地质学和地球物理学的信息。

现代大地测量学包括地壳运动和变形,重力场的时空变化及地球的潮汐和自转变形,大地测量学的观测结果在地球结构和演化的研究中起着重要的作用。在很长的时间尺度上,重力和大地水准面异常的观测结果提供了有关地球内部非流体静应力和地球对这种应力的响应的信息。例如,在海山或沉积盆地上的重力观测结果可提供岩石圈对时间尺度为 $10^6 \sim 10^7$ 年的载荷的响应量度;在 $10^3 \sim 10^4$ 年的尺度上,海平面的视变化提供了地幔对发生在 18000 年至 6000 年以前的大范围的冰川消退的响应估计;在更短的几天到几十年的时间尺度上,固体潮和地球自转的观测结果提供了地球全球弹性和非弹性响应的估计;在局部,大地测量观测值提供了地壳变形的估计,而这种变形由于地震仪的响应频带宽度不够是探测不到的;倾斜和应变测量结果也可以解释地震前后的变形过程。

凭借现代大地测量学观测手段与技术,人们可以在相对短的时间内观测到高噪声的地球物理信号,如地球短周期章动的 VLBI 观测。此外,近地卫星的高精度激光跟踪也为重力场的长波长部分的测量和对由于固体潮、气象和冰期后回弹变形引起的重力场随时间的变化提供重要信息。

重力场分布取决于地球内部物质的构成与分布,是地球内部密度结构的有效反映,同时重力场由于日月等天体引潮力、冰后回弹、地表至地核各个圈层动力学现象以及气候变化引起的大气、海洋、冰川和陆地水质量重新分布等会产生时间变化特征,测定重力场空间分布及其时变特征是探索地球内部物质分布、运动和变化状态,了解地球系统动力学过程的重要方式之一,地球重力场的精准测量对计量科学、防震减灾、大地测量、地球物理等领域具有十分重要的科学意义;在武器制导、海洋探测、资源勘探和国家安全等领域具有十分重大的战略意义(李建成,2012)。

卫星重力测量随着欧美国家发射的挑战性小卫星有效载荷(CHAMP)、地球重力场恢复和气候实验卫星(GRACE)、重力场与稳态洋流探测器卫星(GOCE)和 GRACE Follow-On 等系列重力卫星兴起,开启了地球重力场的空间全球观测,其全球高覆盖率、高空间分辨率、高精度和高时间重复率等优点在研究地下水储量变化、冰川融化、资源勘探及海底地形反演等地球质量分布迁移运动规律方面具有独特的作用(孙和平,等,2021)。

重力卫星持续的对地球重力场的观测可提供地球重力场的时变值,重力场的时变主要是由地球上各种物质的重新分布(各种物质迁移)引起的,这包括日月潮汐,后冰期回弹,大气运动,其中影响较大的是地球上水(海、湖、河、地下水、冰川、冰原、雪原等)质量分布的变化。卫星重力与地面重力、相对重力与绝对重力、流动重力与台网重力、地面重力与海洋重力测量的结合与整体协同,不仅提高了对中国大陆及其邻域多种尺度重力场动态变化的监测能力,也显著提升了对深部物质运移、密度变化的动态探测能力。利用对地观测技术监测大尺度区域短时间的重力场时变信息,结合陆地水文资料或水文模型可以反演得到地下水储量变化。时变重力测量已经被用来研究海平面上升、冰川运动、大陆水储量变化和地震形变并取得了显著成果(许厚泽,等,2012;宁津生,等,2016;祝意青,等,2022)。

2020 年 8 月 6 日,我国成功发射了首颗专门用于重力与大气科学测量的卫星,其主要目标是进行低轨大气密度和重力场联合探测。外层空间并不是绝对真空,仍然有极其稀薄的大气,对其密度进行测量,有助于航天器的精密定轨和空间碎片的精确跟踪与预报。卫星携带基于商用器件的星载高动态双频 GNSS 接收机作为任务载荷,可以支持导航、精密定轨以及差分定位等多项功能。此次发射的重力与大气科学卫星肩负着科学探索与技术验证两大重任。卫星可获取厘米级精密定轨数据,实现高精度大气密度与重力场测量,建立我国自主的空间力学环境模型。

地球物理大地测量学是现代大地测量学的延伸和拓展,随着科学技术的发展,以及社会和学科需求的增加,地球物理大地测量学应运而生。现代大地测量学和地质学、地球物理学的关系非常紧密,大地测量学能够给研究地球物理问题和地质问题提供必要的资料,同时,它的发展也是伴随着地球物理学和地质学的发展而不断发展的。

地球物理大地测量学主要是利用大地测量技术与手段,包括天体测量学技术与手段,结合地质学和地球物理学证据一起对地球的慢形变进行研究,并对观测结果进行地球物理解释。这种慢形变包括地壳运动和变形、重力场的空间和时间的变化,行星自转和潮汐变形(Lambeck,1988)。

1.2 地球物理大地测量学的任务、内容

目前全球面临以下三大问题:一是地球动力现象引起的地震、海啸、火山喷发和异常气候(主要是厄尔尼诺现象)等自然灾害,给人类生命财产带来巨大损失;二是全球气候变暖、海平面上升、局部地层沉降和海上溢油灾害等是随着工业发展而产生的环境问题;三是由于人口不断增加(2022 年 11 月 16 日世界人口已经达到了 80 亿)和陆地资源日益枯竭,需要开拓生存空间和寻找新的矿产资源。面对上述三大问题,目前地学研究的目标有三个:一是减灾,二是监测环境,三是寻找新的矿产资源。与这些目标相适应,现代大地测量学将以延续人类生存、增进人类福祉为己任,向高要求和高难度的深层次发展(宁津生,1997)。

地球物理大地测量学是由大地测量学、地球物理学、地质学和天文学交叉派生出来的边缘学科,它的研究内容和目的是:利用近代空间大地测量和地球物理观测新技术,精确测定地球表面点的几何位置、地球重力场分布、地球自转轴在空间的位置和方向以及上述参数随时间的变化,并从动力学的观点研究地球动态变化的物理机制,进而为环境变迁和海平面变化的研究、地震火山等自然灾害的孕育预测、空间飞行器精密定轨和制导,以及

地下资源的勘探等提供服务。比如，测定地球自转(章动、极移和日长)是大地测量学、天文学和地球物理学共同关心的问题。在天文学中需要建立严密的章动理论；在大地测量学中，需要建立和保持一个平极系统，并保持协调世界时与观测的恒星时之间的严密关系，以便在观测结果中顾及极移和地球自转速度变化的影响，并需要建立定量的极移理论，使极移预测成为可能。天文学和大地测量学要研究的是，短时间尺度(1天到100年)的地球自转变化现象。从地球物理学的观点来看，需要探索大气层、海洋和固体地球之间的相互作用，阐明地幔和地核的构造及其相互作用，并最终解释导致地球自转变化的各种动力学机制。从大地构造学的观点来看，需要研究长时间尺度(10^6年以上)的地球自转变化现象，如极移和日长的变化。

地球自转参数(地球自转速度和极移)的变化中包含着各种地球物理因素的变化信息，精确的、高分辨率的、长期的地球自转参数资料是探索这些地球物理因素的变化激发维持地极的摆动、长期漂移和地球自转速度变化等方面所必需的。

地球物理观测是提供有关地球内部结构信息的主要来源，它们包括地震波的走时、振幅和频率、通过地表的热流量和磁场参数。行星的形状以及外部重力场的大地测量观测则提供进一步约束。这些观测结果与物理和化学参数一起成为估测地球内部的性质并构成描述地球和其它行星演化模型的基础。地质学并结合地貌学和地球化学的观测结果，是了解地壳演化史、变形事件史、变质作用史、岩浆活动史以及水平垂直运动史的关键。地震活动性研究在短得多的时间尺度上提供了地壳的局部和区域变形的信息。中心的问题是确定导致这种变化的物理过程。例如，作用在地壳上的已经发展成为当前这种状态的力的性质有何特点？造成大尺度水平运动的过程如何？产生变质和岩浆活动的热源的起源是什么？大地测量对于了解这些地质过程的贡献有两个方面：第一，大地测量的观测结果为地球对已知力的响应提供了一种量度，例如，在地表载荷问题中，作用力是已知的，变形的观测结果为地壳和地幔的流变性质提供约束；第二，大地测量观测的结果被用来对力的本身提供约束(Lambeck，1988)。

许多地球物理观测结果可用径向对称地球模型来拟合，但重力场的卫星测量结果表明横向结构也很重要，这些资料揭示了地球内部的非流体静力状态。这些全球的重力测量结果反映了地球的动力学过程，为地球的现今结构提供了进一步约束，并间接地对地球的演化提供了约束。全球的构造运动的证据是很多的，但目前描述地震位移场和板块运动的模型基本上是运动学模型，只有很少的模型能解释引起地表运动的动力学机制，几乎没有模型能解释地壳或岩石圈下的变形。现代物理学和地质学的中心任务就是要定量地分析所涉及的机制。虽然近年来在这方面已经有了显著的进展，但由于我们对地壳和地幔流变学的知识有限，对于作用在行星内部的力的性质的了解也很有限，因此，许多地球物理研究不仅是为了解决全球问题的，而且也是为了解决相当专门的问题的，包括地球的地震模型的进一步改进，地壳和地幔流变性质的确定，以及板块边界和板块内部构造过程的研究。这样一来，作为研究地质学和地球物理学相关问题的大地测量学的发展就显得尤为重要了。

地球物理大地测量学可以精确测定地壳运动与应变的时空变化过程，探测介质物性参量(密度、质量、勒夫数、电离层电子浓度)时空变化过程。它所产出的多种定量结果为动力学模型的数值模拟提供了不可缺失的先验、约束、检验条件。

"地球物理大地测量学原理与方法"主要讲述地球物理大地测量学的理论方法、观测技术和相关应用,主要内容包括地球自转参数的大地测量确定、板块构造学说与活动地块理论、板块运动与区域地壳运动监测、地壳形变与应变测量、地壳应力与应变分析、地震地壳形变模型、地震预测预报与预警、同震重力变化及卫星时变重力检测、重力场的地球物理解释、海面地形和海平面变化的观测与地球物理解释,以及地球物理大地测量技术在地质灾害与环境监测中的应用。

地球物理大地测量学的基本任务是:

(1)监测和解释各种地球动力学现象,包括地壳运动、地球自转运动的变化、地球潮汐、海面地形和海平面变化等。

(2)研究大陆岩石圈系统地壳形变和物质运移演化过程与动力学机理。

(3)监测地震地壳形变,研究地震机理及发震过程,预测预报地震。

地球物理大地测量学将成为推动地球科学发展的前沿学科之一,并在经济和社会发展中,在防灾、减灾和救灾中,在环境监测、评估与保护中及国防建设中发挥重要作用。

从地球物理大地测量学的基本任务可以看出,将地球物理大地测量学原理与方法具体应用到地震防灾、减灾和救灾中,需要我们进一步增强地震监测预报预警能力。这也是落实党的二十大精神的具体体现。我们需要把握中国式现代化的中国特色和本质要求,坚持"防震减灾,造福人民",必须坚持人民至上、生命至上,始终不忘初心把人民群众生命财产安全放在首位;必须坚持统筹发展和安全,始终牢记使命有效防范重大地震灾害风险,服务保障全面建设社会主义现代化国家。

1.3 地球物理大地测量学的内涵及相关命名

通俗地讲,地球物理大地测量学的内涵就是用大地测量学的技术、方法研究地球物理问题,或者说对大地测量的观测及研究结果进行地球物理解释。地震学是地球物理学的重要学科分支,地球物理大地测量学与地震学是密切相关的;大地测量学与地震学的实质性关系最早可以追溯到地震弹性回跳理论的提出。1910 年里德(Reid)根据 1906 年 4 月 18 日发生在旧金山的 M_S 7.8 级地震的震前、震后大地测量观测结果的研究提出了地震弹性回跳理论。1930 年 Tsuboi 研究了 1927 年发生的 Tango 地震的地壳形变,发表论文 *Investigation on the deformation of the earth's crust in the Tango district connected with the Tango earthquake of 1927*。日本科学家 Kasahara 于 1957 年、1958 年利用地震学的和大地测量学的观测数据反演研究地震起源的性质、地震断层的物理条件,Byerly(1958)利用大地测量资料计算了地震能量。随后 Chinnery(1961,1965)分别探讨了地表断层与地面位移、横贯断层与垂直位移的关系,普雷斯(Press)(1965)发表了远程地震的位移、应变和倾斜的论文,强调了大地震在震中区直至远震距离产生的持久位移、应变与倾斜对于地震震源研究的重要意义。普雷斯指出地震的动态监测与静态监测的区别是人为的,"应当把地震静态场的监测和解释工作视为'零频地震学'"。在大地测量学中,与零频地震学相应的学科就是地震大地测量学(周硕愚,等,2017)。Matsu'ura(1977)探讨了利用大地测量数据反演地下断层问题，明确提出了大地测量反演概念，详细讨论了大地测量反演的数学模型及公式，并对 1927 年发生的 Tango 地震进行了具体的研究。

陈运泰院士早在 1975 年就根据地面形变的观测(水平和垂直位移场)研究了 1966 年邢台地震的震源过程，1979 年他又利用大地测量资料反演了 1976 年唐山地震的位错模式。1978 年王椿镛等提出了用大地测量资料在最小二乘意义下确定通海地震断层参数的一个方法。1981 年，朱成男等利用新丰江水库 1964 年 5.3 级地震区三角网平差结果反演了地震断层参数。1984 年，张祖胜提出了利用原始观测资料(包括地面长度、角度、高差、倾斜、应变的变化值)直接进行反演的严密方法，根据地震前、震后的大地测量资料，对 1976 年唐山 7.8 级地震的震源参数进行了反演，并对结果的稳定性和可靠性进行了检验。赵少荣(1991)从固体力学的基本方程出发，发展了动态大地测量反演及物理解释的理论，并利用大地测量数据反演研究了 1976 年唐山地震震前和震时地壳断裂运动的特征和规律，以及唐山地震的非均匀破裂图像。

地震弹性回跳理论的提出推动了大地测量在地震科学研究中的广泛应用，从 20 世纪 80 年代起随着卫星大地测量学的发展，以 GPS 为代表的新技术率先应用于地震的观测、研究与预测。现代大地测量学通过与地震学、地质学等学科的交叉融合，在地震监测预测和研究中，从地壳形变大地测量学拓展至"地震大地测量学"(周硕愚，等，1999，2008，2013)。地震大地测量学将传统的大地测量学和地震学结合起来，利用新的方法和手段，研究地震、地下结构、资源勘探、灾害预测等重大问题，无论在理论研究还是在国家需求上都有非常重要的意义，有很好的发展前景(国家自然科学基金委员会，中国科学院，2012)。

自 20 世纪 90 年代初全面进入空间观测时代以来，观测精度大幅提高，监测范围遍及整个陆地。从 1992 年开始，GPS、InSAR 替代常规测量，基本包揽全球陆地及近海地震变形监测任务。空间技术带给地震大地测量最大的变化就是观测灵活、精度高(厘米~毫米)、空间密度大，便于建立各类量化的震源模型，不仅能有效约束发震断层位置，绝大多数还能分辨出一些破裂细节(王琪，等，2020)。

近场的高采样 GPS 观测记录动态位移信息，不同于记录动态加速度信息的强震数据，高采样 GPS 数据有较宽的频率响应(0~5Hz)，不仅记录了动态信息，也包括了破裂过程结束留下的静态形变场(Yue，Lay，2011，2013)。强地面运动数据本质上记录了地表加速度，因此对于高频信息更加敏感，而对于低频以及零频(静态位移)并不敏感。在处理过程中，强地面运动数据一般通过一次积分恢复到动态速度记录，在反演时一般对地震矩释放率比较敏感，而对地震矩约束较弱(Shao，Ji，2012)。与之不同，高采样 GNSS 数据对于位错量的解析度优于强震数据(岳汉，2020)。

InSAR 技术通过利用雷达回波信号的相位信息来提取地表三维信息，通过差分干涉合成孔径雷达技术(D-InSAR)可以测量地壳垂直形变精度到毫米级，而 PS-InSAR 技术的提出更是大幅度扩展了 InSAR 技术在地壳形变测量中的应用空间。InSAR 可以监测地震周期的整个过程，包括震前、同震以及震后连续和动态的地壳形变信息，及时捕捉断层的几何和运动参数，为"定量地震预报研究"提供条件。同时 InSAR 技术在火山活动、滑坡灾害、城市沉降、矿山形变、基础设施形变、冰川运动和冻土过程等形变监测领域的发展迅猛。

现今，InSAR 研究的国际合作日益加强，以中欧"龙计划"和欧盟"Terrafirma"计划为代表的政府间科技合作项目先后启动，拓宽了 InSAR 技术的应用领域，大大促进了 SAR/InSAR 技术在地形测绘、地震变形、冰川运动、城市沉降等方面的科学应用。我国在"高分"三号(GF-3)卫星实现了国产 SAR 影像干涉测量突破之后，2022 年 1 月 26 日，由中国航天科技集团有限公司第八研究院总研制的陆地探测一号 01 组 A 星在酒泉卫星发射中心成功发射。一"眼"看 400 千米——最大观测幅宽可达 400 千米，最高分辨率 3 米。在轨运行后，陆地探测一号(LT-1)01 组 A 星将为地质灾害、地震评估、土地调查、防灾减灾、基础测绘以及林业调查等领域内提供强有力的空间技术支撑。

高频 GNSS/InSAR 使地球物理大地测量学在研究地震机理方面取得了实质性进展，地震大地测量学上升到一个新高度，可以通过 GNSS/InSAR 获取的高时空分辨率、高精度的三维形变场反演分析典型活动断层发震能力及评估地震危险性，分析地震破裂过程及动力机制。

地震是大陆活动构造的基本特征，更透射出大陆演化的万千气象。20 世纪 80 年代，Molnar 等(1984)基于断层调查估算近一个世纪内大震的矩张量，并推演青藏高原重要断层的滑动速率。此后，Molnar 等(1989)又以 25 年间 38 次中强震震源机制解证实青藏高原南缘以挤压变形为主，藏南以拉张为主，藏北到祁连以走滑为主，并结合矩张量分析具体厘定在青藏内部活动地块的运动趋势，归纳出青藏高原内部地块向东挤出的基本论断，这一系列地震学研究奠定了亚洲活动构造的总基调，其运动学图像为此后 GPS 精准观测所厘定(Wang et al.，2001，王琪，等，2020)。

地震大地测量学是在地球系统科学框架内，大地测量学与固体地球物理学、地质学、力学、数学以及系统科学相结合所形成的一门前沿交叉学科。地震大地测量学集成多种先进的天、地、深观测(探测)技术，构建整体动态监测系统，在全球至定点多层次空间尺度内，在数十年至秒的时域(频域)尺度中，精确揭示地壳形变、重力和在相关圈层中与之耦合的诸种力学、物理学参量的连续变化；通过数据处理、理解与模拟，给出空-时-频域连续演化图像，建立动力学模型并预测未来变化。参与并促进地球动力学、大陆动力学、地震动力学、地震科学等基础研究的发展，推进地震预测、防震减灾及其他相关灾害预防的应用研究(周硕愚，等，2017)。

随着现代大地测量技术的进步，从"地壳形变测量学"或者"大地形变测量学"发展起来的地震大地测量学是地球物理大地测量学中最活跃、最具代表性的学科分支。故"地球物理大地测量学"有时也被命名为"地震大地测量学"，但从学科分支的内容来看，地球物理大地测量学涵盖了地壳形变测量学、大地形变测量学、地震大地测量学。

1.4　地球物理大地测量学与动力大地测量学的关系

许厚泽院士在 1989 年对动力大地测量学做过具体的阐述，他在 1989 年的地球科学进展期刊上发表过以动力大地测量学为题目的论文，把它定义为是研究地球动态变化的新学科，随后 1990 年又在《测量与地球物理集刊》上以大地测量学的新挑战为题，进一步阐述了动力大地测量学的诞生与进展。

动力大地测量学是由大地测量学、地球物理学和天体测量学交叉派生出来的边缘学科，它的研究内容和目的是：利用近代空间大地测量和地球物理观测新技术，精确测定地球表面点的几何位置，地球重力场元素，地球自转轴在空间的位置和方向，固体地球潮汐以及上述参数随时间的变化。并从动力学的观点研究地球动态变化的地球物理解释和地质机制，进而为环境变迁和海平面变化的研究，地震自然灾害对人类活动的影响，空间飞行器的发射、运行和着陆，以及为地下资源勘探等提供服务。动力大地测量学的奠基归功于美国宇航局（NASA）的动力大地测量计划和国际岩石圈计划。动力大地测量学的研究方向包括四维时空大地测量学、板块运动和驱动机制、地球内部构造形态、全球重力场模型和大地水准面海平面变化（许厚泽，王广运，1989）。

动力大地测量学是地球动力学的重要支柱之一，也是现代地学研究的前沿学科。学术上，它对阐明固体地球的整体与局部运动以及它们的动力学机制，对探索地球内部的物理结构有着十分重要的作用。应用上，它与环境变迁的研究，地震成因与地震预测的探索密切相关（许厚泽，王广运，1990）。

动力大地测量学是用大地测量方法监测、研究地球动态变化的学科，有时又称动态大地测量学。我国学者陈鑫连、黄立人等在1994年联合出版了《动态大地测量》一书，其在前言写道，动态大地测量是一门新兴的边缘学科。这门学科以变化着的地球为其研究对象，以定量观测地球变化为基本手段，以探索产生这种变化的成因机制为基本任务，以在继承几何大地测量学和物理大地测量学的方法和理论的同时，广泛吸收地球物理反演理论和方法，板块构造学说及地震地质、地球内部物理学等相关学科的最新成果形成的一套理论和方法为其基本特点，逐步发展成为地球动力学的一个重要分支。

现代大地测量可精确测定地球整体运动、地面点位置和地球重力场要素随时间的变化，并研究这些变化和做出物理的解释。动态大地测量中所测定的地球运动状态可分为三类，即地球重力的变化以及由此产生的大地水准面形状和垂线方向的变化；地球自转轴方向在空间的变化（岁差和章动）和在地球本体内的变化（极移）以及地球自转速度的变化（日长变化）；地球形变运动，它包括全球性板块运动和板块内的地壳运动以及潮汐引起的地球形变。为了测定地球运动状态，需要采用多种高精度的测量手段。除了用传统的大地测量方法外，还要采用新的空间大地测量手段。前者包括高精度重复水准测量、天文测量、重力测量等，后者包括甚长基线干涉测量、卫星激光测距、卫星多普勒定位和GPS卫星定位、卫星雷达测高、卫星跟踪技术等。

动力大地测量学是大地测量学的一个新分支，是大地测量学与地球科学其他学科的交叉融合形成的、由大地测量时变观测数据反推地球内部构造形态、力源和动力学过程参量等的大地测量学分支学科（全国科学技术名词审定委员会，2022）。曾作为国家自然基金会地学四组地球物理学和空间物理学（一级学科代码）中的三级学科代码"D040102动力大地测量学"在新版学科代码中已经调整到二级学科代码D0402物理大地测量学中（姚宜斌，等，2020）。

从上面论述可以看出"地球物理大地测量学"或者"动力大地测量学"或者"动态大地测量"其实可看作是同一大地测量学科新分支的不同命名。

1.5 地球物理大地测量学与地球动力学的关系

另一个与地球物理大地测量学密切相关的术语是地球动力学。王仁院士早在 20 世纪 80 年代就提出了利用大地测量和地震学资料进行板块运动学和动力学的联合反演的方法。利用这个方法反演得到了东亚构造应力场、北美板块的速度场和应力场以及相应的板块边界的运动速率和其底部的拖曳力(王仁,等,1982,1985)。王仁院士认为地球动力学是地球科学与力学相结合的跨学科研究分支,它从地球整体运动、地球内部和表面的构造运动探讨其动力演化过程,进而寻求它们的驱动机制(王仁,1997)。地球动力学的名称是著名弹性力学家勒夫(Love)于 1911 年在其论文 Some Problems of Geodynamics 首次提出的,他对地壳的均衡、固体潮、地球内的压缩效应等进行了卓越的研究,在地震学和潮汐理论中的勒夫波和勒夫数就是以他命名的。

在 2009 年出版的《中国大百科全书》中,地球动力学(geodynamics)定义为"研究地球大尺度运动或整体性运动的各种力学过程、力源和介质的力学性质的学科"(《中国大百科全书》总编委会,2009)。

地球固体部分内发生的力学现象多种多样,形式复杂,内容丰富。地球动力学的任务就是分析这些现象,并透过这些现象寻求其力学机理,掌握这些现象出现和变化的规律,预期它们今后的发展趋势。为此,必须了解推动和支持这些现象的力源和地球介质的力学特性。地球自身的引力当然是推动构造运动的长期作用力,日、月引潮力,地球转动和摆动引起的惯性力也必须考虑。它们之中有的虽然极小,但可以起到触发构造运动的作用。地球内部物质的热运动所产生的力以及它们的黏滞性亦属必须考虑之列。地球模型是地球动力学的基础之一。在当代地球动力学研究中,人们通常将地球看成是由地壳、地幔和地核 3 部分组成。这 3 部分的相对大小、密度和它们的弹性系数、黏滞系数等力学参量尚无定值,各学者的采用值尚有差别,从而派生出许多模型,1066A 和 PREM 就是当前常用的两个模型(《中国大百科全书》总编委会,2009)。

地球动力学的最终目标就是了解地球整体及其所在系统(太阳系)的过去、现在和未来的行为,并利用这些认识为人类生存提供可持续发展的物质与环境基础。

地球动力学研究地球的整体运动、地球内部运动及其与地表结构的相互作用和地表大型构造变形和破裂的力学过程。地球动力学是一个复杂的跨学科课题:它依赖于地质学提供近地表的结构和地球物理学提供深部的结构;大地测量学提供位移测量;地球化学、材料科学和岩石力学提供介质的性质;地球物理学提供一些可能的驱动机制;地震学给出地震机制数据和地震勘探结果;古生物学和古地磁学探寻过去的历史,等等。

地球动力学又有天文地球动力学和空间地球动力学之分。天文地球动力学是用天文手段测定和研究地球各种运动状态及其力学机制的一门学科(郑大伟,1994),它所研究的主要内容是地球的整体自转运动和公转运动以及地球内部、地壳、水圈、大气圈的物质运动。因此,天文地球动力学是天文学与大地测量、气象、海洋、地质、地震、地球物理等多学科相互交叉、相互渗透而发展起来的一门新兴前沿学科。在这门学科领域中,天文学的重要作用是:精确地测定地球的各种运动状态,提供测量所需要的参考坐标系,研究地球各种运动的规律和机制。

空间地球动力学是用空间观测技术来研究人类赖以生存的地球系统中的各种运动状态及其力学机制的一门学科，属天文、地质、空间大地测量和地球物理等学科的交叉前沿研究领域。空间地球动力学主要用空间技术精确测量地球的整体运动、地球各圈层（特别是岩石圈）的物质运动与形变，定量地给出地球随时间的变形过程，确定各种运动或变形过程的相互关系，探索它们的演化过程和动力学机制（叶叔华，黄珹，1995）。

空间技术在地球动力学乃至地球科学的研究中起着关键作用。地球科学的研究，从静态研究发展为动态研究，从运动学扩展到动力学，从三维空态拓展到四维时空，从刚体领域转变为弹性体和流变体的研究，从地球表面伸向地球外部空间，深入地球内部，从孤立的地球整体和地球各圈层（大气圈、水圈、岩石圈、地幔、地核）运动的研究，转变为把地球整体和地球各圈层的运动看成一个完整体系，研究其相互激发、驱动和制约的动力学关系，从地球动态变化的一些定性假设到以高精度实测为基础建立精细的现代地球的定量模型，进而建立完整的动力学体系，从各学科封闭式的研究状态转向各学科交叉、综合的研究。地球科学随空间新技术的发展正经历一场深刻的变革。此外，通过空间新技术可发现传统方法无法探测到的地壳运动非线性时变细节，进而能真正探索地震、火山喷发、海陆升降的成因过程与机制，为预测灾害、保护人类生存环境作出贡献（叶叔华，黄珹，1995）。

地球动力现象的空间尺度是非常广阔的，从地球整体、全球范围，直到一个小的局部。从时间尺度来看，地球动力现象有以亿年计的大陆漂流、海底扩张和造山运动过程，有以万年计的冰期和间冰期所引起的一些构造过程和海洋过程，也有周期为几十年、十年、一年、半年、一月、半月乃至一日的各种周期运动，直到为时短暂的地震发生和火山爆发。

透过这些复杂的地球动力现象，探索其力学机制，进而掌握其发生和变化的规律，预测其发展趋势，这属于地球动力学的任务，而地球物理大地测量学的基本原理和方法是研究地球动力学的基础。

从 20 世纪 70 年代起，我国科学家开创了地震构造学和地球动力学研究的新方向（王仁，1977），尝试通过严格的力学分析给出一系列地球动力学和地震学问题的答案。但是受观测资料所限，许多问题在当时难以得到广泛验证。而运用卫星大地测量方法对地壳形变场进行精密时空观测，可以为地震学与地球动力学研究提供至关重要的观测资料，促进学科发展到一个新的阶段（沈正康，2021）。这充分体现了地球物理大地测量学与地球动力学的密切关系及其重要性。

◎ 本章参考文献

[1] Byerly P, DeNoyer J. Energy in earthquakes as computed from geodetic observations [J]. Contributions in Geophysics, 1958, 1: 17-35, Pergamon Press, London.

[2] Chinnery M A. The deformation of the ground around surface faults [J]. Bull. Seismol. Soc. Am., 1961, 51: 355-372.

［3］Chinnery M A. The Vertical DisplacementsA ssociated with Transcurrent Faulting［J］. J. Geophys. Res., 1965, 70(18)：4627-4632.

［4］Kasahara K. The nature of seismic origins as inferred from seismological and geodetic observations(1)［J］. Bull. Earthq. Res. Inst., Tokyo Univ., 1957, 35(3)：473-532.

［5］Kasahara K. Physical conditions of earthquake faults as deduced from geodetic data［J］. Bull. Earthq. Res. Inst., Tokyo Univ., 1958, 36(4)：455-464.

［6］Lambeck Kurt. Geophysical Geodesy［M］. Clarendon Press, Oxford, 1988(中译本：黄立人, 沈建华, 张中伏, 等, 译, 地球物理大地测量学［M］. 北京：测绘出版社, 1995.).

［7］Matsu'ura M. Inversion of geodetic data. Part I. Mathematical formulation［J］. J. Phys. Earth, 1977, 25：69-90.

［8］Matsu'ura M. Inversion of geodetic data. Part II. Optimal model of conjugate fault system for the 1927 Tango earthquake［J］. J. Phys. Earth, 1977, 25(3)：233-255.

［9］Molnar P, Deng Q. Faulting associated with large earthquakes and the average rate of deformation in central and eastern Asia［J］. J. Geophys. Res., 1984, 89：6203-6227.

［10］Molnar P, Lyon-Caen H. Fault plane solutions of earthquakes and active tectonics of the Tibetan Plateau and its margins［J］. Geophys J Int, 1989, 99：123-154.

［11］Press F. Displacements, strains, and tilts at teleseismic distances［J］. J. Geophys. Res., 1965, 70：2395-2412.

［12］Shao G, Ji C. What the exercise of the SPICE source inversion validation Blind Test 1 did not tell you［J］. Geophys J Int, 2012, 189：569-590.

［13］Tsuboi C. Investigation on the deformation of the earth's crust in the Tango district connected with the Tango earthquake of 1927［J］. Bull. Earthquake, Research Inst. Tokyo Univ., 1930, 8：153-221.

［14］Wang Q, Zhang P, Freymueller J, et al. Present-day crustal deformation in China constrained by Global Positioning System measurements［J］. Science, 2001, 294：574-577.

［15］Yue H, Lay T. Inversion of high-rate (1 sps) GPS data for rupture process of the 11 March 2011 Tohoku earthquake (M_W 9.1)［J］. Geophys. Res. Lett., 2011, 38：L00G09.

［16］Yue H, Lay T. Source rupture models for the M_W 9.0 2011 Tohoku earthquake from joint inversions of high-rate geodetic and seismic data［J］. Bull. Seismol. Soc. Am, 2013, 103：1242-1255.

［17］陈俊勇, 文汉江, 程鹏飞. 中国大地测量学发展的若干问题［J］. 武汉大学学报(信息科学版), 2001, 26(6)：475-482.

［18］陈鑫连, 黄立人, 孙铁珊, 等. 动态大地测量［M］. 北京：中国铁道出版社, 1994.

［19］陈运泰, 黄立人, 林邦慧, 等. 用大地测量资料反演的 1976 年唐山地震的位错模式［J］. 地球物理学报, 1979, 000(3)：201.

［20］陈运泰, 林邦慧, 林中洋, 等. 根据地面形变的观测研究 1966 年邢台地震的震源过程［J］. 地球物理学报, 1975, 18(3)：164-182.

[21] 李建成. 地球重力场的意义及其在地球科学中的作用[J]. 地理教育，2012(7)：1-2.

[22] 宁津生. 现代大地测量的发展[J]. 测绘软科学研究，1997，2：2-7.

[23] 宁津生，王正涛，超能芳. 国际新一代卫星重力探测计划研究现状与进展[J]. 武汉大学学报(信息科学版)，2016，41(1)：1-8.

[24] 全国科学技术名词审定委员会. 地球物理学名词[M]. 2版. 北京：科学出版社，2022.

[25] 孙和平，孙文科，申文斌，等. 地球重力场及其地学应用研究进展——2020中国地球科学联合学术年会专题综述[J]. 地球科学进展，2021，36(5)：445-460.

[26] 沈正康. 卫星大地测量用于东亚大陆地球动力学与地震学研究回顾[J]. 地球物理学报，2021，64(10)：3514-3520.

[27] 王椿镛，朱成男，刘玉权. 用地形变资料测定通海地震的地震断层参数[J]. 地球物理学报，1978，21(3)：191-198.

[28] 王琪，乔学军. 中国地震大地测量——半个世纪的历程与科学贡献[J]. 中国地震，2020，36(4)：647-659.

[29] 王仁. 地震预报中提出的一些力学问题[J]. 力学学报，1977，13(3)：234-241.

[30] 王仁，黄杰藩，孙荀英，等. 华北地震构造应力场的模拟[J]. 中国科学（B辑），1982，12(4)：337-344.

[31] 王仁，梁海华. 用叠加法反演东亚地区现代应力场[M]//国际交流地质学术论文集. 北京：地质出版社，1985，29-36.

[32] 王仁. 我国地球动力学的研究进展与展望[J]. 地球物理学报，1997，S1：50-59.

[33] 许厚泽，王广运. 动力大地测量学——研究地球动态变化的新学科[J]. 地球科学进展，1989，4(4)：9-15.

[34] 许厚泽，王广运. 大地测量学的新挑战——动力大地测量学的诞生与进展[J]. 测量与地球物理集刊，1990，11：1-7.

[35] 许厚泽，陆洋，钟敏，等. 卫星重力测量及其在地球物理环境变化监测中的应用[J]. 中国科学：地球科学，2012，42(6)：843-853.

[36] 姚宜斌，杨元喜，孙和平，等. 大地测量学科发展现状与趋势[J]. 测绘学报，2020，49(10)：1243-1251.

[37] 叶叔华，黄珹. 现代地壳运动与地球动力学研究[J]. 科技导报，1995，1：21-24.

[38] 岳汉，张勇，盖增喜，等. 大地震震源破裂模型：从快速响应到联合反演的技术进展及展望[J]. 中国科学：地球科学，2020，50(4)：515-537.

[39] 张祖胜. 利用大地测量资料反演地震震源参数的若干问题[J]. 地震学报，1984，(2)：167-181.

[40] 赵少荣. 动态大地测量反演及物理解释的理论和应用[D]. 武汉：武汉测绘科技大学，1991.

[41] 郑大伟. 天文地球动力学[J]. 地球科学进展，1994，9(2)：78-79.

[42] 国家自然科学基金委员会，中国科学院. 未来10年中国学科发展战略：地球科学[M]. 北京：科学出版社，2012.

[43]《中国大百科全书》总编委会. 中国大百科全书[M]. 2 版. 北京：中国大百科全书出版社，2009.

[44]周硕愚，吴云，江在森，等. 地震大地测量学[M]. 武汉：武汉大学出版社，2017.

[45]周硕愚. 走向 21 世纪的地壳形变学——对大陆动力学与地震预测的新推动[J]. 地壳形变与地震，1999，19(1)：1-12.

[46]周硕愚，吴云，姚运生，等. 地震大地测量学研究[J]. 大地测量与地球动力学，2008，28(6)：77-82.

[47]周硕愚，吴云. 地震大地测量学五十年——对学科成长的思考[J]. 大地测量与地球动力学，2013(2)：1-7.

[48]周硕愚，吴云，江在森. 地震大地测量学及其对地震预测的促进——50 年进展、问题与创新驱动[J]. 大地测量与地球动力学，2017，37(6)：551-562.

[49]朱成男，陈承照. 1974 年云南省昭通地震破裂机制[J]. 地球物理学报，1976，19(4)：317-329.

[50]祝意青，张勇，杨雄，等. 时变重力在地震研究方面的进展与展望[J]. 地球与行星物理论评，2022，53(3)：278-291.

第 2 章　地球自转参数的大地测量确定

　　1957 年第一颗人造地球卫星的发射成功，拉开了空间大地测量的序幕。随后，DORIS、SLR、VLBI、GPS、InSAR 等测量技术的开发和应用，开创了空间大地测量。实际上，上述空间技术已具有了非常广泛的应用领域，从确定点位坐标到监测地壳形变，从确定地球重力场模型到解释地球内部的物质迁移(如地下水变化、冰川消融等)，从确定地球自转参数到解释地球内部的动力学机制，从监测地球外部空间环境(包括大气层、电离层等)到确定地磁场，无一不与空间测量技术密切相关。目前正处于如何有效地利用空间测量信息探索地球奥秘，使人类更大程度获益的时期。地球在绕太阳公转的同时，其自身也在旋转。由于地球的转动惯量很大，因而地球的旋转是比较稳定的。如果地球的旋转角速度在惯性空间中保持恒定，那么旋转角速度的模就是自转角速率，相应的周期就是恒星日。因此，利用恒星两次上中天的间隔可以确定地球的自转速率。在古代，人们并不知道地球有自转和公转。直观地考察，太阳(以及恒星)东升西落，好像太阳在绕地球旋转。本章主要阐述如何利用空间大地测量方法确定地球自转参数，内容包括地球自转及自转参数、日长变化及观测结果的分析、极移和章动参数的确定、潮汐及潮汐摩擦、地球自转变化与地球动力学过程。

2.1　地球自转及自转参数

　　地球自转是多个分支学科的纽带，是天文学、地球物理学、大地测量学、地球动力学的重要分支。在现有知识的基础上，通过理论模型构建地球自转动力学方程，预测地球自转参数变化，与实际观测进行比对，反过来修改理论模型，如此循环往复，这就是地球自转理论与观测不断发展的逻辑。

2.1.1　地球自转

　　地球自转实际上就是地球在准惯性系中的旋转，由旋转角速度来描述。旋转角速度矢量可根据如下三个角速度分量确定：自转角速度、进动角速度和章动角速度。也就是说，如果确定了上述三个分量，则可确定旋转角速度矢量。

　　地球自转的瞬时状态由三个欧拉(Euler)角描述(Leonhard Euler, 1707—1783)：自转角、进动角和章动角。地球自转的运动状态由如下的欧拉运动学方程描述(Moritz et al.,1987)：

$$\begin{cases} \omega^1 = \dot{\phi}\sin\theta\sin\psi + \dot{\theta}\cos\psi \\ \omega^2 = \dot{\phi}\sin\theta\cos\psi - \dot{\theta}\sin\psi \\ \omega^3 = \dot{\phi}\cos\theta + \dot{\psi} \end{cases} \tag{2.1}$$

其中，ω^i 是绕地固坐标系 $x^i (x^1 = x, \ x^2 = y, \ x^3 = z)$ 轴的旋转角速度分量。该方程只描述地球旋转运动过程，不解决机理问题，即不解决地球自转动力学问题。

描述地球自转机理的方程是受制于地球自转的动力学方程，或称为欧拉-刘维尔（Joseph Liouville，1809—1882）动力学方程（Moritz et al.，1987）

$$I^{ij}\dot{\Omega}_j + \varepsilon^i_{jk}\Omega^j I^{kl}\Omega_l = L^i \tag{2.2a}$$

$$J^i = I^{ij}\Omega_j, \ i = 1, 2, 3 \tag{2.2b}$$

其中，$\Omega^i \equiv \omega^i$，ε^i_{jk} 是 Levi-Civita 符号，当 ijk 是 123 的偶置换时取 1，奇置换时取负 1。

在方程（2.2a）（2.2b）中出现的地球对称惯量张量 I^{ij} 取决于地球物质密度分布，由如下方程定义：

$$I_x = \int_\tau (y^2 + z^2)\rho\mathrm{d}\tau, \ I_y = \int_\tau (z^2 + x^2)\rho\mathrm{d}\tau, \ I_z = \int_\tau (x^2 + y^2)\rho\mathrm{d}\tau \tag{2.2c}$$

$$I_{xy} = \int_\tau xy\rho\mathrm{d}\tau, \ I_{yz} = \int_\tau yz\rho\mathrm{d}\tau, \ I_{zx} = \int_\tau zx\rho\mathrm{d}\tau \tag{2.2d}$$

$$I_{xx} = I_x, \ I_{yy} = I_y, \ I_{zz} = I_z, \tag{2.2e}$$

$$I_{x^i x^i} = I^{ii}, \ I_{x^i x^j} = -I^{ij} (i \neq j) \tag{2.2f}$$

其中，ρ 是地球的密度分布，τ 是地球物质系统所占据的区域，$\mathrm{d}\tau$ 是体积元。由于地球的密度信息不是很确切（也即精度不足），因此，通常根据重力场模型二阶球谐系数以及天文动力学扁率 H 来确定。具体确定方法参见（Moritz et al.，1987）。

根据方程（2.2a），求解出三个旋转角速度分量，再代入方程（2.1），即可求解出三个瞬时欧拉角，也即随时间演变的三个欧拉角。

在惯性空间看，地球有自转、进动和章动。地球的自转速率，实际上是地球质体绕 z 轴的旋转速率，也可用日长（Length of Day，LOD）来表示，有恒星日和平太阳日之分，前者以恒星为参考，后者以（平）太阳为参考，前者比后者短 3 分 56 秒。因此，自转速率变化，也等价于日长变化。3 亿年前，地球自转速率快一些，日长较短，当时的每日大约只有 22 小时。确切地说，随着地球的演化，地球自转速率越来越慢，或者说，日长越来越长。关于地球自转逐渐变慢的机理问题，将在 2.4.2 节详细讨论。

进动是地球瞬时自转轴绕惯性空间 z 轴的顺时针移动，大约每 25800 年旋转一周，这也是春分点（秋分点）的顺时针移动，也即通常所说的岁差。进动的移动所画出的轨迹，称为进动椭圆轨迹（圆轨迹是特例）。章动，则是地球瞬时自转轴环绕进动椭圆轨迹的移动，其移动轨迹称为章动椭圆轨迹。章动周期约为 18.6 年，是由于月球轨道面与地球赤道面之间的夹角变化所致。进动和章动受制于其他天体（特别是月球）的影响，这些天体的运行轨迹是椭圆，因此，进动轨迹和章动轨迹大体上是椭圆。上述轨迹也是理想状况下的轨迹，实际情况会复杂得多，包含很多波动分量。

任何质体都有三个相互垂直的惯性主轴，分别是 A、B、C 轴（申文斌，等，2007）。

就实际地球而言，我们有 $C>B>A$（申文斌，等，2008），地球瞬时自转轴几乎与 C 轴重合。将 C 轴正向与地面的交点记为 P，在地固参考系中考察，地球瞬时自转轴绕 P 点做近似椭圆运动，其轨迹称为极移轨迹。作过 P 点的切平面，则极移可用两个分量 x 和 y 来描述。在理想的三轴地球自转情形，轨极移轨迹是椭圆（Chen et al.，2009），参见图 2.1，但实际情况要复杂得多。极移观测结果如图 2.2 所示。

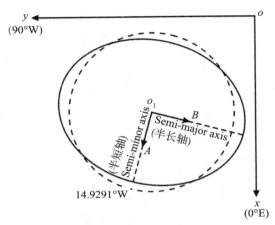

图 2.1　三轴地球自转的极移图（Chen et al.，2009）

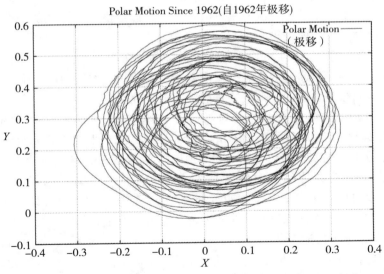

图 2.2　根据 IERS 提供的观测数据（1962—2014）绘制的极移图

天文学家主要关注岁差和章动，而地球物理学家更关注极移和日长变化。前者主要受制于其他天体的影响，而后者则主要受制于地球自身的物质分层结构、密度分布及物质迁移。极移、岁差、章动和日长变化，通称地球自转参数（Earth Rotation Parameters，ERP）。根据理论模型，天文学家可精确计算岁差和章动（Zhang et al.，2008）。关于极移和日长变化的计算，则主要取决于地球模型，详细讨论可参见相关文献（Mathews et al.，1991a，1991b；2002；Chen，Shen，2010；Sun，Shen，2015；Shen，Yang，2015a，2015b）。

2.1.2　地球自转参数及监测

如前所述，地球自转参数（ERP）包括极移、岁差、章动和日长变化。由于岁差变化很小，可精确描述，因此，地球自转参数实际上是指极移、章动和日长变化。此外，在地球自转研究领域，在地心天球参考系（Geocentric Celestial Reference System，GCRS）中，将频率位于区间[-0.5，0.5] cpy（cycle per year）以外的运动，称为极移，而将频率位于区间[-0.5，0.5] cpy 以内的运动，称为章动。国际地球自转服务局（International Earth Rotation Service，IERS）提供从 1846 年至今的地球参数观测结果，给出了（章动序列）天极偏差序列、极移两个分量及世界时（UT1-UTC）和日长变化。由于地球自转参数是决定参考系定向的关键参数，因此，地球自转参数也称为地球定向参数（Earth Orientation Parameters，EOP）。

通常所说的对地球自转的监测，其实是对地球自转变化的监测，也即对地球自转参数的监测，包括天极偏差序列、极移、世界时（UT1-UTC）和日长。从客观上看，地球自转参数随时间演变，存在各种频率成分。现在的问题是如何以较高的精度监测地球自转参数。下面以监测地球自转速率变化（也即日长变化）为例阐述。

在地面上任意选取一点 A，只要它不在瞬时极上，同时假定它在几十个小时之内没有变化（但由于固体潮作用，这实际上是不可能的），那么一个恒星两次经过 A 的上中天所经历的时间就是一个恒星日。在没有精密时钟之前，假定恒星在惯性系中不动，同时在假定地球旋转角速度恒定的前提下，可以用一个恒星两次上中天之间的间隔（恒星日）作为时间标准。将恒星日划分为 24 等份，每一等份即为一个恒星时。若用恒星时为标准，当然无法监测出地球旋转角速度的变化。太阳属于一颗恒星。太阳两次上中天之间的间隔称为太阳日。由于地球绕太阳的公转轨迹是椭圆，加之地球的公转速率并非恒定，因而一个太阳日与另一个太阳日之间有差异。为了消除这种差异，引入一个回归年的平太阳日（天），即 365.2422 个太阳日的平均值（1 回归年 = 365.2422 平太阳日）。将平太阳日分为 24 等份，便形成平太阳时。以恒星时监测太阳时，就会发现二者并不相同：地球环绕太阳一周（即一年）所经历的恒星时比太阳时要长 24 个恒星时。也就是说，一年需要 365.2422 个平太阳日，相当于 366.2422 个恒星日。理想的平太阳日（即日长，LOD）是恒定的。然而，实际的地球自转角速度并非恒定，这就导致了日长的变化。总体上来说，日长有缓慢增长的趋势（长期变化），大约每百年增长的量级为 1~2 毫秒（盖宝民，1996；Shen et al.，2015；Gross，2015），这相当于日长的变化率处于 5.7×10^{-13} 量级。因此，任何分辨率低于 5.7×10^{-13} 的观测结果都不足以说明日长的长期变化。

测定日长的基本方法就是通过天文观测并利用独立的时钟进行，所测定的日长误差来源于天文观测误差、时钟本身的误差以及读数误差。在原子钟时代之前，守时系统先后采用重力摆钟和石英钟。如果不对重力摆钟进行校正，无法来监测日长的变化。最重要的校正部分来源于重力强度 g 的变化。校正后的重力摆的守时精度可达到 0.4×10^{-8}，勉强可以监测出日长的变化。Stoyko（1951）当初给出的日长变化结果比目前较普遍接受的结果大两倍。石英钟的出现并没有给监测日长变化带来多少改善，因为它的守时精度也只能达到 10^{-8} 量级。原子频标出现之后，守时精度大幅度提高，已远远高于天文观测精度。

原子的能级跃迁（在基态与激发态之间）对应于非常稳定的光辐射频率。以此为基础可以定义时间标准（单位秒长）：利用原子钟守时。原子钟的稳定性比重力摆钟或石英钟的稳定性要高得多。目前，原子钟的相对精度已达到 10^{-15} 至 10^{-16}。甚至，光原子钟的出现已使守时精度达到 10^{-18}，甚至 10^{-19} 量级。因此，采用原子钟，守时精度已不成问题。剩下的关键问题是天文观测精度。天文观测精度的提高主要受到三个方面的限制：恒星对准误差、光路影响以及测站的迁移（由于地球形变）。从目前的发展情况来看，天文观测精度难以突破 10^{-9} ~ 10^{-8} 量级。为此，自 20 世纪 70 年代初，人们便开始考虑新的监测技术，主要有人卫观测、激光测月和甚长基线干涉测量，等等。

总体来说，在假定恒星不动、地球没有公转的前提下，所测恒星日的变化即为旋转角速度的变化，也即地球自转的变化。对地球公转的影响以及恒星自行的影响加以改正，即可得到更为真实的地球旋转的变化。然而，地球表面的几乎每一个点 A 都处于相对于地球本体总质量的迁移之中，因而，又需要将这种由迁移效应引起的恒星日变化加以校正。但困难在于，A 点的迁移量是很难精确测定的。为了解决这一困境，需要采用分布在不同地区的多个台站对同一颗恒星的观测资料，通过联合平差以得到更为可靠的结果，所基于的基本假设就是：由各个台站所测定的恒星日变化（已加进各种改正）的误差是随机的（Lambeck，1988）。采用这种方法即可得到地球自转（旋转角速度）的变化。

粗略地说，利用某种特制的天文望远镜（中星仪）测定一颗恒星两次上中天的时间间隔，即得到地球的自转周期，这也是通常所说的（恒星）日长。通常所说的一天与恒星日略有差异：366 个恒星日相当于 365 天。关于这一点，只要按如下方式设想一下即可清楚：假如地球总是面向太阳，那么，地球绕太阳公转一周，相当于"0 天"，但地球正好相对于恒星旋转了一周。

如果在两极处连续监测并拍摄恒星，在底片上就会出现圆形弧段，揭示了瞬时地轴绕平均地轴的旋转：它们之间的交角大约 0.3″，在两极处所画出的平均小圆半径大约 10m（实际轨迹是近似椭圆），周期大约 14 个月。这就是 Chandler 晃动周期。Chandler 晃动周期随时间演变，因为它与地球内部物质分布有关，而地球内部物质的分布是随时间变化的。不仅 Chandler 晃动周期随时间演变，其振幅也随时间演变。关于 Chandler 晃动的机理，至今仍然是个谜（Shen，2015）。

照相法精度不高，不能提供精确的极移参数。更有效的确定极移参数的方法是采用天文测量手段，测定时角和赤纬，后者随瞬时极的变化而变，也就是说，赤纬是极移参数的函数。通过多组观测进行最小二乘处理，即可得到极移参数。采用天文测量手段，测定极移的精度已达到 0.01″，而测定世界时的精度为 0.001s（时秒）（胡明城，鲁福，1994），后者相当于 0.015″，是对地球自转速率的量度。

此外，利用人卫观测技术（主要是多普勒跟踪以及激光测卫）也可确定极移参数。卫星轨道根数与极移参数密切相关。多普勒跟踪或激光测卫的距离之中便包含极移参数。在选定了适当的模型之后，根据大量的观测资料可将极移参数作为未知数解出。这方面的工作最先由 Anderle 和 Beuglass（1970）完成，他们是根据美国海军导航卫星的多普勒跟踪资料实现的。Anderle（1973，1976）对如何处理 15 年的多普勒观测资料进行了详细说明（Lambeck，1988）。实际上，也可以将地球旋转角速度的三个分量作为未知数参与解算，再将精密守时系统对自转角速度的观测值作为附加条件，有望得到较为完整的地球旋转参数。不过，这还有待进一步研究。利用激光测月资料确定地球参数的努力也已有了很多尝试，但由于精度的限制，几乎没有可供独立使用的结果（最好结果的精度也只是与普通天文观测的精度接近，Lambeck，1988）。无论是利用人卫观测资料还是激光测月观测资料确定地球自转参数，其精度水平仍然没有超越普通天文观测水平。

VLBI 技术的发展大大提高了测定极移的精度。最初讨论利用 VLBI 技术测定地球自转参数的是 Shapiro 和 Knight（1970）。随后，Shapiro 等（1974）发表了测定结果，但其精度并没有什么改善（极移和世界时的精度分别为 0.01″和 0.001s）。Robertson 等（1979）的研究则表明，利用 VLBI 技术有可能使监测地球自转参数的精度提高。20 世纪 70 年代末期的研究表明，利用 VLBI 技术可使测定世界时的精度达到 0.0001s 量级，但对极移监测的精度并不能彻底改善（基线对 y 分量不敏感）。从 1983 年开始，科学家将激光测卫与 VLBI 技术联合起来，利用一年多时间的观测资料，求解出了自转参数，世界时和极移的精度分别为 0.0002s 和 0.002″，监测日长变化的精度水平达到了 2×10^{-9}。

GNSS 定位技术是测定极移参数的另一技术。GNSS 定位精度高，观测周期短，可望利用 GNSS 技术有效地确定地球自转参数（胡明城，等，1994）。虽然大量实验表明，利用 GNSS 技术测定地球自转参数，其精度水平没有激光测卫联合 VLBI 技术的高，但由于 GNSS 观测廉价、方便等优点，可以作为测定极移参数的有效补充。

就测定地球自转参数而言，今后的发展趋势是联合天文测量、VLBI、激光测卫和 GNSS 等观测技术，将地球自转参数作为未知数联合求解。就目前的情况来看，无论采用哪种方法，或采用两种或三种方法的组合，所得到的结果之间均有明显差异。为什么会有明显差异，则有待进一步探索。

2.1.3　影响地球自转角速度变化的因素

引起地球自转角速度变化的原因有多种，这可以从描述地球旋转运动的欧拉-刘维尔动力学方程（2.2）看出。激发函数是引起日长变化的重要原因。前面曾经指出，激发函数来源于三个方面的贡献：物质的重新分布、物质的相对运动以及力矩。

物质的重新分布将导致惯量张量的变化，从而直接影响到角速度的三个分量，其中所论的重新分布包括：核幔物质对流（包括岩浆喷出），板块运动（包括大陆漂移），造山运动，冰雪消融及增长，降雨、降雪及蒸发，各种水源（湖泊、海洋及地下水）的变化，江河改道，沙漠推移，植被的生长及腐烂，动物、人类的繁衍及迁移，建筑物的新建及拆迁，等等。

由方程（2.2）可以看出，物质相对于地球本体（地固坐标系）的运动也对激发函数有贡献，主要来源于核幔对流、板块运动、造山运动、江河流动、沙漠推移、降雨、降雪等。

力矩是影响激发函数的重要因素，而对力矩的贡献主要来自日月引潮力、行星引潮力、潮汐摩擦作用、风的影响、核幔耦合等。

关于方程（2.2）的求解及详细讨论，参见相关文献（Mathews et al.，1991a，1991b，

2002；Chen，Shen，2010；Sun，Shen，2016；Shen et al.，2015）。

2.2　日长变化及观测结果的分析

日长变化等同于地球自转速率的变化。在2.1.2节我们讨论了如何观测日长变化。IERS发布日长观测结果。图2.3显示了日长变化观测（图2.3（a））、大气角动量的贡献（图2.3（b））以及扣除了大气影响的结果（图2.3（c））。图2.4显示了扣除了大气和潮汐影响之后的日长变化。

从图2.3中可以看出，日长变化包含不同时间尺度的多种成分。表2-1（Pannella，1972）列出了不同地质年代一年内所包含的天数，由此可估算古时候的日长（一年包含的天数越少，表示日长越长）。近代的关于日长长期变化的研究结果表明，大约每世纪日长延长1.7（ms）（Stephenson，Morrison，1995；Shen，He et al.，2015）。

表2-1　　　　　　　　　　　　　　**日长变化（引自 Pannella，1972）**

时期	地质年代（10^6a，百万年）	不同地质年代的日长（天/年）
现在	0	353～365
晚白垩世	−70	371～379
中三叠世	−220	365～375
上石炭统	−290	380～389
下石炭	−340	397～399

高频的小尺度日长变化是难以预测的，这个特点反映出它极有可能是由大气和海洋与固体地球之间的相互作用引起了角动量的传递（叶庆东，等，2018）。时间尺度为几天的日长变化与大气角动量密切相关（Hide et al.，1980；Rosen，Salstein，1983；Eubanks et al.，1985；Rosen et al.，1990；Hide，Dickey，1991；Dickey et al.，1992；Rosen，1993；Shen，He et al.，2015）。几十天以及季节性的日长变化则主要归因于海洋和大气的影响（Marcus et al.，1998；Hopfner，1998）。此外，研究表明，厄尔尼诺现象与40～60天的日长波动有一定程度的关联（Eubanks，1986）。

按照一般的划分，季节性信号（seasonal）的周期大约3个月；跨季节性信号（interseasonal）的周期在4～12月；周年性信号（annual）的周期1年左右；年际信号（interannual）的周期在1至10年之间，其中3~8年的信号与厄尔尼诺信号周期（6a、7.8a、8.3a）密切关联；十年尺度的信号（decadal）的周期大约10年；10年际（interdecadal）信号的周期大约20~30年，包括30年左右的Markworz周期。Morrison和Stepherso（1986）以及Hide和Dickey（1991）曾经指出，十年尺度日长变化，其幅度高达4ms。由于对地球运动机制缺乏足够的了解，对于引起十年尺度日长变化的地球物理学机制存在较大争议（e.g. Shen，He et al.，2015）。Gross等（2005）的研究结果表明，十年尺度日长变化的幅度大约为2.2ms。大气和海洋的影响不能很好地解释观测数据（Hide，1977；Lambeck，1980a；

Lambeck，1980b；Greiner-Mai，Jochmann，1998；顾震年，1999；吴斌，等，1999），大气和海洋对十年尺度日长变化的贡献只占约 14%（Gross，2005）。考察由 IERS 提供的数据（Holme，2005）（见 http：//www.iers.org/MainDisp.csl? pid=43-1100076）及图 2.4 也可以看出由核幔耦合引起的日长变化为 2.17ms。

　　十年尺度日长变化的机理是尚未解决的科学难题。更详细的讨论，参见 Shen，He et al.（2015）。

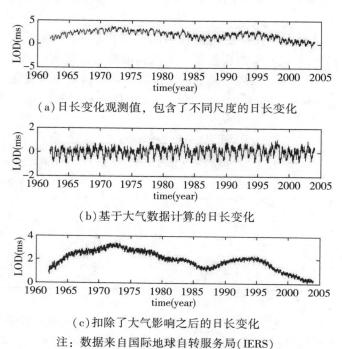

（a）日长变化观测值，包含了不同尺度的日长变化

（b）基于大气数据计算的日长变化

（c）扣除了大气影响之后的日长变化

注：数据来自国际地球自转服务局（IERS）

图 2.3　日长变化观测、大气角动量的贡献以及扣除了大气影响的结果

（引自 Shen，He et al.，2015）

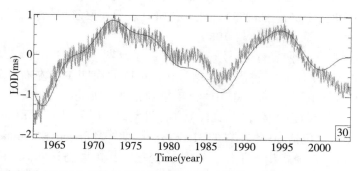

注：虚曲线代表的是去除了大气海洋以及潮汐影响之后的日长变化，实线是将带通滤波应用于 5~50 年范围内的结果。

图 2.4　扣除了大气和潮汐影响之后的日长变化（引自 Shen，He et al.，2015）

2.3 极移和章动参数的确定

下面先分别阐述利用 SLR 和 VLBI 测定极移参数的原理，然后讨论 IERS 发布的极移观测结果。

2.3.1 SLR 技术测定极移参数的基本原理

从跟踪站 P 的卫星的位置向量 $\boldsymbol{\rho}(T)$ 的观测值与卫星的地心位置 $\boldsymbol{X}_S(T)$ 和测站位置 $\boldsymbol{X}_P(T)$ 的关系为

$$\boldsymbol{X}_S(T) = \boldsymbol{X}_P(T) + \boldsymbol{\rho}(T) \tag{2.3}$$

其中，所有三个向量都是在一惯性参考框架中定义的。在一般情况下，只部分地观测了向量 $\boldsymbol{\rho}(T)$，观测方程可由

$$\dot{\boldsymbol{X}}_S(T) = \dot{\boldsymbol{X}}_P(T) + \dot{\boldsymbol{\rho}}(T) \tag{2.4}$$

导出。卫星的地心位置向量 $\boldsymbol{X}_s(T)$ 是 T_0 时轨道元素 K_a 以及在 $T \sim T_0$ 这段时间内，各种摄动力的影响引起这些轨道元素的变化 ΔK_a 的函数。假定摄动已知，需要确定引力参数或运动量参数，这时，可采用一般形式

$$K_a(T) = K_a(T_0) + \Delta K_a(T - T_0) + \cdots \tag{2.5}$$

其中，ΔK_a 是 $K_a(T_0)$、C_{ilm} 和其他附加物理常数 β_k（诸如表面力或潮汐参数）的一个已知函数，即

$$\Delta K_a = \Phi_a(K_a, C_{ilm}, \beta_k) \tag{2.6}$$

因此

$$\boldsymbol{X}_S(T) = \boldsymbol{X}_S[K_a(T_0), C_{ilm}, \beta_k; T] \tag{2.7}$$

其中，C_{ilm} 是待定系数。将跟踪站地心位置向量 $\boldsymbol{X}_P$ 转换到地固坐标 $\boldsymbol{X}'_P$，可简单地表示为

$$\boldsymbol{X}'_P(T) = \boldsymbol{X}_P[\boldsymbol{X}_P(T), m(T), \theta(T), a_j(T)] \tag{2.8}$$

其中，$\boldsymbol{X}_P$ 必须看作是已知的。在当前的跟踪资料的准确度水平上，由于地球的潮汐位移和地壳变形，$\boldsymbol{X}_P$ 与时间有关。自转参数 m（两个分量）和 θ 以不规则和不可预测的方式变化，是一个未知的与时间有关的量，除非用独立的方法对它们进行了测量。对于大部分应用来说，可以假定以足够的准确度确定了岁差 α_j 和章动项 θ（否则，它们可作为未知参数一起参与求解）。观测方程具有下述一般形式：

$$\boldsymbol{\rho}(T) = \rho[K_a(T_0), C_{ilm}, \beta_k, X_p, m, \theta, \alpha_j; T] \tag{2.9}$$

$$\dot{\boldsymbol{\rho}}(T) = \dot{\rho}[K_a(T_0), C_{ilm}, \beta_k, X_p, m, \theta, \alpha_j; T] \tag{2.10}$$

它们描述了观测量与天文、大地测量以及地球物理参数间一种复杂的非线性关系。如果在全球地理分布良好的许多站上观测卫星，且注意到①卫星对重力和其他力的响应与轨道有关以及②作用在卫星上的力造成的轨道摄动与因跟踪站位置或地球自转参数知道得不充分而引起的误差通常有明显的不同，那么，理论上就可以通过逐次迭代或最小二乘原理求出这些未知数。通常，大地测量参数估算过程是一个艰巨的任务。第一步，在假定力和测站位置为已知的情况下，求出轨道元素 $K_a(T_0)$，这一步对一个轨道弧是独立进行的，

轨道弧的长度范围可从几天至几个星期，这取决于资料的情况、轨道和要估计的参数。第二步，将这些轨道弧综合起来求解全部或部分未知参数，同时包括改进 $K_a(T_0)$ 的估计。以迭代的方式重复上述两步，直到解充分收敛到较理想的参数。整个求解过程实际上就是最小二乘平差以及逐次迭代。

测高仪观测值 $h(T)$ 提供了一个附加观测方程，但此时，$X_P(T)$ 是指"足迹"的位置。将相对于某个参考椭球的大地水准面 N 按球谐方法展开，观测方程为下式的模

$$h(T) = X_s\big[K_a(T_0), C_{il_1m_1}, \beta_k T\big] - X_p\big[\theta, C_{il_2m_2}, \Delta h_0; T\big] \tag{2.11}$$

其中，$\Delta h_0(T)$ 为海洋表面偏离大地水准面可能产生的海洋学改正。由于位的向上衰减相对较快，确定轨道所需的球谐系数比以同样的精度描述大地水准面高要少，且 $(l_2, m_2) > (l_1, m_1)$。这里为求解未知参数对观测方程也可用迭代方法。第一步，求解以必要的精度确定轨道所需的部分系数 $C_{il_1m_1}$ 和 β_k；第二步，迭代求解全部系数 $C_{il_2m_2}$，给出新的估值。或者可假定根据先前的轨道摄动分析，$C_{il_1m_1}$ 是已知的，然后由测高仪观测值求其余的系数。

卫星对卫星跟踪观测值可由下式联系

$$\dot{\rho}_{12} = \rho\big\{X_{s(1)}, \dot{X}_{s(1)}, X_{s(2)}, \dot{X}_{s(2)}; T\big\} \tag{2.12}$$

其中，两颗卫星的位置 $X_{s(i)}$ 和位置变化的速率 $\dot{X}_{s(i)}$（$i = 1, 2$）以式（2.9）的形式展开。显然，如果位展开到接近 200 次（约 4×10^4 个球谐系数），那么大地测量参数估算的方法就显得极为重要，需要利用测量结果的全部潜力。通常可采用不同的方法求解式（2.9）和式（2.10）中的 C_{ilm}，例如采用最小二乘法或配置法（Rummel et al., 1993）。

卫星的运动方程是在一个惯性或准惯性坐标系中定义的，可通过坐标变换建立在地面坐标系中的表述。若在变换中略去地极运动项 m_1 和 m_2，会导致实测的与计算的卫星位置之间的不符，因为计算的值将归算到一个坐标系 X^i 中，而这个坐标系并不合乎于定义卫星轨道元素的惯性系 X。结果，轨道显示出振荡

$$\begin{cases} \Delta I \approx m_0 \sin(\Omega - \theta - A) \\ \Delta \omega \approx m_0 \cos(\Omega - \theta - A)\,\mathrm{cosec}\,I \\ \Delta \Omega \approx \Delta \theta + m_0 \cos(\Omega - \theta - A\mathrm{cotan}I) \end{cases} \tag{2.13}$$

其中，$m_0 = (m_1^2 + m_2^2)^{\frac{1}{2}}$ 为地极运动的幅度，$A = \arctan(-m_1/m_2)$ 规定了转轴的方向，以 θ_0 为恒星角的近似值，$\Delta \theta$ 为相应的改正数。因此，轨道的定向显示出近似以 24 小时为周期、幅度正比于地极运动幅度（约 0.2″）的摄动。恒星角或世界时中的误差的影响直接正比于轨道交点的摄动。若要求结果与通常的天文观测相匹配，那么要求轨道的准确度至少为 0.1″，或者说 1000km 高度的卫星位置准确度约为 30~40cm。

1970 年，有人根据卫星轨道的分析得到了极移的首批估值，他们分析了多普勒跟踪的 NAVSAT 卫星轨道中沿轨迹（实质上是 ω 的摄动）和垂直于轨迹（I 的摄动）的残差。1971 年以来，地极的位置一直是与其他的大地测量和轨道参数一起，在卫星导航系统的参考轨道的日常计算中同时确定的。基于多普勒技术确定的地极位置的精度为 0.002″，但由于重力场模型误差、大气阻力的不确定性和跟踪站坐标误差引起的系统误差，实际精度

可能比所估计的参数的精度大一个数量级。

Smith 等（1972）曾用早期激光观测结果证明根据卫星轨道分析测量极移的可行性，但一直到近 20 年才有可能真正求解。现在，根据 LAGEOS 激光观测得到站位置的全球解时，地极坐标是作为未知数包含在内的。Tapley 等（1985）已对 1976 年 5 月—1984 年 1 月的资料采用这种方法计算每三天的地极坐标，其极移的路径一般要比天文和多普勒卫星的方法所得到的相应结果光滑得多，现在几乎没有地球自转轴运动中有高频变化的证据。

恒星角 $\Delta\theta$ 对世界时 UT1 改正的结果一直是比较棘手的，因为难以从升交点经度的动力学摄动中分离这个量的变化。要得到 θ 或 UT1-UTC（其中 UTC 是世界协调时）中的长周期波动尤其困难，因为有重力场带谐函数、潮汐以及表面力所产生的未被模拟的长周期摄动。根据 NAVSAT 卫星多勒跟踪已得到了某些结果，但这些结果一般不如用其他方法所能得到的好，特别是不如由长基线射电观测得到的结果好。

2.3.2　VLBI 技术测量极移和章动参数

VLBI 测量可测定基线在空间的转动（假设这些基线都严格与地球相固连）及地球的自转（极移、不规则的转速以及岁差和章动）。另外，由于望远镜和不同的潮汐位移以及地壳的构造形变，基线的方位也发生变化。如果测量许多基线则可分离出这些与时间有关的方位变化。例如，转动不会使由基线构成的几何图形变形，也不会造成基线长度变化。但另一方面，板块运动、形变及潮汐作用一般会使基线图形改变并使基线长度变化，只是时间尺度不同。

VLBI 测量方法相比于激光测距方法的主要优点是，高出观测者地平线的任意数量的射电源都可供利用。因此，要观测地球的日转动对观测量的影响，不一定非要观测某个特定的射电源，而是可使用一些赤经分布良好的射电源。因此，只要能保持整体测量精度，观测效率可大大提前。在马萨诸赛（美国）和韦特采尔（德国巴伐利亚）两台望远镜之间进行的实验表明，在一小时的时段内即可获得精确的基线解，表明有可能探测出短时间内（如 1 天内）基线参数的变化（Lambeck，1988）。

地球外部空间的无线电波发射源干涉观测，是天文学家为研究恒星、银河星系和星际介质的结构与演化而进行的。现代射电天文学起源于 20 世纪 30 年代，当初 Jansky 发现了地球外的无线电发射源。随后，干涉测量法迅速发展起来。望远镜的角分辨率是由发射波长与望远镜口径之比给出的，因为最有使用价值的射电信号是厘米波长，射电望远镜的分辨率比相同口径的光学望远镜低很多个数量级。例如，要与分辨率仅为 20cm 的光学望远镜相当，射电望远镜接收 3.75cm 波长的辐射（$\approx$ GHz）需 15km 的口径。干涉仪的引进避免了使用如此大的天线，因为有效的望远镜口径就是干涉仪基线的长度。

射电干涉测量的特点是能够独立地记录由构成干涉仪的两台望远镜接收的信号。在最初的干涉测量试验中，基线两端接收的射电信号通过电缆一同被输送到相关的处理系统，估计出时间或相位延迟。考虑一个波阵面，如果射电源的距离很远，假设它以平面波的形式通过基线。通常，该波阵面先到达一个天线，然后到达另一个天线，这就是时间延迟 ΔT，构成了基本观测量。该延迟是相对射电源基线方位的函数，也是基线长度的函数，关系为

$$\Delta T = \boldsymbol{b} \cdot \hat{\boldsymbol{s}}/c \tag{2.14}$$

其中, $\boldsymbol{b}$ 为基线向量, $\hat{\boldsymbol{s}}$ 为射电源方向的单位向量, c 为真空中光速。$\boldsymbol{b}$ 和 $\hat{\boldsymbol{s}}$ 都在惯性参照系中定义。由于延迟测量的精度与基线长度无关, 基线越长, 测定基线相对于射电源的方位即张角 $\arccos(\boldsymbol{b} \cdot \hat{\boldsymbol{s}})$ 的精度就越高。

由于发展了极为精确的时钟和频率标准, 射向每个测站的信号都可以单独记录, 同时记录的还有时钟时间信号; 事后, 两处的记录信号被送入相关处理器。现在对基线长度的限制只是要求在足够长的时间内从两个测站应可同时见到同一个射电源。对于恒星源和地面望远镜, 基线限制约为 0.02s, 必须以 100ps 以上的精度测量, 以得出厘米级的基线准确度。

在每一基线端点设置的 VLBI 仪器设备包括天线、一台接收机、一套时钟频率标准系统, 还有一台记录仪。观测记录实际上是记录入射的波阵面强度对时间标准的变化。这种观测在概念上比较简单, 但实现很复杂, 因为接收的信号频率太高, 不能以足够的分辨率直接记录。因此接收到的频率为 f_r 的信号与纯谐波信号混频, 纯谐波信号由与 f_r 大致相等的 f_0 频率的本机振荡器产生。这样, 就可得到频率为 $f_r \sim f_0$ 的拍频信号, 在一般情况下其频率为几个兆赫兹的量级, 按几十到几百毫微秒的间隔取样, 以产生与采样振幅相对应的 0 和 1 的二进制记录。本机振荡器产生的参考频率必须非常稳定, 以避免产生那种不仅与振荡器有关而且与射电源发射有关的随时间而变化的拍频。

基本的可观测量是两台接收天线上波阵面的到时差, 这种到时差可以是相位延迟也可以是群延迟。相位延迟 $\boldsymbol{\Phi}$ 是两台望远镜接收到的信号之间的相位差, 它与时间延迟 ΔT 的关系为

$$\Delta T = (N + \boldsymbol{\Phi}/2\pi)/f \tag{2.15}$$

式中, N 为表示完整的相应整周数(未知数), $\boldsymbol{\Phi}/2\pi$ 为一周相位的分数, 可以很高的精度测得, 约为一周的十分之一量级, 相当于时间延迟优于 0.01ns。要求解这个整周模糊度的整数, 基线长度必须已知, 精度要在几厘米之内, 在大部分情况下这是不现实的。例如, 相位延迟必须加很多改正, 如仪器延迟或大气传播延迟(见后), 其误差比信号波长长得多, 并随时间和基线相对于射电源的方向而变化。因此, 仅对相位测量而言, 要求非常苛刻: 只能观测在空间上十分接近的射电源。

更重要的是群延迟, 它与相位变化速率成正比, 与频率的关系为

$$\Delta T = (1/2\pi) \mathrm{d}\boldsymbol{\Phi}/\mathrm{d}f \tag{2.16}$$

如果可以把 $\boldsymbol{\Phi}$ 作为频率的函数取样, 可估得没有模糊度的 ΔT, 延迟估计的误差为

$$2\pi\delta(\Delta T) = \frac{\delta(\boldsymbol{\Phi})}{(f_{\max} - f_{\min})} \tag{2.17}$$

其中, $f_{\max} - f_{\min}$ 为有效频带宽度, $\delta(\boldsymbol{\Phi})$ 为每一取样频率的相位测量误差。因此频带越宽, 群延迟测量的精度越高。这里出现的主要问题是, 由于需要用宽频带记录, 将使所有可用的记录系统超出其限度。解决这个问题的方法是把宽频带分为几个窄频带, 群延迟正是用一个窄频带到下一个窄频带的相位变化来确定的, 这就是带宽合成技术。

定义相对于射电源方向的基线方位的大地测量参数与延时关系的基本方程由式(2.15)给出。在地心准惯性系中, 考虑一个具有赤经 α_s 和赤纬 δ_s 的射电源。在这个参照

系中，基线由其在天球上投影的赤经 α_b 和赤经 δ_b 来定义，式(2.14)可写成

$$\Delta T = \frac{b}{c}\left[\sin\delta_s\sin\delta_b + \cos\delta_s\cos\delta_b\cos(\alpha_s - \alpha_b)\right] \qquad (2.18)$$

如果基线在地固参照系中用两台望远镜的球面坐标 $(R_j,\ \Phi_j,\ \lambda_j)\ (j=1,\ 2)$ 来定义，并为简单起见假设 $R_1 = R_2$，那么

$$\Delta T = \frac{R}{c}\left[A_1\sin\delta_s + A_2\cos\delta_s\cos(\theta - \alpha_s - \beta)\right] \qquad (2.19)$$

其中，θ 为恒星角，且

$$\begin{cases} A_1 = \sin\Phi_2 - \sin\Phi_1 \\ A_2 = \left[(\cos^2\Phi_2 + \cos^2\Phi_1) - 2\cos\Phi_1\cos\Phi_2\cos(\lambda_2 - \lambda_1)\right]^{1/2} \\ \tan\beta = (\cos\Phi_2\sin\lambda_2 - \cos\Phi_1\sin\lambda_1)/(\cos\Phi_1\cos\lambda_1 - \cos\Phi_2\cos\lambda_2) \end{cases} \qquad (2.20)$$

因此，时间延迟 ΔT 每日以振幅 A_2 和相位 $(\alpha_s - \beta)$ 变化，这两者均为射电源和基线参数的函数。

在较为实际的模型中，需要加上两台时钟在同一个历元的偏移 $\Delta T^{(c)}$，同样加上两台时钟的钟速之差 $\Delta \dot{T}^{(c)}$，式(2.19)和式(2.20)写为

$$\Delta T = \frac{R}{c}A_1\sin\delta_s + \Delta T^{(c)} + \Delta \dot{T}^{(c)}T + \frac{R}{c}A_2\cos\delta_s\cos(\theta - \alpha_s - \beta) \qquad (2.21)$$

时间延迟变化有四个参数：偏移，即时钟偏移与平行于自转轴的基线分量之和；线性部分，即差分钟速；正弦项的振幅 A_2 及相位 β。为了求解基线，未知数总共有 7 个，两个相对时钟参数，两个射电源方向及 3 个基线参数(尽管经度与射电源赤经是不可分的)。因此，观测三个射电源，可以唯一地确定 6 个独立参数，但有一个特解是否有用，不仅有赖于观测精度，而且有赖于一个特定射电源每一观测序列的持续时间、射电源的数量及射电源相对于基线的位置。

在长几千米至几十千米的甚短基线上利用独立的时间和频率标准进行干涉测量的优点是两台望远镜的大气延迟大体相同，因而所得到的解基本上与这些误差源无关。但所有与仪器有关的误差，包括时钟与本机振荡器的不稳定性，都与较长基线的测量结果相同。时钟与振荡器误差可以通过直接比较两个信号测量相位延迟的方法与其他仪器误差区分开来，源的位置误差的影响也不像长基线那么严重。短基线的另一个优点是可以使用常规大地测量方法进行高精度测量，并可进行完全独立的检核。

1. 极移和 UT1

在给出方程(2.14)以及式(2.18)~式(2.21)时，基线向量 $\boldsymbol{b}$ 是在与射电源向量 $\boldsymbol{s}$ 相同的恒星坐标系 $\boldsymbol{x}$ 中定义的。假设 $\boldsymbol{x}'$ 坐标系是一个由瞬时转动轴和相应的赤道在黄道上交线定义的恒星坐标系，那么

$$X' = R_3(\theta)R_1(m_1)R_2(m_2)\boldsymbol{x} \qquad (2.22)$$

而且时间延迟为

$$\Delta T = \frac{1}{c}\left[R_3(\theta)R_1(m_1)R_2(m_2)\boldsymbol{x}\right] \cdot \boldsymbol{s} \qquad (2.23)$$

当章动角 $\theta = \theta_0 + \Delta\theta$ 时，由围绕瞬时转动轴的不规则转动引入的附加时间延迟 $\delta(\Delta t)$ 为

$$\delta(\Delta T) = \Delta\theta\cos\delta_s\left[\Delta x_1\sin(\alpha_s - \theta) - \Delta x_2\cos(\alpha_s - \theta)\right]$$
$$+ m_1\left[-\Delta x_3\cos\delta_s\cos(\alpha_s - \theta) + \Delta x_1\sin\delta_s\right] \tag{2.24}$$
$$+ m_2\left[-\Delta x_3\cos\delta_s\sin(\alpha_s - \theta) + \Delta x_2\sin\delta_s\right]$$

其中，$\Delta x_i = x_i(1) - x_i(2)$，并假设 $\Delta\theta_1$、m_1 和 m_2 是微小量，它们的积可以忽略不计。θ_0 是初始章动角 α_1，$\Delta\theta$ 表示与该自转模型的偏差。一条南北向基线，$\Delta x_1 = \Delta x_2 = 0$，不包含恒星角的信息，但包含与基线子午面正交的极移分量的信息。一条东西向基线，$\Delta x_3 = 0$，显示出振幅与 $\Delta\theta$ 成正比的周日信息，因此测定极移和 $\Delta\theta$ 两种分量需要有经度方向上相隔适度的两条基线。

1972 年以后就已开始采用 VLBI 技术测定极移分量，但只是最近几十年，随着国际射电干涉测量计划（IRIS）的实施才开始获得 m_1 和 m_2 的系统成果。该计划包括美国三个永久性观测站（得克萨斯的戴维斯堡，马萨诸塞的韦斯特福德，佛罗里达的里士满）和德国巴伐利亚的韦特采尔永久性观测站，以及断断续续提供数据的其他望远镜。从 1984 年 1 月开始，极位置每五天估算一次（见国际时间局的年度报告）。这些坐标估值的有效精度优于 0.001″~0.002″，比以前用光学天体测量方法获得的精度差不多提高了一个数量级。用 IRIS 计划测定的极移与卫星激光测距的成果进行比较，除去两种成果之间存在的系统偏差外，两种解的吻合度约为 0.001″~0.002″。

大约从 1972 年开始，断断续续地用 VLBI 技术测量了 UT0 和 UT1 的变化，但只是从 1984 年初才开始定期地获得间隔均匀、周期短的极移估计。UT0 是格林尼治平太阳时，也称民用时或世界时；UT1 是加了极移改正的世界时。要测定 UT1，极移必须是已知的，在一些根据一条基线得到的解中，用从非 VLBI 解中得出的极坐标，由测得的 UT0 来计算 UT1。从 1985 年 4 月开始已拥有几乎完整的每日 UT1 估值序列。

2. 岁差和章动

射电源坐标通常在一平均赤道系统中定义，更完整的延迟方程式是一个将 $\boldsymbol{b}$ 转换到惯性坐标系中的表达式

$$\Delta T = \left[R_3(\alpha_2)R_1(\alpha_1)\right]X' \cdot s \tag{2.25}$$

其中，α_1 是章动角（α_2 和 α_3 分别是自转角和进动角），X' 由式(2.22)定义。求解章动角可采用不同的方法。一种方法是在给定的观测时段内求解每一射电源的坐标，并分析得出这些坐标随时间的变化规律，进而求解已知周期章动振幅（可能还有相位）。一种更实用的方法是根据剩余延迟时间估计一条或更多条基线每一观测时段的 α_1 和 α_2 的改正数（$\Delta\alpha_1$，$\Delta\alpha_2$），

$$\delta(\Delta T) = \left[\frac{\partial R_3(\alpha_2)}{\partial\alpha_2}R_1(\alpha_1)\Delta\alpha_2 + R_3(\alpha_2)\frac{\partial R_1(\alpha_1)}{\partial\alpha_1}\Delta\alpha_1\right]X' \cdot s \tag{2.26}$$

并分析这些延迟时间残差来求解章动项的振幅和相位。第三种方法是在有较长观测序列的前提下，直接求解章动项的振幅和相位，同时求解所有其他的（包括大地测量的和地球物理的）未知数。所有这些方法都有其优缺点。第一种方法能检验坐标系的稳定度；第一种和第二种方法能对不能根据先验信息精确知道频率的那些未预先估计到的效应和现象（例如地球的自由章动）进行残差检验。但这两种方法都难以顾及逐次解之间的相关。第三种方法是最严密的，但由于需要分析较长的观测序列，因而也是最繁杂的。Carter 等（1985）

以及 Herring 等(1968)采用了第二种方法，并获得了可比较的结果(两次分析基本上使用了相同的数据组)。Herring 等(1986)估计了周期为 9.1 天至 12 个月的 7 个章动项的改正数，但似乎只有 12 和 6 个月的项是显著的。由于近周日项与产生 $\sigma_i - \omega$ 的长周期项的频率为 σ_i 的项(这里的 ω 为周日频率)相混，会在延迟时间中引入长周期项。例如，未被模拟的对流层或潮汐误差就可以产生这种误差，但 Herring 等并不认为这些是重要的。然而，基线长度中不可解的振荡表明基线解中还有误差。

理论研究方面，目前的岁差模型有 IAU1976 岁差模型、IAU2000 岁差模型、IAU2006 岁差模型，其中 IAU2006 岁差模型中的系数在历元 J2000.0 时的精度为 1μas。目前的章动模型有 IAU1980 章动模型、IAU1996 章动模型、IAU2000 章动模型，其中 IAU2000 章动序列由 678 个日月章动项和 687 个行星章动项组成，章动计算精度优于 0.2mas(李征航，等，2010)。

2.3.3 GNSS 技术测定地球自转参数

独立于 SLR 和 VLBI 技术，GNSS 技术是测定地球自转参数的另一种方法。与其他技术相比，GPS 采集的数据量充足，能够获得高分辨率和长时间跨度的地球自转参数。

下面给出 GPS 解算地球自转参数的双差模型法(魏二虎，等，2013，2017)，该方法中待估参数为测站坐标、卫星坐标、地球自转参数和中性大气延迟。将 GPS 载波相位观测值用待估计的函数模型表示为：

$$\boldsymbol{L} = M(t, X_{SP}, X_T, X_N, X_{elp}, X_{atn}) \tag{2.27}$$

其中，M 是联系观测量与参数的函数模型，t 是时间，X_{SP} 是初始时刻的轨道根数和摄动参数，X_T 是测站坐标，X_N 是相位模糊度，X_{elp} 是地球自转参数，包括极移参数 x_P、y_P 和日长变化参数 D_R，X_{atm} 是大气延迟。式(2.27)线性化后，可得：

$$L = C_0 + \frac{\partial M}{\partial X_{SP}}\delta X_{SP} + \frac{\partial M}{\partial X_T}\delta X_T + \frac{\partial M}{\partial X_N}\delta X_N + \frac{\partial M}{\partial X_{erp}}\delta X_{erp} + \frac{\partial M}{\partial X_{atm}}\delta X_{atm} + \varepsilon \tag{2.28}$$

其中，C_0 是由近似参数计算出来的理论观测值，ε 是观测噪声。

转换矩阵在极移 x 和 y 方向上的分量为：

$$\frac{\partial \boldsymbol{R}_1}{\partial x_p} = PNS\frac{\partial W}{\partial x_p}\boldsymbol{R}_t(t) = PNS\begin{bmatrix} -z \\ 0 \\ x \end{bmatrix} \tag{2.29}$$

$$\frac{\partial \boldsymbol{R}_1}{\partial y_p} = PNS\frac{\partial W}{\partial y_p}\boldsymbol{R}_t(t) = PNS\begin{bmatrix} -x_p y \\ x_p x + z \\ -y \end{bmatrix} \tag{2.30}$$

其中，$\boldsymbol{R}_1$ 是测站在惯性坐标系统中的位置矢量，x_p 和 y_p 为极移在 x、y 方向的分量，D_R 是 UT1-UTC 的一阶变化率，即日长变化，则

$$\frac{\partial \boldsymbol{R}_1}{\partial D_R} = \frac{\partial \boldsymbol{R}_1}{\partial \theta_g}\frac{\partial \theta_g}{\partial D_R} \tag{2.31}$$

$$\frac{\partial \boldsymbol{R}_1}{\partial \theta_g} = PN\frac{\partial S}{\theta_g}W^T = PNSW\begin{bmatrix} -y - y_p z \\ x - x_p z \\ y_p x + x_p y \end{bmatrix} \tag{2.32}$$

$$\frac{\partial \theta_g}{\partial D_R} = 2\pi(1 + k)\frac{\partial \mathrm{UT1}}{\partial D_R} = 2\pi(1 + k)(t - t_0) \tag{2.33}$$

$$\frac{\partial \boldsymbol{R}_1}{\partial \dot{D}_R} = \frac{\partial \boldsymbol{R}_1}{\partial D_R}(t - t_0) \tag{2.34}$$

$$\theta_g = \mathrm{GAST} = 2\pi[\mathrm{GMST(UT0)} + (1 + k)\mathrm{UT1}] + \Delta\varphi\cos\varepsilon \tag{2.35}$$

其中，θ_g 即 GAST（Greenwih Apparent Sidereal Time）是格林尼治恒星时，GMST（Greenwich Mean Sidereal Time）是格林尼治平恒星时，$\Delta\varphi$ 是黄经章动，ε 是黄赤交角，站坐标与卫星轨道参数来自 IGS 站。通过以上解算，可求出地球自转参数。

2.4　潮汐及潮汐摩擦

2.4.1　潮汐

台站径向和切向潮汐位移由勒夫数 h_n、l_n 定义为

$$u_r = \frac{h_2}{g}(V_月 + V_日)_2, \qquad u_i = \frac{l_2}{g}\bar{V}_s(V_月 + V_日)_2 \tag{2.36}$$

其中，仅考虑了位 $V_月 + V_日$ 的 2 次项。对于半日潮

$$u_r = h_2\frac{M_月}{M}R\left(\frac{R}{a_月}\right)^3 B_{22}^{(v)}p_{22}(\sin\phi)\cos(\Theta_{22}^{(v)} + 2\lambda)$$
$$\approx 53.6h_2 B_{22}^{(v)}p_{22}(\sin\phi)\cos(\Theta_{22}^{(v)} + 2\lambda)\,\mathrm{cm} \tag{2.37}$$

由于切向位移勒夫数 l_2 只有 h_2 的 $1/6$，对 VLBI 基线的潮汐影响主要是由径向变形引起的。采用 $h_2 = 0.60$，在赤道由 M_2 分潮造成的径向位移振幅大约为 16.4cm。一条 $1\times10^4\mathrm{km}$ 长的东西向基线，由于该条基线的两台望远镜移动的相位不同，将显示约 25cm 的长度变化及 $0.004''$ 的方位变化。

勒夫数的主要特征是：潮汐响应是海洋和固体地球的综合响应，前者是测站离开海岸线的距离的函数。因此，即使是弹性径向对称地球，总的潮汐也将随频率变化，并可能使引潮位提前或滞后。而且，由于海洋的影响、固体地球的频散效应，以及地核的共振效应，潮汐响应将随频率变化。对单一全球响应模型的偏差仅为二阶效应，但它们是勒夫数的一部分，包含地球物理信号。因此，要获得有意义的成果，必须能以百分之几毫米的精度测定 h_2，必须要能以比 12 小时的潮汐周期短得多的观测时间、以优于几毫米的精度测定基线长度。

潮汐信号的主周期集中在 12 和 24 小时左右。其中，前者更为重要，因为几乎没有具有半日项的地球物理或噪声信号（低纬度的大气压力例外）。另一方面，周日分潮特征很可能受到气象和仪器噪声（由环境因素和大气潮汐引起大气折射、电子延迟和天线畸变）的影响。对日分潮的改正不当，也可能通过与持续 24（太阳）小时观测时间相混而在延迟时间中引入长周期误差。例如，对 K_1 和 P_1 分潮估计不当，将延迟时间中引入周期接近 12 个月的振荡，而 π_1 和 ψ_1 分潮的误差将引入周期为 6 个月左右的振荡。对 K_1 和 P_1 合

成分潮产生的基线方位振荡在纬度 45° 处约为 0.005″, 但由 π_1 和 ψ_1 合成分潮产生的振荡则要小更多。因此勒夫数改正到约 10 %, 基本上能满足 VLBI 测量结果潮汐改正的需要。把测站重力潮汐记录和海洋荷载效应的数值模拟结合起来可以达到这一目的, 但测站不能距海岸线太近。

自 1975 年由 Robert 首次给出了 h_2 和 l_2 的解之后, 有不少科学家先后给出略有差异的解。在这些解中, 估计了 h_2 和 l_2 的全球值和单测站值, 与潮汐形变的频率无关。h_2 的全球值, 按测站平均和按频率平均计算的结果在 0.61 至 0.62 之间, 与弹性径向对称的无海洋的地球模型得出的理论值完全一致。但因这些估值准确度不够, 不足以提取有关地球响应的有用信息。l_2 的全球估值为 0.07~0.08。在这些研究中均未发现与 h_2 和 l_2 相关性明显的测站, 这主要是由于所得估值的准确度相对较低。

2.4.2 潮汐摩擦与长期自转减慢

随着古生物学的发展, 一些动植物的化石也可以在一定尺度上揭示日长变化信息 (Lambeck, 1988), 因为这些动植物的生长与当时的每天的时间长短有密切关系。通过研究这些化石可以推断出当时的一天的长短, 加上化石的年龄则可以估计出从化石年代至今的平均日长变化率。这类观测证据对考察长期日长变化具有很强的说服力, 可看做地质历史时期的日长变化的观测证据。

随着现代各种观测技术手段的提高, 特别是高精度原子时钟的出现、精密空间定位技术的发展等, 对日长变化观测的精度不断提高, 研究也更加深入。目前空间大地测量方法能够以优于 20 微秒 (μs) 精度实时观测日长变化 (Dick, Richter, 2004; Wahr, 1988; Gross, 2015), 可监测日长变化的高频成分。这些高频成分的研究有利于进一步了解地球系统之间的相互作用。日长的高频变化由多种因素引起, 如随时间变化的大气、海洋等。不过, 高精度的日长变化监测是近几十年的事, 难以推断长期日长变化 (例如在千万年至亿年的尺度上)。日长长期变化则由大尺度物质迁移所致, 与地球演化密切关联, 备受国内学者关注。

科学家普遍认为, 日长长期变化是由于日月潮汐摩擦造成的。目前研究日长长期变化及其机理解释, 主要体现在以下方面 (Lambeck, 1988): ①利用天文观测资料、古生物记录研究日长长期变化; ②利用潮汐力矩推算日长长期变化; ③利用海洋潮汐模型或者由人造卫星轨道摄动法求解潮汐参数进而推算日长长期变化。

方法①是基于各种观测, 如月球、太阳的视角加速度 (MacDonald, 1965; Morrison, 1975), 古天文记录以及古生物记录 (Lambeck, 1988) 等。太阳、月球的视角加速度反映出太阳或月球视轨道上速率的变化与地球自转速率变化的综合效应。根据一些合理假设即可推论日长长期变化。古生物和天文记录则反映记录时刻的地球自转信息 (当时的日长信息), 将之与现今自转速率 (或现今日长) 进行比对则可推求地质历史时期日长变化的平均值。这种平均值可消除周期性影响, 凸显长期变化效应。剩下的问题, 就是如何解释日长长期变化的观测结果。

方法②主要是把地球的潮汐响应看成是二阶项, 忽略了更高阶项 (申文斌和张振国, 2008)。这时, 潮汐形变是一个形变椭球。利用弹性响应和超前角则可以估算出作用在地球上的潮汐力矩。具体的算法又有不同。Melchior(1974，1983)和 Scheidegger(1986)是通过对引潮力位在东西方向上的梯度即力在全地球体的积分算出潮汐力矩的。Stacey(1977)则基于不同的思路：利用附加力位在月球处因为超前角而产生的对月球的加速力矩，根据牛顿第三定律可以得出，作用在地球上的潮汐力矩大小与之相等，对地球自转起减速作用。这也是本文采用的方法。

方法③是随着空间大测量技术的出现而发展起来的，因为此方法要利用由卫星观测的资料来确定各个潮汐波的参数，包括振幅和相位。这类方法在很多文献中得到了应用，而且不同的学者其具体实现方法也有一定的差别(Cheng et al.，1992；Christodoulidis，Smith，1998；Ray et al.，1999；Wu et al.，2003)。此种方法就数据来源而言有较高的精度，因为现在的观测手段已比较成熟了，能够将微小信号提取出来。这种方法对研究地球自转的一定频率内的变化来说比较合适，但是对日长长期变化则难以精确得出。卫星的观测时间只有数十年，很难将日长的长期变化和较长周期如百千年周期的变化区分开来，因而像激光测距或卫星轨道分析之类的方法就显示出了局限性。海潮模型的建立本身就是基于对海平面长期观测而建立的，它的局限性也同潮汐参数一样，难以区分长周期影响。另外，海潮模型的建立会有一定的假设，这个因人而异，很难与实际情况完全吻合。目前关于潮汐损耗机制还没有统一的认识，对具体的损耗机制还不能确定。如果按照 Jeffreys 的观点，浅海地区的摩擦是能量损失的主要原因，那么现在任何形式的向前外推都是不可信的，因为地质历史时期，地球表面曾经发生过较大的变化，板块运动和大规模的冰川运动都会影响海陆地形和浅海范围。目前建立海潮模型只能够反映当前的损耗速率，这对地球自转速率长期变化没有普遍意义(Lambeck，1988)。

Wu 等(2003)利用海潮位展开法，选用海洋潮汐解参数先求得潮汐力矩，然后得出日长长期变化。Getino(1991)以及夏一飞和萧耐园(1997)则是用 Hamilton 方法研究地球自转的长期减慢，给出了长期减慢的结论。总之，计算潮汐摩擦导致的日长变化的方法比较多，这里不能详尽列举，读者可参阅相关文献。

由于计算方法种类众多，采取的假设和数据源等又因人而异，因此不同作者得出的结论也不尽相同。除了日长长期变化的观测或理论预测之外，其地球物理解释也非常关键。然而，深入、透彻的令人信服的研究成果并不多见。例如 Gu(1998)和顾震年等(1998)提到过太阳风与地球磁场的相会作用对地球自转产生长期减慢的影响；更多的则是表明扁率系数 J_2 的长期减小会导致地球自转的非潮汐加速(Christodoulidis，Smith，1988；朱耀仲，等，2000；Wu，2003)。还有一些学者指出引力常数 G 减小也会造成日长变化(李林森，2002)，但"引力常数减小"这一假说尚无定论。除此之外，地核增生、冰川期后地壳回弹、海平面上升、板块运动和核幔的地形电磁耦合等因素也被纳入考虑的范畴。

如前所述，日长(LOD)是地球自转一周(相对于某个恒星)所花的时间，它与自转速率之间的关系可表述为 $LOD = 2\pi/\omega$。地球绕其自转轴自转一周所需时间用 UT1(世界时)表示，但是这个时间并不是恒定不变的(Shen，Zhang，2015)。当然，这个变化量相对自转速率而言是非常小的，单凭人的感觉或简单的测量手段难以观测出来。随着观测技术手段的提高，确定世界时的时钟精度大大提高，特别是原子钟的应用，可以实时测量出日长的相对变化值，将地球自转变化的各种频率成分分离出来。利用不同频段的日长变化，可研究不同的地球物理成因(参见 2.1 节)。

图 2.5 是利用 IERS 发布的 C04(IAU2000)数据得到的因地球自转速率改变而导致的日长变化情况(http://ww2.iers.org/IERS/EN/DataProducts/EarthOrientationData)。这些数据是没有做任何平滑处理的,每天一个相对日长值。

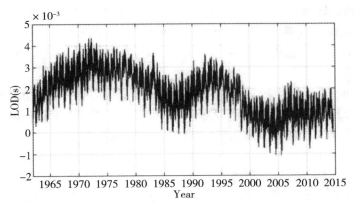

图 2.5　日长变化观测(数据取自 IERS,自 1962 年 1 月至 2014 年 10 月)

从图 2.5 可以看出,日长变化非常复杂,不能用简单的表达式表示,不做深入分析则不能看出各种频段内的信号,包括长期变化率。对日长变化的进一步分析可以得出,日长不规则变化可以分为各种频率内的变化,各个频段内的变化是由于不同的地球物理现象引起的,参见表 2-2(郑大伟,虞南华,1996)。

表 2-2　　　　**地球自转的主要变化及其物理机制(引自郑大伟,虞南华,1996)**

时间尺度	主要的物理机制
长期缓慢变化	潮汐摩擦引起的地球自转长期减速
长周期变化(大于十年)	太阳、月亮和行星的运动,冰川期后地壳的反弹
十年尺度波动	地球内部核幔耦合效应
年际变化	赤道带海洋、大气的相互作用,南方涛动,ENSO 现象
两年准周期变化	大气平流层的准两年震荡作用
季节性变化	大气的季节性作用,太阳、月亮的半年潮汐效应
短周期变化(小于半年)	大气的高频震荡,ENSO 现象,月亮的短周期潮汐波动效应
高频变化	海洋潮汐与固体地球的相互作用

从表 2-2 中可以看出大气对年际以内的日长变动有重要意义。进一步分析表明,大部分的日长波动部分是大气角动量波动造成的(Lowrie,1997)。太阳不均匀照射到大气层上,引起大气热力学参数全球不均匀分布。在热梯度的作用下气体会沿着梯度负方向运

动，也就是形成了全球循环的风。风的不规则运动带来大气角动量的变化。将固体地球与大气联合起来考虑，两者的角动量应该守恒。因此，大气角动量的变化必然会引起固体地球的角动量变化。

角动量 J 与自转速率 ω 存在如下关系：

$$C\omega = J \tag{2.38}$$

其中，C 是绕 z 轴的转动惯量。因此，地球自转速率 ω 会因为大气角动量波动而发生变化，固结于固体地球的观测者以及观测仪器则观测到相应的日长波动。从图 2.6 可以明显地看出观测到的日长变化波动大部分是由大气角动量（Atmosphere Angular Momentum，AAM）波动造成的。

从表 2-2 可知，年际以内的日长变化主要激发因素是大气，为了更清楚地显示两者之间的相关性，图 2.6 选取了 1981 年 1 月到 1984 年 12 月之间四年的数据。从这一段数据可以证明日长变化的部分原因是由大气不规则运动造成的。

虽然大气角动量能够解释大部分日长波动，但从原始日长观测数据中扣除大气角动量估计值还会有一定的残余，这从图 2.6 中也可以看出来。这种小的残余中，除了潮汐摩擦导致的日长长期变化因素之外，还包括固体地球潮汐的影响。固体地球在起潮力的作用下发生周期性膨胀收缩，这种膨胀收缩使得地球内部物质点到自转轴间的距离发生改变，相应的地球绕极转动惯量发生周期性变动。绕极转动惯量的周期性变动导致自转速率的周期性变动，因此会在上面表现出周期性的残差，要完整地了解此种影响，可参照其他更详细的文献（Carter，1989）。另外一些不规则的物质迁移也会造成日长变化，如冰川期后地壳回弹、海平面上升、大地震等，这些影响会体现在不同的周期中。

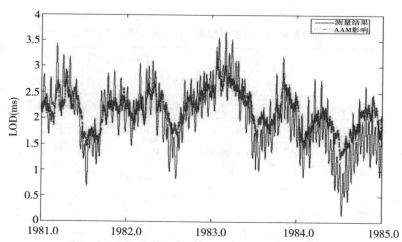

注：1981.1-1984.12 之间 LOD 观测值与根据大气角动量（AAM）预测值符合得很好。

图 2.6　1981 年到 1984 年 LOD 观测值与 AAM 预测值相关性

大气的影响可以分布在年际变化以内的各种短周期变化之中，这与不同的激发条件有关。日长的更长周期如十年尺度的波动一般认为是核幔耦合造成的，这种耦合包括核幔边界的地形耦合、电磁耦合等。这方面的研究相对较少，目前尚无定论（Shen，Zhang，2015）。

除了日长的周期性变动外，日长的另一个变化——长期变化在地质历史时期则可以看成是线性的。关于日长的长期变化最强有力的证据来自古代的日月食、掩星和会合点记录。这些记录显示，地球的日长线性变化量级是 1~2 毫秒每世纪（ms/cy）。不同作者给出的结论会有差别，这将在后面的讨论中具体提及，但是都在这个范围之中。此外，这种长期变化量级相对于其他因素如高频变化、季节性波动较小，因此淹没于其他影响成分，以至于从近代几百年的光学观测资料中都难以直接看到（Wahr，1988；安德森，卡泽纳夫，1990）。日长的长期变化主要是由于日月潮汐摩擦所导致。关于潮汐摩擦导致日长长期变化的计算和详细讨论，有大量文献可供参考（如 Stacey，1977；Getino，1991；Wu et al.，2003；Shen，Zhang，2015）。

2.5　地球自转变化与地球动力学过程

地球自转产生离心力。地球自转变化导致离心力变化，从而导致地球物质系统受力状态的变化。地球物质系统受地球自转变化的影响与地球黏弹特性密切关联，二者相互影响。

2.5.1　地球自转与黏弹作用

弹性地球上的海洋潮汐模型决定着海洋耗散速率，而潮汐参数的卫星观测结果决定着综合固体地球和海洋的耗散速率。因此，两估值之差使我们能对每一个潮汐分量分别估计固体地球的耗散，而且在原则上有可能研究某些已经提出的固体地球勒夫数随频率的变化。$N_月$的天文观测结果决定着地月系统的部分耗散，可以根据适当潮汐频率的卫星观测结果估得，然后可估计月球内的耗散速率 $\delta N_月$。因此，可以把耗散参数的海洋、卫星和天文估值综合起来，来分离地月系统中海洋、固体地球和月球三种可能的能耗。

以前对这种区分所作的尝试（Lambeck，1988）表明，海洋对总耗散速率的影响至少占 90%~95%。为了获得固体地球内耗散的有用估值，要求把这种影响准确到优于百分之几的水平。同样，$N_月$的天文观测的准确度仍然太低而无法确定 $\delta N_月$，预测该值最多仅为总加速度的百分之几。这里，$\delta N_月$的准确度也取决于在许多频率上卫星测定潮汐参数的准确度，这也需改进。

可能从地球拥有大洋开始或至少从 30 亿年前起至今，海洋就是地月系统中潮汐能耗散的主要原因。这种耗散的机制仍不清楚，但很有可能受海洋深度、海岸线几何形状和力函数频率的控制，耗散的速率不会一直保持恒定。海平面大幅度下降使浅海面积减少，而板块构造运动导致洋盆出现大的重新构形，这两种变化都会造成在过去的地质年代中耗散速率有所不同。

过去有人曾试图把地质年代的耗散定量化。Webb（1982）研究过在一个"平均"的海洋中，耗散是怎样随地月系统中引潮力的频率变化而变化的，他认为，过去的耗散速率很可能比现在的小得多。有的科学家曾模拟了中生代和古代重新构成的洋盆中的潮汐。他们也认为过去的耗散速率平均说来比现在低。

就过去地球的自转和潮汐频率曾提出过几种地质约束。某些生物体在它们被看作是生长增加的顺序层和重复层的骨骼部分留下了记录。这些序列似乎是由生物的生长受固有的内部节律和外部环境条件，比如对于生长在潮间的水域中动物的日周期或潮汐周期调节的结果。受天文现象控制的生长形态的特殊意义在于，如果能从化石中把它们辨别出来，就能增加确定过去的地球自转周期的可能性。为此，学术界讨论了三组生物体：珊瑚、软体动物和垫藻岩。日生长物种有可能受白天和黑夜连续交替的控制，生长图像可能是由水温或食物供应的变化造成的，日变化形态受季节性调节。月光的变化会改变食物供应或触发产卵，从而影响某些生物的生长。周期性潮汐变化可以使生物体暴露于大气层或改变沉积状态或食物供应，从而使生物的生长发生变化。叠加在这些规则周期之上的是由风暴、降雨、温度过高或过低或其他干扰因素造成的不规则的间断。目前研究过的主要周期为一年中的若干朔望月（两次连续"新"月的时间段）及其中的若干天。

珊瑚化石是古生代一年中的天数比现代一年的天数要多的证据，泥盆纪的一年有四百天。有人用月周期研究了日周期的变化，提出当时每月平均约有 30.7 天。根据珊瑚和软体动物化石已得出了其他一些估值，它们都支持古代日长较短，而朔望天数多的说法。

根据月球的非流体静力形状可给出一种不同的约束值。Jeffreys 于 1915 年曾提出，月球目前的形状代表着月球在过去比现在距地球更近，具有潮汐力和离心力比现在更大的流体静力形状。

古生物和月球观测结果的意义在于它们有助于约束月球轨道在整个地质年代的演化过程，因为如果把现在的轨道演化速率外推追溯到过去，这种变化变得极为显著。月球轨道的半主轴的长期变化可写成

$$a_月 = A a_月^{-11/2} \tag{2.39}$$

从现在的时刻 T_o 至过去的某个时刻 T 作积分

$$a_月^{13/2} = (a_月 / T_o)^{13/2} + \frac{13}{2} A (T - T_o) \tag{2.40}$$

其中，A 与 $\sin \varepsilon_{2mpq}$ 成正比。如果仅考虑主要 M_2 分潮，且价滞后角的平均值为 $4°$，在大约 20 亿年前，月球距地球很近。根据角动量守恒，那时的日长可能约为 5 小时。一年中太阳日的天数 n_1、朔望月的天数 n_2 可用 n_1 和 n_2 的变化速率表示为

$$n_1 = \omega(T)/N_日 - 1, \quad dn_1/dT = \omega(T)/N_日 \tag{2.41}$$

$$n_2 = \frac{[\omega(T) - N_日]}{[N_月(T) - N_日]}, \quad \frac{dn_2}{dT} = \frac{\omega(T)}{(N_月 - N_日)} - \frac{N_月(\omega - n_日)}{(N_月 - N_日)^2} \tag{2.42}$$

其中，$N_日$ 和 $N_月$ 分别为太阳和月亮的平均运动，ω 为时刻 T 的自转速度。假设 $N_日$ 为常数且除了潮汐转矩外没有其他转矩作用于该系统，那么这些量可根据开普勒定律和角动量方程求出。

月球与地球靠得很近也许意味着月球是在地月系演化进程的某个相对晚期阶段，或是从地球分离出去，或是被地球俘获过来的，但这两种假设不能被地球化学家所接受。

2.5.2　地球自转与地球分层结构

由于地球并非刚体，而是分为三层：黏弹地幔（与地壳合为一层）、液态外核和固态

内核。每一层都可用欧拉-刘维尔方程来描述，层与层之间存在各种耦合作用，比如，电磁耦合、引力/压力耦合、摩擦耦合、地形耦合等。此外，如 2.5.1 节所述，黏弹参数(或糯变参数)与地球自转密切关联，二者相互影响。因此，完整描述地球自转的方程应该是，给定黏弹参数集合以及地球惯量张量(见 2.1.1 节)，构建带有耦合约束条件的三轴分层地球自转动力学方程。方程系统非常复杂，需要数值法求解。下面概述基本方程(Mathews et al., 1991 a, b; 2002; Chen, Shen, 2010; Sun, Shen, 2016; Shen, Yang, 2015; Guo, Shen, 2020)。

假设地球是由弹性固体地幔、液态外核和弹性固态内核三层组成，采用平衡地球的定义，也即流体静力学平衡假设，在此假设下等密度面与重力水准面重合，Guo 和 Shen (2020)在 Mathews 等的旋转对称三层地球理论(Mathews et al., 1991a, 2002)的基础上，考虑三轴化的转动惯性张量(Zhang, Shen, 2020)、作用在整个地球上的田谐潮汐力矩、作用在内核上的压力与引力耦合力矩、地形耦合力矩(Zhang, Shen, 2021)、内外核边界上的电磁耦合力矩等，建立了一个全新的三轴三层地球自转理论(Guo, Shen, 2020):

$$
\begin{cases}
A\dfrac{dm_1}{dt} + A_f\dfrac{dm_1^f}{dt} + A_s\dfrac{dm_1^s}{dt} + \dfrac{A_s+B_s}{2}\alpha_3 e_s\dfrac{dn_1^s}{dt} + \dfrac{dc_{13}}{dt} + \Omega_0\Big[(C-B)m_2 - \\
\qquad \Big(B_f m_2^f + B_s m_2^s + \dfrac{A_s+B_s}{2}\alpha_3 e_s n_2^s + c_{23}\Big)\Big] = \Omega_0(C-B)\phi_2 \\[2mm]
B\dfrac{dm_2}{dt} + B_f\dfrac{dm_2^f}{dt} + B_s\dfrac{dm_2^s}{dt} + \dfrac{A_s+B_s}{2}\alpha_3 e_s\dfrac{dn_2^s}{dt} + \dfrac{dc_{23}}{dt} + \Omega_0\Big[-(C-A)m_1 \\
\qquad + \Big(A_f m_1^f + A_s m_1^s + \dfrac{A_s+B_s}{2}\alpha_3 e_s n_1^s + c_{13}\Big)\Big] = -\Omega_0(C-A)\phi_1 \\[2mm]
A_f\dfrac{d}{dt}(m_1+m_1^f) + \dfrac{dc_{13}^f}{dt} - \dfrac{A_s+B_s}{2}\alpha_1 e_s\dfrac{dn_1^s}{dt} - \Omega_0(C_f + K_{CMB}B_f + K_{ICB}B_s)m_2^f + \Omega_0 K_{ICB}B_s m_2^s = 0 \\[2mm]
B_f\dfrac{d}{dt}(m_2+m_2^f) + \dfrac{dc_{23}^f}{dt} - \dfrac{A_s+B_s}{2}\alpha_1 e_s\dfrac{dn_2^s}{dt} + \Omega_0(C_f + K_{CMB}A_f + K_{ICB}A_s)m_1^f - \Omega_0 K_{ICB}A_s m_1^s = 0 \\[2mm]
A_s\dfrac{d}{dt}(m_1+m_1^s) + \dfrac{A_s+B_s}{2}e_s\dfrac{dn_1^s}{dt} + \dfrac{dc_{13}^s}{dt} + \Omega_0\Big[(C_s-B_s)m_2 + B_s K_{ICB}m_2^f - B_s(1+K_{ICB})m_2^s \\
\qquad - \dfrac{A_s+B_s}{2}e_s n_2^s - c_{23}^s\Big] = \Omega_0(C_s-B_s)\big[\alpha_1(m_2+m_2^f) - \alpha_2 n_2^s + \alpha_3\phi_2\big] - \Omega_0 c_{23}^s \\[2mm]
B_s\dfrac{d}{dt}(m_2+m_2^s) + \dfrac{A_s+B_s}{2}e_s\dfrac{dn_2^s}{dt} + \dfrac{dc_{23}^s}{dt} + \Omega_0\Big[-(C_s-A_s)m_1 - A_s K_{ICB}m_1^f + A_s(1+K_{ICB})m_1^s \\
\qquad + \dfrac{A_s+B_s}{2}e_s n_1^s + c_{13}^s\Big] = -\Omega_0(C_s-A_s)\big[\alpha_1(m_1+m_1^f) - \alpha_2 n_1^s + \alpha_3\phi_1\big] + \Omega_0 c_{13}^s \\[2mm]
\dfrac{dn_1^s}{dt} = \Omega_0 m_2^s \\[2mm]
\dfrac{dn_2^s}{dt} = -\Omega_0 m_1^s
\end{cases}
\tag{2.43}
$$

式中各变量的含义见 Formulation of a triaxidal three-layered Earth rotation: theory and rotational normal mode slutions(Guo Z. , Shen W. , 2020)。

式(2.43)中的转动惯量变化是由日月的引潮力矩和因地球的自转产生的离心力导致的地球变形引起的，转动惯量变化可以很严密地用糅变参量和旋转参数、无量纲引潮力位的乘积来表达：

$$
\begin{cases}
c_{13} = A[\kappa(m_1 - \phi_1) + \xi m_1^f + \zeta m_1^s] \\
c_{23} = B[\kappa(m_2 - \phi_2) + \xi m_2^f + \zeta m_2^s] \\
c_{13}^f = A_f[\gamma(m_1 - \phi_1) + \beta m_1^f + \delta m_1^s] \\
c_{23}^f = B_f[\gamma(m_2 - \phi_2) + \beta m_2^f + \delta m_2^s] \\
c_{13}^s = A_s[\theta(m_1 - \phi_1) + \chi m_1^f + v m_1^s] \\
c_{23}^s = B_s[\theta(m_2 - \phi_2) + \chi m_2^f + v m_2^s]
\end{cases}
\tag{2.44}
$$

其中，9 个糅变参量可由潮汐变形和自转变形的位移场进行计算。将式(2.44)代入式(2.43)则可以得到能用于本征模计算的三轴三层地球自转理论(Guo, Shen，2020)：

$$
\begin{cases}
(1+\kappa)A\dfrac{dm_1}{dt} + (A_f + A\xi)\dfrac{dm_1^f}{dt} + (A_s + A\zeta)\dfrac{dm_1^s}{dt} + \dfrac{A_s + B_s}{2}\alpha_3 e_s \dfrac{dn_1^s}{dt} \\
\quad + (C - (1+\kappa)B)\Omega_0 m_2 - (B_f + B\xi)\Omega_0 m_2^f - (B_s + B\zeta)\Omega_0 m_2^s - \dfrac{A_s + B_s}{2}\alpha_3 e_s \Omega_0 n_2^s = 0 \\
(1+\kappa)B\dfrac{dm_2}{dt} + (B_f + B\xi)\dfrac{dm_2^f}{dt} + (B_s + B\zeta)\dfrac{dm_2^s}{dt} + \dfrac{A_s + B_s}{2}\alpha_3 e_s \dfrac{dn_2^s}{dt} \\
\quad - (C - (1+\kappa)A)\Omega_0 m_1 + (A_f + A\xi)\Omega_0 m_1^f + (A_s + A\zeta)\Omega_0 m_1^s + \dfrac{A_s + B_s}{2}\alpha_3 e_s \Omega_0 n_1^s = 0 \\
A_f(1+\gamma)\dfrac{dm_1}{dt} + A_f(1+\beta)\dfrac{dm_1^f}{dt} + A_f\delta\dfrac{dm_1^s}{dt} - \dfrac{A_s + B_s}{2}\alpha_1 e_s \dfrac{dn_1^s}{dt} \\
\quad - \Omega_0(C_f + K_{CMB}B_f + K_{ICB}B_s)m_2^f + \Omega_0 K_{ICB}B_s m_2^s = 0 \\
B_f(1+\gamma)\dfrac{dm_2}{dt} + B_f(1+\beta)\dfrac{dm_2^f}{dt} + B_f\delta\dfrac{dm_2^s}{dt} - \dfrac{A_s + B_s}{2}\alpha_1 e_s \dfrac{dn_2^s}{dt} \\
\quad + \Omega_0(C_f + K_{CMB}A_f + K_{ICB}A_s)m_1^f - \Omega_0 K_{ICB}A_s m_1^s = 0 \\
A_s(1+\theta)\dfrac{dm_1}{dt} + \chi A_s\dfrac{dm_1^f}{dt} + A_s(1+v)\dfrac{dm_1^s}{dt} + \dfrac{A_s + B_s}{2}e_s\dfrac{dn_1^s}{dt} + \Omega_0(C_s - B_s)(1-\alpha_1)m_2 \\
\quad - [(C_s - B_s)\alpha_1 - B_s K_{ICB}]\Omega_0 m_2^f - B_s(1 + K_{ICB})\Omega_0 m_2^s - \Omega_0 n_2^s\left[\dfrac{A_s + B_s}{2}e_s - \alpha_2(C_s - B_s)\right] = 0 \\
B_s(1+\theta)\dfrac{dm_2}{dt} + \chi B_s\dfrac{dm_2^f}{dt} + B_s(1+v)\dfrac{dm_2^s}{dt} + \dfrac{A_s + B_s}{2}e_s\dfrac{dn_2^s}{dt} - \Omega_0(C_s - A_s)(1-\alpha_1)m_1 \\
\quad + [(C_s - A_s)\alpha_1 - A_s K_{ICB}]\Omega_0 m_1^f + A_s(1 + K_{ICB})\Omega_0 m_1^s + \Omega_0 n_1^s\left[\dfrac{A_s + B_s}{2}e_s - \alpha_2(C_s - A_s)\right] = 0 \\
\dfrac{dn_1^s}{dt} - \Omega_0 m_2^s = 0 \\
\dfrac{dn_2^s}{dt} + \Omega_0 m_1^s = 0
\end{cases}
\tag{2.45}
$$

根据式(2.45),可以用通常的本征模计算方法计算三轴三层地球自转的四个本征模:钱德勒晃动(CW)、自由核章动(FCN)、自由内核章动(Free Inner Core Nutation,FICN)、内核晃动(Inner Core Wobble,ICW)。

2.5.3 地球自转与地球膨胀

地球膨胀的提出由来已久(Mantovani,1889,1909),并被用于解释大陆漂移的动力(Hilgenberg,1933;Halm,1935)。20世纪60年代一度被冷落的地球膨胀论,自20世纪90年代以来随着观测手段和资料的丰富而再次活跃起来(Scalera,2003;Wu et al.,2011;Liu et al.,2013)。地球膨胀论在解释来自古生物、古地磁、古地质和古气候学科方面悬而未决的问题有重要作用(Scalera,2003)。比如,可以用来解释极移(Scalera,2003)、古沉积和相关物理过程(袁立新,2012)、软流圈的形成及其形成时间(陈志耕,2013)等。

GPS、VLBI等空间观测技术的出现使得直接探测地球(短期)膨胀(或收缩)成为可能。孙付平等(1999,2006)基于空间大地测量数据对地球的体积变化进行了研究,认为地球南胀北缩,且在总体上处于收缩状态,地球半径大约每年减小2~3mm。南胀北缩的结论与早年Carey(1963)根据地质学考察推断的结果以及马宗晋等(1988,1992)的推测一致,但总体收缩的结论与大部分地质学家得出的结论相反。

尽管地球的形状非常复杂,但其零级近似可看作球体,一级近似可看作旋转椭球,二级近似可看作梨形。由于地球是弹滞体,加之各种外力作用,地球的形体(特别是地球表面形状)一直在发生变化。科学家非常感兴趣的一个问题是:地球的总体积是否变化?若有变化,是变大(膨胀)还是变小(收缩)?于是,科学家争论的焦点是:在过去的几十亿年间,从总体上看,地球在膨胀还是在收缩?一种观点认为,在地球的演化阶段,地球的总体积基本上没有发生变化,大陆漂移只不过是板块在地球表面的相对运动。另一种观点则认为,从40多亿年前开始,地球就开始逐渐膨胀。根据Dirac(1938,1974)的大数假说,引力常数G随宇宙年龄的增加而逐渐衰减,由此可推论出地球在逐渐膨胀。不过,Dirac假说尚未得到验证。一部分学者认为地球在收缩,也有人认为地球在膨胀,还有一些学者认为地球的膨胀与收缩交替进行(刘全稳,等,2001)。

早在20世纪初,Jeffreys(1926)基于观测潮汐与理论潮汐的不同,在其书中提出地球是在收缩的观点,之后又由Lyttleton(1960)观测得到相同结论,与此同时Blake(1977)利用Van Flandem(1975)通过月隐星观测计算出引力常数的变化支持了地球收缩的观点。此前,孙付平等(1999,2006)基于空间大地数据研究得出结论:地球南胀北缩,总体上处于收缩状态。之所以有不少学者支持地球收缩说,一个非常诱人的推理如下:地球内部的平均温度在不断降低,根据通常条件下的热胀冷缩原理,地球整体应该不断收缩。

还有部分学者认为,地球体积没有变化。Williams(2000)基于地质尺度的地球转动惯量无明显变化而推断地球体积应该没有发生变化;Wu等(2011)结合空间大地资料和ITRF2008的质心运动得出地球膨胀率为(0.1 ± 0.2)mm/a,因而不认为地球在膨胀。

与上述两种结果相反的是地球在膨胀的观测结果。Gerasimenko(2003)利用VLBI基线变化率求得地球半径平均增长率为0.2mm/a。申文斌团队利用时变重力信息、全球GPS台站数据以及时变重力联合GPS台站数据计算得到地球膨胀率分别为0.58mm/a(申文斌等，2007）、0.54mm/a（申文斌，张振国，2008）和 0.2mm/a ± 0.02mm/a（Shen et al.，2011）。

　　Shen 等（2015a，2015b）联合大地测量与海平面上升数据估计地球膨胀率，得到的膨胀率在 0.4mm/a 左右。如果地球膨胀率为 0.2mm/a，那么，由此导致的地球长期减慢大约每世纪 0.7ms（Shen et al.，2014）。但实际观测表明，地球长期减慢大约每世纪 1.7ms。综合考虑潮汐摩擦效应（2.3ms）和地球膨胀效应（0.7ms），理论上的长期减慢应该是大约 3ms/a，这与观测不符。原因有待进一步探索。

◎ 本章参考文献

[1]Anderle R J. Determination of polar motion from satellite observations[J]. Geophys. Surv., 1973, 1：146-161.

[2]Anderle R J. Comparison of doppler and optical pole position over twelve years[R]. Naval Surface Weapons Center, Dalgren Laboratory Technical Report, 1976, 3464：10.

[3]Anderle R J, Beuglass L K. Doppler satellite observations of polar motion[J]. Bull. Geod., 1970, 96：125-141.

[4]Carter W E, Robertson D S, Mackay J R. Geodetic radio interferometric surveying：applications and results[J]. Journal of Geophysical Research：Solid Earth. 1985, 90(B6)：4577-4587.

[5]Carter W E. Earth Orientation[M]. In The Encyclopedia of Solid Earth Geophysics, James D. E., 'Ed.'；Van Nostrand Reinhold. New York, 1989：231-239.

[6]Chen W, Shen W B, Han J C, Li J. Free wobble of the triaxial Earth：theory and comparison with International Earth Rotation Service (IERS) data [J]. Surveys in Geophysics, 2009, 30：39-49.

[7]Chen W, Shen W B. New estimates of the inertia tensor and rotation of the triaxial nonrigid Earth[J]. Journal of Geophysical Research, 2010, 115：B12419.

[8]Cheng M K, Shum C K, Tapley B D. Determination of long term changes in the Earth's gravity field from satellite laser ranging observations[J]. Journal of Geophysical Research-Solid Earth, 1997, 102：6216-6236.

[9]Christodoulidis D C, Smith D E. Observed tidal braking in the Earth/Moon/Sun system[J]. Journal of Geophysical Research, 1988, 93(B6)：6216-6236.

[10]Dick W R, Richter B. IERS Annual Report 2004 [EB/OL].

[11]Dickey J O, Marcus S L, Steppe J A. The Earth's angular momentum budget on subseasonal time scales[J]. Science, 1992, 255：321-324.

[12]Dirac P. A new basis for cosmology. Proceedings of the Royal Society of London[J]. Series A, Mathematical and Physical Sciences, 1938, 165：199-208.

[13]Dirac P. Cosmological models and the large numbers hypothesis[J]. Roy. Soc. Lond. Proc., 1974, A338：439-446.

［14］Eubanks T M, Steppe J A, Dickey J O. The El Nino, the southern oscillation and the Earth rotation［J］. In: Cazenave A (ed), Earth Rotation: Solved and Unsolved Problems. Dordrecht: Kluwer Academic Publishers, 1986: 163-186.

［15］Eubanks T M, Steppe J A, Dickey J O, et al. A spectral analysis of the Earth's angular momentum budget［J］. J. Geophys. Res., 1985, 90: 5385-5404.

［16］Gerasimenko M D. The problem of the change of the Earth dimension in the light of space geodesy data［M］//Scalera, G. and Jacobm K. -H., Eds., Why Expanding Earth? —A Book in Honour of Ott Christoph Hilgenberg［J］. INGV Publisher, 2003, Berkeley.

［17］Getino J, Ferrándiz J M. A hamiltonian theory for an elastic Earth: secular rotational acceleration［J］. Celestial Mechanics and Dynamical Astronomy, 1991, 52: 381-396.

［18］Greinermai H, Jochmann H. Correction to 'Climate variation and the Earth's rotation'［J］. J. Geodyn., 1998, 25: 1-4.

［19］Gross, Richard S, Fukumori I, Menemenlis D. Atmospheric and oceanic excitation of decadal-scale Earth oritation variations［J］. Journal of Geophyscial Research, 2005, 110: B09405.

［20］Gross, Richard S. Earth rotation variations-long period［J］. Treatise on Geophysics, 2015, 3: 215-261.

［21］Gu Z. An interpretation of the non-tidal secular variation in the Earth rotation: the interaction between the solar wind and the Earth's magnetosphere［J］. Astrophysics and Space Science, 1998, 259: 427-432.

［22］Guo Z, Shen W. Formulation of a triaxial three-layered Earth rotation: theory and rotational normal mode solutions［J］. Journal of Geophysical Research-Solid Earth, 2020, 125: e18571.

［23］Halm J. An astronomical aspect of the evolution of the Earth［J］. Astronomy Society of South Africa, 1935, 4: 1.

［24］Herring T A. Very long baseline interferometry and its contributions to geodynamics［J］. Space Geodesy and Geodynamics, 1986: 169-196.

［25］Hide R. Towards a theory of irregular variations in the length of day and core-mantle coupling［J］. Phil. Trans. R. Soc. Lond., 1977, A284: 547-554.

［26］Hide R, Birch N T, Morrison L V. Atmospheric angular momentum fluctuations and changes in the length of day［J］. Nature, 1980, 286: 114-117.

［27］Hide R, Dickey J O. Earth's variable rotation［J］. Science, 1991, 253: 629-637.

［28］Hilgenberg O C. Vom wachsenden Erdball (The Ex-panding Earth)［M］. Berlin: Giessmann & Bartsch, 1933.

［29］Holme R, De Viron O. Geomagnetic jerks and a high-resolution length-of-day profile for core studies［J］. Geophys. J. Int., 2005, 160: 435-439.

［30］Höpfner J. Seasonal variations in length of day and atmosphere angular momentum［J］. Geophys. J. Int., 1998, 135: 407-437.

[31] Lambeck K. Changes in length of day and atmosphere circulation[J]. Nature, 1980a, 286: 104-105.

[32] Lambeck K. The Earth's variable rotation: geophysical causes and consequences[M]. New York: Cambridge University Press, 1980b.

[33] Lambeck K. Geophysical Geodesy[M]. Oxford, Clarendon Press, 1988. （中译本：黄立人，沈建华，张中伏，等，译，地球物理大地测量学[M]. 北京：测绘出版社，1995.）

[34] Liu Y X. New evidence of the Earth expansion and the size of the global tectonic dynamic possible event at its late period[J]. Advances in Geosciences, 3: 319-326.

[35] Lowrie W. Fundamentals of Geophysics[M]. Cambridge: Cambridge University Press, 1997.

[36] Lyttleton R A. Dynamical calculations relating to the origin of the solar system[J]. Mon. Not. Roy. Astr. Soc., 1960, 121: 551.

[37] Mathews P M, Buffett B A, Herring T A, et al. Forced nutations of the Earth: influence of inner core dynamics: 1. Theory[J]. Journal of Geophysical Reseach, 1991a, 96: 8219-8242.

[38] Mathews P M, Buffett B A, Herring T A, et al. Forced nutations of the Earth: influence of inner core dynamics: 2. Numerical results and comparisons[J]. Journal of Geophysical Research, 1991b, 96: 8243-8257.

[39] Mathews P M, Herring T A, Buffett B A. Modeling of nutation and precession: new nutation series for nonrigid Earth and insights into the Earth's interior[J]. Journal of Geophysical Research, 2002, 107: 2068.

[40] MacDonald G J F. Dynamical history of the Earth-Moon system[J]. Proceedings of the American Philosophical Society, 1965, 109(5): 282-287.

[41] Mantovani R. Les fractures de l'écorce terrestre et la théorie de Laplace[J]. Bulletin de la Société des sciences et arts de l'Ile de la Réunion, 1889, 41-53.

[42] Mantovani R. L'Antarctide[J]. Je M'instruis La Science pour tous, 1990, 38: 595-597.

[43] Marcus S L, Chao Y, Dickey J O, et al. Detection and modeling of nontidal oceanic effects on Earth's rotation rate[J]. Science, 1998, 281: 1656-1659.

[44] Morrison L V, Ward C G. An analysis of the transits of Mercury: 1677-1973[J]. Mon. Not. R. Astr. Soc., 1975, 173: 183-206.

[45] Morrison L V, Stepherson F R. Observations of secular and decade changes in the Earth's rotation[M]//In: Cazenave A., (ed), Earth rotation: solved and unsolved problems. Dordrecht: Kluwer Academic Publishers, 1986: 69-78.

[46] Moritz H, Mueller I I. Earth Rotation (Theory and Observation)[M]. Ungar: The Ungar Publishing, 1987.

[47] Pannella G. Paleontological evidence on the Earth's rotational history since early precambrian[J]. Astrophys. Space Sci., 1972, 16: 212-237.

[48] Ray R D, Bills B G, Chao B F. Lunar and solar torques on the oceanic tides[J]. Journal of

Geophysical Research, 1999, 104(B8): 17653-17659.

[49] Robertson D S. Recent results of radio interferometric determinations of polar motion and Earth rotation[C]. IAU Symposium 82, 1979, Cadiz, Spain.

[50] Rosen R D. The axial momentum balance of Earth and its fluid envelope[J]. Surv. Geophys., 1993, 14: 1-29.

[51] Rosen R D, Salstein D A. Variations in atmospheric angular momentum on global and regional scales and the length of the day[J]. J. Geophys. Res., 1983, 88: 5451-5470.

[52] Rosen R D, Salstein D A, Wood T M. Discrepancies in the Earth-atmosphere angular momentum budget[J]. J. Geophys. Res., 1990, 95: 265-279.

[53] Rummel R, Gelderen M V, Koop R, et al. Spherical harmonic analysis of satellite gradiometry. Netherlands Geodetic Commission[J]. Publications on Geodesy, New Series No. 39, 1993.

[54] Scalera G. The expanding Earth: a sound idea for the new millennium. Why expanding Earth? A book in honour of OC Hilgenberg. 2003.

[55] Scheidegger A E. 地球动力学原理[M]. 北京: 地震出版社, 1986.

[56] Shapiro I I, Knight C A. Geophysical applications of long-baseline radio interferometry [C]//Earthquake Displacement Fields of and the Rotation of the Earth (Mansinha L, Smylie D E and Chapman C H ed), 1970: 284-301.

[57] Shapiro I I, et al. Transcontinental baseline baselines and the rotation of the Earth measured by radio interferomertry[J]. Science, 1974, 186: 920-922.

[58] Shen W B, Shen Z-Y, Sun R, Barkin Y. Evidences of the expanding Earth from space-geodetic data over solid land and sea level rise in recent two decades[J]. Geodesy and Geodynamics, 2015b, 6(4): 248-252.

[59] Shen W B, Sun R, Barkin Y V, et al. Estimation of the asymmetric vertical variation of the southern and northern hemispheres of the earth[J]. Geodynamics & Tectonophysics, 2015a, 6: 45-61.

[60] Shen W B, Sun R, Chen W, et al., The expanding Earth at present: evidence from temporal gravity field and space-geodetic data[J]. Annals of Geophysics, 2011, 54: 436-453.

[61] Stacey F D. Physics of the Earth[M]. New York: John Wiley & Sons, Inc., 1977.

[62] Stoyko N. Sur les variations du champ magnétique et de la rotation de la Terre[J]. C. R. Acad. Sci. Paris, 1951, 235: 80.

[63] Stephenson F R, Morrison F R S V. Long-term fluctuations in the Earth's rotation: 700BC to AD 1990[J]. Phil. Trans. R. Soc., 1995, A351: 165-202.

[64] Sun R, Shen W B. Influence of dynamical equatorial flattening and orientation of a triaxial core on prograde diurnal polar motion of the Earth[J]. J. Geophys. Res. Solid Earth, 2016, 121: 7570-7597.

[65] Tapley B D, Schutz B E, Eanes R J. Station coordinates, baselines, and Earth rotation

from LAGEOS laser ranging：1976-1984［J］. Journal of Geophysical Research：Solid Earth，1985，90(B11)：9235-9248.

［66］Wahr J M. The Earth's Rotation［J］. Ann. Rev. Earth Planet. Sci.，1988，16：231-249.

［67］Webb D J. Tides and the evolution of the Earth-Moon system［J］. Geophysical Journal International，1982，70(1)：261-271.

［68］Wu B，Schuh H，Bibo P. New treatment of tidal braking of Earth rotation［J］. Journal of Geodynamics，2003，36：515-521.

［69］Wu X，Collilieux X，Altamimi Z，et al. Accuracy of the international terrestrial reference frame origin and earth expansion［J］. Geophysical Research Letters，2011，38(13).

［70］Zhang W Y，Shen W B. New estimation of triaxial three-layered Earth's inertia tensor and solutions of Earth rotation normal modes［J］. Geodesy and Geodynamics，2020，11(5)：307-315.

［71］Zhang H F，Shen W B. Core-mantle topographic coupling：A parametric approach and implications for the formulation of a triaxial three-layered Earth rotation［J］. Geophysical Journal International，2021，225(3)：2060-2074.

［72］Zhang H W，Tie Q-X，Yang L. The response of the deformable Earth to different driving forces［J］. Chinese Astronomy and Astrophysics，2008，32(2)：209-215.

［73］陈志耕. 软流层的地球膨胀成因及其形成时间［J］. 地球科学进展，2013，28(7)：834-846.

［74］盖宝民. 地球演化Ⅰ、Ⅱ、Ⅲ［M］. 3 版. 北京：科学技术出版社，1996.

［75］顾震年. 日长的十年尺度波动分析和核幔电磁耦合［J］. 云南天文台台刊，1999，3：33-39.

［76］顾震年，宋国玄，金文敬. 地球自转长期变化非潮汐机制之一［J］. 天体物理学报，1998，18(4)：449-452.

［77］胡明城，鲁福. 现代大地测量学(下册)［M］. 北京：测绘出版社，1994.

［78］李林森. 引力常数变化对地球自转长期变化的影响［J］. 中国科学院上海天文台年刊，2002，23：46-51.

［79］李征航，魏二虎，王正涛，彭碧波. 空间大地测量学［M］. 武汉：武汉大学出版社，2010.

［80］刘全稳，赵金州，陈景山. 地球原动力［M］. 北京：地质出版社，2001.

［81］马宗晋，陈强. 全球地震构造系统与地球的非对称性［J］. 中国科学 B，1988，10：1092-1099.

［82］马宗晋，高祥林，任金卫. 现今全球构造特征及其动力学解释［J］. 第四纪研究，1992，4：293-305.

［83］申文斌. 引力位虚拟压缩恢复法［J］. 武汉大学学报(信息科学版)，2004，29(8)：720-724.

［84］申文斌，陈巍，李进. 基于时变地球主惯性矩的三轴地球的自由 Euler 运动［J］. 武汉大学学报(信息科学版)，2008，33(8).

[85]申文斌,陈巍,章迪,等.三轴刚性地球体的自由 Euler 运动[J].大地测量与地球动力学,2007,27:13-17.

[86]申文斌,张振国.利用空间大地测量数据探测地球膨胀效应[C/J].中国地球物理.青岛:中国海洋大学出版社,2007,386-387.

[87]申文斌,张振国.利用空间大地测量数据探测地球膨胀效应[J].测绘科学,2008,3:5-6.

[88]孙付平,赵铭,宁津生,等.用空间大地测量数据检测地球的非对称性全球构造变化[J].科学通报,1999,44(20):2225-2229.

[89]孙付平,朱新慧,王刃,等.用 GPS 和 VLBI 数据检测固体地球的体积和形状变化[J].地球物理学报,2006,49(4):1015-1021.

[90]魏二虎,李广文,畅柳,等.利用 GPS 观测数据研究高频地球自转参数[J].武汉大学学报(信息科学版),2013,38(7):818-821.

[91]魏二虎,刘学习,孙浪浪,等.测站数目和观测弧度对 GPS 解算地球自转参数的影响分析[J].大地测量与地球动力学,2017,37(2):187-191.

[92]吴斌,彭碧波,钟敏.日长十年尺度的变化研究[J].天文学报,1999,40(4):360-363.

[93]夏一飞,萧耐园.用 Hamilton 方法研究地球自转的长期减慢[J].空间科学学报,1997,17(3):220-226.

[94]许才军,申文斌,晁定波.地球物理大地测量学原理与方法[M].武汉:武汉大学出版社,2006.

[95]袁立新.相关物理演化与地球膨胀的一致性研究[J].吉林师范大学学报(自然科学版),2012,33(4):116-122.

[96]郑大伟,虞南华.地球自转及其和地球物理现象的联系:日长变化[J].地球物理学进展,1996,11(2):81-104.

[97]朱耀仲,吴斌,彭碧波.月球平均运动和地球自转速率长期变化的潮汐耗散[J].测绘学报,2000,29:1-4.

[98]叶庆东,贺伟光,毛远凤.核幔耦合引起的十年尺度日长变化研究[J].地球物理学进展,2018,5:1854-1861.

第3章 板块构造学说与活动地块理论

20世纪60年代末，以加拿大的威尔逊（Wilson，1965）、英国的麦肯齐和帕克（Mckenzie，Parker，1967）、美国的摩根（Morgan，1968）和勒比雄（Le Pichon，1968）为代表的科学家根据已掌握的全球海岭、海沟、转换断层、地磁条带状图像和地震等方面的资料，对海底扩张学说以及岩石圈和软流圈的概念进行论证，从而提出全球岩石圈由漂浮在软流圈上的多个活动块体组成的板块构造学说。板块构造学说提供地球上层的运动模型，用于解释地球上层的构造运动和地震活动。20世纪90年代末，中国科学家在断块说、波浪状块体镶嵌说、活动亚板块与构造地块等学说的基础上，提出了中国大陆活动地块的科学假说，用于研究大陆强震的机理与预测问题。本章主要介绍板块构造学说与活动地块理论相关知识，内容包括：板块构造的基本单元、板块构造运动、板块运动的驱动力、断块学说与活动亚板块、活动地块理论、相对稳定点组及确定方法、利用相对稳定点组方法进行活动块体划分、GPS速度场聚类分析与活动块体划分以及活动地块理论的未来展望。

3.1 板块构造的基本单元

板块构造的基本单元或是组成板块的一部分，或是板块构造中的关键地域，主要有：岩石圈、大洋中脊、消减带、转换断层、大陆碰撞带和三联点等，其中岩石圈是板块构造的最基本单元。横向来看，岩石圈是漂浮在（地幔）软流层上坚硬的一层，相对于较为热的、软的地幔而言它是刚性的一个力学分层，它包括地壳和地幔的顶部；其厚度一般在70km到150km之间，平均厚度为100km左右。岩石圈板块既包括最古老的年龄达数十亿年的大陆，同时也包括最大年龄为2亿年左右的海洋。冷的坚硬的岩石圈漂浮在相对而言软而热的地幔之上，一个岩石圈板块可同时包括海洋和大陆。岩石圈的力学性质是在水平方向上具有很强的刚性，而在垂直加载的情况下，在冰川加载和卸载的时间尺度内，可呈现出弹性或黏弹性。现代研究表明，在水平方向上，岩石圈在板块边界地区（特别是碰撞带）会发生强烈的变形，呈现出可流变性质（傅容珊，黄建华，2001）。

大洋中脊、俯冲带（消减带）、转换断层和大陆碰撞带可认为是四种板块边界线（带）。1968年法国勒比雄根据全球构造活动带、地震、火山的分布把整个地球岩石划分为六大板块：太平洋板块、欧亚板块、印度洋板块、非洲板块、美洲板块和南极洲板块。这些板块的边界线（带）就是由大洋中脊、俯冲带（消减带）、转换断层和大陆碰撞带构成的。

3.1.1 大洋中脊

大洋中脊是板块发散边界之一，它是新生岩石层板块的地方。世界各大洋的中部都有一条海(洋)底山系,这些洋底山系在太平洋、印度洋、大西洋、北冰洋内连续延伸,成为全球裂谷系,总长度约80000km。海岭顶部水深多为2000~3000m,它高出两侧洋盆底部的相对高度多在2~3km,宽一般可达1000~2000km,最宽可达4000km,窄者不过数百千米。按不同的海底地貌,将有中轴而无中央裂谷、两麓比较平缓的海岭称为中隆,如太平洋中隆;有中央裂谷并分开两条脊峰、两麓崎岖的海岭称为中脊,如大西洋中脊。太平洋中隆偏居于大洋东南部,亦称东太平洋中隆。大西洋中脊、印度洋中脊均位于大洋中部,整个洋中脊形状歧分三支,成为倒置的"Y"字形。

3.1.2 俯冲带

当洋壳板块向两侧移动,遇到大陆板块时即发生碰撞,由于洋壳板块的岩石密度大、位置低,便俯冲插入到大陆板块之下,形成俯冲带。俯冲带的板块向下进入地幔,被地幔的高温熔融同化,以至完全消失,所以也叫消减带或消亡带。俯冲带可分为岛弧型和安第斯型两类。岛弧型在岛弧与大陆间发育有弧后盆地或边缘海,海沟与岛弧相伴随,即成岛弧-海沟系,如西太平洋地区,自北而南,有阿留申海沟、千岛海沟和日本海沟,在日本本州附近又分为两支,一支向南,为伊豆-小笠原海沟、马里亚纳海沟等;另一支向西南,为西南日本海沟、琉球海沟和菲律宾海沟,再向南还有新不列颠海沟、新赫布里底海沟和汤加-克马德克海沟等。安第斯型为洋壳板块直接俯冲到大陆之下,海沟直接濒临大陆地块,如太平洋东缘的中美海沟、秘鲁智利海沟。海沟大多靠俯冲板块一侧,且平行板块边界延伸很远,深度大多超过4000m。全世界的海沟最深处在马里亚纳海沟中,达11033m,海沟主要分布在太平洋边缘,构成近于环形的海沟带,海沟内沉积层不厚,常为数百米,最厚的达500~1500m。海沟区属低热流带,热流值不到地面平均值的1/2,这表明它是由较冷岩层向下做俯冲运动所引起;在大陆板块一侧,距海沟轴(中心线)150~1500m处分布有火山带;它开始为海底喷发,以后变为陆上喷发,在大陆边缘构成火山链。因其分布呈弧形,故称火山岛弧。对于喷出岩浆的成因,目前有多种看法,其中的一种看法认为,洋壳板块俯冲到大陆板块下面距地表150~200km深度时,由于与大陆板块之间的摩擦生热和逐渐进入地幔,温度也随之升高,并使其前缘岩石层部分熔融成岩浆,在距海沟中心线150~200km地带上升喷出地表。

消减带是板块边界之一,它是板块的汇聚、消亡的地区。一个完整而典型的消减带包括岩石层板块、海沟、火山和弧后扩张盆地等几个部分。

3.1.3 转换断层

转换断层与地质学中讨论过的断层不同,它是由加拿大学者威尔逊提出来的新的断层概念。转换断层是板块边界的一种特殊形式,是联结发散边界和汇聚边界的一种板块边界。

大洋中脊在构造上并不连续,它被一系列与轴线相垂直的大断裂带所切割,断裂带之间的间距约50~300km。断裂带在地形表现上往往一侧是狭长的海脊,另一侧是深陷的槽谷,由脊至槽为陡峭的崖壁;或者有一系列脊槽沿断裂带呈雁行状排列。沿断裂带发育的槽谷颇深,经常超过毗邻裂谷的深度,如赤道大西洋罗曼奇断裂带上的罗曼奇深渊,深

7856m，是大西洋中除波多黎各海沟和南桑德韦奇海沟外的最深处。这种横向断裂带把中脊和裂谷平错开来，错移幅度可达数十到数百千米。在太平洋和赤道大西洋的中脊上，这种平错最为显著，幅度大者可达上千千米。

　　这种横断中脊的断裂带看似一般的平移断层，实则并非如此。威尔逊指出，这是自中脊轴部向两侧海底扩张的转换断层。平移断层是剪切应力造成的断裂两侧断块的相对错动，断层两侧的中脊之间的距离将越来越大，每一侧断块的运动方式是一致的，断裂的错动距离向两端逐渐减弱，慢慢消失（图 3.1(a)）；而转换断层由于中脊两侧海底不断扩张，断裂两侧的中脊之间的距离并不加大，相互错动仅发生在两段中脊轴之间的 BB' 段上，至两个端点 B 和 B'，断裂的错动突然终止（图 3.1(b)）。转换断层中 BB' 段的错动方向与中脊的位错方向相反，中脊外侧的 AB 和 $B'C$ 段、断层两侧块体间没有相互错动，位错方向相同。

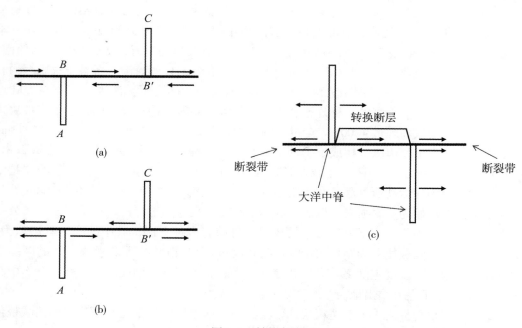

图 3.1　转换断层图

　　转换断层是为了解释海底磁异常条带和中央海岭的相对错动而提出的。20 世纪 50 年代海洋地磁测量提供了惊人的成果。海洋地磁异常显示了以下特征：第一，它的图像呈现出非常整齐的南北向条带状；第二，正磁向条带和反磁向条带交替出现，宽度约为 20～30km；第三，这些条带相对于中央海岭对称；第四，这些条带和中央海岭发生相对错动，少则 100km，多则达到 1000km 的量级。这些条带正是地球磁场倒转的历史纪录，条带宽度就是正向磁期或反向磁期持续的时间。

　　对于条带和中央海岭的相对错动，威尔逊认为这种错动是图 3.1(b)所示的转换断层引起的，它不同于图 3.1(a)所示的平移断层。两者的区别在于，平移断层两侧的地块朝向箭头所示方向移动时，整个构造 AB 和 $B'C$ 都错开了，即沿着整个断层发生相对运动，BB' 错动随着时间而变大；转换断层两侧的海岭 AB、$B'C$ 按照图示的方向扩张，如果扩张速度和断层错动速度相等，则相对运动仅发生在 BB' 这一段，范围不会扩大，断层两侧在 BB' 以外的地块不产生相对运动。假定地震是由于断层的相对运动产生的，那么沿着整个平移断层都会发生地震，而在转换断层的情形则地震仅仅发生在 BB' 这一段。威尔逊认为中央海岭各处被切断而成的一些破碎带，只能是转换断层。

　　转换断层切穿整个岩石圈。沿洋底转换断层发育的槽谷及崖壁，其高差有的可达 2km 以上。在转换断层的错断带上，岩石破碎，表现出强烈的动力变质作用。转换断层可以有多种形式，如连接一个海沟的两段，或者是连接海沟和洋脊等，图 3.2 是一些可能的转换断层的形式。

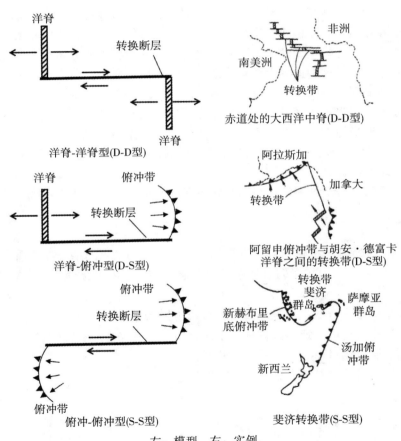

左：模型，右：实例

图 3.2　转换断层（根据阿莱格尔，1987；傅容珊，黄建华，等，2001）

3.1.4　大陆碰撞带

　　大陆碰撞地区同样属于板块的汇聚边界。当两个大陆相遇时由于大陆地壳比重小而阻止其深入地幔之中，结果两大陆产生碰撞。碰撞的直接结果为造山运动。两个大陆板块相碰撞，强烈挤压后被缝合在一起，其出露于地表的接触带称地缝合线（简称缝合线）。

板块的扩张和汇聚，带动其上的大陆漂来漂去。洋底的俯冲与板块的汇聚，终将导致两侧大陆相遇汇合，此时，大规模的俯冲作用停止，碰撞开始，俯冲带转化为缝合带。阿尔卑斯-喜马拉雅山以北 150km 处，沿雅鲁藏布江，并向西至象泉河、克什米尔长达 1000km 的地带，即为印度板块与欧亚板块的缝合线。

根据板块间不同的相对运动方式，可将板块边界分成三种基本类型：

（1）分离型板块边界：相当于大洋中脊、中隆轴部，两侧板块相背离开，中央海岭轴部是海底扩张中心；当两侧板块分离拉开时，软流圈物质夺隙小涌，冷凝成新的洋底岩石圈，并添加到两侧板块的后缘上，故分离边界也是板块的增生边界，或称建设型板块边界。

（2）汇聚型板块边界：相当于海沟及年轻造山带，两侧板块相对而行。汇聚型边界也可以与板块的运动方向斜交，是最复杂的板块边界。此类边界可进一步划分为两种亚型：

①俯冲边界：由于大洋板块厚度小、密度大、位置低，大陆板块厚度大、密度小、位置高，故一般总是大洋板块俯冲于大陆板块之下。俯冲边界主要分布在太平洋周缘，亦称太平洋型汇聚边界。沿这种边界大洋板块潜没消亡于地幔之中，所为也称消亡型边界。这种边界在不同地域因其不同特点又有岛弧-海沟系及安第斯型的不同之分。

②碰撞边界：相当于年轻造山带，为大洋闭合、大陆碰撞接触的地缝合线。现代碰撞边界主要见于欧亚板块南缘，亦称阿尔卑斯-喜马拉雅型汇聚边界。

（3）平错型板块边界：相当于转换断层，两侧板块互相滑动，通常既没有板块的生长，也没有板块的破坏。

从全球来看，岩石圈被海岭、海沟和转换断层所组成的连续体切断成为若干个板块。

3.1.5　三联点

三联点是一种特殊的板块边界，它描述了三个板块的边界的结合部。通常的形式是洋脊-洋脊-洋脊（R-R-R），洋脊-转换断层-转换断层（R-F-F）和洋脊-海沟-海沟（R-T-T）这三种组合形式（图 3.3）。例如太平洋板块、可可斯板块和纳斯卡板块汇合的北纬 2°11′，西经 102°10′，是三个洋脊的汇合点。每一种板块边界的相对速度有其规则：

（1）洋脊：相对速度必定离散且垂直于洋脊；

（2）转换断层：相对速度必定平行于断层；

（3）海沟：相对速度必定会聚但没有特别优势方向。

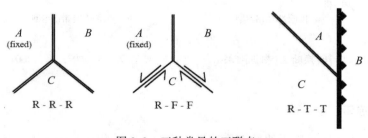

图 3.3　三种常见的三联点

所有的三联点的板块运动速度必须满足闭合回路条件：

$$V_{BA} + V_{AC} + V_{CB} = 0 \tag{3.1}$$

其中，板块 A 是固定的。

3.2 板块构造运动

测定各板块相对于某一参考框架的运动，建立全球板块运动模型，是了解发生在板块边界上的各种构造现象和解释板块大地构造的基础。

板块构造学说认为相邻两板块之间的相对运动实际上是围绕通过地球中心的一个轴的旋转运动，通常用欧拉定理来表述。欧拉 1776 年证明了一个刚体绕固定点转动的定理：刚体绕某一固定点的转动可表示为绕过此固定点的某一瞬轴的转动。如果把地球看成一个球体，把球心看成强制在地球表面上运动的刚性板块运动的固定点，则这些刚体板块的运动可表示为绕过球心的某定轴的转动，这个轴即为欧拉轴。根据欧拉定理，可以用一个简单的旋转来表示每一个刚体板块在地球表面的运动，其旋转轴称为板块运动的瞬时旋转轴，其轴与地球表面上的交点称为板块旋转极。

欧拉定理的数学描述为：

$$\boldsymbol{v} = \boldsymbol{\omega} \times \boldsymbol{r} \tag{3.2}$$

即

$$\boldsymbol{v} = \boldsymbol{\omega} \times \boldsymbol{r} = \begin{vmatrix} e_1 & e_2 & e_3 \\ \omega_1 & \omega_2 & \omega_3 \\ r_1 & r_2 & r_3 \end{vmatrix} = \begin{vmatrix} \boldsymbol{i} & \boldsymbol{j} & \boldsymbol{k} \\ \omega_x & \omega_y & \omega_z \\ x & y & z \end{vmatrix} \tag{3.3}$$

或

$$\boldsymbol{v} = \boldsymbol{i}(\omega_y z - \omega_z y) - \boldsymbol{j}(\omega_x z - \omega_z x) + \boldsymbol{k}(\omega_x y - \omega_y x) \tag{3.4}$$

其中，$\boldsymbol{i}$、$\boldsymbol{j}$ 和 $\boldsymbol{k}$ 是单位矢量，速度大小可表示为：

$$|\boldsymbol{v}| = |\boldsymbol{\omega}||\boldsymbol{r}|\sin\Delta \tag{3.5}$$

其中，Δ 是位置矢量 $\boldsymbol{r}$ 和角速度矢量 $\boldsymbol{\omega}$ 之间的夹角，它可以由下式确定：

$$\sin\Delta = \frac{|\boldsymbol{\omega} \times \boldsymbol{r}|}{|\boldsymbol{\omega}||\boldsymbol{r}|} \tag{3.6}$$

3.2.1 板块相对运动

图 3.4 表示了板块 B 和 A 之间的相对运动，通常可以利用下面的方法确定板块运动的旋转极：

(1)大洋中脊的方向；
(2)磁异常条带的走向；
(3)转换断层和水平走向破裂带的垂线方向。

同时，可以利用磁条带异常离开大洋中脊的距离和洋底岩石的绝对年龄确定旋转的速率。

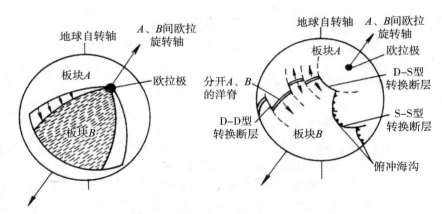

图 3.4 欧拉定理描述的刚性块体在球面上的相对运动(阿莱格尔,1987)

以某一板块为参考的板块运动,称为板块相对运动,包括两个参数:速度和方向。图 3.5 是板块平面运动示意图,它描述两个板块的相对运动;

图 3.5 板块平面运动示意图

其中,V_{AB} 是板块 A 相对于板块 B 的运动速度,V_{BA} 是板块 B 相对于板块 A 的运动速度,且有

$$\begin{cases} V_{AB} = - V_{BA} \\ V_{AB} = V_x i + V_y j \end{cases} \tag{3.7}$$

对于板块球面运动,已知两板块之间的相对运动的角速度 ω 和观测点相对于旋转极的角距离 Δ,则很容易计算两板块相对运动的速度:

$$v = \omega r \sin\Delta \tag{3.8}$$

其中,r 为地球半径。

若观测点的坐标为 $A(\varphi, \lambda)$,两板块相对运动的旋转极为 $P(\theta, \phi)$,则可得出其观测点相对于旋转极的角距离:

$$\cos\Delta = \sin\varphi\sin\theta + \cos\varphi\cos\theta\cos(\lambda - \phi) \tag{3.9}$$

一般而言,板块运动的相对速度是按以下方法确定的:如图 3.6 所示,设 P 点是板块(块体)i 与板块(块体)j 边界上的点,P 点的经纬度坐标(λ,φ),板块 i 的欧拉矢量参数为(ω_i,Λ_i,Φ_i)和板块 j 的欧拉矢量参数为(ω_j,Λ_j,Φ_j),则在 P 点断裂(层)相对运动的速度矢量等于作为板块(块体)i 的一侧的运动速度 u_i 与作为板块(块体)j 的另一侧的运

动速度 u_j 的矢量差：

$$V_{ji} = u_j - u_i \tag{3.10}$$

这样，对任一板块(块体)边界上的点相对运动速度矢量的纬向分量 V_{ji}^n 与经向分量 V_{ji}^e，进一步可以根据该点的坐标以及所涉及的两相邻块体的欧拉矢量参数，即

$$V_{ji} = (\omega_j - \omega_i) \times r \tag{3.11}$$

写成分量形式，有

$$\begin{cases} V_{ji}^n = R\cos\varPhi_j\sin(\lambda - \varLambda_j)\omega_j - R\cos\varPhi_i\sin(\lambda - \varLambda_i)\omega_i \\ V_{ji}^e = R[\cos\varphi\sin\varPhi_j - \sin\varphi\cos\varPhi_j\cos(\lambda-\varLambda_j)]\omega_j - R[\cos\varphi\sin\varPhi_i - \sin\varphi\cos\varPhi_j\cos(\lambda-\varLambda_j)]\omega_i \end{cases} \tag{3.12}$$

则很容易求出两个板块之间的相对运动速度的绝对值和方向值为：

$$\begin{cases} |V_{ij}| = \sqrt{(V_{ji}^n)^2 + (V_{ji}^e)^2} \\ \alpha_{ji} = \arctan\dfrac{V_{ji}^n}{V_{ji}^e} \end{cases} \tag{3.13}$$

反之，若已知各边界点上板块运动的相对速度 V_{ji}，则可以反过来求板块运动的旋转极及相对运动速度。

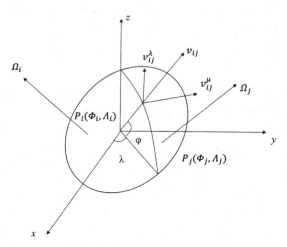

图 3.6 板块运动框架示意图

若有 m 个板块，有 n 个速度数据和 n 个方向数据，当把某一个板块看作是静止时，则有 $(3m - 3)$ 个未知数 $(\omega_j, \varLambda_j, \varPhi_j)$，$j = 1, 2, 3, \cdots, m - 1$。如果观测数据为 $(n_v + n_s) > (3m - 3)$ 时，则可用最大似然估计法(Maximum Likelihood Estimation)求得在误差最小时板块相对于静止板块的运动速度。

板块相对运动模型已经历了如下发展过程：

第一代模型：勒比雄基于摩根提出的板块全球模型，利用断层的扩展速率和方位进行拟合，得到六大板块运动的定量描述，即第一个自恰的全球板块相对运动模型 LP68。

第二代模型：明斯特(Minster)和约旦(Jordan)于 1974 年利用 68 个扩张速率，62 个断层方向和 106 个地震滑动矢量，建立 RM1 模型，主要包括 10 个板块的相对运动。随后几年的应用和研究表明：RM1 模型明显存在不足，预测南美-北美的相对运动误差较大，以及非洲-北美板块运动方位角偏差较大等。

第三代模型：蔡斯(Chase)于 1972 年利用 176 个相对运动方向，59 个板块分离速率数据，拟合了全球 8 个板块相对运动，建立了 CH72 模型，之后蔡斯于 1978 年提出了 PO71 模型。明斯特和约旦等在 RM1 模型的基础上于 1978 年利用更多数据，建立了 RM2 模型，其中 RM2 模型与 RM1 模型基本一致，只是 RM2 模型比 RM1 模型增加了一个加勒比板块。PO71 模型和 RM2 称为第三代模型。

第四代模型：德梅次(DeMets)等分析当前板块运动数据，利用 12 个板块 1122 个数据进行拟合，于 1990 年提出了假定刚性的 12 个现代板块运动的全球板块运动模型，称为 NUVEL-1 模型。此后德梅次对 NUVEL-1 所用的地磁倒转时间尺度进行改正(地磁倒转时间增长 4%)，即乘以因子 $a = 0.9562$，得到 NUVEL-1A 模型，从而改善了模型估计值与计算值之间的偏差。

第五代模型：在 2010 年，德梅次等利用长达 20 多年的观测资料，采用 1696 个海底扩张速度、163 个断层方向、56 个地震滑动方向、498 个 GPS 观测向量和 25 个板块划分(占地球表面积的 97%)，给出了新一代板块运动模型——MORVEL(Mid-Ocean Ridge VELocity)模型。MORVEL 模型是基于现今最精确的板块划分，并利用众多地面和空间观测数据，其分辨率和精度达到了目前的最高水平。

3.2.2　板块绝对运动

相对于某一与板块无关的参考框架的板块运动，称为绝对板块运动。因为作为地球最外层的岩石圈板块在运动着，人们无法在地球的表面找到一个绝对意义上的不动点作为板块的绝对运动的参考点。一个具有特殊意义的框架是相对于下层地幔平均位置(称为中圈，mean lithosphere)固定的框架，即假设下层地幔是固定的，或至少其内部运动相对于板块运动小得多。显然这就是人们要选择的绝对参考框架，称为平中圈框架。这种参考框架可通过以下两种途径实现：①Wilson-Morgan 的热点假设：在地幔中存在一系列热点，其位置相对于下层地幔固定，板块相对热点的运动即为板块的绝对运动，这可通过测量跨越热点的火山链的年龄和长度得到；②岩石圈无整体旋转(No-Net-Rotation)假设：如果岩石圈与软流圈的耦合是侧向均匀的，并且板块边界的力矩对称作用于两个相邻板块，则岩石圈无整体旋转(或叫平均岩石圈)参考框架就是相对于下层地幔不动的绝对参考框架，相对于该框架的运动即为板块的绝对运动。已知全球各主要板块的相对速度和板块边界，即可求出相对于该框架的绝对板块运动。

热点参考框架是基于 Wilson-Morgan 的热点假说而建立的一种平均中圈框架。Wilson(1965)认为，板块在固定于地幔中的热点之上运动，是形成火山海岭的起源。当岩石圈板块跨越于热点之上，板块仿佛被烧穿了，形成火山中心，在热点处断续地喷溢形成火山，而板块则不停地移动跨过热点。先形成的火山随着板块运动移出热点，逐渐熄灭成为死火山，在后面热点处又形成新的火山。这样不断地推陈出新，便发育成由新到老的一串火山链。因此，火山链实际上标示出板块移过热点的轨迹，留下板块的运动方向。为解释热点的生成，Morgan（1972）提出地幔柱（mantle plumes）的概念。地幔柱是源于地幔深部的圆柱形上升流，它携带地幔物质和热能直到地幔上层，并在岩石圈和软流圈分界处四散分流，但是并没有形成补偿上升地幔柱的专门下降带。或许，反向流均匀散布于地幔中。他还强调，热点大体上固定于下地幔中，因此，板块相对于热点的运动，便是相对于下地幔固定部分的运动。这样，热点参考框架就是相对于下地幔固定的参考框架，也就是平均中圈参考框架的实现。

以热点为一端的那些火山海岭是板块越过热点留下的痕迹，它们代表板块相对于热点的运动方向，应该是地球表面上的一段圆弧，相当于板块旋转运动的欧拉纬线。根据这些火山海岭的走向，可以求出板块相对于这些热点的旋转极。从海岭上火山活动的年龄，以及已知的火山之间的距离，又可以求得当时板块运动的线速度，以此可以反算板块的旋转角速度。

由热点假说建立板块运动模型的方法为：

$$\min = \chi^2 = \sum \left[\frac{d_i^{\text{obs}} - d_i^{\text{pred}}(_{\text{plate}}\boldsymbol{\Omega}_{hs})}{\sigma_i} \right]^2 \tag{3.14}$$

式中，d_i^{obs} 为第 i 个火山传播速率或方位角，d_i^{pred} 是第 i 个数据的模型估计值，它是该板块相对于热点旋转的欧拉矢量（$_{\text{plate}}\boldsymbol{\Omega}_{hs}$）的函数，$\sigma_i$ 是第 i 个数据的标准差。

使用热点构成一不动的参考框架，Minster 等（1974）得到了板块绝对运动的模型 AM1-2。美国的格里普（Gripp）和戈登（Gordon）于 1990 年提出了一个相对于热点的板块运动模型，称为 HS2-NUVEL-1。这个新的绝对模型是通过把明斯特和约旦的热点数据求逆，同时使相对运动速度与 NUVEL-l 模型相等来求得的（Gripp，Gordon，1990）。

NNR（Not-Net-Rotation）参考框架是基于一种平衡条件：即所有岩石圈板块所受到的力矩总和等于零，也就是说，没有纯力矩作用于整个岩石圈。这个条件实际上包含着两个假设：一是，岩石圈与软流圈的耦合是侧向一致的；二是涉及板块边界的力矩总是对称作用于两个相邻的板块。如果已知板块之间的相对运动欧拉矢量和板块边界的几何分布，则根据上述条件用一简单的数学模型就可以计算各板块相对于 NNR 参考框架的绝对运动欧拉矢量。用该方法建立板块运动模型主要有两类观测量：

（1）相邻板块的相对运动速率观测值：包括海底扩张速率、汇聚速率和错动速率。

（2）板块相对运动方向的主要观测量：转换断层方位角和地震滑动矢量。

两个刚性板块 p 和 q 在球面的相对运动可以用一个角速度矢量 $\boldsymbol{\Omega}_{pq}$ 来表示，则在半径为 r 的一点两板块的当地分离速度为：

$$\boldsymbol{V}_{pq} = \boldsymbol{\Omega}_{pq} \times \boldsymbol{r} \tag{3.15}$$

由于板块是刚性的，所以板块间的相对欧拉矢量可以叠加，即

$$\boldsymbol{\Omega}_{pq} + \boldsymbol{\Omega}_{qr} = \boldsymbol{\Omega}_{pr} \tag{3.16}$$

设板块 m 代表下地幔，相对它的速度为板块的绝对速度。如果假设板块受到的是线性拖曳力，则作用在岩石圈底部任意部分每单位面积上的拖曳力 $\boldsymbol{F}$ 为

$$\boldsymbol{F} = -D\boldsymbol{\Omega}_{pm} \times \boldsymbol{r} \tag{3.17}$$

其中，D 是拖曳系数，可能随位置变化。在某点由 r 拖曳力引起的力矩为：

$$T = r \times F = - Dr \times (\varOmega \times r) \tag{3.18}$$

在整个板块 P 之下的拖曳力矩为：

$$T = \int_p \mathrm{d}A(Dr \times (\varOmega_{pm} \times r)) \tag{3.19}$$

如果 D 在单个板块上是常数，则在全球岩石圈上的平衡条件是：

$$\sum_p D_p \int_p \mathrm{d}Ar \times [\varOmega_{pm} \times r] = 0 \tag{3.20}$$

由矢量变换公式 $\begin{cases} a \times (b \times c) = (a \cdot c)b - (a \cdot b)c \\ a \times b \times c = (a \cdot c)b - (b \cdot c)a \end{cases}$，有：

$$L \equiv \int \mathrm{d}A[Dr \times (\varOmega_{pm} \times r)] = \int \mathrm{d}A(r \cdot r)\varOmega - \int \mathrm{d}A(r \cdot \varOmega)r \tag{3.21}$$

设 $r \cdot r = 1$，可以得到：

$$L_p = A_p \varOmega_{pm} - \int \mathrm{d}A(r \cdot \varOmega_{pm})r \tag{3.22}$$

根据高斯公式，即

因为 $\int_V \mathrm{div}R\mathrm{d}\tau = \int_S R \cdot \mathrm{d}S = \int_S R \cdot n\mathrm{d}s$

所以 $\int_V \left[\dfrac{\partial X}{\partial x} + \dfrac{\partial Y}{\partial y} + \dfrac{\partial Z}{\partial z} \right]\mathrm{d}\tau = \int_S (X\cos\alpha + Y\cos\beta + Z\cos\gamma)\mathrm{d}s = \int_S X\mathrm{d}y\mathrm{d}z + Y\mathrm{d}x\mathrm{d}z + Z\mathrm{d}x\mathrm{d}y$

而

$$\int_S \mathrm{d}A(r \cdot \varOmega_{pm})r = \int_S (x^i \varOmega_i)r\mathrm{d}A = \int_S (x^i \varOmega_i)(\cos\alpha\, e_1 + \cos\beta\, e_2 + \cos\gamma\, e_3)\mathrm{d}A$$

$$= \int_S (x^i \varOmega_i)(\mathrm{d}y\mathrm{d}z\, e_1 + \mathrm{d}z\mathrm{d}x\, e_2 + \mathrm{d}x\mathrm{d}y\, e_3) = \int_V \left[\dfrac{\partial(x^i \varOmega_i)}{\partial x} e_1 + \dfrac{\partial(x^i \varOmega_i)}{\partial y} e_2 + \dfrac{\partial(x^i \varOmega_i)}{\partial z} e_3 \right]\mathrm{d}\tau$$

$$= \int_V [\varOmega_1 e_1 + \varOmega_2 e_2 + \varOmega_3 e_3]\mathrm{d}\tau = \varOmega_{pm} \int_V \mathrm{d}\tau = S_P \varOmega_{pm} \tag{3.23}$$

那么，式(3.22)可以简写成：

$$L_p = A_p \varOmega_{pm} - S_P \varOmega_{pm} \tag{3.24}$$

定义：

$$Q_p = (A_p I - S_p)$$

其中，I 为单位矩阵，$L_p = A_p \varOmega_{pm} - S_p \varOmega_{pm}$，式(3.24)可以改写成：

$$\sum_p D_p Q_p \varOmega_{pm} = 0 \tag{3.25}$$

其中，Q_p 称第 P 个板块的转动惯量张量，它完全取决于板块 Q 的几何分布，$\varOmega_{pm}$ 取决于两板块的相对旋转矢量。

对任一板块 O，由式(3.16)可知：

$$\varOmega_{pm} = \varOmega_{po} + \varOmega_{om} \tag{3.26}$$

将式(3.26)代入式(3.25)，于是得到：

$$\varOmega_{om} \sum_p D_p Q_p = - \sum_p D_p Q_p \varOmega_{po} \tag{3.27}$$

如果所有板块对应的 D 是相同的，则式(3.27)可进一步简化为：

$$\boldsymbol{\Omega}_{om} \sum_p \boldsymbol{Q}_p = - \sum_p \boldsymbol{Q}_p \boldsymbol{\Omega}_{po} \qquad (3.28)$$

又因为:

$$\sum_p \boldsymbol{Q}_p = \sum_p (A_p I - S_p) = \int_S \mathrm{d}A - \int_V \mathrm{d}\tau = 4\pi R^2 - \frac{4}{3}\pi R^2 = \frac{8\pi}{3} I \qquad (3.29)$$

式(3.28)可以简化为:

$$\boldsymbol{\Omega}_{om} = - \frac{3}{8\pi} \sum_p \boldsymbol{Q}_p \boldsymbol{\Omega}_{po} \qquad (3.30)$$

根据岩石圈无整体旋转的条件得出的模型有: Minster 和 Jordon 由 RM2 导出的 AM0-2 模型以及由 Argus 和 Gordon 导出的 NNR-NUVEL-1A 模型。虽然根据岩石圈无整体旋转给出了系列模型,但是基于这种方法的前提假设是不能满足的,即岩石圈和软流圈的耦合主要指的就是它的黏度不是横向均匀的;对于洋脊或者转换断层而言可以近似两侧对称,但是对于俯冲带明显是单侧俯冲的,不能认为在两侧是无力矩对称。因此,尽管采用该条件能唯一地定义一个绝对运动模型(用 NNR 定义的模型包括 AM0-2、NNR-NUVEL-1A 等模型),但是用这种参考系代表深部地幔是有缺陷的。

张琼等(2017)在最新一代板块相对运动模型(MORVEL 模型)的基础上,通过最小二乘法反演观测热点方向数据建立板块绝对运动模型——T87 模型。该模型能够合理拟合全球分布的 87 个热点方向数据,而模型预测的板块绝对运动速率比观测热点火山的迁移速率系统偏小(图3.7)。图3.8 绘出了在 41 个有观测速率数据的热点位置上 T87 模型预测的板块速度矢量。结果(图3.8)表明,在绝大部分热点位置,板块速度减去热点速度得到的差矢量与观测热点速度呈大致反向的趋势,且最大的速度差达 4cm/a,其原因可能是热点速率数据存在系统误差,或者是地幔返回流导致板块绝对运动速率比观测热点火山迁移速率系统偏小。

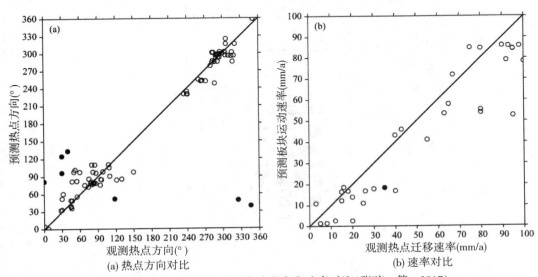

(a) 热点方向对比　　　　　(b) 速率对比

图 3.7　T87 模型预测与观测热点方向和速率对比(张琼,等,2017)

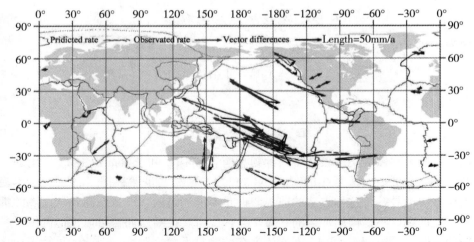

图 3.8　T87 预测板块速度与观测热点速度在热点速率数据存在的热点位置上的对比示意图(张琼，等，2017)

　　板块运动会在其内部产生应力场，从而使得广泛存在于岩石中的裂缝发生定向排列，当横波穿过这种裂缝定向排列的各向异性介质时发生分裂，因此在整个地壳中能够大量观测到剪切波沿应力方向分裂的现象，剪切波分裂的快波偏振方向总体近似平行于最大水平应力方向，如图 3.9 所示。通过在地震台记录到的地震横波快慢波之间的走时差以及快波的传播方向，可以识别剪切波的分裂，横波快波的方向标志着岩石中裂缝的排列方向，即代表了区域应力场的方向，从而能够反映该地所在板块的运动方向。通过对剪切波分裂的方向数据进行反演计算可以反映板块的绝对运动。

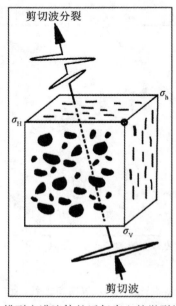

图 3.9　通过沿最小水平应力方向排列充满流体的近似直立的微裂纹的剪切分裂图(张琼，等，2018)

　　张琼等(2020)利用前人发表的由 474 个剪切波分裂数据组成的全球软流圈地震各向异性方向数据集，结合板块相对运动模型 MORVEL，通过加权最小二乘法得到了板块绝对运动模型——SKS473 模型。图 3.10 显示采用热点火山链数据拟合的 T87 模型预测的热点火山链方位角预测值、MM07 模型采用的热点火山链方位角观测值，以及当模型误差分别为 20° 时、采用剪切波分裂数据反演得到的 SKS473 模型的观测以及预测方位。由对比结果可见，由 SKS473 预测的全球板块绝对运动与采用热点火山链数据给出的结果有一定的差距。在拟合误差方面，除了 Antarctic 板块，SKS473 模型的平均拟合误差约是热点结果的 2 倍。在不同板块的绝对运动方位角方面，T87 模型预测结果和 MM07 的观测结果除了 Antarctic 板块，其他板块相差不大，但是相比之下，SKS473 模型预测的板块绝对运动平均方向与热点观测方向差异较大。由于约束板块绝对运动的地震各向异性数据和热点数据都存在误差较大、地理分布不均的局限性，结合两类数据的联合反演或可成为未来建立更高精度板块绝对运动模型的有效途径。

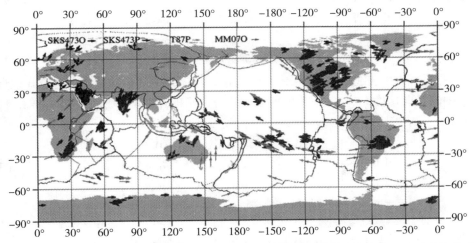

图 3.10　SKS473 和 T87 模型预测的板块绝对运动方向与观测剪切波分裂方向(SKS473O)和热点火山链
　　　　方向(MM07O)的对比示意图(张琼，等，2020)

　　上述都是用地质—地球物理方法建立的板块绝对运动模型，所采用的参考框架是地固坐标系的一种实现，它相对于地球整体应该是无相对运动的。

3.2.3　板块运动模型建立的空间大地测量方法

　　随着 VLBI、SLR、DORIS 和 GNSS 等空间观测技术的迅猛发展，台站位移速度的测定精度达到 1mm/a，这为毫米级高精度实时观测现今全球地壳运动提供了保证，由此基于空间技术的实测数据确定板块运动欧拉参数成为可能。ITRF 序列模型演变主要经历了 ITRF88~ITRF2020。ITRF93 以前的 ITRF 序列速度场的精度和可靠性较差，而且基于许多地球物理模型的约束，因此建立的板块运动模型不能如实地反映板块运动和内部特征。ITRF94 的速度场是实测的，但增加了百万年地质模型 NNR-NUVEL1A 的约束，不能真正反映现今板块运动特征；ITRF96 以后的速度场是独立于板块构造理论，不受已有板块运动模型的约束，因此能建立现今板块运动模型 ITRF96VEL、ITRF97VEL 和 ITRF2000VEL，以此反映现今运动特征，但受精度和台站数量的限制以及存在整体性旋转等问题。

欧拉定理是现代板块运动定量描述的基本定理。如果把板块看成是刚性的，把地球看成球体，球心看成强制在地球表面上运动的刚体板块运动的固定点，则地壳运动满足欧拉定理。空间大地测量方法建立现代板块运动模型正是通过测定地球表面上的测站速度 V，按照式(3.2)来计算板块的旋转参数。

在地心坐标系中，如果一个板块的绝对欧拉矢量为 $\boldsymbol{\Omega}(\omega_x, \omega_y, \omega_z)$，则该板块上矢径为 $r(x, y, z)$ 的某点 G 的运动速度 $\boldsymbol{V}_G(V_x, V_y, V_z)$ 可表示为：

$$\begin{bmatrix} V_x \\ V_y \\ V_z \end{bmatrix}_G = \begin{bmatrix} 0 & z & -y \\ -z & 0 & x \\ y & -x & 0 \end{bmatrix} \begin{bmatrix} \omega_x \\ \omega_y \\ \omega_z \end{bmatrix} \tag{3.31}$$

若把地球近似为球体，设该点的经度、纬度分别为 λ 和 φ，则式(3.31)可变为

$$\begin{bmatrix} V_x \\ V_y \\ V_z \end{bmatrix}_G = \begin{bmatrix} 0 & r\sin\varphi & -r\cos\varphi\sin\lambda \\ -r\sin\varphi & 0 & r\cos\varphi\cos\lambda \\ r\cos\varphi\sin\lambda & -r\cos\varphi\cos\lambda & 0 \end{bmatrix} \begin{bmatrix} \omega_x \\ \omega_y \\ \omega_z \end{bmatrix} \tag{3.32}$$

在式(3.31)和式(3.32)中，V_x, V_y, V_z 为地心参考系中的运动速度，若已知该点在站心参考系中的经向速度 V_e，纬向速度 V_n 和垂直方向上的速度 V_u，则可把 V_x, V_y, V_z 转换为 V_e, V_n, V_u：

$$\begin{bmatrix} V_e \\ V_n \\ V_u \end{bmatrix} = \begin{bmatrix} -\sin\lambda & \cos\lambda & 0 \\ -\sin\varphi\cos\lambda & -\sin\varphi\cos\lambda & \cos\varphi \\ \cos\varphi\cos\lambda & \cos\varphi\sin\lambda & \sin\varphi \end{bmatrix} \begin{bmatrix} V_x \\ V_y \\ V_z \end{bmatrix}_G \tag{3.33}$$

将式(3.33)代入式(3.32)，若不考虑 V_u 则得到

$$\begin{bmatrix} V_e \\ V_n \end{bmatrix} = \begin{bmatrix} -r\cos\lambda\sin\varphi & -\sin\lambda\sin\varphi & r\cos\varphi \\ r\sin\lambda & -r\cos\lambda & 0 \end{bmatrix} \begin{bmatrix} \omega_x \\ \omega_y \\ \omega_z \end{bmatrix} \tag{3.34}$$

式(3.32)或式(3.34)可确定板块的旋转参数分量 ω_x, ω_y 和 ω_z，从而欧拉矢量三参数为：

$$\begin{cases} |\boldsymbol{\omega}| = \sqrt{\omega_x^2 + \omega_y^2 + \omega_z^2} \\ \Phi = \arcsin(\omega_z / \omega) \\ \Lambda = \arctan(\omega_y / \omega_x) \end{cases} \tag{3.35}$$

根据误差传播律，欧拉矢量 $\boldsymbol{\Omega}(\omega, \Phi, \Lambda)$ 的中误差为：

$$\begin{cases} \sigma_\omega = \sqrt{\omega_x^2 \sigma_{\omega_x}^2 + \omega_y^2 \sigma_{\omega_y}^2 + \omega_z^2 \sigma_{\omega_z}^2} / |\boldsymbol{\omega}| \\ \sigma_\Phi = \sqrt{(\omega_x^2 + \omega_y^2)\sigma_{\omega_z}^2 + \dfrac{\omega_z^2}{(\omega_x^2 + \omega_y^2)}(\omega_x^2 \sigma_{\omega_x}^2 + \omega_y^2 \sigma_{\omega_y}^2)} / |\boldsymbol{\omega}|^2 \\ \sigma_\Lambda = \sqrt{\omega_x^2 \sigma_{\omega_y}^2 + \omega_y^2 \sigma_{\omega_x}^2} / (\omega_x^2 + \omega_y^2) \end{cases} \tag{3.36}$$

其中，σ_{ω_x}、σ_{ω_y} 和 σ_{ω_z} 分别为旋转参数分量 ω_x，ω_y 和 ω_z 的中误差，可通过式(3.34)采用误差传播律求得。

式(3.32)或(3.34)也可用来确定地壳上刚性块体的旋转运动模型。

朱文耀等(2003)针对 ITRF2000 相对于 NNR-NUVEL1A 地质模型的整体旋转问题，结合实测速度场与地质板块模型，导出了产生 ITRF 地球协议参考架的无整体旋转的条件，建立了新的无整体旋转的全球板块运动模型 NNR-ITRF2000VEL。

随着地球质心运动的发现和监测，在 IERS 的规范中，将协议地球参考系的约定改为"CTRS 的定向随时间的演变遵循相对于地壳无整体旋转的约束条件"，也就是采用所谓的 Tisserand 条件来定义一个理想的地球参考系，其主要特征是：相对于它，整个地球的线性动量和角动量为零。要实现地球参考架相对于地壳无整体旋转的约束条件，数学上可表示为：

$$L = \int_c \boldsymbol{r} \cdot \boldsymbol{v} \mathrm{d}m = 0 \tag{3.37}$$

式中，$\boldsymbol{L}$ 是整个地壳角动量和；$\boldsymbol{v}$ 和 $\boldsymbol{r}$ 是台站在地固系中的速度和位置矢量；c 代表对整个地壳积分；$\mathrm{d}m$ 是地壳面元。式(3.37)中的速度矢量只有其水平分量才对 $\boldsymbol{L}$ 有贡献，而地壳水平方向大尺度、整体性的运动主要是板块运动 ($\boldsymbol{V} = \boldsymbol{\Omega} \cdot \boldsymbol{r}$)，则式(3.37)可表示为：

$$L = \int_c \boldsymbol{r} \cdot (\boldsymbol{\Omega} \times \boldsymbol{r}) \mathrm{d}m = 0 \tag{3.38}$$

假定地球为球形，并且地壳质量均匀分布，则式(3.38)可近似为：

$$L = \sum_{i=1}^k \boldsymbol{Q}_i \boldsymbol{\Omega}_i = 0 \tag{3.39}$$

式中，$\boldsymbol{Q}_i$ 是第 i 个板块的转动惯量矩阵；$\boldsymbol{\Omega}_i$ 即为各板块的欧拉矢量。由 ITRF2005 建立的全球板块运动模型 ITRF2005VEL，利用式(3.39)，即可得到整个地壳的角动量和为 $|L| = 0.114°/Ma$，显然，$\boldsymbol{L}$ 不等于零。这说明 ITRF2005 不满足无整体旋转的要求，也即 ITRF2005 与协议地球参考系的定义不符。

ITRF2005 的速度场是完全基于空间技术的实测结果，在 ITRF2005 的定向定义中，并没有提及相对于地壳或相对于 NNR-NUVEL1A 无整体旋转的约束条件，即 ITRF2005 中关于定向速度基准的问题仍然没有得到解决。要使 ITRF2005 严格遵循 IERS 新的规范，就要对其速度场作一个整体的调整。

为了使 ITRF2005 随时间的演变遵循无整体旋转的准则，只要将它们的速度场作如下转换：

$$\dot{\boldsymbol{r}}' = \dot{\boldsymbol{r}} - \left(\sum_i \boldsymbol{Q}_i \right)^{-1} \boldsymbol{L} \cdot \boldsymbol{r} = \dot{\boldsymbol{r}} - (3/8\pi) \boldsymbol{L} \times \boldsymbol{r} \tag{3.40}$$

其中，$\dot{\boldsymbol{r}}$ 和 $\boldsymbol{r}$ 为 ITRF2005 中测站的速度矢量和坐标矢量；$\dot{\boldsymbol{r}}'$ 是无整体旋转的 ITRF2005 的速度场；$\boldsymbol{L}$ 即是式(3.39)求出的全球地壳旋转总角动量之和。

相对于无整体旋转的 ITRF2005，各板块运动的欧拉矢量 $\boldsymbol{\Omega}_i'$ 可由下列关系式求得：

$$\boldsymbol{\Omega}_i' = \boldsymbol{\Omega}_i - \left(\sum \boldsymbol{Q}_i \right)^{-1} \sum \boldsymbol{Q}_i \boldsymbol{\Omega}_i = \boldsymbol{\Omega}_i - (3/8\pi) \boldsymbol{L} \tag{3.41}$$

其中，$\boldsymbol{\Omega}_i$ 为 ITRF2005VEL 模型的欧拉矢量。由式(3.41)就可以求出 $\boldsymbol{\Omega}_i'$ 的矢量值，即

NNR–ITRF2005VEL 模型(朱新慧，等，2012)。

　　NNR-ITRF2005VEL 模型整体上和地学模型有很好的一致性，但是由于测站较少、分布不均或台站观测时间短等原因对板块的约束不够，在 Arabia、Caribbean、Cocos 和 India 等部分板块存在差异性，另外与剔除数据的选择也有很大关系。由空间大地测量方法得到的几年或几十年内实测的平均板块运动与几百万年内由地学资料导出的平均板块运动的相互比较研究，对解决现代板块运动研究中的许多基本问题具有十分要的意义。

　　综合考量几种确定板块运动的方法，认为基于空间测量的方法在台站充足且排布合理的情况下到的板块运动能够反映现今几十年板块的运动，而地学方法中参考基准是基于热点在下地幔基本稳定的科学假设条件下建立的。因此基于该参考基准的板块运动是岩石圈相对于下地幔的运动，具有明确的地球物理意义，这也是地球物理学家喜欢采用参考于热点的绝对板块运动模型的原因。热点参考系基准能够最为直接地反映板块的绝对运动，但是目前存在的热点相对固定假设还有待于进一步考察。

　　对于大地测量应用来说，建立地壳运动速度场的主要目的是维持协议地球参考框架的稳定，从某种意义上来说，只要采用国际协议统一的地壳运动参考基准即可，对参考基准只要求其在几何意义上自洽，不要求其具有严格的地球物理意义。因此，目前国际地球自转服务机构(IERS)在定义地球参考系时，推荐采用岩石圈无整体旋转(NNR)约束条件，即板块的绝对运动采用 NNR 参考基准(对于地球物理应用来说，相对于 NNR 参考基准的绝对板块运动数据可能会对地幔对流等研究结果产生误导)。采用大地测量技术测定的板块运动可以检验采用地学方法建立的板块运动模型的准确性，反映最近几年至几十年时间尺度内板块运动的平均值，即现今的板块运动，不能被用于研究古板块重建等工作。

3.3　板块运动的驱动力

　　板块运动驱动力问题一直是悬而未决的问题。远在大陆漂移学说刚刚问世时这一问题就被提出来了。当时魏格纳假定硅铝层的大陆漂浮在硅镁层之上，并认为是地球旋转的不均匀使得大陆发生漂移。但是，杰弗瑞斯通过理论计算又证明旋转不均匀产生的力根本无法推动大陆漂移，因为硅镁层和硅铝层之间的摩擦力太大。后来以霍姆斯为首的地幔对流假说为大陆漂移提供了有力的力学基础。

　　有关板块驱动机制讨论有三个观测上和理论上的问题(傅容珊，黄建华，2001)：

　　(1)这一机制是否可以提供板块运动的机械能的消耗，如地震释放的能量，地幔黏滞耗散的能量等？

　　(2)是否可以解释板块内部和边界上的应力分布？

　　(3)是否可以提供一个运动的模式，而这一模式将用海底扩张来验证？

　　现代关于板块运动驱动力的研究集中在两个方面：板块构造本身和热对流的研究，即板块主动驱动其自身运动论和地幔对流驱动运动论。许多研究认为运动板块的本身对板块运动驱动起着主导作用，因此首先对作用在板块上的力进行分析(图 3.11)。

　　有两个主要的驱动力：

　　(1) F_{SP} (slab pull force)板片拉力。当冷的板块俯冲到热的地幔中时，由于与热传导作用相比俯冲的速度很快，很难和周围地幔热交换，使得这一俯冲过程可以近似地看作一绝热自压缩过程。研究表明，这一过程中下冲板块内部的绝热自压温度梯度小于周围地幔的介质温度梯度，因而与周围的地幔介质相比，下冲的板块内部仍保持低温和高密度状态，由此产生所谓的重力负浮力，这一力拖曳着板块继续运动和俯冲。这一过程犹如将一链条放在桌子上，链条不断向下运动一样，而这链条在某种程度上可以比作运动俯冲的板块。

（2）F_{RP}（ridge push force）洋脊推力。大洋中脊的地形产生了一种推动板块向前运动的推力，称重力滑移力，根据计算，这一力足以推动板块运动。

除此之外还有：

（3）F_{SU}（suction force）海沟吸力。该力作用在消减带。由于俯冲板块向下运动而形成物质的空隙，由此产生吸力。吸力将使板块向消减方向运动，比如它导致美洲板块和欧亚板块向海沟方向移动。

以及阻止板块运动的力：

（4）F_{SR}（slab resistance force）板片阻力；

（5）F_{CR}（collision resistance force）碰撞阻力；

（6）F_{TF}（transform fault resistance force）转换断层阻力；

（7）F_{DF}（drag force from mantle）地幔拖曳力；

（8）F_{CD}（continental drag force）大陆拖曳力。

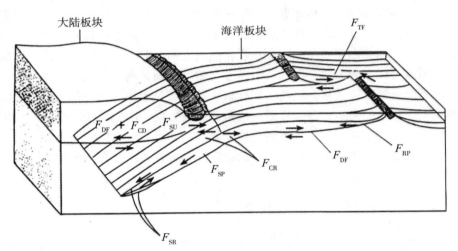

F_{DF}—地幔拖曳力；F_{CD}—大陆拖曳力；F_{RP}—洋脊推力；F_{SP}—板片拉力；F_{SR}—板片阻力；F_{SU}—海沟吸力；F_{CR}—碰撞阻力；F_{TF}—转换断层阻力

图3.11　作用在岩石层板块上的力（傅容珊，黄建华，2001）

有关来自地幔的拖曳力的问题是最难回答和最有争议的问题。通常，板块自身驱动其运动论认为，地幔拖曳力作为阻力存在而阻止板块运动或平衡推动力，但地幔对流推动论则将此力视为推动板块运动的主要驱动力。其中板块主动驱动其运动的物理模型假定：每一个板块处于动力学平衡状态，也就是它的惯性或加速度项可以忽略不计。在这种情况下，即板块无加速度的情况下，所有板块对于通过地心轴转动的力矩之和等于零，因此可用以评估所有的驱动力中各项力所占的相对重要性。假定所有板块处于平衡状态，Forsyth (1975) 发现：

（1）作用在下冲板块上的力控制了海洋板块的速度，其产生的速度绝对值比别的力大约大一个数量级；

（2）控制板块下冲的力为重力负浮力，它和下冲板块所受到的阻力差不多平衡；

（3）作用在板块底部的地幔拖曳力阻止板块运动，同时作用在大陆下的地幔拖曳力比作用在海洋板块下的拖曳力大；

（4）作用在消减板块上摩擦力对平衡推动力起了主导作用。

Haper(1990) 提出了一个新的模型，模型的拟合均方根误差仅有 1.1%，而 Forsyth 的误差为 4.2%。在 Haper 的模型中不仅包括了上述力矩平衡，还包括了岩石层对于深部地幔的净转动产生的力矩的平衡。他得出结论：对某些板块而言，大洋中脊的重力滑移力将在推动其运动中起主导作用。遗憾的是，他们的工作首先假定了下伏地幔被动地起着阻止板块运动的作用，因而也很容易得出上述结论。事实上也可以假定下部地幔起推动的作用，也许可以得出另外一种结论。最为关键的是：根据这些被主动运动观点，主要运动的力必须是在形成中脊和俯冲带之后才能存在的。既然如此，那么在此之前是由什么样的力驱动板块呢？回答这个问题也许落入了"鸡和蛋谁为先之争"的古老的怪圈。

俞霄和王世民(2022)基于刚体稳定运动的力矩平衡原理计算了现今岩石圈板块运动的驱动力。认为一般情况下，板块处于力矩平衡状态，其角动量保持恒定，板底阻力矩近似与板块角动量方向相反，则其他力矩的合力矩与角动量方向近似相同。这种板块角动量方向与驱动力矩之间的内在联系并不存在于角速度方向与驱动力矩之间。由于板块在运动过程中转动惯量可以不断变化，引起其角速度与角动量间夹角的变化，角速度方向与驱动力矩之间没有简单的依赖关系。因此，比较板块角动量与板块受到的各类力矩可以识别驱动力：驱动板块运动的力矩方向应接近板块角动量的方向，而阻碍板块运动的力矩则大致与角动量方向相反。这样可以有效识别板块运动的驱动力与阻力。

考虑板块运动为刚体的定点转动，角动量定理要求板块所受合外力矩 T 等于角动量 L 对时间的导数：

$$T = \frac{\mathrm{d}L}{\mathrm{d}t} \tag{3.42}$$

其中，角动量 L 定义为转动惯量 I 与角速度 ω 的乘积：

$$L = I\omega \tag{3.43}$$

刚体的转动惯量 I 是一个二阶张量，在直角坐标系中可以按以下形式积分计算：

$$I = \begin{bmatrix} \int \rho(y^2 + z^2)\,\mathrm{d}V & -\int \rho xy\,\mathrm{d}V & -\int \rho xz\,\mathrm{d}V \\ -\int \rho xy\,\mathrm{d}V & \int \rho(x^2 + z^2)\,\mathrm{d}V & -\int \rho yz\,\mathrm{d}V \\ -\int \rho xz\,\mathrm{d}V & -\int \rho yz\,\mathrm{d}V & \int \rho(y^2 + x^2)\,\mathrm{d}V \end{bmatrix} \tag{3.44}$$

选取全球面积最大的 19 个板块作为研究对象(占地球表面积的 97%),通过寻找每个板块内的 Litho1.0 模型网格,将其质量分布进行式(3.44)的积分,得到每个板块的转动惯量张量,用惯量张量乘以基于深部地幔柱参考系的板块绝对运动模型 T25M 给出的板块角速度可以得到板块角动量向量。

洋脊推力是由洋底地形与大洋岩石圈的密度结构决定的。洋脊推力随大洋岩石圈年龄成正比地增大,直到年龄 100Ma 的大洋板块洋脊推力达到约为 4×10^{12} N/m 的典型值后,更老的洋底基本不再继续下沉。结合大洋岩石圈年龄分布对老于 100Ma 的大洋板块均设定洋脊推力为 4×10^{12} N/m,而对较为年轻的大洋板块根据其年龄做比例调整,计算得到洋脊推力采用 MORVEL56 模型板块边界类型的划分,以地球半径作为力臂,对每一段洋脊的推力求得力矩,对这些力矩求和可以得到一个板块受到的洋脊合力矩。

俯冲板片因其热结构受到负浮力,因俯冲运动受到周围地幔物质的流体压力,表现为板片下方的托力和上方的吸力。负浮力垂直于板片的分量与板片下方地幔的托力和上方地幔的吸力平衡,维持了俯冲角度。负浮力沿板片分量与周围地幔对板片阻力的合力作为板片净拉力作用在板块上。板片负浮力比洋脊推力大一个量级,但板片受到周围地幔阻力与地幔流动和黏度状态相关,使得俯冲板片的净拉力可能与洋脊推力量级相同。通过沙箱实验方法得到俯冲板片净拉力大约是负浮力的 8%~12%。俯冲板片负浮力沿板片方向分量的大小为:

$$F_{sp} = \Delta\rho g LH\sin\theta \tag{3.45}$$

其中,$\Delta\rho$ 为俯冲板片与周围地幔物质的密度差,参考值为 80 kg/m³,g 为重力加速度,L 为俯冲板片长度,H 为俯冲板片厚度,θ 为俯冲倾角。考虑岩石圈冷却模型,H 可以表述为:

$$H = 2.32\sqrt{\kappa t} \tag{3.46}$$

其中,热扩散系数 κ 取值 1mm²/s,t 为俯冲处的板块年龄。Lallemand 等(2005)整理了全球俯冲带上 159 个地点的俯冲板片的各项参数,包含板片俯冲处的大洋岩石圈年龄、板片长度和俯冲倾角。由其文中的参数和上述公式可以计算俯冲板片负浮力沿板片方向的分量,假设该力在俯冲板片弯折处直接传递作为对板块的水平拉力。将 159 个点的取值在同一条板块俯冲边界上做平均处理,得到全球各条俯冲边界上单位长度负浮力对板块水平拉力的大小。以地球半径为力臂,估算出各板块的负浮力力矩。

定义板底剪切力为板块运动的阻力,其方向与当地的板底速度方向相反。由牛顿黏滞定律,对于板底面积元 A_i,其板底力如下:

$$F_i = -\mu A_i \frac{\mathrm{d}u_i}{\mathrm{d}h_i} \tag{3.47}$$

式中,μ 是上地幔黏度,$\frac{\mathrm{d}u_i}{\mathrm{d}h_i}$ 是该面元下方地幔流动的速度梯度。此处认为地下 660km 分界面的地幔水平向速度为零,可由上地幔黏度分布计算其流速分布,进而计算板底剪切力的大小。采用 Litho1.0 模型划分的三角形网格,对每个板块三角形网格的板底剪切阻力矩求和即可以得到各板块板底阻力矩。

上地幔黏度可以表达为：

$$\mu = C_2 \left(\frac{G}{\tau} \right)^{2.5} e^{\frac{aT_m}{T}} \tag{3.48}$$

式中，$C_2 = 1.14 \times 10^{-12} \text{Pas}$，$G = 8 \times 10^{10} \text{Pa}$，$\tau$ 是板底剪应力，a 为上地幔物质的活化能、地表的熔点和普适气体常数 R 决定的常数，取值为 29.4，T_m 是上地幔物质的熔点，T 为上地幔温度。采用式（3.48）可以计算全球各地的板底剪应力和各板块的板底剪切阻力矩。

图 3.12 为板块中的一些代表点，给出了各板块上与洋脊力矩、板底力矩和剩余力矩对应的等效应力分布，并区分了全球板块边界的类型。利用板块所受力矩与板块角动量的夹角可以识别板块驱动力矩。与洋脊力矩和板底力矩平衡的剩余力矩可由俯冲板片、碰撞带和裂谷带产生的力矩解释；洋脊与俯冲板片力是板块运动的主要驱动力；板块碰撞是欧亚板块运动的重要驱动力。通过建立合理的物理模型计算洋脊力矩和板底力矩，可以求出与之平衡的剩余力矩。剩余力矩可以指示俯冲、裂谷和碰撞等力矩的综合作用效果，从而解释各板块运动的驱动机制。

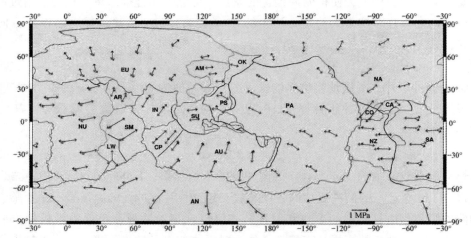

图 3.12　由等效应力表示的各板块洋脊力矩（红色箭头）、板底力矩（绿色箭头）和剩余力矩（蓝色箭头）比较（俞霄，王世民，2022）

此外，地幔热对流理论将地幔热对流作为板块运动的驱动力，或认为板块运动是地幔对流的组成部分。地幔热对流认为：地幔是由内部的放射性热源产生的热量和由来自地核的热量加热而形成的热对流，板块不过是对流系统中的一个热边界层。根据这一理论，板块运动则是被动运动的，它是由地幔对流推动着运动的。有的研究者则希望建立联系以上两种驱动力的桥梁。

不过从动力学的观念来看，地幔对流和板块运动应当是地幔中统一的热动力学过程。必须承认这样一个事实，即刚性板块存在，产生新的大洋岩石层的洋中脊存在，海洋岩石层消亡的海沟存在，一个有放射性热源分布的相对而言较为柔软的地幔存在。因而，作用于俯冲板块上的负浮力既驱动板块自身的运动，又可能是驱动地幔对流的力学机制。刚性板块的运动并不直接地等于下部地幔对流的图式，它是运动着的刚性岩石层和对流的地幔相互作用和调节的结果，它既受地幔对流的影响又受板块之间的边界条件所制约。同时，地幔中放射性元素的衰变为地幔对流和板块运动提供了能源，而地幔对流又为地球内部热输运和地幔中温度分布保持长时期相对稳定起着调节作用。

3.4 断块构造学说与活动亚板块

板块学说的建立为沿板块边界发生的地震找到了合理的解释。依据板块学说所提出的地震空区、特征地震和强震重复周期等理论不仅为几次板缘地震在一定程度上的预测提供了指导，也成为国际上现有地震预测理论的基础。然而，这种理论在用于分析大陆地震时却遇到了困难，其原因是大陆与海洋板块在结构、性质、演化历史、变形、地震活动、动力机制等方面都有根本的差别。在吸收和继承前人研究工作和成果(如张文佑的断块说、张伯声的波浪状块体镶嵌说、丁国瑜关于板块、亚板块、地块层次思想等)的基础上，从中国大陆地震的特点出发，张国民、张培震等(1999)提出了活动地块假说，用于描述中国大陆现今构造变形的特征和机制，探索大陆强震的发生机理和预测方法。在讨论活动地块假说前，首先介绍断块构造理论、活动亚板块、构造地块等概念。

3.4.1 断块构造学说

断块构造学说是由我国地质学家张文佑先生提出的。简单地说，断块就是为断裂所围限的块体。直观地看，在中国大陆内，有菱形的塔里木盆地、矩形的鄂尔多斯黄土高原、斜方形的四川中生代红色盆地、三角形的松潘甘孜三叠纪地槽区、近于平行四边形的西藏高原等。所有这些单元都是被各种类型的断裂系统切割限定的深部断块的地表表现形式。岩石圈的各壳层，都是由许多不同大小、不同形状、不同性质及不同年龄的断块拼合而成的。

地球沿着垂向可分为若干壳层，各壳层间的滑动面称为层间滑动断裂；这些壳层沿着横向又被不同深度的断裂所分割。这两种断裂的结合所限定的地质构造单元就是断块。因而断块依其边界断裂的深度亦可分为相应的四类，即为岩石圈断裂所围限的块体称岩石圈断块，为地壳断裂所围限的块体称地壳断裂，为基底断裂所围限的块体称基底断块，为盖层断裂所围限的块体称盖层断块。在岩石圈断块内部被各种地壳断裂所切割的块体就是地壳断块，或者说，岩石圈断块是由若干地壳断块拼合而成的。同样地，在地壳断块内部又可分出基底断块，或者说地壳断块是由若干基底断块拼合而成的；在基底断块内部又可分出盖层断块，或者说基底断块是由若干盖层断块拼合而成的。从断块学说角度来看，"板块"是最大一级的断块即岩石圈断块，是被岩石圈断裂所围限的块体。

因此，断块学说与板块学说的一大区别是：断块是有厚度的。岩石圈断块以上地幔软流圈顶面为底界，在上地幔软流圈上发生水平滑动，大陆地区岩石圈厚度在150km左右，大洋地区岩石圈厚度在80km左右；地壳断块以莫霍面为底界，在莫霍面上发生水平滑动，大陆地区地壳厚度在40km左右，大洋地区厚度小于15km；基底断块则以康拉德面为底界，在康拉德面上发生水平滑动，大陆地区花岗岩质层的厚度 20km 左右；盖层断块则以基底顶面为底界，在基底顶面上发生水平滑动，厚度更薄且各处不一，大陆地区盖层厚度可由几千米到十余千米，大洋地区的沉积盖层则要薄得多，仅 0.5km 左右。板块学说明确提出了板块是在上地幔软流圈上发生水平漂移的。20 世纪 70 年代初期全球的岩石圈板块只有 6 个，之后发展到 20 多个，随着研究的深入，板块也越划越小，越分越细，板块复合体(collage)、超板块(super plate)、巨板块(mega plate)、次板块(sub plate)和微板块(micro plate)等概念也应运而生。这些大小不一、等级不同的板块都在软流圈上漂移吗？把板块细分，从而逐渐突破板块的刚体性和均一性的框架，这无疑是一种进步。但是，断块构造学说认为：如只考虑横向上的分级而忽略了垂向上的厚度和分层性；只注意在上地幔软流圈上发生的漂移而忽视了岩石圈各壳层之间发生滑移的可能性，是不能最终解决板块构造的运动学和动力学问题的。

岩石圈断块、地壳断块、基底断块和盖层断块都由许多速率不同、岩性不同、形状不同的薄层组成，这些薄层之间又均可发生层间滑动。因而这四种一级断块又可细分出若干次一级断块，可暂名为次岩石圈断块、次地壳断块、次基底断块和次盖层断块等。

断块的活动方式主要有拉张、挤压、断隆、断陷、抬斜和掀斜。

断块的拉张或挤压活动，在大多数情况下都表现为剪切-拉张或剪切-挤压。拉张与挤压是对立统一的。对一个区域而言，一个时期表现为拉张，则另一个时期必表现为挤压，只是经历的时间长短不同罢了；对一个地史阶段而言，一个地区遭受拉张，其相邻地区必遭受挤压，只是看何者为主罢了。在总体的拉张阶段中可以有相对的稳定阶段和局部的暂时的挤压发生，或者说，剧烈的裂开或拉张实际上只集中发生在一个漫长拉张阶段内相对短暂的几个作用期内。

空间上的拉张-挤压关系亦如此。即在一个整体的拉张区域内，可以有局部地区的挤压发生；而在一个整体的挤压区域内，却可有局部地区的拉张发生。

断块运动还常表现为断隆、断陷、抬斜和掀斜，它们一般不伴随褶皱变形，构造层与构造层之间也常不以角度不整合面为界。

关于断块构造运动的驱动力源涉及的是断块的动力学问题。任何一种大地构造假说，要在理论上站住脚，必须合理地解释驱动力来源问题，断块学说当然也不例外。科学在今天所积累的事实，还不足以能够彻底解决这个问题。目前从现有的地质事实出发，所作的一些初步的定性解释认为，断块的水平运动可能源于下列因素(张文佑，1984)：

(1)离极力(pole-fleeting force)：假定地球本质上为一黏滞性的变形体，地壳任何部分的密度均比地幔小并漂移其上，那么，由于地球的转动而产生的力使飘浮块体向赤道推移，此力即为离极力。

(2)科里奥利力(Coriolis Force)：如果质点对地球有相对运动，且令单位矢量 I 沿 BA，单位矢量 K 平行地轴 SN，另一组单位矢量 i、j、k 固定在地球表面上且分别水平向南，水平向东和竖直向上(图 3.13)，则 x、y、z 三个方向上的运动方程为：

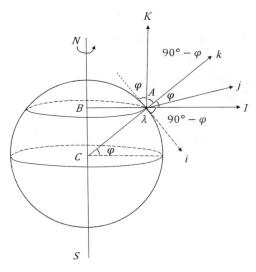

图 3.13 科里奥利力

$$\begin{cases} m\ddot{x} = X + 2m\Omega\dot{y}\sin\varphi \\ m\ddot{y} = Y - 2m\Omega(\dot{x}\sin\varphi + \dot{z}\cos\varphi) \\ m\ddot{z} = Z - mg + 2m\Omega\dot{y}\cos\varphi \end{cases} \tag{3.49}$$

式中，Ω 为地球角速度，g 为重力加速度，m 为质点的质量，φ 为该质点的地理纬度。从式 (3.49) 可以看到，北半球的物体如自北向南运动（i 方向），则相对于地面有一个向西（$-j$ 方向）的作用力，这个力就是科里奥利力，其大小为 f_k：

$$f_k = 2m\dot{x}\Omega\sin\varphi \tag{3.50}$$

（3）"旋转速度不均一效应"：天文学观测表明，像太阳或木星这些流体状态的星球，它的赤道部分的自转速度比高纬度部分的自转速度要大，可称为"旋转速度不均一效应"。一般认为，地球是固态的，不能像太阳和木星那样作流体旋扭。但是，不应忘记地球的外地核是流体的，地球上地幔的低速层在长期力作用下也表现出塑性。在这些圈层内，如果旋转速度不均一效应存在，那么将会对这些圈层内外的固体圈层起摩擦作用，从而影响到固体圈层的运动。

（4）地球自转速率的变化：李四光曾提出，由于地球自转速率变化可引起岩石圈与水圈间相对扁率的变化，可引起全球应力场并控制海侵海退和全球性巨型构造带的分布。王仁、何国琦和王永法据地壳松弛时间长于 $10^8 \sim 10^{10}$ 年的估计，用简单的线性流变体缓变模型在轴对称情况下进行分析。结果表明，如果自转速率在 $10^6 - 10^7$ 年的长时期内有单方向变化，则由离心惯性力的变化就可在地壳中积累起 $100 \ \text{kg/cm}^2$ 量级的东西向和南北向正应力，从而认为推动全球构造运动的可能性是存在的。

断块构造学说强调深入研究断裂发生发展的历史及其在深度和广度上的变化，认为板块不是"铁板一块",而是由形形色色的次级断块拼合而成的,板块也不是只传递应力的刚体而是在其内部尤其在各次级断块的边界上还有复杂的应力应变情况。因而,在对于块缘和块内的应力场分析和形成机制的探讨上,不仅要分析块缘与块缘间应力场的不同,还要特别注意块内由于层间滑动和内部形变引起的应力场变化。

张文佑等认为,板块构造是活动论学派在当代的一个代表性学说。板块学说的提出,无疑是近代地球科学的突出成就和巨大进步。但是,由于板块学说的研究区域侧重于海洋,研究方法偏重于地球物理,兼之许多板块构造论者对大陆地质构造的研究了解不够,未能充分地运用断块学说的已有成果,以致对某些地质问题作了过于简单的处理。

3.4.2　活动亚板块

活动亚板块与构造块体是在新构造时期至今仍在活动着的构造单元,不单纯是由断裂围限的断块,也不单纯是小板块。这里采用的亚板块一词,具有多重含义:一方面它对其所处的板块来说是次一级的;另一方面还有近似的含义,并非大板块的单纯划小,因为它未必具有大板块的那些属性和条件。亚板块的变形不仅限于边缘,其内部也经历构造过程,所以还可以进一步划分出构造块体或简称块体。总之,它们都是具有构造活动统一性的构造实体。有人曾建议使用构造域一词,以示它们彼此间的不同(丁国瑜,等,1991)。

据上述,划分亚板块的主要依据如下:

(1)能够反映深部过程的活动构造带。断裂作用是大陆岩石圈变形的主要形式之一,特别是深断裂更具有重要的意义。裂陷盆地、特别是大陆裂谷是岩石圈变形和深部活动的敏感指示计,所以我国的亚板块之间往往是以深的活动断裂带及活动地堑系和裂谷系为边界的。

(2)地震活动带,特别是强震带是划分板块、亚板块和块体边界的主要依据之一。

(3)地球物理场的变异带,如地壳、岩石圈厚度的突变带、航磁异常带、重力梯度带等都反映了沿此带有深部构造上的变异。

(4)亚板块内部构造活动的统一性。

至于构造块体的划分也可根据类似的原则,但它们对其所属的亚板块具有从属性。

按上述划分依据,丁国瑜等(1991)将我国及邻区划分为8个活动亚板块和它们各自内部的活动构造块体,共计18个(图3.14),它们分别是:

①Ⅰ.黑龙江亚板块:

　　　　Ⅰ1　长白块体　　　　　　　　Ⅰ2　松辽兴安块体

②Ⅱ.华北亚板块:

　　　　Ⅱ1　胶东-苏北-南黄海块体　　Ⅱ2　河淮块体

　　　　Ⅱ3　鄂尔多斯块体

③Ⅲ.南华亚板块:

　　　　Ⅲ1　华南-东海块体　　　　　Ⅲ2　台湾块体

④Ⅳ.南海亚板块:

⑤Ⅴ. 蒙古亚板块：

⑥Ⅵ. 新疆亚板块：

    Ⅵ1　准噶尔块体   Ⅵ2　天山块体

    Ⅵ3　塔里木块体   Ⅵ4　阿拉善块体

    Ⅵ5　费尔干纳块体

⑦Ⅶ. 青-藏亚板块：

    Ⅶ1　甘-青块体   Ⅶ2　西藏块体

    Ⅶ3　川-滇块体   Ⅶ4　喜马拉雅块体

    Ⅶ5　帕米尔块体   Ⅶ6　塔吉克块体

⑧Ⅷ. 东南亚亚板块

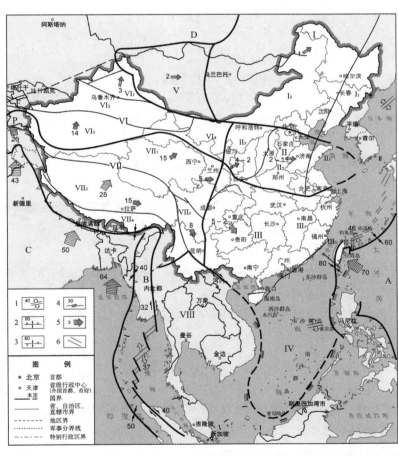

1~4：活动板块相对运动方向及速率(mm/a；)1. 分离边界、扩张脊，2. 俯冲边界，3. 碰撞边界，

4. 走滑转换边界，5. 板块的绝对运动和亚板块、块体相对欧亚板块(西伯利亚)的运动方向和速率(mm/a)；

6. 亚板块、块体边界；A. 菲律宾海块；B. 缅甸板块；C. 印度板块；D. 欧亚板块

图3.14　中国及邻区活动板块、亚板块与块体划分

(据《中国岩石圈动力学概论》，丁国瑜主编，1991)

蒙古亚板块、东南亚亚板块和青-藏亚板块中的帕米尔块体、塔吉克块体，新疆亚板块中的费尔干纳块体的主要部分已位于国外。

晚第三纪以来的活动断裂积累的丰富资料为探讨我国大陆内部各个块体的相对运动和总的变形情况提供了重要的基础（丁国瑜，1982）。我国主要的活动断裂多数是继承性地分布于一些刚性或准刚性块体和巨型褶皱带的边缘，是板内的主要活动边界。为了直观地反映新构造期（尤其是近几万年来）块体水平相对运动状况，可以采用断裂两盘在水平面上相对运动的平均速率矢量即两盘相对滑动的平均速率矢量的水平投影值（V）来表示：

$$V = V_1 + V_2 \tag{3.51}$$

式中，V_1 和 V_2 分别为平行于和垂直于断裂线的平均滑动速率矢量。它们的量值关系为：

$$\begin{cases} |V| = \sqrt{V_1^2 + V_2^2} \\ V_1 = u_1/t \\ V_2 = u_2/t = h \cdot \cot\dfrac{\alpha}{t} \\ \theta = \arctan V_2/V_1 \end{cases} \tag{3.52}$$

式中，u_1 和 u_2 分别表示为 t 时间里平行和垂直于断层线的总错距，h 为 t 时间两盘铅垂落差（即两盘差异性升降幅度），α 为断裂面倾角，θ 为水平面内断裂两盘错动方向与断层线的夹角。

确定我国西部各亚板块与块体相对欧亚板块的运动矢量，采用以下原则和方法进行估算：

（1）各块体运动方向是根据各块体前缘新褶皱轴向和逆冲断裂走向来判定的，即块体运动总体方向与新褶皱轴或新逆冲断裂走向垂直。

（2）块体运动速率估算系数假定：

①印度板块以平均每年 50mm 的速率向北运动（Minster et al.，1978），推动我国西部各块体及褶皱带的变形和运动。

②各块体和褶皱带均为弹塑性体，但各有不同的刚度，具有传递力和速率的性能，并按图 3.15 的模型传递，有：

$$\begin{cases} V_i = V_{i-1,\,i} - D_i/2 \\ V_{i,\,i+1} = V_{i-1,\,i} - D_i \end{cases} \quad (i = 1,\ 2,\ 3,\ \cdots,\ n) \tag{3.53}$$

其中，V_i 为第 i 块体中部向前移动速率；D_i 为第 i 块体横向缩短速率；$V_{i-1,\,i}$ 和 $V_{i-1,\,i}$ 为第 i 块体后缘和前缘的移动速率。

当第 1 块体为印度板块时，$V_{1,\,2} = 50\text{mm/a}$。

③若忽略各块体向前运动时其底部界面的摩擦，各块体横向缩短速率和向前运动速率的总和为每年 50mm。这样就可通过各块体（包括褶皱带）的横向缩短速率，按上式估算出各块体运动速率。若各块体压缩变形时忽略其体积变化，各块体横向缩短率可由下式作初步估算：缩短速率=垂直形变速率×块体横向宽度/块体垂直厚度（地壳厚度）。

这里垂直形变平均速率系根据上新世末夷平面平均上升速率、平均剥蚀速率和倒山根增长速率估算的。对于喜马拉雅山、昆仑山等，其平均剥蚀速率均为夷平面上升速率的0.5~0.7倍；对于青藏高原、塔里木和柴达木等块体则可忽略不计。由重力均衡产生的倒山根增长量一般为山体抬升量的4.3倍。但由于横向缩短使块体向下挤入的量可能要小得多，这里初步设想块体向下的挤入量大致相当于向上的抬升量。

中国大陆主要活动断裂如图3.16所示。活动亚板块、构造块体的相对运动状况主要是利用了西部各块体和褶皱带晚第三纪夷平面变形抬升幅度及褶皱带两侧断裂逆冲速率的资料，来大体估算各个块体和褶皱带的缩短变形速率(即印度板块向北运动速率因块体变形而被吸收的部分)。所得结果列于图3.17上，其中各个块体的运动方向是根据新褶皱轴和活动逆冲断层走向的水平垂直方向的展布状况而确定的。

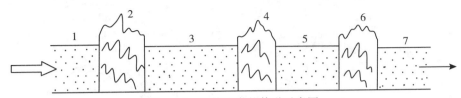

图3.15 块体速率的传递示意图

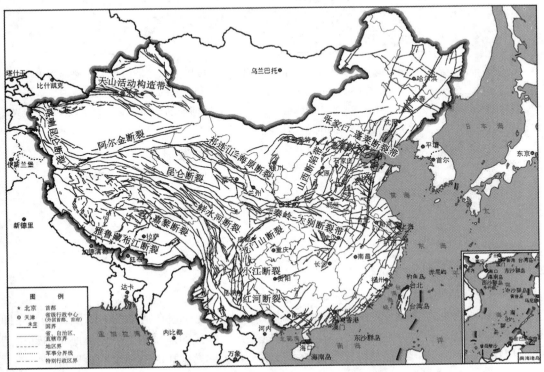

图3.16 中国大陆主要活动断裂图(张培震，邓起东，2003)

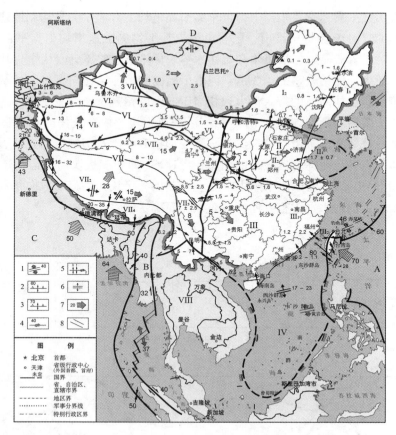

1~4. 活动板块边界及其相对运动方向及速率(mm/a): 1. 分离边界; 2. 俯冲边界; 3. 碰撞边界;
4. 走滑边界; 5. 亚板块、块板边界断裂带相对滑动的平均速率和方向的水平投影; 6. 板内地堑裂谷;
7. 板块绝对运动和亚板块、块体相对欧亚板块(西伯利亚)的运动方向及速率(mm/a); 8. 亚板块块体边界

图 3.17　中国及邻区活动板块、亚板块与块体的运动矢量

(据《中国岩石圈动力学概论》,丁国瑜主编,1991)

3.5　活动地块理论

3.5.1　活动地块假说

中国大陆活动地块假说主要包括:

(1)活动地块的学术定义和科学内涵,即活动地块是现今正在活动的岩石圈地块,亦即被大型第四纪活动构造分割和围限、具有相对统一运动方式的地质构造单元。地块内部构造活动相对稳定,地块边界活动强烈。因而,强震大多数都发生在活动地块的边界带上。

(2)活动地块的基本特点:活动地块具有新生性(亦即现今活动性);层次性,即活动地块可分成不同级别,高层次地块可含有次级地块;整体性,即地块自身具有运动的相对统一性和稳定性；立体性，即活动地块具有纵向的深度结构，其底边界可能位于深部不同层位的拆离带或耦合带。

（3）活动地块运动和相互作用的驱动机制。认为活动地块一方面受板块边界动力作用驱动，应力通过地块间相互作用（挤压、拉张、剪切，或联合作用）而传导，从而驱动地块运动，同时还受深部动力作用。地块底边界受不同层次的拆离带或滑脱带的控制，下地壳和上地幔的黏塑性流变影响并驱动活动地块的相对运动。

上述3点也是中国大陆活动地块假说的3个主要科学问题。具体地说活动地块是被形成于晚新生代、晚第四纪（10万年—12万年）至现今强烈活动的构造带所分割和围限、具有相对统一运动方式的地质单元。

活动地块边界可以与地质历史上的地块相一致，也可以具有新生性，与老地块边界不一致。活动地块具有分级性，1级地块内部可能存在次级地块，但不同地块之间或不同级别地块之间的构造变形在更大区域框架下具有协调性。活动地块边界带构造活动强烈，绝大多数强震都发生在边界的活动构造带上。地块内部的变形有两种形式：一种是相对稳定，不发生大幅度构造变形；另一种是内部次级地块之间发生相对运动，具有一定的构造活动性，但不论是其活动强度还是频度都远小于边界活动构造带。活动地块的运动不仅受到板块边界的驱动作用，还可能受到深部动力作用，地块的底边界受不同层次的拆离带或滑脱带所控制，因深部动力作用不同，所表现在浅表的脆性构造变形和强震活动也不同。

与张文佑（1984）的断块构造学说和马杏垣（1989）、丁国瑜（1989）提出的活动亚板块、构造块体相比较，活动地块有如下特点：在时间尺度上是研究形成于晚新生代、晚第四纪强烈活动的地质构造，着重强调与未来强震活动密切相关的现今时段；在状态上是指现今仍在活动，并且与未来强震有关的地块运动及相关的构造变形（张国民，等，1999）。

具体来说，活动地块具有以下4个特性（张国民，等，1999）：

（1）活动性。活动地块主要是指现今活动的地质单元。一些活动地块与地质历史上老的构造单元重合，构造变形沿不同时间形成的老的地块边界发生，反映了构造活动的继承性，如天山活动地块、鄂尔多斯活动地块等；另外一些活动地块与地质历史上形成的构造单元不同，地块边界带切割老的地块，反映了活动地块的新生性，如川滇菱形地块、青藏高原的东边界等。正是晚第四纪开始形成、至今仍活动着的这些活动地块间的相互作用和相对运动不断地刻画着今日的山川地貌，控制着强烈地震的发生；

（2）整体性。一般地说活动地块内部相对稳定，主要构造变形和强烈地震发生在活动地块的边界带上，地块的运动具有较好的整体性。但活动地块的内部变形可能有两种形式：一种是相对稳定、内部不发生大幅度构造变形，鄂尔多斯地块就是最典型的一例；另一种由于受各种局部因素影响，内部稳定性稍弱，地块内还可以划分出次级活动地块，次级地块发生一定程度的相对运动，并控制着一些中强地震的发生，但地块的活动强度和频度都小于边界活动构造带，例如川滇活动地块，虽然内部次级活动地块的边界带上也发生过一些历史强震，但不论地震数量和震级都不及边界带。

（3）层次性。活动地块具有不同的级别，大的活动地块可以由次级地块组成，也可以不包含次级地块。但从研究强震发生规律的角度上考虑，活动地块的级别划分不宜过多，尺度太小的活动地块在区域强震孕育系统中没有地震学意义。因而，从区域构造变形的一致性和成组强震孕育的系统性来看，中国大陆可能由三个层次的活动地块所组成，一级活动地块相当于青藏高原这一级别，二级活动地块相当于天山、鄂尔多斯这一级别。在一些二级活动地块中也许还可以进一步划分出更次一级的活动地块，如华北活动地块中可以划分出华北平原和太行山活动地块。8 级以上的强震主要分布在一、二级活动地块的边界带上；7 级以上地震除了受一、二级活动地块控制外，有些还与三级活动地块有关；5~6 级地震除了发生在活动地块边界带上以外，还有一定的空间随机性。

（4）立体性。活动地块的运动和变形不仅受到板块边界的驱动作用，还受到来自大陆深部的动力作用，这是活动地块与板块构造的根本区别之一。地块侧边界的中上地壳部分以脆性变形为主，形成一系列逆冲、拉张、走滑和旋转等性质的活动构造带，地块之间沿这些构造带发生相互运动，并控制着地震的发生。下部地壳和上地幔以韧性变形和塑性流动为特征，从底部驱动上部地壳的脆性变形，控制着活动地块的运动方式和变形特性。活动地块的底边界可能位于深部不同层位的拆离带或解耦带，如脆-韧性转换带、壳内低速层、活动的壳幔过渡带和软流层等。活动地块底边界所处的深部位置、岩石圈内部各圈层之间的耦合和解耦程度可能决定着地块内部构造活动和地块的完整性。

活动地块的划分是以边界构造变形的新生性和局部性，以及内部构造变形的整体性和协调性为基本原则；由地面垂直和水平变形特征、地壳构造特征、地壳和上地幔的纵向分层结构、速度、电性、磁性结构等多学科、多因子组成活动地块划分的综合判别标志；活动地块的划分主要有地震地质方法并结合现代大地测量方法进行。中国大陆及其邻区的活动地块可作两级划分（张培震，等，2003）：Ⅰ级为活动地块区（active crustal-block region）（简称地块区），Ⅱ级为活动地块（active crustal-block）（简称地块）。中国大陆及邻区可以划分出 6 个Ⅰ级活动地块区，它们分别是：青藏、西域、华南、滇缅、华北和东北；还可以进一步划分出拉萨、羌塘、巴颜喀拉、柴达木、祁连、川滇、滇西、滇南、塔里木、天山、准噶尔、萨彦、阿尔泰、阿拉善、中蒙、中朝、鄂尔多斯、燕山、华北平原、鲁东-黄海、华南、南海等 22 个Ⅱ级活动地块，地块的边界是几何构造各异、宽度变化不同的变形带或活动构造带。图 3.18 为中国大陆及周边地区活动地块的基本划分。

3.5.2 活动地块运动与变形特征

张培震等（2003）将中国大陆及其周边地区划分为 6 个Ⅰ级地块区和 22 个Ⅱ级活动地块（图 3.18）。随后，很多学者以此为基础模型，采用时空分辨率不断提高的 GNSS 速度场结果，愈来愈细致地揭示出中国大陆及周边活动地块的运动学特征。例如，郝明和王庆良（2020）结合 GNSS 速度场的最新研究成果，阐述了中国大陆及周边主要活动地块现今的运动与变形特征。总体而言，中国大陆相对于稳定的欧亚大陆（欧洲和西伯利亚部分）整体向东和向北运动的趋势，运动速率在 35~42mm/a 之间，中国大陆的活动地块有的刚性较好，内部不发生构造变形和大地震，有的则刚性很差，内部发生明显的构造变形并伴随强震发生。

其中，青藏高原南部拉萨活动地块的优势运动方向为 NE12°~30°，平均速率为 25~30mm/a。拉萨站和西部狮泉河站之间的东西向拉张速率为 14.5mm/a，大于 Armijo 等（1986）根据活动断裂研究的长期平均速率 10±5mm/a，小于 Molnar 和 Lyon-caen（1988）根据 20 多年地震记录的 18±9mm/a 东西向拉张速率。虽然 GPS 拉张速率只是根据几年的观测数据，不一定能反映长期平均运动，但至少反映了东西向拉张速率可能在 10~18mm/a 之间变化的事实。

羌塘地块和昆仑地块构成了青藏高原中部，仅有的 5 个 GPS 观测点均分布于羌塘地块。5 个测点显示出向 60°优势方向的运动，速率平均在 28.0±0.5mm/a，运动方式显然与其以南的拉萨地块不同。昆仑地块以北的柴达木活动地块运动方向与羌塘地块没有太大的差别，但平均运动速度骤减到 12~14mm/a。而再向北到祁连山活动地块，优势运动方向变为 70°~90°，速度则减小为 14~7mm/a。

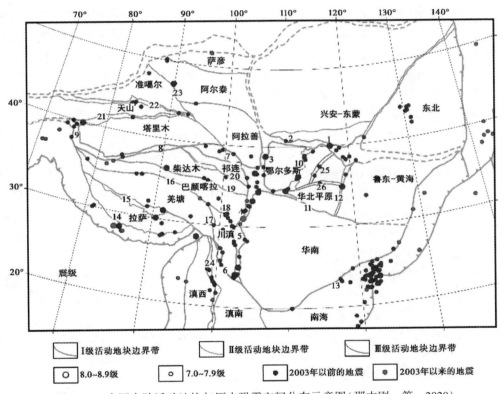

图 3.18　中国大陆活动地块与历史强震空间分布示意图(邵志刚，等，2020)

天山活动地块是大陆内部典型的复活或再生造山带，其南、北两侧分别被构造稳定的准噶尔和塔里木地块所夹持，构造变形主要发生在天山山前和山体内部。强震主要发生在天山两侧边界的前陆盆地的活动褶皱和逆冲断裂带上。横跨天山的 SN 向 GNSS 剖面揭示地壳缩短是均匀的，而不是集中在两侧的前陆冲断带或某一断层附近。此外，天山的地壳缩短由西向东逐渐衰减，这种逐渐减小的连续变形可以用刚性的塔里木地块相对"软弱"的天山发生顺时针旋转所导致的地壳缩短变化来解释。GPS 观测结果显示，位于塔里木盆地的 ARAL 站相对于稳定西伯利亚的运动速度为 20.7±2.0mm/a；北部的位于南天山山前褶皱带内的 KEZI 站点的速度为 17.3±1.8mm/a；位于天山山体内部山间盆地的 NANA

站点的速度只有 10.3±2.0mm/a；跨过北天山褶皱带之后，准噶尔地块上的 KYUT 站的运动速度为 11.9±1.9mm/a，天山在这一纬度上的地壳缩短速率约为 8.8mm/a。

夹持在构造活动十分强烈的天山和青藏高原之间的塔里木地块的构造活动性相对较弱，有历史记载以来地块内部没有发生过强震，也不发育晚第四纪活动断裂。GNSS 拟合结果（郝明，王庆良，2020）表明塔里木地块的顺时针旋转量最大（（−0.630±0.017）°/Ma），并以 13.8mm/a 的速率向 N 运动，属典型的刚性地块。青藏高原北侧的阿拉善地块表现为顺时针旋转，但旋转量仅有（−0.103±0.023）°/Ma。地块以 4mm/a 的速率向东运动，地块内部最大和最小主应变率相近，约 $2×10^{-9}$/a。可见，尽管阿拉善地块内部存在微弱的应变变形，但刚性地块的运动特征仍十分显著。

川滇活动地块位于青藏高原的东南隅，即川滇菱形地块，是中国大陆地震活动最强烈的地区之一。GPS 观测显示该地块的运动具有两个特点：第一，川滇活动地块上的 GPS 观测点位移矢量主要表现为向 SE150°～160°方向的运动，在北部的鲜水河一带运动方向 SE120°左右，而到南部的昆明一带方向变为 SE165°，既反映了鲜水河—小江断裂的左旋走滑运动，又反映了川滇菱形地块向南南东方向的总体运动和顺时针旋转。King 等（1997）获得了同样的结果。第二，地块的变形确实是不均匀的，小箐河断裂以西 GPS 站点的运动速度平均为 19mm/a 左右，而以东站点的平均运动速度只有 13～14mm/a。

鄂尔多斯活动地块位于中国中北部，除西南缘受到青藏高原东北部的强烈挤压作用外，其他边缘被断陷盆地所围限且以剪切变形为特征，控制了有历史记载以来的 7 次 7 级以上强震的发生，表现出很强的构造活动性。但鄂尔多斯地块内部构造的活动性微弱，也不发育大规模的活动断层。GNSS 资料表明鄂尔多斯地块具有逆时针旋转的特点，旋转量为（0.172±0.017）°/Ma，以 5.7mm/a 的速率向南东东运动，地块内部的主应变率约 $1×10^{-9}$/a，说明该地块属于刚性地块。

华北活动地块在新生代早期遭受强烈的拉张和裂陷作用，形成了一系列北北东走向的正断裂和地垒地堑；上新世以来华北活动地块停止了裂陷作用，华北平原开始整体下沉，并在北北东向正断层的基础上形成右旋走滑断裂。现今的 GNSS 资料表明华北地块整体以 5.5mm/a 的速率向 SEE 运动，逆时针旋转量（0.086±0.006°）/Ma 和约 $2.7×10^{-9}$/a 的内部主应变率均比其南、北两侧的华南和东北地块高。除山西断陷带具有比较明显的拉张位移和张家口-渤海断裂带有明显左旋走滑位移外，横跨其他主要活动断裂和地震带都没有明显位移。

华南和东南沿海地区在新构造运动上属于比较稳定的地块，内部不发育明显的活动断裂和褶皱，地震活动性与华北和西部比相对较弱，唯东南沿海发育一些晚更新世活动断裂和地震。GPS 观测结果显示，华南和东南沿海整体以 7.5mm/a 的速率向南东东运动，逆时针旋转量非常小，地块内部的主应变率$<1×10^{-9}$/a，其中东部的上海向东运动速率为 9.4mm/a，与甚长基线干涉（VLBI）的结果和 Shen 等（2000）对华北地区 GPS 的研究结果基本一致。

位于阿穆尔板块上的东北地块强震活动相对微弱（深震除外），构造活动相对稳定。地块内部近 200 个 GNSS 台站的运动速度表明该地块整体的南东东向运动速率仅约 2mm/a，逆时针旋转量（0.046±0.006）°/Ma 也很小，地块内部变形微弱，符合刚性地块的运动特征。

3.5.3 活动地块与强震发生的关系

活动地块内部相对稳定，边界构造活动强烈，绝大多数强震都发生在其边界的活动构造带上，有历史记载以来的所有 8 级以上强震和 80% 以上的 7 级以上强震都发生在活动地块边界上，这说明地块的运动和地块间的相互作用是地震孕育和发生的直接控制因素。从 1998 年提出大陆强震受控于活动地块的科学假说以来，中国大陆及其周边发生 7 级以上强震，包括 2008 年汶川 8.0 级地震、2010 年玉树 7.0 级地震、2013 年芦山 7.0 级地震、2017 年九寨沟 7.0 级地震等，都发生在活动地块的边界带上（图 3.18）。形成中国大陆的强震活动图像特征的原因也正是强震活动受控于活动地块的运动和变形（郑文俊，等，2019）。了解中国大陆活动地块边界带的地震活动特征逐渐成为中国大陆地区地震预测和防震减灾的主要目标，同样也是地震活动研究的主要内容。

地震过程包含着两个相互关联的根本环节，即构造背景和孕震环境。构造背景实际上是指地震发生所需能量的大尺度动力学背景，包括板块边界驱动力、地幔或软流圈对上部脆性岩石圈的拖曳力、应变的传递，以及岩石圈不同层次之间与不同活动地块之间的相互作用等。孕震环境是指强震发生的局部条件，它取决于地震发生所在地段的介质物性特点、构造活动习性、应变积累程度和地震复发规律等条件。地震实际上是在构造背景所提供的区域构造应力作用下，应变在变形非连续地段的不断积累并达到极限状态后而突发失稳破裂的结果。因而，强震往往发生在非连续构造变形最强烈的地方，这些地方就是切割地壳表层的断裂系统。特别是构成活动地块边界的断裂带，由于其切割地壳深度大，所以非连续性更强，更有利于应变的高度积累而孕育大地震。这可能就是为什么绝大部分强震发生在活动地块边界带的重要原因（邵志刚，等，2020）。

大陆构造变形与海洋板块的构造变形有着本质的区别，大陆上地壳以脆性变形为主，一系列活动褶皱和断裂带把上地壳切割成不同级别的活动地块，下地壳和上地幔则以韧性变形和塑性流动为特征从底部驱动上部地壳变形。活动地块的运动和变形不仅受到板块边界的驱动作用，还受到深部的动力作用，中上地壳可能与下地壳和上地幔通过不同类型的拆离带或滑脱带解耦，但下部的韧性变形和塑性流动仍然通过不同的方式作用于上部的脆性活动地块，影响着上部活动地块的运动和变形。地块的侧边界和底边界因深部结构不同和动力作用的不同而具有不同的活动习性。地块侧边界的中上地壳部分以脆性变形为主，形成一系列逆冲、拉张、走滑和旋转等性质的活动构造带，地块之间沿这些构造带发生相互运动，导致应变在这些活动地块边界活动构造带上的积累和释放，控制着强震的发生。

中国大陆东、西部地区板块的动力加载方式存在较大差别。东部的太平洋板块、菲律宾海板块并未直接作用在中国大陆东部的东北亚、华北和华南地块；西部的印度板块则以低角度俯冲的方式直接作用于青藏和西域地块。正是这种差别导致中国大陆西部的地壳运动速率和应变速率分别为东部的 3~8 倍和 3~4 倍，西部释放的地震能量为东部的 9 倍。上述原因导致中国大陆的地震活动表现出显著的东西差异，强度呈西强东弱，频次呈西高东低，复发周期呈西短东长等。此外，从中国大陆活动地块边界带地震应变释放速率与断层运动速率的关系（图 3.19）来看，东部地区活动地块边界带的断层运动速率较低，地震应变释放速率也较低；西部地区活动地块边界带的断层运动速率较高，地震应变释放速率也较高。

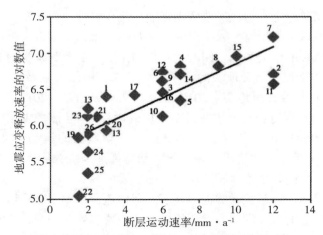

图中编号与图 3.18 中活动地块边界带的编号对应

图 3.19　中国大陆活动地块边界带地震应变释放速率与断层运动速率的关系(邵志刚，等，2020)

3.6　相对稳定点组及确定方法

3.6.1　相对稳定点组

　　通常用构造块体相对运动的运动学参数来描述大尺度的地壳运动，高精度的 GPS 测量是获取这种运动信息的重要手段。现代观测结果证明，作为一级近似，板块或板内的主要构造块体可以看作是刚体或均匀变形体。变形主要发生在板块或主要构造单元的边界带上，主要表现为构造块体的相对位移(错动和转动)和强烈的剪切变形。因此，位于同一构造块体内的各观测点间的相对位置将发生变化。因此，通过定期复测位于地球表面各观测点间的相对位置，根据这些相对位置的变化，以及这些观测点所处的构造位置，就可以得出所需的运动信息。这里包含了两个条件：一是从观测结果获取点位变化信息；二是必须知道这些观测点所处的构造位置。只要保持两次测量之间坐标参数的一致性，前一个条件很容易实现。第二个条件通常通过实地考察和利用许多地质学和地球物理学的方法来满足，但这类方法至少存在两方面的缺陷：一方面在时间尺度上显得与构造活动的需要不相适应；另一方面，在空间域上，一些地表观测点究竟处于哪一个构造单元上并不总是可以清楚区分的。另外，位于同一构造单元上的某些可能受到局部干扰的观测点必须剔除出去。因此，直接用观测来验证或判别处于同一块体上的观测点是必要的。这种根据直接大地测量观测结果判别一组点是否属于同一构造单元的方法，可以用来划分活动地块。通常被判别属于同一构造单元的一组点称作相对稳定点组，这组点是被认为不包含"不合群"位移观测点的所有其他点的集合。相对稳定点组也可以认为是相对不动的点组，或者说是一组几何关系不变的点组。而用这种方法确定的相对稳定点组来划分地块的方法称活动地块的大地测量划分方法。相对稳定点组确定的方法主要有构造位置的统计检验法和粗差的拟准检定法。

3.6.2 相对稳定点组确定的构造位置的统计检验法

相对稳定点组确定的构造位置的统计检验法是由黄立人和马青（1999）提出的，主要应用方差分析理论，基于有约束和无约束平差的统计特征，给出一种根据复测结果判别一组测站是否位于同一构造块体上的假设检验方法。

把地球表面简化为一个具有单位半径的球，而将块体在球面上的运动用一个转动向量 $\boldsymbol{\Omega}$ 来描述，把这个转动向量分解成绕三个坐标轴 X、Y、Z 转动的分量 ω_x、ω_y、ω_z 来表示，因为地球上的构造单元的转动量一般为微小量，略去二次和三次以上的微小量，可以得出：

$$\begin{cases} \omega_x = \omega\cos\phi\cos\lambda \\ \omega_y = \omega\cos\phi\sin\lambda \\ \omega_z = \omega\sin\phi \end{cases} \tag{3.54}$$

在刚性块体的情况下，板块 A 上任何一点 P 在经过一段时间后，位置将发生变化，这种变化相当于数学上的坐标系旋转造成的坐标变化。考虑到 ω_x、ω_y、ω_z 均为微小量，可得：

$$\begin{cases} x'_p = x_p + 0 + z_p\omega_y - y_p\omega_z \\ y'_p = y_p - z_p\omega_x + 0 + x_p\omega_z \\ z'_p = z_p + y_p\omega_x - x_p\omega_y + 0 \end{cases} \tag{3.55}$$

对于板块 A 内另一点 O，同样可以写出：

$$\begin{cases} x'_o = x_o + 0 + z_o\omega_y - y_o\omega_z \\ y'_o = y_o - z_o\omega_x + 0 + x_o\omega_z \\ z'_o = z_o + y_o\omega_x - x_0\omega_y + 0 \end{cases} \tag{3.56}$$

于是，板块运动后，同一板块上的两点间的坐标差为：

$$\begin{cases} x'_p - x'_o = (x_p - x_o) + 0 + (z_p - z_o)\omega_y - (y_p - y_o)\omega_z \\ y'_p - y'_o = (y_p - y_o) - (z_p - z_o)\omega_x + 0 + (x_p - x_o)\omega_z \\ z'_p - z'_o = (z_p - z_o) + (y_p - y_o)\omega_x - (x_p - x_o)\omega_y + 0 \end{cases}$$

即

$$\begin{cases} \Delta x'_{p,\,o} = \Delta x_{p,\,o} + 0 + \Delta z_{p,\,o}\omega_y - \Delta y_{p,\,o}\omega_z \\ \Delta y'_{p,\,o} = \Delta y_{p,\,o} - \Delta z_{p,\,o}\omega_x + 0 + \Delta x_{p,\,o}\omega_z \\ \Delta z'_{p,\,o} = \Delta z_{p,\,o} + \Delta y_{p,\,o}\omega_x - \Delta x_{p,\,o}\omega_y + 0 \end{cases} \tag{3.57}$$

其中，(x_p, y_p, z_p) 和 (x_o, y_o, z_o) 分别表示板块 A 转动前（即起始位置）P 点和 O 点的空间直角坐标，而 (x'_p, y'_p, z'_p) 和 (x'_o, y'_o, z'_o) 分别表示板块转动后 P 点和 O 点的空间直角坐标。如果该块体是一个均匀应变体（体应变），则式（3.57）需要增加一项均匀应变 e 引起的坐标差的变化，即

$$\begin{cases} \Delta x'_{p,\,o} = \Delta x_{p,\,o} + 0 + \Delta z_{p,\,o}\omega_y - \Delta y_{p,\,o}\omega_z + \Delta x_{p,\,o}e \\ \Delta y'_{p,\,o} = \Delta y_{p,\,o} - \Delta z_{p,\,o}\omega_x + 0 + \Delta x_{p,\,o}\omega_z + \Delta y_{p,\,o}e \\ \Delta z'_{p,\,o} = \Delta z_{p,\,o} + \Delta y_{p,\,o}\omega_x - \Delta x_{p,\,o}\omega_y + 0 + \Delta z_{p,\,o}e \end{cases} \quad (3.58)$$

式(3.58)就是位于同一刚性或均匀应变块体上观测点的运动模型,即相对稳定点的运动模型。由式(3.57)、式(3.58)可以看出,构造块体在球面上的运动造成的同一块体内的两点间坐标差的变化,与坐标参考系的放置附加或不附加尺度因子的变化对坐标差产生的影响在形式上是相同的。下面将根据复测资料对位于同一块体上的点做统计检验,即检验相对稳定点组。

在实际测量中,由于各种原因,两次测量所依据的坐标参考框架不可能完全一致。因此,即使所有的观测点实际上没有运动,测量也没有误差,那么根据两次观测结果求得的坐标差也可能发生变化,其变化量可由式(3.57)或式(3.58)求出,而这种变化是由于两次测量的坐标参考框架间的相对放置和尺度因子不同引起的。反过来说,如果两次测量中间,这个板块确实在球面上按上面所研究的形式运动,那么它将被"融合"在坐标框架的转动之中。而坐标参考框架之间的平移参数,对于任意两点间(无论它们是否位于同一构造单元内)坐标差的变化没有影响。基于这样一个特征,可以设计出 F 检验方法,来判别一组点是否位于同一构造体上。

为了讨论方便,假定对两次测量所用的点都进行了复测(但在实际,对于两次测量只有部分点进行了复测的情况,下面所述的方法也适用),无论这些点是否在同一个块体上,总可以利用这些点构成的基线向量或坐标观测值分别对两期资料进行自由网平差,得到两次测量的两个单位权方差的估值:$\hat{\sigma}_1^2 = V_1^{\mathrm{T}} P_1 V_1 / f_1$ 及 $\hat{\sigma}_2^2 = V_2^{\mathrm{T}} P_2 V_2 / f_2$。

由于每期测量都是在一个比较短的时间内完成的,地壳运动的影响可以忽略不计,因而上面对两期资料进行自由网平差所得到的单位权方差的估值可以看作是纯测量精度的量度。可以求这两次测量精度的平均估值 $\hat{\sigma}^2$,即 $\hat{\sigma}^2 = \dfrac{f_1 \hat{\sigma}_1^2 + f_2 \hat{\sigma}_2^2}{f_1 + f_2}$,称为单位权方差的无约束平差估值。

如果这些点确实位于同一个构造块体上,尽管在两次测量之间的这段时间内构造块体可能有运动,两次测量所依据的坐标参考框架可能有所变化,但它们都将会综合反映在一组转动参数 ω_x、ω_y、ω_z 和比例缩放因子 e 中(如果有的话)。因此,对于这两期资料可以列出观测方程如下:

第一次测量的观测方程:

$$\begin{cases} \Delta x_{1,\,0} + V_{\Delta x_{1,\,0}} = \hat{x}_1 - \hat{x}_0 \\ \Delta y_{1,\,0} + V_{\Delta y_{1,\,0}} = \hat{y}_1 - \hat{y}_0 \\ \Delta z_{1,\,0} + V_{\Delta z_{1,\,0}} = \hat{z}_1 - \hat{z}_0 \\ \cdots\cdots \\ \Delta x_{m,\,0} + V_{\Delta x_{m,\,0}} = \hat{x}_m - \hat{x}_0 \\ \Delta y_{m,\,0} + V_{\Delta y_{m,\,0}} = \hat{y}_m - \hat{y}_0 \\ \Delta z_{m,\,0} + V_{\Delta z_{m,\,0}} = \hat{z}_m - \hat{z}_0 \end{cases} \quad (3.59)$$

第二次测量的观测方程：

$$
\begin{cases}
\Delta x'_{1,0} + V'_{\Delta x_{1,0}} = \hat{x}_1 - \hat{x}_0 + \Delta_{1,0,x} \\
\Delta y'_{1,0} + V'_{\Delta y_{1,0}} = \hat{y}_1 - \hat{y}_0 + \Delta_{1,0,y} \\
\Delta z'_{1,0} + V'_{\Delta z_{1,0}} = \hat{z}_1 - \hat{z}_0 + \Delta_{1,0,z} \\
\cdots\cdots \\
\Delta x'_{m,0} + V'_{\Delta x_{m,0}} = \hat{x}_m - \hat{x}_0 + \Delta_{m,0,x} \\
\Delta y'_{m,0} + V'_{\Delta y_{m,0}} = \hat{y}_m - \hat{y}_0 + \Delta_{m,0,y} \\
\Delta z'_{m,0} + V'_{\Delta z_{m,0}} = \hat{z}_m - \hat{z}_0 + \Delta_{m,0,z}
\end{cases}
\tag{3.60}
$$

其中，

$$
\begin{aligned}
\Delta_{1,0,x} &= 0 + \Delta z_{1,0}\,\varpi_y - \Delta y_{1,0}\,\varpi_z + (\Delta x_{1,0} e) \\
\Delta_{1,0,y} &= -\Delta z_{1,0}\,\varpi_x + 0 + \Delta x_{1,0}\,\varpi_z + (\Delta y_{1,0} e) \\
\Delta_{1,0,z} &= -\Delta y_{1,0}\,\varpi_x - \Delta x_{1,0}\,\varpi_y + 0 + (\Delta z_{1,0} e) \\
\Delta_{m,0,x} &= 0 + \Delta z_{m,0}\,\varpi_y - \Delta y_{m,0}\,\varpi_z + (\Delta x_{m,0} e) \\
\Delta_{m,0,y} &= -\Delta z_{m,0}\,\varpi_x + 0 + \Delta x_{m,0}\,\varpi_z + (\Delta y_{m,0} e) \\
\Delta_{m,0,z} &= -\Delta y_{m,0}\,\varpi_x - \Delta x_{m,0}\,\varpi_z + 0 + (\Delta z_{m,0} e)
\end{aligned}
$$

由观测方程式（3.59）和式（3.60）组成法方程求解，可得约束平差下的单位权方差估值：

$$
\hat{\sigma}^2 = \frac{\boldsymbol{V}^{\mathrm{T}} \boldsymbol{P} \boldsymbol{V}}{f}
\tag{3.61}
$$

其中，$\boldsymbol{P} = \begin{pmatrix} P_1 & 2 \\ 0 & P_2 \end{pmatrix}$，$f$ 为约束平差下的自由度。

由统计检验公式，则有 F 检验的统计量：

$$
F = \frac{R_1 - R}{R} \cdot \frac{(f_1 + f_2)}{f - (f_1 + f_2)}
\tag{3.62}
$$

其中，f_1、f_2 分别为第一次、第二次观测方程在无约束平差下的自由度，并有：
$\begin{cases} f_1 = 3m - 3 \\ f_2 = 3m - 3 \end{cases}$；$F$ 检验的统计量中 R、R_1、R_2 分别为：

$\boldsymbol{R} = \boldsymbol{V}_1^{\mathrm{T}} \boldsymbol{P}_1 \boldsymbol{V}_1 + \boldsymbol{V}_2^{\mathrm{T}} \boldsymbol{P}_2 \boldsymbol{V}_2$，自由度为 $(f_1 + f_2)$；

$\boldsymbol{R}_1 = \boldsymbol{V}^{\mathrm{T}} \boldsymbol{P} \boldsymbol{V}$，自由度为 f；

$\boldsymbol{R}_1 - \boldsymbol{R} = \boldsymbol{V}^{\mathrm{T}} \boldsymbol{P} \boldsymbol{V} - \boldsymbol{V}_1^{\mathrm{T}} \boldsymbol{P}_1 \boldsymbol{V}_1 - \boldsymbol{V}_2^{\mathrm{T}} \boldsymbol{P}_2 \boldsymbol{V}_2$，自由度为 $f - (f_1 + f_2)$

若

$$
F \leqslant F(\alpha, f - (f_1 + f_2), (f_1 + f_2))
\tag{3.63}
$$

则表明在置信水平 α 下，这一组点间的确只有因为坐标框架的不一致或整个块体的运动引起的变化，这一组点间的相对位置在两次测量之间没有变化，而位于同一构造块体内。

若式（3.63）不成立，则其中必定有若干点不在同一构造块体上，或者有局部干扰，造成这些点的异常运动。需要对其进行进一步分析，逐一剔除最可能不在同一构造块体上的点，剔除的点的判别主要依据改正数 V，剔除 V 中最大的一组数据，然后重新对余下的点做统计检验，直到式(3.63)成立，即所得点为一组相对稳定点组。

3.6.3　相对稳定点组确定的粗差的拟准检定法

在变形分析中，往往需要对一组观测值来确定运动模型中的各个参数。但是由于各种原因(如某个点因局部干扰引起位移，或原始观测值中真正存在粗差等)，有些观测点上的位移可能"不合群"，即可以用来描述大部分观测点的一组运动参数不能恰地描述这些观测点的运动。反过来说，如果在求取模型参数时，采用了这些"不合群"的观测值，得到的模型参数会受到"污染"。因此，可以将这些"不合群"的位移观测值看作某种粗差观测值，从而采用适当的方法将它们判别筛选出来。粗差的拟准检定法(QUAD 法)(欧吉坤，1999)是基于真误差与观测值之间的解析关系建立起来的用于探测观测值中的粗差。如果用在相对稳定点组上，即是确定一组没有发生相对位移(或者对位移在观测误差允许范围内)的点。"粗差的拟准检定法"是在"拟稳平差理论"基础上发展起来的，拟稳平差贯穿一种辩证思想，突出群拟合而非强制。设有线性化观测方程可表示为：

$$\underset{nm}{\overset{m}{A}} X_0 = L + \Delta \tag{3.64}$$

通常是讨论式(3.64)的估值形 $A\hat{X}_0 = L + V$。这里，A 是系数阵，X_0 是 m 维向量，代表未知参数的真值，$\hat{X}_0$ 为其估值；L 是 n 维观测值向量；Δ 是观测值向量的真误差，V 是观测值 L 的残差。为讨论方便，设观测权阵为单位阵。

令 $J = A(A^{T}A)^{-1}A^{T}$，称 J 为平差因子阵(周江文，等，1997)，它是投影矩阵，有 $JJ = J$ (幂等)，$JA = A$，J 的秩为 m，它的正交补投影记为 R，$R = I - J$(I 是 n 阶单位阵)，R 亦幂等，且有 $A^{T}R = 0$，$RA = 0$，R 的秩为 $n - m$。

因为 $JAX_0 = AX_0 = L + \Delta = J(L + \Delta)$，有 $(I - J)\Delta = -(I - J)L$，故进一步可得真误差与观测值之间存在的解析关系：

$$\underset{nn}{\overset{n-m}{R}} \Delta = -RL \tag{3.65}$$

这也可看成关于 Δ 的线性方程组。式(3.65)是秩亏的，秩亏数 $d = n - (n - m) = m$。从数学上讲，解这类秩亏方程组并不困难。但从客观实际的角度，应当强调所采用的解法要有明确合理的物理意义。大量观测数据的统计分析表明，粗差在数据中出现是少数。一般情况，含粗差的观测数占总数据量的 $1\% \sim 10\%$，因此有理由相信观测数据的大部分是正常的。这里把基本正常但尚待确认的观测称为拟准观测。显然，相应的真误差数值相对较小是辨识拟准观测的必要条件。

设选择了 r 个拟准观测，$r > d = m$，相应的真误差为 Δ_r，非拟准观测的真误差为 Δ_l。在如下条件下，求解秩亏方程式(3.65)

$$\| \Delta_r \|^2 = \Delta_r^{T}\Delta_r = \min \tag{3.66}$$

为了说明求解由式(3.65)和式(3.66)组成的联合方程组的意义，先讨论一般情况，即在式(3.66)基础上，附加适当要求的条件，得到如下方程组

$$\begin{cases} \underset{nn}{\overset{n-m}{R}}\boldsymbol{\Delta} = -\,\boldsymbol{RL} + \boldsymbol{\varepsilon} \\ \underset{mn}{\overset{m}{G}}\boldsymbol{\Delta} = \boldsymbol{w} \end{cases} \tag{3.67}$$

其中，$\boldsymbol{\varepsilon} = \boldsymbol{R\Delta} + \boldsymbol{RL} = \boldsymbol{R}(\boldsymbol{\Delta} + \boldsymbol{L})$ 是拟合残差，$\boldsymbol{G}$ 是系数阵，$\boldsymbol{w}$ 是 m 维常数向量。式 (3.67) 是 $\boldsymbol{\Delta}$ 需要满足的 m 个独立条件，假设 $\boldsymbol{R}$ 和 $\boldsymbol{G}$ 的行向量是线性无关的。构造拉格朗日函数：$\boldsymbol{\Phi} = \boldsymbol{\varepsilon}^{\mathrm{T}}\boldsymbol{\varepsilon} + 2\boldsymbol{K}^{\mathrm{T}}(\boldsymbol{G\Delta} - \boldsymbol{w})$，并求条件极值，得法方程，

$$\begin{bmatrix} \boldsymbol{R} & \boldsymbol{G}^{\mathrm{T}} \\ \boldsymbol{G} & \boldsymbol{0} \end{bmatrix}\begin{bmatrix} \hat{\boldsymbol{\Delta}} \\ \hat{\boldsymbol{K}} \end{bmatrix} = \begin{bmatrix} -\,\boldsymbol{RL} \\ \boldsymbol{w} \end{bmatrix}$$

解得：

$$\begin{bmatrix} \hat{\boldsymbol{\Delta}} \\ \hat{\boldsymbol{k}} \end{bmatrix} = \begin{bmatrix} \boldsymbol{R} & \boldsymbol{G}^{\mathrm{T}} \\ \boldsymbol{G} & \boldsymbol{0} \end{bmatrix}^{-1}\begin{bmatrix} -\,\boldsymbol{RL} \\ \boldsymbol{w} \end{bmatrix} = \begin{bmatrix} \boldsymbol{M} & \boldsymbol{A}(\boldsymbol{GA})^{-1} \\ (\boldsymbol{A}^{\mathrm{T}}\boldsymbol{G}^{\mathrm{T}})^{-1}\boldsymbol{A}^{\mathrm{T}} & \boldsymbol{0} \end{bmatrix}\begin{bmatrix} -\,\boldsymbol{RL} \\ \boldsymbol{w} \end{bmatrix} \tag{3.68}$$

其中，$\boldsymbol{M} = (\boldsymbol{R} + \boldsymbol{G}^{\mathrm{T}}\boldsymbol{G})^{-1} - \boldsymbol{A}(\boldsymbol{A}^{\mathrm{T}}\boldsymbol{G}^{\mathrm{T}}\boldsymbol{GA})^{-1}\boldsymbol{A}^{\mathrm{T}}$，展开式 (3.68) 得

$$\hat{\boldsymbol{\Delta}} = -\,\boldsymbol{MRL} + \boldsymbol{A}(\boldsymbol{GA})^{-1}\boldsymbol{w} = -\,(\boldsymbol{R} + \boldsymbol{G}^{\mathrm{T}}\boldsymbol{G})^{-1}\boldsymbol{RL} + \boldsymbol{A}(\boldsymbol{GA})^{-1}\boldsymbol{w}$$

$\hat{\boldsymbol{\Delta}}$ 的权逆阵 (或称协因数阵) 为：

$$\boldsymbol{Q}_{\hat{\boldsymbol{\Delta}}} = (\boldsymbol{R} + \boldsymbol{G}^{\mathrm{T}}\boldsymbol{G})^{-1}\boldsymbol{R}(\boldsymbol{R} + \boldsymbol{G}^{\mathrm{T}}\boldsymbol{G})^{-1} \tag{3.69}$$

两种特殊情况：

(1) 如果取 $\boldsymbol{G} = \boldsymbol{A}^{\mathrm{T}}$，$\boldsymbol{w} = 0$，这时式 (3.67) 变成

$$\begin{cases} \boldsymbol{R\Delta} = -\,\boldsymbol{RL} + \boldsymbol{\varepsilon} \\ \boldsymbol{A}^{\mathrm{T}}\boldsymbol{\Delta} = \boldsymbol{0} \end{cases} \tag{3.70}$$

可以证明 (欧吉坤, 1999)，当存在粗差时，限制 $\|\hat{\boldsymbol{\Delta}}_{+}\|^{2} = \hat{\boldsymbol{\Delta}}_{+}^{\mathrm{T}}\hat{\boldsymbol{\Delta}}_{+} = \min$，是一种强制性约束条件，如果用这种条件求解，会使结果歪曲。

(2) 如果选定了 $r>m$ 个拟准观测，附加条件表示成

$$\boldsymbol{G}_{Q}\boldsymbol{\Delta}_{Q} = (0 \quad \boldsymbol{A}_{r}^{\mathrm{T}})\begin{vmatrix} \boldsymbol{\Delta}_{l} \\ \boldsymbol{\Delta}_{r} \end{vmatrix} = \boldsymbol{A}_{r}^{\mathrm{T}}\boldsymbol{\Delta}_{r} = \boldsymbol{0} \tag{3.71}$$

其中，$\boldsymbol{A}_{r}^{\mathrm{T}}$ 是系数阵 $\boldsymbol{A}$ 的转置 $\boldsymbol{A}^{\mathrm{T}}$ 中相应于 r 个拟准观测的那部分分块矩阵，$\boldsymbol{G}_{Q} = [0 \quad \boldsymbol{A}_{r}^{\mathrm{T}}]$ 可得到

$$\boldsymbol{M}_{Q} = (\boldsymbol{R} + \boldsymbol{G}_{Q}^{\mathrm{T}}\boldsymbol{G}_{Q})^{-1} - \boldsymbol{A}(\boldsymbol{G}_{Q}\boldsymbol{A})^{-1}(\boldsymbol{A}^{\mathrm{T}}\boldsymbol{G}_{Q}^{\mathrm{T}})^{-1}\boldsymbol{A}^{\mathrm{T}} \tag{3.72}$$

真误差的拟准解

$$\hat{\boldsymbol{\Delta}}_{Q} = \begin{vmatrix} \hat{\boldsymbol{\Delta}}_{l} \\ \hat{\boldsymbol{\Delta}}_{r} \end{vmatrix} = -\,\boldsymbol{M}_{Q}\boldsymbol{RL} = -\,(\boldsymbol{R} + \boldsymbol{G}_{Q}^{\mathrm{T}}\boldsymbol{G}_{Q})^{-1}\boldsymbol{RL} \tag{3.73}$$

$\hat{\boldsymbol{\Delta}}_{Q}$ 的权逆阵为：

$$\boldsymbol{Q}_{\hat{\boldsymbol{\Delta}}_{Q}} = \boldsymbol{M}_{Q}\boldsymbol{R}\boldsymbol{M}_{Q}^{\mathrm{T}} = \boldsymbol{M}_{Q} = (\boldsymbol{R} + \boldsymbol{G}_{Q}^{\mathrm{T}}\boldsymbol{G}_{Q})^{-1}\boldsymbol{R}(\boldsymbol{R} + \boldsymbol{G}_{Q}^{\mathrm{T}}\boldsymbol{G}_{Q})^{-1} \tag{3.74}$$

可以证明 $\hat{\boldsymbol{\Delta}}_{r}^{\mathrm{T}}\hat{\boldsymbol{\Delta}}_{r} = \min$，这就是说真误差的拟准解 $\hat{\boldsymbol{\Delta}}_{Q}$ 是在附加拟准观测真误差范数极

小的条件下得到的。如果拟准观测选择正确，附加的条件是符合客观实际的，因而 $\hat{\Delta}_Q$ 反映的实际意义也是准确的。当观测值中含有粗差时，真误差的拟准解 $\hat{\Delta}_Q$ 的分布特征呈现明显分群现象，相应于拟准观测的真误差估值 $\hat{\Delta}_r$ 明显小于非拟准观测的真误差估值 $\hat{\Delta}_l$，这就为辨识和定位含粗差的观测提供了可靠的依据。根据一定的标准，可将那些真误差估值明显大的观测判定为含粗差观测。

实际中可用下式确定粗差和参数的估值。将观测方程式(3.64)改写为

$$AX_0 = L + \Delta = L - G_b \nabla_b + N \tag{3.75}$$

其中，∇_b 是代表粗差的 b 维参数向量，G_b 是其系数阵，$n \times b$ 维，N 代表分离了粗差的真误差，其他符号同式(3.64)。

通过拟准检测，假设第 j 个观测被判为含粗差，可用一个 n 维单位向量 $e_j = \begin{bmatrix} 0 & 0 & \cdots & 0 & 1 & 0 & \cdots & 0 \end{bmatrix}^T$ (第 j 个分量为1，其余为0)将它标记出来。如果找到 b 个粗差，得到 b 个这种单位向量，可构成 $C_b = (e_1 \cdots e_b)$。

平差后得到粗差估值

$$\begin{cases} \hat{\nabla}_b = (C_b^T R C_b)^{-1} C_b^T R L \\ Q_{\nabla b} = (C_b^T R C_b)^{-1} \end{cases} \tag{3.76}$$

参数估值

$$\begin{cases} \hat{X}_\Delta = (A^T A)^{-1} A^T (L - C_b \Delta_b) \\ Q_{\hat{x}\nabla} = (A^T A)^{-1} + (A^T A)^{-1} A^T C_b Q_{\hat{\Delta}} C_b^T A (A^T A)^{-1} \end{cases} \tag{3.77}$$

真误差 N 的估值

$$\begin{cases} V_\Delta = A\hat{X}_\Delta + C_b \hat{\Delta} - L = -(RL - C_b \hat{\Delta}_b) \\ Q_{v\nabla} = R - RC_b Q_{\hat{\Delta}_b} C_b^T R \\ \phi = V_\Delta^T V_\Delta = L^T R L - L^T R C_b Q_{\hat{\Delta}_b} C_b^T R L \end{cases} \tag{3.78}$$

单位权方差估值：

$$\hat{\sigma}_\Delta^2 = \frac{\phi}{n - m - b} \tag{3.79}$$

如何正确选择拟准观测，这是拟准检定法的关键。通常可分两阶段选择：初选和复选。设有观测方程：

$$V\left\{ \begin{bmatrix} V_n \\ V_e \end{bmatrix} \right\} + L\left\{ \begin{bmatrix} L_n \\ L_e \end{bmatrix} \right\} = A\hat{X} \tag{3.80}$$

其中，$\hat{X}$ 为运动模型参数估值(在这里可认为是地壳运动参数)，A 为表征模型参数与观测值之间线性化后的函数关系的系数矩阵，即设计矩阵。按照下列步骤进行相对稳定点组的判别：

计算参数估值

$$\hat{X} = (A^T P A)^{-1} A^T P L \tag{3.81}$$

计算平差因子矩阵 J

$$J = A(A^{T}PA)^{-1}A^{T}P \qquad (3.82)$$

计算 J 的正交投影补矩阵 R

$$R = I - J \qquad (3.83)$$

计算式(3.81)的改正数

$$V_i = \begin{pmatrix} V_{d_{n_i}} \\ V_{d_{e_i}} \end{pmatrix} \qquad (3.84)$$

求出全部改正数 V_i 的中位值 $\sigma_0 = \mathrm{med}\,|V_i|$，并以之作为单位权中误差的估计 $\hat{\sigma}_0$；计算初选指标 u_i

$$u_i = \frac{|V_i|}{\hat{\sigma}_0 \sqrt{R_{ii}}} \qquad (3.85)$$

其中，R_{ii} 是投影矩阵的第 i 个对角元素，然后初选相对稳定点组。

对于 2 维的位移矢量，如果

$$V_{d_{n_i}} \leqslant U_{n_i} * f_1$$
$$V_{d_{e_i}} \leqslant U_{e_i} * f_1 \qquad (3.86)$$

则此点被初步选入"相对稳定点组"，f_1 为选定的一个判别准则(因子)，否则被初步判定为"不合群"的点。由选出的"相对稳定点组"重新计算模型参数估计

$$\hat{X}_0 = (A_0^{T} P_0 A_0)^{-1} A_0^{T} P_0 L_0 \qquad (3.87)$$

式中，A_0、P_0、L_0 为 A、P、L 中仅与选出的"相对稳定点组"有关的部分。由选出的"相对稳定点组"计算真误差的估计值

$$\hat{\Delta} = \begin{vmatrix} \hat{\Delta}_0 \\ \hat{\Delta}_r \end{vmatrix} = -(R^{T}R + P_0 G^{T} G P_0)^{-1} R^{T} R L \qquad (3.88)$$

其中，

$$G^{T} = \begin{pmatrix} 0 \\ A_0 \end{pmatrix} \qquad (3.89)$$

计算指标

$$w_i = \frac{|\hat{\Delta}_i|}{C} \qquad (3.90)$$

式中，$C = \left| \dfrac{\hat{\Delta}_0^{T} P_0 \hat{\Delta}_0}{r-1} \right|^{\frac{1}{2}}$，$\hat{\Delta}_0$ 为据选出的"相对稳定点组"各点求得的真误差估计值，P_0 为相应的观测值的权矩阵。

最后复选，若 $w_i \leqslant f_2$，则将此点归入"相对稳定点组"，否则归入"不合群"的点。重复式(3.84)至式(3.87)，直到与上次选出的"相对稳定点组"相同，没有再找到新的"稳定点"结束。

3.7　利用相对稳定点组方法进行活动块体划分

3.7.1　利用构造位置的统计检验法进行活动块体划分

基于某一 GPS 变形监测网,黄立人和马青(1999)利用相对稳定点组确定的构造位置的统计检验法来寻找相对稳定点组,将其作为变形分析的基础,即相当于把一组稳定点看作是处于"同一构造块体内"。

网中第一次观测时,共有 19 个 GPS 测站,第二次复测,其中一个点已被破坏,只剩下了 18 个点。对这些复测点的可能组合均用构造位置的统计检验法作了 F 检验。最后,找到 3 种组合(表 3-1)可通过 F 检验,可认为是相对稳定点组。用它们可作为进一步分析该地区变形的基础。

表 3-1　　　　　　　相对稳定点组的 F 检验(黄立人,马青,1999)

组别	组内点名	点数	R_1	R	f	$f_1 + f_2$	F	$F_{允许值}$,$T = 0.05$
1	GPS3 GPS4 GPS12	3	121.00	118.67	176	174	1.71	3.00
2	GPS3 GPS4 GPS12 GPS9	4	122.39	118.67	179	174	1.10	2.21
3	GPS3 GPS4 GPS12 GPS9 GPS2	5	128.32	118.67	182	174	1.77	1.94

3.7.2　利用粗差拟准检定法进行活动块体划分

利用相对稳定点组确定的粗差的拟准检定法和 1991—2015 年 GPS 速度场(Zheng et al.,2017,图 3.24),对华北地区的华北块体、鄂尔多斯块体和燕山块体等主要构造体的 109 个 GPS 测站进行活动块体划分,判别结果见表 3-2、表 3-3 和表 3-4。初步结果显示,目前华北地区内部各块体相对稳定,相互之间没有明显的相对运动。

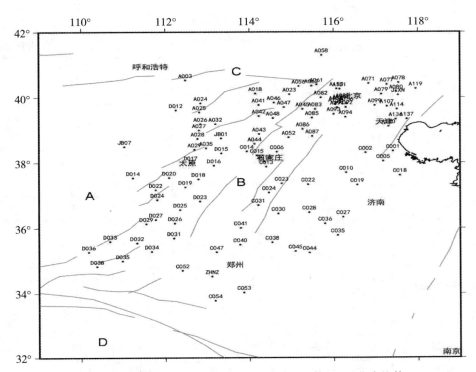

A：鄂尔多斯块体；B：华北块体；C：燕山块体；D：华南块体

图 3.20 华北地区构造块体与 GPS 测站分布

表 3-2 鄂尔多斯块体 GPS 观测、拟合、残差及判别结果

序号	点名	位移观测值（mm）		拟合值（mm）		残差（mm）		是否相对稳定点
		Vn	Ve	Vnc	Vec	d_{Vn}	d_{Ve}	0/1
1	D036	5.08	-2.37	6.30	4.77	0.48	-0.31	1
2	D038	5.26	-2.78	5.11	4.87	0.68	-0.39	1
3	D033	5.13	-2.85	5.82	4.96	-1.02	-0.17	0
4	D035	5.79	-2.03	6.57	5.23	-0.33	-0.48	1
5	JB07	4.32	-2.03	3.80	4.93	0.08	0.61	1
6	D014	4.88	-1.84	4.62	5.09	-1.09	0.21	0
7	D032	5.55	-1.74	4.91	4.95	0.12	-0.60	1
8	D029	5.37	-3.76	4.75	5.61	-0.10	0.24	1
9	D034	5.42	-2.54	6.17	6.00	0.45	0.58	1
10	D022	4.85	-1.23	5.24	5.20	-0.34	0.35	1
11	D027	5.45	-2.63	4.50	6.17	0.21	0.12	1
12	D024	5.51	-1.95	6.05	6.41	0.11	0.35	1

续表

序号	点名	位移观测值（mm）		拟合值（mm）		残差（mm）		是否相对稳定点
		Vn	Ve	Vnc	Vec	d_{Vn}	d_{Ve}	0/1
13	D020	7.14	−3.21	7.91	7.37	−0.19	0.23	1
14	D031	5.36	−2.70	4.96	5.16	−0.24	−0.20	1
15	D026	5.39	−2.79	4.64	5.16	0.45	−0.23	1
16	D012	5.07	−2.21	6.04	5.47	−0.09	0.40	1
17	D025	4.93	−2.91	5.35	6.03	−0.38	1.10	0
18	D019	4.58	−2.34	3.97	5.63	0.71	1.05	0
19	A003	3.04	−1.01	2.09	2.67	0.43	−0.37	1
20	D017	4.80	−1.94	5.21	3.98	0.40	−0.41	1
21	A029	4.53	−2.94	5.36	4.08	0.14	−0.45	1
22	A028	4.14	−2.43	3.84	4.27	−0.22	0.13	1
23	D018	4.15	−1.37	4.90	4.11	0.56	−0.04	1
24	A027	4.47	−2.26	4.58	5.22	0.12	0.13	1
25	A025	4.64	−2.06	4.21	4.80	0.19	0.16	1
26	D023	4.23	−2.42	4.86	3.96	0.36	−0.27	1
27	A026	4.25	−1.97	3.60	4.20	0.33	−0.05	1
28	A024	5.67	−2.05	6.12	6.27	−0.44	0.60	1
29	A035	4.49	−2.76	3.97	4.94	0.14	0.45	1
30	D016	4.44	−3.46	5.26	5.43	−0.93	0.99	0
31	A032	5.07	−2.65	5.10	6.06	0.25	0.24	1
32	JB01	4.43	−2.66	4.19	4.01	−0.13	−0.42	1
33	D015	4.43	−2.33	4.66	4.81	−0.69	0.38	1

表 3-3　　　　　　　　　　　**燕山块体 GPS 观测、拟合、残差及判别结果**

序号	点名	位移观测值（mm）		拟合值（mm）		残差（mm）		是否相对稳定点
		Vn	Ve	Vnc	Vec	d_{Vn}	d_{Ve}	0/1
1	A044	4.01	−2.40	4.24	−2.79	0.23	−0.39	1
2	A018	2.79	−0.35	2.29	−0.82	−0.50	−0.47	1
3	A041	5.09	−1.80	4.64	−2.36	−0.45	−0.56	1
4	A042	4.88	−1.48	4.32	−1.52	−0.56	−0.04	1

序号	点名	位移观测值（mm）		拟合值（mm）		残差（mm）		是否相对稳定点
		V_n	V_e	V_{nc}	V_{ec}	d_{V_n}	d_{V_e}	0/1
5	A043	4.00	−2.31	4.47	−3.01	0.47	−0.70	1
6	A048	4.41	−2.28	4.82	−2.77	0.41	−0.49	1
7	A046	4.45	−2.87	5.58	−3.33	1.13	−0.46	0
8	A047	4.27	−2.27	5.47	−3.01	1.20	−0.74	0
9	A052	5.19	−2.44	5.01	−2.66	−0.18	−0.22	1
10	A023	4.33	−2.12	3.82	−2.32	−0.51	−0.20	1
11	A056	4.36	−1.73	3.64	−2.12	−0.72	−0.39	1
12	A045	4.43	−2.46	4.55	−1.99	0.12	0.47	1
13	A086	5.25	−2.72	4.96	−3.29	−0.29	−0.57	1
14	A062	3.54	−2.22	4.30	−2.15	0.76	0.07	1
15	A085	5.36	−1.96	5.47	−1.16	0.11	0.80	1
16	A087	4.73	−2.12	4.96	−1.48	0.23	0.64	1
17	A083	5.01	−2.03	5.41	−1.76	0.40	0.27	1
18	A061	3.50	−2.22	2.70	−3.22	−0.80	−1.00	1
19	A082	4.42	−2.18	4.00	−1.39	−0.42	0.79	1
20	A093	6.00	−2.83	5.86	−1.63	−0.14	1.20	0
21	A159	4.60	−2.04	4.61	−2.50	0.01	−0.46	1
22	A158	4.89	−1.58	4.34	−1.89	−0.55	−0.31	1
23	A153	3.49	−2.52	4.17	−2.86	0.68	−0.34	1
24	A091	5.12	−1.78	4.90	−1.61	−0.22	0.17	1
25	A155	6.31	−1.61	6.77	−2.36	0.46	−0.75	1
26	A151	4.03	−2.96	4.32	−2.65	0.29	0.31	1
27	A157	3.91	−1.35	4.32	−0.75	0.41	0.60	1
28	A089	5.99	−1.30	5.55	−1.73	−0.44	−0.43	1
29	A094	6.62	−2.50	6.23	−3.07	−0.39	−0.57	1
30	A092	5.12	−0.96	4.68	−1.63	−0.44	−0.67	1
31	C010	4.83	−1.35	5.04	−1.54	0.21	−0.19	1

续表

序号	点名	位移观测值（mm）		拟合值（mm）		残差（mm）		是否相对稳定点
		Vn	Ve	Vnc	Vec	d_{Vn}	d_{Ve}	0/1
32	A156	3.81	−1.33	4.01	−0.41	0.20	0.92	1
33	C002	3.84	−2.58	3.95	−2.24	0.11	0.34	1
34	A071	2.72	−1.65	2.12	−1.32	−0.60	0.33	1
35	A099	3.60	−2.66	3.47	−2.29	−0.13	0.37	1
36	A079	2.67	−0.76	3.02	−1.03	0.35	−0.27	1
37	A077	2.25	−1.31	2.10	−1.81	−0.15	−0.50	1
38	A107	5.22	−1.65	5.01	−1.01	−0.21	0.64	1
39	A110	4.26	−1.72	3.89	−0.74	−0.37	0.98	1
40	A136	3.99	−1.56	3.61	−1.61	−0.38	−0.05	1
41	A080	1.96	−1.27	1.09	−1.64	−0.87	−0.37	1
42	A114	4.05	−1.81	3.55	−1.41	−0.50	0.40	1
43	JIXN	2.49	−0.58	2.90	−0.94	0.41	−0.36	1
44	A078	2.24	−1.42	2.17	−1.04	−0.07	0.38	1
45	A137	4.18	0.47	4.01	0.20	−0.17	−0.27	1
46	A119	2.77	−0.85	2.47	−0.93	−0.30	−0.08	1

表 3-4　　　　　　　　华北块体 GPS 观测、拟合、残差及判别结果

序号	点名	位移观测值（mm）		拟合值（mm）		残差（mm）		是否相对稳定点
		Vn	Ve	Vnc	Vec	d_{Vn}	d_{Ve}	0/1
1	C052	5.76	−2.79	6.11	−3.38	0.35	−0.59	1
2	ZHNZ	4.73	−3.03	5.96	−3.75	1.23	−0.72	0
3	C054	6.14	−2.22	6.83	−3.15	0.69	−0.93	1
4	C047	5.37	−3.10	5.30	−3.46	−0.07	−0.36	1
5	C040	5.25	−2.56	5.59	−2.33	0.34	0.23	1
6	C041	5.24	−2.59	5.94	−1.72	0.70	0.87	1
7	C053	4.64	−2.06	5.65	−1.68	1.01	0.38	0
8	C014	3.49	−2.78	5.14	−2.22	1.65	0.56	0
9	C015	4.09	−2.85	4.59	−2.83	0.50	0.02	1

续表

序号	点名	位移观测值(mm)		拟合值(mm)		残差(mm)		是否相对稳定点
		Vn	Ve	Vnc	Vec	d_{Vn}	d_{Ve}	0/1
10	C031	3.48	-1.80	3.25	-2.30	-0.23	-0.50	1
11	C016	6.05	-3.56	6.71	-2.75	0.66	0.81	1
12	C013	3.68	-2.97	4.70	-2.77	1.02	0.20	0
13	C024	5.18	-3.43	5.33	-4.35	0.15	-0.92	1
14	C038	5.16	-3.84	5.99	-4.53	0.83	-0.69	1
15	C006	3.64	-2.94	2.77	-3.34	-0.87	-0.40	1
16	C030	5.42	-3.40	5.12	-3.64	-0.30	-0.24	1
17	C023	4.62	-4.51	5.41	-4.85	0.79	-0.34	1
18	C045	7.20	-4.38	7.21	-4.37	0.01	0.01	1
19	C022	5.76	-1.86	5.74	-1.38	-0.02	0.48	1
20	C028	5.43	-2.94	6.25	-2.71	0.82	0.23	1
21	C044	6.50	-3.45	7.17	-4.42	0.67	-0.97	1
22	A058	2.44	-1.30	1.51	-2.25	-0.93	-0.95	1
23	C036	4.28	-2.38	4.51	-2.12	0.23	0.26	1
24	C035	4.90	-3.45	5.46	-3.89	0.56	-0.44	1
25	C027	3.79	-3.67	2.89	-3.58	-0.90	0.09	1
26	C019	4.48	-2.11	5.64	-2.95	1.16	-0.84	0
27	C002	3.84	-2.58	3.95	-2.24	0.11	0.34	1
28	C005	4.85	-1.89	4.86	-1.45	0.01	0.44	1
29	C001	5.73	-0.93	6.52	-0.48	0.79	0.45	1
30	C018	3.91	-3.10	3.24	-3.65	-0.67	-0.55	1

3.8 GPS 速度场聚类分析与活动块体划分

GPS 速度场为活动构造区的地壳形变研究提供了一个高清晰的运动图像,这些数据可以用来精确描述被活动断层所分割的、相对来说没有显著变形的活动块体的运动特征。在以前的大多数研究中,关于活动块体的划分具有较大的主观性,通常是基于已经具有较好定位(位置)的活动断层分布。并且,在地壳形变分析中到底需要采用多少个活动块体以及所划分的活动块体的尺寸到底是多大也没有一个很明确的标准。因此为了确定一个恰当的活动块体划分模型，需要尝试很多个不同的断层配置，这是一个高强度的体力劳动。为了改善这种情况，Simpson 等(2012)通过对 GPS 速度场进行聚类分析，将聚类分析方法成功应用于北加州的圣弗朗西斯科湾地区，取得了不错的结果。

聚类分析(也称群分析、点群分析)是研究分类问题的一种统计方法，属于无监督学习。聚类分析是根据"物以类聚"的思想，对样本或样本特征进行分类的一种方法。这种分类问题事先不知道研究的问题应分为几类，也不知道观测的样本的具体分类情况。这里所说的类就是一个具有相似性的个体集合，不同类之间具有明显的区别。聚类分析的基本思想是根据样本的特征，找出一些能够度量样本或特征之间相似程度的统计量，然后利用统计量将样本或特征进行分类。

聚类分析是一种探索性的分析，在聚类过程中所使用的方法不同，就可能得到不同的结论。聚类分析方法按分类对象的不同可以分为 Q 型聚类(对样本进行分类)和 R 型聚类(对变量进行分类)。此外，按分类方法还可以将其分为层次化聚类法和划分式聚类法。

3.8.1　相似性模型

样本之间的相似性依赖于两个样本之间的关系，这种关系通常可以用距离来表示，距离越接近，样本的相似度就越高。需要注意的是，这里所指的距离并不只是单纯的空间上的距离，也指形态、语义、密度、时间等产生的差距，用来度量模式之间的相似程度。

给定一个包含 n 个样本的数据矩阵 $X_{n\times p}$，常见的距离函数有：

(1)欧氏(Euclidean)距离：

$$d(x_i, x_j) = \|x_i - x_j\|_2 = \left(\sum_{l=1}^p |x_{il} - x_{jl}|^2\right)^{\frac{1}{2}}, \quad \forall x_i, x_j \in X \tag{3.91}$$

(2)曼哈顿(Manhattan)距离：

$$d(x_i, x_j) = \|x_i - x_j\|_2 = \sum_{l=1}^p |x_{il} - x_{jl}|, \quad \forall x_i, x_j \in X \tag{3.92}$$

(3)马氏(Mahalanobis)距离：

$$d(x_i, x_j) = \left[(x_i - x_j)^T \text{Cov}^{-1}(x_i - x_j)\right]^{\frac{1}{2}}, \quad \forall x_i, x_j \in X \tag{3.93}$$

其中，Cov 是数据矩阵的协方差矩阵。

(4)切比雪夫(Chebyshev)距离：

$$d(x_i, x_j) = \|x_i - x_j\|_\infty = \max_{l \in [1, 2, \cdots, p]} |x_{il} - x_{jl}|, \quad \forall x_i, x_j \in X \tag{3.94}$$

(5)闵可夫斯基(Minkowski)距离：

$$d(x_i, x_j) = \|x_i - x_j\|_q = \left(\sum_{l=1}^p |x_{il} - x_{jl}|^q\right)^{\frac{1}{q}}, \quad \forall x_i, x_j \in X \tag{3.95}$$

从式(3.95)中可以看出闵可夫斯基距离是一个一般化的距离度量，当 $q=1$ 时为曼哈顿距离，当 $q=2$ 时为欧氏距离，当 $q=\infty$ 时为切比雪夫距离。此外，在聚类分析中还涉及两种类型的距离的计算：类间距离(Inter-cluster distance)；对象和类之间的距离。前者表示两个类之间的差异，后者表示对象和一个类之间的差异。在给出距离函数后，可以很容易地得到相似性函数，两者之间的关系为：

$$s(i, j) = F[d(i, j)] \tag{3.96}$$

其中，函数 $F(x)$ 是 x 的非负递减函数，且 $0 \leqslant F(x) \leqslant 1$，$F(0) = 1$ 以及 $d(i, j)$ 为样本 i 和 j 之间的距离。由式(3.96)可知，不同的距离函数和不同的 $F(x)$ 函数可以导出不同的相似度函数。经典的空间相似性模型为 Thurstone-Shepard 模型，定义如下：

$$s(i, j) = e^{-\alpha d(i, j)^\beta} \tag{3.97}$$

其中，α 和 β 为正实数。当 $\beta = 2$ 时，即距离度量为欧氏距离时，式(3.95)具体化为常见的高斯相似性公式，该相似性是应用最广的相似度函数。

3.8.2 层次化聚类法

层次化聚类算法按数据分层建立类，形成一棵以类为节点的树。如果按自底向上进行层次分解，则称为凝聚的层次聚类(Hierarchical Agglomerative clustering，HAC)；而按自顶向下进行层次分解，则称为分裂法层次聚类(Hierarchical Divisive clustering，HDC)。

凝聚的层次聚类首先将每个对象作为一个类，然后逐渐合并这些类形成较大的类，直到所有的对象都在同一个类中，或者满足某个终止条件。分裂的层次聚类与之相反，它首先将所有的对象置于一个类中，然后逐渐划分成越来越小的类，直到每个对象各成一类，或者达到某个终止条件，例如达到了某个希望的类数目，或两个最近的类之间的距离超过了某个阈值。层次聚类过程中按照计算类间距离的方式不同可以分为单连接算法、完全连接算法、加权平均法、无加权平均法和无加权中心法等。

层次聚类算法可以在不同粒度水平上对数据进行探测，而且容易实现相似度量或距离度量，但是，单纯的层次聚类算法的终止条件模糊，而且执行合并或分裂类的操作不可修正，这很可能会导致聚类结果质量低。另外，由于需要检查和估算大量的对象或类才能决定类的合并或分裂，所以这种方法的可扩展性较差。因此，通常在解决实际聚类问题时把层次方法与其他方法结合起来，从而改善聚类质量，如 BIRCH 算法、CURE 算法、ROCK 算法等。

利用 USGS 提供的圣弗朗西斯科海湾地区的 168 个连续 GPS 观测数据，Simpson 等(2012)首先剔除了误差大于 0.6mm/a 的观测值，采用剩下的 149 个观测值来进行地壳形变分析；然后采用 HAC 聚类分析算法对 GPS 速度场进行聚类，图 3.21~图 3.26 显示的是不同分类数目 ($N = 1$，2，3，4，5，6) 时的聚类分析结果。图 3.21~图 3.26 的左图表示的是速度空间中的速度矢量，黑色椭圆表示对速度场进行加权平均后的 2 倍误差椭圆；右图为 GPS 观测的位置及大小，其中圆圈(或菱形/矩形/三角形等)表示其位置。

在聚类分析过程中，可以看到，随着分类数 N 的增加，类的距离、简化卡方和 RMS 等值先是快速降低，从分类数 $N = 4$ 往后，这些值的降低就显得慢得多。这可能意味着 $N = 4$ 是一个比较不错的分类数。同时，从聚类分析结果在地理位置的显示上来看，速度空间的分类为构造活动的显著性提供了更具有辨识性的检测。根据 GPS 速度场的聚类分析结果，可以很好的将圣弗朗西斯科海湾地区划分成太平洋块体、海湾块体、东部海湾块体和内华达山脉-长谷块体等 4 个活动块体(图 3.24)。并且，当分类数 $N = 5$ 时，其中一个新类仅包含一个观测值(图 3.25)。而在分类数 $N = 6$ 时(图 3.26)，海湾块体被分割成两个新的类，较快的速率分布在圣安德列斯附近，这可能反映在跨海湾块体内存在着一个速率梯度，而不是说该块体还有活动构造边界或者重要的亚块体。

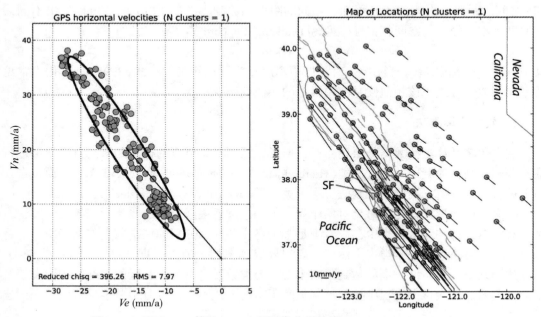

图 3.21　基于 HAC 算法($N=1$)的聚类分析结果(Simpson et al., 2012)

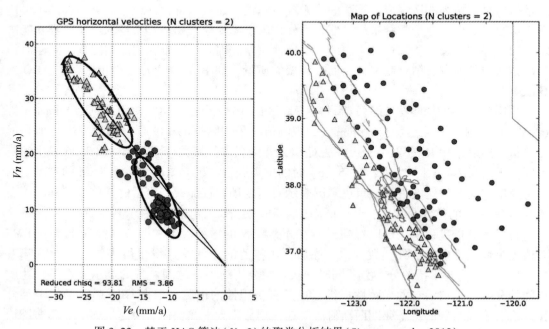

图 3.22　基于 HAC 算法($N=2$)的聚类分析结果(Simpson et al., 2012)

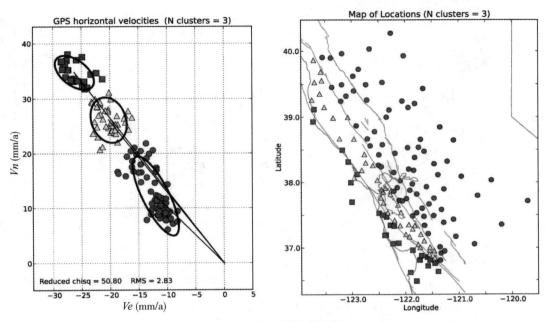

图 3.23   基于 HAC 算法($N=3$)的聚类分析结果(Simpson et al. , 2012)

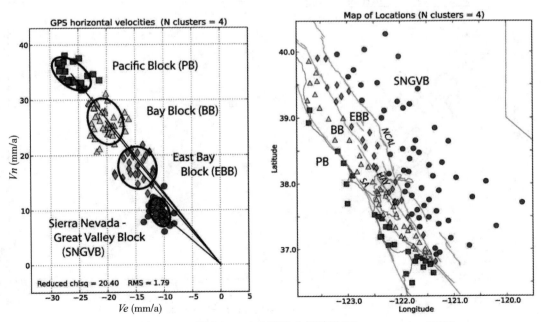

图 3.24   基于 HAC 算法($N=4$)的聚类分析结果(Simpson et al. , 2012)

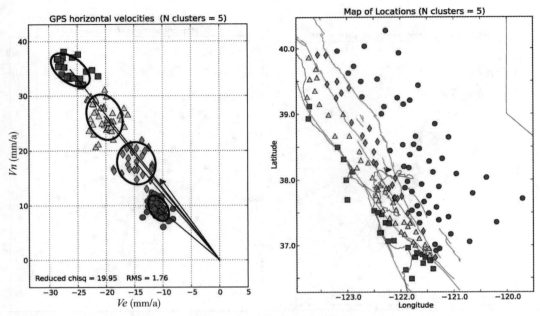

图 3.25　基于 HAC 算法($N=5$)的聚类分析结果(Simpson et al., 2012)

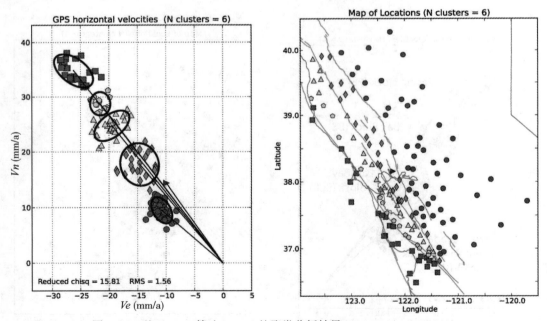

图 3.26　基于 HAC 算法($N=6$)的聚类分析结果(Simpson et al., 2012)

3.8.3　划分式聚类法

对于一个给定的 n 个数据对象的数据集，采用目标函数最小化的策略，通过把数据分成 k 个组，每个组一个类，这就是划分法。可以看出，这种聚类方法需要同时满足以下两个条件：①每个组至少包含有一个数据对象；②每个数据对象必须属于且仅属于一个组。最著名与最常用的划分式聚类法是 k 均值（k-mean）算法和 k 中心点（k-medoids）算法。

1）k 均值算法

k 均值算法以 k 为参数，把 n 个对象分成 k 个类，使类内具有较高的相似度，而类间的相似度较低。相似度的计算根据一个类中对象的平均值即类的质心来进行。k 均值算法的处理过程如下：首先，随机选取 k 个对象作为初始的 k 个类的质心；然后，将其余对象根据与各个类质心的距离分配到最近的类；最后计算每个类的质心。不断重复这个过程，直至目标函数最小化为止。常见的目标函数为平方误差函数：

$$E = \sum_{i=1}^{k} \sum_{p \in C_i} \| p - c_i \|^2 \tag{3.98}$$

其中，p 为数据对象，c_i 表示类 C_i 的质心。这个目标函数使生成的类尽可能紧凑和独立，它常使用的距离是欧氏距离。k 均值聚类算法尝试找到使平方误差函数最小的 k 个划分。当结果类是密集的，而类与类之间区别明显时，它的效果较好。但是该算法只有在类的平均值被定义的情况下才能使用，这可能不适用于某些应用，如涉及分类属性的数据。其次，这种算法要求事先给出要生成的类的数目 k，这在某些应用也是不实际的。此外，k 均值算法不适用于发现非凸面形状的类，或者大小差别很大的类。还有，它对噪声和孤立点数据是敏感的。

2）k 中心点算法

k 中心点算法的过程和 k 均值算法的过程类似，唯一不同之处就是 k 中心点算法用类中最靠近中心的一个对象来代表该类，而 k 均值算法用质心来代表类。在 k 均值算法中，对噪声和孤立点数据非常敏感，因为一个极大的值会对质心的计算带来很大影响。而 k 中心点算法中，通常用中心点来代替质心，可以有效地消除这种影响。

k 中心点算法的处理过程为：首先，随机选择 k 个对象作为最初的 k 个类的代表点，将其余对象根据其与代表点的距离分配到最近的类；然后，反复用非代表点来替换代表点，检查聚类的质量是否有所提高。如果有所提高，则保留该替换，否则放弃该替换，重复上述过程直至不再发生变化。聚类的质量同样需要用一个代价函数来估计。

采用 k 中心点聚类算法，Savage 和 Simpson（2013）对莫哈韦（Mojave）地区的 GPS 速度场进行聚类分析，得到了分类数 $k = 2$，3，4，5 时速度空间和地理空间下的分类结果（图3.27 和图3.28）。在分类数 $k = 2$ 时，发现 Calico-Paradise 断层（图3.28 中的 C 断层）可能是类Ⅰ和类Ⅱ的分割线。在分类数 $k = 3$ 时，发现莫哈韦块体的东边界并没有被检测为类边界；但是莫哈韦块体被两个断层分割成了两个类，其中类Ⅱ与类Ⅲ的边界是 Goldstone Lake 断层，类Ⅰ和类Ⅱ的边界是 Lenwood-Lockhart 断层。当 $k = 4$ 时，一个包含了部分莫哈韦东北地区的类出现了。继续增加分类数，在 $k = 5$ 时，发现莫哈韦块体被 Calico-Paradise 断层、Landers-Blackwater 断层和 Helendale-Lockhart 断层分割。

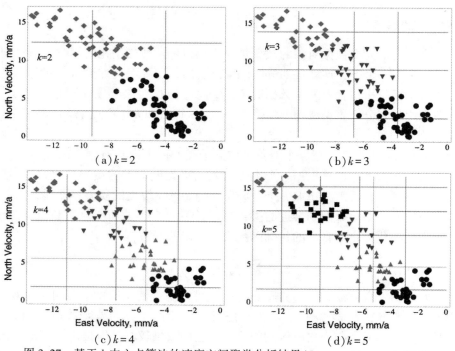

图 3.27　基于 k 中心点算法的速度空间聚类分析结果（Savage，Simpson，2013）

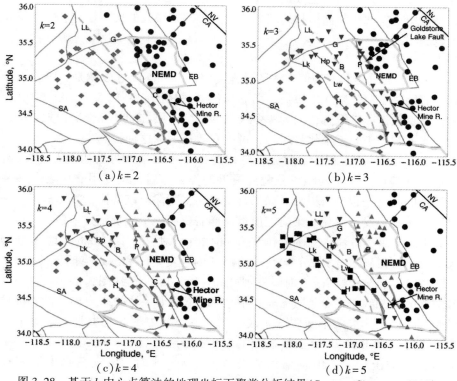

图 3.28　基于 k 中心点算法的地理坐标下聚类分析结果（Savage，Simpson，2013）

为了确定分类数 k 的最佳搜索范围，常用的一种计算最优分类数的方法为 GAP 统计量，即 Gap Statistic。如果将数据分为 k 类，分别是 C_1，C_2，…，C_k，那么 C_r 表示观测点属于第 r 类，其个数为 n_r。定义第 r 类中任意两点的距离和：

$$D_r = \sum_{i,\,j=1}^{n_r} d_{ij} \tag{3.99}$$

同时定义衡量第 r 类质量的度量：

$$W_r = \sum_{r=1}^{k} \frac{1}{2n_r} D_r \tag{3.100}$$

于是，GAP 统计量可以写成：

$$\mathrm{gap}_n(k) = E_n^* \left\{ \lg W_k^{\mathrm{ref}} \right\} - \lg W_k^{\mathrm{obs}} \tag{3.101}$$

其中，上标 ref 表示一个随机的、空的参考数据集，上标 obs 表示待检验的观测数据集。

基于式(3.101)的 GAP 统计量结果(图 3.29)表明随着分类数 k 从 1 增加到 5 的过程中，GAP 统计量也随之显著地增加，但是当 $k > 5$ 后，GAP 统计量的增加就不显著了，因此可以认为 $k = 5$ 这个分类数是一个最优的分类数，其所对应的分类结果也就是最优的分类结果。在这个聚类分析的基础上，Savage 和 Simpson(2013)分别采用刚性旋转运动和均匀应变模型对得到的五个活动块体的运动特征进行了更进一步的分析。

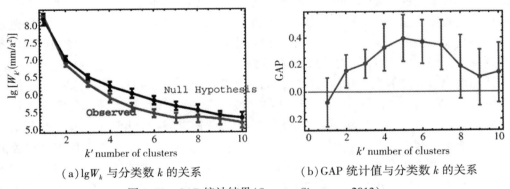

（a）$\lg W_k$ 与分类数 k 的关系　　　　（b）GAP 统计值与分类数 k 的关系

图 3.29　GAP 统计结果(Savage, Simpson, 2013)

3.9　活动地块理论的未来展望

自 1998 年中国科学家提出中国大陆强震受控于活动地块的科学假说以来，活动地块划分的概念与方案在地震机理和预测研究中得到了广泛应用和完善。但就活动地块的概念和假说而言，还存在诸多问题需要去回答和解释：如发生在活动地块边界带的强震与地块运动特征之间的关系如何，如何更精确地预测活动地块边界带上强震发生的地点和震级等。众所周知，强震是活动地块边界带特殊构造部位应变逐渐积累，介质突发失稳和能量释放的结果，预测的突破性进展需要建立在对其整个物理过程的理解基础上。因此，以边界带断裂活动性、现今变形状态、深浅结构构造耦合关系、强震孕育环境及震源物理模型为主要研究内容，开展针对活动地块边界带强震活动机理与预测的研究，是完善活动地块理论、建立活动地块理论 2.0 模型、开展未来研究需要关注的重要内容和关键科学问题（郑文俊，等，2022；图 3.30）。

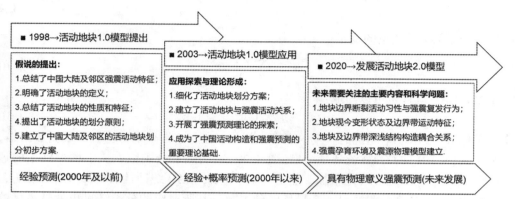

图 3.30　活动地块理论的发展历程及 2.0 模型建立需要关注的主要内容和科学问题（郑文俊，等，2022）

　　强震的孕育和发生不但受控于地壳运动加载速率的大小和作用方式，同时也受控于活动地块边界带断层的几何结构和力学性质。近 20 年以来中国大陆发生的 7 级以上强震也已验证了活动地块理论 1.0 模型对强震发生地点的预测，但活动地块边界带地震构造复杂性及强震复发历史的不确定性，使得活动地块边界带断裂几何学、运动学的精细确定和古地震复发历史确定成为开展强震的更高精度预测的难点和瓶颈。传统活动构造研究虽然给出了活动地块边界带的主要几何结构，但局部细微的结构特征可能会影响断裂运动性质、孕震机制及破裂延续，而断裂的精细几何结构是解释活动地块边界带内部应变分配与转换、认识强震孕育过程、判断强震危险地点、预测强震破裂行为和强地面运动特征的重要基础。而地震的孕育和发生过程本质上是一个地壳应变能量在断裂带上积累与释放的过程，判定边界带或某条断裂或某一区域强震发生的危险程度或时间紧迫性，需要通过不同的研究手段理解其能量积累过程和释放过程。历史地震和古地震事件记录作为断层能量释放主要载体，如何将单一断裂的强震活动与整个地块边界带的强震活动相互关联，在揭示整体强震复发规律的同时，绘制边界带主要断裂强震时空分布图像，是判定活动地块边界带强震危险紧迫程度和发展时间相关强震预测理论的重要根基。因此，基于现代活动断裂探测技术和研究方法开展活动地块边界带断层综合研究，建立活动地块边界带几何学和运动学精细图像、深浅关系结构、强震发生机制与过程和断裂破裂图像等，构建活动地块边界带精细三维结构模型，可为活动地块理论 2.0 模型的建立奠定精细结构框架基础。

　　活动地块理论 1.0 模型虽然较好地指出了中国大陆未来强震发生的有利区段——活动地块边界带，并得到了实践检验，但面对地质构造的复杂性，特别是现阶段人类研究程度低、监测能力弱的青藏高原地区，对其地块划分、现今地壳变形状态的"本底"仍然缺乏足够的认识，需要充分利用空间大地测量（如 GNSS、InSAR）和常规大地测量（如精密水准、重力）等观测技术，开展多源数据的融合处理，精确监测活动地块及其边界断裂的现今高空间分辨率的三维构造运动与变形特征。对构造隐伏、低应变变形区域，如华北地区，应在地震地质等方法查清构造活动特征的基础上，探索更高精度的地壳变形监测技术来更好地探测微弱的构造变形，完善活动地块变形状态研究。在未来活动地块构造变形特征研究中，应进一步针对活动地块开展全域的微动态变化监测技术和应用研究，揭示地块活动的整体行为和差异行为特征，建立地块相互作用的运动学模型。在活动地块边界断裂运动特征方面，首先需要有更密集的跨断裂近场的高精度形变观测支撑，特别是地块边界带上合理地建立密集 GNSS 观测网络，同时需充分利用 InSAR 等多种观测手段，融合获取高精度、高分辨率的活动地块边界断裂应变分配与转换关系；其次需要进一步探索更先进的震间断裂运动变形特征反演理论和方法，判断断裂应变能积累水平、地震凹凸体分布以及强震复发周期，在传统的负位错理论的基础上，反演模型需考虑地形、地下介质物性等方面，从而进一步推动活动地块及边界断裂浅部构造变形与壳幔深部变形的耦合关系研究，发展和完善活动地块动力学理论模型。

强震孕育发生的大陆活动地块理论 1.0 模型主要基于强震活动的宏观分布进行划分，而造成强震活动沿主要地块边界带分布的深层原因是大陆各圈层的地球物理结构的非均匀分布，不同地块之间存在物性结构和力学性质的差异，应变积累和释放在地块边界带上表现出明显区别于地块内部的特征，由此造成强震沿地块边界带的集中发生。因此，获取活动地块特别是边界带深部物性结构与变形的精确图像，是进一步完善活动地块理论、开展具有物理意义判据的强震危险地点预测的关键。活动地块和边界带附近的深部结构差异造成了宏观强震活动的明显差异，针对活动地块边界带的壳幔高分辨率结构成像是解剖强震发生的构造环境的关键，而活动地块和周缘地区深部精细速度结构也是预测强震破裂行为和预测强地面运动和灾害的必要前提。通过震源机制反演和地震各向异性反演获得的现今深部应力状态和地震活动性图像能够得出地壳深部的力学状态，同时近年来发展起来的重复地震研究可以进一步给出 10 年左右时间尺度的深部变形速率特征。进而综合区域地壳和岩石圈三维速度结构模型、壳幔变形特征、地震活动、区域应力场及各向异性分布特征，结合地表断裂构造结构和活动习性、区域和跨断层形变特征，获取中上地壳三维精细介质结构和断层深部展布特征，解剖强震区断层浅部结构与活动性和深层结构的关系、上下地壳结构和地震发震层之间的关系、壳幔边界变形结构和强震发生及岩石圈构造之间的关系，揭示地块边界带地震构造和孕震环境的耦合关系。

复杂大陆板块内部强震的孕育和发生与板间强震活动集中在板间边界断层上不同，大陆板块内部及板块间的相互作用并不是直接作用于断层上，而是通过复杂的岩石圈变形传递而来的。因此大陆板块内部断层受到多个来源的动力作用，这些因素导致对强震孕育环境的认识更加困难。认识中国大陆强震孕育环境的另一方面困难是其内部存在广泛的垂直变形，这与以水平运动为主的刚性板块十分不同。由水准测量、三维 GNSS 测量和 InSAR 视向位移测量均可获得地表垂直形变信息，但各方法均有优点和不足。为了获得大范围高精度的垂向变形图像，需要对三种形变数据进行融合。大陆内部地块及其边界带介质结构存在显著不均匀性，获得活动地块及边界带岩石圈详细的介质结构和物性分布是关键。在此基础上，结合浅部构造信息，建立精细的三维介质结构。另外，活动地块边界带断层的展布和结构富于变化，可能导致断层各部位的孕震速率和强度呈现不均匀性，而断层系统几何结构的变化也会影响强震破裂的扩展范围。以上这些因素对强震发生的部位和规模具有重要影响，是构建具有物理意义的震源模型的关键和难点。因此，如何综合浅部活动构造信息、大地测量给出的地壳形变特征、深部地球物理观测数据和地震活动性分析结果等，综合解译断层面的三维特征，建立具有物理意义的精细断层三维模型，并在此基础上利用运动学模拟和断层破裂数值模拟，研究断层构造特征对震源孕震和破裂过程的具体作用，是构建具有物理意义的大陆强震孕育和发生活动地块理论 2.0 模型的关键内容和科学难点。

活动地块假说指出已经发生的近 100% 的 8 级以上强震、约 80% 的 7 级以上强震都位于地块的边界带上。近年来，中国大陆几次 7 级以上强震都发生在活动地块边界带，在验证了活动地块假说理论模型的同时，也预测了未来的强震就发生在活动地块边界带内某些有利于应力集中的部位上。自活动地块假说提出以来，发生在中国大陆内部的 6.5 级以上地震无一例外地发生在活动地块边界带上。但是，就活动地块的概念和理论框架而言，还存在诸多问题需要进一步回答和解释。因此，发展和完善活动地块假说的理论体系，建立活动地块边界带具有物理意义的强震动力学模型，开展针对活动地块边界带强震活动机理与预测的研究，建立和发展可检验的物理预测模型，是活动地块理论未来关注的重要内容和科学问题；同时，建立基于中国大陆本身的大地构造模式和框架，是未来活动地块理论及中国大地构造学研究和发展需要关注的重要目标和方向（郑文俊，等，2022）。

◎ 本章参考文献

[1] Armijo R，Tapponnier P，Mercier J L，et al. Quaternary extension in southern Tibet：Field observations and tectonic implications ［J］. J. Geophys. Res.，1986，91（B14）：13803-13872.

[2] Chase D. Class of algorithms for decoding block codes with channel measurement information ［J］. IEEE Tran. Inform. Theory.，1972，18(1)：170-182.

[3] Forsyth D W. On the relative importance of driving forces of plate motion［J］. Geophys. J. R. Astron. Soc.，1975，43(1)：163-200.

[4] Gripp A E，Gordon R G. Current plate velocities relative to the hotspots incorporating the NUVEL-1 global plate motion model［J］. Geophys. Res. Lett.，1990，17(8)：1109-1112.

[5] Harper J F. Plate dynamics：Caribbean map corrections and hotspot push［J］. Geophys. J. Int.，2010，100(3)：423-431.

[6] King R W，Shen F，Burchfiel B C，et al. Geodetic measurement of crustal motion in southwest China［J］. Geology，1997，25(2)：192782-192782.

[7] Lallemand S，Heuret A，Boutelier D. On the relationships between slab dip，back-arc stress，upper plate absolute motion，and crustal nature in subduction zones［J］. Geochem. Geophys. Geosyst.，2005，6：Q09006.

[8] Le Pichon X. Sea-floor spreading and continental drift［J］. J. Geophys. Res.，1968，73（12）：3661-3697.

［9］Mckenzie D, R Parker. The North Pacific：An example of tectonics on a sphere［J］. Nature，1967，216：1276-1280.

［10］Minster J B, Jordan T H, Molnar P, et al. Numerical modelling of instantaneous plate tectonics［J］. Geophys. J. R. Astron. Soc., 1974, 36：541-576.

［11］Minster J B, Jordan T H. Present-day plate motions［J］. J. Geophys. Res., 1978, 83（B11）：5331-5354.

［12］Molnar P, Lyon-Caen H. Some simple physical aspects of the support, structure, and evolution of mountain belts［J］. Geological Society of America Special Paper, 1988.

［13］Morgan W J. Deep mantle convection plumes and plate motions［J］. Am. Assoc. Pet. Geol. Bull., 1972, 56：203-213.

［14］Morgan W J. Rises, trenches, great faults, and crustal blocks［J］. J. Geophys. Res., 1968, 73（6）：1959-1982.

［15］Savage J C, R W Simpson. Clustering of GPS velocities in the Mojave Block, southeastern California［J］. J. Geophys. Res., 2013, 118：1747-1759.

［16］Shen Z, Zhao C, Li Y, et al. Contemporary crustal deformation in east Asia constrained by Global Positioning System measurements［J］. J. Geophys. Res., 2000, 105（B3）：5721-5734.

［17］Simpson R W, Thatcher W, Savage J C. Using cluster analysis to organize and explore regional GPS velocities［J］. Geophys. Res. Lett., 2012, 39（18）, 2012GL052755.

［18］Wilson J. A new class of faults and their bearing on continental drift［J］. Nature, 1965, 207：343-347.

［19］Zheng G, Wang W, Wright T, et al. Crustal deformation in the India-Eurasia collision zone from 25 years of GPS measurements［J］. J. Geophys. Res. Solid Earth, 2017, 122：9290-9312.

［20］阿莱格尔 C J. 活动的大陆［M］. 北京：科学出版社，1987.

［21］丁国瑜，卢演俦. 板内块体的现代运动［M］//马杏垣，中国岩石圈动力学地图集. 北京：中国地图出版社，1989.

［22］丁国瑜. 中国内陆活动断裂基本特征的探讨［M］//中国活动断裂. 北京：地震出版社，1982.

［23］丁国瑜. 中国岩石圈动力学概论［M］. 北京：地震出版社，1991.

［24］傅容珊，黄建华. 地球动力学［M］. 北京：高等教育出版社，2001.

［25］傅征祥. 中国大陆地震活动性力学研究［M］. 北京：地震出版社，1997.

［26］郝明，王庆良. GNSS 空间大地测量技术在中国大陆活动地块划分中的应用和研究进展［J］. 地震地质，2022，42（2）：283-296.

［27］黄立人，马青. 确定三维网中相对稳定点组的一种方法［J］. 大地测量与地球动力学，1999，19（3）：12-17.

［28］马杏垣. 重力作用与构造运动［M］. 北京：地震出版社，1989.

［29］欧吉坤. 粗差的拟准检定法（QUAD 法）［J］. 测绘学报，1999，28（1）：15-20.

[30]邵志刚，冯蔚，王芃，等．中国大陆活动地块边界带的地震活动特征研究综述[J]．地震地质，2020，42（2）：271-282.

[31]俞霄，王世民．基于力矩平衡的板块驱动力研究[J]．中国科学院大学学报，2022，39（3）：321-331.

[32]张国民，张培震．近年来大陆强震机理与预测研究的主要进展[J]．中国基础科学，1999（Z1）：12，49-60.

[33]张培震，邓起东，张国民，等．中国大陆强震活动与活动地块[J]．中国科学（D），2003，33（增刊）：12-20.

[34]张琼，王世民，赵永红．基于热点参考系的板块绝对运动模型[J]．地球物理学报，2017，60（8）：3072-3079.

[35]张琼，王世民，赵永红，等．采用剪切波分裂方向约束的板块绝对运动模型研究[J]．地球物理学报，2020，63（1）：172-183.

[36]张琼，王世民，赵永红，等．板块绝对运动模型及其研究方法综述[J]．地球物理学进展，2018，33（4）：1444-1453.

[37]张文佑．断块构造导论[M]．北京：石油工业出版社，1984.

[38]郑文俊，张培震，袁道阳，等．中国大陆活动构造基本特征及其对区域动力过程的控制[J]．地质力学学报，2019，25（5）：699-721.

[39]郑文俊，张竹琪，郝明，等．强震孕育发生的大陆活动地块理论未来发展与强震预测探索[J]．科学通报，2022，67（13）：1352-1361.

[40]周江文．抗差最小二乘法[M]．武汉：华中理工大学出版社，1997.

[41]朱文耀，符养，李彦，等．ITRF2000 的无整体旋转约束及最新全球板块运动模型NNR-ITRF2000VEL[J]．中国科学：D 辑，2003，33（B04）：1-11.

[42]朱新慧，孙付平，王刃．利用空间技术建立绝对板块运动模型[J]．武汉大学学报（信息科学版），2012，37（3）：282-285.

第4章　板块运动与区域地壳运动监测

随着科学技术的发展，利用空间大地测量系统监测全球板块运动已经成为可能。美国宇航局从1964年起开始实施《国家卫星大地测量大纲》，直到1979年末。该局于1978年开始实施《地球动力学大纲》，其中包括3个计划：地球动力学计划、地壳动力学计划（CDP）和地球位研究计划（GRP）。地球动力学计划的科学目标是：确定和研究极移和地球自转，最后建立它们的模型；研究全球板块运动与地球内部动力过程之间的关系。地壳动力学计划的科学目标是：研究美国西部板块边界地区与大地震有关的区域形变和应变积累；研究北美、太平洋、纳斯卡、南美、欧亚和印澳等板块当前的相对运动；研究大陆和海洋岩石圈板块的内部形变，特别强调北美和太平洋板块内部形变的研究；研究地球自转动力现象及其与地震、板块运动和其他地球物理现象可能的相关性；研究位于板块消失边界和走滑边界上的若干地震高发区的区域断层运动和应变积累。地球位研究计划的科学目标是：建立全球地球重力场模型和磁场模型。以上各项计划的科学目标的研究地区遍及全球。这些计划虽然由美国宇航局主持，但都是通过国际合作来实施的。

全球板块运动和区域地壳运动的监测，是按地壳动力学计划（CDP）通过广泛国际合作来实施的。板块运动及其稳定性的监测主要依靠VLBI和激光测卫固定站，为了监测板块边界形变所需要的较高空间分辨率是利用VLBI和激光测卫流动站来实现的。这两种空间大地测量技术在20世纪60年代末已开始应用。自1980年起，全球已建立了一个逐渐扩充的全球板块运动监测网。随着GPS的发展以及自20世纪90年代开始IGS跟踪站的建立，GPS观测技术获得广泛应用，GPS已成为监测全球板块运动的主角。

我国从1998年启动国家重大科学工程"中国地壳运动观测网络"将观测范围从构造活动剧烈的局部区域扩展到整个中国大陆，由26个连续观测的基准站、56个每年定期复测的基本站和1000个不定期复测的区域站组成（牛之俊，等，2002）。在2007—2012年期间实施二期工程，全面升级改造为"中国大陆构造环境监测网络"（简称"陆态网络"），其连续GPS观测站数量由原来27站增加至260站；流动GPS观测站数量由原来1000站增加至2000站；原来基本网的56个定期流动GPS观测站，部分升级为连续观测站，部分纳入2000流动GPS观测站。陆态网络于2011年正式投入运行，期间全球卫星导航定位技术快速发展，俄罗斯的GLONASS、欧盟的GALILEO和中国的北斗（BDS）三大卫星系统相继进入服务状态。近年来，中国大陆以增强导航定位精度和（或）服务实时工程测量为主要目的的GNSS地面参考站数量正在迅猛增加，全国各省（直辖市）或许多城市，都有自己的"连续GNSS参考站网系统"。根据粗略的统计，这样的连续GNSS观测站总数不少于30000站（甘卫军，2021）。GNSS极大地推动了我国地壳构造活动和变形过程的运动学和动力学研究。

　　本章安排的内容主要有板块运动与区域地壳运动的 VLBI 测量、板块运动与区域地壳运动的 SLR 测量、板块运动与区域地壳运动的 GNSS 测量和区域地壳运动的精密重力测量。

4.1　板块运动与区域地壳运动的 VLBI 测量

　　VLBI(Very Long Baseline Interferometry) 是甚长基线干涉测量技术的英文缩写。VLBI 由相距遥远的两个或多个射电天线构成, 两个或多个天线同时对准一个射电源, 接收其发出的射频信号。这种信号通常是频带很宽的噪声信号, 为了便于处理, 将本振信号与所接收的信号进行混频, 并将混频后的信号限制在一定的带宽内。本振信号通常由频率标准信号经过适当的倍频后产生。每个台站采用各自独立的本振和磁带记录方法。两个或多个测站经过混频后的信号连同时频信号经过削波、采样并适当格式化分别记录在磁带上。观测结束后, 把每个测站记录的磁带送到相关处理中心, 进行磁带回放和相关处理, 以获得 VLBI 的观测量, 也就是延迟率和卫星的角位置。这种干涉测量的方法和特点, 使观测的分辨率不再局限于单个望远镜的口径, 而是望远镜的距离, 把它称为由基线的长度所决定的。简单来说, VLBI 就是把几个小望远镜联合起来, 达到一架大望远镜的观测效果, 甚长基线干涉测量法具有很高的测量精度, 用这种方法进行射电源的精确定位, 测量数千千米范围内基线距离和方向的变化, 有利于建立以河外射电源为基准的惯性参考系, 研究地球板块运动和地壳的形变, 以及揭示极移和世界时的短周期变化规律等。

　　VLBI 是一种纯粹的几何方法, 它不涉及地球重力场; 也不受气候的限制, 有长期的稳定性; 它还为大地测量、地球物理和星际航行提供了一个以河外射电源为参考的参考系, 这个参考系与地球、太阳系和银河系的动态无关, 是迄今最佳的准惯性参考系(胡明城, 2003)。

　　VLBI 一个重要的特点是可以提供关于整体运动和地壳运动的丰富信息, 短时间测量即可获得极高的精度。VLBI 观测的基本原理如图 4.1 所示, 可以简单地概括为测量相位差, 对于两个测站 A、B, 射电源的同一波前先到 A 后到 B, 产生的相位差:

$$\phi(t) = \frac{2\pi f}{c} \boldsymbol{D} \cdot \hat{\boldsymbol{S}} + \phi_{仪器} + \phi_{大气} + 2n\pi \tag{4.1}$$

其中, f 为工作频率, c 为光速。$\boldsymbol{D}$ 为基线向量, $\hat{\boldsymbol{S}}$ 是被观测的射电源方向上不变的单位向量, 它们的乘积 $\boldsymbol{D} \cdot \hat{\boldsymbol{S}}$ 即为基线向量在射电源方向上的投影。$\phi_{仪器}$ 和 $\phi_{大气}$ 是仪器及电波传播产生的相位差。未知数 n 产生相位测距的多值性, 为避开此问题, VLBI 测量时间延迟 τ_g:

$$\tau_g = \frac{\boldsymbol{D} \cdot \hat{\boldsymbol{S}}}{c} = xX + yY + zZ \tag{4.2}$$

其中, (x, y, z) 是射电源的坐标, (X, Y, Z) 是基线坐标。在惯性参考系中, 射电源向量的分量是恒定的。在一定的时间里, 观测到不同方向上的射电源的数据足够时, 就可以对基线向量的分量求解, 从而得到两个测站之间的三维坐标差。

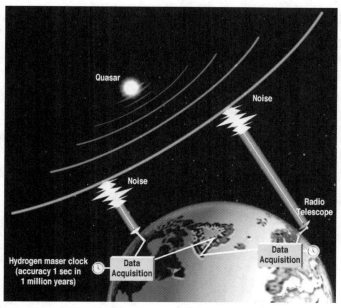

图 4.1　VLBI 工作示意图(https：//ivscc.gsfc.nasa.gov/about/vlbi/vlbi_conceptnew.jpg)

　　我国目前有 4 个 VLBI 观测站，它们分别位于北京、上海、昆明和乌鲁木齐，站址分布如图 4.2 所示，图中的椭圆形表示由 4 个测站组成的一个口径为 3000 多千米的虚拟射电望远镜，测角精度可以达到百分之几角秒，甚至更高。

　　VLBI 技术在天文学、地球动力学及航天工程等领域的广泛应用中，取得了众多的新发现和创新性成果(钱志瀚，2019)。

　　1981 年 11 月，上海天文台利用实验 VLBI 系统的 6 米射电望远镜，与德国的 100 米射电望远镜成功地进行了国际上首次跨欧亚大陆的 VLBI 观测，受到国际 VLBI 界的极大关注。1987 年 10 月，上海天文台 25 米天线 VLBI 测量系统建成揭幕(图 4.3(a))，这是我国首个达到国际先进水平的 VLBI 系统。从 1988 年起，就开始参加多种学科的国际 VLBI 网的联合观测，例如：欧洲 VLBI 网和美国 NASA 地壳动力学计划 VLBI 观测网，还进行中-德、中-日及中-俄等双边合作 VLBI 联测。上海天文台与原乌鲁木齐天文站(现为国家天文台新疆天文台)合作建设乌鲁木齐南山 25 米天线 VLBI 站，它于 1994 年建成并开始参加国内外的 VLBI 联测。上海佘山和乌鲁木齐南山 VLBI 站均为国际天测/测地 VLBI 网、欧洲 VLBI 网和东亚 VLBI 网的重要成员，投入到天体物理、天体测量和地球动力学的 VLBI 观测研究。

　　21 世纪初，VLBI 技术被列入中国首次探月工程的总体技术方案。充分利用 VLBI 测量技术为高精度测角，将 VLBI 测轨数据与测控系统的测距测速数据结合起来进行卫星定轨，可以大大提高测定轨的精度和可靠性，特别是可以实现卫星的几十分钟短弧定轨，这对于卫星变轨后及时进行轨道测定是十分重要的。这对于我国的航天测控来说，是首次引入了 VLBI 技术。使用 VLBI 技术进行探月卫星的全程实时工程测轨，这在国际上是首创。后来，由于接收探月科学数据的需要，确定建设北京密云 50 米天线和昆明 40 米天线的地面接收站，同时确定该两地面站也承担 VLBI 测轨任务，所以最后的 VLBI 测轨的方案为"4 观测站+1 数据处理中心"，4 个观测站即为上海、乌鲁木齐、北京和昆明。

为了更好地完成今后的探月和深空探测 VLBI 测轨任务，在中国科学院、上海市和探月工程总体部的支持下，2009 年开始建设上海天马 65 米天线射电望远镜，于 2012 年末建成，参加了"嫦娥"二号后期和"嫦娥"三、四号的 VLBI 测轨观测。它的建成大大提高了我国 VLBI 测量网的灵敏度和测量精度。从"嫦娥"一号至"嫦娥"四号，VLBI 时延测量精度提高了 5 倍以上，这是技术多方面改进和提高的综合结果，65 米射电望远镜参加测轨观测，是一个重要因素。同时，VLBI 网测轨的实时性也大大提高，提供 VLBI 观测量数据的滞后时间，从 6 分钟缩短到了 1 分钟。另外，在"嫦娥"三号工程中，还测量了月球车与着陆器的相对位置，精度为 1 米级。图 4.2(b) 为上海天文台天马射电望远镜，它坐落在上海市松江区，近天马山(钱志瀚，2019)。

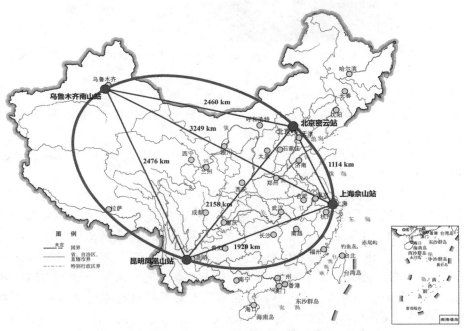

图 4.2 中国 VLBI 测轨系统的测站分布图(钱志瀚，2019)

目前全球大约有 VLBI 站点共 44 个，另有 5 个站点正在筹划建站，VLBI 观测表明板块运动仍然保持着它们以前的运动趋势，板块运动模型可以很好地描述板块内部稳定部分的台站运动。对于板块边缘地区，由于不同板块的相互作用，测量结果与板块运动模型存在较大的差异。

参与全球板块运动监测并用于建立国际地球参考框架的 VLBI 站点分布如图 4.4 所示。

（a）上海天文台 25 米天线 VLBI 观测站　　　　（b）上海天马 65 米射电望远镜

图 4.3　上海天文台 25 米天线 VLBI 观测站和天马 65 米射电望远镜

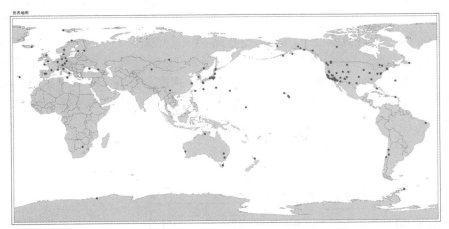

图 4.4　全球 VLBI 站点分布图（https：//ivscc. gsfc. nasa. gov/stations/ns-map. html）

4.2　板块运动与区域地壳运动的 SLR 测量

卫星激光测距（Satellite Laser Ranging，SLR）是一种空间大地测量技术（图 4.5）。其基本原理是，根据地面台站精确记录宽度极窄的激光脉冲信号从望远镜到安装有后向反射器的卫星之间的往返时间，利用光速已知这个先决条件，可以计算出望远镜到卫星之间的瞬间距离。具体地讲，首先由地面观测站的激光测距系统基于卫星预报，准确地计算出卫星的位置，并实施卫星跟踪；然后由激光器发射激光脉冲，该脉冲到达卫星后，被卫星上的后向反射器反射，最后由地面站的接收望远镜接收到激光回波，与此同时，时间间隔计数器计算出激光脉冲往返的时间间隔，此时间间隔再乘以光速，即可得到卫星到观测站的双程距离。目前这种瞬间距离的测量已经达到毫米级精度。SLR 精确测定地面台站相对地心的位置和运动（目前的精度分别达到毫米和毫米/年量级），从而可以监测板块构造运动和地壳的水平和垂直形变，进而为地震预报提供重要信息。SLR 全球网已经成为国际地球参考架（ITRF）的重要组成部分。

利用 SLR 可以测定板块运动，其原理是通过测定台站的位置变化来确定板块运动参数或通过测定站间基线长度的变化率来确定板块运动参数。

站间基线长度变化率的测定是在一列所选定的时间间隔内联合求解测站的坐标、卫星的轨道和地球的定向参数（EOP），利用这些站坐标解可求得测站间基线的时间序列，对该序列经线性拟合即得站间基线长度的变化率。

利用 SLR 技术测定板块运动的精度主要取决于各所选时间间隔内测得的站间基线精度，这与基线的观测误差、地球定向参数（EOP）的误差以及卫星的定轨误差都有关系。

SLR（卫星激光测距）的主要不足是：一方面，由于 SLR 观测采用的是可见光，并非 GPS 使用的电磁波，因此观测受天气因素影响非常大，不能实现全天候观测（图 4.6）。SLR 数据的获取，只能在晴朗或者少云的天气中进行。多云、阴雨或者湿度大时，SLR 观测或者无法获得数据，或者获取的数据质量差。即使实现了白天观测或者流动 SLR 观测，也无法弥补数据量的不足。另一方面，SLR 台站的建立和维护费用偏高，建站需要上千万的投入。

目前全球有 SLR 台站 64 个，其中固定台站 53 个（见图 4.7），流动台站 11 个（分别为美国 5 台，中国 2 台，德国、法国、荷兰、韩国各 1 台），组成了国际 SLR 网、区域性 SLR 以及国家级 SLR 网。我国的 SLR 台网由上海、武汉、长春、北京和昆明 5 个固定站和 2 个流动站组成，参与全球板块运动监测并用于建立国际地球参考框架的 SLR 站点分布见图 4.7。

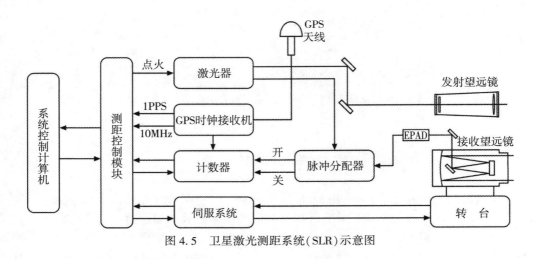

图 4.5　卫星激光测距系统（SLR）示意图

图 4.6 SLR 站(https：//en. wikipedia. org/wiki/Satellite_laser_ranging)

目前国外正在研发新一代全自动、无人化和每天 24 小时运转的 SLR 台站，将采用低能量、高重复率激光器和光量子计数方法。它们可以对各种安装有后向反射器的卫星进行观测，能够增加数据采集量和进一步提高观测精度，并且大大降低台站的建造、运行和维护的费用。

此外，将 SLR 系统安置于卫星等航天器上，进行对地面观测的空间 SLR 也是当前 SLR 发展的一个方向。

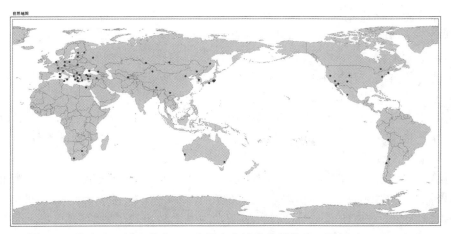

图 4.7 全球 SLR 站点分布(53 个固定台站的位置信息，更新于 2023. 1. 29)
https：//ilrs. cddis. eosdis. nasa. gov/network/stations/index. html

113

4.3　板块运动与区域地壳运动的 GNSS 测量

全球导航卫星系统(Global Navigation Satellite System, GNSS), 又称全球卫星导航系统, 是能在地球表面或近地空间的任何地点为用户提供全天候的三维坐标和速度以及时间信息的空基无线电导航定位系统。全球 4 大卫星导航系统, 包括中国的北斗卫星导航系统(BeiDou Navigation Satellite System, BDS)、美国的全球定位系统(Global Positioning System, GPS)、俄罗斯的格洛纳斯卫星导航系统(Global Navigation Satellite System, GLONASS)和欧盟的伽利略卫星导航系统(Galileo Navigation Satellite System, GALILEO)。其中 GPS 是世界上第一个建立并用于导航定位的全球系统, GLONASS 经历快速复苏后已成为全球第二大卫星导航系统, 二者正处现代化的更新进程中; GALILEO 是第一个完全民用的卫星导航系统, 正处在试验阶段; BDS 是中国自主建设运行的全球卫星导航系统, 在全球或特定区域提供全天候、全天时、高精度的定位、导航、授时、短报文通信与位置报告等服务的导航卫星系统。

4.3.1　板块运动的 GNSS 测量

GPS 系统的组成包括三个部分, 分别是: 空间星座部分、地面监控部分、用户应用设备部分。

空间星座部分是由均匀分布在 6 个不同轨道面、高度约 2 万千米的 24 颗卫星(其中 3 颗备用)组成。轨道面倾角为 55°, 相邻轨道面升交点经度相差 60°, 相邻轨道面卫星升交点经度相差 30°。GPS 星座的这种设置可以确保在近地空间或地面任一地点可以同时观测到 4~8 颗卫星, 并使同一地点每天出现的卫星分布相同。

地面监控部分由 1 个主控站、3 个注入站和 5 个监控站组成, 其主要任务是监控和调度 GPS 卫星, 确保整个系统正常工作。具体包括跟踪 GPS 卫星、计算和编制星历、监测和控制卫星的"健康"状况, 保持精确的 GPS 时间系统, 向卫星注入导航电文和各种调度控制指令等。

用户部分的核心是 GPS 接收机, 由主机、天线、电源和数据处理软件等组成。接收机的主要功能是接收 GPS 卫星信号, 提取导航电文中的广播星历、星钟改正等参数, 处理完成导航定位工作。

GPS 的定位方法, 若按用户接收机天线在测量中所处的状态来分, 可分为静态定位和动态定位; 若按定位的结果来分, 可分为绝对定位和相对定位。

所谓静态定位, 即在定位过程中, 接收机天线(观测站)的位置相对于周围地面点而言, 处于静止状态; 而动态定位则正好相反, 即在定位过程中, 接收机天线处于运动状态, 定位结果是连续变化的。

所谓绝对定位亦称单点定位, 是利用 GPS 独立确定用户接收机天线(观测站)在 WGS-84 坐标系中的绝对位置。相对定位则是在 WGS-84 坐标系中确定接收机天线(观测站)与某一地面参考点之间的相对位置, 或两观测站之间相对位置的方法。

利用 GPS 进行绝对定位的基本原理是: 以 GPS 卫星与用户接收机天线之间的几何距离观测量 ρ 为基础, 并根据卫星的瞬时坐标 (X_s, Y_s, Z_s), 确定用户接收机天线所对应的点位，即观测站的位置。

设接收机天线的相位中心坐标为（X，Y，Z），则有：

$$\rho = \sqrt{(X_S - X)^2 + (Y_S - Y)^2 + (Z_S - Z)^2} \qquad (4.3)$$

卫星的瞬时坐标（X_S，Y_S，Z_S）可根据导航电文获得，所以式(4.3)中只有 X、Y、Z 三个未知量，只要同时接收 3 颗 GPS 卫星，就能解出测站点坐标(X，Y，Z)。GPS 单点定位的实质就是空间距离的后方交会。

GPS 相对定位，亦称差分 GPS 定位，是目前 GPS 定位中精度最高的一种定位方法。其基本定位原理是：用两台 GPS 用户接收机分别安置在基线的两端，并同步观测相同的 GPS 卫星，以确定基线端点（测站点）在 WGS-84 坐标系中的相对位置或称基线向量。

GPS 技术由于设备轻便，可全天候、自动化运转，具有导航定位快速且精度高等优点，在国民经济和科学研究等相关部门获得广泛应用。GPS 全球网提供测站相对地球质心的位置和速度是实现国际地球参考框架的主要部分，是监测板块运动、全球和区域性地壳形变的主要工具，也可以为监测和预报地震等自然灾害提供重要信息。

随着国际上其他三大卫星系统——俄罗斯的 GLONASS、欧盟的 GALILEO 和中国的 BDS 相继发展，以往单一依靠的 GPS 大地测量技术将拓宽为 GNSS 大地测量技术。虽然时至今日，由于三大系统各自的种种原因，再加之 IGS（国际 GNSS 服务）"幕后支撑"的乏力，GLONASS、GALILEO 和 BDS 的大地测量定位精度尚不能满足毫米级地壳运动和构造变形的监测需求(甘卫军，2021)，但随着 GNSS 观测技术精度的进一步提高，特别是北斗三代的全面应用及定位精度的提高，GNSS 的应用也将越来越广泛。在地学的研究领域，用于监测全球板块运动的 GNSS 站点也越来越多，如图 4.8 所示。目前全球国际 IGS 跟踪站有 513 个。

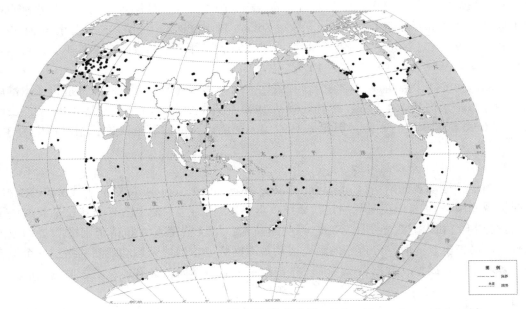

图 4.8 用于监测板块运动的 GPS 站点图（数据来源：http://www.igs.org/network）

4.3.2　区域地壳运动的 GNSS 测量

1. GPS A、B 级网

全国 GPS A、B 级网由国家测绘部门负责实施。1991 年在全球范围内建立了一个 IGS（国际 GPS 地球动力学服务）观测网，并于 1992 年 6—9 月间实施了第一期会战联测，我国多家单位合作，在全国范围内组织了一次盛况空前的"中国'92GPS 会战"，目的是在全国范围内确定精确的地心坐标，建立起我国新一代的地心参考框架及其与国家坐标系的转换参数；以优于 10^{-8} 量级的相对精度确定站间基线向量，布设成国家 A 级网，作为国家高精度卫星大地网的骨架，并奠定地壳运动及地球动力学研究的基础。

建成后的国家 A 级网共由 27 个点组成，经过精细的数据处理，平差后在 ITRF91 地心参考框架中的点位精度优于 0.1m，边长相对精度一般优于 1×10^{-8}，随后在 1993 年和 1995 年又两次对 A 级网点进行了 GPS 复测，其点位精度已提高到厘米级，边长相对精度达 3×10^{-8}。

全国 GPS B 级网（又称国家高精度 GPS 网），是在 A 级网基础上布设的。GPS B 级网基本均匀布点，覆盖全国，有 818 个点组成，总独立基线数 2200 多条，平均边长在我国东部地区为 50~70km，中部地区为 100km，西部地区为 150km。外业观测从 1991 年开始到 1996 年结束，历时 6 年，与 A 级网不同，B 级网分子网进行观测，各子网间相互交错与包容，网形结构复杂。数据处理采用 GAMIT 和 PowerADJ 软件，以 A 级网点为起算数据，在 ITRF93 框架下进行整体约束平差。历元为 1996.365，B 级网平差结果表明，平均点位中误差水平方向为 13mm，垂直方向为 26mm，GPS 基线边长相对精度约为 10^{-7} 左右。

2. 全国 GPS 一、二级网

全国一、二级网由总参测绘局布设。一级网由 44 个点组成，比较均匀地覆盖了我国大陆和南海岛屿，除南海岛屿外，大陆上的点均为国家天文大地网点，同时也是水准点或水准联测点，相邻点距最长 1667km，最短 86km，平均 680km。第一次平差于 1994 年完成，在 ITRF91 框架下进行，1998 年对该网重新进行了平差，在 ITRF96 框架下进行。据统计，平差后基线边长相对精度为 10^{-8} 左右。

二级网由 534 个点组成，均匀分布在我国大陆和南海岛屿，所有的点都进行了水准联测，相邻点距平均为 164.8km，野外观测从 1992 年开始，历时 5 年。全国 GPS 一、二级网在 ITRF96 框架下进行平差，历元是 1997.0。据统计，平差后基线边长相对精度为 3×10^{-8} 左右。

3. 中国地壳运动观测网络

中国地壳运动观测网络（Crustal Movement Observation Network of China，CMONOC，以下简称观测网络）①是以卫星导航定位系统（GNSS）观测为主，辅之已有的甚长基线射电干涉测量（VLBI）和人卫激光测距（SLR）等空间技术，结合精密重力和精密水准测量构成的大范围、高精度、高时空分辨率的地壳运动观测网络。中国地壳运动观测网络是一个综合性、多用途、开放型、数据资源共享、全国统一的观测网络，具有连续动态监测功能。观

---

①　资料来源：http：//neiscn. org/chinsoftdmds/ltwl/index. jhtml.

测网络从根本上改善了地球表层固、液、气三个圈层的动态监测方式。网络的科学目标以地震预测预报为主，兼顾大地测量和国防建设的需要，同时可服务于广域差分 GPS，气象和星载干涉合成孔径雷达等领域。观测网络的关键技术是高精度和高稳定性的观测技术、大信息量的获取技术和快速准实时的处理技术。网络由基准网、基本网、区域网和数据传输与分析处理系统四大部分组成。

　　基准网先由 25 个建于基岩上的 GPS 连续观测站组成，后又增加了哈尔滨、郑州两个站，目前共有 27 个，其点间距约为 1000km，其中有 5 个 SLR 并置站(上海、武汉、长春、北京和昆明)、2 个 VLBI 并置站(上海、乌鲁木齐)，1 个站并置流动 VLBI 观测(昆明)，并有两个流动 SLR(西安、武汉)。具有绝对重力、相对重力、水准等多种观测手段，每个站配备 VSAT 卫星通信和 IDSN 有线通信装备，每天将 GPS 数据传送到北京的数据中心，基准网可以实时监测我国大陆主要块体运动。其中上海、武汉、拉萨、北京和乌鲁木齐站为国际 IGS 跟踪站，具体的基准网布站情况见表 4-1。

表 4-1　　　　　　　　　　　中国地壳运动观测网络基准网布站情况

编号	代码	站名	负责单位
JZ01	BJSH	北京十三陵	中国地震局 GPS,
JZ02	BJFS	北京房山	原国家测绘局 GPS、SLR
JZ03	JIXN	蓟县	中国地震局 GPS
JZ04	SUIY	绥阳	总参测绘局 GPS
JZ05	HLAR	海拉尔	中国地震局 GPS
JZ06	CHAN	长春	中国科学院 GPS、SLR
JZ07	TAIN	泰安	中国地震局 GPS
JZ08	SHAO	上海	中国科学院 GPS、SLR、VLBI
JZ09	WUHN	武汉	科学院 SLR、地震局流动 SLR、原国家测绘局 GPS
JZ10	XIAM	厦门	中国地震局 GPS
JZ11	GUA1	广州	总参测绘局 GPS
JZ12	QION	琼中	中国地震局 GPS
JZ13	YANC	盐池	中国地震局 GPS
JZ14	XIAN	西安	总参测绘局 GPS、流动 SLR
JZ15	LOUZ	泸州	中国地震局 GPS
JZ16	KUNM	昆明	总参测绘局 SLR、GPS、流动 VLBI
JZ17	XIAG	下关	中国地震局 GPS
JZ18	XNIN	西宁	原国家测绘局 GPS
JZ19	DXIN	鼎新	总参测绘局 GPS

续表

编号	代码	站名	负责单位
JZ20	DLHA	德令哈	中国地震局 GPS
JZ21	LHAS	拉萨	原国家测绘局 GPS
JZ22	URUM	乌鲁木齐	原国家测绘局 GPS、中国科学院 VLBI
JZ23	WUSH	乌什	中国地震局 GPS
JZ24	TASH	塔什库尔干	总参测绘局 GPS
JZ25	YONG	永兴岛	总参测绘局 GPS
JZ26	HARB	哈尔滨	原国家测绘局 GPS
JZ27	ZHNZ	郑州	总参测绘局 GPS

基本网由 55 个均匀布设、定期复测的 GPS 站组成，点间距约 500km，大约两年复测一次，主要用于块体本身和块体间的地壳运动的监测，基本网也同时联测相对重力和精密水准。

区域网由 1000 个不定期复测的 GPS 站组成，其中 300 个左右均匀布设，700 个左右密集布设于断裂带及地震危险监视区，点间距 30~50km，主要用于监测我国主要断裂带及地震带的现今地壳运动与变形。

基准站相邻站间 GPS 基线长度年变化率测定精度优于 2mm；GPS 卫星精密定轨精度，与 IGS 联网优于 0.5m，独立定轨优于 2m；VLBI 相邻站间基准年变化率测定精度 2~3mm；固定 SLR 绝对坐标测定精度优于 3cm；流动 SLR 绝对坐标测定精度优于 5cm；绝对重力测定精度优于 5μGal。基本站与区域站相邻站间 GPS 基线每期测定精度，水平分量 3~5mm，垂直分量 10~15mm，相对重力测定精度 15~20μGal。

4. 中国陆态网络工程

在中国地壳运动观测网络基础上，由中国地震局、总参测绘局、中国科学院、国家测绘局、中国气象局和教育部共同申报、共同建设的"中国陆态网络工程"项目，2007 年 10 月得到了国家发展与改革委员会的立项批复。该项工程由中国地震局牵头，总投资 5.2 亿元，建设周期 4 年。

陆态网络以全球卫星导航定位系统(GNSS)观测为主，同时辅以 VLBI、SLR 和 InSAR 等多种现代空间对地观测手段，并结合传统地面精密重力和水准测量等多种观测技术，对地球岩石圈、水圈和大气圈进行监测。陆态网络由基准网、区域网和数据系统三大部分组成，主要站点分布如图 4.9 所示(彩图见附录二维码)。CMONOC 中的基本网在陆态网络中不再单独存在，其原有的 55 个定期观测的 GPS 基本站，除部分被升级改造为连续观测基准站外，其余站点都被归入到区域网中。

基准网是陆态网络的主干框架，由 260 个 GNSS 连续观测基准站组成，其中 3 个站(上海、昆明、乌鲁木齐)并置 VLBI 观测、6 个站(北京、上海、昆明、武汉、长春、西安)并置 SLR 观测以及 30 个站并置连续相对重力观测。总体上，首先，这些台站均匀布设,可全面监测中国大陆地壳运动的总体变化态势,并作为国家大地测量和军事测绘的骨干参考网和为全国范围的 GNSS 广域差分提供地面监控网。其次,在重要的活动构造区域或地震重点监视区进行适当加密,可更好地监测构造运动和地壳形变,服务于地震的监测预测。再次,为使网络尽可能大地覆盖中国大陆及其周边区域,还将其中 6 个站布设在中国大陆周边岛礁,4 个站布设在境外的老挝和缅甸。此外,还配备 8 套可移动 GNSS 基准站,服务于灾情应急的快速集结,形成局域密集的连续 GNSS 观测网。

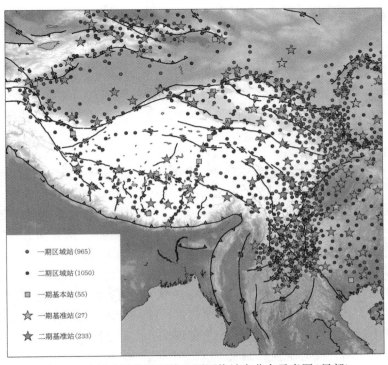

图 4.9 中国大陆构造环境监测网络站点分布示意图(局部)

区域网由 2000 个非连续观测的 GNSS 区域站构成,以定期与不定期相结合的方式进行观测。这些区域站的分布也较为均匀,大部分地区的平均站间距小于 100km,可以实现对中国大陆地壳运动整体格局的高分辨监测,并兼顾国防军事测绘和国家测绘基准对高密度地面控制网的需求。在重要的强构造活动区域、主要地震构造带和地震重点监视区,进行大幅度的加密,使站间距达到 30~70km,实现对局部区域地壳形变和构造运动的精细监测,确保有效分辨 5 级以上地震产生的地壳变形。另外,为了探索 GNSS 离散观测与 InSAR 连续观测的相互结合,并进一步提高垂直地壳形变的监测精度,区域网还在青藏高原东北缘的祁连山断裂带建设了 70 个人工角反射器,构成站间距小于 5km 的密集试验台阵(甘卫军,等,2012)。

数据系统包括 1 个国家数据中心和 5 个数据共享子系统。其中,国家数据中心担负网络运行监控、数据汇集、数据共享、存储交换、处理分析和信息发布等职能,并直接服务于地震预测及社会减灾。数据共享子系统分别服务于军事测绘、大地测量、气象预报、科学研究和人才培养等应用领域，同时作为国家数据中心的异地备份。

陆态网络的建成极大地提升了中国地球科学综合观测与研究能力，对推进现代大地测量学、GNSS 气象学和 GNSS 地震学等新兴学科的发展都将发挥重要作用，并为中国导航与定位领域的产业化发展打下坚实的基础。

应用陆态工程数据研究中国大陆整体运动，获取中国大陆及其周边构造块体的动态图像，分析重力场和变形场随时间的变化，探索板块内部构造变形的动力学过程，如青藏高原隆起的成因、演化及其对资源、环境的影响，开展火山、地震活动以及与其他地质灾害相关的研究。

陆态工程的科学目标是建成覆盖中国大陆及近海的高精度、高时空分辨率、准动态的四维观测体系，实时动态监测大陆构造环境变化，认知现今地壳运动和动力学的总体态势，揭示其驱动机制，探求对人类资源、环境和灾害的影响，推动地球物理学、大地测量学、地质学、大气科学、海洋学、空间物理学、天文学以及自然灾害预测和地球环境科学的发展。

5. 2000 国家 GPS 大地网

国家测绘局、总参测绘局和中国地震局等部门在 20 世纪 90 年代先后建成了国家高精度 GPS A，B 级网、全国 GPS 一、二级网、全国 GPS 地壳运动监测网等三个全国性 GPS 网，共计 2600 多点。这三个 GPS 网由于布设的需求不同，因此它们的布网原则、观测纲要、实施年代和测量仪器都有所不同。这三个 GPS 网在数据处理方面，如所选取的作为平差基准的 IGS 站、历元、坐标框架和平差方法也不尽相同。因此这三个 GPS 网的成果及其精度，包括同名点的坐标值之间也必然存在差异。因此为了充分发挥其整体效益，更好地服务于国家和社会，上述三个网必须统一基准，采用先进的数据处理理论和方法，统一进行整体平差，从而建立我国统一的、可靠的、高精度的 2000 国家 GPS 大地网，作为实现我国高精度地心三维坐标系统的一个坐标框架。然而 2000 国家 GPS 大地网的密度远不如全国天文大地网，仅为后者的 1/20 左右。所以，2000 国家 GPS 大地网所提供的低密度的三维地心坐标框架不能完整实现中国的三维地心坐标系。若利用 2000 国家 GPS 大地网的三维地心坐标精度高和现势性好的特点，通过它和具有近 5 万大地点的全国天文大地网进行联合平差，将后者纳入三维地心坐标系，并提高它的全国天文大地网的精度和现势性，使我国的大地坐标框架在密度和分布方面实现我国三维地心大地坐标系前进了一大步（陈俊勇，等，2007）。

在国家重力基准方面，我国在 20 世纪先后建立了 1957 国家重力基本网和 1985 国家重力基本网。后者的精度为 $\pm25\times10^{-8}\mathrm{ms}^{-2}$，与前者相比提高了一个数量级，并消除了波斯坦重力起始值的系统差。但 1985 国家重力基本网仍存在如下问题：①对中国国土的覆盖不完整，网点少，网型结构也不理想；②至 20 世纪末，网点毁损严重，竟达 40% 左右；③精度难以满足当代发展的需要。因此，有必要建立新的国家重力基准即 2000 国家重力基本网。

2000 国家 GPS 大地网、与该网联合平差后的全国天文大地网和 2000 国家重力基本网统称为"2000 国家大地控制网"。2000 国家大地控制网的建立，为全国三维地心坐标系统提供了高精度的坐标框架，为全国提供了高精度的重力基准，为国家的经济建设、国防建设和科学研究提供了高精度、三维、统一协调的几何大地测量与物理大地测量的基础地理信息。

2000 国家 GPS 大地网提供的地心坐标的精度平均优于±3cm，与当前国际上相同规模的 GPS 网的精度相当，它也为我国沿用的天文大地网纳入三维地心坐标框架提供了控制。2000 国家 GPS 大地网中的各个子网是在不同年代、不同施测方案下、不同 GPS 轨道精度时布测的，因此该网的数据处理必须顾及各个子网在历元、坐标框架、地形变、轨道精度和施测方案等方面的差异，为此建立了顾及上述特点的 GPS 网数据处理的函数模型：以 IGS 站和网络工程点为坐标框架，顾及了各子网系统误差和基准不统一的影响，在子网函数模型中分别施加了 3 个旋转参数和一个尺度；随机模型采用了方差分量估计；解算方法采用了双因子相关观测抗差估计，既保证了平差基准的统一，也部分抵消了各种系统误差的影响。因此合理调整了各子网的贡献，各子网的方差分量估计值基本不受系统误差影响，控制了各子网精度标定不准对平差成果的影响（陈俊勇，等，2007）。

2000 国家大地坐标系，其英文名称为 China Geodetic Coordinate System 2000，英文缩写为 CGCS2000。它是由 2000 国家 GPS 大地控制网的坐标和速度具体实现，参考历元为 2000.0，其平均平面点位中误差约为 5mm；平均高程中误差约为 20mm；平均三维点位中误差优于 25mm，2000 国家大地坐标系已经国务院批准于 2008 年 7 月 1 日在全国正式启用。

6. 国家级卫星导航定位基准站网及 2030 计划

《全国基础测绘中长期规划纲要（2015—2030 年）》明确提出了我国基础测绘发展的主要任务——加强测绘基准基础设施建设，形成覆盖我国全部陆海国土的大地、高程和重力控制网三网结合的高精度现代测绘基准体系。

国家现代测绘基准体系基础设施建设工程（一期）于 2012 年启动，经过全国测绘地理信息工作人员 4 年艰苦奋战，于 2017 年 5 月通过了验收。基准工程主要是利用现代测绘空间信息技术，建设了一套全新的测绘基准基础设施，更新了现有测绘基准成果，形成了一系列技术标准规范，这些成果陆续在国家、省级基准服务以及行业领域得到了广泛应用。一方面，基准工程建设成果为省级测绘基准现代化建设提供基准保障。基准工程建设期间已为陕西、黑龙江等近 10 个省份提供了成果资料，为区域基准建设与更新、经济建设、科学研究和防灾减灾等领域提供了基础数据，满足跨区域测绘服务对新一代、全国统一、高精度、动态测绘基准的需求。另外，原国家测绘地理信息局与相关行业部门之间建立了数据共享共用机制，基准工程建设成果已在地震、国土、气象、水利、交通和农业等领域发挥重要作用。另一方面，新《中华人民共和国测绘法》明确要求测绘地理信息主管部门建立统一的卫星导航定位基准服务系统，提供导航定位基准信息的公共服务。原国家测绘地理信息局按照统筹建设、资源共享的原则，强化对基准站资源的共享利用，将基准工程建设完成的国家级卫星导航定位基准站纳入国家级站网，统筹海岛（礁）测绘工程以及陆态网等建设的卫星导航定位基准站，组成了具备 410 座规模的国家级卫星导航定位基准站网，实时为卫星导航定位基准服务系统提供观测数据。同时以国家级卫星导航定位基准站网为基础，通过整合利用省级 2300 余座卫星导航定位基准站资源，构建了我国规模最大、覆盖范围最广、超过 2700 座站的卫星导航定位基准站网，建成了 1 个国家级数据中心和 30 个省级数据中心，共同组成了层次清晰、分工明确、基准统一的全国卫星导航定位基准服务系统，促进了国家和省级卫星导航定位应用服务的广泛开展，实现了跨区域、大范围、高精度的实时定位和导航位置服务。

410 座规模的国家级卫星导航定位基准站网，形成国家大地基准框架的主体，可获得高精度、稳定、连续的观测数据，维持国家三维地心坐标框架，同时具备提供站点的精确三维坐标及其变化信息、实时定位和导航信息以及高精度连续时频信号等的能力。

建设完成的 4503 点规模（其中新建 2503 个、利用 2000 个）国家 GNSS 大地控制网，形成了全国统一、高精度、分布合理、密度相对均匀的国家大地控制网，与国家卫星导航定位基准站网共同组成新一代国家大地基准框架，用于维持我国大地基准和大地坐标系统。

4503 点规模的 GNSS 大地控制网和 360 座规模的卫星导航定位基准网建设，全面支持 BDS，兼容 GPS、GLONASS、GALILEO 3 个系统，也是全球最大规模的综合地面观测设施（李维森，2017）。

基准工程建设成果在为各领域提供应用服务的同时，测绘基准也会根据新的技术发展和新的应用需求而不断地开拓与发展。国家将进一步推进各类大地测量技术的发展和融合，继续加大大地测量基础设施（如 GNSS、VLBI、SLR、DORIS、海洋验潮以及卫星重力等）的建设力度，促进全球统一的大地测量参考框架的建立与维持，实现全球基准的有效统一以及几何与物理基准的有机结合，不断提升测绘基准的服务能力和水平，能够为"一带一路"倡议、经济全球化、"走出去"战略的实施以及全球地理信息资源建设、全球信息化建设、国防建设、外交服务保障等提供统一的空间定位基准，在我国乃至全球经济建设、社会发展、生态文明建设、科学研究进程中贡献测绘力量，发挥应有作用。

7. 美国与日本大地测量 CORS 网络

美国国家连续运作的基准站（Continuously Operating Reference Station，CORS）系统项目于 1994 年启动，其目的在于提高人们利用 GPS 数据以厘米级精度在整个美国及其领地测定点位的能力。他们也用 CORS 数据发展 GIS、监测地壳形变、测定大气层水汽分布、支持 GPS 的遥感应用，以及监测电离层自由电子的分布。该项目开展以来，已拥有超过 1919 个永久 GPS/GNSS 观测站（图 4.10）。

美国主要有 3 个大的 CORS 网络系统，分别是国家 CORS 网络、合作式 CORS 网络和区域（加利福尼亚）CORS 网络。目前，有超过 200 个组织参加了 CORS 项目（https://www.ngs.noaa.gov/CORS/）。美国国家大地测量局（NGS），美国国家海洋和大气管理局（NOAA）的国家海洋服务办公室分别管理国家 CORS 和合作式 CORS。NGS 的网站向全球用户提供国家 CORS 网络基准站坐标和 GPS 卫星跟踪观测站数据，其中 30 天内为原始采样间隔的数据，30 天后为 30 秒采样间隔的数据。此外 NGS 网站还提供基于网络的在线定位服务系统（OPUS）。合作 CORS 的数据可以从美国国家地球物理数据中心下载，并且所有数据向合作组织自由开放（Richard Snay，2005）。

日本国家地理院（GSI）从 20 世纪 90 年代初开始，就着手布设地壳应变监测网，并逐步发展成日本 GPS 连续应变监测系统（COSMOS）。该系统的永久跟踪站平均 30km 一个，最密的地区如关东、东京、京都等地区是 10~15km 一个站，到 2018 年 12 月已经建设超过 1300 个遍布全日本的 GPS 永久跟踪站。该系统基准站一般为不锈钢塔柱，塔顶放置 GPS 天线，塔柱中部分层放置 GPS 接收机、UPS 和 ISDN 通信 modem，数据通过 ISDN 网进入 GSI 数据处理中心，然后进入因特网，在全球内共享(图 4.11)。

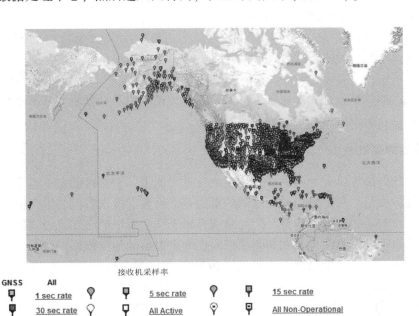

图 4.10 美国 CORS 网络示意图(数据来源：https：//www. ngs. noaa. gov/CORS_Map/)

图 4.11 电子基准点示意图

COSMOS 构成了一个格网式的 GPS 永久站阵列，是日本国家的重要基础设施，其主要任务有：①建成超高精度的地壳运动监测网络系统和国家范围内的现代"电子大地控制网点"；②系统向测量用户提供 GPS 数据，具有实时动态定位（RTK）能力，完全取代传统的 GPS 静态控制网测量。COSMOS 主要的应用是：地震监测和预报，控制测量，建筑、工程控制和监测，测图和地理信息系统更新，气象监测和天气预报。

4.4　区域地壳运动的精密重力测量

区域地壳运动的精密重力测量既服务于建立、维持国家高精度重力基准系统，又服务于地震监测预报、资源勘探和地球科学研究。

4.4.1　国家重力基准系统

测量重力的方法可以分为两种：一种是绝对重力测量，它直接测定一点重力值；另一种称为相对重力测量，它是测定两点之间的重力差，再逐点推求各点的重力值。在重力测量中，大量进行的是相对重力测量，因此必须有属于同一系统的已知重力值的起始点。

重力基准是建立重力测量系统和测量空间点的重力值的基本依据。国际上，曾建立过三个重力基准：第一个是维也纳重力系统，1900 年在巴黎举行的国际大地测量协会会议上通过；第二个是波茨坦重力系统，1909 年在伦敦举行的国际大地测量协会会议上通过；第三个是 1971 国际重力基准网（IGSN-71），1971 年在莫斯科举行的国际大地测量与地球物理联合会会议通过。

重力基准，是标定一个国家或地区的（绝对）重力值的标准。为了使全国重力测量有统一的起算依据，就必须建立国家重力基准，这是开展全国重力测量工作的基础，也是国家经济建设、国防建设和科学研究的基础建设。我国先后使用了 1957 重力测量系统、1985 重力测量系统和 2000 重力测量系统。

1954 年全国基础测绘全面展开后，急需建立与国际重力系统接轨的国家重力基准，以便开展大范围的重力测量工作。总参测绘局邀请苏联航空重力测量队两次来华，援助布测了 27 个重力基本点和 33 个一等重力点。以波茨坦重力系统为基准，通过与苏联重力基本点的联测，将中国的重力基本点、一等重力点的重力值归算到波茨坦重力系统，构成了中国 1957 重力系统。直到 20 世纪 80 年代初，中国所进行的重力测量都是以 1957 重力系统为起算基准进行的。但是，随着时间的推移和科学技术的发展，1957 重力系统存在精度低等问题逐步凸显，难以适应科学技术发展的需要。1978 年 4 月，国家决定重建国家重力系统。1980 年，国家计量研究院利用自行研制的可移动式绝对重力仪，首先测量了昆明重力基准点的绝对重力值。1981 年 7—11 月，国家测绘总局与意大利都灵计量研究所合作，采用该所提供的可移动式绝对重力仪，先后在北京（玉渊潭）、上海、福州、广州、长沙、武汉、南宁、昆明、西安（国家大地原点）、郑州、青岛等 11 个点进行了绝对重力测量，测量平均误差为 ±10 微伽。由于仪器稳定性及选址不当等原因，只选用了其中 6 个绝对重力点作为基准点。1983 年 5 月至 1984 年 5 月，国家测绘局、总参测绘局、国家地震局、中国科学院测量与地球物理研究所等单位，联合进行了新的国家重力基本网的野外联测。全网包括 6 个基准点、46 个基本点及 5 个引点，平差后点重力值精度为 ±8 微伽。新的重力网称为 1985 国家重力基本网，即第二代国家重力基本网，其中各基准点及其成果称为 1985 重力基准。1985 重力基本网较 1957 重力系统，在精度上提高了一个数量级，消除了波茨坦系统的误差，增大了基本网的密度，使中国在重力测量方面跃上了一个新台阶，在大地测量、地球科学研究、空间技术发展及国防建设等方面发挥着十分重要的作用。

为更好地适应国家经济建设、国防建设和科学研究对重力基准提出的新要求，1998 年由国家测绘局发起，总参测绘局和中国地震局参加，开始共同建立 2000 国家重力基本网。经过近三年的艰苦努力，于 2002 年圆满完成了 2000 国家重力基本网的建立工作。2000 国家重力基本网的基准点 21 个，基本点 126 个(吕志平，2010)。在 2000 国家重力基本网中还布设了由哈尔滨、北京、西安、昆明、南宁 5 个重力基准点和重力基本点组成的国家级重力仪标定基线(长基线)和 8 条国家级重力仪格值标定场(短基线))。为了便于将 1985 国家重力基本网点的重力值换算为 2000 国家重力基本网系统的重力值，2000 国家重力基本网还联测了 1985 国家重力基本网点共 66 个。2000 国家重力基本网平差成果的内部精度情况：所有联测重力点(389 个)平差值的平均中误差为 ±7.3 毫伽；其中，2000 国家重力基本网 259 个重力点平差值的平均中误差为 ±7.4 毫伽；基准点：±2.3 毫伽；基本点：±6.6 毫伽。2000 国家重力基本网平差成果的外部精度为：与外部检核点不符值的平均中误差为 ±7.3 毫伽，其中最大不符值为 ±10.6 毫伽，最小不符值为 ±10.2 毫伽(陈俊勇，等，2007)。

2000 国家重力基本网建设，充分考虑了国家基础建设、国防建设和防震减灾等各方面的需要，点位分布均匀，图形结构合理，覆盖范围大，数据处理严密，精度较 1985 重力基本网提高了一倍。目前我国采用的重力基准为 2000 国家重力基准。

国家现代测绘基准体系基础设施建设工程于 2012 年启动，经过全国测绘地理信息工作人员 4 年艰苦奋战，于 2017 年 5 月通过了验收。基准工程首次将平面、高程、重力基准一体化理念融入布网设计，在三个方面实现了三网融合。第一个方面是设计了一体化的新型测量标石，既是大地控制点，也是水准点，同时又可作为重力控制点，实现了测绘基准属性的融合；第二个方面是综合考虑大地控制网与国家一等水准网布设的点位位置和相互关系，尽可能将大地控制点纳入一等水准路线中，在全国范围形成大量同期建设的大地控制点和水准点，为我国厘米级(似)大地水准面建立提供基础保障；第三个方面是在卫星导航定位基准站上并置重力基准点，建立平面基准与重力基准的联系。另外，与已有工程建设成果进行联合数据处理，建立了陆地与海域测绘基准的联系。

有关国家重力基准点方面，在国家已有绝对重力点分布的基础上，选择 50 座新建卫星导航定位基准站，进行 100 点次的绝对重力属性测定，重力基准点观测精度优于 5 微伽。实现了每 300 千米有一个绝对重力基准点，改善了国家重力基准的图形结构和控制精度，形成了分布合理、利于长期保存的国家重力基准基础设施(李维森，2017)。

2015 年 6 月，国务院批复同意了《全国基础测绘中长期规划纲要(2015—2030 年)》，明确了 2015—2030 年全国基础测绘的发展目标和重点任务。到 2020 年的中期任务，一是现代化测绘基准和卫星测绘应用体系建设，包括形成覆盖我国全部陆海国土，大地、高程和重力控制网三网结合的现代化高精度测绘基准体系及提升卫星测绘服务能力等；二是基础地理信息资源建设与更新，包括数字地理空间框架、重点地区基础测绘、全球地理信息资源建设等；三是基础设施建设，包括地理信息数据获取技术装备、国家地理信息公共服务平台"天地图"建设等；四是地理信息公共服务，包括地理信息公共服务体系、地理国情监测业务工作体系、应急测绘等；五是测绘地理信息科技创新和标准化建设，包括测绘地理信息自主创新体系和标准体系、智慧城市地理空间框架和时空信息平台建设等。到 2030 年的长期任务，主要是推进测绘基准体系现代化改造，加快对覆盖我国海洋国土乃至全球的基础地理信息资源获取，持续推进基础测绘创新，建立卫星测绘应用链条和业务运行体系，提升基础测绘公共服务能力等。

4.4.2 中国重力观测网现状及 2030 规划

中国重力观测网主要有两种用途，其一是建立、维持国家高精度重力基准系统，满足国家经济建设、国防建设对时空基准不断提出的新要求；其二则是服务于地震监测预报、资源勘探和地球科学研究。

我国的重力站网主要包括基准网、基本网和区域网。基准网由 4 个基准站组成，基本网由 76 个基本站组成，区域网由 101 个控制站和 2088 个联测站组成。我国重力站网主要采用重力台站连续观测与重力测点定期复测两种观测方式。

1. 重力台站连续观测

基准网和基本网在重力台站进行连续观测，获取时变重力信息，对构造边界带地震构造运动的动态监测，对南北地震带、新疆天山地区和华北地区等重点地区进行高精度重力变化监测，为强震中期分析预报与短期异常跟踪分析提供基础数据。4 个基准站采用精度优于 5 微伽的绝对重力仪和超导重力仪协同观测，获取高时间分辨率的重力数据，为全国地震重力观测提供统一基准，应用于地震监测、重力仪标定、比测等；76 个基本站实现微伽级连续重力观测，用于研究重力固体潮和潮汐参数特征，并通过有效的绝对控制，提高重力观测的时间分辨率。

2. 重力测点定期复测

区域网对重力测点进行定期复测，获取重力测点之间的重力段差及复测间隔时间内的重力段差变化信息。采用绝对重力仪对分布在全国的 101 个重力控制站进行定期复测，获取高精度绝对重力值，为全国地震重力观测提供绝对重力控制；采用相对重力仪对 2088 个重力联测站进行联测，测得重力段差，从而构建重力场，并通过不同期次复测数据获取重力段差及重力场变化信息。

3. 中国大陆重力观测台网系统

中国大陆重力观测台网系统(由绝对重力控制网、相对重力联测网、连续重力台网构成)，重力站网基本情况见表 4-2，空间分布如图 4.12 ~ 图 4.14 所示(彩图见附录二维码)。

表 4-2   **重力站网基本情况(中国地震局,2020)**

类型	主要功能	观测站规模	观测仪器	观测精度
基准网	1. 重力变化的高时间分辨率监测; 2. 建立重力基准; 3. 为强震中期分析预报与短期异常跟踪分析提供基础数据	基准站 (4)	超导重力仪 绝对重力仪	绝对重力精度: 优于 5 微伽; 相对重力精度: 优于 0.1 微伽
基本网	1. 潮汐重力变化高时间分辨率监测; 2. 为强震中期分析预报与短期异常跟踪分析提供基础数据	基本站 (76)	相对重力仪	1 微伽
区域网	1. 绝对重力变化监测; 2. 为相对重力联测和仪器参数标定提供控制	控制站 (101)	绝对重力仪	5~10 微伽
	1. 我国大陆较高空间分辨率的重力场变化监测; 2. 为强震中长期分析预报提供基础数据	联测站 (2088)	相对重力仪	10~20 微伽

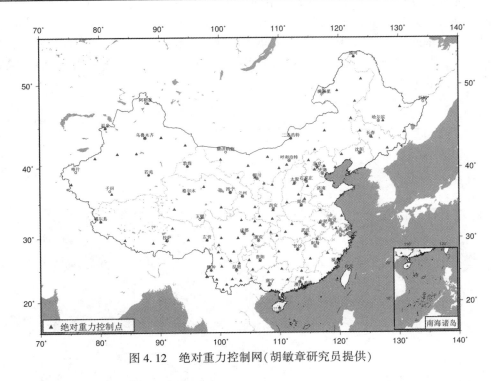

图 4.12 绝对重力控制网(胡敏章研究员提供)

    绝对重力控制网由 101 个绝对重力测点构成,主要依托国家重力基准网、陆态网络工程、地球物理场观测等项目监理并维持,开展定期复测,为相对重力联测提供控制基准;获取重力场变化,服务于地震监测预报、基础测绘、资源勘探和地球科学研究。

相对重力联测网全网由 3000 余个相对重力测点构成，测点间距一般为 20~100km，华北、南北地震带等地区较密集而西部较稀疏。南北地震带、华北等地区每年观测 2 期，其他地区每年观测 1 期，获取中国大陆重力场变化信息，为地震分析预报和科研提供基础数据。

连续重力台网通过数字地震观测网络、陆态网络工程、中国地震背景场等重大科学工程项目构建，在中国大陆已经建成了一个由 80 个台站构成的连续重力台网，观测仪器包括 GWR 超导、PET/gPhone、DZW、GS15 和 TRG-1 在内共计 86 套。可为防灾减灾、环境监测、航空航天、国防建设等应用及地球动力学、地震学等科学研究提供高质量观测数据。

4. 2030 规划

为全面贯彻落实习近平总书记关于提升自然灾害防治能力、防灾减灾救灾和科技创新的重要论述精神，贯彻实施《中华人民共和国防震减灾法》关于中国地震监测台网实行统一规划和分级、分类管理的要求，2020 年中国地震局对标新时代防震减灾事业现代化要求和监测预报国际发展趋势，科学设计高精度、高时空分辨率、立体化的中国重力站网（重力）规划（2020—2030）。到 2030 年，通过充分利用现代重力观测技术，优化配置重力观测台站布局，建成立体化的中国重力站网，实现对我国大陆及周边重力时空变化背景场、活动地块及边界带重力变化过程、潜在地震风险源和经济发达地区的有效监测，获取较高时空分辨率的重力场信息。全面提升重力站网的标准化、信息化、现代化水平，为地震等自然灾害监测、预测、地球科学研究和其他社会应用提供高精度、高可靠性、高时空分辨率的重力数据产品。

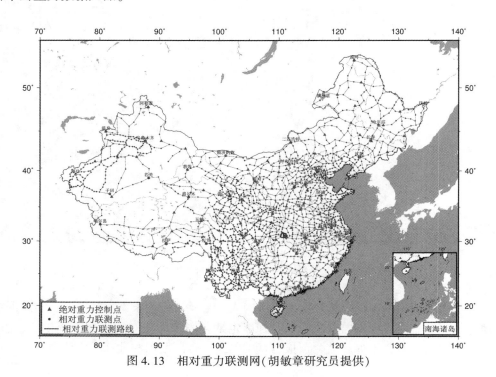

图 4.13　相对重力联测网（胡敏章研究员提供）

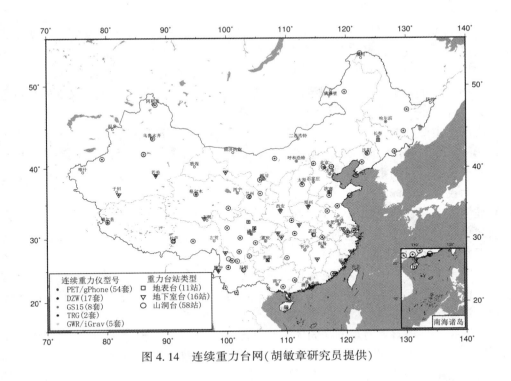

图4.14 连续重力台网(胡敏章研究员提供)

具体设计目标是:在全国范围建设分布较为均匀的重力观测站,实现对我国大陆及周边岩石圈构造运动的整体监测,获取重力场变化背景场图像,为大震长期危险性分析提供数据支撑,同时为重力站网提供统一基准。强化对地震重点监视区及活动地块边界带构造相关重力变化信息监测,获取高空间分辨率的重力场变化图,为强震中短期预报等提供科学数据支撑。

到2030年,主要满足地震监测预报需求,兼顾国防、科学研究和国民经济建设等需求,规划设计的重力站网监测能力应满足以下精准度指标(见表4-4):

(1)绝对重力监测能力。将当前的101个绝对重力控制的区域重力网监测能力提高一倍,建成由近200个绝对重力测站控制的基准和基本网,重点考虑提升西部地震高风险源地区的重力台站覆盖密度;将当前的绝对基准年尺度服务能力,提高到月尺度及以上;绝对重力基准精度达到5至10微伽。

(2)时变重力场源分辨能力。通过重力观测手段与辅助观测手段的协同观测,厘清与高程变化、水文环境变化和近地表质量变化相关的信号源,分辨能力优于10微伽;满足西部潜在200千米尺度地震风险源的时空重力监测能力,能对7级以上强震风险源的孕震场源区进行有效监测。

5. 中国重力站网主要功能与技术指标

中国重力站网设计坚持目标导向,按照统一设计、标准化建设、规范化验收的要求,从基准网整体控制、基本网细节描述两个层次进行设计,提升中国重力站网观测数据的准确性和可靠性。

1）基准网

基准网由 30 个基准站构成，为中国重力站网提供统一的高精度重力时空基准，实现基本网的绝对重力仪器校准服务。覆盖首都圈、川滇等地震重点监视防御区 600 千米内区域。基准网主要采用高精度的绝对重力仪和微漂移相对重力仪协同观测，并配置水文环境、场地形变和重力梯度的辅助观测以实现综合观测。基准站最高实现天尺度的绝对重力基准服务，并具备开展重力仪器比测和标定的能力。

基准网的主要功能是：提高我国大陆高精度绝对重力基准服务；获取我国大陆重力变化背景场，实现对我国大陆及周边整体地震构造动力环境的动态监测；提供高精度重力潮汐参数服务；提供长期重力非潮汐变化背景场服务；另外，观测数据还可应用于重力基准传递、重力仪比测和标定等（见表 4-3）。

基准网仪器配置情况如下：①绝对重力仪，提供绝对基准和实现超导重力仪定期标定；②超导重力仪或能实现绝对重力连续观测的成套装备；③GNSS 接收机、数字气象仪、地下水监测仪器等配套观测设备。

基准网精度指标：由于地震正常重力模型的地球动力学效应为微伽级甚至更小，根据当前重力仪发展水平，基准站应具备重力信号的最佳监测能力：绝对观测精度优于 5 微伽；相对观测精度优于 0.1 微伽；漂移率小于 10 微伽/年。

采样率指标：绝对重力观测在固体潮汐大潮期间进行不少于 72 小时连续观测，每月观测天数不低于 3 天，采样率不低于 1 次/10 秒；相对重力观测采样率不低于 1 次/秒；绝对重力时空基准服务能力达到 1 次/周，在强化跟踪监测时段，可最高实现 1 次/天的重力基准服务能力。

2）基本网

基本网由 138 个基本站构成。根据重力时变距的统计分析规律，为满足对全国 7 级以上、重点监视区 6 级以上地震的监测需求，重点覆盖西部地震多发区和潜在地震风险源地区，需要在潜在强震风险区按照 200~300 千米的平均间距布设。

基本网主要功能是：获取我国大陆较为精细的重力背景场变化信息，包括重力动态变化、固体潮汐参数变化、重力变化背景场等，对我国大陆及周边岩石圈构造运动进行整体动态监测，满足潜在地震风险源地区流动重力监测所需的基准控制需求，提供区域绝对重力时空变化服务，为区域地震年尺度危险性分析提供基础数据（见表 4-3）。

基本网仪器配置情况如下：①绝对重力仪；②GNSS 接收机、数字气象仪、地下水监测仪器等配套观测设备。

基本网精度指标：根据当前主流的重力仪可达到的最高观测精度，基本站相对观测精度优于 1 微伽，漂移率小于 20 毫伽/年；绝对观测精度优于 10 微伽。

采样率指标：绝对重力观测在固体潮汐大潮期间进行不少于 72 小时连续观测，每两周观测天数不低于 3 天，采样率不低于 1 次/10 秒；具备优于 1 次/月的绝对重力时空基准服务能力。

到 2030 年，将形成由基准网、基本网构成的两级重力观测体系，形成 600 千米以内尺度地壳内部场源物质变化的监测能力，南北带等潜在强震风险源地区绝对重力监测控制能力优于 200 千米，满足我国大陆及周边、活动地块边界带和地震多发区多层次的地震监测、预报和科研需求。

　　基准站基本均匀分布，满足我国大陆重力变化背景场监测需求，监测一级块体构造重力场变化，为大震中长期预报服务，为重力监测系统提供统一基准。基本站在地震重点监视区密集布设，满足我国二级块体及构造边界带重力场变化监测需求，为强震中短期预报服务，并为相对重力联测提供起算值。

表 4-3　　　　　中国重力站网主要功能与技术指标 (中国地震局，2020)

类别	观测站类型	主要功能	技术指标
基准网	基准站	1. 我国大陆高精度绝对重力基准服务； 2. 我国大陆及周边整体地震构造动力环境的动态监测； 3. 提供高精度重力潮汐参数服务； 4. 提供长期重力非潮汐变化背景场服务； 5. 提供重力仪器比测和标定服务等	绝对重力精度：优于 5 微伽； 相对重力精度：优于 0.1 微伽； 采样率：不低于 1 次/10 秒
基本网	基本站	1. 我国大陆及周边岩石圈构造运动整体动态监测； 2. 潜在地震风险源地区流动重力基准控制服务； 3. 区域绝对重力时空变化服务； 4. 为区域地震年尺度危险性分析提供基础数据等	绝对重力精度：优于 10 微伽； 采样率：不低于 1 次/10 秒

表 4-4　　　　规划设计的中国重力站网观测能力精准度指标 (中国地震局，2020)

观测能力	2030 年	当前
多参量潮汐和非潮汐重力变化测量分辨率	1 纳伽	无
相对重力观测精度	优于 0.1 微伽	1 微伽
绝对重力观测精度	优于 5~10 微伽	5~10 微伽
卫星重力观测	600 千米以上波长分量	无

◎ 本章参考文献

[1] 陈俊勇，杨元喜，王敏，等.2000 国家大地控制网的构建和它的技术进步[J].测绘学报，2007，36(1)：1-8.

[2] 杜瑞林，徐菊生，乔学军，等.地震大地测量学引论[M].北京：科学出版社，2016.

[3] 何志堂，张锐，唐志明，等.2000 国家重力基准现状分析[J].大地测量与地球动力学，2012，32(S1)：87-90.

[4] 胡明城.现代大地测量学的理论及其应用[M].北京：测绘出版社，2003.

［5］甘卫军，李强，张锐，等．中国大陆构造环境监测网络的建设与应用［J］．工程研究，2012，4（4）：324-331.

［6］甘卫军．中国大陆地壳运动 GPS 观测技术进展与展望［J］．城市与减灾，2021，04，139：39-44.

［7］吕志平．大地测量学基础［M］．北京：测绘出版社，2010.

［8］牛之俊，马宗晋，陈鑫连，等．中国地壳运动观测网络［J］．大地测量与地球动力学，2002，22（3）：88-93.

［9］钱志瀚．VLBI 技术在我国的发展历程及其在航天工程中的应用［J］．中国科学院建院 70 周年退休老同志征文，2019，http：//www.shao.cas.cn/ann70/gzdt/201910/t20191008_5404073.html.

［10］许才军，张朝玉．地壳形变测量与数据处理［M］．武汉：武汉大学出版社，2009.

［11］杨元喜．中国大地测量现状、问题与展望［R］．大地测量发展战略研讨会，西安，2009 年 5 月 7—8 日.

［12］中国地震局．中国地球物理站网（重力）规划（2020—2030 年），2020.

［13］李维森．建设现代测绘基准 提升服务保障能力——李维森就国家现代测绘基准体系建设与应用答记者问［N］．http：//www.njhq.com.cn/post/594.html，2017-09-20.

第 5 章　地壳形变与应变测量

地壳形变与应变测量直接为地震预测预报服务，它集成了当代先进的空间大地测量和地面动态测量的先进技术，精确测定时间尺度由秒至数十年，空间尺度由点（台站或测点）、线（测线）、面（台网）、区域乃至全球的现今地壳形变与应变。我国地壳形变站网主要包括 GNSS、InSAR 和精密水准等，经过近几十年的发展，已基本建成均匀覆盖全国、局部有所加密的站网布局，在活动构造块体划分、中国大陆地壳运动背景场、重点断裂带滑动速率、大地震震源破裂过程及震后趋势判断等中都发挥了重要作用。

本章主要介绍地壳形变与应变测量的技术与方法，内容包括地壳形变的 GNSS 测量、地壳形变的 InSAR 测量、精密水准测量与地震水准测量、台站重力测量与流动重力测量、断层形变测量和倾斜应变测量。

5.1　地壳形变的 GNSS 测量

GNSS 站网主要依托于"中国地壳运动观测网络"和"中国大陆构造环境监测网络"两个项目建成，共包括 280 个基准观测站构成的基准网和 2036 个流动观测站构成的区域网。此外，近年来，我国援助尼泊尔、老挝等国建设了 25 个 GNSS 观测站，还共享了测绘系统、气象系统在我国大陆特别是东部地区建设的近 1500 个 GNSS 观测站的数据。但是由于具体用途各异，这些观测站的站址选择、测站建设、仪器设备等均与地震监测所需的高精度测量要求存在一定差距（中国地震局，2020）。GNSS 测量主要有两种方法，一种是 GNSS 台站连续观测，又称 GNSS 基准观测，它是利用多种卫星定位系统，为建立和维持我国统一的、高精度的空间坐标参考框架提供数据资料，实现我国一、二级活动地块运动、整体变形及块体间相对运动特征的动态监测；另一种就是 GNSS 流动观测，它产出我国主要活动地块及其边界带的相对运动与变形的精细图像，为研究地壳变形的动力学机制提供基础，为地震预报提供地壳构造活动背景。

5.1.1　GNSS 台站连续观测与流动观测

1. GNSS 台站连续观测场地与装置系统

由 GNSS 台站组成的地壳形变监测网是以监测地壳水平形变为主的地震监测网，主要监测大范围及全球的地壳运动。由于传统大地测量方法监测大范围水平形变存在严重局限性，人们很早便寄望于空间大地测量技术，尤其是 GNSS 技术。目前，高精度、高时间分辨率 GNSS 技术已成为世界主要国家和地区用来监测火山地震、构造地震、全球板块运动，尤其是板块边界地区的重要手段，进而深化了对相关物理过程的认识。

GNSS 连续观测站需建立在主要构造块体稳定部位，避开断层破碎带或其他地质构造不稳定区，同时避开采矿、油气开采区、地下水漏斗沉降区等；站址须高于水淹线及所在地地下水位线；须距离铁路 200m 以上，距公路 50m 以上，距高压线 100m 以外，避开强磁场、无线电电台、微波站、多路径效应等电磁干扰；保持观测站各方向水平视线高度角 15°以上无阻挡物，在特殊地区可放宽到局部（水平视角累计不超过 60°范围）水平视线高度角 25°以上无阻挡物。

GNSS 连续观测站装置系统主要包括两部分，即观测室及工作室和观测墩。

（1）GNSS 连续观测站需建造专用的观测室及工作室。观测室与工作室分建时，通信电缆长度不大于 500m，通信电缆埋地深不小于 0.3m。观测室内需埋设一等水准和重力标志，并在 GNSS 连续观测站试运行期间进行联测。

（2）观测墩建在观测室内的基岩上，周围需设置 5～10cm 的隔震槽，墩顶高出观测室。观测墩需高出地面 2～5m，顶面长宽均应不小于 0.4m。

在数据通信方面，有条件的观测站首选卫星通信设备，备选有线通信公用网，以实现数据通信。不具备卫星通信条件的观测站可仅采用有线通信公用网方式实现数据通信。

2. GNSS 台站连续观测环境维护

为使 GNSS 台站观测取得良好的效果，连续观测站的环境维护需注意以下几方面（中国国家标准化管理委员会，2004；《地壳形变基础理论与观测技术》编委会，2021）：

（1）保持观测站勘选时，台址 3km 范围内不得进行深层抽、注水，采石爆破，筑堤建水库等影响 GNSS 观测的活动。

（2）观测室温度在 −30～55℃，工作室温度在 0～30℃。观测室与工作室需防潮防尘。

（3）观测室与工作室需具备 220V 交流电供电能力；观测室配备太阳能电源，工作室配备不间断电源。同时，观测室与工作室需安装室外防雷设备，地线接地电阻不大于 4Ω；室内电源电缆和通信电缆安装防浪涌设备并接地。

3. 观测系统仪器及技术要求

GNSS 连续观测站观测精度和设备可靠性要求较高，GNSS 观测设备应采用高精度双频测量型 GNSS 接收机和高精度可抑制多路径效应的天线。GNSS 接收机的关键和重要技术指标见表 5-1，扼流圈天线主要指标见表 5-2（《地壳形变基础理论与观测技术》编委会，2021）。

表 5-1 GNSS 接收机的重要技术指标

序号	指标项	指标内容和标准
1	观测频率	支持接收多卫星系统（GPS、GLONASS、北斗、Galileo）信号
2	记录信号	可接收伪距（C/A 码，P 码）、各频率全周载波相位（L1/ L2/L5/L2C），GLONASS 卫星系统 L3CDMA 信号，北斗卫星系统 B1/B2/B3 信号，Galileo 卫星系统 E1/E2/E6，且具备双频同步跟踪地平仰角 0°以上的所有可用卫星
3	信号通道	并行通道不低于 400 个，支持更多的卫星信号同步跟踪
4	接收机钟频	晶振日稳定性不低于 10^{-6}

序号	指标项	指标内容和标准
5	记录数据采样率	至少具有 30s、1Hz、50Hz 等采样率，且在此采样间隔之间可调
6	数据存储	支持文件循环存储，必须是固化内存≥8GB 的存储量(工业级存储介质，非外接存储设备)，至少支持 12 个独立的并行数据记录时段，并且支持每个记录时段独立分配存储空间
7	数据传输	支持 TCP/IP 和 NTRIP 协议；内置 FTP 服务器（支持至少 3 个 IP 同时连接）网络安全，支持 HTTPS，支持 FTP 推送（Active Push）
8	通信端口	至少 1 个集成以太网端口（RJ45），RS232 串口至少 2 个（其中 1 个串口与数字气象仪或倾斜仪连接）
9	外接原子钟频	接口可满足原子钟 10 MHz 或 5 MHz 接入
10	功耗	接收机与扼流圈天线的整体功耗应在 6W 以内
11	环境适应性	工作温度：在−40~+65℃的环境下能长期连续正常工作； 存放温度：−40~+80℃； 工作湿度：在相对湿度≤100%的场合下能长期连续正常工作，全密封防水符合 IP67 标准
12	电源	电源适配器：输入电压 100~240V，输出电压 9.5~28V； 直流电输入：至少具备一个直流供电端口，非正常断电后恢复供电自动恢复工作
13	观测精度	静态精度：水平向 3mm+0.3ppm，垂直向 5mm+0.3ppm

4. GNSS 连续台站应急观测

当发生地震或者震情紧张等特殊情况时，GNSS 连续台站需要做应急观测。一般情况下，由数据中心远程触发同震高频数据下载，特殊情况下需 GNSS 台站技术人员手动下载应急数据。应急观测开始，由数据中心提取或由基准站根据数据中心要求将所需的计算机硬盘内存储的触发前的采样率为 1s 或更高采样的观测资料发送给数据中心。在应急观测过程中，需要定时向数据中心传输观测数据。应急观测期间台站负责人或技术人员需保障台站电力、网络以及观测设备正常工作。

表 5-2　　　　　　　　　　　　　**扼流圈天线主要指标**

序号	指标项	指标内容和标准
1	抗多路径效应	配备的扼流圈天线（Choke Ring）应具有国际大地测量权威机构（NGS 或 Geo++）认证的天线绝对相位中心改正模型
2	相位中心偏差	扼流圈天线相位中心偏差：小于 1mm
3	精度和稳定性	天线的相位中心稳定性在半年内必须优于 1.0mm，并有定向标志，以满足高精度测量的要求

续表

序号	指标项	指标内容和标准
4	环境适应性	工作温度：在 -40 ~ +65℃的环境下能长期连续正常工作； 存储温度：-40 ~ +70℃； 工作湿度：在相对湿度≤100% 的场合下能长期连续正常工作，裸天线应全密封防水，符合 IP67 标准

5. GNSS 流动观测

流动观测是指不固定时间和地点的观测形式，观测按需进行（定期或者不定期），这里的不固定地点应该理解为观测地点是变化的，因为流动观测一般在一个测站只需要观测有限的时间，一般是几天，有时几小时甚至更短，视观测任务及观测质量要求而定，观测任务完成后仪器需要移到另外测站。但其实观测站上都需要先建立固定的观测墩以便安装观测仪器（GNSS 天线），且观测墩应该建立在稳固、完整的基岩上，或者在覆盖层厚的地区，观测墩也可埋设在坚实的土层内。

6. GNSS 流动站选址与观测环境要求

GNSS 流动站选址与连续站选址要求类似，唯一区别在于连续台站选址后需要建立观测室。流动站的选址及观测环境具体要求如下：

（1）观测站应选择在地基坚实稳定、安全僻静、交通便利，并利于测量标志长期保存和观测的地方。尽可能选在交通主干线附近机关、学校、公园内。

（2）观测墩内应埋设具有强制归心装置的 GNSS 观测标志，观测墩应建立在稳固、完整的基岩上。在覆盖层厚的地区，观测墩也可埋设在坚实的土层内。

（3）下列地点不应设站：

①断层破碎带内或地质构造不稳定的地点。

②易于发生滑坡、沉陷、隆起等地面局部变形的地点（诸如采矿区、油气开采区、地下水漏斗沉降区等）。

③易受水淹、潮湿或地下水位较高的地点。

④距铁路 200m，距公路 50m 以内或其他受剧烈振动的地点。

⑤已经或即将规划建设，因而可能毁掉观测墩或阻碍观测的地点。

⑥无线电台附近、雷击区及多路径效应严重的地点、距高压线 100m 以内及其他强磁场影响地点。

⑦其他不便建站或观测的地点。

（4）GNSS 接收机天线架设位置各方向视线高度角 15°以上应无阻挡物（高压线视为阻挡物）。特殊困难地区的观测站，可在一定范围（水平视角不超过 60°）内，放宽至 25°。

（5）在大城市、工矿区或附近有较强电磁干扰的地区，应使用电磁波场强仪进行实地频谱测试，以保证所选点位在 GNSS 工作频谱范围内不受干扰。

（6）有条件时观测站应尽可能选择在已有的地震台、天文观测台站、气象台、兵站、验潮站等所在地。在选址时，对已埋设和观测的原有 GNSS 点和三角点、水准点，如符合技术要求应尽量利用。

(7)观测墩的稳定时限：基岩上埋设的观测墩至少需经过一个月；土层内埋设的观测墩，一般地区至少需经过一个雨季，冻土地区至少还需经过一个解冻期，方可进行观测。

7. 流动站观测系统及技术指标

流动站观测系统包括 GNSS 接收机和天线。

1)GNSS 接收机(主机)技术指标

用于地壳运动与形变观测的 GNSS 接收机应满足下列要求：

(1)在−35~55℃的环境下能长期正常工作。

(2)在相对湿度≤100%的环境下能长期正常工作。

(3)有 72 个以上并行的、载波相位独立的 L1、L2 通道，能同时接收地平线以上所有卫星信号。

(4)观测噪声低、功耗小，工作稳定性好。

(5)接收机晶振的日稳定性，不低于 $1×10^{-8}$；对于个别情况，在保证观测精度的前提下，可适当放宽，但不得低于 $1×10^{-7}$。

(6)能够提供接收机的工作状态及卫星跟踪情况(如卫星健康状况、跟踪卫星数目、信号状态、信噪比、观测历元数、电压、剩余存储空间)等数据信息。

2) GNSS 接收机天线技术指标

接收机天线应满足下列要求：

(1)在−50~75℃的环境下能长期正常工作。

(2)在相对湿度≤100%的环境下能长期正常工作。

(3)天线的相位中心必须稳定，并有指北标志线。

(4)有强抗干扰性能，在电离层活动强时或较强无线电干扰时仍能正常工作。

(5)有较强的抗多路径效应的能力(扼流圈)。

(6)参加流动站观测的接收机和天线，应在测前 6 个月内和测后分别进行仪器检验。

5.1.2 GNSS 技术用于地壳垂直形变监测

梁振英等早在 2004 年就讨论过此问题，由于 GNSS 连续观测站和综合服务体系的日趋完善，利用 GNSS 观测可以直接得到厘米级甚至毫米级的大地高数据。重复 GNSS 观测可以求定大地高的变化(或站心坐标系的 U 分量的变化)。由于椭球体法线与该点夹角很小(通常为"分"的量级)，大地高和正常高方向基本重合，所以可以用大地高的变化代替正常高的变化，也就是可以利用重复 GNSS 观测取代精密水准以监测地面的升降变化。

例如，为了检核 GPS 高程分量的实际精度(外部符合精度)，天津市控制地面沉降办公室利用天津滨海新区 GPS 监测网进行了专题的实验研究。他们研究了利用 GPS 测定高程分量的实际精度并通过与精密水准对比加以验证。监测区布设 GPS 点 19 个，于 1995—1998 年连续 4 年进行了 GPS 测量，同时用一等水准在 GPS 观测的同时进行联测。其中 GPS 采用 Ashtech Z_{12} 双频接收机，采样率 30s，卫星截止高度角为 15°，每 2 小时记录干湿度及气象 1 次，每个站上连续观测 48 小时，相邻同步环间保留 2 个公共点。GPS 平差后高程中误差为±2~±5mm，平差后水准测量单位权中误差±6mm/km。他们在滨海新区这一特殊条件下(周边没有 GPS 连续站)，用 4 年的同步观测结果证明了在几十至几百千米范围内，GPS 测量高程的 U 分量与水准测量得到的高差变化的一致性在 ±10mm 以内（梁振英，等，2004）。

用大地高的变化代替正常高的变化可以通过 GNSS 测量站坐标系的 U 分量与正常高变化的关系来说明。重复 GNSS 测量给出站心坐标 U 分量的变化，重复水准给出监测点正常高的变化。二者的可比性可以通过下面给出的关系式说明。

为了推导二者的关系，可以把地球近似地简化为一个球面。在地面上某一点建立一个以该点为坐标原点的站心空间直角坐标系 NEU，其 N 轴为该点处经线的切线方向，指向北，而 E 轴为该点处纬线的切线，指向东，而 U 轴则为该点处的球面外法线方向，如图 5.1 所示。图中 O 为 ITRF 参考系的坐标原点，A 为球面上一点，S_A 为过 A 点的以 O 为球心的一个球面，G_A 为 A 点处的似大地水准面。地面上离 A 点不太远处一点 B，在此站心坐标系中，相对于 A 点的高程为 U_B，相对于 A 点的高差为 h_B。假定 A 点不动，B 点则由于陆地的垂直运动移到 B'，此时 B' 相对于 A 点的站心坐标高程分量 $U_{B'}$，相对于 A 点的高差为 $h_{B'}$。B 点相对于 A 点的高程变化为

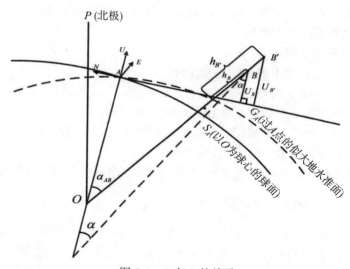

图 5.1　U 与 h 的关系

$$\Delta h = h_{B'} - h_B \tag{5.1}$$

而相应站坐标 U 分量的变化为

$$\Delta U = U_{B'} - U_B \tag{5.2}$$

由图 5.1 可知，ΔU 与 Δh 的关系为

$$\frac{\Delta U}{\Delta h} = \cos\alpha \tag{5.3}$$

其中，α 为过 B 点似大地水准面垂线与过 A 点的球半径之间的夹角。

α 与 A，B 两点间大圆所夹的球心角一个很小的 $d\alpha$，即

$$\alpha_{AB} = \alpha + d\alpha \tag{5.4}$$

$\mathrm{d}\alpha$ 的大小与 B 点处的垂线偏差的大小及局部椭球局部 ITRF 的定向有关，是个微小量。当 A，B 两点间相距不大时，α 很小，可以忽略 α_{AB} 与 α 之间的微小差异，于是

$$\Delta h = \frac{\Delta U}{\cos\alpha_{AB}} \tag{5.5}$$

当 $\alpha_{AB} = 1°$ 时(相当于 A，B 两点距离 110km)，$\cos\alpha_{AB} = 0.9998 \approx 1$。因此，当 A，B 两点距离大约为 100km 时，可以用 ΔU 来代替 Δh，即可由 GNSS 测量结果 ΔU 代替水准测量的正常高的变化，由此我们说可以用 GNSS 测量替代水准测量进行垂直形变测量。

5.2　地壳形变的 InSAR 测量

合成孔径雷达干涉测量技术(InSAR)是以合成孔径雷达复数据提取的相位信息为信息源获取地表的三维信息和变化信息的一项技术。InSAR 通过两副天线同时观测(单轨模式)，或两次近平行的观测(重复轨道模式)，获取地面同一区域的复图像对。由于目标与两天线位置的几何关系，在复图像产生了相位差，形成了干涉图。干涉图中包含了斜距方向上点与两天线位置之差的精确信息。因此，利用传感器高度、雷达波长、波束视向及天线基线距之间的几何关系，可以精确地测量出图像上每一点的三维位置和变化信息。由于在地壳形变测量中多使用星载平台和重复轨道模式来进行干涉测量，因此本节主要讲述 InSAR 测量地壳形变的原理与方法。

5.2.1　利用重复轨道干涉测量地壳形变的基本原理和方法

根据距离-多普勒原理，多普勒频率 f_{dop} 可以表示为：

$$f_{\mathrm{dop}} = -\frac{2}{\lambda}\frac{\partial\rho}{\partial t} \tag{5.6}$$

其中，ρ 为斜距，t 为时间，λ 为波长。由于 $2\pi f_{\mathrm{dop}} = \partial\phi/\partial t$，其中 ϕ 为观测相位。因此有

$$\partial\phi(t) = -\frac{4\pi}{\lambda}\partial\rho(t) \tag{5.7}$$

对式(5.7)积分，并考虑地面散射对微波的影响，可以得到相位观测值 ϕ 与斜距 ρ 之间的关系：

$$\phi = -\frac{4\pi\rho}{\lambda} + \phi_{\mathrm{scat}} \tag{5.8}$$

其中，ϕ_{scat} 称为散射相位。

在图 5.2 中，S_1 和 S_2 分别表示两副天线的位置，天线之间的距离用基线距 B 表示，基线与水平方向的夹角为 α，H 表示平台的高度，地面一点 P 在 t_1 时刻到天线 S_1 的路径用 ρ_1 表示，其方向矢量为 l_1，P' 在 t_2 时刻到天线 S_2 的路径用 ρ_2 表示，其方向矢量为 l_2，点 P 到 P' 的距离为 D，点 P 在参考椭面上的投影为 P_0，P 和 P_0 之间的距离为 h_e，θ 为第一幅天线的参考视向角，地面点 P 的高程(正高)用 h 表示。天线 S_1 和天线 S_2 接收到的 SAR 信号 s_1 和 s_2 分别表示如下：

$$s_1 = |s_1|\mathrm{e}^{\mathrm{j}\phi_1} \tag{5.9}$$

$$s_2 = |s_2| e^{j\phi_2} \tag{5.10}$$

由于入射角的细微差异使得两幅 SAR 复影像不能完全重合，需要先对其进行配准处理，将配准后的图像进行复共轭相乘就得到了复干涉图：

$$s_1 s_2^* = |s_1| |s_2| e^{j(\phi_1 - \phi_2)} \tag{5.11}$$

由式(5.8)和式(5.11)，干涉相位 φ 可表示为：

$$\varphi = \phi_1 - \phi_2 = \frac{4\pi}{\lambda}(\rho_2 - \rho_1) + (\phi_{\text{scat},1} - \phi_{\text{scat},2}) \tag{5.12}$$

假设 t_1 和 t_2 时刻的地面散射特性相同，即 $\phi_{\text{scat},1} = \phi_{\text{scat},2}$，可以将式(5.12)简化为：

$$\varphi = \frac{4\pi}{\lambda}(\rho_2 - \rho_1) \tag{5.13}$$

由图 5.2 可以得到：

$$\rho_2 \boldsymbol{l}_2 = \rho_1 \boldsymbol{l}_1 - \boldsymbol{B} - \boldsymbol{D} \tag{5.14}$$

方程两边同时乘以 $\boldsymbol{l}_1$ 可得：

$$\rho_2 \boldsymbol{l}_2 \cdot \boldsymbol{l}_1 = \rho_1 - \boldsymbol{B} \cdot \boldsymbol{l}_1 - \boldsymbol{D} \cdot \boldsymbol{l}_1 \tag{5.15}$$

由于 $B << \rho_1$，$D << \rho_1$，因此 $\boldsymbol{l}_2 \cdot \boldsymbol{l}_1 \approx 1$，于是式(5.15)可以改写成：

$$\rho_2 \approx \rho_1 - \boldsymbol{B} \cdot \boldsymbol{l}_1 - \boldsymbol{D} \cdot \boldsymbol{l}_1 \tag{5.16}$$

将式(5.16)代入式(5.13)，可得

$$\varphi \approx -\frac{4\pi}{\lambda}(\boldsymbol{B} \cdot \boldsymbol{l}_1 - \boldsymbol{D} \cdot \boldsymbol{l}_1) = -\frac{4\pi}{\lambda}[B\sin(\theta - \alpha) - \Delta\rho] \tag{5.17}$$

将基线沿雷达视线方向进行分解，得到平行于视线方向的分量 $B_\parallel$ 和垂直于视线向的分量 $B_\perp$，于是有

$$B_\parallel = B\sin(\theta - \alpha) \tag{5.18}$$

$$B_\perp = B\cos(\theta - \alpha) \tag{5.19}$$

假设点 P_0 的视向角为 θ_0，令 $\beta = \theta_0 - \alpha$，$\delta_\theta = \theta - \theta_0$。于是有

$$\sin(\theta - \alpha) \equiv \sin(\beta - \delta_\theta) \approx \sin\beta + \cos\beta \delta_\theta \tag{5.20}$$

将式(5.18)、式(5.19)和式(5.20)代入式(5.17)，有：

$$\varphi \approx -\frac{4\pi}{\lambda}(B_\parallel^0 + B_\perp^0 \delta_\theta - \Delta\rho) \tag{5.21}$$

而 $\delta_\theta = \dfrac{h_e}{\rho_1} \approx \dfrac{h}{\rho_1 \sin\theta_0}$，将其代入式(5.21)，可以得到 InSAR 的一般表达式：

$$\varphi = -\frac{4\pi}{\lambda}\left(B_\parallel^0 + \frac{B_\perp^0}{\rho_1 \sin\theta_0}h - \Delta\rho\right) \tag{5.22}$$

基于式(5.22)，可以将干涉相位分解成三部分：

$$\varphi = \varphi_{\text{ref}} + \varphi_{\text{topo}} + \varphi_{\text{defo}} \tag{5.23}$$

其中，φ_{ref} 称为参考相位，表示由于地球曲面所产生的干涉相位：

$$\varphi_{\text{ref}} = -\frac{4\pi}{\lambda}B_\parallel^0 \tag{5.24}$$

去除平地效应，即将去参考相位后的剩余相位称为平地相位 φ_{flat}：

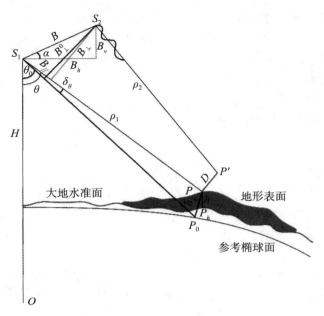

图 5.2 InSAR 干涉测量示意图

$$\varphi_{\text{flat}} = -\frac{4\pi}{\lambda}\left(\frac{B_{\perp}^{0}}{\rho_{1}\sin\theta_{0}}h - \Delta\rho\right) = \varphi_{\text{topo}} + \varphi_{\text{defo}} \tag{5.25}$$

φ_{topo} 称为地形相位，是由参考面之上的地形所产生的干涉相位：

$$\varphi_{\text{topo}} = -\frac{4\pi}{\lambda}\frac{B_{\perp}^{0}}{\rho_{1}\sin\theta_{0}}h \tag{5.26}$$

φ_{defo} 称为变形相位，是由地表形变产生的干涉相位：

$$\varphi_{\text{defo}} = \frac{4\pi}{\lambda}\Delta\rho \tag{5.27}$$

如果已经获取到观测区域内的数字高程模型（DEM），即获取到该区域的高程相位 φ_{topo}，则可有式（5.25）和式（5.27）来计算该地区的地表形变 $\Delta\rho$：

$$\Delta\rho \approx -\frac{\lambda}{4\pi}\varphi_{\text{defo}} \tag{5.28}$$

5.2.2 InSAR 三维形变场

InSAR 技术只能获取地表形变沿着雷达视线向（Line of Sight，LOS）的一维形变信息（Wright et al.，2004），不易捕捉到地表的实际变形情况，以致容易对地表变形信息的理解产生偏差；如图 5.3 所示，断层显示着不同的真实地表形变方向，却显示着相同的 LOS 向结果；这即为 InSAR 测量的 LOS 向模糊问题。这主要是因为在实际地表形变中往往更直观的是东西、南北和垂向，即真实三维坐标框架下的三维形变场。当地表形变正好沿着 LOS 向时，InSAR 观测反映的才是真实的地表形变。但是当地表形变和 InSAR 监测方向相互垂直时，InSAR 则无法监测到其变化情况。一般情况下，地表形变有时候是不可预测的，所以 LOS 向监测和形变方向角度呈现为任意角度，即三个方向的形变是在 LOS 向上的合成，如图 5.4 所示(胡俊，2013)。因此，如果要恢复三个方向的实际地表三维形变场，则至少需要三个不同几何方向的 LOS 向观测量结果(Wright et al.，2004)，加入其他类型观测数据或者添加一些附加约束的先验信息(Yang et al.，2021)。联合多源观测技术(GNSS、InSAR、水准测量等技术)，以及 InSAR 技术提供的不同平台，不同轨道的数据可用于求解高精度的真实三维形变场。

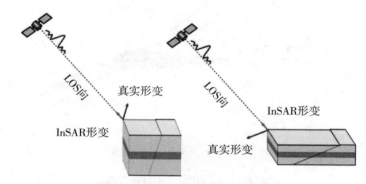

图 5.3　InSAR 监测断层形变示意图

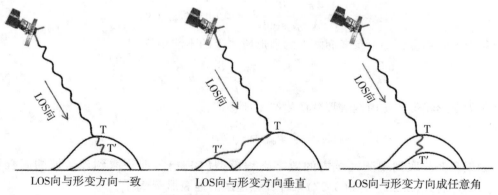

图 5.4　LOS 向与形变监测示意图

1. DInSAR 二通法数据处理流程

DInSAR(Differential InSAR)作为 InSAR 技术的一个分支，目前已是国内外主流的、形成常规操作的成熟技术了。自从 Massonnet 等(1993)首次揭示了 DInSAR 技术能够恢复 1992 年 M_w 7.3 Landers 地震的同震形变场以来，DInSAR 技术才受到大地测量、地震学领域研究工作者的广泛关注。DInSAR 技术此后被广泛地应用于研究地表形变监测中，诸如地震、火山等构造运动引起的位移(Fialko et al.，2001；Shen et al.，2009；温扬茂，等，2014；He et al.，2016；Guo et al.，2020；Yang et al.，2020，2022；Wang et al.，2021；杨九元，等，2021)。

图 5.5 为二通法 DInSAR 数据处理的一般流程图。一般是通过 InSAR 数据处理软件进行，常用的有商业处理软件 GAMMA（Werner et al.，2001）、SARscape 等，以及 ROI_PAC（Rosen et al.，2004）、DORIS（Kampes et al.，1999）、GMTSAR（Sandwell et al.，2016）等开源软件。以 GAMMA 软件为例，本节给出 DInSAR 技术提取地表形变的数据处理流程，主要有以下一些步骤（许才军，张朝玉，2009）：

步骤 1：SAR 影像的配准。流程一般包含三个步骤：粗配准，精配准，从影像格网坐标变换及重采样（Hanssen，2001）。根据轨道参数进行粗配准，估计主、从影像同名点的方位向和距离向初始配准参数，精配准根据初始参数和 SAR 影像互相关匹配方法拟合函数模型，然后依据上述确定的模型把从影像重采样到主影像空间坐标下。

步骤 2：生成干涉图。在进行共轭相乘得到干涉图之前，一般会对 SAR 影像进行降噪处理，从而提高干涉图的信噪比。一般采用方法为多视比处理，例如方位向：距离向 = 10：2/20：4/16：4。此时干涉相位为缠绕相位，主要包含参考相位、地形相位和形变相位三个部分，即公式（5.23）中的 φ。

步骤 3：干涉基线的估计。首先需要扣除参考相位 φ_{ref}，而参考相位是由于 SAR 影像对之间基线所引起的，故需做基线的估算。可以基于卫星轨道信息和干涉条纹信息进行基线的估算。

步骤 4：DEM 模拟 SAR 影像。在扣除干涉图的参考相位后，干涉图剩下的主要是地形相位和形变相位，需要将 DEM 配准并且重采样到 SAR 影像空间分辨率下。

步骤 5：差分处理。在得到 SAR 坐标系下的 DEM 之后，生成干涉图中的地形相位，再将其从干涉图中扣除，就剩下了所需要的形变相位。

步骤 6：干涉图相位滤波。由上述步骤生成的 InSAR 干涉相位由于各种因素的影响，会包含较多的噪声，进而影响相位解缠的精度。故需要对干涉图相位滤波，削弱噪声信号，提高干涉图的信噪比就显得尤为重要。目前常用的方法是 Goldstein 自适应滤波法（Goldstein and Werner，1998）。

步骤 7：相位解缠。由于干涉图中记录到的形变相位是主值，其范围在 $[-\pi, \pi]$ 之间，无法表达真实的地表形变信息。因此，需要将其恢复至全值，则需要恢复缠绕相位和实际相位之间差异的整周数（相位解缠）。目前常用的相位解缠方法有：枝切法（Branch-Cut Method）（Goldstein et al.，1988），最小费用流法（Minimum Cost Flow，MCF）（Costantini，1997），SNAPHU 法（Statistical-Cost Network-Flow Algorithm for Phase Unwrapping）（Chen，Zebker，2002）。一般为了提高解缠结果的可靠性，会将干涉图中质量较低对应的低相干系数区域进行掩膜。

步骤 8：地理编码。经过解缠后的 SAR 产品是在雷达坐标系下，为了利于解译形变，需要将其转换到地理坐标系下（如 WGS-84 坐标系）。

2. SAR 成像几何关系

InSAR 形变观测是一种沿着 LOS 方向的侧视形变，然而地表形变一般是东西、南北和垂向三个方向的分量，根据图 5.6 给出的成像几何关系，InSAR LOS 向形变和三个方向之间的几何表达式如下（Wright et al.，2004；温扬茂，2009）：

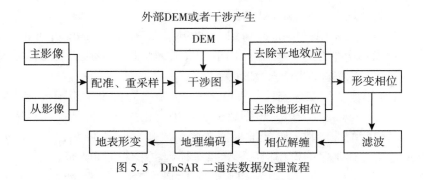

图 5.5　DInSAR 二通法数据处理流程

$$d_{\text{InSAR}} = \left(\begin{array}{ccc} -\sin\theta\sin(\phi - 3\pi/2) & -\sin\theta\cos(\phi - 3\pi/2) & \cos\theta \end{array} \right) \left(\begin{array}{ccc} d_e & d_n & d_u \end{array} \right)^{\text{T}}$$

$$\tag{5.29}$$

式中，d_{InSAR} 为 LOS 向形变 d_e，d_n，d_u，分别为东西(E-W)、南北(N-S)、垂向(U)三个方向上的形变，ϕ 为卫星飞行方向方位角(北起，沿顺时针方向为正)，$\phi - 3\pi/2$ 为方位视线向(Azimuth Look Direction，ALD)，即北方向与地距向的夹角(顺时针为正，逆时针为负)，θ 为雷达入射角。

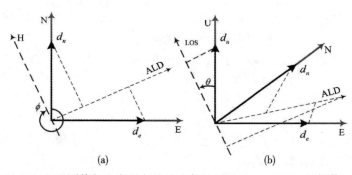

图 5.6　InSAR 观测值与地表形变关系示意图(Hanssen，2001；温扬茂，2009)

对于大多数的 SAR 传感器而言，升降轨的方位角差别比较大，升轨的方位角大约为 −15°，而降轨则大约为−165°(如图 5.7 所示)。而入射角则有不同，例如 Envisat 卫星 IS2 模式下，入射角范围由近及远大约在 19°到 27°之间变化(ESA，2007)；Sentinel-1A/B 宽幅模式的则在 29°到 46°之间(ESA，2018)。再把这两个角度值代入公式(5.29)的系数矩阵中，则可以得到每个形变分量的转换系数，即可得到每个分量在 LOS 向形变上的贡献。

3. InSAR 三维形变场提取方法

通过 InSAR 技术得到真实的地表三维形变，整体上经过了从一维 LOS 向到二维 LOS 向和方位向(Michel et al.，1999；Bechor，Zebker，2006)，再到三维真实地表形变场的恢复(Fialko et al.，2001；Wright et al.，2004；Hu et al.，2012a；Xiong et al.，2020)阶段。基于 SAR 数据或者其他类型数据，针对三维地表形变提取的方法，国内外学者展开了一系列研究，归纳起来主要可以分为以下七类(熊露雲，2022)：

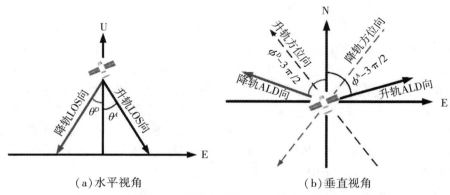

图 5.7　升降轨 SAR 影像的成像几何(修改自胡俊，2013)

（a）水平视角　　　　　　　　（b）垂直视角

1) 多轨 DInSAR 技术(Multi-DInSAR)

真实地表三维方向的形变是三个待求的未知数，这至少需要三个观测方程才能求解，因此需要联合多个轨道的 SAR 影像利用 DInSAR 技术继而获取多个 LOS 向的形变信息。此策略最早由 Wright 等(2004)提出，其利用多个不同 LOS 向的形变观测值，直接构建了相应的数学模型，利用最小二乘方法进行解算得到了 2002 年 M 6.7 Alaska 地震的同震三维形变场。该方法虽然较为方便快捷且可信度较高，但是同时获取三种及以上的不同几何结构的 LOS 向形变值具有一定的困难，很多情况下无法同时获取类似的数据，并且这类数据也只局限于高纬度地区(Hu et al.，2014)。

2) Pixel Offset-Tracking 技术(升降轨)

在 SAR 影像中，除了可以利用其相位信息获取 LOS 向形变，还可以通过幅度信息获得距离向和方位向形变。这样便能够提供不同几何的形变，从而为三维地表形变的提取缓解了数据上几何的压力，弥补了 DInSAR 技术对方位向形变不敏感的缺点。针对该优势，Michel 等(1999)提出了像素偏移量跟踪方法(Pixel Offset-Tracking，POT)，其利用主、从 SAR 影像进行偏移量配准，分别得到了距离向和方位向的形变。因此，利用单一平台的升降轨影像可以分别获取对应的四个观测形变信息，从而实现三维地表形变的提取。Fialko 等(2001)首先利用升降轨的 LOS 向和降轨的方位向观测，提取了 1999 年 M_W 7.1 Hector Mine 地震的三维形变，并和 GNSS 观测进行了验证；由于 POT 测量精度较低，因此南北向精度比东西向和垂向要低。然而，POT 技术并不受影像时空失相干与否的影响，因此，在火山、地震等严重的地质灾害引起的剧烈地表形变监测及三维形变场提取中有较好的应用(Wang et al.，2007；Wang et al.，2018；Liu et al.，2021；Peng et al.，2022)。

3) DInSAR 技术结合方位向技术(升降轨)

相较于只用升降轨的 POT 技术提取三维形变而言，利用更高精度的 DInSAR 技术获取的 LOS 向形变结合方位向形变求解能够得到更高精度的三维形变场。除了 POT 技术外，还有诸如多孔径 InSAR(Multi-Aperture InSAR，MAI)和 Burst Overlap Interferometry(BOI)等技术也能够获取方位向的形变信息。MAI 技术最早是由 Bechor 和 Zebker(2006)提出，由于相位信息精度是高于幅度的，故 MAI 技术在相干性较好的地区精度要优于 POT 技术。随后 DInSAR 技术结合 MAI 技术被应用于地震、火山等三维形变场提取中(Jung et al., 2009；Hu et al., 2012a；Jo et al., 2015)。BOI 技术由 Grandin 等(2016)首次提出并应用于 2015 年 M_w 8.3 Illapel 地震的同震三维形变场提取中。如今可以公开获取的 Sentinel-1 卫星影像数据，其测量模式为渐进扫描地形观测(Terrain Observation by Progressive Scans, TOPS)，在宽幅模式下，每个测绘带(swath)之间有若干个相邻的子条带(burst)，并且这些子条带之间有重叠区域，这些区域相当于有两个不同的观测方向(前视和后视)，因此分别对前视、后视做干涉，然后再次将它们各自的干涉做差，进一步得到干涉后将其转为 BOI 观测。由于其中 burst 重叠区域具有两次观测，因此，其方位向的观测精度比 MAI 和 POT 技术的更高(He et al., 2019a)，但是其空间分辨率较低。

　　4) DInSAR 技术结合 GNSS 技术

　　DInSAR 技术结合 GNSS 技术获取三维形变场是热门的研究课题。一直以来 GNSS 观测是比较常用的地表三维形变监测技术之一，其时间分辨率高，采样间隔至少为 30s，一般可以到 1s 甚至更高，但是受限于观测环境、观测成本较高等问题，观测站点稀疏，空间分辨率较低，全球最高空间分辨率不超过 10km(Hudnut et al., 2001)，目前在个别实验场研究区域可以达到 5km。而 SAR 影像具有高空间分辨率，故将 DInSAR 技术和 GNSS 技术融合，弥补各自的缺陷，能够提取高时空分辨率的三维形变场。最早是由 Gudmundsson 等(2002)将 DInSAR 干涉对和 GNSS 数据进行融合，构建了能量函数模型，然后通过模拟退火方法提取了 Reykjanes Peninsula 的三维形变场。Samsonov 等(2006, 2007)则对上述模型进行优化，利用解析方法计算三维形变场。罗海滨等(2008)则联合 GNSS 和 InSAR 观测构建了相较上述比较简单的方法，通过模拟实验验证了融合两类数据提取三维形变场的可行性和有效性。胡俊(2013)验证了通过最小二乘方法便可得到目标函数的最优解。随后，众多学者基于上述思路联合 GNSS 和 InSAR 观测进行三维形变场的提取(Hu et al., 2012b；李杰，等，2015；Qiao et al., 2017；Shen, Liu, 2020)。由于 GNSS 是点状分布的台站，其测量结果是点的形变信息，而 DInSAR 技术得到的影像是基于面的结果，故上述的这些方法在融合前均需要将 GNSS 观测利用插值技术插至 InSAR 影像的空间分辨率下，这个过程不可避免地会引入插值误差，进而影响三维形变场解算的准确度，而且插值精度比较依赖于研究区域 GNSS 数据的空间密度及其分布位置。

　　为了避免 GNSS 数据的插值，在无穷小均匀应变的假设下，Guglielmino 等(2011)发展了 SISTEM(Simultaneous and Integrated Strain Tensor Estimation From Geodetic and Satellite Deformation Measurements)方法，该方法可以提供应变张量、形变场和刚体旋转张量的解；其在文中利用 GNSS 和 InSAR 观测提取了 2003—2004 年间 Mount Etna 火山的三维形变。随后，该方法被其应用于提取 2010 年发生在 Pernicana 断层的同震三维形变场中。然后，许多学者对此方法展开了进一步的研究与应用(Wang et al., 2015；甘洁，等；2018；Liu et al., 2018, 2019, 2021；袁霜，等，2020；Hu et al., 2021；Chen et al., 2021)，但是在以上文献中均局限于 DInSAR、POT、MAI、BOI 等技术获取的 SAR 影像相关数据。Luo and Chen(2016)则在 SISTEM 方法的基础上进行拓展，并提出了 ESISTEM(Extended

SISTEM)方法,该方法可以同时利用待求点附近的 InSAR 观测值,提供了更多的观测。此外,Hu 等(2012b)在三维形变场的提取中引入了 VCE 算法估计 GNSS 和 InSAR 观测的权比;Liu 等(2018,2019)和 Hu 等(2021)将 VCE 算法纳入了基于弹性理论的应变模型中,提出了 SM-VCE(Strain Model and Variance Component Estimation)方法,但是仅仅使用了 SAR 相关的观测。汪友军等(2021)、Xiong 等(2022)融合了 SISTEM 和 VCE 方法来求解三维地表形变场。

5)DInSAR 技术结合相关物理模型或先验信息约束

由于 LOS 向形变对南北向形变不敏感,或者是多几何的轨道数据要求过于严格,因此一般会考虑添加额外约束来提取三维地表形变场。例如通过单轨的 InSAR LOS 地表形变和/或 GNSS 数据,可以建立地球物理模型模拟正演得到地表三维形变,进而联合 InSAR LOS 数据进行同震三维形变场的提取,如 2007 年 M_W 6.1 阿里地震(温扬茂,冯怡婷,2018),2008 年 M_W 7.9 汶川地震(Song et al.,2017),2017 年 M_W 6.5 九寨沟地震(彭颖,等,2022)等。此外,在冰川、矿区沉降等地表形变监测中,可以充分考虑利用地表的先验信息进行约束,从而在 SAR 数据缺少时进行补充。Joughin(1998)基于冰川是平行于地表流动的假设,利用升降轨影像获取了 Ryder 冰川的三维形变速率,但是该假设需要对地表坡度进行准确的估计。Kumar 等(2011)同样利用该方法获取了喜马拉雅 Siachen 冰川在空间上连续的速度场,进一步验证了该思想的可行性。Li 等(2015)挖掘矿区地表沉降规律模型,提出了一种基于单轨 InSAR 干涉对的矿区三维形变场提取方法。

6)高空间分辨率的光学影像匹配技术

随着光学影像如 Sentinel-2、Landsat8、WorldView-1,3、SPOT-6 等卫星数量的增多,利用其进行三维形变场的提取工作也更为丰富。Zinke 等(2019)将亚像素图像相关性与光线跟踪方法相结合,对 WorldView 光学影像进行处理,成功提取了 2016 年 M_W 7.8 Kaikōura 地震的高精度三维形变场。Barnhart 等(2019)首先利用光学影像 WorldView-1-3,GEOEYE 和 QuickBird 生成了数字地表模型(Digital Surface Models,DSM),从而得到垂直形变,并在文中利用迭代最近点(Iterative Closest Point,ICP)方法获取了 2013 年 M_W 7.7 Baluchistan 地震的三维形变场,并求取了应变场和探究了该地震地表形变运动学特征。2020 年,Barnhart 等(2020)同样利用亚像素互相关方法,根据 2019 年 Ridgecrest 地震的震前与震后的光学影像获取了其 2m 空间分辨率的水平形变,垂直形变则是根据生成的 DSM 获取,其空间分辨率也为 2m。通过上述三维形变场求取了二维和三维同震应变张量,并就此讨论了近断层形变特征中存在的非弹性形变范围。虽然光学影像数据能够提供断层近场一定的形变信息,但是这一般适用于强震,此外,开源的光学影像(如 Sentinel-2)空间分辨率还不够,而高空间分辨率的数据一般为商业卫星,其获取成本比较高。

7)DInSAR 技术结合 LiDAR 技术

尽管 InSAR 和亚像素光学匹配技术能够提供由于地震产生的复杂破裂模式的高精度、大区域的形变信息,但是并不能提供完整的三维地表形变,尤其是由浅层断层滑动驱动的近断层变形,其分布对于理解断层带流变学、解释长期古地震或地貌偏移以及表征地震危险性至关重要(Nissen et al.,2012)。然而,激光雷达探距(Light Detection and Ranging,LiDAR)数据可以对断层带变形进行三维成像,从而弥补这一缺陷,尤其是在破裂带近场约 1 公里位置范围。Nissen 等（2012）在文中引进了迭代最近点的新方法，根据震前和震后的机载 LiDAR 点云的差异性确定三维同震位移场和旋转参数。Scott 等（2018）利用高分辨率的 LiDAR 数据计算了 2016 *M*7 日本熊本地震的三维同震形变场，并用于揭示有关浅层断层滑动，远离断层（off-fault）的形变信息和同震应变场。Scott 等（2019）利用 LiDAR 数据得到近断层的三维形变场，并融合于 Sentinel 升降轨数据、Sentinel-2 光学影像数据对 2016 *M*7 熊本地震进行了同震滑动反演工作，从而约束和精化了滑动模型。He 等（2019b）同样在其文中利用 LiDAR 数据获取了熊本地震的同震三维形变场，并与来自相位信息、幅度信息的形变场进行了精度的对比分析，从而构建了一个完整的三维形变场，并且用于同震滑动分布反演中。虽然 LiDAR 数据具有一定的优势，但是其获取成本很高，在全球范围内空间分布有限，通常只能获取跨断层两侧数百米到几千米的狭窄范围，同时很多情况下数据的获取比较困难。

5.2.3　融合 GNSS 和 InSAR 观测提取三维形变场的 VOILS 方法

联合 GNSS 与 InSAR 观测进行三维形变场提取时，直接求解法主要有两步：①将 GNSS 插值至 InSAR 观测降采样后的空间分辨率，保持两者空间密度一样；②进而使用最小二乘方法进行联合求解。本节介绍基于贝叶斯定理下极大验后估计准则的虚拟观测最小二乘迭代法（Iterative Least Squares for Virtual Observation，VOILS）（Xiong et al.，2020）。

公式（5.29）实质上为理论上的等式，当 d_{InSAR} 为观测值时，则不可避免地包含着观测误差 $\boldsymbol{\Delta}_{\mathrm{InSAR}}$，然后令 $S_e = -\sin\theta\sin(\phi - 3\pi/2)$，$S_n = -\sin\theta\cos(\phi - 3\pi/2)$，$S_u = \cos\theta$；由此，公式（5.29）可写为

$$\boldsymbol{d}_{\mathrm{InSAR}} = \boldsymbol{AX} + \boldsymbol{\Delta}_{\mathrm{InSAR}} \tag{5.30}$$

式中 $\boldsymbol{X} = (\, d_e^1 \quad d_n^1 \quad d_u^1 \quad d_e^2 \quad d_n^2 \quad d_u^2 \quad \cdots \quad d_e^i \quad d_n^i \quad d_u^i \,)^{\mathrm{T}}$，$\boldsymbol{d}_{\mathrm{InSAR}} = (\, d_1 \quad d_2 \quad \cdots \quad d_i \,)^{\mathrm{T}}$，$\boldsymbol{A} = \boldsymbol{I}_n \otimes (\, S_e \quad S_n \quad S_u \,)$，$i$ 代表第 i 个观测点。$\otimes$ 代表克罗内克积，$(\, S_e \quad S_n \quad S_u \,)$ 表示所有点的平均投影系数。

InSAR 观测的 LOS 向形变 $\boldsymbol{d}_{\mathrm{InSAR}}$ 和待求的三维形变场 $\boldsymbol{X}$ 之间的似然函数可以表示如下：

$$
\begin{aligned}
p(\boldsymbol{d}_{\mathrm{InSAR}} \mid \boldsymbol{X}) = {}& (2\pi)^{-n/2} \, |\boldsymbol{D}_{\mathrm{InSAR}}|^{-1/2} \\
& \times \exp\left[-\frac{1}{2}(\boldsymbol{AX} - \boldsymbol{d}_{\mathrm{InSAR}})^{\mathrm{T}}\boldsymbol{D}_{\mathrm{InSAR}}^{-1}(\boldsymbol{AX} - \boldsymbol{d}_{\mathrm{InSAR}}) \right]
\end{aligned}
\tag{5.31}
$$

式中，$|\boldsymbol{D}_{\mathrm{InSAR}}|$ 是方差阵 $\boldsymbol{D}_{\mathrm{InSAR}}$ 行列式的绝对值。

将 GNSS 站点内插到 LOS 向观测的空间密度中，并将它们视为约束三维形变场的虚拟观测，表达式表示为：

$$\boldsymbol{d}_{\mathrm{GPS}} = \boldsymbol{X} + \boldsymbol{\Delta}_{\mathrm{GPS}} \tag{5.32}$$

因此，约束三维形变的先验信息可以用一个概率密度函数（Probability Density Function，PDF）表示：

$$p(\boldsymbol{X}) = (2\pi)^{-3n/2} \, |\boldsymbol{D}_{\mathrm{GPS}}|^{-1/2} \times \exp\left[-\frac{1}{2}(\boldsymbol{X} - \boldsymbol{d}_{\mathrm{GPS}})^{\mathrm{T}}\boldsymbol{D}_{\mathrm{GPS}}^{-1}(\boldsymbol{X} - \boldsymbol{d}_{\mathrm{GPS}}) \right] \tag{5.33}$$

式中，$\boldsymbol{d}_{\mathrm{GPS}} = \begin{bmatrix} X^i_{\mathrm{GPS}} & Y^i_{\mathrm{GPS}} & Z^i_{\mathrm{GPS}} \end{bmatrix}^{\mathrm{T}}$，$|\boldsymbol{D}_{\mathrm{GPS}}|$ 是方差阵 $\boldsymbol{D}_{\mathrm{GPS}}$ 行列式的绝对值。

根据贝叶斯理论（Bagnardi and Hooper，2018），关于三维形变场的后验概率密度函数（Posterior PDF）为：

$$p(X \mid \boldsymbol{d}_{\mathrm{InSAR}}) = \frac{p(\boldsymbol{d}_{\mathrm{InSAR}} \mid X) p(X)}{p(\boldsymbol{d}_{\mathrm{InSAR}})} \tag{5.34}$$

其中，分母是独立于待求形变的归一化常数，令其为 nc。因此，将公式（5.32）和公式（5.33）代入公式（5.34）可得：

$$p(X \mid \boldsymbol{d}_{\mathrm{InSAR}}) = nc(2\pi)^{-2n} |\boldsymbol{D}_{\mathrm{InSAR}}|^{-1/2} \times |\boldsymbol{D}_{\mathrm{GPS}}|^{-1/2} \times \exp\left[-\frac{1}{2}V(X)\right] \tag{5.35}$$

式中，$V(X) = (AX - \boldsymbol{d}_{\mathrm{InSAR}})^{\mathrm{T}} \boldsymbol{D}_{\mathrm{InSAR}}^{-1}(AX - \boldsymbol{d}_{\mathrm{InSAR}}) + (X - \boldsymbol{d}_{\mathrm{GPS}})^{\mathrm{T}} \boldsymbol{D}_{\mathrm{GPS}}^{-1}(X - \boldsymbol{d}_{\mathrm{GPS}})$。基于极大验后估计准则 $p(X \mid \boldsymbol{L}_{\mathrm{InSAR}}) = \max$，上式等价于：

$$(A\hat{X} - \boldsymbol{d}_{\mathrm{InSAR}})^{\mathrm{T}} \boldsymbol{D}_{\mathrm{InSAR}}^{-1}(A\hat{X} - \boldsymbol{d}_{\mathrm{InSAR}}) + (\hat{X} - \boldsymbol{d}_{\mathrm{GPS}})^{\mathrm{T}} \boldsymbol{D}_{\mathrm{GPS}}^{-1}(\hat{X} - \boldsymbol{d}_{\mathrm{GPS}}) = \min \tag{5.36}$$

令 $\hat{X}$ 为 X 的估值形式，然后根据广义最小二乘平差原理（崔希璋，等，2009），可以得到待求三维形变场 $\hat{X}$ 的表达式

$$\hat{X} = \boldsymbol{d}_{\mathrm{GPS}} + \boldsymbol{D}_{\mathrm{GPS}} A^{\mathrm{T}} (A\boldsymbol{D}_{\mathrm{GPS}} A^{\mathrm{T}} + \boldsymbol{D}_{\mathrm{InSAR}})^{-1} (\boldsymbol{d}_{\mathrm{InSAR}} - A\boldsymbol{d}_{\mathrm{GPS}}) \tag{5.37}$$

图 5.8 显示了 VOILS 方法的流程。具体可以描述为：①对 InSAR 数据进行降采样，得到稀疏的 LOS 形变；②将 GNSS 原始数据通过克里金方法插值至 InSAR 降采样的数据空间密度，作为约束的虚拟观测值；③用最小二乘法计算得到 E-W、N-S、U 三个分量的形变（即公式 5.37）；④然后进行判断，如果三维形变前后两次差值的最大值小于给定的阈值 δ，则输出参数并终止迭代，否则更新虚拟观测值 E-W、N-S、U，并重复步骤①~④。

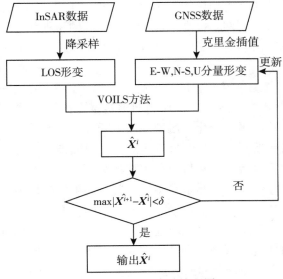

图 5.8 VOILS 方法流程图

5.3　精密水准测量与地震水准测量

5.3.1　精密水准测量

水准测量是利用水准仪提供的水平视线直接测定地面上各点间高差的方法。水准测量利用水准仪提供的水平视线，如图 5.9 所示，借助在 A、B 两点上分别竖立带有分划的水准尺，直接测定地面上两点间的高差。

设水准测量是由 A 向 B 进行的，则 A 点为后视点，A 点尺上的读数 a 称为后视读数；B 点为前视点，B 点尺上的读数 b 称为前视读数。因此，高差等于后视读数减去前视读数，即

$$h_{AB} = a - b \tag{5.38}$$

如果 A 点高程已知为 H_A，则利用 A 点的高程和测得的高差 h，可推算出未知点 B 的高程 H_B：

$$H_B = H_A + h_{AB} = H_A + a - b \tag{5.39}$$

通常按《国家一、二等水准测量规范》（GB/T 12897—2006）实施并达到其精度指标的水准测量称为精密水准测量。

精密水准测量的用途主要有两点，一是建立国家高程控制网，二是监测地壳垂直运动。

精密水准测量在建立国家现代测绘基准体系中作用非常大，于 2017 年 5 月通过验收的国家现代测绘基准体系基础设施建设工程，建设完成了 26327 点规模的国家一等水准网（新埋设 7227 点），全网路线长度 12.56 万千米，包含 148 个环、246 个节点、431 条水准路线，国家一等水准观测精度每公里优于 1 毫米。建立了全国统一、高精度、分布合理、密度相对均匀的国家高程控制网，提高了局部薄弱地区的高程基准稳定性，并获取到高精度水准观测数据，全面升级和完善了我国高程基准基础设施，形成了我国新一期高程基准成果。

精密水准测量精度高，一等水准每公里高差偶然中误差为 0.5mm，自动安平水准仪可达 0.2~0.3mm。一等水准测量在高程控制网中精度最高，是整个控制网的骨干，也是研究地壳垂直运动、平均海平面变化、区域地面沉降等的重要手段。二等水准测量是高程控制网的全面基础，其主要目的是控制低等级路线，以便推算点的高程。

依据国家标准，国家一等水准测量布测需构成环形，此结构可以加强水准测量强度，保证精度符合要求；国家一等水准测量布测也需要考虑板块内部不同地块的构造，因为各个地块的垂直运动在板块运动统一的背景下是不相同的；国家一等水准测量布测还需要考虑时间跨度，为了利用一等水准测量推求地壳垂直运动，必须对其定期复测，求得的垂直运动速率是复测间隔时间内具有平均意义的，从研究地壳运动的角度来说，一等水准测量有一个确定的历元，如果测量时间过长，将导致水准测量在空间上不连续。国家一等水准测量网每隔 15~20 年复测一次。在 2017 年验收的国家现代测绘基准体系基础设施建设工程中，我国完成了世界上覆盖范围最广、线路最长、地势最复杂、精度最高的国家一等水

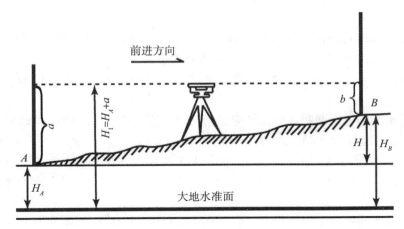

图 5.9 水准测量原理图

准网的建设与更新，尤其在世界超级水准大环闭合观测方面取得了历史性突破，环长 5460 千米，平均海拔 4000 米以上，横跨新疆、西藏、青海 3 省区沙漠和无人区地带超级水准大环，仅用 4 个月会战就实现一次性高精度闭合观测，环闭合差优于 1/2 限差，达到我国一等水准观测的历史最高水平（张庆兰，等，2018）。

5.3.2 地震水准测量

用于监测地壳垂直运动与形变的水准测量又称地震水准测量。地震水准测量的目的是监视地壳垂直形变与断层两盘相对垂直位移。在地形变监测区按一定的计划布设水准观测点，在每个观测点将水准标石（水准点）牢固地埋在地下或出露于地表的基岩上，点与点相连组成地震水准路线，多条水准路线相连接呈网状，就构成了垂直测量的控制网（地震水准网）。定期测量各条水准路线上水准点之间的高差，经过适当处理就可以确定地壳是否发生了垂直形变。在活动断层上下两盘按规范要求布置水准观测点，定期观测水准点之间的高差，跟踪断层两盘相对垂直位移。

地震水准测量包括区域水准测量、跨断层水准测量和台站水准测量。区域水准测量是指用于监视地震重点防御区域地壳垂直形变的地震水准测量；跨断层水准测量是监视断层两盘相对垂直位移的地震水准测量；而台站水准测量则是监视地震台站附近的断层两盘相对垂直位移的地震水准测量。

1. 地震水准测线和测网布设（《地壳形变基础理论与观测技术》编委会，2021）

1）地震水准基本要求

（1）地震水准测量高程一般宜采用正常高系统，按照 1985 年国家高程基准起算。特殊情况下也可采用独立高程基准，但应在地震水准点高程成果表中注明高程基准的相关情况。

（2）区域水准的测网布设应符合 DB/T40.2—2010《地震台网设计技术要求　地壳形变观测网第 2 部分：流动形变观测网》中 6.1~6.3 的要求，跨断层水准测量和台站水准测量的场地布设应符合 DB/T40.2—2010《地震台网设计技术要求　地壳形变观测网第 2 部分：

流动形变观测网》中 7.3.1 和 7.3.2 的要求。

(3)区域水准的测网宜布设在主要的活动构造带、地震带或垂直形变高梯度带附近。跨断层水准和台站水准的测线应跨越主要的活动构造带。

(4)布设地震水准测量测线时，应收集测线及附近的地震、地质、地形、水文、气象及道路和已有测点等信息。

(5)地震水准测量测网和场地设计应选用比例尺不小于 1∶100000 的地形图并绘制水准测线图，水准测线图示例见 GB/T 12897—2006《国家一、二等水准测量规范》中附录 A 中图 A.1。地震水准测线图中，附录 A 中表 A.1 所列的水准标石按其规定的符号绘制，其他类型的地震水准标石应符合 GB/T 12897—2006《国家一、二等水准测量规范》中表 A.2 的要求。

(6)测网及测线的技术设计要求、内容和审批程序按 CH/T 1004 的要求执行。

2)区域水准测网与测线布设基本要求

(1)测网应布设在活动的地质构造带和地震带区域。

(2)测线应构成闭合环并呈网状。闭合环周长宜小于 500km，西部地区可根据交通等情况适当放宽，但最长应小于 1000km。

(3)测线应在现有国家一、二等水准路线基础上沿公路综合优化布设，结点宜选用国家一、二等水准路线的基岩水准点或基本水准点，也可利用 GPS 观测标石或建设综合标石。

(4)距水准点 4km 以内的 GPS 点、重力点、跨断层测量水准点、台站水准点、验潮站水准点和分层标等宜纳入连测或支测。

(5)测线分为若干区段时，区段长度宜小于 30km，西部地区可放宽至 50km，区段的端点应埋设基本水准标石或综合标石。

(6)东部地区测段长度应小于 4km，西部地区测段长度应小于 8km。跨越活动断层时，宜适当缩短测段长度。

(7)布设水准点的位置应尽可能避开断层破碎带。

3)跨断层水准场地及测线布设基本要求：

(1)跨断层水准测量的场地布设应符合 DB/T47—2012《地震地壳形变观测方法跨断层位移测量》中第 4 章的要求。

(2)场地内应至少有一条测线跨越断层。

(3)水准标石布设应避开破碎带且优先选择基岩出露的位置，当有覆盖层时，基岩埋深应小于 50m。

(4)测线端点宜布设基岩水准点或综合点。

(5)测线宜构成闭合环，不能构成闭合环时可在跨断层测线附近埋设跨越同一断层的检测测线。

(6)立尺点宜布设过渡水准点，安置仪器位置宜布设观测台，观测台中心至前后过渡水准点的距离均应小于 30m，且前后距离差应小于 0.2m。

4)台站水准场地及测线布设基本要求

(1)适用跨断层水准场地及测线布设(1)～(5)的规定。

（2）台站的测线总长度应小于 1.5km，测段长度应控制在 0.2～0.5km 范围内。

（3）立尺点应布设过渡水准点，安置仪器位置应布设观测台。观测台中心至前后两过渡水准点的距离应小于 30m，且前后距离差应小于 0.2m。

2. 地震水准场地勘选和标石埋设要求

1）地震水准场地勘选的基本要求

（1）跨越活动断层的水准测线应确定水准点与断层的相对位置。

（2）选定的水准点位置应征得土地使用者的同意并有利于水准点的长期保存和便于观测。

（3）地震水准点优先选择岩层水准标石。

（4）水准测线和水准场地附近符合要求的已有水准点、GPS 点和重力点应予以利用。

（5）测线和水准点勘选应符合 GB/T 12897—2006《国家一、二等水准测量规范》中 5.1.1、5.1.2 和 5.1.3 条的要求。

（6）测线和水准点勘选的观测环境应符合 GB/T 19531.3—2004《地震台站观测环境技术要求　第 3 部分：地壳形变观测》中 4.4 条的要求。

（7）水准测线的结点或端点宜选择综合标石，周围环境应符合 GB/T 18314 中 7.2.1 条的要求。

（8）跨断层水准和台站水准的跨断层测线与断层走向的夹角宜大于 30°。

2）标石埋设要求

（1）水准标志：

地震水准测量的标志包括地震水准标志和地震水准墙脚标志。地震水准标志和地震水准墙脚标志的材料、规格及制作见 GB/T 12897—2006《国家一、二等水准测量规范》中 A.5，标志面的文字为"地震水准点"。埋设地震水准综合标石时，上标志采用 GPS 强制归心标志。

（2）水准标石类型及适用范围：

地震水准点有基岩水准点、综合点、基本水准点、普通水准点及过渡水准点等。各类水准标石的适用范围参见《地壳形变基础理论与观测技术》中表 6-5-1。

5.4　台站重力测量与流动重力测量

重力测量主要包括台站重力测量和流动重力测量（含绝对重力测量）两类，下面介绍具体测量原理、测量内容及测量过程（《地壳形变基础理论与观测技术》编委会，2021）。

5.4.1　台站重力测量

台站重力测量是利用连续重力观测仪在重力站的观测墩进行重力加速度等采样间隔的测定，进而获得台站位置的重力潮汐的观测模型和重力随时间变化规律的过程。

1. 台站重力测量的原理

在台站观测场地、观测环境相对稳定的条件下，利用重力观测系统能捕捉观测位置物质迁移产生的垂向力变化，标定和量化观测系统变化，实现测定位置物质迁移产生垂向力变化的过程称为台站重力测量。

2. 台站重力测量的内容

由于台站观测的场地和观测环境稳定，重力固体潮是台站重力测量最为重要，且量级最大的地球物理信号，量级为 $\pm(150\sim200)\times10^{-8}\mathrm{m/s}^2$。除重力固体潮信号外，中国地震局的科学家认为地震前一些和地震有关的信号会混频到重力固体潮信号中，因此利用高精度台站重力测量数据研究地震前和地震有关的信号成为地震预测研究的一种重要手段。我国在 20 世纪 60 年代末就开始利用台站重力测量进行重力固体潮和震前异常信息的研究。此外，国内外科学家还通过剥离测量数据中的潮汐信号研究了气压的负荷影响，地表水负荷影响，地下水影响，极潮、海潮等地球圈层物质运动产生的重力信号。随着台站重力测量的不断增多，在统一量化和标定策略下，台站与台站之间的物理量建立联系，形成连续重力观测台网。我国连续重力观测台网的科学目标是通过监测中国大陆潮汐变化，研究中国大陆地壳的黏弹性变化特征；同时也用于监测中国大陆重力非潮汐变化。综合两方面的变化为地震监测预报服务。

3. 台站重力测量的分类

目前用于台站重力测量的重力仪主要分为两大类。第一类是弹簧型连续重力观测仪，其精度可达到 $1\times10^{-8}\mathrm{m/s}^2$。20 世纪六七十年代，西德的 GS 型重力仪，加拿大的 CG-3 型重力仪，美国的 LacosteET、G 型和 D 型重力仪被用于我国台站重力测量。1986 年，我国自主研发的 DZW 微伽重力仪（DZW 是"地震微"三个汉字拼音的首字母）通过国家地震局的测试和鉴定后，也加入我国的台站重力测量中。随着地震预测实践对观测系统的精度和稳定度要求的不断提高，2007 年前后我国又引入了美国 Microg-LaCoast 公司专为台站重力测量研制的 PET 型连续重力观测仪（portable earth tide gravity meter，PET），而后对通信系统进行改进，改称为 gPhone（gravity telephone，gPhone）。第二类是非弹簧型连续重力观测仪，其精度可以达到 $0.1\times10^{-8}\mathrm{m/s}^2$。该型重力仪主要以超导重力仪为代表。1976 年 John Goodkind 和 William Prothero 首次在加州大学圣地亚哥分校（UCSD）提出了超导重力仪的设计。此后 Goodkind 的学生 Richard Warburton，以及 Prothero 的实验室助理 Richard Reineman 对超导重力仪进行改进和应用。1979 年，Goodkind、Warburton 和 Reineman 三人成立了目前世界唯一可商业化生产超导重力仪的 GWR 公司（即三人姓氏首字母）。超导重力仪早期的型号包括：T 型（大容量杜瓦瓶型）、CT 型（紧凑型）和 CD 型（双球型）。20 世纪末以来，随着电子技术和制冷技术水平的提高，GWR 公司陆续推出了现代全球超导重力仪（Observation Superconducting Gravimeter，OSG）。21 世纪初，该公司又推出了体积和杜瓦容量更小的 iGrav 型超导重力仪。其中"i"代表理想的（ideal）和充满想象力的（imaginary）。

目前我国台站重力测量的主要仪器为弹簧型连续重力观测仪。近几年也陆续引入了少量的超导重力仪。

5.4.2　流动重力测量

流动重力测量是一种区域范围的重力测量，采用相对重力联测的方式对监测区内固定重力站点进行定期重复观测，以获取重力场随时间和空间的变化，服务于地震预测及相关科学研究。

1. 流动重力监测网布设

重力监测网应根据地震监测预报和科研任务的需求进行布设。测点空间密度和复测周期要考虑监测中、强地震，针对长、中、短期预报的不同需要，并根据地震活动趋势的变化和新的科研成果适当进行调整。测网的大小应与被监测的地质构造规模相适应，观测线路应尽量布设成环，测点的分布应力求均匀。测网布设时要进行精度设计。重力站点应尽量与台站重力、地壳形变和地下水等观测站相结合，以利于综合研究。重力点应选在基础稳固且振动及其他干扰源影响小的地方。应远离陡峭地形、高大建筑物和大树等，避开地面沉降漏斗、冰川及地下水位剧烈变化的地区。若这些条件不能满足，观测结果应进行相应改正。

2. 流动重力监测网现状

经过数十年的持续发展，我国目前已建成空间范围覆盖中国大陆整体、重点地区时空加密的流动重力地震监测网，并形成常态化的运行机制。目前中国流动重力监测网总计有约 3500 个测点、4000 个测段；在大华北、南北地震带、天山等重点监视地区，测点间距为 30~50km，观测周期为每年 2 期；其他一般监视地区测点间距为 50~100km，观测周期为每年 1 期。

5.4.3　重力监测站点的建设

重力监测站点的建设按国家标准 GB/T 19531.3—2004《地震台站观测环境技术要求第 3 部分：地壳形变观测》和 DB/T 7—2003《地震台站建设规范重力台站》中有关重力台站观测环境的技术要求进行。

1. 观测场地勘选和环境技术要求

重力观测场地应选择在具备电力、通信、交通等工作条件的地方，并按下列 3 种类型的顺序优选：

(1)洞体型，进深不小于 20m，岩土覆盖厚度不小于 20m 的山洞。

(2)地下室型，顶部岩土覆盖厚度不小于 3m。

(3)地表型，顶部无岩土覆盖。

2. 地质构造条件

观测场地应在下述地质构造范围内踏勘选定：

(1)布格重力异常梯级带。

(2)具有发震构造特征的地质活断层（含隐伏活断层）附近，但应避开破碎带。

3. 观测场地岩土类型

观测场地按优先顺序可分为基岩场地和黏性土场地两种类型。基岩场地可按优先顺序分为花岗岩等结晶岩类、灰岩等细粒沉积岩类；选择作为观测场地的基岩场地宜具备下列条件：

(1)岩层倾角不大于 40°。

(2)岩体完整。

(3)岩性均匀致密。

黏性土场地应选择无明显垂向位移与破裂的密实黏土地段，不应选择含有淤泥质土层、膨胀土或湿陷性土地段。孔隙度大、吸水率高、松散破碎的砂岩、砾岩、砂页岩等岩体以及沙质、松散土层不宜选择作为观测场地。

5.4.4　与地震有关的重力变化问题

用重复绝对重力观测得到重力场时间变化，能够反映出区域的地壳运动，同时为获得中国大陆的重力变化图像提供重力绝对变化基准和控制。

由于站距不受地形、视距、大气折光等因素影响，重力测量测线可长达几百公里。如果一个绝对重力仪精度高达 1μGal，在重力场不变的假定下，1μGal 的重力变化相当于3mm 的高差，相对重力仪精度高达 3μGal 的精度，就能检测出厘米级的地壳垂直形变。

然而引起重力变化的因素很复杂，除地面高程外，地下、地面、大气中的物质质量变化和运动（例如地下水变化、建筑物的增减、气压的变化、地下矿物开采等）都可能造成重力变化。反过来说，地面上某点的重力变化主要由以下几个原因引起：①观测点高程变化；②观测点下方地壳介质密度发生变化；③观测点地下物质迁移。

由于地震孕育过程中可能伴随有以上三种现象出现，因而地震前后可能会观测到重力异常变化。因此，精密重力测量可以用来研究区域地壳形变，探讨与地震有关的重力变化。下面具体讨论与地震有关的重力变化问题（张国民，等，2001）：

1. 观测点高程变化对重力的影响

设地面点的初始重力值为

$$g_0 = \frac{GM_0}{R_0^2} \tag{5.40}$$

其中，G 为引力常数。若地面点高程变化 h，ρ_E 代表地球的平均密度，相应的重力值变为

$$g = G\left(\frac{4}{3}\pi R_0^3 \rho_E\right)\frac{1}{(R_0 + h)^2} \tag{5.41}$$

因地面点高程变化导致的重力变化梯度为

$$\frac{\mathrm{d}g}{\mathrm{d}h} = -2G\left(\frac{4}{3}\pi R_0^3 \rho_E\right)\frac{1}{(R_0 + h)^3} = -\frac{8\pi}{3}G\rho_E = -0.3086(\mathrm{mGal/m}) \tag{5.42}$$

上式为地面点仅因高程变化导致的重力变化梯度值，称为自由空气改正或自由空气梯度。

2. 地下介质密度保持不变的情况下地面高程变化

这种情况表明，地面高程增大，介质体积膨胀，由于有外界物质进入，从而保持密度不变。即把自由空气改正部分用相同的密度 ρ_E 物质补充。所以，重力在自由空气改正的基础上，还要加上厚度为 h 的平板层（密度为 ρ）的重力影响，经计算，这种情况的重力综合变化为−0.1967mGal/m（布格重力异常）。下面通过圆管体公式来进行推导说明：

设一个内外壁半径分别为 r_1 和 r_2，高为 h 的圆管体（管体介质密度为 ρ），现欲求解圆管体在 M 的点重力，图 5.10 为圆管体及坐标系示意图。

圆管体中任意一个体积元其体积为 $r\mathrm{d}r\mathrm{d}z\mathrm{d}\theta$（柱坐标表示），相应的质量 $\mathrm{d}m$ 为 $\rho r\mathrm{d}r\mathrm{d}z\mathrm{d}\theta$，该体积元在 M 点产生的引力为

$$\mathrm{d}F = \frac{G\rho r\mathrm{d}r\mathrm{d}z\mathrm{d}\theta}{l^2} \tag{5.43}$$

其中，

$$l = \sqrt{r^2 + Z^2}$$

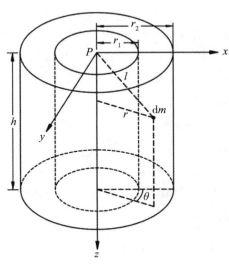

图 5.10　圆管体及坐标系示意图

通过对整个圆管体积分，即

$$F = \int_0^{2\pi} \int_{r_1}^{r_2} \int^{h_0} \frac{G\rho r \mathrm{d}r \mathrm{d}z \mathrm{d}\theta}{l^2} \tag{5.44}$$

上式积分结果为

$$\Delta g = F = 2\pi G\rho \left(\sqrt{r_1^2 + h^2} - r_1 - \sqrt{r_2^2 + h^2} + r_2 \right) \tag{5.45}$$

当 $r_1 \rightarrow 0$ 时，圆管体演化为圆柱体，$\Delta g = 2\pi G\rho \left(r_2 - \sqrt{r_2^2 + h^2} + h \right)$；且 $r_1 \rightarrow 0$，且 $r_2 \rightarrow \infty$ 时，圆管体演化成厚度为 h 的无限平板，$\Delta g = 2\pi G\rho h$。因为，布格改正 = 自由空气改正 + 无限平板改正，即

$$\frac{\mathrm{d}g}{\mathrm{d}h} = -\frac{8}{3}\pi G\rho_E + 2\pi G\rho = -0.1967(\mathrm{mGal/m}) \tag{5.46}$$

3. 观测点地下物质迁移

仍以圆柱体来讨论问题，由于地壳岩石中存在已有的空虚和裂隙（岩石的孔隙度 Φ_0 可以在 10^{-1} 到 10^{-4} 之间变化），而在地震孕育过程中还将产生新的裂隙。设孕震过程中震源体内的孔隙度为 Φ，其中 α 部分被来自深部或远处密度为 ρ_F 的物质填充，则迁入震源体内的质量为 $m = \alpha \Phi V_F$，因而孕震体的密度将增加 $\Delta\rho = \alpha \Phi \rho_F$。那么，由此引起 A' 点重力值的变化就相当于半径为 a、高度为 $(H + h)$、密度为 $\alpha \Phi \rho_F$ 的圆柱体的重力效应，其表达式为（张国民，等，2001）：

$$\delta g_m = 2\pi G\alpha\Phi\rho_F \left[1 - \sqrt{1 + \frac{a^2}{(H + h)^2}} + \frac{a}{H + h} \right] (H + h) \tag{5.47}$$

$$= 2\pi G\alpha\Phi\rho_F (H - \sqrt{H^2 + a^2} + a)$$

这就是地震孕育过程中深部或远处介质迁入并填充震源体内部分空隙所引起的重力效应。

4. 膨胀变形及其重力效应

根据扩容假说，地震孕育到一定阶段，孕震体介质在应力作用下发生体积膨胀。设孕震体为一半径是 a，高为 H 的圆柱体，假定在膨胀期间，圆柱体侧面和底面不发生位移（围岩约束）。因体积膨胀导致圆柱体顶部上升 h，圆柱体膨胀后的体积变化为 $\Delta V = V - V_0 = \pi a^2 h$。圆柱体变形过程见图 5.11 所示。设圆柱体质量为 m_0，膨胀前介质密度为 $\rho_0 = m_0/V_0$，膨胀后密度变为

$$\rho = \frac{m_0}{V} = \rho_0 \left(1 - \frac{h}{H}\right) \tag{5.48}$$

故，膨胀前后的介质密度变化为 $\Delta \rho = \rho - \rho_0 = -h\rho_0/H$。

图 5.11 为膨胀过程的示意图，膨胀后震中 A 点抬升至 A'。A' 的重力值可以分解为图 5.12 所示的两个部分。即密度不变而隆起 h 的部分（隆起部分为一半径为 a、高为 h、密度为 ρ_0 的圆柱体，见图 5.12(a)）和半径为 a、高为 $(H + h)$、密度为 $\left(-\dfrac{h}{H}\rho_0\right)$ 的圆柱体（图 5.12(b)）。其中前者又可分解成图 5.12(c) 中所示的 a_1 和 a_2 两个部分。

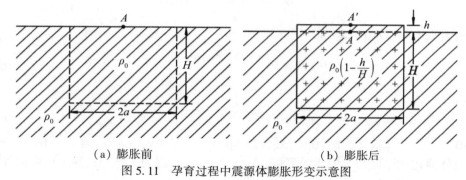

（a）膨胀前　　　　　　　　　　（b）膨胀后
图 5.11　孕育过程中震源体膨胀形变示意图

图 5.12(c) 中 a_1 部分为自由空气效应，A 点的重力变化为（张国民，等，2001）：

$$\delta g_{a_1} = -\frac{8}{3}\pi G \rho_E h \tag{5.49}$$

则有 $\delta g_{a_1} = -0.3086h$。$a_2$ 部分的重力效应已在前面求得，即

$$\delta g_{a_2} = 2\pi G \rho_0 \left[h - \sqrt{a^2 + h^2} + a\right] = 2\pi G \rho_0 h \tag{5.50}$$

因此，图 5.12(a) 中 A' 点的重力效应为

$$\delta g_a = \delta g_{a_1} + \delta g_{a_2} = -0.3086h + 2\pi G \rho_0 h \tag{5.51}$$

图 5.12(b) 部分的重力效应为

$$\delta g_b = 2\pi G \left(-\frac{h}{H}\rho_0\right)\left[H + h - \sqrt{a^2 + (H + h)^2} + a\right]$$

$$= -2\pi G \rho_0 \left[1 - \sqrt{1 + \frac{a^2}{H^2}} + \frac{a}{H}\right]h \tag{5.52}$$

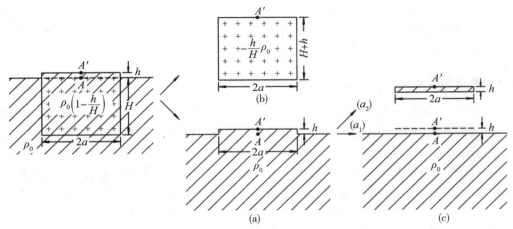

图 5.12　孕震体膨胀形变的重力效应分解图

于是由于孕震体内裂隙发育、扩展和张合引起的体积膨胀并导致高程变化的重力效应 δg_D 等于 δg_a 和 δg_b 之和，即

$$\delta g_D = -0.3086h + 2\pi G H\rho_0 - 2\pi G\rho_0\left[1 - \sqrt{1 + \frac{a^2}{H^2}} + \frac{a}{H}\right]$$

$$(5.53)$$

上式可以看出，δg_D 介于自由空气效应（$-0.3086h$）和布格效应（$-0.1967h$）之间。

综上所讨论的问题，整个地震孕育过程中孕震体变形和介质质量迁移所引起的总的重力效应为（张国民，等，2001）：

$$\begin{aligned}\delta g &= \delta g_D + \delta g_m \\ &= -0.3086h + 2\pi G\rho_0 h - 2\pi G\rho_0\left[1 - \sqrt{1 + \frac{a^2}{H^2}} + \frac{a}{H}\right] \\ &\quad + 2\pi G\alpha\Phi\rho_F(H - \sqrt{H^2 + a^2} + a)\end{aligned}$$

$$(5.54)$$

5.5　断层形变测量

活动地块边界带是现今地质构造变形相对比较集中的区域，大陆内部的破坏性地震多发生在地壳块体的活动边界带（丁国瑜，等，1993）。根据中国大陆现有的历史强震记录，所有 8 级以上地震、超过 85% 的 7 级以上地震以及超过 95% 的地震灾害发生在活动地块边界带上（张国民，等，2004，2005）。近年来，中国大陆 7 级以上地震都发生在活动地块边界带上（邵志刚，等，2022）。因此活动地块边界带一直是地壳形变重点监测区域。所谓的断层形变测量或者近场形变测量（陈鑫连，等，1994）都是指对活动地块边界带进行形变监测。

断层形变测量通过直接测定活动断层两侧参考点间水平距离和相对高差的微小变化来推断断层两盘的三维运动（故有时也叫跨断层形变测量），从而确定断层的运动方式、运动速率以及它们随时间而演变的过程。

断层形变测量按照监测方式分为断层剖面测量、断层场地测量和断层定点台站测量 3
种(《地壳形变基础理论与观测技术》编委会，2021)。

5.5.1　断层的基本概念、分类及参数

由沉积物堆积的地层，一般不可能指望其原始状态在整个历史期间保持不变，断层是
地层的一种普遍变形，其表现为岩石破裂面，而岩石曾沿此面经历过相对的位移，它们以
平行或近乎平行的体系而出现，通常具有广泛的横向分布。而且断层规模的大小非常悬
殊，走向延长从小于 1 米到数百、数千千米；两盘岩层相对位移从几厘米到几百千米，切
穿深度也不尽相同。由于断层两盘相对运动使正常岩层明显中断，在邻断层地震岩石出现
动力变质及各种伴生构造，活动断裂与地震的发生有着密切的关系。

断层包括以下基本组成部分：

断层面(断裂面)就是切断地层并使两盘发生相对位移的破裂面(图 5.13)，或者说是
岩块发生位错的面。在一般情况下它不是平面，因此不能称为断层平面。在许多场合，断
层面这个术语本身只能大体反映真实条件，因为错动发生在比较宽的带内，此带被岩石磨
碎物质所填充，或被次级断裂所交切，这种情况常被称为断裂带(或断层破碎带)。

断层盘是指被断裂面分割开的岩块(图 5.13)。在实际工作中，断层盘指的是紧靠断裂面
的地段。如果断层面是倾斜的(即两盘存在垂直位移分量)，在断层面上方的一盘称"上盘"，下
方的一盘称"下盘"；对于岩石是在水平面内移动(即断层面直立)的断裂来说，只可利用地理准
则，根据两盘所在的方位，用"北盘""南盘"或"北东盘""南西盘"等来加以区分。

在地质图上，有时在野外，可以看到在地表出露明显的断层面，这种踪迹(断层面与
地面的交线)称为断层线(图 5.13)，亦即断层在地面的露头线(B. 雅罗谢夫斯基，1987)。

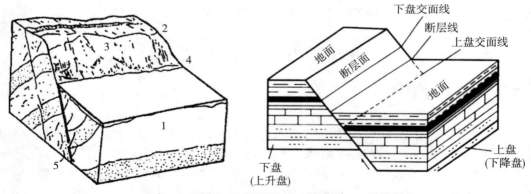

1. 上盘；2. 下盘；3. 断层面；4. 断层线；5. 破裂带
图 5.13　断层的基本要素

断层可以按不同原则进行不同的分类，常用的分类方法有三类：按两盘相对位移分
类、按断层走向和岩层产状的关系分类、按断层走向与区域构造线方向的关系分类(许才
军，张朝玉，2009)。本节主要介绍按两盘相对位移分类及断层参数情况。

1. 按两盘相对位移分类

(1)正断层：为上盘向下位移的断层(图 5.14(a))。断层面倾角一般比较陡，通常大于 45°。多数正断层是在重力作用和水平引张作用下形成的，导致地壳水平距离拉长。

在自然界里，断层往往总是成群出现，形成断层的各种组合形式。例如两条走向大致平行的正断层，在相对倾斜时其间岩块发生断陷形成地堑，在相背倾斜时其间所夹岩块发生相对隆起或抬升而形成地垒；有时地堑与地垒的两侧断层不止一条，由多条大致平行的正断层沿着同一个方向呈阶梯状向下滑动可以形成阶梯断层。

(2)逆断层：为上盘相对向上位移的断层(图 5.14(b))，逆断层常与褶皱构造相伴生。一般认为是地壳受到挤压时形成的，使地壳水平距离缩短。

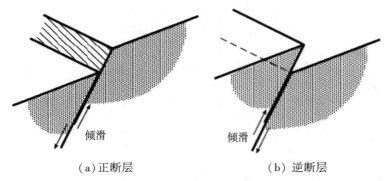

（a）正断层 　　　　　　　　　（b）逆断层

图 5.14　倾滑断层示意图

根据断层面倾角的大小可将逆断层分为：

上冲断层：是断层面倾角大于 45° 的高角度逆断层。有人用以指上升盘为主动单位的高角度逆断层。

逆掩断层：又称仰冲断层，是断层面倾角小于 30° 的低角度逆断层。当规模巨大且上盘沿低角度波状起伏的断层面(滑脱面)作远距离推移(数千米至数十千米)时，则称为辗掩断层或推覆构造。

俯冲断层：有人用以指下盘为主动盘，上盘为被动盘的低角度逆断层。实际上很难鉴别哪一盘的运动是主动的。

逆断层可以单个出现，但往往许多逆断层平行排列成带，常见的一种组合形态是由一系列平行或近于平行的逆断层向同一方向逆冲形成的叠瓦状断层。

(3)平移断层：是断层的两盘平行于断层走向发生位移(也称走向滑动断层)，平移断层是由于地壳受到水平面上一对力偶作用，岩石沿剪切面发生断裂而形成的。平移断层面一般平直而产状较陡或近于直立，所以断层线多为直线。按两盘相对位移的方向可分为右行及左行，即观测者对着断层面，对面一盘如果相对向右移动则称右行平移断层或右旋平移断层(顺时针方向旋转)，反之，称为左行平移断层或左旋平移断层(图 5.15)。

(4)枢纽断层：断层两盘在相对位移时发生显著的转动。旋转轴垂直断面，当其位于断层中间某点时，则显示旋转轴两侧作相反方向位移，一侧为正断层，一侧为逆断层，越远离旋转轴断距越大(图 5.16(a));另一种情况是旋转轴位于断层末端,各处位移量不等越远离旋转轴位移量越大(图 5.16(b))。

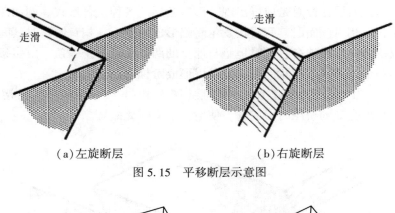

(a)左旋断层   (b)右旋断层

图 5.15　平移断层示意图

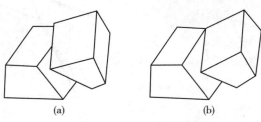

(a)   (b)

图 5.16　断层的两种旋转方式

2. 断层参数

断层面作为一种产状地质构造,其基本要素包括走向、倾向和倾角。

所谓断层面的走向就是断层线两端的延伸方向(用方位角表示)。

倾向:垂直于走向线,沿断层面倾斜向下的方向所引出的直线称为倾斜线,倾斜线在水平面上的投影线所指的界面倾斜方向称为倾向。

倾角:倾斜线与其在水平面上投影线之间的夹角为斜角。即垂直于走向方向的横切面上所测的断层面与水平面之间的夹角,称为断层面的倾角(图 5.17),它是断层面的最大倾斜角。在不垂直于断层面构造走向方向的横切面上所测得的倾角称为视倾角。

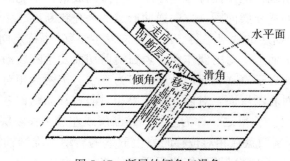

图 5.17　断层的倾角与滑角

　　另外，断层位移矢量和断层走向之间的夹角称作"滑角"（图5.17）。正交于位移矢量的平面通常叫作断层的"辅助平面"。

　　如果断裂面是平面，只要指出走向方位角、倾向和倾角，就足以确定空间方位，可以采用倾向方位角和倾角来表示断层面。对于在一定研究程度下不能视为平面的断裂面，可以分成几段，对每段的切面进行测量，通过一定数量的测量值来描述；如果断层面形状可用解析几何描述（写出面的方程），那么，为了确定这个面的空间位置，只要指出所在坐标系的方位（例如，x 为方位角为 0° 的水平线；y 为方位角为 90° 的水平线；z 为竖直线）即可。

5.5.2　断层剖面测量

　　断层剖面测量是跨越断层布设一条形变测量的线路（见图5.18），沿线进行水平和垂直形变测量，从而提供区域一、二级地质构造块体边界地壳运动的信息和区域主要活动断层运动的动态变化信息。观测项目可以分为跨断层精密水准观测、跨断层 GNSS 观测，通常沿剖面还进行相对重力测量。

　　提供区域一、二级地质构造块体边界地壳运动信息的断层剖面观测网，可采取沿边界准均匀布局模式。剖面与边界带正交，间距不宜大于200km。剖面应跨越边界带，长度不宜小于50km。提供区域主要活动断层运动动态变化信息的断层剖面观测网一般采取非均匀布局模式。剖面与活动断层正交，剖面间距不宜大于100km，剖面长度不宜小于40km。

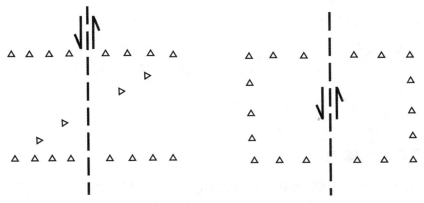

图5.18　断层剖面测量示意图

5.5.3　断层场地测量

　　断层场地测量是跨越断层布设一个简单的图形或不同方向的几条短测线（图5.19），进行水平和垂直形变测量，从而提供主要活动地震带和地震重点防御区活动断层运动的变化信息。断层场地观测网的观测项目主要有跨断层精密水准观测和跨断层 GNSS 观测。断层场地观测网分布在主要地震带、地震重点防御区和特定地区。断层场地观测网采取非均匀布局模式，监测同一断层的断层观测场地间距不宜大于 50km。

处理断层场地观测网的 GNSS、精密水准等资料，可以获得同一坐标系中断层两侧各观测点的坐标。由多期观测结果得到这些点的位移、位移速率，从而获得断层的形变图像。在大震发生前后，可启动应急观测方案，要求实时或准实时地获取震区断层场地形变观测网观测资料并进行处理，为灾害的预测或救灾服务。断层场地测量中 GNSS 测量方法和技术要求同水平形变测量中的 GNSS 观测，精密水准测量方法和技术要求同垂直形变测量中的精密水准观测。

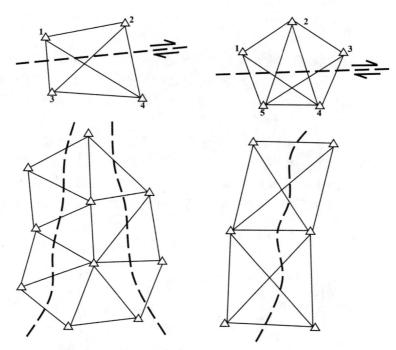

图 5.19　断层场地测量示意图

5.5.4　断层定点台站测量

断层定点台站测量也属于台站形变测量，它应用大地测量方法在固定的台站上进行跨断层形变测量。目前应用的是短水准测量方法、短基线或短边测距的方法，在台站布设跨越断层的测线，每 1~7 天进行一次往返观测，监测活动断层的形变（《地壳形变基础理论与观测技术》编委会，2021）。

5.5.5　断层形变监测站的建设

地震台站中跨断层形变监测场地、点位建设以《大地形变台站测量规范 短水准测量》和《地震水准测量规范》为基础，根据断层形变台站多年来的建设经验和资料应用情况，以水平形变和垂直形变（图 5.20）可同时观测的断层形变综合台的建设为要求和标准。如果断层以水平运动为主，可建设基线测量场地，一般布设为线状或者大地四边形；如果断层以垂直运动为主，可建设水准测量场地（网型见图 5.21）；如果既有水平运动又有垂直运动，一般建设为基线测量场地。

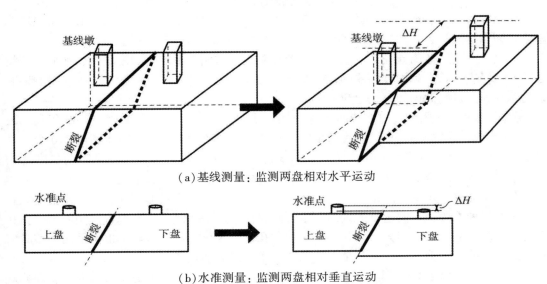

(a)基线测量：监测两盘相对水平运动

(b)水准测量：监测两盘相对垂直运动

图 5.20　跨断层形变场地监测示意图(《地壳形变基础理论与观测技术》编委会，2021)

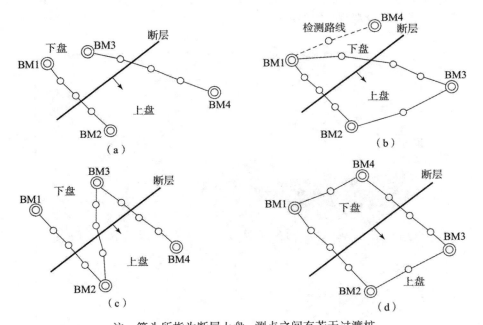

注：箭头所指为断层上盘，测点之间有若干过渡桩

图 5.21　跨断层水准场地点位设计示意图(《地壳形变基础理论与观测技术》编委会，2021)

5.6　倾斜应变测量

定点形变测量是指在固定台站或观测点上用地形变测量仪器进行的地壳形变测量。主要包括地倾斜观测、地应变测量，以及地应力、重力(固体潮汐)台站测量(第二届地球物理学名词审定委员会，2022)。本节主要介绍地倾斜测量和地应变测量。

地倾斜测量是监测地壳形变垂直方向的相对运动和固体潮汐的动态变化，地应变测量是监测地壳应变状态和固体潮汐的动态变化。地倾斜测量和地应变测量又分别包括洞体和钻孔地倾斜测量、洞体和钻孔地应变测量。

我国定点形变观测(这里特指地倾斜测量、地应变测量)起步于 20 世纪 60 年代，成长于 80 年代，成熟于 90 年代，目前全国已形成了由 275 个台站(其中地倾斜 210 个，地应变 214 个)和近 600 套仪器组成的定点形变监测台网(见图 5.22，彩图见附录二维码)，覆盖华北、南北地震带和新疆天山重点地区，具备了监测局部区域地壳变形动态特征的能力，在地震的中、短期预测预报方面发挥了重要作用。我国定点形变观测主要包括地倾斜和地应变两种手段，在网运行的仪器有水管倾斜仪、水平摆倾斜仪、垂直摆倾斜仪、钻孔倾斜仪、洞体应变仪、四分量钻孔应变仪和钻孔体应变仪。数据采样率也由最初的整时值发展为目前的分钟值、秒钟值甚至更高采样频率(张燕，等，2022)。

美国、日本和意大利等均布设有高精度的地倾斜观测仪器，其用途主要涉及地震前兆观测研究、火山前兆观测研究和固体潮地球动力学观测研究等。根据所选相对稳定基准线(面)的不同，观测仪器可分为水平摆倾斜仪和水管倾斜仪两大类(王庆良，2003)。此外，冰岛和希腊中部也有少量观测，主要用于监测慢地震、火山活动、海啸和台风的影响。

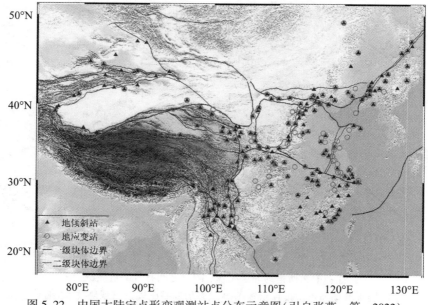

图 5.22　中国大陆定点形变观测站点分布示意图(引自张燕，等，2022)

5.6.1 地倾斜测量

地倾斜测量主要有洞体地倾斜测量和钻孔地倾斜测量两种。洞体地倾斜测量是在山洞或地下室内应用倾斜仪测定地面的倾斜变化；而钻孔地倾斜测量是在钻孔中安置倾斜仪，进行地倾斜观测，由于仪器安置在地下较深处，因此可大大削弱温度、振动等不利因素的干扰。

1. 观测对象及其技术要求

地倾斜台站观测的对象是地平面与水平面之间的夹角（即地平面法线与铅垂线的夹角）及其随时间的变化，其观测量的单位为角秒，具有大小和方向。

地倾斜台站观测需满足的技术要求：观测精度为 0.003″；零漂率 ≤0.005″/天；采样率为 1 次/分钟。

2. 观测场地及装置系统

地倾斜观测场地应勘选在活动断裂带附近，且与破碎带的距离 ≥500m；台基岩性要求坚硬完整、致密均匀（如花岗岩、石英砂岩、灰岩等），岩层倾角 ≤40°；应避开风口、山洪汇流处和泥石流、滑坡、溶洞发育地带以及海、湖、河、水库、深层抽水注水、大型仓库、铁路、主干公路和爆破等干扰源。

地倾斜台站观测按南北分量及东西分量正交设置，并可斜交 45° 设置第三分量；若受场地限制，两分量夹角应保持在 30°～150° 之间。地倾斜台站观测分量的方位测定误差应 ≤1°。

地倾斜台站仪器室的结构与尺寸应满足所选仪器的要求，仪器墩应为加工粘接而成的岩石墩（花岗岩、大理石岩、灰岩等）或洞室开凿时预留下的原生基岩墩，四周须设防震槽，墩顶面水平，高差 ≤2mm，同分量仪器墩之间无断层或夹层；亦可开凿壁龛或地槽安放仪器（中国地震局，2004，2020）。

3. 观测环境要求

地倾斜观测台址环境需满足以下要求：台址 3km 范围内不得进行深层抽水注水、采石爆破和筑堤建水库，1km 范围内不得修建大型仓库和修筑铁路及主干公路。

地倾斜观测洞室的环境要求顶部地形对称，植被良好，水平坑道仪器室顶覆盖及旁侧覆盖应不小于 40m，竖井仪器室埋深 ≥20m，洞室底面应高于当地最高洪水位和地下水位。仪器室内要求室温日变幅度 ≤0.03℃，年变幅度 ≤0.5℃（中国国家标准化管理委员会，2004）。

4. 观测系统仪器及技术要求

为取得良好的台站观测效果，地倾斜台站仪器技术需满足以下要求：分辨率：0.0002″，动态范围（最大量程与分辨率之比）≥1×10⁴，零漂率 ≤0.005″/天，采样率不小于 1 次/分钟。工作电压在 180～240V 之间，输出电压为 -2～+2V 之间，直流功耗 ≤6W；具有交直流切换和防雷功能。在相对湿度 100% 的洞室内，保证设备正常工作寿命不小于 10 年。

5. 地倾斜台站观测实例

图 5.23 给出了 2021 年云南漾濞 6.4 级地震前的地倾斜变化，可以看出，2021 年漾濞 6.4 级地震前，多个台站观测到了年变消失或趋势转折现象（张燕，等，2022）。

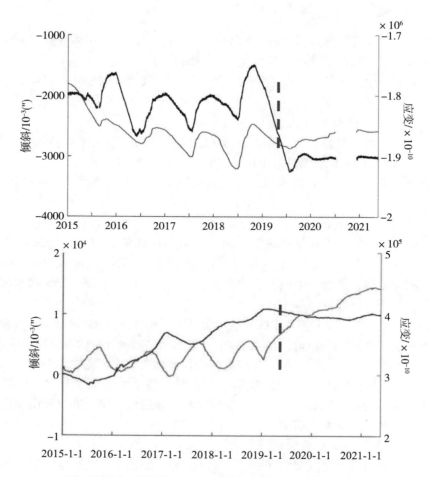

上图：洱源台（震中距 49km）；下图：丽江台（震中距 141km）

图 5.23　2021 年云南漾濞 6.4 级地震前水管仪和伸缩仪观测曲线（引自张燕，等，2022）

5.6.2　洞体应变测量

应变固体潮是日、月天体引力变化引起地球有规律的形变所致，是地球科学中唯一可以预先计算出以后变化的现象，被形象地比喻为地球的"脉搏"或"心电图"。在地应变台站观测中，洞体应变仪基本按照北南、东西设置两分量，少数台站设置了第三分量，各分量方位角依据洞室实际情况确定，并配有洞温辅助测量系统（中国地震局地震研究所重力观测技术管理部，2007）。

应变仪是连续监测地壳应变状态的仪器，地应变观测资料在地球科学的许多方面具有重要意义，它不仅为地球弹性研究提供了重要数据，而且是地震预报研究的一个重要手段。应变仪有两大类：一类为水平应变型，另一类为钻孔应变型。

水平应变测量原理是测量地表面两点间水平距离的相对变化量

$$\varepsilon = \frac{\Delta L}{L} \qquad\qquad (5.55)$$

式中，ε 为线应变量（单位长度的相对变化量），压缩为负，拉张为正；L 为基线长度，$\Delta L = L' - L$ 是基线的变化量，L' 为发生变化后的基线两端点间距离。

1. 观测对象及其技术要求

洞体应变观测的对象是洞体内两基点之间水平距离随时间的相对变化。观测精度需达到 6×10^{-9}，零漂率不大于 1×10^{-8}，动态范围不小于 1×10^{4}，非线性误差不大于 1%FS，采样率 ≥1 次/分钟。

2. 观测场地及装置系统

洞体应变台站观测场地需勘选在活动断裂带附近，离开破碎带的距离须超过 500m；台基岩性坚硬完整，致密均匀（例如花岗岩、石英砂岩、灰岩等），岩层倾角 ≤20°；应避开风口、山洪汇流处和泥石流、滑坡、溶洞发育地带，避开海、湖、河、水库、深层抽水注水、大型仓库、铁路、主干公路和爆破等干扰源。

观测装置设置时，洞体应变观测按北南及东西两分量正交设置，并可斜交 45° 设置第三分量；若受场地限制，两分量夹角为 30°~150° 之间；方位的测定误差 ≤1°。

仪器室的结构与尺寸设计应满足所设仪器的要求。仪器墩为加工黏接而成的岩石墩（花岗岩、大理石岩、灰岩等）或洞室开凿时预留下的原生基岩墩，四周设防震槽，墩顶面水平，高差 ≤2mm，同分量仪器墩之间无断层或夹层，亦可开凿壁龛或地槽安放仪器（中国地震局，2004）。

3. 观测环境要求

为达到良好的洞体应变台站观测效果，观测台址环境的维护需满足：台址 3km 范围内不得进行深层抽水注水、采石爆破、筑堤建水库，1km 范围内不得修建大型仓库和修筑铁路及主干公路。

仪器洞室顶部要求地形对称，植被良好，洞室顶覆盖及旁侧覆盖 ≥40m，洞室底面高于当地最高洪水位和地下水位。室温日变幅度 ≤0.03℃，年变幅度 ≤0.5℃（中国国家标准化管理委员会，2004）。

4. 观测系统仪器及技术要求

洞体应变台站仪器技术要求需满足：分辨率优于 1×10^{-9}，动态范围（最大量程与分辨率之比）≥1×10^{4}，零漂率 ≤1×10^{-8}/天，采样率 ≥1 次/分钟。工作电压在 180~240V 之间，输出电压为 -2~+2V，直流功耗 ≤6 W，具有交直流切换和防雷功能。在相对湿度 100% 的洞室内，台站工作寿命 ≥10 年。

洞体应变台站仪器主要包括短基线伸缩仪和丝式伸缩仪等。

5. 洞体应变台站观测实例

图 5.24 给出了 2008 年汶川 8.0 级地震前不同台站的地倾斜变化（张燕，等，2022），其中，姑咱台距离震中约 150km，重庆台距离震中约 350km，宕昌台距离震中约 500km。可以看出，姑咱台出现异常信息的频段相对较高，重庆台出现异常信息的频段次之，宕昌台较低。由此可以发现，距离震中的远近不同，观测台站地倾斜异常信息的频段也不同，离震中越近的观测站，异常信息集中在高频部分，离震中越远的观测站，异常信息越集中

在低频部分(张燕，等，2010)。

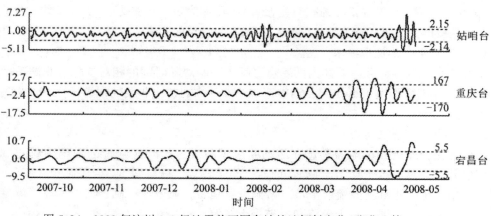

图 5.24　2008 年汶川 8.0 级地震前不同台站的地倾斜变化(张燕，等，2022)

5.6.3　钻孔应变测量

为观测地壳应变状态随时间的微小变化，可在钻孔中安装专用的应变传感器进行应变测量，该传感器称为钻孔应变仪。传感器在井下，有助于减少地表气象因素的干扰。钻孔应变仪可大体分三种类型：第一类，体积式钻孔应变仪，根据安装钻孔仪器中腔体的体积变化，获得岩体体积的相对变化；第二类，剪应变式钻孔应变仪，根据安装在钻孔仪器中几个分量元件的组合观测，可以获得最大和最小主应变值之差，即岩体最大剪应变状态的相对变化；第三类，分量式钻孔应变仪，根据安装在钻孔应变仪中 3 个分量的元件输出的信息量，获得岩体最大与最小应变值以及最大主应变轴的方位角。

钻孔应变观测填补了测震和 GNSS 观测手段间存在的频率盲区。国际上目前的共同认识是：依靠测震、GNSS 和钻孔应变三种观测技术，地球科学家能够在数十赫兹到数十年的全频段观测地球、地壳运动和地震。钻孔应变观测具有优越的高频性能，可将三种方法总共数十赫兹的观测频宽提高两个数量级(池顺良，2007；张燕，等，2022)。

为了研究地震孕育和地壳运动，GNSS 观测的地面位移向量数据必须换算为地面应变。钻孔应变则直接观测地层的应变张量，其灵敏度比 GNSS 要高 2~3 个数量级。钻孔应变观测的张量性质，使得单点观测就能感应到附近断层的存在，并且还有更多的信息等待挖掘。

1. 观测对象及其技术要求

钻孔应变观测是在钻孔内对岩体应变状态随时间的相对变化进行观测，观测对象包括：体应变、差应变和分量应变。台站观测须满足以下技术要求：观测精度为 4×10^{-9}，零漂率≤4×10^{-6}/年，采样率为 1 次/分钟。

2. 观测场地及装置系统

钻孔应变观测场地的勘选要求很高，距明显活动断层、大型水库、河流、泥石流、矿山采空区、山洪区、降雨聚水区、大型抽水站等的距离应≥1km，避开岩脉或透镜体；距大型振动源(如压模机、冲床等)、主干公路、大型变压器、电台发射天线、大型电机等的距离≥200m；基岩完整(以花岗岩、厚层石灰岩为好)。地下水位变化幅度较大(一年内的波动量≥10m，或降雨后水位变化≥0.5m)、地温偏高、地热梯度较大或有明显水流的地方都不适于作为钻孔应变观测场地。

在覆盖层较厚的地区，土层应力观测用的钻孔位应选在土层致密的区域，避开冲积层及河床。

装置系统设计方面，井孔与仪器室之间的距离应≤20m；钻孔的深度为60～100m之间(在山洞中≥15m)，孔斜度≤3°；钻孔下部为裸孔，其长度应≥5m。设在土层中的钻孔，可以不使用套管，深度≥30m(中国地震局，2004)。

3. 观测环境要求

为取得良好的钻孔应变台站观测效果，台址观测环境须满足以下要求：台址1km范围内不得修筑大型水库，大型抽水注水站；200m范围内不得装设大型振动源(如压模机、冲床等)、大型变压器、电台发射天线、大型电机等，不得修筑铁路和主干公路。

地面观测室要求室温日变化≤5℃；年最低室温≥5℃，年最高室温≤35℃；湿度≤90%；防尘和防腐蚀；采取避雷措施、防直接雷和感应雷。

控制干扰源，钻孔周围500m内不得有抽水井；钻孔口周围设置水泥护栏及盖板；地面电缆埋深≥0.40m；台站电台若对观测值有干扰，则电台应每日定时工作，并在值班日志中记录(中华人民共和国地震行业标准，2004)。

4. 观测系统仪器及技术要求

钻孔应变井下观测仪器技术要求需满足：噪声≤0.1mV；调零偏差≤100mV；应变灵敏系数>2mV/(1×10^{-8})；年稳定性优于4×10^{-6}/年；采样率≥1次/分钟；运行寿命≥10年。地面测量装置技术要求，动态范围为±2×10^{-4}；工作电压在180～240V之间；输出电压为-2～+2V；直流功耗≤3W；具有交直流切换和防雷功能。

5. 钻孔应变台站观测实例

随着以钻孔应变仪为代表的高采样率定点形变观测仪器的广泛布设和运行，定点形变观测数据在地震同震变化、地球自由振荡等领域中的应用越来越受到人们的关注。

基于钻孔应变观测资料，李富珍等(2021)分析了远震造成的动态库仑应力变化；范智旎等(2020)研究了苏门答腊海域7.8级地震的同震信号，并与理论应变数据进行了相关性分析，认为一定空间范围的钻孔应变数据可用于震源反演、地球结构模型检验；石耀霖等(2021)通过对山西原平4.7级地震的同震钻孔应变观测进行分析，首次直接观测到和理论预测值相一致的同震应力偏量变化。邱泽华等(2007)、孟方杰等(2018)利用分量式钻孔应变仪观测数据填补了对地球自由环型振荡直接研究的空缺。

图5.25(彩图见附录二维码)给出了距离震中约50km的门源站四分量钻孔应变仪记录到的2022年门源地震同震响应。可以看出，4个分量均记录到了同震应变信号，当同震阶跃满足自检要求，即4个观测方向两两夹角为45°时，根据面应变为不变量，所有应变分量之间存在一个简单的关系，即互相垂直的两个方向观测数据相加后相等，由此得到的应变数据可以用于实际应变的后续研究(张燕，等，2022)。

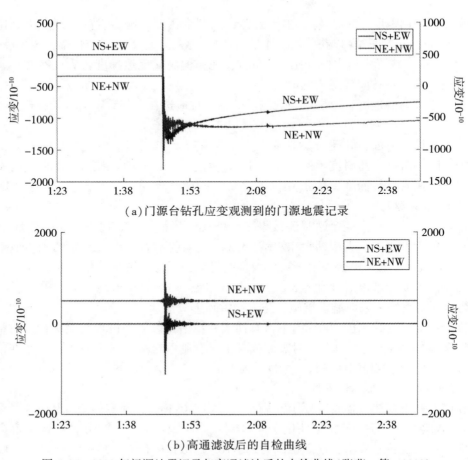

（a）门源台钻孔应变观测到的门源地震记录

（b）高通滤波后的自检曲线

图 5.25　2022 年门源地震记录与高通滤波后的自检曲线（张燕，等，2022）

◎ 本章参考文献

［1］Bagnardi M, Hooper A. Inversion of surface deformation data for rapid estimates of source parameters and uncertainties：A Bayesian approach［J］. Geochem. Geophys. Geosyst., 2018, 19：2194-2211.

［2］Barnhart W D, Gold R D, Shea H N, et al. Vertical coseismic offsets derived from high resolution stereogrammetric DSM differencing：The 2013 Baluchistan, Pakistan earthquake ［J］. J. Geophys. Res. Solid Earth, 2019, 124：6039-6055.

［3］Barnhart W D, Gold R D, Hollingsworth J. Localized fault-zone dilatancy and surface inelasticity of the 2019 Ridgecrest earthquakes［J］. Nat. Geosci., 2020, 13（10）：1-6.

［4］Bechor N B D, Zebker H A. Measuring two-dimensional movements using a single InSAR pair［J］. Geophys. Res. Lett., 2006, 33（L16311）, 2006GL026883.

［5］Chen C W, Zebker H A. Phase unwrapping for large SAR interferograms：statistical segmentation and generalized network models［J］. IEEE Trans. Geosci. Remote Sens.,

2002, 40(8): 1709-1719.

[6] Chen H, Qu C, Zhao D, et al. Rupture kinematics and coseismic slip model of the 2021 M_W 7.3 Maduo (China) earthquake: Implications for the seismic hazard of the Kunlun fault[J]. Remote Sens., 2021, 13(16): 3327.

[7] Costantini M. A novel phase unwrapping method based on network programming[J]. IEEE Trans. Geosci. Remote Sens., 1997, 36(3): 813-821.

[8] ESA. EnviSat ASAR product handbook [EB/OL]. Issue 2.2. 2007, p.564. https://earth.esa.int/pub/ESA_DOC/ENVISAT/ASAR/asar.ProductHandbook.2_2.pdf.

[9] ESA. Sentinel-1 SAR user guide—Interferometric wide swath[EB/OL]. 2018. https://sentinels.copernicus.eu/web/sentinel/user-guides/sentinel-1-sar/acquisition-modes/interferometric-wide-swath.

[10] Fialko Y, Simons M, Agnew D. The complete (3-D) surface displacement field in the epicentral area of the 1999 M_W 7.1 Hector Mine earthquake, California, from space geodetic observations[J]. Geophys. Res. Lett., 2001, 28(16): 3063-3066.

[11] Gudmundsson S, Sigmundsson M, Carstensen J. Three-dimensional surface motionmaps estimated from combined interferometric synthetic aperture radar and GPS data[J]. J. Geophys. Res., 2002, 107(B10), 2250.

[12] Guglielmino F, Nunnari G, Puglisi G, et al. Simultaneous and integrated strain tensor estimation from geodetic and satellite deformation measurements to obtain three-dimensional displacement maps. IEEE Trans[J]. Geosci. Remote Sens., 2011, 49(6): 1815-1826.

[13] Goldstein R M, Werner C L. Radar interferogram filtering for geophysical applications[J]. Geophys. Res. Lett., 1998, 25(21): 4035-4038.

[14] Guo P, Han Z, Gao F, et al. A new tectonic model for the 1927 M8.0 Gulang Earthquake on the NE Tibetan Plateau[J]. Tectonics, 2020, 39(9).

[15] Hanssen R F. Radar Interferometry data Interpretation and error analysis[M]. Kluwer Academic Publishers, 2001.

[16] He P, Wang Q, Ding K, et al. Source model of the 2015 M_W6.4 Pishan earthquake constrained by interferometric synthetic aperture radar and GPS: Insight into blind rupture in the western Kunlun Shan[J]. Geophys. Res. Lett., 2016, 43(4): 1511-1519.

[17] He P, Wen Y, Xu C, et al. High-quality three-dimensional displacement fields from new-generation SAR imagery: application to the 2017 Ezgeleh, Iran, earthquake[J]. J. Geod., 2019a, 93: 573-591.

[18] He P, Wen Y, Xu C, et al. Complete three-dimensional near-field surface displacements from imaging geodesy techniques applied to the 2016 Kumamoto earthquake[J]. Remote Sens. Environ., 2019b, 232, 111321.

[19] Hu J, Li Z, Ding X L, et al. 3D coseismic displacement of 2010 Darfield, New Zealand earthquake estimated from multi-aperture InSAR and D-InSAR measurements[J]. J. Geod., 2012a, 86(11): 1029-1041.

[20] Hu J, Li Z, Sun Q, et al. Three-dimensional surface displacements from InSAR and GPS measurements with variance component estimation[J]. IEEE Geosci. Remote. Sens. Lett., 2012b, 9(4): 754-758.

[21] Hu J, Li Z, Ding X L, et al. Resolving three-dimensional surface displacements from InSAR measurements[J]. A review. Earth Sci. Rev., 2014, 133: 1-17.

[22] Hu J, Liu J, Li Z, et al. Estimating three-dimensional coseismic deformations with the SM-VCE method based on heterogeneous SAR observations: Selection of homogeneous points and analysis of observation combinations[J]. Remote Sens. Environ., 2021, 255, 112298.

[23] Hudnut K W, Bock Y, Galetzka J E, et al. The southern California integrated GPS network (SCIGN)[J]. Proceedings of the International Workshop on Seismotectonics at the Subduction Zone, 2001.

[24] Jo M J, Jung H S, Won J S, et al. Measurement of three-dimensional surface deformation by Cosmo-SkyMed X-band radar interferometry: Application to the March 2011 Kamoamoa fissure eruption, Kilauea Volcano, Hawai'i[J]. Remote Sens. Environ., 2015, 169: 176-191.

[25] Joughin I R, Kwok R, Fahnestock M A. Interferometric estimation of three-dimensional ice-flow using ascending and descending passes[J]. IEEE Trans. Geosci. Remote Sens., 1998, 36(1): 25-37.

[26] Jung H S, Won J S, Kim S W. An improvement of the performance of multiple-aperture SAR interferometry (MAI)[J]. IEEE Trans. Geosci. Remote Sens., 2009, 47(8): 2859-2869.

[27] Kampes B, Stefania U. Doris: The Delft object-oriented Radar Interferometric software[J]. ITC: 2nd ORS symposium, 1999.

[28] Kumar V, Venkataramana G, HogGda K A. Glacier surface velocity estimation using SAR interferometry technique applying ascending and descending passes in Himalayas[J]. Int. J. Appl. Earth Obs., 2011, 13(4): 545-551.

[29] Li Z W, Yang Z F, Jian J Z, et al. Retrieving three-dimensional displacement fields of mining areas from a single InSAR pair[J]. J. Geod., 2015, 89(1): 17-32.

[30] Liu J, Hu J, Li Z, et al. A method for measuring 3-D surface deformations with InSAR based on strain model and variance component estimation[J]. IEEE Tran. Geosic. Remote Sens., 2018, 56(1): 239-250.

[31] Liu J, Hu J, Xu W, et al. Complete three-dimensional coseismic deformation field of the 2016 Central Tottori earthquake by integrating left- and right-looking InSAR observations with the improved SM-VCE method[J]. J. Geophys. Res. Solid Earth, 2019, 124(11).

[32] Liu X, Zhao C, Zhang Q, et al. Three-dimensional and long-term landslide displacement estimation by fusing C- and L-band SAR observations: A case study in Gongjue County, Tibet, China[J]. Remote Sens. Environ., 2021, 267, 112745.

[33] Luo H, Chen T. Three-dimensional surface displacement field associated with the 25 April

2015 Gorkha, Nepal, earthquake: Solution from integrated InSAR and GPS measurements with an extended SISTEM approach[J]. Remote Sens., 2016, 8(7): 1-14.

[34] Massonnet D, Rossi M, Carmona C, et al. The displacement field of the Landers earthquake mapped by radar interferometry[J]. Nature. 1993, 364(6433): 138-142.

[35] Michel R, Avouac J-P, Taboury J. Measuring ground displacements from SAR amplitude images: Application to the Landers Earthquake[J]. Geophys. Res. Lett., 1999, 26(7): 875-878.

[36] Nissen E, Krishnan A K, Arrowsmith J R, et al. Three-dimensional surface displacements and rotations from differencing pre- and post-earthquake LiDAR point clouds[J]. Geophys. Res. Lett., 2012, 39(16), 2012GL052460.

[37] Peng L, Wang H, Ng AH-M, et al. SAR offset tracking based on feature points[J]. Front. Earth Sci., 2022, 9: 724965.

[38] Qiao X, Yu P, Nie Z, et al. The crustal deformation revealed by GPS and InSAR in the Northwest corner of the Tarim Basin, Northwestern China[J]. Pure Appl. Geophys., 2017, 174(3): 1-19.

[39] Rosen P A, Hensley S, Peltzer G, et al. Updated repeat orbit interferometry package released[J]. EOS Trans. AGU, 2004, 85(5): 47-47.

[40] Samsonov S, Tiampo K. Analytical optimization of a DInSAR and GPS dataset for derivation of three-dimensional surface motion[J]. IEEE Tran. Geosci. Remote, 2006, 3: 107-111.

[41] Samsonov S, Tiampo K, Rundle J, et al. Application of DInSAR-GPS optimization for derivation of fine-scale surface motion maps of southern California[J]. IEEE Tran. Geosci. Remote, 2007, 45: 512-521.

[42] Sandwell D, Mellors R, Tong X, et al. GMTSAR: An InSAR processing system based on generic mapping tools. 2016. UC San Diego: Scripps Institution of Oceanography[J/OL]. http://topex. ucsd. edu/gmtsar/tar/GMTSAR_2ND_TEX. pdf.

[43] Scott C, Arrowsmith J R, Nissen E, et al. The M7 2016 Kumamoto, Japan, Earthquake: 3-D deformation along the fault and within the damage zone constrained from differential LiDAR topography[J]. J. Geophys. Res., 2018, 123(7): 6138-6155.

[44] Scott C, Champenois J, Klinger Y, et al. The 2016 M7 Kumamoto, Japan, earthquake slip field derived from a joint inversion of differential Lidar topography, optical correlation, and InSAR surface displacements[J]. Geophys. Res. Lett., 2019, 46(12): 6341-6351.

[45] Shen Z K, Sun J, Zhang P, et al. Slip maxima at fault junctions and rupturing of barriers during the 2008 Wenchuan earthquake[J]. Nat. Geosci., 2009, 2(10): 718-724.

[46] Shen Z K, Liu Z. Integration of GPS and InSAR data for resolving 3-dimensional crustal deformation[J]. Earth Space Sci., 2020, 7(4).

[47] Song X, Jiang Y, Shan X, et al. Deriving 3D coseismic deformation field by combining GPS and InSAR data based on the elastic dislocation model[J]. Int. J. Appl. Earth Obs. Geoinf., 2017, 57: 104-112.

［48］Wang H, Ge L, Xu C, et al. 3-D coseismic displacement field of the 2005 Kashmir earthquake inferred from satellite radar imagery［J］. Earth Planet. Space, 2007, 59(5)：343-349.

［49］Wang K, Fialko Y. Observations and modeling of coseismic and postseismic deformation due to the 2015 M_W 7. 8 Gorkha (Nepal) earthquake［J］. J. Geophys. Res., 2018, 123(1)：761-779.

［50］Wang L, Jin Xi, Xu W, et al. A black hole particle swarm optimization method for the source parameters inversion：application to the 2015 Calbuco eruption, Chile［J］. J. Geodys, 2021, 146, 101849.

［51］Wang X, Liu G, Yu B, et al. An integrated method based on DInSAR, MAI and displacement gradient tensor for mapping the 3D coseismic deformation field related to the 2011 Tarlay earthquake (Myanmar)［J］. Remote Sens. Environ., 2015, 170：388-404.

［52］Werner C, Wegmller U, Strozzi T, et al. Gammar SAR and interferometric processing software［J］. In Proceeding ERS-Envisat Symposium, Gothenburg, Sweden, 2001.

［53］Wright T J, Parsons B, England P C, et al. Toward mapping surface deformation in three dimensions using InSAR［J］. Geophys. Res. Lett., 2004, 31(1)：169-178.

［54］Xiong L, Xu C, Liu Y, et al. 3D displacement field of Wenchuan earthquake based on iterative least squares for virtual observation and GPS/InSAR observations［J］. Remote Sens., 2020, 12(6)：977.

［55］Xiong L, Xu C, Liu Y, et al. Three-dimensional displacement field of the 2010 M_W 8. 8 Maule earthquake from GPS and InSAR data with the improved ESISTEM-VCE method［J］. Front. Earth Sci., 2022, 10：970493.

［56］Yang J, Xu C, Wen Y. The 2019 M_W 5. 9 Torkaman chay earthquake in Bozgush mountain, NW Iran：A buried strike-slip event related to the sinistral Shalgun-Yelimsi fault revealed by InSAR［J］. J. Geodyn., 2020, 141-142, 101798.

［57］Yang J, Xu C, Wen Y, et al. Complex coseismic and postseismic faulting during the 2021 Northern Thessaly (Greece) earthquake sequence illuminated by InSAR Observations［J］. Geophys. Res. Lett., 2022, 49(8).

［58］Yang Z, Xu B, Li Z, et al. Prediction of mining-induced kinematic 3-D displacements from InSAR using a Weibull model and a Kalman Filter［J］. IEEE Tran. Geosci. Remote, 2021P (99)：1-12.

［59］Zinke R, Hollingsworth J, Dolan J F, et al. Three-dimensional surface deformation in the 2016 M_W 7. 8 Kaikōura, New Zealand, earthquake from optical image correlation：Implications for strain localization and long-term evolution of the Pacific-Australian plate boundary［J］. Geochem. Geophys. Geosyst., 2019.

［60］陈鑫连, 黄立人, 孙铁珊, 等. 动态大地测量［M］. 北京：中国铁道出版社, 1994.

［61］池顺良. 深井宽频钻孔应变地震仪与高频地震学——地震预测观测技术的发展方向, 实现地震预报的希望［J］. 地球物理学进展, 2007(4)：1164-1170.

［62］崔希璋，於宗俦，陶本藻，等．广义测量平差［M］．2 版．武汉：武汉大学出版社，2009.

［63］曹建玲，张晶，闻学泽，冯蔚，石耀霖．由 km 尺度的跨断层基线测量断层近场运动与变形——川滇块体东边界 2 个场地的初步实验［J］．地震地质，2020，42（3）：612-627.

［64］第二届地球物理学名词审定委员会．地球物理学名词［M］．2 版．北京：科学出版社，2022.

［65］《地壳形变基础理论与观测技术》编委会．地壳形变基础理论与观测技术［M］．北京：地震出版社．2021.

［66］丁国瑜，田勤俭，孔凡臣，等．活断层分段：原则、方法及应用［M］．北京：地震出版社，1993.

［67］范智旎，万永革．应变仪记录的印尼苏门答腊海域 7.8 级地震的同震信号研究［J］．大地测量与地球动力学，2020，40（8）：849-853.

［68］甘洁，胡俊，李志伟，等．基于 InSAR 和地应变特征获取 2015 年 M_W 7.2 级 Murghab 地震同震三维地表形变场［J］．中国科学：地球科学，2018，48（10）：17.

［69］胡俊．基于现代测量平差的 InSAR 三维形变估计理论与方法［D］．长沙：中南大学，2013.

［70］李富珍，任天翔，池顺良，等．基于钻孔应变观测资料分析远震造成的动态库仑应力变化［J］．地球物理学报，2021，64（6）：1949-1974.

［71］李杰，乔学军，杨少敏，等．西南天山地表三维位移场及断层位错模型［J］．地球物理学报，2015，58（10）：13.

［72］梁振英，董鸿闻，姬恒炼．精密水准测量的理论和实践［M］．北京：测绘出版社，2004.

［73］罗海滨，何秀凤，刘焱雄．利用 DInSAR 和 GPS 综合方法估计地表 3 维形变速率［J］．测绘学报，2008，37（2）：4.

［74］孟方杰，张燕．利用不同倾斜仪和应变仪检测地球自由振荡的对比与分析［J］．中国地震，2018，34（1）：133-140.

［75］彭颖，许才军，刘洋．联合地震位错模型和 InSAR 数据构建 2017 年九寨沟 M_W 6.5 地震同震三维形变场［J］．武汉大学学报（信息科学版），2022，47（11）：1896-1905.

［76］邱泽华，马瑾，池顺良，等．钻孔差应变仪观测的苏门答腊大地震激发的地球环型自由振荡［J］．地球物理学报，2007，50（3）：797-805.

［77］邵志刚，王武星，刘琦，等．活动地块理论框架下的地震物理预报展望［J］．科学通报，2022，67（13）：1362-1377.

［78］石耀霖，尹迪，任天翔，等．首次直接观测到与理论预测一致的同震静态应力偏量变化：2016 年 4 月 7 日山西原平 M_L4.7 地震的钻孔应变观测［J］．地球物理学报，2021，64（6）：1937-1948.

［79］汪友军，胡俊，刘计洪，等．融合 InSAR 和 GNSS 的三维形变监测：利用方差分量估计的改进 SISTEM 方法［J］．武汉大学学报（信息科学版），2021，46（10）：1598-1608.

［80］温扬茂．利用 InSAR 资料研究若干强震的同震和震后形变［D］．武汉：武汉大学，2009．

［81］温扬茂，冯怡婷．地震破裂模型约束的中国阿里地震三维形变场［J］．武汉大学学报（信息科学版），2018，43（9）：7．

［82］温扬茂，许才军，李振洪，等．InSAR 约束下的 2008 年汶川地震同震和震后形变分析［J］．地球物理学报，2014，57（6）：1814-1824．

［83］王庆良．地壳形变—地球物理场—日长变化十年尺度相关性研究［D］．北京：中国地震局地球物理研究所，2003．

［84］熊露雲．基于 GNSS 和 InSAR 观测的三维形变场提取方法研究［D］．武汉：武汉大学，2022．

［85］许才军，张朝玉．地壳形变测量与数据处理［M］．武汉：武汉大学出版社，2009．

［86］杨九元，温扬茂，许才军．2021 年 5 月 21 日云南漾濞 M_S 6.4 地震：一次破裂在隐伏断层上的浅源走滑事件［J］．地球物理学报，2021，64（9）：3101-3110．

［87］袁霜，何平，温扬茂，等．综合 InSAR 和应变张量估计 2016 年 M_W 7.0 熊本地震同震三维形变场［J］．地球物理学报，2020，63（4）：17．

［88］张国民，傅征祥，桂燮泰．地震预报引论［M］．北京：科学出版社，2001．

［89］张国民，马宏生，王辉，等．中国大陆活动地块与强震活动关系［J］．中国科学：地球科学，2004，34（7）：591-599．

［90］张国民，马宏生，王辉，等．中国大陆活动地块边界带与强震活动［J］．地球物理学报，2005，48（3）：602-610．

［91］张庆兰，张鹏，陈现军，等．国家一等水准网建设［J］．地理信息世界，2018，25（1）：50-54．

［92］张燕，吴云．2008 年汶川地震前的形变异常及机理解释［J］．武汉大学学报（信息科学版），2010，35（1）：25-29．

［93］张燕，王迪晋，赵莹，等．定点形变观测现状及研究进展［J］．武汉大学学报（信息科学版），2022，47（6）：830-838．

［94］中华人民共和国地震行业标准 DB/T 8.1-2003．地震台站建设规范-地形变台站［S］//中国地震局，2004-05-01 实施．

［95］中华人民共和国国家标准 GB/T 19531.3—2004．地震台站观测环境技术要求 第 3 部分：地壳形变观测［S］// 中华人民共和国国家质量监督检验检疫总局 中国国家标准化管理委员会．北京：中国标准出版社，2004-09-01 实施．

［96］中国地震局地震研究所形变台站观测技术管理部．2006 年度倾斜、应变观测台网运行报告［R］．2007 年 5 月．

第6章 地壳应力与应变分析

地壳岩石中千姿百态的构造变形都是力的作用的结果。这种作用有的迅猛激烈，有的则缓慢得难以察觉。研究地壳运动，一方面是建立地壳运动的运动学模型，直观地描述地壳构造运动的形式，但更重要的是要研究各种构造变形的力学成因和相关规律，建立动力学模型。

本章主要从实用的观点出发，首先阐述地壳应力与应变分析概念，进而介绍现今地壳运动和应变分析模型和方法，主要内容包括：地壳应力、库仑应力与应力分析基础、地壳应变及其计算方法、区域地壳运动与应变分析、地壳应变率的地震矩张量估计、板块(地块)运动和应变模型及地壳应力的遥感监测。

6.1 地壳应力、库仑应力与应力分析基础

6.1.1 外力和内力

处于地壳中的任何地质体，都会受到相邻介质的作用力。这种研究对象以外的物体对被研究物体施加的作用力称为外力。由外力作用引起的物体内部各部分之间的相互作用力称为内力。外力与内力是一对相对的概念，当研究范围扩大或缩小时，外力可以变为内力，内力可以变为外力。例如，当考察一个岩体内的某个矿物颗粒的受力时，周围颗粒对该颗粒的作用力是外力；当研究对象是该岩体时，周围颗粒与该颗粒之间的相互作用力变成了内力，而围岩对岩体的作用力是外力；当研究的对象扩展到该岩体所在板块时，围岩与该岩体之间的相互作用力又变成了内力，而相邻板块对该板块的作用力是外力。

6.1.2 截面上的应力、正应力、剪应力

在考虑研究对象内部某一截面的内力时，可设想沿此截面将物体截开，并将其中的一部分移去，但仍保留其对另一部分的作用力，然后考虑被保留部分的平衡，则可计算出该截面上的内力。此分析方法称为截面法。当然，内力在截面上一般不是均匀分布的，但其变化可以认为是连续的。为了研究截面某点(如图6.1中 n 截面上的 m 点)附近的内力集度，可以围绕该点取一微小面积 δA，设其上的作用力为 δF，则将

$$P = \lim_{\delta A \to 0} \frac{\delta F}{\delta A} \tag{6.1}$$

称为 n 截面上 m 点处的应力，也可以称 P 为 m 点处 n 截面上的应力。截面上的应力是矢量，可以合成或分解。如图6.1中的 P 就可以分解成两个分量，其一垂直于截面 n，用 σ

表示，另一个与截面相切，用 τ 表示。前者称过 m 点 n 截面上的正应力，后者称过 m 点 n 截面上的剪应力。

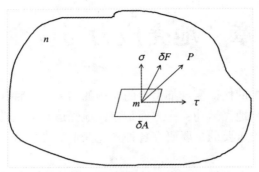

图 6.1　截面上一点的应力

由式(6.1)可知，任意截面上的一点的应力既与该点的截面方向有关，也与该点的力有关。因此，论及一点的应力时，既涉及截面的法向矢量，也涉及力矢量。

6.1.3　一点的应力状态

1. 应力分量

为了从数值上来研究一点的应力状态，在直角坐标系中，可以围绕该点取一个正六面体单元体，当三对相互正交的平行面无限靠近直至重合时，则单元体表面上的应力矢量代表了该点的三个正交截面上的应力矢量。该单元体上应力矢量的集合，称为单元体的应力状态。若已知单元体的应力状态，一点的应力状态也就确定了。

单元体表面上的应力矢量可以分解成该面上的正应力与剪应力，而后者又可进一步分解成沿另外两个坐标轴方向的剪应力分量，一共可得 9 个应力分量，如图 6.2 所示，这 9 个应力分量构成二阶对称张量 $\boldsymbol{\sigma}$，也可用 3×3 阶的矩阵 $[\sigma_{ij}]$ 表示。因此，地壳内一点的应力可以用上述 9 个应力分量完全描述(朱志澄，1999)

$$[\sigma_{ij}] = \begin{pmatrix} \sigma_x & \tau_{xy} & \tau_{xz} \\ \tau_{yx} & \sigma_y & \tau_{yz} \\ \tau_{zx} & \tau_{zy} & \sigma_z \end{pmatrix} \tag{6.2}$$

其中，$\sigma_x = \sigma_{11}$，$\sigma_y = \sigma_{22}$，$\sigma_z = \sigma_{33}$，$\tau_{yz} = \tau_{zy} = \sigma_{23} = \sigma_{32}$，$\tau_{zx} = \tau_{xz} = \sigma_{13} = \sigma_{31}$，$\tau_{xy} = \tau_{yx} = \sigma_{12} = \sigma_{21}$，实际上一点上的应力只有 6 个独立分量，可用一个列阵表示，即 $(\sigma_x \quad \sigma_y \quad \sigma_z \quad \tau_{xy} \quad \tau_{yz} \quad \tau_{zx})^{\mathrm{T}}$。

因此可认为，过一点三个正交截面上的 6 个应力分量决定了一点的应力状态。

为了完全描述一个地块内的应力状态，只需要知道每一点的 6 个独立应力分量，就可以知道每一点的应力张量。式(6.2)整体称为应力张量对应的矩阵形式，理论研究需要对其进行张量分析。

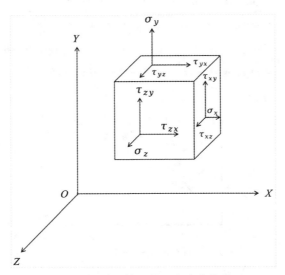

图 6.2 单元体上的 9 个应力分量

2. 应力的坐标记法

如前所述，一方面一点的应力状态可以采用式(6.2)的矩阵形式表示，各元素分别对应着任意一点沿着坐标轴向(图 6.2)截面上的主应力和剪应力。另一方面，一点的应力状态也可以采用并矢记法，具体如下：

令图 6.2 的 X、Y 和 Z 轴 (Z 轴垂直直面向外)的基向量分别为：e_1、e_2 和 e_3。任意一点的应力状态 σ 可以表示如下：

$$\sigma = \sigma_x e_1 e_1 + \sigma_y e_2 e_2 + \sigma_z e_3 e_3 + \tau_{xy} e_1 e_2 + \tau_{xz} e_1 e_3 + \tau_{yx} e_2 e_1 + \tau_{yz} e_2 e_3 + \tau_{zx} e_3 e_1 + \tau_{zy} e_3 e_2$$

$$(6.3)$$

其中，$e_i e_j (i = 1, 2, 3; j = 1, 2, 3)$ 为基向量 e_i 和 e_j 的并矢。进一步地，令 $\sigma_x = \sigma_{11}$，$\sigma_y = \sigma_{22}$，$\sigma_z = \sigma_{33}$，$\tau_{xy} = \sigma_{12}$，$\tau_{yx} = \sigma_{21}$，$\tau_{xz} = \sigma_{13}$，$\tau_{zx} = \sigma_{31}$，$\tau_{yz} = \sigma_{23}$，$\tau_{zy} = \sigma_{32}$。根据爱因斯坦求和约定，式(6.3)可简单表示为：

$$\sigma = \sigma_{ij} e_i e_j$$

$$(6.4)$$

根据弹性理论，法向为 $n = n_1 e_1 + n_2 e_2 + n_3 e_3$ 的截面上的牵引力 P、正应力 σ_n 和剪应力 τ 分别为：$P = \sigma \cdot n$、$\sigma_n = P \cdot n$、$\tau = P - \sigma_n n$。顾及 $n = n_k e_k (k = 1, 2, 3)$ (采用了爱因斯坦求和约定)并将式(6.4)代入牵引力、正应力和剪应力公式，则有：

$$\begin{cases} P = \sigma_{ij} e_i e_j \cdot n_k e_k = \sigma_{ij} n_k e_i \delta_{jk} = \sigma_{ij} n_j e_i \\ \sigma_n = P \cdot n = \sigma_{ij} n_j e_i \cdot n_k e_k = \sigma_{ij} n_j n_k \delta_{ik} = \sigma_{ij} n_i n_j \\ \tau = P - \sigma_n n \end{cases}$$

$$(6.5)$$

对于二维应力，应力不含有 Z 轴方向的分量：σ_z、τ_{xz}、τ_{yz}。令截面法向向量为 $n = \cos\theta e_1 + \sin\theta e_2$ (图 6.3)。法向向量的各分量关系为：$n_1 = \cos\theta$，$n_2 = \sin\theta$，$n_3 = 0$。

将上述代入式(6.5)可知，正应力和剪应力分别为：

$$\begin{aligned}
\sigma_n &= \sigma_{11}n_1n_1 + \sigma_{22}n_2n_2 + \sigma_{12}n_1n_2 + \sigma_{21}n_2n_1 \\
&= \sigma_{11}n_1^2 + \sigma_{22}n_2^2 + (\sigma_{12} + \sigma_{21})n_1n_2 \\
&= \sigma_{11}\cos^2\theta + \sigma_{22}\sin^2\theta + (\sigma_{12} + \sigma_{21})\sin\theta\cos\theta \\
&= \sigma_{11}\cos^2\theta + \sigma_{22}\sin^2\theta + 2\sigma_{12}\sin\theta\cos\theta
\end{aligned} \tag{6.6}$$

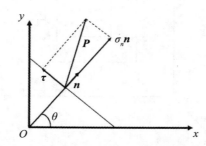

图 6.3　平面坐标系中的正应力和剪应力

$$\begin{aligned}
\boldsymbol{\tau} &= \boldsymbol{P} - \sigma_n\boldsymbol{n} \\
&= \sigma_{kj}n_j\boldsymbol{e}_k - \sigma_{ij}n_in_jn_k\boldsymbol{e}_k \\
&= (\sigma_{kj} - \sigma_{ij}n_in_k)n_j\boldsymbol{e}_k \\
&= (\sigma_{1j} - \sigma_{ij}n_in_1)n_j\boldsymbol{e}_1 + (\sigma_{2j} - \sigma_{ij}n_in_2)n_j\boldsymbol{e}_2 \\
&= [(\sigma_{11} - \sigma_{22})n_1n_2^2 + \sigma_{12}n_2(n_2^2 - n_1^2)]\boldsymbol{e}_1 + [\sigma_{12}n_1(n_1^2 - n_2^2) + (\sigma_{22} - \sigma_{11})n_1^2n_2]\boldsymbol{e}_2 \\
&= -[(\sigma_{22} - \sigma_{11})n_1n_2 + \sigma_{12}(n_1^2 - n_2^2)]n_2\boldsymbol{e}_1 + [(\sigma_{22} - \sigma_{11})n_1n_2 \\
&\quad + \sigma_{12}(n_1^2 - n_2^2)]n_1\boldsymbol{e}_2 \\
&= -\left[\frac{1}{2}(\sigma_{22} - \sigma_{11})\sin2\theta + \sigma_{12}\cos2\theta\right]\sin\theta\boldsymbol{e}_1 \\
&\quad + \left[\frac{1}{2}(\sigma_{22} - \sigma_{11})\sin2\theta + \sigma_{12}\cos2\theta\right]\cos\theta\boldsymbol{e}_2
\end{aligned} \tag{6.7}$$

注意式(6.7)中用到了 $\sigma_{12} = \sigma_{21}$（可由剪应力互等定理推得）。

根据式(6.7)，切应力的大小为：

$$\|\boldsymbol{\tau}\| = \left| \frac{1}{2}(\sigma_{22} - \sigma_{11})\sin2\theta + \sigma_{12}\cos2\theta \right| \tag{6.8}$$

现在来分析正应力 σ_n。式(6.6)的极值条件为：$\dfrac{\mathrm{d}\sigma_n}{\mathrm{d}\theta} = 0$。故 σ_n 取极值时有：$(\sigma_{22} - \sigma_{11})\sin2\theta + 2\sigma_{12}\cos2\theta = 0$。亦即

$$\tan2\theta = \frac{2\sigma_{12}}{\sigma_{11} - \sigma_{22}} \tag{6.9}$$

根据式(6.6)，对应的正应力为：

$$\begin{aligned}
\sigma_n &= \sigma_{11}\cos^2\theta + \sigma_{22}\sin^2\theta + 2\sigma_{12}\sin\theta\cos\theta \\
&= \sigma_{11}\frac{\cos2\theta + 1}{2} + \sigma_{22}\frac{1 - \cos2\theta}{2} + \sigma_{12}\sin2\theta
\end{aligned}$$

$$= \frac{1}{2}(\sigma_{11} + \sigma_{22}) + \frac{1}{2}(\sigma_{11} - \sigma_{22})\cos2\theta + \sigma_{12}\sin2\theta$$

$$= \frac{1}{2}(\sigma_{11} + \sigma_{22}) + \cos2\theta\left[\frac{1}{2}(\sigma_{11} - \sigma_{22}) + \sigma_{12}\tan2\theta\right]$$

$$= \frac{1}{2}(\sigma_{11} + \sigma_{22}) \pm \frac{1}{\sqrt{1 + \tan^2 2\theta}}\left[\frac{1}{2}(\sigma_{11} - \sigma_{22}) + \sigma_{12}\tan2\theta\right]$$

$$= \frac{1}{2}(\sigma_{11} + \sigma_{22}) \pm \frac{1}{\sqrt{1 + \left(\dfrac{2\sigma_{12}}{\sigma_{11} - \sigma_{22}}\right)^2}}\left[\frac{1}{2}(\sigma_{11} - \sigma_{22}) + \sigma_{12}\frac{2\sigma_{12}}{\sigma_{11} - \sigma_{22}}\right]$$

$$= \frac{1}{2}(\sigma_{11} + \sigma_{22}) \pm \frac{1}{2(\sigma_{11} - \sigma_{22})}\frac{|\sigma_{11} - \sigma_{22}|}{\sqrt{(\sigma_{11} - \sigma_{22})^2 + 4\sigma_{12}^2}}(\sigma_{11} - \sigma_{22})^2 + 4\sigma_{12}^2$$

$$= \frac{1}{2}\left(\sigma_{11} + \sigma_{22} \pm \sqrt{(\sigma_{11} - \sigma_{22})^2 + 4\sigma_{12}^2}\right) \tag{6.10}$$

故最大、最小正应力 σ_1、σ_2 分别为:

$$\begin{cases} \sigma_1 = \dfrac{1}{2}\left[\sigma_{11} + \sigma_{22} + \sqrt{(\sigma_{11} - \sigma_{22})^2 + 4\sigma_{12}^2}\right] \\[3mm] \sigma_2 = \dfrac{1}{2}\left[\sigma_{11} + \sigma_{22} - \sqrt{(\sigma_{11} - \sigma_{22})^2 + 4\sigma_{12}^2}\right] \end{cases} \tag{6.11}$$

此时,对应的切应力为零(将式(6.9)代入式(6.8)即可推知)。

由以上分析可知,存在特殊的对应角度为 θ 截面,该截面上的正应力 σ_n 就等于其牵引力 $\boldsymbol{P}$。亦即 $\sigma_n \boldsymbol{n} = \boldsymbol{P}$。顾及式(6.5),此时有: $\sigma_n n_i \boldsymbol{e}_i = \sigma_n \delta_{ji} n_j \boldsymbol{e}_i = \sigma_{ij} n_j \boldsymbol{e}_i$,其中 δ_{ji} 为克罗内克符号。故 $(\sigma_{ij} - \sigma_n \delta_{ji}) n_j \boldsymbol{e}_i = 0$。此时 σ_n 为二阶实对称矩阵 $[\sigma_{ij}]$ 的特征值。这些特征值为主应力,其对应的特征向量为主应力对应的截面法向向量 $\boldsymbol{n}$。这些法向向量即为应力主轴。在应力主轴坐标系下,与主轴对应的截面上只有主应力,而剪应力为零。

式(6.9)定义了互相正交的两个方向,在这两个方向上,一点上的法向应力一为最大,一为最小,切应力为零。这两方向构成应力的主轴,主轴上的应力称为主应力,通常用 σ_1 和 σ_2 表示 ($\sigma_1 > \sigma_2$)。式(6.9)的重要意义在于,如果已知一点上的应力状态,就可立即得出主轴方向和主应力值;知道了这些,把主轴取作参考轴,情况就简单多了。这样,取参考轴作为新的 x,y 轴,则在该坐标系下,式(6.6)和式(6.7)中有如下等式成立,$\sigma_{11} = \sigma_1$,$\sigma_{22} = \sigma_2$,$\sigma_{12} = 0$;若一平面的法线与 x 轴成 θ 角,则通过该平面的法向应力 σ 和切应力 τ 为:

$$\sigma = \sigma_1 \cos^2\theta + \sigma_2 \sin^2\theta = \frac{1}{2}(\sigma_1 + \sigma_2) + \frac{1}{2}(\sigma_1 - \sigma_2)\cos2\theta \tag{6.12}$$

$$\tau = -\frac{1}{2}(\sigma_1 - \sigma_2)\sin2\theta \tag{6.13}$$

由式(6.12)、式(6.13)可知,法向应力 σ 和切应力 τ 满足如下关系:

$$\left[\sigma - \frac{1}{2}(\sigma_1 + \sigma_2)\right]^2 + \tau^2 = \frac{1}{4}(\sigma_1 - \sigma_2)^2 \tag{6.14}$$

式(6.14)即为应力莫尔圆的方程。

6.1.4 应力莫尔圆

在应力分析中,有一种重要的图解方法,称为应力莫尔圆,它能完整地代表一点的应力状态。如图 6.4 表示一点平面应力状态的应力莫尔圆,图中横坐标代表正应力 σ,纵坐标代表剪应力 τ,图中以 C 点为圆心,以 CM 为半径的圆上的任何一点的横坐标与纵坐标就代表了二维空间中某一截面上的正应力与剪应力。

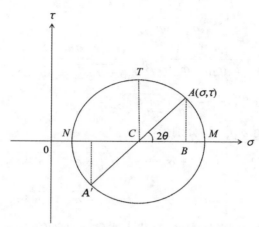

图 6.4 一点平面应力状态的应力莫尔圆

6.1.5 三维主应力、主方向、主平面

随着单元体取向的改变,应力分量也将变化。可以证明,能够找到这样一种取向:单元体表面上的剪应力分量都为零,即三个正交截面上没有剪应力作用而只有正应力作用,这种情况下的正应力称为该点的主应力,分别以 σ_1、σ_2、σ_3 表示,并在代数值上(规定压应力为正,拉应力为负)保持 $\sigma_1 > \sigma_2 > \sigma_3$。主应力的方向称为该点的应力主方向,三个截面则称为该点的三个主平面。显而易见,一点的 3 个主应力就决定了该点的应力状态。当 3 个主应力中有 2 个为零时,称为单轴应力,有 1 个为零时,称为双轴应力或平面应力,当 3 个主应力都不为零时,称为三轴应力。

6.1.6 静水应力与偏斜应力

对于一般的平面应力状态,可看成是由各向等值拉应力状态或各向等值压应力状态与等值拉压应力(纯剪应力)的合成。可设想为首先形成一个圆心在原点的应力圆,然后向纵坐标左边或右边移动圆心位置即成。反之,也可以说,平面一般应力状态可以分解成两部分,其一为各向等值拉应力或等值压应力状态;其二为等值拉压应力状态。前者又称为静水应力状态,后者又称为偏斜应力状态。静水应力状态的主应力为(朱志澄,1999):

$$\sigma_{h_1} = \sigma_{h_2} = \sigma_m = \frac{1}{2}(\sigma_1 + \sigma_2) \tag{6.15}$$

式(6.15)即平均应力。偏斜应力状态的主应力(即主偏应力)为:

$$\begin{cases} \sigma'_1 = \sigma_1 - \sigma_m = \dfrac{1}{2}(\sigma_1 - \sigma_2) \\[2mm] \sigma'_2 = \sigma_2 - \sigma_m = -\dfrac{1}{2}(\sigma_1 - \sigma_2) \end{cases} \tag{6.16}$$

与平面应力状态一样,三维空间应力状态也可分解成静水应力状态与偏斜应力状态。其静水应力状态

$$P = \begin{pmatrix} \sigma_m & 0 & 0 \\ 0 & \sigma_m & 0 \\ 0 & 0 & \sigma_m \end{pmatrix} \tag{6.17}$$

其中, $\sigma_m = \dfrac{1}{3}(\sigma_1 + \sigma_2 + \sigma_3)$ 为空间应力状态下的平均应力。偏斜应力状态的矩阵形式为:

$$S = \begin{pmatrix} S_x & S_{xy} & S_{xz} \\ S_{yx} & S_y & S_{yz} \\ S_{zx} & S_{zy} & S_z \end{pmatrix} = \begin{pmatrix} \sigma_x - \sigma_m & \tau_{xy} & \tau_{xz} \\ \tau_{yx} & \sigma_y - \sigma_m & \tau_{yz} \\ \tau_{zx} & \tau_{zy} & \sigma_z - \sigma_m \end{pmatrix} \tag{6.18}$$

静水应力引起物体的体积变化,偏斜应力引起物体的形状变化。

6.1.7 地壳应力场

受力物体内的每一点都存在与之对应的应力状态,物体内各点的应力状态在物体占据的空间内组成的总体,称为应力场。物体内各点的应力状态相同时,组成均匀应力场,否则组成非均匀应力场。由于上覆岩石压力

$$\sigma_h = \rho g h \tag{6.19}$$

其中, ρ 是岩石密度, g 是重力加速度, h 是距地表的深度。随深度而变化及地壳岩石的非均匀性,地壳中不存在理想的均匀应力场。由构造作用形成的应力场称构造应力场。地壳岩石中存在的应力称为地应力。地应力除了构造应力外,还有非构造应力,如由重力引起的应力、地形引起的应力、开挖引起的应力和人工载荷引起的应力,等等。后三者影响范围有限,往往仅在局部应力场中起作用。在区域应力场和全球应力场中,一般都有重力应力和构造应力的双重作用,不过两者所占的比例随区域而变化。

在地史时间内,地应力场是随时间发生演变的。这类随时间而变化的应力场称为非定常应力场(朱志澄,1999):

$$\sigma_{ij} = \sigma_{ij}(x, y, z, t) \tag{6.20}$$

当所研究的时间段较短时,近似地认为地应力场不随时间变化,即

$$\sigma_{ij} = \sigma_{ij}(x, y, z) \tag{6.21}$$

这时的应力场称为定常应力场,或近似地认为是瞬时应力场。

在地史时期作用的应力场称为古应力场,现今作用的应力场称为现今应力场。古应力场的研究,对于探讨地壳运动规律,指导成矿预测等,具有重要的意义。现今应力场的研

究，对于地震预报分析和工程场地稳定性评价，具有重要的意义。

古应力场的研究，通常采用节理统计方法和位错密度，亚颗粒粒径等显微和超显微构造研究方法(万天丰，1988)。现今应力场的研究主要有应力解除法、水压致裂法、震源机制解法等。不管是古应力场还是现今应力场研究，模拟方法都能起到重要作用(曾佐勋，刘立林，1992)。不管是古应力测量还是现今应力测量，由于地质条件、工作方法与工作量的限制，往往只能得到一些局部的数据。以这些已知数据为基础，配合其他地质条件研究，可利用数学模拟(如有限元法)和物理模拟(如光弹性法)方法，获得更为详尽的应力场资料。

6.1.8　库仑应力

地震(或火山)的发生会造成后续断层(或火山)的力学性质及物理、化学性质的改变，抑制或加速断层错动(或火山活动)。针对这类现象的基本研究内容是：地震间、火山间以及地震与火山间可能存在相互作用的因果关系。研究中的关键评价指标为库仑应力，其为地震激发的应力张量在断层面上沿断层滑动方向的投影(剪切力)和沿断层法向的投影(正应力)的线性叠加。

围绕库仑应力所展开的研究由来已久。Das 和 Scholz(1981)首次指出地震激发的静态库仑应力变化能触发邻近断层上的地震。Stein 和 Lisowski(1983)研究了 1979 年美国加州 Homestead Valley 地震序列的震后库仑应力场和其余震分布的空间相关性，发现大部分余震发生在库仑应力至少增加 0.3MPa 的区域内。Oppenheimer 等(1988)分析了 1984 年美国加州 Morgan Hill 地震，发现同震库仑应力仅仅增加十分之几兆帕的区域与余震活动剧烈的区域相一致。1992 年美国加州 Landers 地震发生后不久，Stein 等(1992)计算了 1992 年 Landers 地震及其附近 1979 年以来 6 级以上地震对 San Andreas 断层系统的应力扰动情况，并评价了未来地震的发展趋势。King 等(1994)详细讨论了库仑应力模型并以 1992 年 Landers 地震为例进行了案例分析。

地震断层面上的库仑应力变化为(King et al., 1994; Steacy et al., 2005)：

$$\Delta CFS = \Delta \tau + \mu' \Delta \sigma_n \tag{6.22}$$

式中，$\Delta \tau$ 和 $\Delta \sigma_n$ 分别为断层面上地震前后的剪应力变化和正应力变化，μ' 为断层面上的有效摩擦系数。根据弹性力学知识采用张量运算记法，剪应力变化和正应力变化分别为：$\Delta \tau = s \cdot \sigma \cdot n$ 且 $\Delta \sigma_n = n \cdot \sigma \cdot n$，其中，$s$ 为断层滑动方向单位向量，n 为断层面单位法向量，σ 为地震激发的二阶应力张量。库仑应力模型具体可以表述为(Wang et al., 2014)：

$$
\begin{aligned}
\Delta CFS = \sin\lambda \Big[&- \frac{1}{2}\sin^2\phi\sin(2\delta)\sigma_{11} + \frac{1}{2}\sin(2\phi)\sin(2\delta)\sigma_{12} + \sin\phi\cos(2\delta)\sigma_{13} \\
&- \frac{1}{2}\cos^2\phi\sin(2\delta)\sigma_{22} - \cos\phi\cos(2\delta)\sigma_{23} + \frac{1}{2}\sin(2\delta)\sigma_{33} \Big] \\
+ \cos\lambda \Big[&- \frac{1}{2}\sin(2\phi)\sin\delta\sigma_{11} + \cos(2\phi)\sin\delta\sigma_{12} + \cos\phi\cos\delta\sigma_{13} \\
&+ \frac{1}{2}\sin(2\phi)\sin\delta\sigma_{22} + \sin\phi\cos\delta\sigma_{23} \Big] + \mu' \Big[\sin^2\phi\sin^2\delta\sigma_{11}
\end{aligned}
$$

$$- \sin(2\phi)\sin^2\delta\sigma_{12} - \sin\phi\sin(2\delta)\sigma_{13} + \cos^2\phi\sin^2\delta\sigma_{22}$$
$$+ \cos\phi\sin(2\delta)\sigma_{23} + \cos^2\delta\sigma_{33}]$$

$$(6.23)$$

式中，$\{\sigma_{ij} | i, j \in \{1, 2, 3\}\}$ 为地震激发的二阶应力张量各分量，应力张量各分量位于局部笛卡儿直角坐标系，其坐标轴 x、y 和 z 分别指北、指东和垂直向上；ϕ、δ 和 λ 分别为接收断层的走向、倾角和滑动角；μ' 为断层面上的有效摩擦系数，一般取 0.4。该经验性参数对库仑应力空间分布影响不大，但对库仑应力的值有一定的影响，它主要影响断层面上的剪切力和正应力的相对权重。

基于位错理论并结合源断层模型可以计算地震激发的应力张量，进而可以利用库仑应力模型计算库仑应力。因此，计算库仑应力需已知源断层模型。源断层模型采用两种方法实现：其一是采用 Wells 和 Coppersmith（1994）的经验公式计算断层的长度、宽度和滑动量；其二是对个别地震直接采用已发布的精细断层滑动分布模型。

计算库仑应力除了需已知源断层，也需已知用于投影上述应力张量的接收断层面。利用基于 Okada 位错理论（Okada，1992）计算地震激发的应力张量，将其与其他相关参数（接收断层和有效摩擦系数）代入上述库仑应力模型，即可求解指定接收断层面上的库仑应力变化，如图 6.5 所示（彩图见附录二维码）。

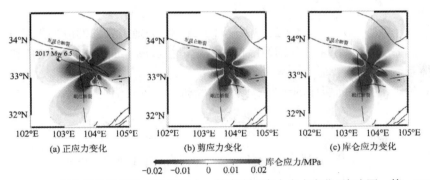

图 6.5　2017 年九寨沟地震造成的正应力、剪应力和库仑应力变化（许才军，等，2018）

当接收断层面信息不明确时，人们通常采用最佳失稳面（Optimally Oriented Failure Plane）作为接收断层。最佳失稳面是在背景构造应力和地震应力共同约束下，地壳裂隙发生失稳破裂的平面（King et al.，1994）。该失稳断层面由以下参数确定：断层面上参考点的经度、纬度和深度，以及断层面的走向、倾角和滑动角。利用源断层位错模型和失稳断层面上参考点的经度、纬度和深度参数，并结合弹性位错理论，可以计算源断层在接收断层面上激发的地震应力张量。如果再进一步确定了断层面的走向、倾角和滑动角参数，那么便可将这些参数和地震应力张量代入公式（6.23）即可求解最佳断层面上的库仑应力变化。最佳失稳面的走向、倾角和滑动角参数及最佳失稳面上的库仑应力 $\Delta\mathrm{CFS}_{\mathrm{opt}}$ 由如下公式所确定（Wang et al.，2021）：

$$\begin{cases} \{(\phi_{\mathrm{opt}}, \delta_{\mathrm{opt}}, \lambda_{\mathrm{opt}}) | \max\Delta\mathrm{CFS}(\sigma_e + \sigma_t, \phi, \delta, \lambda, \mu'); \\ \quad \phi \in [\phi_1, \phi_2], \delta \in [\delta_1, \delta_2], \lambda \in [\lambda_1, \lambda_2]\} \\ \Delta\mathrm{CFS}_{\mathrm{opt}} = \Delta\mathrm{CFS}(\sigma_e, \phi_{\mathrm{opt}}, \delta_{\mathrm{opt}}, \lambda_{\mathrm{opt}}, \mu') \end{cases}$$

$$(6.24)$$

式中，ϕ_{opt}、δ_{opt} 和 λ_{opt} 分别为最佳失稳接收断层面的走向、倾角和滑动角。σ_e 和 σ_t 分别为地震应力张量和背景构造应力场。ϕ、δ 和 λ 分别为某个接收断层的走向、倾角和滑动角。μ' 为有效摩擦系数。$[\phi_1，\phi_2] \times [\delta_1，\delta_2] \times [\lambda_1，\lambda_2]$ 分别为接收断层走向、倾角和滑动角构成的参数空间。

最佳左旋走滑接收断层面的走向、倾角和滑动角由下式确定：

$$
\begin{cases}
\phi_{opt} = \begin{cases}
\dfrac{1}{2}\arctan\dfrac{A}{B} + \dfrac{1}{2}K\pi\,(K = 1，3;\ \text{if } B < 0) \\[2mm]
\dfrac{1}{2}\arctan\dfrac{A}{B} + K\pi\,(K = 0，1;\ \text{if } A \geqslant 0，B \geqslant 0) \\[2mm]
\dfrac{1}{2}\arctan\dfrac{A}{B} + K\pi\,(K = 1，2;\ \text{if } A < 0，B \geqslant 0)
\end{cases} \\[8mm]
\delta_{opt} = \dfrac{\pi}{2}，\ \lambda_{opt} = 0 \\[3mm]
A = \dfrac{1}{2}(\sigma_{22} - \sigma_{11}) - \mu'\sigma_{12} \\[3mm]
B = \dfrac{1}{2}\mu'(\sigma_{22} - \sigma_{11}) + \sigma_{12}
\end{cases}
\tag{6.25}
$$

式中，$\{\sigma_{ij} \mid \sigma_{ij} = \sigma_{ij}^e + \sigma_{ij}^t，i = 1，2，3，j = 1，2，3\}$ 为地震激发的应力张量 σ_e 和背景应力场 σ_t 之和。ϕ_{opt}、δ_{opt} 和 λ_{opt} 分别为最佳左旋走滑接收断层面的走向、倾角和滑动角。μ' 为有效摩擦系数。

最佳右旋走滑接收断层面的走向、倾角和滑动角由下式确定：

$$
\begin{cases}
\phi_{opt} = \begin{cases}
\dfrac{1}{2}\arctan\dfrac{A}{B} + \dfrac{1}{2}K\pi\,(K = 1，3;\ \text{if } B < 0) \\[2mm]
\dfrac{1}{2}\arctan\dfrac{A}{B} + K\pi\,(K = 0，1;\ \text{if } A \geqslant 0，B \geqslant 0) \\[2mm]
\dfrac{1}{2}\arctan\dfrac{A}{B} + K\pi\,(K = 1，2;\ \text{if } A < 0，B \geqslant 0)
\end{cases} \\[8mm]
\delta_{opt} = \dfrac{\pi}{2}，\ \lambda_{opt} = \pi \\[3mm]
A = \dfrac{1}{2}(\sigma_{11} - \sigma_{22}) - \mu'\sigma_{12} \\[3mm]
B = \dfrac{1}{2}\mu'(\sigma_{22} - \sigma_{11}) - \sigma_{12}
\end{cases}
\tag{6.26}
$$

上式符号含义与公式（6.25）相同。

最佳逆冲类型接收断层面的倾角和滑动角分别为：$\delta_{opt} = \dfrac{1}{2}\arctan\dfrac{1}{\mu'}$、$\lambda_{opt} = \dfrac{\pi}{2}$，其走向 ϕ_{opt} 由下列方程的解确定：

$$
\begin{aligned}
&4(A_1^2 + A_2^2)x^4 + 4(A_1A_4 + A_2A_3)x^3 - (4A_1^2 + 4A_2^2 - A_3^2 - A_4^2)x^2 \\
&\quad - (4A_1A_4 + 2A_2A_3)x + (A_2^2 - A_4^2) = 0
\end{aligned}
\tag{6.27}
$$

其中，$x = \cos\phi_{\text{opt}}$。$\{A_i \mid i = 1, 2, 3, 4\}$ 的具体形式如下：

$$
\begin{cases}
k_{11} = \left(-\dfrac{1}{2}\sin\lambda\sin2\delta + u'\sin^2\delta \right)\sigma_{11} \\[2mm]
k_{12} = \left(\dfrac{1}{2}\sin\lambda\sin2\delta - u'\sin^2\delta \right)\sigma_{12} \\[2mm]
k_{13} = \left(\sin\lambda\cos2\delta - u'\sin2\delta \right)\sigma_{13} \\[2mm]
k_{22} = \left(-\dfrac{1}{2}\sin\lambda\sin2\delta + u'\sin^2\delta \right)\sigma_{22} \\[2mm]
k_{23} = \left(-\sin\lambda\cos2\delta + u'\sin2\delta \right)\sigma_{23} \\[2mm]
g_{11} = -\dfrac{1}{2}\cos\lambda\sin\delta\,\sigma_{11} \\[2mm]
g_{12} = \cos\lambda\sin\delta\,\sigma_{12} \\[2mm]
g_{13} = \cos\lambda\cos\delta\,\sigma_{13} \\[2mm]
g_{22} = \dfrac{1}{2}\cos\lambda\sin\delta\,\sigma_{22} \\[2mm]
g_{23} = \cos\lambda\cos\delta\,\sigma_{23} \\[2mm]
A_1 = k_{11} - k_{22} - 2g_{12} \\[2mm]
A_2 = 2k_{12} + 2g_{11} + 2g_{22} \\[2mm]
A_3 = k_{13} + g_{23} \\[2mm]
A_4 = -k_{23} - g_{13}
\end{cases}
\tag{6.28}
$$

式中，δ 和 λ 分别对应 δ_{opt} 和 λ_{opt}，其他符号含义与公式（6.25）相同。

最佳正断层类型接收断层面的倾角和滑动角分别为：$\delta_{\text{opt}} = \dfrac{\pi}{2} - \dfrac{1}{2}\arctan\dfrac{1}{\mu'}$，$\lambda_{\text{opt}} = -\dfrac{\pi}{2}$，其走向 ϕ_{opt} 也由方程（6.27）的解所确定。

目前国际上已发布三款专门用于计算地震激发的库仑应力软件，包括 Coulomb 3.4（Toda 等，2011）、PSGRN/PSCMP（Wang et al.，2006）和 AutoCoulomb（Wang et al.，2021）。这三类软件均可以计算均匀弹性半空间内的地震断层同震错动所造成的同震库仑应力变化，而 PSGRN/PSCMP 也可以计算径向分层地球介质模型下的同震和震后库仑应力变化。此外，Coulomb3.4 和 AutoCoulomb 软件可以计算二维最佳接收断层面及该类接收断层面上的同震库仑应力变化。PSGRN/PSCMP 软件采用解析法可以直接计算三维最佳接收断层面及该类接收断层面上的同震和震后库仑应力变化。AutoCoulomb 软件也可以采用解析法计算三维最佳接收断层面及该类接收断层面上同震库仑应力变化，并通过导入其他软件计算的震后黏弹性应力张量后可以计算震后库仑应力变化。

6.2 地壳应变及其计算方法

6.2.1 变形和位移

当地壳中岩石体受到应力作用后，其内部各质点经受了一系列的位移，从而使岩石体的初始形状、方位或位置发生了改变，这种改变通常称为变形。从几何学的角度来看，研究物体的变形需要比较物体内各质点的位置在变形前后的相对变化。为此，首先要确定参考坐标系。物体的位移是通过其内部各质点的初始位置和终止位置的变化来表示的。质点的初始位置和终止位置的连线叫位移矢量。这条连线并不代表质点的真正位移路径，只表示位移的最终结果(图 6.6)。位移可以通过物体内一个网格的变化形象地表示出来。位移的基本方式可分为四种：平移、旋转、形变和体变(图 6.6)。

平移和旋转是指刚体的平移和旋转，是物体相对于外部坐标作整体的平移或旋转。这种位移并不引起物体内部各质点间相对位置的变化，因此，并不会改变物体的形状。

体变和形变分别指体积的变化和形状的变化。体变和形变使物体内部各质点间的相对位置发生了改变，从而改变了物体的大小和形状，即引起了物体的应变。因此，应变是物体在应力作用下的形状和大小的改变量，有时也包含一定程度的旋转。

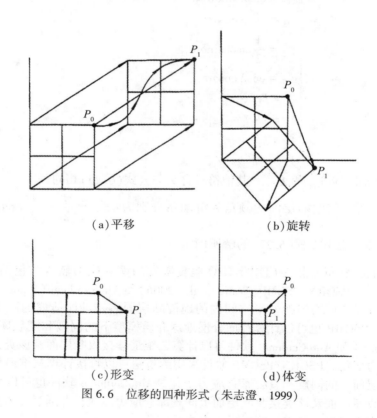

（a）平移　　　　　　　　　（b）旋转

（c）形变　　　　　　　　　（d）体变

图 6.6　位移的四种形式 (朱志澄，1999)

6.2.2　应变的度量

应变与应力状态的含义不同，是表示物体变形的程度。应力状态是指某一瞬间作用于物体上的应力情况，而应变是指与初始状态比较的物体变形后的状态。应变是物体受应力作用发生变形的产物，应力和应变之间的关系是一种因果关系。变形的结果引起物体内质点之间的线段长度的变化或两条相交线段之间的角度的变化，前者为线应变，后者为剪应变。测量这种变化,就可以计算出物体应变的大小和方向,即确定其应变状态。

1)线应变

在应变分析中,设 l 是两相邻点 O 和 P 之间的距离,l' 是应变后的相应点 O' 和 P' 之间的距离,线应变 ε_l 指变形前后单位长度的改变量:

$$\varepsilon_l = \frac{l' - l}{l} = \frac{\mathrm{d}l}{l} \qquad (6.29)$$

线应变视 $\mathrm{d}l$ 的符号为正(伸张)或为负(压缩)而有张应变和压应变之分。

2)剪应变

变形前相互垂直的两条直线,变形后其夹角偏离直角的量称为角剪切应变(图6.7、图6.8),或简称角剪应变,其正切称为剪应变:

$$\gamma = \tan\varphi \qquad (6.30)$$

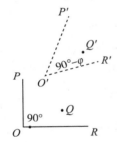

图6.7 变形前后直线角度变化

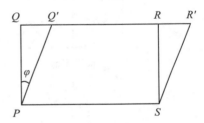

图6.8 初始矩形形状变化

6.2.3 均匀应变和非均匀应变

物体的变形有各种不同的方式。根据物体内各点的应变状态的变化与否可将物体的变形分为均匀变形与非均匀变形。在非均匀变形中,根据应变变化连续与否又可细分为连续变形和不连续变形(朱志澄,1999)。

1. 均匀变形

物体内各点的应变特征相同的变形称为均匀变形。其特征是:变形前的直线变形后仍是直线;变形前的平行线变形后仍然平行。因此,其中任一个小单元体的应变性质(大小和方向)就可代表整个物体的变形特征。在三维均匀变形中,圆球变成了椭球,单位圆球变形而成的椭球称为应变椭球。

2. 非均匀变形

物体内各点的应变特征发生变化的变形称为非均匀变形。与均匀变形相反,直线经变形后不再是直线,而成了曲线或折线,平行线经变形后不再保持平行。这时,圆变形后亦不再是圆或椭圆(图6.9、图6.10)。如果物体内从一点到另一点的应变状态是逐渐改变的,则称为连续变形;如果是突然改变的,则应变是不连续的,称为不连续变形。例如物体的两部分之间发生了断裂(图6.9c),在分析连续的非均匀变形时,可以把变形的物体分割成许多无限小的单元体。这时,每一个单元体的变形可以当作均匀变形来处理。地质上大多数变形是不均匀的，常见的褶皱就是一种典型的非均匀变形。原始平行的平直的层间界面被弯曲成褶皱后就成了曲面，而且上下界面也不一定仍互相保持平行，垂直层面的平行线可以变成扇形。这时就不可能用一个单元体的应变来表示整套岩层或岩体的应变。如果应变变化是连续的，则可用各微小单元体的应变特征及其系统变化来表示总体构造的特征(图6.10)。有些非均匀应变从宏观的尺度上可以近似地看成均匀变形，从而以一个平均的应变椭球来表示其总的变形特征。反之，有些在露头上或肉眼看来是均匀的变形，在更小的尺度上却可表现为不连续变形。

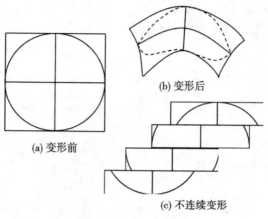

(a) 变形前　　(b) 变形后　　(c) 不连续变形

图 6.9　非均匀变形(朱志澄，1999)

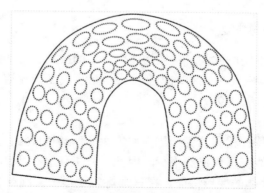

总的变形是非均匀的、每个小圆近似于均匀变形而成椭圆，相邻椭圆的形态和方位作系统的变化

图 6.10　弯曲变形(朱志澄，1999)

通常我们认为地壳应变属于无限小应变且是均匀应变。

现在讨论二维无限小应变。设有两条互相垂直、并分别平行于 x 轴和 y 轴的微小线段 $PS = \Delta x$ 和 $PQ = \Delta y$ 位于 xoy 平面上，如图 6.11 所示。在应力作用下，P，Q，S 点分别位移到 P'，Q'，S' 点，设 P 点的坐标位移量为 u 和 v，PS 的相对坐标位移量为 Δu 和 Δv，PQ 的相对坐标位移量为 $\Delta u'$ 和 $\Delta v'$，则 PS 形变后的长度为：

$$P'S' = \sqrt{(\Delta x + \Delta u)^2 + \Delta v^2} = \Delta x \sqrt{\left(1 + \frac{\Delta u}{\Delta x}\right) + \left(\frac{\Delta v}{\Delta x}\right)^2} \approx \Delta x \left(1 + \frac{\Delta u}{\Delta x}\right)$$

故 PS 线段的线应变为

$$\varepsilon_x = \frac{P'S' - PS}{PS} = \frac{\Delta x \left(1 + \frac{\Delta u}{\Delta x}\right) - \Delta x}{\Delta x} = \frac{\Delta u}{\Delta x}$$

按无限小应变假设，视 Δx 为无限小，则上式趋向一个极限

$$\varepsilon_x = \frac{\partial u}{\partial x} \tag{6.31a}$$

在形变未引起断裂的情况下，P 点的坐标位移量 u 和 v 应是 (x, y) 的函数。因此，一点在 x 轴方向的线应变 ε_x 是函数 $u(x, y)$ 对 x 的偏导数。

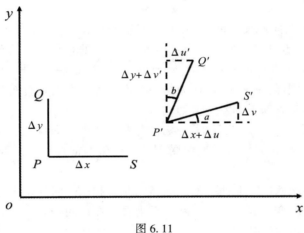

图 6.11

同样，可以导出一点在 y 轴方向的线应变：

$$\varepsilon_y = \frac{P'Q' - PQ}{PQ} = \frac{\Delta v'}{\Delta y} = \frac{\partial v}{\partial x} \tag{6.31b}$$

由于偏导数都是就 P 点来取的，可以不区分 v 和 v'。

如图 6.11 所示，线段 PS 和 PQ 原来是垂直的，$\angle QPS = 90°$，形变后角度减小了 $a + b$，这两线段交角的变化(在此情况下也是两轴交角的变化)的正切，就是切应变，用 γ_{xy} 或 γ_{yx} 表示，故

$$\gamma_{xy} = \tan(a + b) \approx \tan a + \tan b$$

由图 6.11 可得

$$\tan a = \frac{\Delta v}{\Delta x + \Delta u} = \frac{\Delta v}{\Delta x \left(1 + \frac{\Delta u}{\Delta x}\right)} \approx \frac{\Delta v}{\Delta x} \approx \frac{\partial v}{\partial x}$$

同样可以导出

$$\tan b = \frac{\partial u}{\partial y}$$

于是

$$\gamma_{xy} = \gamma_{yx} = \frac{\partial v}{\partial x} + \frac{\partial u}{\partial y} \tag{6.32}$$

γ_{xy} 可以取正值，也可以取负值，视形变后的角度小于或大于 90° 而定。

已知 ε_x，ε_y 和 γ_{xy}，可按下式求出任意方位角 α 上的线应变

$$\varepsilon_\alpha = \varepsilon_x \cos^2\alpha + \gamma_{xy}\sin\alpha\cos\alpha + \varepsilon_y \sin^2\alpha \tag{6.33}$$

还可以按下式求出任意方位角 α 及其垂直方向 90°+α 之间的切应变

$$\gamma_{\alpha,\ 90+\alpha} = (\varepsilon_x - \varepsilon_y)\sin2\alpha + \gamma_{xy}\cos2\alpha \tag{6.34}$$

就方向 45° 和 135° 按上式得出

$$\gamma_1 = \gamma_{45,\ 135} = \varepsilon_x - \varepsilon_y \tag{6.35}$$
$$\gamma_2 = \gamma_{xy}$$

γ_1 表示形变中东西向伸长和南北向压缩的纯剪切部分；与刚体旋转结合，使纯剪切变为简单剪切，则 γ_1 也可以认为是一个走向为 N45°W 的垂直面上的右旋剪切，或者是一个走向为 N45°E 的垂直面上的左旋剪切。γ_2 代表形变中北东—南西向伸长和北西—南东向压缩的纯剪切部分；同样，γ_2 也可以认为是一个走向为东西的垂直面上的右旋剪切，或者是一个走向为南北的垂直面上的左旋剪切。

由以上的定义可知，当 γ_1 为正时，表示地块受到东西向伸长、南北向压缩的形变；为负时则相反。当 γ_2 为正时，表示地块受到北东—南西向伸长、北西—南东向压缩的形变；为负时则相反。

如果已知北东—南西向、北西—南东向、南北向和东西向的切应变，就可以了解作用于很多断层面上的切应变。因为从全球断裂系来看，在这四个方向上的断层走向居多。所以 γ_1 和 γ_2 在应变分析中极其重要。

应变的第三种形式是面膨胀 Δ。由图 6.12，矩形 PQRS 的面积为

$$F = \Delta x \cdot \Delta y$$

形变后的平行四边形 PQ′R′S′ 的面积为

$$F' = (\Delta x + \varepsilon_x\Delta x)(\Delta y + \varepsilon_y\Delta y) = \Delta x\Delta y(1+\varepsilon_x)(1+\varepsilon_y) \approx \Delta x\Delta y(1+\varepsilon_x+\varepsilon_y)$$

故面膨胀：

$$\Delta = \frac{dF}{F} = \frac{F'-F}{F} = \frac{\Delta x\Delta y(1+\varepsilon_x+\varepsilon_y) - \Delta x\Delta y}{\Delta x\Delta y} = \varepsilon_x + \varepsilon_y \tag{6.36}$$

应变的第四种形式是刚体旋转角。如图 6.13 所示，PE 为直角 QPS 的平分线；此直角形变后成为 ∠Q′PS′，角平分线 PE 形变后旋转到 PE′ 的方向，所旋转的角度 ω 称为刚体旋转角。由图可得

$$\omega = \angle E'PS' - \angle EPS' = \frac{1}{2}(90° - a - b) - (45° - a)$$
$$= \frac{1}{2}(a-b) \approx \frac{1}{2}(\tan a - \tan b) \approx \frac{1}{2}\left(\frac{\partial v}{\partial x} - \frac{\partial u}{\partial y}\right) \tag{6.37}$$

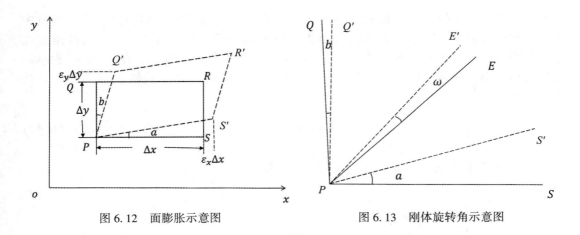

图 6.12　面膨胀示意图　　　　　　　图 6.13　刚体旋转角示意图

如前所述，若平面坐标系的 y 轴指北，则 ε_x，ε_y 和 γ_{xy} 分别表示一点上东西方向和南北方向的伸缩率（线应变）以及这两方向之间的角度的变化（切应变），这是一组应变量。就任一地面点来说，在方位角为 α 的任一方向以及与其垂直的方向上，都有一组应变量 ε_α，$\varepsilon_{\alpha+90°}$ 和 $\gamma_{\alpha,\alpha+90°}$。按弹性力学理论，在这许许多多成对的方向中，存在着一对互相垂直的特殊方向，它们的线应变分别达到最大值 ε_1 和最小值 ε_2，称为主应变，按下式计算：

$$\varepsilon_1 = \frac{1}{2}(\varepsilon_x + \varepsilon_y) + \frac{1}{2}\left[(\varepsilon_x - \varepsilon_y)^2 + \gamma_{xy}^2\right]^{1/2}$$
$$\varepsilon_2 = \frac{1}{2}(\varepsilon_x + \varepsilon_y) - \frac{1}{2}\left[(\varepsilon_x - \varepsilon_y)^2 + \gamma_{xy}^2\right]^{1/2}$$

(6.38)

按上节表示主应力的方法，取主轴为坐标轴，则主应变 ε_1 和 ε_2 可以表示为

$$\varepsilon_1 x^2 + \varepsilon_2 y^2 = k \qquad (6.39)$$

这一方程称为应变圆锥曲线。若 ε_1 和 ε_2 同符号，此曲线为椭圆；若两者反符号，则为双曲线；若 $\varepsilon_2 = -\varepsilon_1$，则为等轴双曲线。

上面按图 6.12 推导了面膨胀 Δ 的式子。由前可知，$\sigma_x + \sigma_y$ 是一个不变量，所以任意两个呈垂直的方向上的线应变之和也是一个常量，它表示一个小区域在应力作用下所产生的面膨胀，故由两个主应变可得出

$$\Delta = \varepsilon_1 + \varepsilon_2 \qquad (6.40)$$

利用主应变 ε_1 和 ε_2，不仅可以求出面膨胀 Δ，还可以计算最大切应变 γ_m

$$\gamma_m = \varepsilon_1 - \varepsilon_2 \qquad (6.41)$$

发生最大切应变的方向同主应变方向成 45° 的角。当利用三角测量解析地壳形变时，这一点极其重要。

在主应变轴方向上，切应变为零；在与之成 45° 的方向上，切应变达到最大值 γ_m，如图 6.14 所示。切应变随着方位角的变化，显示为对称的玫瑰花瓣状，称为应变片花（Vanick，1982）。

由上所述，可知用于描述水平应变的基本参数是 ε_x，ε_y 和 $\frac{1}{2}\gamma_{xy}$；也就是说，如果

导出了二维应变张量就可以得到局部地区平均水平应变状况的一切信息。应变张量中的四个偏导数就是根据这一地区的大地测量数据计算的。如上所述，若应变圆锥曲线是一个椭圆，则它的两轴指向应变张量的两本征向量的方向，两本征值 ε_1 和 ε_2 表示最大和最小应变，分别是椭圆的长半轴和短半轴，如图 6.15 所示，长轴 ε_1 的方位角 α 按下式计算：

$$\alpha = \frac{1}{2}\arctan\left(\frac{\gamma_{xy}}{\varepsilon_x - \varepsilon_y}\right) \tag{6.42}$$

将式 (6.33) 对 $d\alpha$ 取导数，令 $\dfrac{d\varepsilon_\alpha}{d\alpha}$ 等于零，便得上式。

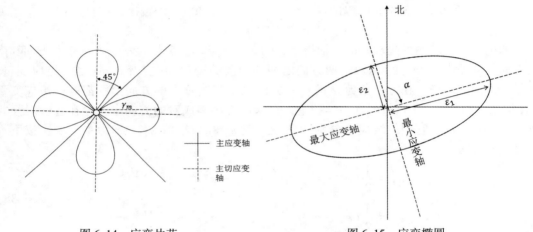

图 6.14　应变片花　　　　　　　　　图 6.15　应变椭圆

对于三维无限小应变，取一互相垂直的固定参考轴系，设质点 P 相对于该轴系未受应变的和处于应变状态的坐标分别是 (x, y, z) 和 $(x + u, y + v, z + w)$，则 (u, v, w) 是 P 点的位移分量。若 $Q(x + x', y + y', z + z')$ 是 P 附近的一点，它的位移是 $(u + u', v + v', w + w')$，这里

$$\begin{cases} u' = \dfrac{\partial u}{\partial x}x' + \dfrac{\partial u}{\partial y}y' + \dfrac{\partial u}{\partial z}z' \\[2mm] v' = \dfrac{\partial v}{\partial x}x' + \dfrac{\partial v}{\partial y}y' + \dfrac{\partial v}{\partial z}z' \\[2mm] w' = \dfrac{\partial w}{\partial x}x' + \dfrac{\partial w}{\partial y}y' + \dfrac{\partial w}{\partial z}z' \end{cases} \tag{6.43}$$

在上式中，由于质点 Q 相对于质点 P 的位移是 x'，y'，z' 的线性函数，所以在地块中任一点的附近，应变是均匀的。采用基本代号

$$\varepsilon_x = \frac{\partial u}{\partial x}, \ \varepsilon_y = \frac{\partial v}{\partial y}, \ \varepsilon_z = \frac{\partial w}{\partial z} \tag{6.44}$$

$$\gamma_{yz} = \gamma_{zy} = \frac{\partial w}{\partial y} + \frac{\partial v}{\partial z}, \ \gamma_{zx} = \gamma_{xz} = \frac{\partial u}{\partial z} + \frac{\partial w}{\partial x}, \ \gamma_{xy} = \gamma_{yx} = \frac{\partial v}{\partial x} + \frac{\partial u}{\partial y} \tag{6.45}$$

$$2\omega_x = \frac{\partial w}{\partial y} - \frac{\partial v}{\partial z}, \quad 2\omega_y = \frac{\partial u}{\partial z} - \frac{\partial w}{\partial x}, \quad 2\omega_z = \frac{\partial v}{\partial x} - \frac{\partial u}{\partial y} \tag{6.46}$$

利用上列代号，式(6.43)写成

$$\begin{cases} u' = x'\varepsilon_x + \dfrac{1}{2}y'\gamma_{xy} + \dfrac{1}{2}z'\gamma_{xz} + z'\omega_y - y'\omega_z \\[2mm] v' = \dfrac{1}{2}x'\gamma_{yx} + y'\varepsilon_y + \dfrac{1}{2}z'\gamma_{yz} + x'\omega_z - z'\omega_x \\[2mm] w' = \dfrac{1}{2}x'\gamma_{zx} + \dfrac{1}{2}y'\gamma_{zy} + z'\varepsilon_z + y'\omega_x - x'\omega_y \end{cases} \tag{6.47}$$

上列三式中的最后两项

$$z'\omega_y - y'\omega_z, \quad x'\omega_z - z'\omega_x, \quad y'\omega_x - x'\omega_y$$

正是由于小的旋转分量 (ω_x, ω_y, ω_z) 所引起的 (x', y', z') 点的位移分量。若以 $\boldsymbol{\omega}$ 表示分量 (ω_x, ω_y, ω_z) 的向量，以 $\boldsymbol{u}$ 表示分量 (u, v, w) 的向量，则由式(6.46)得出

$$2\boldsymbol{\omega} = \mathrm{curl}\,\boldsymbol{u} \tag{6.48}$$

若 $\omega_x = \omega_y = \omega_z = 0$，则应变无旋转。

ε_x, ε_y, ε_z, γ_{yz}, γ_{zx}, γ_{xy} 是三维的 6 个应变分量，其中 ε_x, ε_y, ε_z 是坐标轴方向上的线应变，$90° - \gamma_{yz}$ 是原来平行于 y 轴和 z 轴的两条线之间应变后的角度。

线段 PQ 应变后成为 $P'Q'$，现在求 $P'Q'$ 的长度。利用式(6.47)，假定应变无限小，则有

$$P'Q'^2 = (x' + u')^2 + (y' + v')^2 + (z' + w')^2 = \left\{ x'\left(1 + \frac{\partial u}{\partial x}\right) + y'\frac{\partial u}{\partial y} + z'\frac{\partial u}{\partial z} \right\}^2$$

$$+ \left\{ x'\frac{\partial v}{\partial x} + y'\left(1 + \frac{\partial v}{\partial y}\right) + z'\frac{\partial v}{\partial z} \right\}^2 + \left\{ x'\frac{\partial w}{\partial x} + y'\frac{\partial w}{\partial y} + z'\left(1 + \frac{\partial w}{\partial z}\right) \right\}^2$$

$$= x'^2 + y'^2 + z'^2 + 2x'^2\varepsilon_x + 2y'^2\varepsilon_y + 2z'^2\varepsilon_z + 2y'z'\gamma_{yz} + 2z'x'\gamma_{zx} + 2x'y'\gamma_{xy} \tag{6.49}$$

假设 PQ 的长度为 r，方向余弦为 (l, m, n)，则 $x' = lr$，$y' = mr$，$z' = nr$，则式(6.49)成为

$$P'Q'^2 = r^2 \left\{ 1 + 2l^2\varepsilon_x + 2m^2\varepsilon_y + 2n^2\varepsilon_z + 2mn\gamma_{yz} + 2nl\gamma_{zx} + 2lm\gamma_{xy} \right\} \tag{6.50}$$

取平方根，略去 $\varepsilon_x^2 \cdots\cdots$ 等项，则 P 点上相应于方向 (l, m, n) 的线应变 ε 是

$$\varepsilon = \frac{P'Q' - r}{r} = l^2\varepsilon_x + m^2\varepsilon_y + n^2\varepsilon_z + mn\gamma_{yz} + nl\gamma_{zx} + lm\gamma_{xy} \tag{6.51}$$

若在方向 (l, m, n) 上取一点，它至原点的距离为 $\dfrac{k}{\sqrt{\varepsilon}}$，此点将位于以下的一个二次曲面上：

$$x^2\varepsilon_x + y^2\varepsilon_y + z^2\varepsilon_z + yz\gamma_{yz} + zx\gamma_{zx} + xy\gamma_{xy} = k^2 \tag{6.52}$$

这就是应变二次曲面，它的三轴是主应变轴，主轴方向上的线应变 ε_1, ε_2, ε_3 是主应变。同前面一样，

$$\Delta = \varepsilon_x + \varepsilon_y + \varepsilon_z = \varepsilon_1 + \varepsilon_2 + \varepsilon_3 \tag{6.53}$$

是不变的。事实上，Δ 就是体膨胀，即体积变化与原有体积之比。

如上所述，三维应变有 6 个应变分量。利用三维应变张量

$$[\varepsilon_{ij}] = \begin{pmatrix} \varepsilon_x & \dfrac{1}{2}\gamma_{xy} & \dfrac{1}{2}\gamma_{xz} \\[2mm] \dfrac{1}{2}\gamma_{xy} & \varepsilon_y & \dfrac{1}{2}\gamma_{yz} \\[2mm] \dfrac{1}{2}\gamma_{xz} & \dfrac{1}{2}\gamma_{yz} & \varepsilon_z \end{pmatrix} \tag{6.54}$$

可以对地壳应变作全面的描述，提供更有地球物理意义的信息。

6.2.4　地壳应变计算

假定在某测区 Σ 采集了 n 个 GPS 观测数据：$d = \{(u_i, v_i, w_i) \mid i = 1, 2, \cdots, n\}$，其中 u_i、v_i、w_i 分别为 GPS 台站的东向、北向和垂向位移分量。各台站的直角坐标集合为 $S = \{(x_i, y_i) \mid i = 1, 2, \cdots, n\}$，其中 (x_i, y_i) 为局部坐标系的东向和北向坐标分量。令该测区中的任意一点的平面坐标为 (x_0, y_0)，当以该点为新的坐标原点时，各台站的坐标则为 $S' = \{(x_i - x_0, y_i - y_0) \mid i = 1, 2, \cdots, n\}$。采用线性插值函数表示所有观测点的位移场：

$$\begin{cases} u = u_0 + a_1(x - x_0) + a_2(y - y_0) \\ v = v_0 + b_1(x - x_0) + b_2(y - y_0) \end{cases} \tag{6.55}$$

式中，a_i、b_i 为插值函数系数。

应变张量 $\boldsymbol{\varepsilon}$ 和旋转矢量 $\boldsymbol{\omega}$ 为：

$$\begin{cases} \boldsymbol{\varepsilon} = \dfrac{1}{2}(\nabla \boldsymbol{u} + \boldsymbol{u} \nabla) \\[2mm] \boldsymbol{\omega} = \dfrac{1}{2} \nabla \times \boldsymbol{u} \end{cases} \tag{6.56}$$

式中，$\boldsymbol{u}$ 为位移矢量且 $\boldsymbol{u} = (u, v)^{\mathrm{T}}$，$\nabla$ 为梯度算子。

式 (6.56) 的分项形式为：

$$\begin{cases} \varepsilon_{ij} = \dfrac{1}{2}\left(\dfrac{\partial u_i}{\partial x_j} + \dfrac{\partial u_j}{\partial x_i}\right) \\[3mm] \omega_i = \dfrac{1}{2}e_{ijk}\dfrac{\partial u_k}{\partial x_j} \end{cases} \tag{6.57}$$

其中，$i = 1, 2, 3$，$j = 1, 2, 3$，$u_1 = u$，$u_2 = v$，$u_3 = w$，$x_1 = x$，$x_2 = y$，$x_3 = z$。当 $\{i, j, k\}$ 为偶排列时，$e_{ijk} = 1$；当 $\{i, j, k\}$ 为奇排列时，$e_{ijk} = -1$；当 $\{i, j, k\}$ 中至少有两个数相等时 $e_{ijk} = 0$。

取平面应变情形，则有：

$$\begin{cases} \varepsilon_{11} = \dfrac{\partial u}{\partial x} \\[2mm] \varepsilon_{12} = \dfrac{1}{2}\left(\dfrac{\partial u}{\partial y} + \dfrac{\partial v}{\partial x}\right) \\[2mm] \varepsilon_{22} = \dfrac{\partial v}{\partial y} \\[2mm] \omega_3 = \dfrac{1}{2}\left(\dfrac{\partial v}{\partial x} - \dfrac{\partial u}{\partial y}\right) \end{cases} \tag{6.58}$$

式中，$\varepsilon_{11} = \varepsilon_{xx}$，$\varepsilon_{12} = \varepsilon_{xy}$，$\varepsilon_{22} = \varepsilon_{yy}$，$\omega_3 = \omega_z$。

由式(6.55)和式(6.58)有：

$$\begin{pmatrix} u \\ v \end{pmatrix} = \begin{pmatrix} 1 & 0 & x-x_0 & y-y_0 & 0 & -(y-y_0) \\ 0 & 1 & 0 & x-x_0 & y-y_0 & x-x_0 \end{pmatrix} \begin{pmatrix} u_0 \\ v_0 \\ \varepsilon_{11} \\ \varepsilon_{12} \\ \varepsilon_{22} \\ \omega_3 \end{pmatrix} \tag{6.59}$$

加权方差-协方差阵定义为(Shen et al., 2015)：

$$\boldsymbol{E}_{ij} = \boldsymbol{C}_{ij}\exp\left(\frac{\Delta R_I^2 + \Delta R_J^2}{\sigma_D^2}\right) \tag{6.60}$$

其中，$\boldsymbol{C}_{ij}$ 为观测位移的方差-协方差阵，ΔR_I 和 ΔR_J 分别为测站 I 和测站 J 到任一待估点 (x_0, y_0) 的距离，σ_D 为衰减距离。加权方差-协方差阵实际上在原有方差-协方差的诸元素上乘以了指数倍数 $\exp\left(\dfrac{\Delta R_I^2 + \Delta R_J^2}{\sigma_D^2}\right)$，当测站离待估点近时，指数倍数较小，对应权重就大；当测站离待估点远时，指数倍数较大，对应权重就小；影响距离以衰减距离 σ_D 来控制，当测站离待估点的距离远超衰减距离 σ_D 时，其对应的权重就很小，相当于该测站不参与计算。

由式(6.59)和式(6.60)可以建立起观测方程：

$$\begin{cases} \boldsymbol{Gm} = \boldsymbol{d} \\ \boldsymbol{D}_d = \boldsymbol{E} \end{cases} \tag{6.61}$$

其中，$\boldsymbol{G} = \begin{pmatrix} \boldsymbol{G}_1 \\ \boldsymbol{G}_2 \\ \vdots \\ \boldsymbol{G}_n \end{pmatrix}$，$\boldsymbol{G}_i = \begin{pmatrix} 1 & 0 & x_i-x_0 & y_i-y_0 & 0 & -(y_i-y_0) \\ 0 & 1 & 0 & x_i-x_0 & y_i-y_0 & x_i-x_0 \end{pmatrix}$，$\boldsymbol{d} = \begin{pmatrix} \boldsymbol{d}_1 \\ \boldsymbol{d}_2 \\ \vdots \\ \boldsymbol{d}_n \end{pmatrix}$，$\boldsymbol{d}_i = (u_i, v_i)^{\mathrm{T}}$，$\boldsymbol{m} = (u_0, v_0, \varepsilon_{11}, \varepsilon_{12}, \varepsilon_{22}, \omega_3)^{\mathrm{T}}$。

式(6.61)即为线性的观测方程组，可以采用最小二乘方法求解方程组的解。

6.3 区域地壳运动与应变分析

6.3.1 刚性板块运动的欧拉参数

欧拉刚体运动模型为:

$$V_{rigid} = \boldsymbol{\omega} \times \boldsymbol{r} \tag{6.62}$$

式中,V_{rigid} 地表刚体运动速度矢量,$\boldsymbol{r}$ 地球半径矢量,$\boldsymbol{\omega}$ 为旋转矢量。

令 $\boldsymbol{r} = R\hat{\boldsymbol{r}}$,$\boldsymbol{\omega} = \omega^i \boldsymbol{e}_i$,$\boldsymbol{e}_i = \beta_{ij} \boldsymbol{g}^j$,其中 R 为地球半径,$\boldsymbol{g}_1 = \hat{\boldsymbol{r}}$,$\boldsymbol{g}_2 = \hat{\boldsymbol{\lambda}}$,$\boldsymbol{g}_3 = \hat{\boldsymbol{\varphi}}$。$\hat{\boldsymbol{r}}$、$\hat{\boldsymbol{\lambda}}$ 和 $\hat{\boldsymbol{\varphi}}$ 分别为地球径向单位矢量、沿纬圈测站点处切线单位向量和沿经圈测站点处切线单位向量。ω^i 为地心直角坐标系中的旋转矢量分量。地心直角坐标系 x、y 和 z 轴方向单位矢量分别为:$\boldsymbol{e}_1$,$\boldsymbol{e}_2$、$\boldsymbol{e}_3$。$\omega^i \boldsymbol{e}_i$ 满足爱因斯坦求和约定,同上下指标 i 遍历 $\{1, 2, 3\}$;$\boldsymbol{g}^j|_{j=1,2,3}$ 为逆变分量,$\boldsymbol{g}_j|_{j=1,2,3}$ 为局部标架单位基矢量。β_{ij} 为单位基矢量 $\{\boldsymbol{e}_1, \boldsymbol{e}_2, \boldsymbol{e}_3\}$ 与单位基矢量 $\{\boldsymbol{g}_1, \boldsymbol{g}_2, \boldsymbol{g}_3\}$ 之间的转换系数。

欧拉刚体运动速度 V_{rigid} 为:

$$V_{rigid} = R\omega^i \beta_{ij} \boldsymbol{g}^j \times \hat{\boldsymbol{r}} \tag{6.63}$$

式中,$\hat{\boldsymbol{r}} = \dfrac{\partial \boldsymbol{r}}{\partial R} / \left\| \dfrac{\partial \boldsymbol{r}}{\partial R} \right\|$,$\boldsymbol{g}^1 = \dfrac{\partial \boldsymbol{r}}{\partial R} / \left\| \dfrac{\partial \boldsymbol{r}}{\partial R} \right\|$,$\boldsymbol{g}^2 = \dfrac{\partial \boldsymbol{r}}{\partial \lambda} / \left\| \dfrac{\partial \boldsymbol{r}}{\partial \lambda} \right\|$,$\boldsymbol{g}^3 = \dfrac{\partial \boldsymbol{r}}{\partial \varphi} / \left\| \dfrac{\partial \boldsymbol{r}}{\partial \varphi} \right\|$,且 $\boldsymbol{r} = (\boldsymbol{e}_1 \ \ \boldsymbol{e}_2 \ \ \boldsymbol{e}_3) \begin{pmatrix} R\cos\varphi\cos\lambda \\ R\cos\varphi\sin\lambda \\ R\sin\varphi \end{pmatrix}$.

基矢量 $\{\boldsymbol{g}^1, \boldsymbol{g}^2, \boldsymbol{g}^3\}$ 与基矢量 $\{\boldsymbol{e}_1, \boldsymbol{e}_2, \boldsymbol{e}_3\}$ 之间的转换关系为:

$$(\boldsymbol{g}^1 \ \ \boldsymbol{g}^2 \ \ \boldsymbol{g}^3) = (\boldsymbol{e}_1 \ \ \boldsymbol{e}_2 \ \ \boldsymbol{e}_3) \begin{pmatrix} \cos\varphi\cos\lambda & -\sin\lambda & -\sin\varphi\cos\lambda \\ \cos\varphi\sin\lambda & \cos\lambda & -\sin\varphi\sin\lambda \\ \sin\varphi & 0 & \cos\varphi \end{pmatrix} \tag{6.64}$$

故有下式成立:

$$(\boldsymbol{e}_1 \ \ \boldsymbol{e}_2 \ \ \boldsymbol{e}_3) = (\boldsymbol{g}^1 \ \ \boldsymbol{g}^2 \ \ \boldsymbol{g}^3) \begin{pmatrix} \cos\varphi\cos\lambda & \cos\varphi\sin\lambda & \sin\varphi \\ -\sin\lambda & \cos\lambda & 0 \\ -\sin\varphi\cos\lambda & -\sin\varphi\sin\lambda & \cos\varphi \end{pmatrix} \tag{6.65}$$

顾及基矢量 $\{\boldsymbol{g}^1, \boldsymbol{g}^2, \boldsymbol{g}^3\}$ 和基矢量 $\{\boldsymbol{e}_1, \boldsymbol{e}_2, \boldsymbol{e}_3\}$ 之间满足关系 $\boldsymbol{e}_i = \beta_{ij} \boldsymbol{g}^j$,因此转换系数 β_{ij} 可以表述为:

$$\begin{pmatrix} \beta_{11} & \beta_{21} & \beta_{31} \\ \beta_{12} & \beta_{22} & \beta_{32} \\ \beta_{13} & \beta_{23} & \beta_{33} \end{pmatrix} = \begin{pmatrix} \cos\varphi\cos\lambda & \cos\varphi\sin\lambda & \sin\varphi \\ -\sin\lambda & \cos\lambda & 0 \\ -\sin\varphi\cos\lambda & -\sin\varphi\sin\lambda & \cos\varphi \end{pmatrix} \tag{6.66}$$

将式(6.66)中各分量代入式(6.63),则有:

$$\begin{aligned} V_{rigid} &= R\omega^i \beta_{ij} \boldsymbol{g}^j \times \hat{\boldsymbol{r}} \\ &= -R\hat{\boldsymbol{r}} \times (\omega^1 \beta_{11} \boldsymbol{g}^1 + \omega^1 \beta_{12} \boldsymbol{g}^2 + \omega^1 \beta_{13} \boldsymbol{g}^3 + \omega^2 \beta_{21} \boldsymbol{g}^1 + \omega^2 \beta_{22} \boldsymbol{g}^2 + \omega^2 \beta_{23} \boldsymbol{g}^3 \\ &\quad + \omega^3 \beta_{31} \boldsymbol{g}^1 + \omega^3 \beta_{32} \boldsymbol{g}^2 + \omega^3 \beta_{33} \boldsymbol{g}^3) \end{aligned}$$

$$= - R\hat{\boldsymbol{r}} \times (\omega^1 \beta_{11} \hat{\boldsymbol{r}} + \omega^1 \beta_{12} \hat{\boldsymbol{\lambda}} + \omega^1 \beta_{13} \hat{\boldsymbol{\varphi}} + \omega^2 \beta_{21} \hat{\boldsymbol{r}} + \omega^2 \beta_{22} \hat{\boldsymbol{\lambda}} + \omega^2 \beta_{23} \hat{\boldsymbol{\varphi}}$$

$$+ \omega^3 \beta_{31} \hat{\boldsymbol{r}} + \omega^3 \beta_{32} \hat{\boldsymbol{\lambda}} + \omega^3 \beta_{33} \hat{\boldsymbol{\varphi}}) \tag{6.67}$$

$$= R\big[- (\omega^1 \beta_{12} + \omega^2 \beta_{22} + \omega^3 \beta_{32}) \hat{\boldsymbol{\varphi}} + (\omega^1 \beta_{13} + \omega^2 \beta_{23} + \omega^3 \beta_{33}) \hat{\boldsymbol{\lambda}} \big]$$

因此，欧拉刚体运动速度为：

$$\boldsymbol{V}_{\text{rigid}} = R(\hat{\boldsymbol{\lambda}} \quad \hat{\boldsymbol{\varphi}}) \begin{pmatrix} \beta_{13} & \beta_{23} & \beta_{33} \\ -\beta_{12} & -\beta_{22} & -\beta_{32} \end{pmatrix} \begin{pmatrix} \omega^1 \\ \omega^2 \\ \omega^3 \end{pmatrix}$$

$$= R(\hat{\boldsymbol{\lambda}} \quad \hat{\boldsymbol{\varphi}}) \begin{pmatrix} -\sin\varphi\cos\lambda & -\sin\varphi\sin\lambda & \cos\varphi \\ \sin\lambda & -\cos\lambda & 0 \end{pmatrix} \begin{pmatrix} \omega_x \\ \omega_y \\ \omega_z \end{pmatrix} \tag{6.68}$$

亦即

$$\begin{pmatrix} V_e \\ V_n \end{pmatrix} = R \begin{pmatrix} -\sin\varphi\cos\lambda & -\sin\varphi\sin\lambda & \cos\varphi \\ \sin\lambda & -\cos\lambda & 0 \end{pmatrix} \begin{pmatrix} \omega_x \\ \omega_y \\ \omega_z \end{pmatrix} \tag{6.69}$$

式(6.69)即为欧拉刚体运动模型。利用该模型可以反演块体的欧拉参数，包括欧拉极的经度 Λ、纬度 Φ 和旋转率 Ω。

根据误差传播定律，估计的欧拉参数精度为：

$$\begin{cases} D_\Omega = K_1 D_\omega K_1^{\mathrm{T}} \\ D_\Phi = K_2 D_\omega K_2^{\mathrm{T}} \\ D_\Lambda = K_3 D_\omega K_3^{\mathrm{T}} \\ K_1 = \dfrac{1}{\|\omega\|}(\omega_x \quad \omega_y \quad \omega_z) \\ K_2 = -\dfrac{\tan\Phi}{\|\omega\|}\left(\dfrac{\omega_x}{\|\omega\|} \quad \dfrac{\omega_y}{\|\omega\|} \quad \dfrac{\omega_z}{\|\omega\|} - \dfrac{1}{\sin\Phi}\right) \\ K_3 = \dfrac{\cos^2\Lambda}{(\omega_x)^2}(-\omega_y \quad \omega_x \quad 0) \\ \|\omega\| = \big[(\omega_x)^2 + (\omega_y)^2 + (\omega_z)^2\big]^{\frac{1}{2}} \\ \Phi = \arcsin\left(\dfrac{\omega_z}{\|\omega\|}\right) \\ \Lambda = \arctan\left(\dfrac{\omega_y}{\omega_x}\right) \end{cases} \tag{6.70}$$

式中，D_Ω、D_Φ 和 D_Λ 分别为估计参数欧拉旋转率 Ω、欧拉极经度 Λ 和纬度 Φ 的方差；D_ω is 为欧拉旋转矢量的方差-协方差阵且 $\boldsymbol{\omega} = (\omega_x \quad \omega_y \quad \omega_z)^{\mathrm{T}}$。

6.3.2　区域地壳应变分析

整体旋转线性应变模型其实质为假设应变为坐标的线性函数，采用所有观测数据进行拟合，推求线性函数的待定系数，然后回代到应变模型中求得测区任意点处的平面应变参数，最后以最大剪应变、面膨胀等应变特征量进行地壳应变应力场的构造分析。其与全插值型块体运动与应变模型的相同之处为都通过观测位移反演应变参数，二者不同之处在于整体旋转线性应变模型假定应变随坐标线性变化，而全插值型块体运动与应变模型假定位移随坐标线性变化。下面详细介绍整体旋转线性应变模型的推导过程。

板块或者块体的运动可以分解为三个部分：整体平动、转动和内部形变。整体旋转线性应变模型只考察转动和内部形变的运动。转动部分可以由欧拉转动理论描述：$V(r) = \omega \times r$，其中 ω 为旋转矢量，r 为矢径。在球坐标系下，其为：

$$\begin{pmatrix} u \\ v \end{pmatrix} = r \begin{pmatrix} -\sin\varphi\cos\lambda & -\sin\varphi\sin\lambda & \cos\varphi \\ \sin\lambda & -\cos\lambda & 0 \end{pmatrix} \begin{pmatrix} \omega_x \\ \omega_y \\ \omega_z \end{pmatrix} \tag{6.71}$$

其中，u 东向速度分量，v 为北向速度分量，r 为地球半径，φ 为纬度，λ 为经度，ω_x、ω_y、ω_z 为旋转矢量的三分量(需特别注意的是：旋转矢量为三维空间直角坐标系下的矢量，速度矢量为站心地平局部坐标系下矢量)。

现在来考察板块内部形变对速度场的贡献。对速度分量进行微分有：

$$\begin{cases} \mathrm{d}u = \dfrac{\partial u}{\partial x}\mathrm{d}x + \dfrac{\partial u}{\partial y}\mathrm{d}y \\ \mathrm{d}v = \dfrac{\partial v}{\partial x}\mathrm{d}x + \dfrac{\partial v}{\partial y}\mathrm{d}y \end{cases} \tag{6.72}$$

式(6.72)可进一步表述为：

$$\begin{cases} \mathrm{d}u = \dfrac{\partial u}{\partial x}\mathrm{d}x + \dfrac{1}{2}\left(\dfrac{\partial u}{\partial y} + \dfrac{\partial v}{\partial x}\right)\mathrm{d}y - \dfrac{1}{2}\left(\dfrac{\partial v}{\partial x} - \dfrac{\partial u}{\partial y}\right)\mathrm{d}y \\ \mathrm{d}v = \dfrac{1}{2}\left(\dfrac{\partial u}{\partial y} + \dfrac{\partial v}{\partial x}\right)\mathrm{d}x + \dfrac{\partial v}{\partial y}\mathrm{d}y + \dfrac{1}{2}\left(\dfrac{\partial v}{\partial x} - \dfrac{\partial u}{\partial y}\right)\mathrm{d}x \end{cases} \tag{6.73}$$

其中，$\begin{cases} x = r\cos\varphi_0(\lambda - \lambda_0) \\ y = r(\varphi - \varphi_0) \end{cases}$，$(\varphi_0, \lambda_0)$ 为板块中心原点的纬度和经度。

令块体内部形变是坐标的线性函数，则可令各应变分量满足：

$$\begin{cases} \varepsilon_{11} = A_0 + A_1 x + A_2 y \\ \varepsilon_{12} = B_0 + B_1 x + B_2 y \\ \varepsilon_{22} = C_0 + C_1 x + C_2 y \\ \omega_3 = D_0 + D_1 x + D_2 y \end{cases} \tag{6.74}$$

ε_{11}、ε_{12}、ε_{22}、ω_3 分别为块体内部任意一点 (x, y) 处的东向正应变、剪应变、北向正应变和径向旋转量。

由式(6.58)、式(6.73)和式(6.74)可知：

$$\begin{cases} u = A_0x + B_0y + \dfrac{1}{2}A_1x^2 + \dfrac{1}{2}(B_2 - D_2)y^2 + (A_2 + B_1 - D_1)xy - D_0y \\ v = B_0x + C_0y + \dfrac{1}{2}(B_1 + D_1)x^2 + \dfrac{1}{2}C_2y^2 + (B_2 + C_1 + D_2)xy + D_0x \end{cases} \quad (6.75)$$

故有：

$$\begin{pmatrix} u \\ v \end{pmatrix} = \begin{pmatrix} x & y & x^2 & y^2 & xy & 0 & 0 & 0 & 0 & -y \\ 0 & x & 0 & 0 & 0 & y & x^2 & y^2 & xy & x \end{pmatrix} \begin{pmatrix} a_0 \\ a_1 \\ a_2 \\ a_3 \\ a_4 \\ a_5 \\ a_6 \\ a_7 \\ a_8 \\ D_0 \end{pmatrix} \quad (6.76)$$

其中，$\begin{cases} x = r\cos\varphi_0(\lambda - \lambda_0) \\ y = r(\varphi - \varphi_0) \end{cases}$，$(\varphi_0, \lambda_0)$ 为板块中心原点的纬度和经度，(φ, λ) 为测站处的纬度和经度，$a_0 = A_0$，$a_1 = B_0$，$a_2 = \dfrac{1}{2}A_1$，$a_3 = \dfrac{1}{2}(B_2 - D_2)$，$a_4 = A_2 + B_1 - D_1$，$a_5 = C_0$，$a_6 = \dfrac{1}{2}(B_1 + D_1)$，$a_7 = \dfrac{1}{2}C_2$，$a_8 = B_2 + C_1 + D_2$。

由于式(6.76)中 D_0 为旋转量(见式(6.74))，可以将其所产生的速度贡献量合并到欧拉旋转矢量所产生的速度贡献量。因此，由式(6.71)和式(6.76)可知整体旋转线应变模型为(李延兴，等，2007)：

$$\begin{pmatrix} u \\ v \end{pmatrix} = \begin{pmatrix} x & y & x^2 & y^2 & xy & 0 & 0 & 0 & 0 \\ 0 & x & 0 & 0 & 0 & y & x^2 & y^2 & xy \end{pmatrix} \begin{pmatrix} a_0 \\ a_1 \\ a_2 \\ a_3 \\ a_4 \\ a_5 \\ a_6 \\ a_7 \\ a_8 \end{pmatrix} \quad (6.77)$$

$$+ r\begin{pmatrix} -\sin\varphi\cos\lambda & -\sin\varphi\sin\lambda & \cos\varphi \\ \sin\lambda & -\cos\lambda & 0 \end{pmatrix} \begin{pmatrix} \omega_x \\ \omega_y \\ \omega_z \end{pmatrix}$$

至此，可以组建整体旋转线应变模型的观测方程：

$$
\begin{pmatrix} u_1 \\ v_1 \\ u_2 \\ v_2 \\ \vdots \\ u_n \\ v_n \end{pmatrix} = \begin{pmatrix} x_1 & y_1 & x_1^2 & y_1^2 & x_1y_1 & 0 & 0 & 0 & 0 \\ 0 & x_1 & 0 & 0 & 0 & y_1 & x_1^2 & y_1^2 & x_1y_1 \\ x_2 & y_2 & x_2^2 & y_2^2 & x_2y_2 & 0 & 0 & 0 & 0 \\ 0 & x_2 & 0 & 0 & 0 & y_2 & x_2^2 & y_2^2 & x_2y_2 \\ \vdots & \vdots & \vdots & \vdots & \vdots & \vdots & \vdots & \vdots & \vdots \\ x_n & y_n & x_n^2 & y_n^2 & x_ny_n & 0 & 0 & 0 & 0 \\ 0 & x_n & 0 & 0 & 0 & y_n & x_n^2 & y_n^2 & x_ny_n \end{pmatrix} \begin{pmatrix} a_0 \\ a_1 \\ a_2 \\ a_3 \\ a_4 \\ a_5 \\ a_6 \\ a_7 \\ a_8 \end{pmatrix} \tag{6.78}
$$

$$
+ r \begin{pmatrix} -\sin\varphi_1\cos\lambda_1 & -\sin\varphi_1\sin\lambda_1 & \cos\varphi_1 \\ \sin\lambda_1 & -\cos\lambda_1 & 0 \\ -\sin\varphi_2\cos\lambda_2 & -\sin\varphi_2\sin\lambda_2 & \cos\varphi_2 \\ \sin\lambda_2 & -\cos\lambda_2 & 0 \\ \vdots & \vdots & \vdots \\ -\sin\varphi_n\cos\lambda_n & -\sin\varphi_n\sin\lambda_n & \cos\varphi_n \\ \sin\lambda_n & -\cos\lambda_n & 0 \end{pmatrix} \begin{pmatrix} \omega_x \\ \omega_y \\ \omega_z \end{pmatrix}
$$

其中，$\begin{cases} x_i = r\cos\varphi_0(\lambda_i - \lambda_0) \\ y_i = r(\varphi_i - \varphi_0) \end{cases}$ $(i = 1, 2, \cdots, n)$，(φ_i, λ_i) 为测站处的纬度和经度，(φ_0, λ_0) 为板块中心的经度和纬度，r 为地球的半径。

求解方程组(6.78)后，将相关系数代入式(6.74)即可求解任意一点的应变参量，它们为：

$$
\begin{pmatrix} \varepsilon_{11} \\ \varepsilon_{12} \\ \varepsilon_{22} \end{pmatrix} = \begin{pmatrix} 1 & 0 & 2x & 0 & y & 0 & 0 & 0 & 0 \\ 0 & 1 & 0 & y & \frac{1}{2}x & 0 & x & 0 & \frac{1}{2}y \\ 0 & 0 & 0 & 0 & 0 & 1 & 0 & 2y & x \end{pmatrix} \begin{pmatrix} a_0 \\ a_1 \\ a_2 \\ a_3 \\ a_4 \\ a_5 \\ a_6 \\ a_7 \\ a_8 \end{pmatrix} \tag{6.79}
$$

同样可以求其特征参量。这些特征参量包括最大剪应变 τ_{max}、最大最小主应变 ε_{max}、ε_{min}、最大主应变轴方位角 ϑ（最大主应变轴由北方向顺时针所转过的角度）、面膨胀 θ 及旋转量 ω。它们分别为：

$$\begin{cases} \tau_{max} = \sqrt{\left(\dfrac{\varepsilon_{22} - \varepsilon_{11}}{2}\right)^2 + \varepsilon_{12}^2} \\[3mm] \varepsilon_{max} = \dfrac{1}{2}(\varepsilon_{11} + \varepsilon_{22}) + \sqrt{\left(\dfrac{\varepsilon_{22} - \varepsilon_{11}}{2}\right)^2 + \varepsilon_{12}^2} \\[3mm] \varepsilon_{min} = \dfrac{1}{2}(\varepsilon_{11} + \varepsilon_{22}) - \sqrt{\left(\dfrac{\varepsilon_{22} - \varepsilon_{11}}{2}\right)^2 + \varepsilon_{12}^2} \\[3mm] \vartheta = \dfrac{1}{2}\arctan\left(\dfrac{2\varepsilon_{12}}{\varepsilon_{22} - \varepsilon_{11}}\right) \\[3mm] \theta = \varepsilon_{11} + \varepsilon_{22} \\[2mm] \omega = \sqrt{\omega_x^2 + \omega_y^2 + \omega_z^2} \end{cases} \tag{6.80}$$

6.4　地壳应变率的地震矩张量估计

地震矩张量可表述为(适用于剪切源)：
$$\boldsymbol{M} = M_0(\boldsymbol{sn} + \boldsymbol{ns}) \tag{6.81}$$
其中，M_0 为标量地震矩(scalar seismic moment)，$\boldsymbol{s}$ 和 $\boldsymbol{n}$ 分别为地震断层的单位滑动方向和断层面单位法向。$\boldsymbol{sn}$ 为 $\boldsymbol{s}$ 和 $\boldsymbol{n}$ 的并矢，$\boldsymbol{ns}$ 为 $\boldsymbol{n}$ 和 $\boldsymbol{s}$ 的并矢。由于互换 $\boldsymbol{s}$ 和 $\boldsymbol{n}$ 不改变式(6.81)，因此地震矩张量是对称张量。

断层的滑动方向 $\boldsymbol{s}$ 可以表示为：
$$\boldsymbol{s} = \boldsymbol{e}_\xi \cos\lambda + \boldsymbol{e}_\eta \sin\lambda \tag{6.82}$$
其中，$\boldsymbol{e}_\xi$ 为断层走向单位矢量(strike-slip)，$\boldsymbol{e}_\eta$ 为断层逆冲方向单位矢量(thrust-slip)，λ 为断层滑动角(其为断层走向与断层滑动方向的夹角，以逆时针方向为正)。

断层走向 $\boldsymbol{e}_\xi$ 和断层逆冲方向 $\boldsymbol{e}_\eta$ 由下式确定：
$$\begin{cases} (\boldsymbol{e}_\xi \quad \boldsymbol{e}_\eta \quad \boldsymbol{e}_n) = (\boldsymbol{e}_1 \quad \boldsymbol{e}_2 \quad \boldsymbol{e}_3)\boldsymbol{R}_\phi \boldsymbol{R}_\delta \\[2mm] \boldsymbol{R}_\phi = \begin{pmatrix} \cos\phi & \sin\phi & 0 \\ \sin\phi & -\cos\phi & 0 \\ 0 & 0 & 1 \end{pmatrix} \\[6mm] \boldsymbol{R}_\delta = \begin{pmatrix} 1 & 0 & 0 \\ 0 & \cos\delta & -\sin\delta \\ 0 & \sin\delta & \cos\delta \end{pmatrix} \end{cases} \tag{6.83}$$
其中，$\boldsymbol{e}_\xi$ 为断层走向单位矢量(strike-slip)，$\boldsymbol{e}_\eta$ 为断层逆冲方向单位矢量(thrust-slip)，$\boldsymbol{e}_n$ 为断层法向单位矢量(normal)，$\boldsymbol{e}_1$、$\boldsymbol{e}_2$、$\boldsymbol{e}_3$ 分别为局部坐标系的北方向、东方向和垂直向上，ϕ 和 δ 分别为断层方位角(strike angle)和断层倾角(dip angle)。

由式(6.81)、式(6.82)和式(6.83)，在局部坐标系 $(\boldsymbol{e}_1 \quad \boldsymbol{e}_2 \quad \boldsymbol{e}_3)$ 中的地震矩张量各分量为(因地震矩张量为对称张量，故只给出 6 个独立分量(如 Aki 和 Richards，2002)：

$$\begin{cases} M_{11} = -M_0(\sin2\phi\sin\delta\cos\lambda + \sin^2\phi\sin2\delta\sin\lambda) \\[2mm] M_{12} = M_0(\cos2\phi\sin\delta\cos\lambda + \dfrac{1}{2}\sin2\phi\sin2\delta\sin\lambda) \\[2mm] M_{13} = M_0(\cos\phi\cos\delta\cos\lambda + \sin\phi\cos2\delta\sin\lambda) \\[2mm] M_{22} = M_0(\sin2\phi\sin\delta\cos\lambda - \cos^2\phi\sin2\delta\sin\lambda) \\[2mm] M_{23} = M_0(\sin\phi\cos\delta\cos\lambda - \cos\phi\cos2\delta\sin\lambda) \\[2mm] M_{33} = M_0\sin2\delta\sin\lambda \end{cases} \quad (6.84)$$

若采用哈佛中心矩张量（Harvard CMT）坐标系 $\{r, t, p\}$：r、t、p 分别为垂向向上、南向和东向，则地震矩张量各分量为：

$$\begin{cases} M_{rr} = M_{33} \\[2mm] M_{rt} = -M_{13} \\[2mm] M_{rp} = M_{23} \\[2mm] M_{tt} = M_{11} \\[2mm] M_{tp} = -M_{12} \\[2mm] M_{pp} = M_{22} \end{cases} \quad (6.85)$$

不论是地震矩张量位于局部坐标系 $\{e_1, e_2, e_3\}$ 中，还是位于哈佛中心矩张量（Harvard CMT）坐标系 (r, t, p) 中，都可以表示为 $M = M_{ij}e_{x_i}e_{x_j}$，其中 M_{ij} 为地震矩张量分量，e_{x_i}、e_{x_j} 为坐标轴 x_i 和 x_j 的单位向量，下标 $i, j \in \{1, 2, 3\}$。至此，我们推导了地震矩张量的表示方法，下面进一步介绍地震矩张量与平均应变率场的关系。

地震矩张量与平均应变率场的关系可以表述如下（Kostrov，1974）：

$$\dot{\varepsilon}_{ij} = \frac{1}{2\mu VT}\sum_{k=1}^{N} M_{ij}^{(k)} \quad (6.86)$$

式中，$\dot{\varepsilon}_{ij}$ 为平均应变率，μ 为剪切模量，V 为断层带所围区域体积，T 为区域 V 内所发生的地震目录时段，N 为该区域时段 T 内地震目录中的地震个数，$M_{ij}^{(k)}$ 为第 k 个地震的地震矩张量分量。

将式（6.84）代入式（6.86）即可确定格网单元内的平均应变率。

6.5　现今板块（地块）运动和应变模型

利用板块构造运动理论研究块体运动时一般都把块体作为刚性块体对待，其实在板块内部，每个块体在周围板块或块体的作用下，不仅会产生平移和旋转，同时块体内部将会发生变形。由于变形，块体上各部分的相对位置将会改变，这实质上也是块体内部质点的运动。为此活动地块运动模型需要同时考虑活动（块体）地块的刚性运动和块体内部的应变。

假设用空间大地测量得到的是站心坐标系下 e、n、u 三个方向的位移（或速度）和点位坐标 (L, B, H)。现在用余纬 θ、经度 λ 以及球心距 r 组成的球面坐标系来研究球面

块体的运动和变形。将球面坐标系下的变形用泰勒级数展开,有:

$$
\begin{cases}
u_\theta = U_\theta + \dfrac{\partial u_\theta}{\partial \lambda}\bigg|_0 \Delta\lambda + \dfrac{\partial u_\theta}{\partial \theta}\bigg|_0 \Delta\theta + r_0 \dfrac{\partial u_\theta}{\partial r}\bigg|_0 \dfrac{\Delta r}{r_0} + \cdots \\[3mm]
u_\lambda = U_\lambda + \dfrac{\partial u_\lambda}{\partial \lambda}\bigg|_0 \Delta\lambda + \dfrac{\partial u_\lambda}{\partial \theta}\bigg|_0 \Delta\theta + r_0 \dfrac{\partial u_\lambda}{\partial r}\bigg|_0 \dfrac{\Delta r}{r_0} + \cdots \\[3mm]
u_r = U_r + \dfrac{\partial u_r}{\partial \lambda}\bigg|_0 \Delta\lambda + \dfrac{\partial u_r}{\partial \theta}\bigg|_0 \Delta\theta + r_0 \dfrac{\partial u_r}{\partial r}\bigg|_0 \dfrac{\Delta r}{r_0} + \cdots
\end{cases}
\tag{6.87}
$$

式(6.87)是变形位移按泰勒级数在块体中心处展开。$\Delta\lambda$,$\Delta\theta$ 和 Δr 是指各观测点至块体中心的值,下标 $_0$ 表示用块体中心计算得到的值,$+\cdots$ 意味展开式中省略了如 $(\Delta\lambda)^2$、$(\Delta\theta)^2$、$\left(\dfrac{\Delta r}{r}\right)^2$、$\left(\dfrac{\Delta r}{r}\right)(\Delta\lambda)$、$\left(\dfrac{\Delta r}{r}\right)(\Delta\theta)$ 和 $(\Delta\lambda)(\Delta\theta)$ 等的高阶项。

在球面坐标系中,计算应变和旋转的公式如下:

$$
\begin{cases}
\varepsilon_{rr} = \dfrac{\partial u_r}{\partial r} \\[3mm]
\varepsilon_{\theta\theta} = \dfrac{1}{r}\dfrac{\partial u_\theta}{\partial \theta} + \dfrac{u_r}{r} \\[3mm]
\varepsilon_{\lambda\lambda} = \dfrac{1}{r\sin\theta}\dfrac{\partial u_\lambda}{\partial \lambda} + \dfrac{u_\theta}{r}\cot\theta + \dfrac{u_r}{r} \\[3mm]
\gamma_{\theta\lambda} = 2\varepsilon_{\theta\lambda} = \dfrac{1}{r}\dfrac{\partial u_\lambda}{\partial \theta} - \dfrac{u_\lambda}{r}\cot\theta + \dfrac{1}{r\sin\theta}\dfrac{\partial u_\theta}{\partial \lambda} \\[3mm]
\gamma_{\lambda r} = 2\varepsilon_{\lambda r} = \dfrac{1}{r\sin\theta}\dfrac{\partial u_r}{\partial \lambda} + \dfrac{\partial u_\lambda}{\partial r} - \dfrac{u_\lambda}{r} \\[3mm]
\gamma_{\theta r} = 2\varepsilon_{\theta r} = \dfrac{\partial u_\theta}{\partial r} - \dfrac{u_\theta}{r} + \dfrac{1}{r}\dfrac{\partial u_r}{\partial \theta} \\[3mm]
2\omega_\theta = \dfrac{1}{r\sin\theta}\dfrac{\partial u_r}{\partial \lambda} - \dfrac{\partial u_\lambda}{\partial r} - \dfrac{u_\lambda}{r} \\[3mm]
2\omega_\lambda = \dfrac{\partial u_\theta}{\partial r} + \dfrac{u_\theta}{r} - \dfrac{1}{r}\dfrac{\partial u_r}{\partial \theta} \\[3mm]
2\omega_r = \dfrac{1}{r}\dfrac{\partial u_\lambda}{\partial \theta} + \dfrac{u_\lambda}{r}\cot\theta - \dfrac{1}{r\sin\theta}\dfrac{\partial u_\theta}{\partial \lambda}
\end{cases}
\tag{6.88}
$$

如果按照式(6.87)的方式来表达式(6.88)的话,则需要对式(6.88)做如下替换,r 替换成 $r_0 + \Delta r$,$\cot\theta$ 和 $\sin\theta$ 中的 θ 替换成 $\theta_0 + \Delta\theta$,并且式(6.88)的展开式中只包含 $\Delta r/r_0$,$\Delta\theta$ 和 $\Delta\lambda$。由于需要计算的是整个块体平均的运动参数和应变参数,因此需要对式(6.88)求平均得到块体的旋转参数和应变参数。考虑到式(6.87)是在块体中心处展开的,因此 $\Delta r/r_0$,$\Delta\theta$ 和 $\Delta\lambda$ 的平均值为 0。于是有:

$$\begin{cases} \dfrac{\partial u_r}{\partial r}\bigg|_0 = \overline{\varepsilon_{rr}} \\[2mm] \dfrac{\partial u_\theta}{\partial \theta}\bigg|_0 = r_0\,\overline{\varepsilon_{\theta\theta}} - U_r \\[2mm] \dfrac{\partial u_\lambda}{\partial \lambda}\bigg|_0 = r_0\sin\theta_0\,\overline{\varepsilon_{\lambda\lambda}} - U_\theta\cos\theta_0 - U_r\sin\theta_0 \\[2mm] \dfrac{\partial u_\theta}{\partial \lambda}\bigg|_0 = r_0\sin\theta_0\,\overline{\varepsilon_{\theta\lambda}} - \overline{\omega_r}r_0\sin\theta_0 + U_\lambda\cos\theta_0 \\[2mm] \dfrac{\partial u_\lambda}{\partial \theta}\bigg|_0 = r_0\,\overline{\varepsilon_{\lambda\theta}} + \overline{\omega_r}r_0 \\[2mm] \dfrac{\partial u_\lambda}{\partial r}\bigg|_0 = \overline{\varepsilon_{\lambda r}} - \overline{\omega_\theta} \\[2mm] \dfrac{\partial u_\theta}{\partial r}\bigg|_0 = \overline{\varepsilon_{\theta r}} + \overline{\omega_\lambda} \\[2mm] \dfrac{\partial u_r}{\partial \lambda}\bigg|_0 = (\overline{\varepsilon_{\lambda r}} + \overline{\omega_\theta})r_0\sin\theta_0 + U_\lambda\sin\theta_0 \\[2mm] \dfrac{\partial u_r}{\partial \theta}\bigg|_0 = r_0(\overline{\varepsilon_{\theta r}} - \overline{\omega_\lambda}) + U_\theta \end{cases} \tag{6.89}$$

将式(6.89)代入式(6.87)，有：

$$\begin{cases} u_\lambda = U_\lambda - U_\theta\cos\theta_0\Delta\lambda - U_r\sin\theta_0\Delta\lambda + \\ \overline{\varepsilon_{\lambda\lambda}}r_0\sin\theta_0\Delta\lambda + r_0\overline{\varepsilon_{\theta\lambda}}\Delta\theta + \overline{\varepsilon_{\lambda r}}\Delta r + r_0\overline{\omega_r}\Delta\theta - \overline{\omega_\lambda}\Delta r \\ u_\theta = U_\lambda\cos\theta_0\Delta\lambda + U_\theta - U_r\Delta\theta + \overline{\varepsilon_{\theta\lambda}}r_0\sin\theta_0\Delta\lambda + \\ r_0\overline{\varepsilon_{\theta\theta}}\Delta\theta + \overline{\varepsilon_{\theta r}}\Delta r - \overline{\omega_r}r_0\sin\theta_0\Delta\lambda + \overline{\omega_\lambda}\Delta r \\ u_r = U_\lambda\sin\theta_0\Delta\lambda + U_\theta\Delta\theta + U_r + \overline{\varepsilon_{\lambda r}}r_0\sin\theta_0\Delta\lambda + \\ r_0\overline{\varepsilon_{\theta r}}\Delta\theta + \overline{\varepsilon_{rr}}\Delta r - r_0\overline{\omega_\lambda}\Delta\theta + \overline{\omega_\theta}r_0\sin\theta_0\Delta\lambda \end{cases} \tag{6.90}$$

对于给定测站上的位移 u_θ，u_λ 和 u_r，可以采用最小二乘法平差解求出块体的运动和应变参数 U_θ，U_λ，U_r，$\overline{\varepsilon_{\lambda\lambda}}$，$\overline{\varepsilon_{rr}}$，$\overline{\varepsilon_{\theta\theta}}$，$\overline{\varepsilon_{\lambda\theta}}$，$\overline{\varepsilon_{\lambda r}}$，$\overline{\varepsilon_{\theta r}}$，$\overline{\omega_\lambda}$，$\overline{\omega_\theta}$ 和 $\overline{\omega_r}$。如果观测是在自由表面进行的，则 $\overline{\varepsilon_{\lambda r}}$ 和 $\overline{\varepsilon_{\theta r}}$ 为 0，更进一步，Δr 相对于 $r\Delta\lambda$ 和 $r\Delta\theta$ 来说可以忽略不计，于是式(6.90)简化为：

$$\begin{cases} u_\lambda = U_\lambda - U_\theta\cos\theta_0\Delta\lambda - U_r\sin\theta_0\Delta\lambda + \overline{\varepsilon_{\lambda\lambda}}r_0\sin\theta_0\Delta\lambda + r_0\overline{\varepsilon_{\theta\lambda}}\Delta\theta + r_0\overline{\omega_r}\Delta\theta \\ u_\theta = U_\lambda\cos\theta_0\Delta\lambda + U_\theta - U_r\Delta\theta + \overline{\varepsilon_{\lambda\theta}}r_0\sin\theta_0\Delta\lambda + r_0\overline{\varepsilon_{\theta\theta}}\Delta\theta - r_0\overline{\omega_r}\sin\theta_0\Delta\lambda \\ u_r = U_\lambda\sin\theta_0\Delta\lambda + U_\theta\Delta\theta + U_r - r_0\overline{\omega_\lambda}\Delta\theta + \overline{\omega_\theta}r_0\sin\theta_0\Delta\lambda \end{cases} \tag{6.91}$$

对于给定测站上的位移 u_θ，u_λ 和 u_r，可以通过式(6.91)用最小二乘法求得 U_θ，U_λ，

U_r，$\overline{\varepsilon_{\lambda\lambda}}$，$\overline{\varepsilon_{\theta\theta}}$，$\overline{\varepsilon_{\lambda\theta}}$，$\overline{\omega_\lambda}$，$\overline{\omega_\theta}$ 和 $\overline{\omega_r}$。如果只是在小区域内研究 $\overline{\omega_r}$，可以把式(6.91)中的 $\overline{\omega_\lambda}$，$\overline{\omega_\theta}$ 去掉。

如果 u_λ，u_θ 是单位时间的位移量，则 u_λ，u_θ 就是 λ，θ 方向的位移速率。在实际应用中，进行以下替换，用 v_e 替换 u_λ，用 v_n 替换 $-u_\theta$，用 V_e 替换 U_λ，用 V_n 替换 $-U_\theta$，用 $\dot{\varepsilon}_{ee}(\dot{\varepsilon}_e)$ 替换 $\overline{\varepsilon_{\lambda\lambda}}$，用 $\dot{\gamma}_{en}$ 替换 $2\overline{\varepsilon_{\lambda\theta}}$，用 $\dot{\varepsilon}_{nn}(\dot{\varepsilon}_n)$ 替换 $\overline{\varepsilon_{\theta\theta}}$，用 $\sin B_0$ 替换 $\cos\theta_0$，用 $\sin L_0$ 替换 $\sin\lambda_0$，用 ΔB 替换 $-\Delta\theta$，用 ΔL 替换 $\Delta\lambda$，则式(6.91)变为：

$$\begin{bmatrix} v_e \\ v_n \end{bmatrix} = \begin{bmatrix} 1 & -\sin B_0 \Delta L & r_0\cos B_0\Delta L & 0 & \frac{1}{2}r_0\Delta B & r_0\Delta B \\ -\sin B_0\Delta L & 1 & 0 & r_0\Delta B & \frac{1}{2}r_0\cos B_0\Delta L & -r_0\cos B_0\Delta L \end{bmatrix}\begin{bmatrix} V_e \\ V_n \\ \dot{\varepsilon}_e \\ \dot{\varepsilon}_n \\ \dot{\gamma}_{en} \\ \dot{\omega} \end{bmatrix} \tag{6.92}$$

当研究区域为较规则的低纬小区域时，$\sin B_0\Delta L$ 将为 0，则式(6.92)为：

$$\begin{pmatrix} v_e \\ v_n \end{pmatrix} = \begin{pmatrix} 1 & 0 & r_0\cos B_0\Delta L & 0 & \frac{1}{2}r_0\Delta B & r_0\Delta B \\ 0 & 1 & 0 & r_0\Delta B & \frac{1}{2}r_0\cos B_0\Delta L & -r_0\cos B_0\Delta L \end{pmatrix}\begin{pmatrix} V_e \\ V_n \\ \dot{\varepsilon}_e \\ \dot{\varepsilon}_n \\ \dot{\gamma}_{en} \\ \dot{\omega} \end{pmatrix} \tag{6.93}$$

式中，r_0 为地球半径，V_e、V_n 为块体的整体性平移运动，$\dot{\varepsilon}_e$、$\dot{\varepsilon}_n$ 为 e、n 方向的正应变率，$\dot{\gamma}_{en}$ 为剪应变率，$\dot{\omega}$ 为块体的刚性旋转角变化率，式(6.92)和式(6.93)即为块体运动和应变模型，我们称它们为模型 1 和模型 2。对于小区域范围模型 1 和模型 2 是等价的。

如果块体的运动是严格限制在地球的表面上运动(比如，竖直方向的运动可以忽略不计)，则式(6.91)可以看作块体中心移动与绕过球心固定轴的转动，平移量(U_θ 和 U_λ)则可以按刚性旋转运动来处理：$U_\theta = \overline{\omega_\lambda}r_0$ 和 $U_\lambda = -\overline{\omega_\theta}r_0$，于是式(6.91)可变为：

$$\begin{cases} u_\lambda = -\overline{\omega_\theta}r_0 - \overline{\omega_\lambda}r_0\cos\theta_0\Delta\lambda + \overline{\varepsilon_{\lambda\lambda}}r_0\sin\theta_0\Delta\lambda + r_0\overline{\varepsilon_{\theta\lambda}}\Delta\theta + \overline{\omega_r}r_0\Delta\theta \\ u_\theta = -\overline{\omega_\theta}r_0\cos\theta_0\Delta\lambda + \overline{\omega_\lambda}r_0 + \overline{\varepsilon_{\lambda\theta}}r_0\sin\theta_0\Delta\lambda + r_0\overline{\varepsilon_{\theta\theta}}\Delta\theta - \overline{\omega_r}r_0\sin\theta_0\Delta\lambda \end{cases} \tag{6.94}$$

在式(6.94)中，只有 $\overline{\varepsilon_{\lambda\lambda}}$，$\overline{\varepsilon_{\theta\theta}}$，$\overline{\varepsilon_{\lambda\theta}}$，$\overline{\omega_\lambda}$，$\overline{\omega_\theta}$ 和 $\overline{\omega_r}$ 六个未知数。欧拉刚性运动旋转矢量为：

$$\begin{cases}\Omega = \sqrt{\overline{\omega_r}^2 + \overline{\omega_\lambda}^2 + \overline{\omega_\theta}^2} \\[2mm] \Phi = a\tan\left(\dfrac{\overline{\omega_r}\sin\theta_0\sin\lambda_0 + \overline{\omega_\theta}\cos\theta_0\sin\lambda_0 + \overline{\omega_\lambda}\cos\lambda_0}{\overline{\omega_r}\sin\theta_0\cos\lambda_0 + \overline{\omega_\theta}\cos\theta_0\cos\lambda_0 - \overline{\omega_\lambda}\sin\lambda_0}\right) \\[4mm] \Lambda = a\cos\left(\dfrac{\overline{\omega_r}\cos\theta_0 - \overline{\omega_\theta}\sin\theta_0}{\Omega}\right)\end{cases} \tag{6.95}$$

在实际应用中，进行以下替换，用 v_e 替换 u_λ，用 v_n 替换 $-u_\theta$，用 ε_{ee} 替换 $\overline{\varepsilon_{\lambda\lambda}}$，用 γ_{en} 替换 $2\overline{\varepsilon_{\lambda\theta}}$，用 ε_{nn} 替换 $\overline{\varepsilon_{\theta\theta}}$，用 $\sin B_0$ 替换 $\cos\theta_0$，用 $\sin L_0$ 替换 $\sin\lambda_0$，用 ΔB 替换 $-\Delta\theta$，用 ΔL 替换 $\Delta\lambda$。则有（许才军，等，2003）：

$$\begin{pmatrix} v_e \\ v_n \end{pmatrix} = \begin{pmatrix} -r_0 & -r_0\sin B_0\Delta L & -r_0\Delta B & r_0\cos B_0\Delta L & 0 & \dfrac{1}{2}r_0\Delta B \\[3mm] r_0\sin B_0\Delta L & -r_0 & r_0\cos B_0\Delta L & 0 & r_0\Delta B & \dfrac{1}{2}r_0\cos B_0\Delta L \end{pmatrix}\begin{pmatrix} \omega_\theta \\ \omega_\lambda \\ \omega_r \\ \dot\varepsilon_e \\ \dot\varepsilon_n \\ \dot\gamma_{en} \end{pmatrix}$$

$$\tag{6.96}$$

式(6.96)即为块体的运动和应变模型的另一表达式，称它为模型 3。而式(6.96)在 XYZ 坐标系下可表示为：

$$\begin{pmatrix} v_e \\ v_n \end{pmatrix} = \begin{pmatrix} -r_0\cos L\sin B & -r_0\sin B\sin L & r_0\cos B & r_0\cos B_0\Delta L & 0 & \dfrac{1}{2}r_0\Delta B \\[3mm] r_0\sin L & -r_0\cos L & 0 & 0 & r_0\Delta B & \dfrac{1}{2}r_0\cos B_0\Delta L \end{pmatrix}\begin{pmatrix} \omega_x \\ \omega_y \\ \omega_z \\ \dot\varepsilon_e \\ \dot\varepsilon_n \\ \dot\gamma_{en} \end{pmatrix}$$

$$\tag{6.97}$$

称它为模型 4，模型 3 和模型 4 在理论上也是等价的。

当仅考虑板块以刚体整体运动时，式(6.97)可变为

$$\begin{pmatrix} v_e \\ v_n \end{pmatrix} = \begin{pmatrix} -r_0\cos L\sin B & -r_0\sin L\sin B & r_0\cos B \\ r_0\sin L & -r_0\cos L & 0 \end{pmatrix}\begin{pmatrix} \omega_x \\ \omega_y \\ \omega_z \end{pmatrix} \tag{6.98}$$

这就是最常用的刚体运动模型，称它为模型 5。

模型 1、2、3、4 和 5 即是描述块体的运动和应变的常用模型，从以上的推导过程中我们可以分析得出它们的特点：

（1）模型1和2属一类模型，它们强调块体的整体平移运动和旋转运动，并用块体中心点的平移量和旋转量代表整个块体的平移量和旋转量，而块体上的各个测点可以有不同应变量，其中模型2更适用于低纬度地区。

（2）模型3和4在理论上是等价的，它们强调块体的整体旋转运动，而块体上的各个测点可以有不同的应变量，模型3、4较模型1和2更适用于大区域范围的活动块体。

（3）模型5则认为块体是完全刚性的作整体旋转运动，不考虑或忽略块体的弹塑性应变量。

6.6　地壳应力遥感监测

天然状态下地壳岩体所具有的内应力称为地壳应力或地应力。它分布在岩体的每一个质点上。地质力学认为地壳内的应力活动是使地壳克服阻力不断运动的原因。地壳各处发生的一切形变（包括破裂在内）都是地应力作用的反映，因此地壳上任何一种构造形迹都反映了地应力的作用（李四光，1976）。活动能和地应力能够产生或影响地质构造，引起地震，导致地壳中岩石矿物的物理性质与化学性质的变化。

地应力产生的原因十分复杂，也是至今尚不十分清楚的问题。地应力的形成可能主要与地球的各种动力运动过程有关，其中包括：板块边界的受压、地幔热对流、地球内应力、地心引力、地球旋转、岩浆侵入和地壳的非均匀扩容等。另外，温度不均、水压梯度、地表剥蚀或其他物理化学变化等也可能引起相应的应力场变化。构造应力场和重力场是现今地应力场的主要组成部分。地形地势虽然可以引起山谷底部应力集中，造成水平应力大于垂直应力，并能改变最大主应力方向，但在整个地应力中只起到局部调整作用，仅影响局部地应力场的分布。

地壳中的应力状态是岩石圈动力学研究的最重要内容之一，研究地壳中地应力的特征及其分布规律，有助于了解和研究现代构造活动的机制、岩石圈板块的驱动理论、地球的能量平衡、板内与板缘地震发生机制及区域地壳稳定性。

地震过程是一种地球动力学过程，是由于地应力在组成地壳的岩层中逐渐加强，以至在比较脆弱处引起超过岩石弹性强度，产生突然破裂所引起的震动。因此，地震活动必然与地壳的应力状态有着密切联系，研究和测定地壳应力的分布与变化规律，是解决地震预报的关键之所在（李四光，1973）。自20世纪50年代以来，在原地应力测量、地表变形监测和震源机制解方面获得了大量的地应力资料。特别是近些年来，地应力测量和研究在地球科学和实际工程中具有重要的意义，地壳应力成果具有广泛的应用价值。

随着现代科学技术的不断发展，各种理论和方法为地应力研究提供了广泛研究途径。国内外地应力研究通常采用常规地应力测量方法。一般是通过逐点测量来完成的。由于地应力状态的复杂性和多变性，要比较准确地了解某一地区地应力场，必须进行足够数量"点"的测量。在此基础上，通过多元非线性回归分析、数值模拟计算等方法近似地推算出整个工程区域的地应力场分布规律，但测点易受局部因素影响，难以反映区域的全貌特征，且测试费用较高、周期长。对于面积从近千平方千米到几千平方千米的区域来说，由于原地应力测量一般投资很大、布设许多"测点"进行测量代价高，几乎是不可能的。而采用全球卫星导航观测系统 GNSS 进行点状测量，其空间分辨率仍然很低，测量成本也比较高。

随着遥感技术的发展，特别是近年来不同空间分辨率、不同波谱段的空间遥感技术的发展，利用遥感大面积快速获取有关的信息，并进行区域应力场特征及应力作用所产生的地质灾害与地震现象的研究，从岩石辐射特征、辐射温度随岩石应力变化而变化的实验，解释遥感用于地震预报理论的可行性等方面都有较大的发展。国际上，比利时的 M. Ferander 利用航放、航磁等信息源，在卢旺达西部热带雨林和草原区，通过数据综合分析技术，编制出了 1：25 万的地质图，识别出 15 组岩性及近东西的深断裂。在内华达州的 Lincoln County，美国普渡大学的 Haluk Cetiu 应用高空航摄黑白照片、航磁、航放、重力数据、数字化岩性、构造和地形等资料，查明了该区从未发现的近东西向深层断裂构造带。

国内以汶川地震为例，采用卫星遥感热场信息探索了现今构造活动（陈顺云，等，2014）。地壳应力引起温度变化，可对近地表大气温度产生比较明显的影响，特别是地表温度场中的低温区具有较高的可信度。汶川地震前后，降温区主要沿着大型活动地块的边界展布，反演出这些块体边界之间的相对拉张（或松弛）运动关系。以同震变形响应资料为基础，开展了变形与热信息的对比分析后发现，温度场获得的结果与同震变形观测结果高度吻合。这说明青藏高原内部地块边界的温度变化，可能正是地震前后青藏高原内部变形调整过程的反映，可以通过"热"的遥感监测方式来获取地壳应力状态的变化信息。

现代大地测量技术的发展，打破了传统大地测量中时空的限制，具有长距离、大范围、精度高、快速、实时等特点，同时卫星技术的发展，使得大地测量数据从三维数据到包含时间维度的四维数据，为更加准确地研究地球内部各种动力学机制提供了可能。现代空间大地测量技术为直接或间接获取大范围、微动态的地壳应力状态变化信息提供了重要的技术支撑。

利用重力卫星获取地球重力变化可间接地获得地壳应力应变场变化信息，其基本原理是基于地壳无限平板假设建立水平重力总梯度、垂线偏差和低轨卫星轨道摄动力计算区域构造应力的数学模型。2013 年 11 月 22 日，欧洲空间局（ESA）第一个地球观测卫星星群——SWARM 发射成功。SWARM 星群一共包含三颗卫星，其中 SWARM-A/C 星在 460km 高度绕极地并列飞行，B 卫星在 530km 的高度上采用近圆轨道飞行，后期 A/C 星的轨道高度逐渐降低到 300km。SWARM 卫星作为低轨卫星，搭载多种科学测量仪器，能够提供高精度低轨轨道数据，包含更详细的重力场和应力场信息，为更加准确地监测地壳浅层应力动态变化和提高应力场精度提供了新的机遇。

此外，利用合成孔径雷达干涉测量技术（InSAR）可以直接获取地表点位到雷达卫星的视线向距离变化，而单星多观测模式和卫星编队飞行组网观测则可获取不同视线向的距离变化，以实现地表三维形变动态监测。InSAR 作为一种空间大地测量观测技术，非常适合在大区域内以高空间分辨率绘制地壳应变图，是一种用于对大陆地壳变形进行成像的强大的遥感工具。它不仅能揭示先前未识别的活动断层的存在和突出应变集中部位，而且能识别断层的蠕动部分，并约束断层的滑动参数和摩擦特性。这些信息对于地震危险性评估和理解地壳动力学至关重要。

欧洲航天局分别于 2014 年 4 月和 2016 年 4 月发射的 Sentinel-1A 和 Sentinel-1B 卫星，能提供全球覆盖和定期重复观测的 SAR 测量数据，为绘制全球高分辨率地壳速度和应变率图开辟了前景。目前已有多种 InSAR 数据处理系统，用于从 SAR 数据集生成地壳形变干涉图和时间序列，例如美国 NASA 喷气推进实验室的先进快速成像和分析系统（ARIA）（Bekaert et al., 2020）、英国 COMET 机构的利用合成孔径雷达从空间观察大陆的 LiCSAR 和 LiCSBAS 套件（Lazecký et al., 2020），以及 ForM@ Ter 固体地球数据和服务中心的 ForM@ Ter 大规模多时相 Sentinel-1 干涉测量系统（FLATSIM）（Thollard et al., 2021）等。数据处理方法有基于目标区域块状分割的批处理和基于影像帧的处理，前者适用于有限算力情形，而后者则为逐渐扩大绘图区域以最终覆盖整个大陆提供了灵活性，便于形成大尺度速度场，进而生成大范围的高分辨率应变率场。以上及其他相关处理系统和数据处理策略的不断迭代演进，预示着地壳应力场的实时高时空分辨率遥感观测的光明前景。

◎ 本章参考文献

［1］Aki K, Richards P G. Quantitative seismology［M］. 2nd Edition, Univ. Sci. Books, 2002.

［2］Bekaert D P, Biessels R, Havazli E, et al. New and upcoming developments of standardized Hazards［J］. AGU Fall Meeting Abstracts, 2020, G004-0038.

［3］Das S, Scholz C H. Off-fault aftershocks clusters caused by shear stress increase？［J］. Bull. Seismol. Soc. Am., 1981, 71(5)：1669-1675.

［4］Lazecký M, Spaans K, González P J, et al. LiCSAR：An automatic InSAR tool for measuring and monitoring tectonic and volcanic activity［J］. Remote Sens., 2020, 12(15), 2430.

［5］King G C P, Stein R S, Lin J. Static stress changes and the triggering of earthquake［J］. Bull. Seismol. Soc. Am., 1994, 84(3)：935-953.

［6］King G C P. Fault interaction, earthquake stress changes, and the evolution of seismicity［J］. Treatise Geophys., 2007, 4：225-255.

［7］Kostrov V V. Seismic moment and energy of earthquakes, and seismic flow of rocks［J］. Izv. Acad. Sci. USSR Phys. Solid Earth, 1, Eng. Transl., 1974, 23-44.

［8］Stein R S, Lisowski M. The 1979 Homestead Valley earthquake sequence, California：Control of aftershocks and postseismic deformation［J］. J. Geophys. Res., 1983, 88(B8)：6477-6490.

［9］Okada Y. Surface deformation due to shear and tensile faults in a half-space［J］. Bull. Seismol. Soc. Am, 1985, 75：1135-1154.

［10］Okada Y. Internal deformation due to shear and tensile faults in a half-space［J］. Bull. Seismol Soc. Am., 1992, 82(2), 1018-1040.

［11］Oppenheimer D H, Reasenberg P A, Simpson R W. Fault plane solutions for the 1984 Morgan Hill, California, earthquake sequence：Evidence for the state of stress on the Calaveras fault［J］. J. Geophys. Res., 1988, 93(B8)：9007-9026.

［12］Shen Z-K, Wang M, Zeng Y H, et al. Optimal interpolation of spatially discretized geodetic data［J］. Bull. Seismol. Soc. Am., 2015, 105(4)：2117-2127.

［13］Steacy S, Gomberg J, Cocco M. Introduction to special section：Stress transfer, earthquake triggering, and time-dependent seismic hazard[J]. J. Geophys. Res., 2005, 110(B05S01): 1-12.

[14] Stein R S, King G C P, Lin J. Change in failure stress on the southern San Andreas fault system caused by the 1992 Magnitude = 7. 4 Landers earthquake[J]. Science, 1992, 258 (5086): 1328-1332.

[15] Thollard F, Clesse D, Doin M, et al. Flatsim: The ForM@ Ter LArge-scale multi-temporal Sentinel-1 InterferoMetry Service[J]. Remote Sens., 2021, 13(18): 1-29.

[16] Toda S, Stein R S, Sevilgen V, et al. Coulomb 3. 3 graphic-rich deformation and stress-change software fore earthquake, tectonic, and volcano research and teaching-User guide [J]. U. S. Geol. Surv. Open-File Rept., 2011, 2011-1060.

[17] Ou Q, Daout S, Weiss J R, et al. Large-scale interseismic strain mapping of the NE Tibetan Plateau from Sentinel-1 Interferometry[J]. J. Geophys. Res., 2022, 127(6): 1-29.

[18] Wang J J, Xu C J, Freymueller J T, et al. Sensitivity of Coulomb stress change to the parameters of the Coulomb failure model: A case study using the 2008 M_W 7. 9 Wenchuan earthquake[J]. J. Geophys. Res., 2014, 119: 3371-3392.

[19] Wang J J, Xu C J, Freymueller J T, et al. AutoCoulomb: An automated configurable program to calculate Coulomb stress changes on receiver faults with any orientation and its application to the 2020 M_W 7. 8 Simeonof Island, Alaska, earthquake[J]. Seismol Res. Lett., 2021, 92 (4): 2591-2609.

[20] Wang R J, Lorenzo-Martin F, Roth F. PSGRN/PSCMP-A new code for calculating co- and post-seismic deformation, geoid and gravity changes based on the viscoelastic-gravitational dislocation theory[J]. Comput. Geosci., 2006, 32(4): 527-541.

[21] Wells D L, Coppersmith K J. New empirical relationships among magnitude, rupture length, rupture width, rupture area, and surface displacement[J]. Bull. Seismol. Soc. Am., 1994, 84 (4): 974-1002.

[22] Savage J C, Gan W J, Svarc J L. Strain accumulation and rotation in the Eastern California Shear Zone[J]. J. Geophys. Res., 2001, 106(B10): 21995-22007.

[23] 陈顺云, 马瑾, 刘培洵, 等, 利用卫星遥感热场信息探索现今构造活动: 以汶川地震为例[J]. 地震地质, 2014, 36(3): 1-19.

[24] 李四光. 地壳构造与地壳运动[J]. 中国科学, 1973, 4: 400-429.

[25] 李四光. 地质力学方法[M]. 北京: 科学出版社, 1976.

[26] 李延兴, 何建坤, 张静华, 等. 太平洋板块的现今构造运动与板内形变应变场[J]. 地球物理学报, 2007, 50(2): 0437-0447.

[27] 许才军, 汪建军, 熊维. 地震应力触发回顾与展望[J]. 武汉大学学报(信息科学版), 2018, 43(12): 2085-2092.

[28] 许才军, 温扬茂. 活动地块和应变模型辨识[J]. 大地测量与地球动力学, 2003, 23 (3): 50-55.

[29] 朱志澄. 构造地质学[M]. 武汉: 中国地质大学出版社, 1999.

第7章 地震地壳形变模型

由于地壳结构的不均匀性，在内力与外力的作用下会产生不均匀的地壳形变，它导致地壳某些特殊部位上的应力-应变不断累积，当这一累积应变达到地壳的极限应变值或已有断层上的应力累积超过了断层本身能承受的强度时，地壳便会断裂错动，其巨大的能量突然释放，从而发生地震(构造地震)。这种地震孕育和发生过程中地应力集中及演化直接产生的地壳运动效应称为地震地壳形变。其中，孕震过程中长期阶段(数十年至数千年)的稳定地震地壳形变称为震间地壳形变；临震阶段(数天至数年)的异常地表形变称为震前地壳形变或地壳形变前兆；震时地壳破裂引起的地壳形变称为同震(震时)地壳形变；震后的地壳形变继续调整的过程称为震后地壳形变。

地震地壳形变可以通过地形变观测获得。地形变观测按时间分为连续观测和以数日、数月、数年为周期的离散观测；按空间域可分为定点形变(倾斜、固体潮)观测，数十米至数百米以及上千米范围的断层位移观测，几千米至几百千米大范围的区域形变场观测，以及上千至数千千米的构造块体和全球板块运动监测；按观测手段有空间对地观测技术(VLBI、SLR、GNSS、InSAR 和 SG 等)、常规大地测量技术(精密水准测量、电磁波测距、精密重力测量、基线测量和三角测量等)，以及洞体钻孔应变、倾斜、各类固体潮汐因子等观测。地壳形变是地壳构造运动的直接反映。本章主要介绍地震周期与地震地壳形变、震前地壳形变模型、震间地壳形变模型、同震地壳形变模型和震后地壳形变模型。

7.1 地震周期与地震地壳形变

地震周期(Earthquake Cycle，也称为地震轮回)是指断层面上位移、应变和应力积累与释放的周期性现象。地震周期的第一例证据来自 1906 年 M 7.9 级美国旧金山地震的三角测量资料和野外地质考察结果(Reid，1910)。Reid(1910)为了解释该地震的力学机制提出了著名的弹性回跳理论(Elastic Rebound Theory)，他认为地震断层在一定时期处于闭锁状态，同时断层上下两盘在构造应力的驱动下相向运动，从而造成断层面上的应变能不断累积。当累积的应变能突破临界值时，断层的闭锁状态被解除，断层面开始错动，并释放出累积的能量而发生地震，随即断层面应力降至一定水平，断层又开始闭锁，等待下一个循环，如图 7.1 所示。该模型至今仍然被认为是浅源地震机制最合适的模型，其中所蕴含的关于断层的应变累积与释放的思想一直发挥着深远的影响。

经过近百年来的地壳形变观测，人们发现利用弹性回跳理论来解释地震周期过于简单。更进一步地，将地震周期划分为震间、震前、同震和震后四个阶段，反映了一次地震的孕育、发生和结束的整个演化过程，而不同活动阶段的变形特征则反映出断层不同的应力状态和力学性质（Scholz，2002）。在震间阶段，应变累积平稳而缓慢，经历时间长，断层两侧呈现连续的变形，造成板间及板内断层面上的应力集中，当其突破临界状态时将造成地震断层的快速错动、蠕滑和无震滑动；震前阶段应变累积速度加快，方向不变，但经历的时间不长，通常难以观测到异常的地表形变；同震阶段，应变累积达到极限，介质破裂，应变能突然发生释放，断层两侧发生位错，导致周围地壳产生永久形变，同时伴随地震波的快速震荡，导致地壳介质应力状态的瞬态变化；震后阶段释放剩余的应变能，通过上地壳与具有黏弹性松弛性质的下地壳及上地幔间的应力耦合、断层面上的震后余滑和地壳孔隙介质的孔隙弹性回弹作用等产生地表形变，然后逐渐恢复并开始进入下一个地震周期的震间应变积累阶段，经过大量的地震周期后，地表总位移量等于块体边界在这这段时间的总位移。图 7.2 为地震周期中地表形变的时空演化过程。

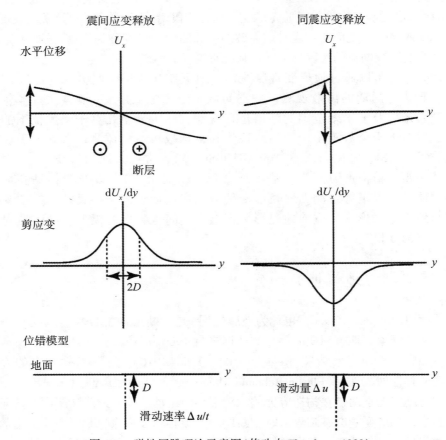

图 7.1　弹性回跳理论示意图（修改自 Thatcher，1983）

在整个地震周期中，断层的同震错动释放了地震断层面上大部分的累积应力，并且这种错动同时造成周围地壳介质的永久形变和激发地震波的传播，而后者则在外向传播过程中的快速振荡同样会造成地壳介质的物理化学性质的变化。这两种效应将有效地改变发震断层周边断层面上及其周围的应力环境，加速或者迟滞这些断层的错动，从而促进或抑制后续地震的发生。在震后阶段，由于下地壳和上地幔介质的流变特性使得发震断层同震错动激发的应力变化在下地壳和上地幔内并不是瞬间释放，而是随着时间的推移逐渐弥散出去，将震后应力在大范围内传输，进而在同震应力的基础上更有效地改变发震断层周边的应力环境。当震后下地壳和上地幔内流变物质（图7.3(b)）的应力完全松弛后，地震断层将在远场板块或块体构造等的加载作用（图7.3(a)）下在断层愈合段开始累积应力，而当这种累积的应力突破临界状态时，地震断层又开始错动（图7.3(c)），进入下一个应力累积与释放的循环。

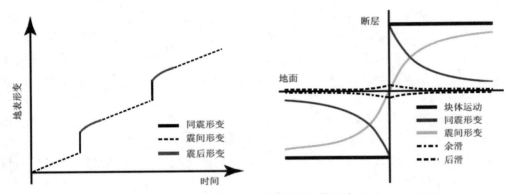

图 7.2 地震周期中地表形变的时空演化特征（修改自 Thatcher，1983）

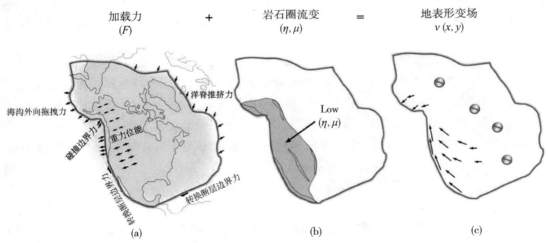

图 7.3 加载力和岩石圈流变控制北美板块地壳形变示意图（修改自 Thatcher，2009）

7.2 震前地壳形变模型

在孕震初期，地壳产生弹性变形，随着应力的不断增强，应力场进一步加强，形变加速，介质发生塑性硬化，震源区进入不稳定状态，将出现突变、阶跃、脉冲及固体潮畸变等形式的短临阶段形变前兆异常。短临突变性形变变化更主要地反映了地壳深部软流物质迁移的信息。从岩石圈构造变形的角度来看，最广泛应用的静力位错理论给出的形变变化在空间上连续分布，随距离呈现快速的衰减，主要分布在 2~4 倍的位错尺度范围内，一般很难在远距离范围内观测到这种短期变化。震前的地壳形变主要包括断层系和块体运动、近场地壳应变积累和扩容与地表隆起等（张国民，等，2001）。

7.2.1　断层系和块体运动

板块内部地质块体沿断层的相对运动，导致障碍体上的应变积累，从而形成地震。近年来，有关地壳形变的理论研究和对形变观测资料的分析获得的比较一致的结论是：断层运动及其近场块体的形变受构造运动的驱动，形变主要集中在断层近场，远场形变比较平缓，并且离断层越远形变越平缓。另一个重要的结论是：在断层近场块体介质的力学特性可以发生很大的变化，这种变化对于块体的变形与释放能量的方式和速度起着控制作用。

震前的前兆运动可以表现为长期形变速率的加速或蠕动加速。加速经历的时间有很大差异，有的只是几分钟，有的可以到几年。地倾斜异常也是一种地震前兆运动，在距离倾斜仪测站 10km 范围以内，可以观测到 4.5 级地震的前兆倾斜；在沿断层布设有倾斜仪阵列的地段，可以观测到 2.5 级小地震的前兆倾斜。在 1976 年唐山大地震之前，位于唐山大震断层南端的宁河，在 1975 年以前断层两盘相对运动微弱（图 7.4），呈相对闭锁状态。从 1976 年 5、6 月间的 7 次观测发现相对闭锁状态已被打破，出现了明显的前兆蠕动，北盘相对南盘下降，倾斜方向指向未来唐山大震震中，这是地震前的预滑短临前兆（赵国光，张超，1981）。

根据美国用电磁波测距方法监测圣安德烈斯断层的结果，发现沿该断层的各不同地段，在发生中等地震之前，运动速率都有变化，这种变化表现成为跨越断层的基线长度发生变化，这些基线是伸长或缩短，视它们相对于断层的取向而定。如果蠕动地带中的断层被局部闭锁，则跨越断层的基线变化将放慢或停止。如果断层运动转移到另一相邻断层上，则运动方向甚至会变成相反。断层运动的锁闭或转移，都趋向于为中等地震创造条件。

7.2.2　近场地壳应变积累

通过对岩石做模拟实验，可以模拟地震发生的环境，了解地壳的运动模式。从岩石的破裂条件或变形失稳条件分析，地震的孕育、发生是弹性应变能在局部地区长期积累和应力、应变逐步演变的产物。岩石加压模拟实验结果表明，岩石（尤其孔隙度小于 1% 的岩石）在应力作用下的应变曲线是分段的，即岩石破裂过程中应力、应变关系呈现出阶段性特征（图 7.5（a））。岩石破裂前后应力、应变曲线大致可分为 5 个阶段：

（1）OA 段：硬化阶段。随着应力的增加，应变增长速率缓慢，仿佛岩石随应力增加而变硬。表明天然岩石中存在的许多微观裂纹在应力作用下闭合，使得岩石硬度增加。

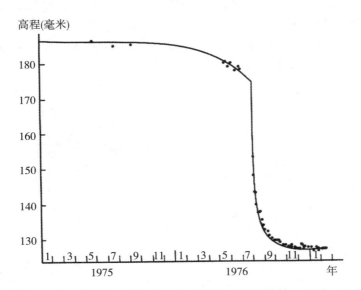

图 7.4 宁县固定水准观测点北南高程相对变化（赵国光，张超，1981）

（2）AB 段：线弹性阶段。AB 的斜率（即岩石的等效杨氏模量）由岩石固态物质的弹性常数和包含的孔隙情况而定。

（3）BC 段：非弹性变形或弱化阶段，这时岩石的非弹性变形明显出现，非弹性体应变增加，当应变率增加（达到破裂强度的 2/3 左右），岩石内产生新的微破裂裂纹或已有破裂的扩展和张裂而引起体积增加（扩容）。C 点是应力-应变关系的峰值点，表明岩石在一定条件下所能承受的最大载荷，它是应力-应变曲线的极大值，对应的峰值应力称为岩石的强度或破坏应力，一旦岩石受力达到其强度，岩石就会发生宏观破坏。

（4）CD 段：失稳阶段。峰值应力后的变形与地震发生有着非常密切的关系。越过 C 点以后，岩石的承受能力下降，应变开始持续加速。比较 CD 段和 AB、AC 段变化的速度，不难发现在极值点 C 以后，变形速度在 CD 段较 AC 段大，因此 CD 段即地震发生的短期阶段。

（5）DE 段：滑动阶段。岩石的宏观破裂已经完成，断裂面已经形成，应力状态呈现低值或自然状态，比较小的扰动就可能激发断裂面的滑动。

与大地震孕育、发生、发展相互关联的震源区的变形过程大体也服从上述规律。但在自然界中地壳的变形无疑会受到更多复杂因素的影响，使形变曲线表现出更为复杂的特征，尤其是在峰值应力前后，曲线不会像图 7.5 中那样简单。

7.2.3 扩容与地表隆起

扩容是指孕震过程中震源体进入高应力阶段后由于大量张性裂隙的发育和发展引起的岩石体积膨胀，以及由于震源内裂隙度增加导致岩体所含流体孔隙压力的降低而造成外界流体向震源内扩散。如图 7.5（b）所示，当应力达到破裂强度的 2/3 左右时，近场区开始扩容，在地表可以观测到隆起，但随着应力的继续增加，主破裂带的逐渐形成，应变将大量集中在一个有限的最终出现断裂的部位上。其余地区裂缝将闭合，应力-应变曲线将下降恢复，膨胀也将逐渐恢复。该孕震前兆模式是美国 Scholz 等在 1973 年通过对大量前人研究成果的总结并结合地震震例所提出的。

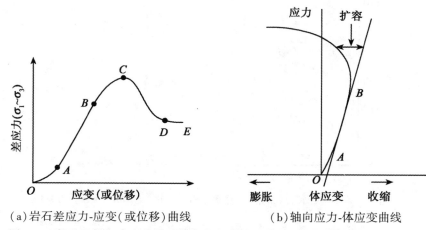

（a）岩石差应力-应变（或位移）曲线　　　　（b）轴向应力-体应变曲线

图 7.5　岩石差应力-应变曲线和轴向应力-体应变曲线（修改自张国民等，2001）

按照扩容理论，在扩容发生时期，震中区呈现隆起。如果扩容区很大很浅，它在震中区地面上可产生数厘米的地壳隆升。而当岩石处于扩容硬化期时，扩容速度变慢或停止，再加扩容区外的水要向扩容区流入，所以地面隆起的速度就变得不显著了，即在大地震发生前，地面要出现快速隆起，然后隆起速度变慢或停止，于是就接近临震了。

以伊豆半岛地震活动区为例，在 1924—1933 年期间以及从 1975 年到现在，间断的地壳隆升非常明显，如图 7.6 所示。在异常地壳隆升期间，发生过几次 7 级左右的地震，其间还夹有地震群。在地震活动平静期间，震区地壳逐渐沉降。从伊豆半岛附近两水准点 A 和 B 的高程长期变化模式可以看出，地壳的异常隆升是伴随大地震开始的，例如 1923 年关东大地震（7.9 级）和 1974 年伊豆半岛近海大地震（6.9 级）等。这种隆升大约延续了 10 年之久。地壳隆升所需要的重力位能，相当于 7.5 级的地震能量，而该半岛在此期间所释放的总地震能量是 7.2 级。因此，伊豆半岛东北部所累积的应变能量，大部分是由无震隆升释放的，以地震形式释放的只占其中的很小一部分。这一事实证明，地壳表面的大部分位移是由无震滑动或慢地震的形式产生的。

扩容理论虽然可以解释不少的前兆现象，但是也有其不足之处：第一是扩容区外的水存在何处，它够不够使得整个扩容区饱和？第二是水在进入断层面上时需要很大的孔隙压力，单纯依靠孔隙的自流不足以驱动，这需要额外的压力才行，但是这个压力从何而来也不甚清楚。此外，该理论只能解释临近震源区的前兆，对远区前兆并不能很好地解释。

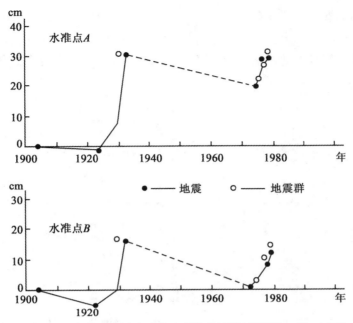

图 7.6　伊豆半岛地震活动区的地壳隆升情况(胡明城，等，1994)

7.3　震间地壳形变模型

震间地壳形变模型主要用于刻画震间一定深度范围内的断层闭锁及其下部滑移所致的地表形变。震间形变可以用后滑模型(back-slip)来模拟，其为板块或块体边界的相对自由滑动所致的地壳形变和发震断层带上的与板块或块体边界相对滑移方向相反的位错(后滑)造成的地壳形变之和(图 7.7)。后滑速率与滑移亏损速率等大反号。滑移亏损速率与某时间间隔之积即为发震断层在震间所累积的且与同震错动相等的虚拟滑移量。

图 7.7　稳态滑动、后滑以及整个震间阶段的形变(修改自 Hetland 和 Hager，2005)

7.3.1　无限长走滑断层的震间地壳形变模型

对于位于弹性半空间的无限长直立走滑断层，假设它在 x_3 方向上无限长(图 7.8)，其形变是反平面应变，这意味着仅在 x_3 方向存在非零位移，并且这个位移的大小只在垂直于断层的平面内变化。也就是说，形变 u_3 仅与 x_1 和 x_2 有关，即 $u(x) = u_3(x_1, x_2)\,\hat{e}_3$。为简单起见，这里假设滑动在整个断层深度上是均匀的。

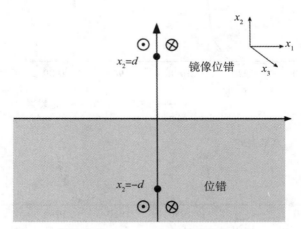

图 7.8　螺旋位错 $(x_2 = -d)$ 及其镜像位错 $(x_2 = d)$

由于在固体地球和大气之间不存在应力传递，因此在穿过地球表面时，剪切和法向牵引力将会消失。更进一步，如果与地球的半径相比，所求问题的尺度足够小的话，那么就可以忽略地球曲率的影响，将地球的自由表面看成一个平面。这里，将 $x_2 = 0$ 看成自由表面，那么对所有的 $x_2 < 0$ 都必须满足控制方程。对于反平面应变问题，弹性半空间的解可以通过镜像法很容易地构造出来。

对于位于表面的唯一非零应力 σ_{23}，可以写成

$$\sigma_{23}(x_2 = 0) = \frac{s\mu}{2\pi}\frac{x_1}{x_1^2 + d^2} \tag{7.1}$$

式中，s 为断层的滑动，μ 为剪切模量，d 为位错所在的深度。

显然，单个位错本身无法满足自由表面边界条件。解决方法就是在 $x_2 = d$ 的位置增加一个虚拟的镜像位错，如图 7.8 所示。需要注意的是，这个镜像位错面必须严格限制在 $x_2 > 0$ 的区域，这样它才不会在球体内部 $(x_2 < 0)$ 造成不连续。

那么，位错及其镜像在表面 $x_2 = 0$ 上所形成的应力 σ_{23} 为

$$\sigma_{23}(x_2 = 0) = \frac{s\mu}{2\pi}\left(\frac{x_1}{x_1^2 + d^2} - \frac{x_1}{x_1^2 + d^2}\right) = 0 \tag{7.2}$$

从而满足了自由表面边界条件。这时，位错及镜像所造成的形变为

$$u_3 = \frac{-s}{2\pi}\left(\arctan\frac{x_1}{x_2^2 + d^2} - \arctan\frac{x_1}{x_2^2 - d^2}\right) \tag{7.3}$$

如果假设滑动均匀发生在深度 d_2 到深度 d_1 之间，并且 $|d_1| > |d_2|$，那么由此造成的形变为

$$u_3 = \frac{-s}{2\pi}\left(\arctan\frac{x_1}{x_2^2 + d_1^2} - \arctan\frac{x_1}{x_2^2 - d_1^2} - \arctan\frac{x_1}{x_2^2 + d_2^2} + \arctan\frac{x_1}{x_2^2 - d_2^2}\right) \qquad (7.4)$$

特别的，对于最受关注的地表而言，其形变为

$$u_3(x_2 = 0) = \frac{-s}{\pi}\left(\arctan\frac{x_1}{d_1^2} - \arctan\frac{x_1}{d_2^2}\right) \qquad (7.5)$$

现在，让深部的位错尽量往下延伸，即 $d_1 \rightarrow \infty$。在这种情况下，断层在表面至深度 d_2 处是闭锁的，而在下部以一常量滑动，这就是 Savage 和 Burford（1973）对圣安德烈斯断层的震间形变给出的一阶近似，具体形式为：

$$u(x) = \frac{s}{\pi}\arctan\frac{x}{d} \qquad (7.6)$$

式中，$u(x)$ 为平行于断层的地表形变，x 为相对于断层的距离和 d 为断层的闭锁深度。

对式（7.6）取 x 的偏导数，可以得到了自由表面的剪应变，为

$$\varepsilon = \frac{1}{2}\frac{\partial u}{\partial x} = \frac{s}{2\pi d}\frac{1}{1 + \left(\frac{x}{d}\right)^2} \qquad (7.7)$$

这里需要特别指出的是，对于无限长直立走滑断层，在断层两侧远场的位移正好等于断层面上所施加滑动量的一半。同时在整个地球表面，剪应变处处为正，并且在震间沿着断层逐渐累积（图7.9）。

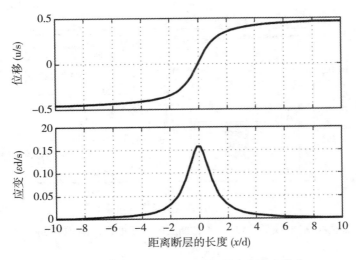

图 7.9　无限长走滑断层的震间形变和应变分布

而对于非对称的弹性半空间内的无限长直立走滑断层，震间形变可以表述为（Le Pichon et al., 2005）：

$$u(x) = \begin{cases} \dfrac{2Ks}{\pi}\arctan\dfrac{x-\Delta}{d}, & x > \Delta \\[3mm] \dfrac{2(1-K)s}{\pi}\arctan\dfrac{x-\Delta}{d}, & x < \Delta \end{cases} \tag{7.8}$$

式中，非对称系数 $K = s_1/(s_1+s_2) = s_1/s$，其值在 $0 \sim 1$ 之间，它还可以写成杨氏模量比值 $E_1/(E_1+E_2)$ 的形式。式(7.6)是式(7.8)在无位错偏移（$\Delta = 0$）和无杨氏模量差异（$K = 0.5$）下的特殊形式。

此外，对于非均匀的弹性半空间内的无限长直立走滑柔性断层区（compliant fault zone），震间形变可以写成（Chen，Freymueller，2002）：

$$u(x) = \begin{cases} \dfrac{2(1-K)s}{\pi}\sum_{n=0}^{+\infty}K^n\arctan\dfrac{x-2nh}{2d}, & x < -h \\[4mm] \dfrac{s}{\pi}\left[\arctan\dfrac{x}{2d} + \sum_{n=0}^{+\infty}K^n\left(\arctan\dfrac{x-2nh}{2d} + \arctan\dfrac{x+2nh}{2d}\right)\right], & -h < x < h \\[4mm] \dfrac{2(1-K)s}{\pi}\sum_{n=0}^{+\infty}K^n\arctan\dfrac{x+2nh}{d}, & x \geqslant h \end{cases}$$

$$\tag{7.9}$$

如果实际断层为一个破碎区且其两侧的介质差异显著时，它在板块或块体的构造加载下所形成的震间形变与忽略柔性断层区时的震间形变有所不同。柔性断层区模型的震间形变具有更加局部化的特征（图 7.10）。因此，可以采用近场震间形变观测来分析断层区的介质结构差异。

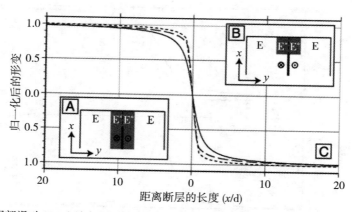

图 7.10　深部滑动（A）和浅部滑动（B）柔性断层区的震间形变（修改自 Jolivet et al.，2009）

7.3.2　无限长倾滑断层的震间地壳形变模型

现有笛卡儿坐标系 $(x_1, x_2, x_3) = (x, y, z)$，其中 x_3 向下为正，对于平行于 x_2x_3 平面的平面应变问题：

$$u_1 \equiv 0, \quad \partial/\partial x_1 \equiv 0 \tag{7.10}$$

定义艾里应力函数(Airy Stress Function) u，它与地表形变的关系为

$$p_{22} = u_{,33}, \quad p_{33} = u_{,22}, \quad p_{23} = u_{,23} \tag{7.11}$$

$$\nabla^2 \nabla^2 u = 0 \tag{7.12}$$

式中，p_{ij} 是应力的各个分量以及 $u_{,33} = \partial^2 u/\partial x_3^2$。

对于倾滑线源的艾里应力函数 u，可以写成(Rani, Singh，1992)：

$$u = \frac{\mu bds}{2\pi(1-\nu)}\{\cos2\delta[(x_2 - y_2)(x_3 - y_3)(R_1^{-2} - R_2^{-2}) + 4x_3y_3(x_2 - y_2)(x_3 + y_3)/R_2^4]$$
$$+ \sin2\delta[(x_3 - y_3)^2/R_1^2 + (x_3^2 - y_3^2 + 2x_3y_3)/R_2^2 - 4x_3y_3(x_3 + y_3)^2/R_2^4]\} \tag{7.13}$$

式中，ν 为泊松比，μ 为剪切模量，b 为滑动量，δ 为倾角，ds 为线位错的宽度，(x_2, x_3) 为观测位置，(y_2, y_3) 为线位错位置，$R_1^2 = (x_2 - y_2)^2 + (x_3 - y_3)^2$ 和 $R_2^2 = (x_2 - y_2)^2 + (x_3 + y_3)^2$。

对于图7.11中所示位于弹性半空间的无限长倾滑断层，有

$$y_2 = s\cos\delta, \quad y_3 = s\sin\delta \tag{7.14}$$

将式(7.14)代入式(7.13)，以及对 s 在 (s_1, s_2) 区间内积分，可以得到一个具有有限宽度 $(L = s_2 - s_1)$ 的无限长倾滑断层的艾里函数，

$$u = \frac{\mu bds}{2\pi(1-v)}[(x_2\sin\delta - x_3\cos\delta)\ln(R_1/R_2) + 2x_2\sin\delta(x_2\sin\delta + x_3\cos\delta)s/R_2^2]\,|_{s_1}^{s_2} \tag{7.15}$$

其中，$R_1^2 = (x_2 - s\cos\delta)^2 + (x_3 - s\sin\delta)^2$ 和 $R_2^2 = (x_2 - s\cos\delta)^2 + (x_3 + s\sin\delta)^2$。

结合式(7.11)和式(7.15)，可以得到应力的表达式：

$$p_{22} = \frac{\mu b}{2\pi(1-v)}\{(x_2\sin\delta - 3x_3\cos\delta)(R_1^{-2} - R_2^{-2}) + \sin2\delta[s(R_1^{-2} + 3R_2^{-2})]2(x_2\sin\delta -$$
$$x_3\cos\delta)[(x_3 - s\sin\delta)^2/R_1^4 - (x_3 + s\sin\delta)^2/R_2^4] - 4\sin\delta(s/R_2^4)[3x_2x_3\sin\delta + 5x_3^2\cos\delta +$$
$$2s\sin\delta(2x_3\cos\delta + x_2\sin\delta)] + 16x_3\sin\delta(x_2\sin\delta + x_3\cos\delta)[s(x_3 + s\sin\delta)^2/R_2^6]\}\,|_{s_1}^{s_2} \tag{7.16}$$

$$p_{23} = \frac{\mu b}{2\pi(1-v)}\{(x_2\cos\delta - x_3\sin\delta)(R_1^{-2} - R_2^{-2}) - \cos2\delta[s(R_1^{-2} - R_2^{-2})] + 2(x_2\sin\delta -$$
$$x_3\cos\delta)(x_2 - s\cos\delta)[(x_3 - s\sin\delta)/R_1^4 - (x_3 + s\sin\delta)/R_2^4] + 4\sin\delta(x_2\sin\delta + 2x_3\cos\delta)[s(x_2 -$$
$$s\cos\delta)/R_2^4] + 4x_3\sin^2\delta[s(x_3 + s\sin\delta)/R_2^4] - 16x_3\sin\delta(x_2\sin\delta + x_3\cos\delta)[s(x_3 + s\sin\delta)(x_2 -$$
$$s\cos\delta)/R_2^6]\}\,|_{s_1}^{s_2}, \tag{7.17}$$

$$p_{33} = \frac{\mu b}{2\pi(1-v)}\{(x_2\sin\delta + x_3\cos\delta)(R_1^{-2} - R_2^{-2}) - \sin2\delta[s(R_1^{-2} - R_2^{-2})] + 2(x_2\sin\delta x_3\cos\delta)$$
$$[(x_3 - s\sin\delta)^2/R_1^4 - (x_3 + s\sin\delta)^2/R_2^4] + 4x_3\sin\delta[s(x_2\sin\delta + 3x_3\cos\delta + s\sin2\delta)/R_2^4] -$$
$$16x_3\sin\delta(x_2\sin\delta + x_3\cos\delta)[s(x_3 + s\sin\delta)^2/R_2^6]\}\,|_{s_1}^{s_2}。 \tag{7.18}$$

对式（7.16）、式（7.17）和式（7.18）进行积分，得到位移：$u_2 =$

$$\frac{b}{2\pi}\left\{\frac{1-2v}{2(1-v)}\sin\delta\ln(R_1/R_2) + \cos\delta\arctan\left[(x_2 - s\cos\delta)/(x_3 + s\sin\delta)\right] - \cos\delta\arctan\left[(x_2 - \right.\right.$$

$$s\cos\delta)/(x_3 - s\sin\delta)\left] - \frac{1}{2(1-v)}(x_2\sin\delta - x_3\cos\delta)\left[(x_2 - s\cos\delta)(R_1^{-2} - R_2^{-2})\right] + 2s\sin\delta\right.$$

$$\left.\left[\frac{1-2v}{2(1-v)}x_3\sin\delta + s - x_2\cos\delta\right]/R_2^2 + \frac{2}{1-v}x_3\sin\delta(x_2\sin\delta + x_3\cos\delta)s\left[(x_2 - s\cos\delta)/R_2^4\right]\right\}\Big|_{s_1}^{s_2}$$

$$\tag{7.19}$$

$$u_3 = \frac{b}{2\pi}\left\{-\frac{1-2v}{2(1-v)}\cos\delta\ln(R_1/R_2) - \sin\delta\arctan\left[(x_3 + s\sin\delta)/(x_2 - s\cos\delta)\right] + \sin\delta\right.$$

$$\arctan\left[(x_3 - s\sin\delta)/(x_2 - s\cos\delta)\right] + 2\sin\delta(x_2\sin\delta + x_3\cos\delta)s/R_2^2 - \frac{1}{1-v}\sin\delta(x_2\sin\delta + $$

$$2x_3\cos\delta)s/R_2^2 - \frac{1}{2(1-v)}(x_2\sin\delta - x_3\cos\delta)\left[(x_3 - s\sin\delta)/R_1^2 - (x_3 + s\sin\delta)/R_2^2\right] + $$

$$\frac{2}{1-v}x_3\sin\delta(x_2\sin\delta + x_3\cos\delta)\left[s(x_3 + s\sin\delta)/R_2^4\right]\right\}\Big|_{s_1}^{s_2}$$

$$\tag{7.20}$$

令式(7.19)和式(7.20)中的 $x_3 = 0$，则得到位于均匀弹性半空间中刃型位错(图7.11)的地表形变表达式(Singh et al., 1993)：

$$\begin{cases} u_1 = 0 \\ u_2 = \dfrac{b}{\pi}\left[\cos\delta\arctan\left(\dfrac{x_2 - s\cos\delta}{s\sin\delta}\right) + \sin\delta(s - x_2\cos\delta)\dfrac{s}{R_0^2}\right]\Big|_{s_1}^{s_2} \\ u_3 = \dfrac{b}{\pi}\left[\sin\delta\arctan\left(\dfrac{x_2 - s\cos\delta}{s\sin\delta}\right) + x_2\sin^2\delta\dfrac{s}{R_0^2}\right]\Big|_{s_1}^{s_2} \end{cases} \tag{7.21}$$

式中，$R_0^2 = (x_2 - s\cos\delta)^2 + s^2\sin^2\delta$。

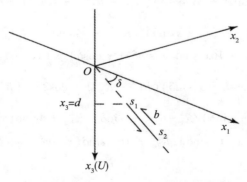

图 7.11　无限长倾滑断层几何结构图

现在，让刃型位错的底部尽量往下延伸，即 $s_2 \to \infty$。在这种情况下，位错在表面至深度 $d = s_2\sin\delta$ 位置处是闭锁的，而在其下部以一常量滑动，这就是无限长倾滑断层震间形变的一阶近似：

$$\begin{cases} u_1 = 0 \\ u_2 = \dfrac{b}{\pi}\left[\cos\delta\ \arctan\left(\dfrac{x}{h}\right) + \dfrac{h^2\sin\delta - xh\cos\delta}{x^2 + h^2}\right] \\ u_3 = \dfrac{b}{\pi}\left[\sin\delta\ \arctan\left(\dfrac{x}{h}\right) + \dfrac{h^2\cos\delta + xh\sin\delta}{x^2 + h^2}\right] \end{cases} \tag{7.22}$$

式中，u_1 为沿断层走向的地表形变，u_2 为跨断层与断层迹线垂直向的地表形变，u_3 为垂直方向的地表形变，x 为测站离断层地表迹线的垂直距离。图 7.12 显示的是一个刃型位错的震间形变空间分布。

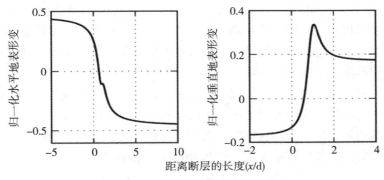

图 7.12 无限长倾滑断层的震间形变分布

7.4 同震地壳形变模型

地震的同震运动，主要表现为地震断层和地裂缝。浅源大地震发生时，震源区的岩层断裂和错动延伸到地表，形成断层，例如 1931 年 M 8 级新疆富蕴大地震，形成长达 176km 的地震断层。也有许多地震不是形成新的地震断层，而是使原有的断层带上产生新的错动，例如，2001 年 11 月 14 日 M_S 8.1 级昆仑山库赛湖地震发生在东昆仑断裂带西部昆仑山南麓的库赛湖段上，地震地表破裂带总体走向 N70°—90°W，东端止于青藏公路以东 70km 附近，西端终止于布喀达板峰东缘附近，地震地表破裂带主体长度大于或等于 426km，以左旋走滑为主，最大水平位移 7.6m(Xu et al., 2002)。1906 年 M 7.8 级美国旧金山大地震时，沿圣安德烈斯断层产生的错动，是最大水平位移 6.4m 的右旋错动。在地表沉积层较厚的平原地区，在地震力作用下，地表往往形成各种形态的地裂缝。受挤压的地下水通过地下砂层沿裂缝喷出，形成喷砂冒水现象。2021 年 5 月 22 日巴颜喀拉块体内部全新世活动的左旋走滑断层玛多—甘德断裂发生 M_S 7.4 地震，该断层全长 650km。此次地震沿着玛多—甘德断裂形成的地表破裂近 NWW-SEE 向延伸，破裂长约 70 km(詹艳，等，2021)，多个 GNSS 测站记录到超过 1m 的地表同震位移。发生在沿太平洋地震带深海沟内侧的地震和海底地震，其同震运动表现为其他形式。深海沟内侧的地震使海洋地区的地面隆升，例如，1964 年 M 8.4 级美国阿拉斯加大地震时，海岸地区隆升达 10m；1960 年 M 8.5 级智利大地震，同震运动发生在长 1000km、宽 200km 的地带内，使得瓜布林岛有 5.7m 的上升，而瓦尔迪维亚则上升 2.7m。

通常可以用断层运动模型来描述地震的同震变形。断层是地球内部的一个滑动面，在其两侧发生了不连续的岩体运动（或称为错动）。它的产状通常无法直接观测，一般通过地面观测资料（例如断层长度、地震时的错动等）来建立断层模型。常常假设断层面为长方形（矩形），并假定它有两个边平行于自由表面。这一假设可以作为一级近似，因为地表破裂通常是直的。这种理论模型可以相当好地解释地震时断层周围的地表位移场。

当断层运动（地震发生）时，断层两边的地壳将发生形变。断层两侧的形变可以是看得见的，这就是断层错动。但在远离断层的位置，形变场一般是看不见的，除非能找到像海平面那样一类的稳定标志作为参考。重复进行大地测量可获得大量的地壳形变数据，从而建立同震位移场和形变场，进而给出较为准确的地震运动模型。

要建立断层模型，需要在一些方面做出合理假设，因为实际地球内的破裂过程必定是相当复杂的，因此需要将所研究问题的本质因素与次要因素区别开来。实现简化的方法就是对介质性质和边界条件引入理想模型。为简化介质性质，最简单的解释假设地壳为各向同性的弹性半空间，并假定有一种在远处作用的大范围构造力（或应力）驱动着应变累积过程。

在只考虑静力学效果的情况下（也就是只考虑在断层临错动前和错动后的力学状态的差别），一个只模拟静力学效果的模型是以介质对一定震源状态的弹性响应为根据的，这种震源状态须反映地震引起的断层面上的应力变化。如果破裂后断层表面无应力（例如，不受切向应力），则可引入一个负应力抵消断层面上的初始应力来模拟这一状态。这样一来，当只考虑地震引起的运动时，可以不考虑初始应力的存在。

同震阶段的断层快速错动，其表现为断层周围的地壳形变阶跃，即同震地壳形变一般随离地震断层的距离衰减且同震阶段的地震断层面上的应变快速下降至断层内摩擦力水平以下，完成地震断层的同震阶段的矩释放过程。刻画这种断层位错与地表瞬态响应间的关系的模型即为同震形变模型，常用的同震形变模型包括均匀弹性半空间同震地壳形变模型、弹性半空间分层同震地壳形变模型和球体分层同震形变模型等。

7.4.1　均匀弹性半空间同震地壳形变模型

Steketee（1958）首次将位错理论引入地震学中用来描述断层运动。在各向同性介质中，断层表面 Σ 由于位错 $\Delta u_j(\xi_1, \xi_2, \xi_3)$ 产生的位移场 $u_i(x_1, x_2, x_3)$ 可表示为：

$$u_i = \frac{1}{F} \iint_{\Sigma} \Delta u_j \left[\lambda \, \delta_{jk} \frac{\partial u_i^n}{\partial \xi_n} + \mu \left(\frac{\partial u_i^j}{\partial \xi_k} + \frac{\partial u_i^k}{\partial \xi_j} \right) \right] v_k \mathrm{d}\Sigma \tag{7.23}$$

其中，δ_{jk} 是 Kronecker 符号，λ 和 μ 为介质弹性参数（也叫拉梅常数），v_k 表示垂直平面 Σ 的法向矢量，u_i^j 表示在点 (ξ_1, ξ_2, ξ_3) 的第 j 个方向上的作用力 F 在地表一点 (x_1, x_2, x_3)

处产生的位移的第 i 个分量。

如图 7.13 所示，右手直角坐标系 o-xyz 为断层坐标系，原点 o 位于地球表面，oz 轴垂直于地面，向上为正，ox 轴平行于断层面走向，U_1，U_2，U_3 分别表示断层面上的走滑位错、倾滑位错和张裂位错分量，也表示位错向量沿矩形位错面和其法线上的第 i($i = 1$，2，3) 个分量，各分量的方向以上盘相对于下盘的滑动为正，L 表示断层长度，W 为断层宽度，d 为断层深度，δ 为断层倾角和 α 为断层走向角（方位角），以正北方向为基准，顺时针方向为正。

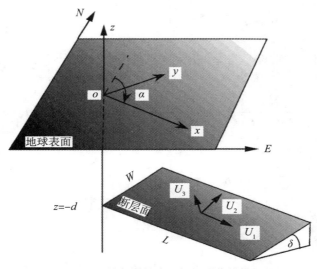

图 7.13　均匀弹性半空间矩形位错模型

Okada(1985)对均匀弹性半空间矩形位错理论进行总结和整理，给出由矩形位错产生的地表位移的一套完整简洁的实用计算公式，可以用来计算任何剪切与张裂断层引起的位移、应变和倾斜变形，具体形式如下：

对于走滑分量：

$$
\begin{cases}
u_x = -\dfrac{U_1}{2\pi}\left[\dfrac{\xi\eta}{R(R+\eta)} + \arctan\dfrac{\xi\eta}{qR} + I_1\sin\delta\right]\,\Big\| \\[3mm]
u_y = -\dfrac{U_1}{2\pi}\left[\dfrac{\tilde{y}\eta}{R(R+\eta)} + \dfrac{q\cos\delta}{R+\eta} + I_2\sin\delta\right]\,\Big\| \\[3mm]
u_z = -\dfrac{U_1}{2\pi}\left[\dfrac{\tilde{d}q}{R(R+\eta)} + \dfrac{q\sin\delta}{R+\eta} + I_4\sin\delta\right]\,\Big\|
\end{cases}
\tag{7.24}
$$

对于倾滑分量：

229

$$\begin{cases} u_x = -\dfrac{U_2}{2\pi}\left[\dfrac{q}{R} - I_3\sin\delta\cos\delta\right]\Bigg\| \\[3mm] u_y = -\dfrac{U_2}{2\pi}\left[\dfrac{\tilde{y}q}{R(R+\xi)} + \cos\delta\arctan\dfrac{\xi\eta}{qR} - I_1\sin\delta\cos\delta\right]\Bigg\| \\[3mm] u_z = -\dfrac{U_2}{2\pi}\left[\dfrac{\tilde{d}q}{R(R+\xi)} + \sin\delta\arctan\dfrac{\xi\eta}{qR} - I_5\sin\delta\cos\delta\right]\Bigg\| \end{cases} \quad (7.25)$$

对于张裂分量:

$$\begin{cases} u_x = \dfrac{U_3}{2\pi}\left[\dfrac{q^2}{R(R+\eta)} - I_3\sin^2\delta\right]\Bigg\| \\[3mm] u_y = \dfrac{U_3}{2\pi}\left[\dfrac{-\tilde{d}q}{R(R+\xi)} + \sin\delta\left[\dfrac{\xi q}{R(R+\eta)} - \arctan\dfrac{\xi\eta}{qR}\right] - I_1\sin^2\delta\right]\Bigg\| \\[3mm] u_z = \dfrac{U_3}{2\pi}\left[\dfrac{\tilde{y}q}{R(R+\xi)} + \cos\delta\left[\dfrac{\xi q}{R(R+\eta)} - \arctan\dfrac{\xi\eta}{qR}\right] - I_5\sin^2\delta\right]\Bigg\| \end{cases} \quad (7.26)$$

其中,

$$\begin{cases} I_1 = \dfrac{\mu}{\lambda+\mu}\left(\dfrac{-1}{\cos\delta}\cdot\dfrac{\xi}{R+\tilde{d}}\right) - \dfrac{\sin\delta}{\cos\delta}\cdot I_5 \\[3mm] I_2 = \dfrac{\mu}{\lambda+\mu}\left[-\ln(R+\eta)\right] - I_3 \\[3mm] I_3 = \dfrac{\mu}{\lambda+\mu}\left[\dfrac{1}{\cos\delta}\cdot\dfrac{\tilde{y}}{R+\tilde{d}} - \ln(R+\eta)\right] + \dfrac{\sin\delta}{\cos\delta}\cdot I_4 \\[3mm] I_4 = \dfrac{\mu}{\lambda+\mu}\dfrac{1}{\cos\delta}\left[\ln(R+\tilde{d}) - \sin\delta\cdot\ln(R+\eta)\right] \\[3mm] I_5 = \dfrac{\mu}{\lambda+\mu}\dfrac{2}{\cos\delta}\arctan\dfrac{\eta(X+q\cos\delta)+X(R+X)\sin\delta}{\xi(R+X)\cos\delta} \end{cases} \quad (7.27)$$

如果 $\cos\delta = 0$, 则

$$\begin{cases} I_1 = -\dfrac{\mu}{2(\lambda+\mu)}\dfrac{\xi q}{(R+\tilde{d})^2} \\[3mm] I_3 = \dfrac{\mu}{2(\lambda+\mu)}\left[\dfrac{\eta}{R+\tilde{d}} + \dfrac{\tilde{y}q}{(R+\tilde{d})^2} - \ln(R+\eta)\right] \\[3mm] I_4 = -\dfrac{\mu}{\lambda+\mu}\dfrac{q}{R+\tilde{d}} \\[3mm] I_5 = -\dfrac{\mu}{\lambda+\mu}\dfrac{\xi\sin\delta}{R+\tilde{d}} \end{cases} \quad (7.28)$$

其中，

$$\begin{cases} p = y\cos\delta + d\sin\delta \\ q = y\sin\delta - d\cos\delta \\ \\ \widetilde{y} = \eta\cos\delta + q\sin\delta \\ \\ \widetilde{d} = \eta\sin\delta - q\cos\delta \\ \\ R^2 = \xi^2 + \eta^2 + q^2 = \xi^2 + \widetilde{d}^2 + \widetilde{y}^2 \\ X^2 = \xi^2 + q^2 \end{cases} \tag{7.29}$$

式(7.24)至式(7.26)中的双竖线为 Chinnery 双竖约定符号，表示如下运算，

$$f(\xi, \eta) \parallel = f(x + L, p) - f(x + L, p - W) - f(x - L, p) + f(x - L, p - W) \tag{7.30}$$

其中，各分量分别代表点在矩形四个顶点位置处产生的位移。

（1）由位错引起的应变如下：

①对走滑分量：

$$\begin{cases} \dfrac{\partial u_x}{\partial x} = \dfrac{U_1}{2\pi}\left[\xi^2 q A_\eta - J_1\sin\delta\right] \parallel \\ \\ \dfrac{\partial u_x}{\partial y} = \dfrac{U_1}{2\pi}\left[\dfrac{\xi^3 \widetilde{d}}{R^3(\eta^2 + q^2)} - (\xi^3 A_\eta + J_2)\sin\delta\right] \parallel \\ \\ \dfrac{\partial u_y}{\partial x} = \dfrac{U_1}{2\pi}\left[\dfrac{\alpha\xi}{R^3}\cos\delta + (\xi q^2 A_\eta - J_2)\sin\delta\right] \parallel \\ \\ \dfrac{\partial u_y}{\partial y} = \dfrac{U_1}{2\pi}\left[\dfrac{\widetilde{y}q}{R^3}\cos\delta + \left(q^3 A_\eta\sin\delta - \dfrac{\xi^2 + \eta^2}{R^3}\cos\delta - J_4\right)\sin\delta\right] \parallel \end{cases} \tag{7.31}$$

②对倾滑分量：

$$\begin{cases} \dfrac{\partial u_x}{\partial x} = \dfrac{U_2}{2\pi}\left[\dfrac{\xi q}{R^3} + J_3\sin\delta\cos\delta\right] \parallel \\ \\ \dfrac{\partial u_x}{\partial y} = \dfrac{U_2}{2\pi}\left[\dfrac{\widetilde{y}q}{R^3} - \dfrac{\sin\delta}{R} + J_1\sin\delta\cos\delta\right] \parallel \\ \\ \dfrac{\partial u_y}{\partial x} = \dfrac{U_2}{2\pi}\left[\dfrac{\widetilde{y}q}{R^3} + \dfrac{q\cos\delta}{R(R + \eta)} + J_1\sin\delta\cos\delta\right] \parallel \\ \\ \dfrac{\partial u_y}{\partial y} = \dfrac{U_2}{2\pi}\left[\widetilde{y}^2 q A_\eta - \left\{\dfrac{2\widetilde{y}}{R(R + \xi)} + \dfrac{\xi\cos\delta}{R(R + \eta)}\right\}\sin\delta + J_2\sin\delta\cos\delta\right] \parallel \end{cases} \tag{7.32}$$

③对张裂分量：

$$\begin{cases} \dfrac{\partial u_x}{\partial x} = -\dfrac{U_3}{2\pi}\left[\,\xi^2 qA_\eta + J_3\sin^2\delta\,\right]\,\| \\[3mm] \dfrac{\partial u_x}{\partial y} = -\dfrac{U_3}{2\pi}\left[-\dfrac{\widetilde{d}q}{R^3} - \xi^2 qA_\eta\sin\delta + J_1\sin^2\delta\right]\,\Big\| \\[3mm] \dfrac{\partial u_y}{\partial x} = -\dfrac{U_3}{2\pi}\left[\dfrac{q}{R^3}\cos\delta + q^3 A_\eta\sin\delta + J_1\sin^2\delta\right]\,\Big\| \\[3mm] \dfrac{\partial u_y}{\partial y} = -\dfrac{U_3}{2\pi}\left[(\widetilde{y}\cos\delta - \widetilde{d}\sin\delta)q^2 A_\xi - \dfrac{q\sin2\delta}{R(R+\xi)} - (\xi^2 qA_\eta - J_2)\sin^2\delta\right]\,\Big\| \end{cases}$$

(7.33)

其中,

$$\begin{cases} J_1 = \dfrac{\mu}{\lambda+\mu}\dfrac{1}{\cos\delta}\left[\dfrac{\xi^2}{R(R+\widetilde{d})^2} - \dfrac{1}{R+\widetilde{d}}\right] - \dfrac{\sin\delta}{\cos\delta}\cdot K_3 \\[4mm] J_2 = \dfrac{\mu}{\lambda+\mu}\dfrac{1}{\cos\delta}\left[\dfrac{\xi\widetilde{y}}{R(R+\widetilde{d})^2}\right] - \dfrac{\sin\delta}{\cos\delta}K_1 \\[4mm] J_3 = \dfrac{\mu}{\lambda+\mu}\left[-\dfrac{\xi}{R(R+\widetilde{d})}\right] - J_2 \\[4mm] J_4 = \dfrac{\mu}{\lambda+\mu}\left[-\dfrac{\cos\delta}{R} - \dfrac{q\sin\delta}{R(R+\eta)}\right] - J_1 \\[4mm] K_1 = \dfrac{\mu}{\lambda+\mu}\dfrac{\xi}{\cos\delta}\left[\dfrac{1}{R(R+\widetilde{d})} - \dfrac{\sin\delta}{R(R+\eta)}\right] \\[4mm] K_3 = \dfrac{\mu}{\lambda+\mu}\dfrac{1}{\cos\delta}\left[\dfrac{q}{R(R+\eta)} - \dfrac{\widetilde{y}}{R(R+\widetilde{d})}\right] \\[4mm] A_\xi = \dfrac{2R+\xi}{R^3(R+\xi)^2} \\[4mm] A_\eta = \dfrac{2R+\eta}{R^3(R+\eta)^2} \end{cases}$$

(7.34)

如果 $\cos\delta = 0$,即断层倾角为90°时,有

$$\begin{cases} J_1 = \dfrac{\mu}{2(\lambda+\mu)}\dfrac{q}{(R+\widetilde{d})^2}\left[\dfrac{2\xi^2}{R(R+\widetilde{d})} - 1\right] \\[4mm] J_2 = \dfrac{\mu}{2(\lambda+\mu)}\dfrac{\xi\sin\delta}{(R+\widetilde{d})^2}\left[\dfrac{2q^2}{R(R+\widetilde{d})} - 1\right] \\[4mm] K_1 = \dfrac{\mu}{\lambda+\mu}\dfrac{\xi q}{(R+\widetilde{d})^2} \\[4mm] K_3 = \dfrac{\mu}{\lambda+\mu}\dfrac{\sin\delta}{R+\widetilde{d}}\left[\dfrac{\xi^2}{R(R+\widetilde{d})} - 1\right] \end{cases}$$

(7.35)

（2）由位错引起的倾斜位移如下：

①对走滑分量：

$$
\begin{cases}
\dfrac{\partial u_z}{\partial x} = \dfrac{U_1}{2\pi}\left[-\xi^2 q A_\eta \cos\delta + \left(\dfrac{\xi q}{R^3} - K_1\right)\sin\delta\right]\Bigg\| \\[4mm]
\dfrac{\partial u_z}{\partial y} = \dfrac{U_1}{2\pi}\left[\dfrac{\tilde{d}q}{R^3}\cos\delta + \left(\xi^2 q A_\eta \cos\delta - \dfrac{\sin\delta}{R} + \dfrac{\tilde{y}q}{R^3} - K_2\right)\sin\delta\right]\Bigg\|
\end{cases}
\tag{7.36}
$$

②对倾滑分量：

$$
\begin{cases}
\dfrac{\partial u_z}{\partial x} = \dfrac{U_2}{2\pi}\left[\dfrac{\tilde{d}q}{R^3} + \dfrac{q\sin\delta}{R(R+\eta)} + K_3\sin\delta\cos\delta\right]\Bigg\| \\[4mm]
\dfrac{\partial u_z}{\partial y} = \dfrac{U_2}{2\pi}\left[\tilde{y}\tilde{d}qA_\xi - \left\{\dfrac{2\tilde{d}}{R(R+\xi)} + \dfrac{\xi\sin\delta}{R(R+\eta)}\right\}\sin\delta + K_1\sin\delta\cos\delta\right]\Bigg\|
\end{cases}
\tag{7.37}
$$

③对张裂分量：

$$
\begin{cases}
\dfrac{\partial u_z}{\partial x} = -\dfrac{U_3}{2\pi}\left[\dfrac{q^2}{R^3}\sin\delta - q^3 A_\eta \cos\delta + K_3 \sin^2\delta\right]\Bigg\| \\[4mm]
\dfrac{\partial u_z}{\partial y} = -\dfrac{U_3}{2\pi}\left[(\tilde{y}\sin\delta + \tilde{d}\cos\delta)q^2 A_\xi + \xi^2 q A_\eta \sin\delta\cos\delta - \left\{\dfrac{2q}{R(R+\xi)} - K_1\right\}\sin^2\delta\right]\Bigg\|
\end{cases}
\tag{7.38}
$$

其中，$K_2 = \dfrac{\mu}{\lambda+\mu}\left[-\dfrac{\sin\delta}{R} + \dfrac{q\cos\delta}{R(R+\eta)}\right] - K_3$。

在式（7.23）至式（7.38）中，有些项在特殊情况下是奇异的。为了避免这些奇异问题的发生，设置如下规则：当 $q=0$ 时，令 $\arctan(\xi\eta/qR)=0$；当 $\xi=0$ 时，令 $I_5=0$；当 $R+\eta=0$（当且仅当 $\sin\delta<0$ 并且 $\xi=q=0$）时，令所有分母含有 $R+\eta$ 的项为零，并且用 $-\ln(R+\eta)$ 代替 $\ln(R+\eta)$。

另外，与 z 方向有关的应变分量可以很容易地给出，为

$$
\begin{cases}
\dfrac{\partial u_x}{\partial z} = -\dfrac{\partial u_z}{\partial x} \\[4mm]
\dfrac{\partial u_y}{\partial z} = -\dfrac{\partial u_z}{\partial y} \\[4mm]
\dfrac{\partial u_z}{\partial z} = -\dfrac{\lambda}{\lambda+2\mu}\left(\dfrac{\partial u_x}{\partial x} + \dfrac{\partial u_y}{\partial y}\right)
\end{cases}
\tag{7.39}
$$

由图 7.13 可知，地面测量坐标系 $o\text{-}ENU$ 下的位移（u_e，u_n，u_u）与断层坐标系 $o\text{-}xyz$ 的位移（u_x，u_y，u_z）之间的关系为：

$$
\begin{pmatrix} u_e \\ u_n \\ u_u \end{pmatrix} = \begin{pmatrix} \cos\alpha & -\sin\alpha & 0 \\ \sin\alpha & \cos\alpha & 0 \\ 0 & 0 & 1 \end{pmatrix} \begin{pmatrix} u_x \\ u_y \\ u_z \end{pmatrix}
\tag{7.40}
$$

更一般地，可以将位错产生的地表形变表示为：

$$u = G(m) \tag{7.41}$$

式中，m 是用来表征断层模型位置、几何和滑动的参数，包括断层的起点坐标、长度、宽度、深度、走向、倾角以及位错量等共 10 个参数，G 表示模型参数与地表形变之间映射关系的格林函数。式 (7.41) 表示既可以用断层的 10 个参数来计算地表形变，即正演问题；也可以表示通过地表形变观测值来确定断层的位置、几何和位错量，即反演问题。

现有直立左旋走滑发震断层，其长度为 100km，自深度 15km 起向上破裂至地表，断层面上的同震滑动为 4m，该发震断层（地震）将在地表造成沿断层两侧对称分布的形变（图 7.14），最大量级约为 2m，其垂直形变在 -0.24m 至 0.24m 之间。

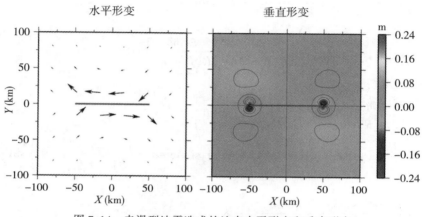

图 7.14 走滑型地震造成的地表水平形变和垂直形变

均匀弹性半空间位错模型是对真实地球模型的近似模拟，所给出的结果为解析解，它具有计算速度快的优点，但是模型过于简单，特别是当地表存在低速层时，均匀弹性半空间模型给出的结果往往会存在较大误差。因此，在介质比较复杂的情况下就需要考虑分层介质模型，只有这样才能较好地模拟断层活动造成的地形变。

7.4.2 弹性半空间分层同震地壳形变模型

在如图 7.15 所示的弹性半空间分层介质中，点源位错造成的地表和内部的形变可以写成（He et al.，2003）：

$$\begin{cases} u_r = \dfrac{\Sigma}{4\pi} \sum_{i=0}^{3} \sum_{m=0}^{2} U_i \int_0^\infty A_{im} \left[q_m J_m'(kr) - v_m \dfrac{m}{kr} J_m(kr) \right] k\mathrm{d}k \\[3mm] u_\varphi = \dfrac{\Sigma}{4\pi} \sum_{i=0}^{3} \sum_{m=0}^{2} U_i \int_0^\infty A_{i,\,m+3} \left[q_m \dfrac{m}{kr} J_m(kr) - v_m J_m'(kr) \right] k\mathrm{d}k \\[3mm] u_z = \dfrac{\Sigma}{4\pi} \sum_{i=0}^{3} \sum_{m=0}^{2} U_i \int_0^\infty A_{im} \omega_m J_m(kr) k\mathrm{d}k \end{cases} \tag{7.42}$$

其中，u_r，u_φ，u_z 分别是径向、切向和垂向的形变；Σ 为断层面元的面积；$U_i(i=1,2,3)$ 分别为断层的走滑、倾滑和张裂位错；$J_m(kr)$，$J_m'(kr)$ 分别为 m 阶贝塞尔（Bessel）函数及其导数；A_{im} 为方向性因子；q_m，v_m，ω_m 分别为面谐矢量坐标系下的位移分量。

方向性因子 A_{im} 共有 16 个，分别是：$A_{10} = 0$，$A_{11} = \cos\delta\cos\varphi$，$A_{12} = \sin\delta\sin2\varphi$，$A_{14} = -\cos\delta\sin\varphi$，$A_{15} = \sin\delta\cos2\varphi$，$A_{20} = \sin\delta\cos\delta$，$A_{21} = -\cos2\delta\sin\varphi$，$A_{22} = \sin\delta\cos\delta\cos2\varphi$，$A_{24} = -\cos2\delta\cos\varphi$，$A_{25} = -\sin\delta\cos\delta\sin2\varphi$，$A_{30}^{(1)} = 1$，$A_{30}^{(2)} = -\sin^2\delta$，$A_{31} = \sin2\delta\sin\varphi$，$A_{32} = -\sin^2\delta\cos2\varphi$，$A_{34} = -\sin2\delta\cos\varphi$ 和 $A_{35} = \sin^2\delta\cos2\varphi$。

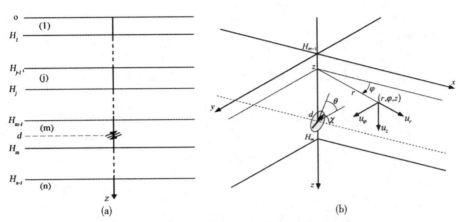

图 7.15 弹性半空间分层介质模型和柱坐标系统

对于地表形变，面谐矢量坐标系下的位移分量 q_m，v_m，ω_m 可以写成：

$$
\begin{cases}
\begin{pmatrix} q_m \\ \omega_m \end{pmatrix} = \boldsymbol{R}_{ev}\,(\boldsymbol{I} - \boldsymbol{R}_D^{1S})^{-1}\,\boldsymbol{T}_U^{1S}\,(\boldsymbol{I} - \boldsymbol{R}_D^{SL}\boldsymbol{R}_U^{FS})^{-1}\left[\boldsymbol{R}_D^{SL}\begin{pmatrix} P_m^+ \\ SV_m^+ \end{pmatrix} + \begin{pmatrix} P_m^- \\ SV_m^- \end{pmatrix}\right] \\
v_m = 2\,(\boldsymbol{I} - \boldsymbol{R}_{D,L}^{1S})^{-1}\,\boldsymbol{T}_{U,L}^{1S}\,(\boldsymbol{I} - \boldsymbol{R}_{D,L}^{SL}\boldsymbol{R}_{D,L}^{FS})^{-1}(\boldsymbol{R}_{D,L}^{SL}\,SH_m^+ + SH_m^-)
\end{cases}
\tag{7.43}
$$

式中，$\boldsymbol{I}$ 为单位阵，下标 L 指 SH 波问题。对于 $P\text{-}SV$ 问题，$\boldsymbol{R} = -\begin{pmatrix} 0 & \Delta_1 \\ 1/\Delta_1 & 0 \end{pmatrix}$ 为在自由表面的反射系数阵，$\boldsymbol{R}_{ev} = (1 + \Delta_1)\begin{pmatrix} 1/\Delta_1 & -1 \\ 1/\Delta_1 & 0 \end{pmatrix}$ 为接收函数阵，$\boldsymbol{R}_U^{FS}$ 为介于自由表面 o 和震源深度 d^- 之间向上的静态广义反射系数阵，$\boldsymbol{R}_D^{1S}$ 和 $\boldsymbol{T}_U^{1S}$ 分别是介于 o^+ 和 d^- 之间向下和向上的静态广义 R/T 系数阵，$\boldsymbol{R}_D^{SL}$ 是介于 d^+ 和 H_L^+ 之间向下的静态广义反射系数阵。对于 SH 问题，在自由表面的静态接收函数和反射系数分别是 2 和 1。P_m，SV_m 和 SH_m 是震源系数，分别为：$P_0^{(1)} = \dfrac{-\Delta}{1 + \Delta}$，$P_0^{(2)} = \dfrac{1 - 4\Delta}{2(1 + \Delta)}$，$P_1 = \dfrac{-\varepsilon\Delta}{1 + \Delta}$，$P_2 = \dfrac{1}{2(1 + \Delta)}$，$SV_0^{(1)} = \dfrac{-1}{1 + \Delta}$，$SV_0^{(2)} = \dfrac{-3}{2(1 + \Delta)}$，$SV_1 = \dfrac{\varepsilon}{1 + \Delta}$，$SV_2 = \dfrac{-1}{2(1 + \Delta)}$，$SH_1 = \varepsilon$ 和 $SH_2 = -1$，其中 P_m，SV_m 和 SH_m 分别代表 P_m^+，P_m^-，SV_m^+，SV_m^-，SH_m^+ 和 SV_m^-，上标 $+$ 和 $-$ 分别表示向上和向下的静态扰动，$\varepsilon = \begin{cases} -1, & \text{对} + \text{上标} \\ 1, & \text{对} - \text{上标} \end{cases}$，以及 $\Delta = (\lambda + \mu)/(\lambda + 3\mu)$。

现对式(7.42)求各分量的偏导数，其中对 r 的偏导数为：

$$
\begin{cases}
\dfrac{\partial u_r}{\partial r} = \dfrac{\Sigma}{4\pi} \sum_{i=0}^{3} \sum_{m=0}^{2} U_i \int_0^\infty A_{im} \left[q_m J_m''(kr) - v_m \dfrac{m}{kr^2} \{ kr J_m'(kr) - J_m(kr) \} \right] k \mathrm{d}k \\[3mm]
\dfrac{\partial u_\varphi}{\partial r} = \dfrac{\Sigma}{4\pi} \sum_{i=0}^{3} \sum_{m=0}^{2} U_i \int_0^\infty A_{i,\,m+3} \left[q_m \dfrac{m}{kr^2} \{ kr J_m'(kr) - J_m(kr) \} - v_m J_m''(kr) \right] k \mathrm{d}k \\[3mm]
\dfrac{\partial u_z}{\partial r} = \dfrac{\Sigma}{4\pi} \sum_{i=0}^{3} \sum_{m=0}^{2} U_i \int_0^\infty A_{im} \omega_m J_m'(kr) k^2 \mathrm{d}k
\end{cases} \tag{7.44}
$$

对 φ 的偏导数为：

$$
\begin{cases}
\dfrac{\partial u_r}{\partial \varphi} = \dfrac{\Sigma}{4\pi} \sum_{i=0}^{3} \sum_{m=0}^{2} U_i \int_0^\infty \dfrac{\partial A_{im}}{\partial \varphi} \left[q_m J_m'(kr) - v_m \dfrac{m}{kr} J_m(kr) \right] k \mathrm{d}k \\[3mm]
\dfrac{\partial u_\varphi}{\partial \varphi} = \dfrac{\Sigma}{4\pi} \sum_{i=0}^{3} \sum_{m=0}^{2} U_i \int_0^\infty \dfrac{\partial A_{i,\,m+3}}{\partial \varphi} \left[q_m \dfrac{m}{kr} J_m(kr) - v_m J_m'(kr) \right] k \mathrm{d}k \\[3mm]
\dfrac{\partial u_z}{\partial \varphi} = \dfrac{\Sigma}{4\pi} \sum_{i=0}^{3} \sum_{m=0}^{2} U_i \int_0^\infty \dfrac{\partial A_{im}}{\partial \varphi} \omega_m J_m(kr) k \mathrm{d}k
\end{cases} \tag{7.45}
$$

对 z 的偏导数为：

$$
\begin{cases}
\dfrac{\partial u_r}{\partial z} = \dfrac{\Sigma}{4\pi} \sum_{i=0}^{3} \sum_{m=0}^{2} U_i \int_0^\infty A_{im} \left[\dfrac{\partial q_m}{\partial z} J_m'(kr) - \dfrac{\partial v_m}{\partial z} \dfrac{m}{kr} J_m(kr) \right] k \mathrm{d}k \\[3mm]
\dfrac{\partial u_\varphi}{\partial z} = \dfrac{\Sigma}{4\pi} \sum_{i=0}^{3} \sum_{m=0}^{2} U_i \int_0^\infty A_{i,\,m+3} \left[\dfrac{\partial q_m}{\partial z} \dfrac{m}{kr} J_m(kr) - \dfrac{\partial v_m}{\partial z} J_m'(kr) \right] k \mathrm{d}k \\[3mm]
\dfrac{\partial u_z}{\partial z} = \dfrac{\Sigma}{4\pi} \sum_{i=0}^{3} \sum_{m=0}^{2} U_i \int_0^\infty A_{im} \dfrac{\partial \omega_m}{\partial z} J_m(kr) k \mathrm{d}k
\end{cases} \tag{7.46}
$$

其中，
$$
\begin{cases}
\begin{pmatrix} \dfrac{\partial q_m}{\partial z} \\[3mm] \dfrac{\partial \omega_m}{\partial z} \end{pmatrix} = \left[\dfrac{\partial T_U^{1S}}{\partial z} (I - \boldsymbol{R}_D^{SL} \boldsymbol{R}_U^{FS})^{-1} + \boldsymbol{T}_{U,\,L}^{1S} \left(I - \boldsymbol{R}_D^{SL} \dfrac{\partial \boldsymbol{R}_U^{FS}}{\partial z} \right)^{-1} \right] \left[\boldsymbol{R}_D^{SL} \begin{pmatrix} P_m^+ \\ SV_m^+ \end{pmatrix} + \begin{pmatrix} P_m^- \\ SV_m^- \end{pmatrix} \right] \\[6mm]
\dfrac{\partial v_m}{\partial z} = \left[\dfrac{\partial \boldsymbol{T}_U^{1S}}{\partial z} (I - \boldsymbol{R}_{D,\,L}^{SL} \boldsymbol{R}_{D,\,L}^{FS})^{-1} + \boldsymbol{T}_{U,\,L}^{1S} \left(I - \boldsymbol{R}_D^{SL} \dfrac{\partial \boldsymbol{R}_U^{FS}}{\partial z} \right)^{-1} \right] (\boldsymbol{R}_{D,\,L}^{SL} SH_m^+ + SH_m^-)
\end{cases}
$$

根据式(7.44)，式(7.45)和式(7.46)，可得到应变的表达式，分别是：$e_{rr} = u_{rr}$，$e_{\varphi\varphi} = \dfrac{u_{\varphi\varphi}}{r} + \dfrac{u_r}{r}$，$e_{zz} = u_{zz}$，$e_{r\varphi} = \dfrac{1}{2} \left(\dfrac{u_{r\varphi}}{r} - \dfrac{u_\varphi}{r} + u_{\varphi r} \right)$，$e_{rz} = \dfrac{1}{2}(u_{rz} + u_{zr})$ 和 $e_{\varphi z} = \dfrac{1}{2} \left(u_{\varphi z} + \dfrac{u_{z\varphi}}{r} \right)$。

在以上的地表形变计算过程中，关键步骤是计算如下形式的积分：

$$
F(r) = \int_0^\infty f(k) J_m(kr) k \mathrm{d}r \tag{7.47}
$$

为了提高计算速度，通常需要选取较大的积分间隔，但是如果此时仍使用传统的梯形积分方法，将会带来较大的计算误差。改进的做法为，当 kr 较小时，选取较小的积分间隔，仍然采用梯形积分的形式。而当 kr 较大时，选取较大的积分间隔，采用改进的 Filon 积分方法，取贝塞尔函数 $J_m(kr)$ 渐进展开式的零次项：

$$J_m(kr) = \sqrt{\frac{2}{\pi kr}} \cos\left[kr - (2m + 1)\frac{\pi}{4}\right] \qquad (7.48)$$

这样就既保证了计算精度，又提高了计算速度。

现有一个地震断层，其走向为 270°，长度为 30km，宽度为 10km，破裂深度（埋深）为 2km，断层面上的滑动量为 1m，滑动角（滑动矢量与 x 轴之间的夹角，即图 7.15 中的 χ）为 60°。采用的地壳介质模型是一个两层地壳模型，介质参数分别是：$h = 2km$，$\lambda_1 = 4.62 \times 10^9 Pa$，$\mu_1 = 3.94 \times 10^9 Pa$，$\lambda_2 = 46.2 \times 10^9 Pa$ 和 $\mu_2 = 39.4 \times 10^9 Pa$。分别计算该发震断层在均匀弹性半空间和分层介质模型中造成的同震地表形变（图 7.16），发现这两个模型给出的同震地表形变的空间分布模式非常相似，同时两个模型地表形变之间的差别虽然不是非常大，但是却也不能忽略。

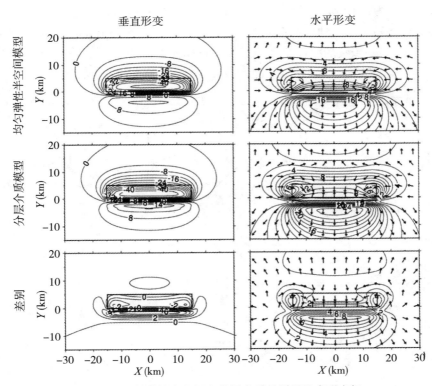

图 7.16　均匀弹性半空间和分层介质的同震地表形变场

尽管弹性半空间分层介质模型是对真实地球的更好近似，而实际上，地球表面并不是一个严格的平面，地球曲率也会影响到地表变形。Pollitz 自 1992 年来陆续提出了球体分层位错理论，用来研究地震断层造成的形变和应变响应，逐渐得到广泛应用。

7.4.3　球体分层同震地壳形变模型

Pollitz(1996)球体分层位错理论以平衡方程、几何方程、本构方程和泊松方程等四大方程为基础，采用完备的矢量球谐函数对形变场进行谱展开，将地球内部位错表征为断层面位置力的不连续条件，从而将四大方程转换成与球谐函数系数有关的线性偏微分方程组，然后顾及地表和力的不连续条件采用矩阵传播的方法求解任意深度的形变和应变响应。点源位错激发的形变场可以采用球谐函数（正模）来进行展开。

球体分层位错模型采用在如图 7.17 所示的球面震中坐标系，r，λ 和 ϑ 分别代表测站 $P(r, \lambda, \vartheta)$ 相对于震源的半径、经度和余纬，震源的坐标为 $S(r=r_s, \lambda, \vartheta=0)$，其中经度 λ 的定义为以震源到测站弧线南方向为基准，从震源逆时针旋转至测站之间的角度。同时还假设介质的体积模量与弹性模量是侧向（横向）均匀的，仅与半径有关。

令 $Y_l^m(\lambda, \vartheta)$ 为阶数为 l、次数为 m 的规格化球谐函数。对于次数 m 为正的情况有：

$$Y_l^m(\lambda, \vartheta) = (-1)^m \left[\frac{(2l+1)(l-m)!}{4\pi(l+m)!} \right]^{1/2} P_l^m(\cos\lambda) \, \mathrm{e}^{im\vartheta} \tag{7.49}$$

式中，$P_l^m(\cos\lambda)$ 为连带勒让德函数且 $Y_l^{-m}(\lambda, \vartheta) = (-1)^m Y_l^{m*}(\lambda, \vartheta)$，$Y_l^{m*}(\lambda, \vartheta)$ 为 $Y_l^{-m}(\lambda, \vartheta)$ 的复数共轭。形变场可以表示为球状模式（Spheroidal mode）和环状模式（Toroidal mode）的基函数的线性组合，其中球状模式为：

$$S_l^{m(S)}(r, \lambda, \vartheta) = \left[y_1^{lm(S)}(r)\hat{r} + y_3^{lm(S)}(r) \nabla_1 \right] Y_l^m(\lambda, \vartheta) \tag{7.50}$$

其中，表面梯度算子 $\nabla_1 = \dfrac{\partial}{\partial\lambda}\hat{\lambda} + (\sin\lambda)^{-1}\dfrac{\partial}{\partial\vartheta}\hat{\vartheta}$。

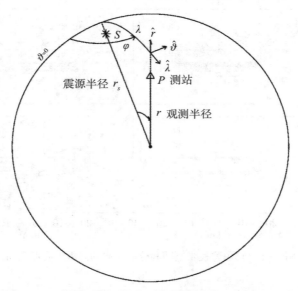

图 7.17　球坐标系和震源几何图（修改自 Pollitz, 1996）

环状模式为：

$$S_l^{m(T)}(r, \lambda, \vartheta) = -y_1^{lm(T)}(r)\hat{r} \times \nabla_1 Y_l^m(\lambda, \vartheta) \tag{7.51}$$

相应的球状模式下以 r 为半径的球面上的法向和切向牵引力可以表述为：

$$\hat{r} \cdot T_l^{m(S)}(r, \lambda, \vartheta) = \left[y_2^{lm(S)}(r)\hat{r} + y_4^{lm(S)}(r) \nabla_1 \right] Y_l^m(\lambda, \vartheta) \tag{7.52}$$

而环状模式下的则可以表述为：

$$\hat{r} \cdot T_l^{m(T)}(r, \lambda, \vartheta) = -y_2^{lm(T)}(r)\hat{r} \times \nabla_1 Y_l^m(\lambda, \vartheta) \tag{7.53}$$

其中，T 为在各向异性介质下产生的应力张量。

由此，位错造成的总形变为：

$$S(r, \lambda, \vartheta) = \sum_l \sum_m S_l^{m(S)}(r, \lambda, \vartheta) + S_l^{m(T)}(r, \lambda, \vartheta) \tag{7.54}$$

在后续推导过程中，如无特别说明，l 和 m 均为某一固定值并且省略表示球状模式及环状模式的上标。静态平衡方程为：

$$\nabla \cdot T(r) = M \cdot \delta(r - r_s) \tag{7.55}$$

其中，M 为矩张量，边界条件为 $\hat{r} \cdot T(a) = 0$（a 为地球半径）且方程的解必须在球心处正则。

定义球状模式下的位移–应力矢量 $y(r) = [y_1(r), y_2(r), y_3(r), y_4(r)]^T$ 以及环状模式下的位移–应力矢量 $y(r) = [y_1(r), y_2(r)]^T$，则式（7.55）可以重新表述成震源力 f 在 $r = r_s$ 的一阶常微分方程组：

$$\frac{\mathrm{d}y(r)}{\mathrm{d}r} = A(r)y(r) + f \tag{7.56}$$

其中，A 在球状模式下为四阶方阵，在环状模式下为 2 阶方阵，具体形式参见 Pollitz（1992）中的式（43）和式（35）。震源边界条件为：

$$\Delta y = y(r_s^+) - y(r_s^-) \tag{7.57}$$

其中，r_s^+ 和 r_s^- 分别是震源上、下半径，令 $Y_l^m(\lambda, \vartheta) = X_l^m(\lambda, \vartheta)\mathrm{e}^{im\vartheta}$，震源边界条件 Δy 仅对 $m = 0$，± 1，± 2 非零。

对球状模式：$m = 0$ 时，

$$\Delta y = \begin{pmatrix} \dfrac{X_l^0(0)}{r_s^2} \dfrac{1}{\lambda + 2\mu} M_{rr} \\[2mm] \dfrac{X_l^0(0)}{r_s^2} \dfrac{-2\mu}{r_s}\left(3 - \dfrac{4\mu}{\lambda + 2\mu}\right)\dfrac{1}{3\mu k}\left\{-\lambda M_{rr} + \left(\dfrac{\lambda}{2} + \mu\right)(M_{\lambda\lambda} + M_{\vartheta\vartheta})\right\} \\[2mm] 0 \\[2mm] \dfrac{X_l^0(0)}{r_s^2} \dfrac{\mu}{r_s}\left(3 - \dfrac{4\mu}{\lambda + 2\mu}\right)\dfrac{1}{3\mu k}\left\{-\lambda M_{rr} + \left(\dfrac{\lambda}{2} + \mu\right)(M_{\lambda\lambda} + M_{\vartheta\vartheta})\right\} \end{pmatrix} \tag{7.58}$$

$m = 1$ 时，

$$\Delta y = \begin{pmatrix} 0 \\[2mm] 0 \\[2mm] \dfrac{\partial_\vartheta X_l^1(0)}{r_s^2} \dfrac{1}{\mu l(l + 1)}(M_{r\vartheta} - iM_{r\lambda}) \\[2mm] 0 \end{pmatrix} \tag{7.59}$$

$m = 2$ 时，

239

$$\Delta \boldsymbol{y} = \begin{pmatrix} 0 \\ 0 \\ 0 \\ -\dfrac{\partial_{\vartheta\vartheta} X_l^2(0)}{r_s^3}\dfrac{1}{l(l+1)}(M_{\vartheta\vartheta} - M_{\lambda\lambda} - 2\mathrm{i}M_{\vartheta\lambda}) \end{pmatrix} \tag{7.60}$$

对环状模式：$m = 1$ 时，

$$\Delta \boldsymbol{y} = \begin{pmatrix} \dfrac{\partial_{\vartheta} X_l^1(0)}{r_s^2}\dfrac{1}{\mu l(l+1)}(-M_{r\lambda} - \mathrm{i}M_{r\vartheta}) \\ 0 \end{pmatrix} \tag{7.61}$$

$m = 2$ 时，

$$\Delta \boldsymbol{y} = \begin{pmatrix} 0 \\ \dfrac{\partial_{\vartheta\vartheta} X_l^2(0)}{r_s^3}\dfrac{1}{l(l+1)}\mathrm{i}(M_{\vartheta\vartheta} - M_{\lambda\lambda} - 2\mathrm{i}M_{\vartheta\lambda}) \end{pmatrix} \tag{7.62}$$

其中，X_l^0，$\partial_{\vartheta} X_l^1$，$\partial_{\vartheta\vartheta} X_l^2$ 分别是 $\lim\limits_{\vartheta \to 0} X_l^0(\vartheta) = \sqrt{\dfrac{2l+1}{4\pi}}$，$\lim\limits_{\vartheta \to 0} \partial_{\vartheta} X_l^1(\vartheta) = -\dfrac{1}{2}\sqrt{\dfrac{(2l+1)(l+1)l}{4\pi}}$，

$\lim\limits_{\vartheta \to 0} \partial_{\vartheta\vartheta} X_l^2(\vartheta) = \dfrac{1}{4}\sqrt{\dfrac{(2l+1)(l+2)(l+1)l(l-1)}{4\pi}}$。式(7.50)至式(7.54)中对 m 的求和是从 -2 到 2。

　　由于基于以上各式所给出的形变为震源坐标系 (λ, ϑ) 下的形变，需要将其转化到空间直角坐标系下，即

$$\begin{pmatrix} u_x \\ u_y \\ u_z \end{pmatrix} = \begin{pmatrix} \sin\vartheta_s\cos\lambda_s & \cos\vartheta_s\cos\lambda_s & -\sin\lambda_s \\ \sin\vartheta_s\sin\lambda_s & \cos\vartheta_s\sin\lambda_s & \cos\lambda_s \\ \cos\vartheta_s & -\sin\vartheta_s & 0 \end{pmatrix} \begin{pmatrix} u_r \\ u_\vartheta \\ u_\lambda \end{pmatrix} \tag{7.63}$$

式中，λ_s、ϑ_s 分别是震源的经度和余纬。

　　现有一个地球分层结构模型，该模型将地球分成四层，分别是 $0 \sim 4\mathrm{km}$，$4 \sim 16\mathrm{km}$，$16 \sim 30\mathrm{km}$ 和 $30\mathrm{km} \sim$ 上地幔四层，各层的介质参数分别为：$\lambda_1 = 6.5 \times 10^{10}\mathrm{Pa}$，$\mu_1 = 3.6 \times 10^{10}\mathrm{Pa}$，$\lambda_2 = 7.4 \times 10^{10}\mathrm{Pa}$，$\mu_2 = 4.1 \times 10^{10}\mathrm{Pa}$，$\lambda_3 = 9.6 \times 10^{10}\mathrm{Pa}$，$\mu_3 = 5.3 \times 10^{10}\mathrm{Pa}$，$\lambda_4 = 15.0 \times 10^{10}\mathrm{Pa}$ 和 $\mu_4 = 7.0 \times 10^{10}\mathrm{Pa}$。选择的发震断层长度为 100km，宽度为 12.5km，倾角为 90°，滑动量为 2.5m，滑动角为 0°/90°（0° 对应走滑断层，90° 对应倾滑断层），破裂直至地表，分别计算该走滑/倾滑断层在球体分层介质模型和均匀弹性半空间模型中所形成的同震地表形变，并在此基础上计算两者之间的差异（图 7.18）。

　　从图 7.18 中可以看出，走滑断层在球体分层介质模型和均匀弹性半空间模型中所形成的同震地表形变差异很大，在水平方向最大差异可达约 5cm，垂直形变最大达约 2.4cm。其中地球曲率对水平形变的影响达约 60%，对垂直形变的影响达约 50%，说明对于走滑断层造成的大区域地壳形变而言，地球曲率和地球结构的影响都不可忽略。而对于倾滑断层，虽然球体分层介质模型和均匀弹性半空间模型中所形成的形变差异也很大，在

水平方向最大差异可达约 5cm，垂直方向最大达约 2.6cm，但是其中地球曲率对水平形变的影响仅约 15%，对垂直形变的影响仅约 10%，这说明对倾滑断层造成的大区域地壳形变而言，地球介质分层的影响更为显著，超过了地球曲率的影响。

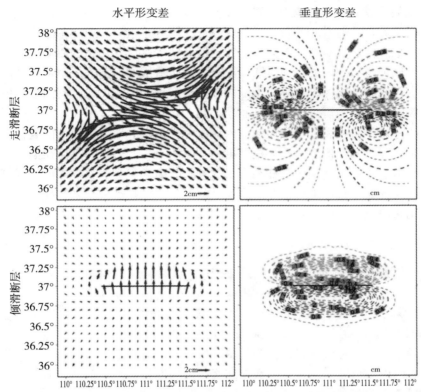

图 7.18　球体分层模型-均匀弹性半空间模型的同震地表形变差异（修改自李志才，2005）

7.5　震后地壳形变模型

　　震后地壳形变是指地震发生后一段时间内地壳的形变演化过程。不同地震的震后形变时空分布差异很大，其持续时间短至几个星期，长至几年乃至上十数百年；其形变区域小至地震断裂周围的几千米内，大至上百千米乃至全球尺度的范围。地壳的震后运动，一般与震前的运动趋势成反向。例如，震前地壳形变异常图形、震前异常图像特征一般是反向上升异常—加速上升—地震。另一类表现为震前的大幅度加速变化。震后地壳形变效应图形与震前对比分析发现，上述观测在震后均呈现与震前反向的下降变化并逐渐恢复到基线值或取得一个新的稳定值，此属于震后效应。

　　震后地壳形变模型是指用于刻画地震发生后且地壳形变场趋于稳态（开始进入震间阶段）前的地壳形变场与地震断层的响应关系。下地壳和上地幔的黏滞性使得地震断层的瞬间错动造成地壳应力场的瞬间变化并不会立刻弥散至发震断层的周围或者乃至整个岩石圈，而是对这种应力变化的响应有所滞后或者说将这种应力变化存储在这类黏性介质中，但随着时间的推移其存储的应力变化开始弥散开去。这种弥散在现代大地测量观测数据中的表现为形变场随时空衰减的特征。常见的用于刻画这些具有不同时空尺度震后形变场的模型有：余滑模型、孔隙弹性回弹模型和黏弹性松弛模型等。

余滑模型刻画震后破裂的地震断层继续沿着地震断层面的浅部或深部缓慢滑动所激发的地壳形变场的变化。通常利用该类模型结合震后变形数据可以反演断层的余滑滑动分布，明确震后地震断层的矩释放时空演化特征以及解释震后变形场的驱动机制。

孔隙弹性回弹模型刻画的是地震断层同震错动后造成的地震断层附近区域的地壳介质的孔隙压力变化所致的流体流动中所伴随的地壳形变场的变化。通常利用该类模型可以很好地解释地震断层近场的震后形变场的驱动机制。

黏弹性松弛模型主要表征黏弹性地球内地震事件激发的地壳形变场的变化。相比其他类型的震后形变，黏弹性形变的影响范围更大，时间更长。但是在震后初期，黏弹性形变很难与震后余滑造成的形变相区分开来。如果有长时间的震后形变观测值，则可以对下地壳和上地幔物质的流变特性进行很好的约束，从而建立黏弹性模型来解释库仑应力的时空演化过程，用来研究震后应力转移与余震和相邻断层之间的地震触发关系等。

7.5.1 震后形变时间分布特征

基于地震周期的概念，观测点上的地表形变时间序列 d 与时间 t 的函数关系为：

$$d(t) = d(t_0) + H(t_q)u + (t - t_0)v + w(t) \tag{7.64}$$

式中，t_q 为地震发生的时刻（发震时刻），u 为发震时刻观测点上产生的同震形变，H 为阶跃函数（在 t_q 时刻从 0 跃变为 1），v 为震间形变速率，以及 $w(t)$ 为用来描述震后形变随时间变化关系的函数。在最理想状态下，假设震后形变可以忽略不计（即 $w = 0$），并且地震周期中所有地震的同震形变 u 均保持一致，那么地震周期将会是真正可预测的周期行为，其复发周期可以定义为 $\tau = u/v$。

在分析震后形变的时空特征时，首先假设观测点 x_i 在 t 时刻的震后形变在时间和空间上是独立可分，即

$$w(x, t) = G(x) \times f(t) \tag{7.65}$$

也就是说，在时间上和空间上相关的震后形变信号可以通过测站坐标和形变时间序列的形式完整地表述出来。

此外，还需要假设主震后瞬时（t_q^+）震后形变为零，即 $f(t_q^+) = 0$，那么完全松弛状态下的震后形变为：

$$\lim_{t \to \infty} w(t, x) = \lim_{t \to \infty}[f(t)]G(x) = G(x) \tag{7.66}$$

对于不同机制形成的震后形变，可以采用不同形式的 $f(t)$ 函数来描述震后形变时间序列。Marone 等（1991）在研究震后余滑力学机制时，采用对数函数的形式来描述震后形变随时间的衰减过程，即

$$f(t) = \lg\left(1 + \frac{\Delta t}{\tau_l}\right) \tag{7.67}$$

式中，Δt 为观测时刻至发震时刻的时间间隔，τ_l 为对数模型的特征松弛时间。

Shen 等(2004)在研究 1992 年 M_{W} 7.3 级美国 Landers 地震的震后形变过程中采用的是指数形式的衰减函数：

$$f(t) = 1 - \mathrm{e}^{-\frac{\Delta t}{\tau_e}} \tag{7.68}$$

式中，τ_e 为指数模型的特征松弛时间，该函数可以用来逼近黏弹性半空间上弹性上地壳的震后响应过程；并且有 $\tau_e = \eta/\mu$，其中 η 为黏滞系数和 μ 为剪切模量。

另外一种常用来描述震后松弛现象的时间函数为幂函数，其形式为：

$$f(t) = \frac{1 - \left(1 - \dfrac{\Delta t}{\tau_p}\right)^{1-p}}{p - 1} \tag{7.69}$$

其中，τ_p 为幂函数模型的特征松弛时间和 p 为幂函数的指数。

此外，如果不考虑震后形变的物理机制，并且观测时刻距发震时刻有一定的时间间隔，那么可以采用如下形式的时间函数来描述震后形变时间序列：

$$f(t) = \lg\Delta t \tag{7.70}$$

图 7.19 显示的是分别采用不同时间函数所描述的震后形变时间序列。从图 7.19 中可以看到，对于一个震后形变时间序列，不同的时间函数描述之间的差异并不大。也就是说，在不考虑震后形变机制的情况下，可以采用不同的时间函数来对其进行描述。

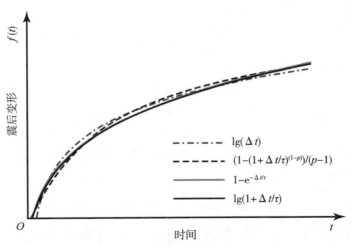

图 7.19　不同时间函数所对应的震后时间序列

7.5.2　余滑的震后地壳形变模型

地震发生之后，在主破裂面或者其延伸面上仍然会存在持续的滑移，这种现象已经在很多地震中得到了证实，例如 1992 年的 Landers 地震、1999 年的 Hector Mine 地震、1999 年的 Izmit 地震、2004 年的 Sumatra 地震，2008 年的汶川地震以及 2011 年的东日本大地震等。在这些地震之后，都观测到了或大或小的持续震后余滑，并且这些滑动量的存在时间长短也不尽相同。对震后余滑分布的研究通常采用弹性半空间位错模型(见 7.4.2 小节)，在此基础上根据地表观测到的形变量来反演震后滑动面的滑动量，并将其与主震的滑动分布进行比较分析，从而推断余滑断层面的各种性质。

在震后余滑的力学机制上，Marone 等（1991）认为弹性层的地壳由浅部的速度强化摩擦（velocity strengthening frictional）区和深部的速度弱化（velocity weakening frictional）区两部分组成。地震发生后，断层的速度弱化区的活动速度由震前速度突然增大为同震速度，并持续了短暂时间；而速度强化区的摩擦力随速度增大而增大，因此滑动速度受到了抑制；从而在速度强化区和速度弱化区之间产生了应力。地震发生后，速度强化区在应力的驱使下继续滑动，从而产生了地表余滑。

如果假设震后余滑遵循速度-状态相关的摩擦定律（rate- and state-dependent friction law），那么可以建立震后形变速率 V_p，震前速率 V_0 和驱动力 $\Delta\tau$ 之间的关系：

$$\Delta\tau = (A - B)\ln\left(\frac{V_p}{V_0}\right) \tag{7.71}$$

其中，$A - B$ 为经验摩擦速率参数。需要特别指出的是，初始时的 V_p（在同震后瞬间）为速度强化区平均厚度的同震滑动速度 V_{cs}^s，它比同震滑动速度 V_{CS} 要小。驱动力 $\Delta\tau$ 随着余滑引起的形变 u_a 的增加而减少，即

$$\Delta\tau = \tau_C - u_a\kappa \tag{7.72}$$

其中，τ_C 是驱动力的初始值，κ 为速度强化区的平均硬度。

联立式（7.71）和式（7.72），消去 $\Delta\tau$，有

$$\frac{du_a}{dt} = V_0 e^{\frac{\tau_C - u_a\kappa}{A - B}} \tag{7.73}$$

对式（7.73）分离变量后进行积分，有

$$u_a = \frac{A - B}{\kappa}\ln\left[\left(\frac{\kappa V_{cs}^s}{A - B}\right)t + 1\right] \tag{7.74}$$

式中，t 为震后时间。

如果在余滑阶段时还存在着长期的蠕滑（即震间形变），则还需要在式（7.74）中加上长期蠕滑项 $V_0 t$，即

$$u_a = \frac{A - B}{\kappa}\ln\left[\left(\frac{\kappa V_{cs}^s}{A - B}\right)t + 1\right] + V_0 t \tag{7.75}$$

Perfettini（2004）基于弹簧-滑块模型，结合速率和状态摩擦准则给出了表征脆性蠕滑断层的滑动对动态或静态应力扰动的响应的解

$$u_a = u_i + \frac{H(A - B)}{G}\ln\left[1 + \exp\left(\frac{\Delta\tau}{(A - B)}\right)\frac{V_i}{V_0}(\exp(t/t_r)) - 1\right] \tag{7.76}$$

式中，u_i 为初始滑动，G 为剪切模量，H 为脆性蠕滑区的宽度，t_r 为松弛时间；当 $t \ll t_r$ 时，可由式（7.76）推导至式（7.75）；Perfettini 公式（7.76）适用范围更广，能够应用到系统对任意应力扰动的响应且在震间阶段依然适用；但 Perfettini 公式需要注意余滑量不得超过 $\frac{\Delta\tau}{k}$，而 Marone 公式（7.75）则不受此约束。

另外，Diao 等（2021）假设震后余滑的大小与同震库仑引力正变化呈正相关，通过计

算断层同震释放的应力正变化来计算震后余滑。

在大多数情况下，震后余滑发生在比较浅的区域（图 7.20 中的模型 I）。有时候余滑也可能是震后发震断裂下部地壳中的无震滑移（图 7.20 中的模型 Ⅱ），或者是发生在部分同震位置和断裂下部地壳中的无震滑移（图 7.20 中的模型 Ⅲ）。一般的，余滑在初始时滑动得很快，震后 100~300 天为缓慢滑动时期；经过 1~2 年之后，震后滑动才能恢复到长期的震间蠕动速度。

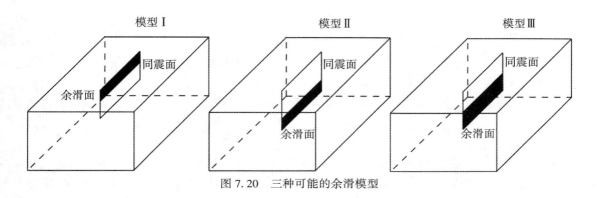

图 7.20　三种可能的余滑模型

目前，在震后余滑分析中还存在着一些问题，例如余滑的持续时间尚无定论，如果其发生时间与余震类似，余震势必对其有较大的影响；同时一些地震由于余震等的影响，震后初期的形变观测也不是很稳定。这使得目前的震后形变研究很少仅单独考虑余滑效应。

7.5.3　孔隙弹性回弹的震后地壳形变模型

孔隙介质就是固体介质的框架孔隙中包含流体，又称为双相介质，即孔隙介质中同时包含有固体和流体两种介质。地震产生的应力变化（约为 1~10MPa）会使得发震断裂带周围的孔隙水受压，但是由于流体扩散的速度比较缓慢，因此孔隙水无法在瞬间排出，需要经过一段时间后孔隙水才能重新达到平衡。此时，由于孔隙水的流动（由排水状态到不排水状态，undrained to drained），岩层的泊松比（v）就会发生变化，从而造成地表变形，如图 7.21 所示。

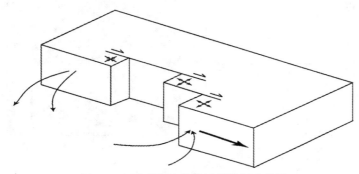

图 7.21　震后孔隙弹性回弹机制示意图

假设有一各向同性介质，在地震发生瞬间产生的孔隙液压变化 p 为：

$$p = - B\,\delta_{kk}/3 \tag{7.77}$$

式中，δ_{kk} 为应力张量的迹；$\delta_{kk}/3$ 为平均应力；B 为 Skempton 系数，取值范围为 $0 \leqslant B < 1$。由于孔隙水的流动是孔隙压的变化（∇p）所造成的，根据达西定律（Darcy's law）有

$$q = - (\kappa\rho_0/\eta)\,\nabla p \tag{7.78}$$

式中，q 为流量，κ 为渗透系数，ρ_0 为密度，η 为流体的黏滞系数。因此，对于一线性、各向同性的孔隙弹性介质，应变、应力与孔隙液压的关系为

$$2\mu\varepsilon_{ij} = \sigma_{ij} - \frac{v}{1+v}\sigma_{kk}\,\delta_{ij} + \frac{1-2v}{1+v}\alpha p\,\delta_{ij} \tag{7.79}$$

式中，μ 和 v 为不排水状态下的剪切模量和泊松比，α 为 Biot 孔隙压系数。当 $t \to \infty$ 时，液压的梯度趋近于 0，此时地壳可以近似为完全弹性体。

当地震发生时，地壳发生瞬时变形，此时断层周围处于排水状态，应力与应变的关系为：

$$2\mu\varepsilon_{ij} = \sigma_{ij} - \frac{v_u}{1+v_u}\sigma_{kk}\,\delta_{ij} \tag{7.80}$$

式中，v_u 为排水状态下的泊松比（$v \leqslant v_u \leqslant 0.5$）。如果考虑到孔隙压随时间变化所造成的地表形变，孔隙弹性回弹的计算过程将会变得非常复杂。通常情况下，一般只计算地震将排水状态（发震时刻，t_q^+）和完全排水状态（$t \to \infty$）这两种情况下的形变。因此，由孔隙弹性回弹造成的震后形变为：

$$u_p = u(t \to \infty) - u(t \to t_q^+) = u(t_q,\ v) - u(t_q,\ v_u) \tag{7.81}$$

式中，$u(t_q,\ v)$ 和 $u(t_q,\ v_u)$ 为采用相同断层几何结构和同震滑动 U，在不同的泊松比（v 和 v_u）下计算得到的地表形变。

采用与图 7.14 中一样的断层几何结构和同震滑动，分别计算泊松比 $v = 0.25$（完全排水状态）和 $v_u = 0.22$（排水状态）下的地表形变并作差后就得到了完全孔隙弹性回弹造成的震后地表形变场。对于孔隙弹性回弹形成的震后形变场（图 7.22，彩图见附录二维码），其水平形变方向和同震水平形变（图 7.14）的方向一致，但是垂直形变却与同震的方向相反，并且其所影响的范围主要在近场区域（断层附近）。

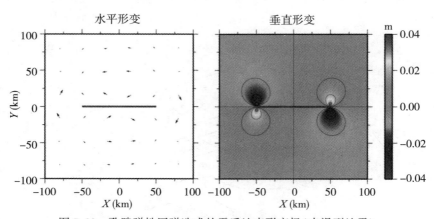

图 7.22　孔隙弹性回弹造成的震后地表形变场（走滑型地震）

7.5.4　黏弹性松弛的震后地壳形变模型

黏弹性是地球介质的一种与时间相关的重要物理性质。实验结果表明，在外力持续作用下，物体内部结构发生变化，在外力消失后，不能完全恢复其原始状态，存在一定的剩余应变。与之相应的，其内部应力也将缓慢变化，这一现象称为应力松弛。地球介质的黏弹性质在各种地球物理现象（如冰川期后的地壳回弹、层状岩层的褶皱、造山运动、地震孕育、地球内部岩浆活动和地幔热对流等）的研究中发挥着关键作用。

如果把下地壳和上地幔看成黏性流体，上地壳看成弹性体，那么岩石圈可以视为由黏弹性体构成的。两类常用的黏弹性关系有 Maxwell 体和 Burgers 体。Maxwell 体可视为一个弹簧与一个阻尼串联而成，具有瞬时的弹性响应，但最终表现为线性牛顿体；Burgers 体是由一个 Maxwell 体和一个 Kelvin 体（胡克体与牛顿体的并联）的串联，可以用来描述两个松弛时间。Burgers 体早期表现为 Kelvin 体特性，长期则表现在 Maxwell 体响应，它可以用于描述具有两个松弛时间的物质，其随时间变化的衰减可以用对数函数很好的拟合（赵斌，2017）。

Pollitz（1992）提出了基于球体分层黏弹性地球模型的震后松弛理论，主要计算在球体分层弹性-黏弹性介质内，某个弹性层内发生的断层滑动产生的应力变化所引起的震后响应，在 1997 年对该理论进行了完善，顾及了地球自重效应的震后松弛的影响。该模型将震后响应按照球状模式和环状模式进行球谐展开，每种分量代表一种具有特性的时间延迟和空间变形模式的应力释放，它可以用来灵活地计算板间或板内地震震后的黏弹性松弛效应造成的震后应变及应力迁移。

令 $\lambda(r)$、$\mu(r)$、$\rho_0(r)$、$\eta(r)$ 和 $\varphi_0(r)$ 分别为球对称参考地球面（图 7.23）上的弹性参数、剪切模量、密度、黏滞系数和重力位等。地震发生后地球将离开其初始平衡状态，则位于图 7.17 所示坐标系中时刻 t 下点 r 处的密度扰动和位扰动分别为：

$$\rho(r,\ t) = \rho_0(r) + \rho_1(r,\ t) \tag{7.82}$$

和

$$\varphi(r,\ t) = \varphi_0(r) + \varphi_1(r,\ t) \tag{7.83}$$

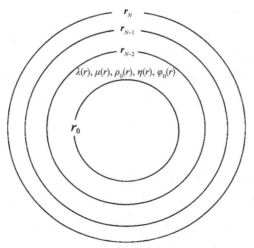

图 7.23　地球介质的径向分层结构图

247

令 r_s 处的矩张量为 $M(t)$，位移场为 $u(r, t)$，应力张量为 $T(r, t)$。线性化后的静态平衡方程为：

$$-\rho_0 \nabla \varphi_1 - \rho_1 \nabla \varphi_0 - \nabla[\rho_0 u \cdot \nabla \varphi_0] + \nabla \cdot T = M(t) : \nabla \delta(r - r_s) \quad (7.84)$$

其中，$\rho_1 = -\nabla \cdot (\rho_0 u)$，$\nabla^2 \varphi_1 = 4\pi G \rho_1$，$\nabla \rho_0 = -\rho_0 g_0 \hat{r}$，$\nabla^2 \varphi_0 = 4\pi G \rho_0$，$g_0 = -g_0 \hat{r} = -\nabla \varphi_0$，$T = \lambda(\nabla \cdot u)I + 2\mu\varepsilon$，$\varepsilon = \dfrac{1}{2}(\nabla u + u \nabla)$ 和 $M(t) = MH(t)$。

定义函数 $f(t)$ 的拉普拉斯变换为 $\tilde{f}(s) = \displaystyle\int_0^{+\infty} f(t) e^{-st} dt$。对式(7.84)作拉普拉斯变换后，有：

$$-\rho_0 \nabla \widetilde{\varphi_1} - \widetilde{\rho_1} \nabla \varphi_0 - \nabla[\rho_0 \widetilde{u} \cdot \nabla \varphi_0] + \nabla \cdot \widetilde{T} = \frac{1}{s}\widetilde{M}(t) : \nabla \delta(r - r_s) \quad (7.85)$$

现在引入黏弹性，根据黏弹性-弹性问题的对应原理，只需要将式(7.85)中的 λ、μ 用 $\kappa - \dfrac{2}{3}\mu(s)$、$\mu(s)$ 替换即可。式(7.85)的边界条件为 $\hat{r} \cdot \widetilde{T}|_{r=R} = 0$。可以采用正模方法(矢量球谐展开)来求解方程(7.85)，首先求解对应的齐次方程，然后考虑非齐次方程的特解，最后采用边界条件确定解的待定参数。该方程可以解耦为环状模式和球状模式两种，从而可以分开求解。对于环状模式，位移可以表述为：

$$u(r, s) = -y_1(r, s)(\hat{r} \times \nabla_1) Y_l(\hat{r}) \quad (7.86)$$

以及牵引力可以表述为

$$\hat{r} \cdot T(r, s) = -y_2(r, s)(\hat{r} \times \nabla_1) Y_l(\hat{r}) \quad (7.87)$$

式中，$\nabla_1 = \dfrac{\partial}{\partial \vartheta}\hat{\vartheta} + (\sin\partial)^{-1}\dfrac{\partial}{\partial \lambda}\hat{\lambda}$ 为表面梯度算子，Y_l 为阶数为 l 的球谐函数，y_1 和 y_2 分别为在半径为 r 的球面上的水平位移和剪切牵引力。将式(7.86)、式(7.87)代入式(7.85)，有

$$\begin{cases} \dfrac{d\boldsymbol{y}}{dr} = \boldsymbol{A}_y \\ \boldsymbol{y} = (y_1 \quad y_2)^{\mathrm{T}} \\ \boldsymbol{A} = \begin{pmatrix} r^{-1} & \mu(r, s)^{-1} \\ r^{-2}(l-1)(l+2) & -3r^{-1} \end{pmatrix} \end{cases} \quad (7.88)$$

式(7.88)的一阶微分方程组从核幔 $r = r_b$ 边界积分至地表 $r = r_a$ 且 y_1、y_2 满足连续性边界条件：

$$\begin{cases} \boldsymbol{y}(r_b, s) = (1 \quad 0)^{\mathrm{T}} \\ \hat{r} \cdot \widetilde{T}(r, s)|_{r=r_a} = 0 \end{cases} \quad (7.89)$$

对球状模式，位移、牵引力和位的扰动可以表述为：

$$\begin{cases} \boldsymbol{u}(r, s) = [y_1(r, s)\hat{r} + y_3(r, s)\nabla_1] Y_l(\hat{r}) \\ \hat{r} \cdot T(r, s) = [y_2(r, s)\hat{r} + y_4(r, s)\nabla_1] Y_l(\hat{r}) \\ \varphi_1 = y_5(r, s) Y_l(\hat{r}) \end{cases} \quad (7.90)$$

式中，y_1、y_2、y_3 和 y_4 依次为在半径为 r 的球面上的径向位移、法向牵引力、水平位移和切向牵引力。定义辅助函数 y_6：

$$\frac{\mathrm{d}\varphi_1}{\mathrm{d}r} - 4\pi G\rho \hat{r} \cdot \boldsymbol{u} + \frac{l+1}{r} = y_6(r, s) Y_l(\hat{r}) \tag{7.91}$$

将式(7.90)、式(7.91)代入式(7.85)，有

$$\begin{cases} \dfrac{\mathrm{d}y}{\mathrm{d}r} = \boldsymbol{A}_y \\ \boldsymbol{y} = \begin{pmatrix} y_1 & y_2 & y_3 & y_4 & y_5 & y_6 \end{pmatrix}^{\mathrm{T}} \\ \boldsymbol{A} = (A_1 \vdots A_2) \end{cases} \tag{7.92}$$

其中，

$$\boldsymbol{A}_1 = \begin{pmatrix} -2\lambda\delta^{-1}r^{-1} & \sigma^{-1} & \lambda\sigma^{-1}r^{-1}(l+1)/l \\ -4\rho gr^{-1} + 4\gamma r^{-2} & 2(\lambda\sigma^{-1}-1)r^{-1} & (-2\gamma r^{-2} + \rho gr^{-1})l(l+1) \\ -r^{-1} & 0 & r^{-1} \\ \rho gr^{-1} - 2\gamma r^{-2} & -\lambda\sigma^{-1}r^{-1} & -2\mu r^{-2} + (\gamma+\mu)l(l+1)r^{-2} \\ 4\pi G\rho & 0 & 0 \\ 4\pi G\rho(l+1)r^{-1} & 0 & -4\pi G\rho l(l+1)r^{-1} \end{pmatrix} \tag{7.93}$$

$$A_1 = \begin{pmatrix} 0 & 0 & 0 \\ l(l+1)r^{-1} & (l+1)\rho r^{-1} & -\rho \\ u^{-1} & 0 & 0 \\ -3r^{-1} & -\rho r^{-1} & 0 \\ 0 & -(l+1)r^{-1} & 1 \\ 0 & 0 & (l-1)r^{-1} \end{pmatrix} \tag{7.94}$$

$$\begin{cases} \lambda = \kappa(r) - \dfrac{2}{3}\mu(r, s) \\ \sigma = \lambda(r, s) + 2\mu(r, s) \\ \gamma = \lambda(r, s) + \mu(r, s) - \lambda^2(r, s)\sigma^{-1} \end{cases} \tag{7.95}$$

式(7.92)的一阶微分方程组从核幔 $r=r_b$ 边界积分至地表 $r=r_a$ 且 y_1、y_2 满足连续性边界条件：

$$\begin{cases} \boldsymbol{y}^{\mathrm{I}}(r_b, s) = (0 \quad 0 \quad 1 \quad 0 \quad 0 \quad 0)^{\mathrm{T}} \\ \boldsymbol{y}^{\mathrm{II}}(r_b, s) = \left(l \quad 0 \quad 1 \quad 0 \quad \dfrac{4\pi G\rho_c}{3}lr_b \quad l(l-1)\dfrac{8\pi G\rho_c}{3} \right)^{\mathrm{T}} \\ \boldsymbol{y}^{\mathrm{III}}(r_b, s) = \left(0 \quad \rho_c g(r_b) \quad -\dfrac{1}{2} \quad 0 \quad 0 \quad -4\pi G\rho_c \right)^{\mathrm{T}} \\ \begin{vmatrix} y_2^{\mathrm{I}}(r_a, s) & y_2^{\mathrm{II}}(r_a, s) & y_2^{\mathrm{III}}(r_a, s) \\ y_4^{\mathrm{I}}(r_a, s) & y_4^{\mathrm{II}}(r_a, s) & y_4^{\mathrm{III}}(r_a, s) \\ y_6^{\mathrm{I}}(r_a, s) & y_6^{\mathrm{II}}(r_a, s) & y_6^{\mathrm{III}}(r_a, s) \end{vmatrix} = 0 \end{cases} \tag{7.96}$$

式中，ρ_c 为各向同性液态地核的密度，$g(r_b)$ 为地核表面重力加速度。通过式（7.89）和（7.96）可以求解与球谐阶数 l 对应的一系列特征谱 $s = \{-s_j \mid j \in \mathbf{N}\}$，这些特征谱刻画了震源激发的位移场在不同频段的响应。最后的位移场为环状模式（7.86）和球状模式（7.90）的叠加，经拉普拉斯逆变换后有：

$$u(r, t) = \sum_j M : E_j(r_s, \hat{r}) \zeta_j^{-1} \frac{1 - e^{-s_j t}}{s_j} \tag{7.97}$$

其中，M 为矩张量，$E_j(r_s, \hat{r})$ 为矩张量的响应函数。对于环状模式，ζ_j^{-1} 为：

$$\zeta_j^{-1} = l(l+1) \int_0^{r_a} \{ [r\partial r y_1(r, -s_j) - y_1(r, -s_j)]^2 + (l-1)(l+2) y_1(r, -s_j)^2 \}$$
$$\frac{\partial \mu(r, s)}{\partial s} \mid_{s=-s_j} r^2 \mathrm{d}r \tag{7.98}$$

对于球状模式，ζ_j^{-1} 为：

$$\zeta_j^{-1} = \int_0^{r_a} \left\{ \left[\frac{2}{3} \partial r y_1(r, -s_j) - F \right]^2 + l(l+1) r^{-2} [r\partial r y_3(r, -s_j) - y_3(r, -s_j) + y_1(r, -s_j)]^2 \right.$$
$$\left. + r^{-2} [y_3(r, -s_j)^2] l(l+1)(l+2) \right\} \frac{\partial \mu(r, s)}{\partial s} \mid_{s=-s_j} r^2 \mathrm{d}r \tag{7.99}$$

其中，$F = r^{-1} [2y_1(r, -s_j) - l(l+1) y_3(r, -s_j)]$。

1976 年 7 月 28 日在河北省唐山市发生 7.8 级强烈地震，并波及北京市、天津市，人民的生命财产遭受了很大损失，尤其是唐山市遭到的破坏和损失尤为严重。此次地震的断层参数是：位置（118.0°E，39.3°N），走向 30°，倾角 91°，长度 70km，断层埋深 0.5km，宽度 18.5km，滑动量 3.48m 以及滑动角 25°。

结合区域地壳模型（表 7-1），李志才（2005）采用球体分层位错模型计算了唐山地震后由于黏弹性松弛所引起的 1976—2004 年间（即震后 28 年）的地表累积形变（图 7.24）。从图 7.24 中可以看出，唐山地区的震后地表形变在断层两侧呈基本对称分布，震后 28 年累计水平形变达到约 10cm，而累计垂直变形为约 7cm。此外，由于发震断层参数中考虑了倾滑分量的影响，这使得唐山断层附近区域的变形场并非严格对称。

表 7-1　　　　　　　　　　　　　　唐山地区地壳的分层结构模型

#	名称	深度 （km）	黏度系数 （×10^{18} Pa·s）	密度 （g/cm³）	体积模量 （×10^{10} Pa）	剪切模量 （×10^{10} Pa）
1	沉积盖层	0~4	108	2.50	4.28	2.61
2	上地壳上部	4~16	108	2.60	5.71	3.26
3	上地壳下部	16~22	108	2.73	5.16	3.63
4	下地壳	22~35	7.1	2.83	7.39	4.54
5	上地幔以下	35~	108	3.36	15.0	7.0

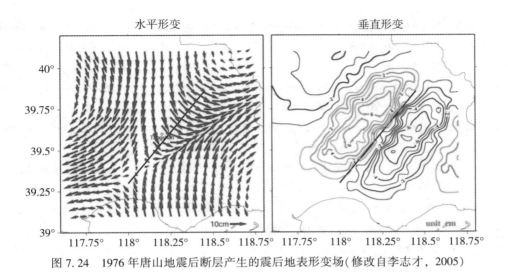

图 7.24　1976 年唐山地震后断层产生的震后地表形变场(修改自李志才，2005)

◎ 本章参考文献

［1］Chen Q, Freymueller J T. Geodetic evidence for a near-fault compliant zone along the San Andreas Fault in the San Francisco bay area［J］. Bull. Seismol. Soc. Am., 2002, 92(2): 656-671.

［2］Diao F, Wang R, Xiong X, et al. Overlapped postseismic deformation caused by afterslip and viscoelastic relaxation following the 2015 M_W 7.8 Gorkha (Nepal) earthquake［J］. J. Geophys. Res. Solid Earth, 2021, 126(3), e2020JB020378.

［3］He Y, Wang W, Yao Z. Static deformation due to shear and tensile faults in a layered half-space［J］. Bull. Seismol. Soc. Am., 2003, 93(5): 2253-2263.

［4］Hetland E A, Hager B H. Postseismic and interseismic displacements near a strike-slip fault: A two-dimensional theory for general linear viscoelastic rheologies［J］. J. Geophys. Res., 2005, 110: B10401.

［5］Jolivet R, Bürgmann R, Houlié N. Geodetic exploration of the elastic properties across and within the northern San Andreas Fault zone［J］. Earth. Planet. Sci. Lett., 2009, 288(1-2): 126-131.

［6］Le Pichon X, Kreemer C, Chamot-Rooke N. Asymmetry in elastic properties and the evolution of large continental strike-slip faults［J］. J. Geophys. Res. Solid Earth, 2018, 110(B3), 2004JB003343.

［7］Marone C, Scholtz C H, Bilham R. On the mechanisms of earthquake afterslip［J］. J. Geophys. Res., 1991, 96(B5): 8441-8452.

［8］Okada Y. Surface deformation due to shear and tensile faults in a half space［J］. Bull. Seismol. Soc. Am., 1992, 82(2): 1018-1040.

［9］Perfettini H, Avouac J P. Postseismic relaxation driven by brittle creep: A possible mechanism to reconcile geodetic measurements and the decay rate of aftershocks, application to the Chi-Chi earthquake, Taiwan [J]. J. Geophys. Res. Solid Earth, 2004, 109 (B2), 2003JB002488.

[10] Pollitz F F. Coseismic deformation from earthquake faulting on a layered spherical earth [J]. Geophys. J. Int., 1996, 125 (1): 1-14.

[11] Pollitz F F. Postseismic relaxation theory on the spherical earth [J]. Bull. Seismol. Soc. Am., 1992, 82 (1).

[12] Rani S, Singh S J. Static deformation of a uniform half-space due to a long dip-slip fault [J]. Geophys. J. Int., 1992, 109 (2): 469-476.

[13] Reid H F. The mechanism of the earthquake, in the California earthquake of April 18, 1906 [R]. Report of the State Earthquake Investigation Committee, 1910.

[14] Savage J, Burford R. Geodetic determination of relative plate motion in central California [J]. J. Geophys. Res., 1973, 78 (5): 832-845.

[15] Scholz C H. The Mechanics of Earthquakes and Faulting [M]. Cambridge: Cambridge University Press, 2002.

[16] Shen Z K, Jackson D D, Feng Y, et al. Postseismic deformation following the Landers earthquake, California, 28 June 1992 [J]. Bull. Seism. Soc. Am., 1994, 84 (3).

[17] Singh S J, Rani S. Crustal deformation associated with two-dimensional thrust faulting [J]. J. Physics. Earth., 1993, 41 (2): 87-101.

[18] Steketee J A. On volterra's dislocations in a semi-infinite elastic medium [J]. Can. J. Phys., 1958, 36 (2): 192-205.

[19] Thatcher W. How the continents deform: the evidence from tectonic geodesy [J]. Annu. Rev. Earth. Planet. Sci., 2009, 3737 (1): 237-262.

[20] Thatcher W. Nonlinear strain buildup and the earthquake cycle on the San Andreas Fault [J]. J. Geophys. Res., 1983, 88 (B7): 5893-5902.

[21] Xu X, Chen W, Ma W, et al. Surface rupture of the Kunlunshan earthquake (M_S 8.1), northern Tibetan Plateau, China [J]. Seismol. Res. Lett., 2002, 73 (6): 884-892.

[22] 胡明城, 鲁福. 现代大地测量学 (下册) [M]. 北京: 测绘出版社, 1994.

[23] 李志才. 顾及地球结构的大地测量反演模式与应用 [D]. 武汉: 武汉大学, 2005.

[24] 詹艳, 梁明剑, 孙翔宇, 等. 2021 年 5 月 22 日青海玛多 M_S 7.4 地震深部环境及发震构造模式 [J]. 地球物理学报, 2021, 64 (7), 2232-2252.

[25] 张国民, 傅征祥, 桂燮泰. 地震预报引论 [M]. 北京: 科学出版社, 2001.

[26] 赵斌. 利用震后 GPS 资料探测青藏高原东、南边界岩石圈流变结构 [D]. 武汉: 武汉大学, 2017.

[27] 赵国光, 张超. 伴随前兆蠕动和震后滑动的准静态形变——模型与观测实例 [J]. 地震学报, 1981, 3 (3): 217-230.

第8章　地震预测预报与预警

　　地震是一种给人类社会带来巨大灾难的自然现象。在造成人员伤亡和经济损失方面，地震灾害造成的死亡人数占全球各类自然灾害造成的死亡人数总数的54%，堪称群灾之首。在20世纪(1900~1999年)，全球有高达180多万人被地震夺去了生命，平均一年1.8万余人死于地震，经济损失达数千亿美元。进入新世纪以来，地震灾害不断，似乎还有愈演愈烈之势。2001~2010年，地震已夺去了近70万人的生命，2001年印度古吉拉特M_W7.6地震、2003年伊朗巴姆M_W6.6地震、2004年印尼苏门答腊M_W9.1地震和2008年我国汶川M_W7.8地震，震亡人数都在数万人以上，此类地震平均不到2年就发生一次，远远超过了20世纪每5年发生一次的频率，地震巨灾呈现频发的趋势(陈运泰，2009)。

　　作为一种自然现象，地震最引人注目的特点是猝不及防的突发性与巨大的破坏力。无情的大地震激发了人们对地震成因及其预测的探索。自19世纪70年代后期现代地震学创立以来，地震预测预报一直是地震学研究的主要问题之一。特别是自20世纪50年代中期以来，作为一个非常具有现实意义的科学问题，地震预测预报一直是世界各国政府和地震学家密切关注的焦点之一。

　　我国地震具有数量多、强度大、分布广的特点，历史地震灾害十分严重(张国民，等，2005)，在20世纪全球因地震灾害死亡人数中我国就占了将近一半(马宗晋，等，1993)。新中国成立以后，1996年河北邢台7.3级地震造成了严重的灾害，在党和政府高度重视下就开启了以地震减灾为目标的大规模地震监测预报工作，并取得过对1975年辽宁海城7.3级地震、1995年云南孟连7.3级地震等强震的成功预报，获得了显著的减灾实效，但能够较有效预报预测的强破坏性地震只是少数。2008年5月12日四川汶川发生8.0级地震是我国继1976年河北唐山7.8级地震后的又一次造成惨重灾难的大地震，造成69227人遇难，17923人失踪，是新中国成立以来造成直接经济损失最严重的一次地震。此后，防震减灾和地震监测预报工作进一步受到社会公众的高度关注，进一步凸显出防震抗震对强震预测预报的急切需求。提高强地震预测预报能力要靠科技进步，需要科学研究攻关计划的持续支持(陈运泰，2009)。

　　自21世纪以来，连续发生的印尼9.0级地震、日本以东海域9.0级地震、土耳其7.8级震群、海地7.1级地震、我国汶川8.0级地震等毁灭性巨大地震灾害，表明科学技术的高速发展并没有显著地提高人类抵御地震灾害的能力，地震预测需要在不断增长的期盼和质疑中继续推进。

　　本章内容主要有：地震预测预报预警概念、地震预测预报的科学思路、地壳形变与地震预测预报、地震危险性分析与评估方法、地震预警和快速响应。

8.1　地震预测预报概念

地震预报主要是通过深入研究地震环境因素、地震前兆和地震活动等相关内容，预测未来地震所发生的地点、时间及地震强度。从广义来看，地震预报实际上包含了两层意思，分别是地震预测、地震预报。其中，地震预测是预测未来地震发生的趋势、地震发生的可能性，以及地震活动的具体状况。相对于地震预测来说，地震预报的概念更加狭义，其主要是对未来地震发生的时间、地点以及震级进行准确预测(陈运泰，2009)。当前地震预报的准确性还无法完全实现，一般只能实施地震预测。另外，当前的单项预报方法在同时准确预测地震时间、地点、震级上存在很大难度，预测其中一个或两个要素，也只是概略性的，无法真正预测准确(邵志刚，等，2017)。

一般认为，地震预测属于科学行为，它是依据真实、可靠的资料通过科学分析得到的结果，绝非是无根据的主观臆测。任何单位和个人都可以提出地震预测意见，但必须上报县级以上地震工作部门和机构，而不得向社会散布。地震预测是预报的前提，地震预测意见提出后，由县级以上地震工作部门或机构召开地震会商形式产生地震预报意见，并报上级地震主管部门评审通过后，由国务院或者省、自治区、直辖市人民政府发布地震预报。

严格地说，地震预报是政府行为，是向社会公告可能发生地震的时间、地点、震级范围等信息的行为，地震预报只有政府才能发布。通常，一个完整的发布地震预报过程包括四个环节：地震预测意见的提出、地震预报意见的形成、地震预报意见的评审和地震预报的发布。这是一个科学严密的过程，除政府部门的公告外，任何其他渠道听到要发生地震的传言均是不可信的，广大民众应理智判断，及时向政府或地震部门了解相关信息。

对未来破坏性地震发生的时间、地点和震级进行预报是地震预报的基本任务。一般来说预估地震发生的时间、地点和震级称为地震预报的"三要素"，更科学的说法需要加一要素(第四要素)即发生地震的概率来预估地震发生的可能性。地震预测除了给出地震的时间、地点与震级外，还需用概率表示预测的可信程度(陈运泰，2009)。地震预报按照将要发生地震的时间距离现在时间的长短，可划分为长期预报、中期预报、短期预报和临震预报。

地震长期预报：对某一地区今后数年到数十年强震形势的粗略估计与概率性预测。具体来讲是指几年到几十年或更长时间内的地震危险性及其影响的预测。包括全国或区域性的地震区划；建设规划及工程场地的地震烈度，地震地面运动参数、地震小区划和震害预测；全国或区域性的地震活动趋势大预测。

地震中期预报：预报几个月到几年内将要发生破坏性地震的三(四)要素。

地震短期预报：预报几天到几个月内将要发生破坏性地震的三(四)要素。

地震临震预报：预报 10 天内将要发生地震的三(四)要素。

一次完整短临预报过程的实施流程如下：由地震科学家对将要发生的地震三(四)要素做出判断，上报人民政府；由人民政府决定并向社会发布；全社会共同采取必要的防震减灾措施。可见，一次成功的预报是一件十分复杂的工作。当下只可能对某些地震作出一定程度的不完整、不精确的预测。现阶段地震预报一般表现为地点、震级要素较好，时间要素较差，长、中期较好，临震差，并且地震预报预测的准确度在很大程度上依赖于监测条件。当下若要求作出完全确定性的预报几乎是难以实现的，而不对地震进行预报，其后果则是坐等漏报，产生巨大损失并浪费来之不易的监测预测信息。地震预测面对的是自然系统，地震预报面对的是社会系统和自然系统相耦合的更为复杂的系统及其对地震预报信号所作出的正、负响应。因此，检验地震预测的标准是三(四)要素的正确性与精确性，而检验地震预报的标准应是采用何种预报方式才能将地震灾害的损失降至最低，两者虽有联系但不可混同。随着预报方式的多样化与科学决策模型的进步，立足于地球科学进展，即便是仅具有一定信度的地震预测，对减轻灾害的作用也会越来越大(陈运泰，2009；周硕愚，等，2017；邵志刚，等，2017)。

8.2 地震预测预报的科学思路

地震预测是一个国际性的科学难题，地震预测的难点有三点：一是地震物理过程本身的复杂性，很难用逼近真实的数学物理方程对地震的孕育、发生过程进行模拟、描述；二是地球内部的"不可入性"，即人们无法深入到地球内部，在震源区内设置台站、安装观测仪器；三是大地震的"非频发性"，即同区域地震的复发具有相当长的周期，限制了作为一门观测科学对现象的观测和对经验认知的进展(陈运泰，等，2001)。

从科学技术上来看要完全实现地震预测预报成功，需要达到以下两点：第一，对地震孕育、发生机理的物理过程有全面、完整的认识；第二，能够有效地监测地震孕育和发生的过程，以便根据当前地震所处的孕震阶段进行地震预测预报。要达到以上两点，一方面是靠科学理论，另一方面是依赖观测技术(江在森，等，2001)。然而，我们需要清醒地认识到现阶段地震科技水平尚难以达到以上两点，故目前的地震预测预报研究还处于探索阶段。

对一个自然现象的预测预报，通常有两种科学途径：其一是研究并掌握该自然现象的生成机制和受控因素，通过测定有关因子的数值，按照该自然现象的成因规律对其作准确的预测和预报。其二是根据该自然现象与其他现象之间的关系，应用实践中积累的大量资料，总结各种现象与预测对象之间的经验性和统计性关系，进行实现相应的预测和预报(张国民，等，2001)。

地震预报也是通过上述两种途径进行广泛探索，一种途径是关于孕震过程和地震模式的理论和实验研究。孕震过程的研究包括震源物理、地震力学等方面的理论、实验和观测研究，试图通过对震源过程物理力学机制的研究，逐步揭示和掌握地震孕育、发展和发生的规律，从而达到预报地震的目的。地震模式的研究从一定的理论前提出发，提出地震发生的模式，从理论上推导各种可能的前兆及不同的关联组合，并通过实际观测不断检验和修正理论模式。尽管这些理论研究尚难以给出实用性的地震预报方法，但是相关理论方面的研究成果，如岩石失稳破裂及各种破裂前兆理论和实验研究，孕震动力学方程及各类前兆与孕震过程的理论关系式，以及岩石膨胀流体扩散模式(DD)、雪崩不稳定裂隙形成模式(IPE)和膨胀蠕动模式(DC)等，对于认识孕震过程及其前兆现象的物理意义等具有非常重要的启发。

地震预报的另一种途径是根据在长期实践中积累的大量震例资料，总结出经验性规律，推广应用于预测未来地震。自 1966 年河北邢台地震以来，中国地震科技工作者开展了大量的地震预报实践工作，其中对 5 级以上破坏性地震前取得了上千条前兆异常。通过对这些前兆资料的系统整理，分析总结地震不同孕育阶段异常变化的时间、空间、强度和频度特征及其与未来地震三要素的关系，建立经验性和统计性的预报判据、指标和方法，并在地震预报实践中不断检验、充实和修正。

近 60 年来，中国的地震预报在上述两条科学途径上探索前进，形成了依据地震异常群体特征对孕震过程实行追踪预报的科学思路，即通过大范围、长时间、多手段前兆的连续观测，监视区域应力场的动态变化，探测其在正常背景上的异常变化，并从场、源和环境统一的整体观出发，分析异常群体的时空强综合特征及其演化过程；应用从大量震例经验和理论、实验研究取得的对孕震过程阶段性发展的认识，以及各阶段中异常群体特征的综合判据与指标，对孕震过程进行追踪分析，并对地震发生的时间、地点、强度进行以物理为基础的概率性预报。这是适合板内地震特点，具有中国特色的地震分析预报科学思路。其基本思想有以下几个方面（朱令人，等，1992；张国民，等，2001）。

8.2.1　长、中、短、临渐进式预报思路

中国地震科技工作者在 20 世纪 70 年代就提出了地震孕育阶段性发展的观点，即地震孕育有一个过程。这个过程的不同阶段显示了不同特征的异常，因而有可能依据观测到的阶段性异常特征进行阶段性预报。震例资料和实验研究都指出，早期出现的异常具有变化速率小、形态稳定和持续时间长（几个月至数年）等特点，被称为趋势异常或中期异常。临近地震几天至十几天，则出现变化速率大、形态复杂的突发性异常。在这两类异常之间，往往有趋势异常加速、转折恢复等变化以及速率较大的新异常，被称为短期异常。依据上述异常发展的阶段性把地震预报分为长、中、短、临四个阶段，并建立了相应的工作程序。长期预报是依据历史地震的统计，对地质构造活动引起的地壳形变进行观测、分析，以及对现今地震活动图像等多方面进行综合研究作出的对某地区今后数十年内地震形势的预报。中期预报是根据地震活动图像、地壳介质的物理性质、地壳形变、地下水动态、水化学成分、地电阻率、地球磁场、重力场及地壳应力应变等多方面的监测研究，依据多种趋势性异常所作的一至数年的地震危险区及地震强度的预报。短期预报是根据趋势异常加速或转折性变化和短期异常的出现等所作的数月内的地震预报。临震预报则是根据突发性快速变化的异常所作的几天至十几天的地震预报。

阶段性地震预报思想就是使预报过程追踪地震孕育过程的发展，以渐进的方式向未来地震时空强三要素逐步逼近。

8.2.2　源兆与场兆思想

源即震源，源的研究系指对震源形成及演变过程的研究。源兆即为在此过程中震源区及近源地区出现的各种效应。

场即区域应力场，地质构造块体在边界力作用下形成区域应力场，由于块体内部地壳结构、断层几何和强度等的不均匀性，因而在一些特殊部位形成多个应力集中区，其中有

的可能发展成为孕震区，有的则成为可能反映应力场变化的敏感点。场兆即为在震源形成及演变过程中，大范围区域应力场在众多敏感点显示出的异常现象。

8.2.3   源的过程追踪与场的动态监测相结合思想

源的过程追踪思想基于对孕震过程及其可能产生的效应的研究。孕震过程包括弹性变形、非弹性变形和破裂加速阶段。长期预报阶段主要追踪弹性应变和应变能的积累过程。中期预报阶段追踪非弹性变形如微破裂发展(微破裂数量和线度增加)或扩容等，以及与之相关的伴随效应如流体运移等导致的中期异常发展过程。在短临阶段主要追踪突发性异常，即由于岩体有效强度降低、破裂扩展加速及贯通、断层加速蠕动和不稳定形变区内宏观断裂形成等造成的一系列突发性短临异常。

场的动态监测思想基于中国板内地震具有异常范围较大，异常群体动态演化过程与上述震源孕震过程同步起伏等基本事实，故而大面积监视场的动态就可以获得震源孕育过程的相关信息或背景性变化。

由于场和源的相互作用，实现地震预报必须将源的过程追踪和场的动态监测两者结合起来，地震异常在时间上阶段性发展和空间分布上的集中性特点主要反映源的发展演化过程，而前兆现象在空间和时间上的离散性分布则更多地反映孕震过程中场的变化。

8.2.4   "块、带、源、场、兆、触、震"协同的思想

"块"即地震构造块体。大陆地壳是由大大小小的不同层次的块体嵌套而成的。

"带"为构造块体之间的边界带，亦称构造带。在地球动力因子作用下，地质构造块体间，出现"压、拉、扭、错"多种力学性质的相对运动。边界带是集中反映这些运动的剪切带、形变带、应力应变集中带、地球物理和地球化学等异常带。

"源"即边界带上摩擦强度较大，阻挡构造块体运动的地段，显然这里将积累应力、应变，是可能孕育地震的震源区。

"场"即区域应力场，随着构造活动的持续，应力应变的逐步积累，形成了不断变化和增强的构造应力场和震源应力场。

"兆"就是应力场发展过程中形成的反映地震孕育发展过程的异常变化。

"触"是指在孕震晚期震源处于不稳定状态，外场(如天体引力、太阳活动、气压场等)的某些微小扰动，都有可能对地震的发生起一定的触发作用。最后，在上述条件统一作用过程中发生地震。

此外，还有系统演化的思想。根据系统科学的观点，震源是一个复杂的开放系统。震源与其周围地质体之间具有能量、物质，乃至信息的交流。在长期持续的构造活动作用下，构造块体的运动向震源区输入能量流、物质流，使系统积累应力、应变和能量，并逐渐远离平衡态。这个过程是减熵、降维和由无序向有序演化的过程，从而可以从系统科学的高度，应用确定性和随机性相结合的方法，寻求表述系统演化过程总体特征的参量，如熵值、分维、有序度等，为地震预报探索新的思想和方法。

在上述大陆强震预测科学思路和认识的基础上，"十一五"国家科技支撑重点计划项目"强震动力动态图像预测技术研究"课题研究提出了多尺度、多学科动态观测资料与构

造背景结合，从边界动力到大中尺度动态场的分析，判定应力应变积累增强-集中区，与中长期强震危险区(预测结果)结合，逐步锁定孕震带上强震高危险段，再依据与锁定危险段强震孕育关联的短期动态信息预测发震时间的强震预测时空逼近，作为强震动力动态图像预测技术对强震危险性时空域逼近的技术思路(江在森，等，2013)。

江在森等(2017)针对从长、中、短-临渐进式地震预测预报中地震中长期危险区预测、地震大形势预测涉及的关键科学问题开展了研究。地震中长期危险区预测的任务在于从中国大陆广阔地域分布的上千个处于不同孕震阶段的潜在强震源的一般认识的基础上，通过多学科方法技术、背景与长期动态资料的结合，从以构造孕震能力、具有长期或超长期地震危险性的众多潜在强震源中甄别出可能逼近十年尺度强震危险的具体构造部位，解决可能逼近十年或稍长时间强震危险地点判定的关键技术问题。把地震地质学现今活动构造研究结合地震学和大地测量学方法，使强震背景危险性向十年及稍长时间尺度逼近；基于大地测量学方法研究活动断裂带应变积累状态和局域地球物理场特征，综合评估活动断裂带-段十年尺度强震危险性；基于地震学方法识别活动断裂带凹凸体的关键技术，以及从地震活动判定逼近十年强震危险区段的方法等。对地震大形势预测主要是逐步研究解决从边界动力到大中尺度动态场的分析，判定应力应变积累增强-集中区的关键技术问题和实现途径，以及与中长期强震危险区(预测结果)结合，逐步锁定孕震带上未来数年尺度强震高危险段。

通过研究给出了综合构造、形变、地震多学科断裂带大地震危险区段预测方法，研究发展了十年及稍长时间尺度大地震危险区及其危险级别/程度的综合评估方法，该方法综合了构造孕震背景、介质物性和地震活动、大地测量等多学科动态观测资料，考虑了破裂空段、闭锁强度和应变积累若干关键因素；发展了场源结合，以场求源的大陆强震预测科学思路，利用 GPS、重力和地磁等多学科观测资料提取多参量动态场图像和孕震异常信息，形成了从边界动力、大中尺度动态场、应力应变增强-集中区、孕震危险段时空逼近等地震大形势、强震危险性时空逼近预测的科学思路、关键技术和预测判据。通过多学科、多尺度地球物理动态资料与地质构造背景相结合的时空动态逼近分析为未来强震活动主体区判定提供依据。

在十年尺度地震危险区确定的工作中，震级的确定主要依据活动构造块体边界带、强震破裂空段与地震空区、断层闭锁段与应力积累段的信息，地震地质发挥了重要的支撑作用；发震地点的确定主要依据小震稀疏段、地震丛集率、震源参数一致性，以及震级-频度关系系数(b 值)的信息，地震学发挥了重要的支撑作用。十年尺度发震时间的确定主要依据 GPS 观测、垂直形变观测、流动重力观测、跨断层形变观测的信息，大地测量学发挥了重要的支撑作用。

8.3　地壳形变与地震预测预报

地壳形变监测能精确、定量地监测到地震发生前后地壳的一系列运动、变形(位移、速度、加速度、应变、倾斜、蠕滑)、重力和介质物性(密度、勒夫数)的空间分布及其随时间变化。地壳形变监测和测震一样，被科学界公认为是力学型的最直接的地震前兆，是地震预测预报的基础。我国的地壳形变监测，特别是大地测量地壳形变监测台网经过近60年的努力，逐步形成了具有特色的点、线、面和空、地、深相结合的布局，积累了大量的观测资料，成为地球动力学和地震预测预报必不可缺的基础与支柱。地震大地测量监测台网正在朝着综合地壳形变测量的多种手段，全景而实时地监测地球表层形变和重力场的时空动态变化过程，实现卫星重力、InSAR监测以及GNSS监测有机结合，实现水平形变网、垂直形变网和重力观测网的统一，联系跨断层剖面和定点形变台站，形成各手段相互配合、优势互补的综合监测系统的数字化综合观测地表台网(阵)的方向发展。

根据长期的地壳形变观测结果，人们认识到与地震活动有关的地壳形变一般可以分为长时期平稳、震前异常、发震和余震四个阶段。第一阶段的特征是应变积累平稳而缓慢，经历时间长；第二阶段的特征是积累速度加快，方向改变，但经历时间不长；到了第三阶段，积累达到极限，介质破裂，应变能量突然释放；第四阶段释放剩余应变能量，速度转慢，逐渐恢复正常。

要了解地震孕育过程，前提条件是需要大地测量提供震前和震后构造运动详细而精确的记录。震前记录是地震预测的重要依据，震后记录可为岩石圈下部(或软流圈上部)对于突然地震滑动所产生的冲击负荷的反响提供唯一信息，而余震分布则是确定地震过程断层面边界的基本数据之一。

地震的前兆地壳运动，有的几十年以前就开始了。利用大地测量方法，可以测出震前的形变率加速、地壳隆升异常、重力变化和倾斜变化，等等。在大地震之后，区域性的震后运动或者以余震形式表现为非连续运动，或者是以蠕动形式表现为连续运动，或者兼有这两种运动。这些运动可能持续许多年，是可以用大地测量方法测定的。然而，震前和震后的地壳运动记录目前还很不充分，因此，关于地震孕育过程中的特别是震前的地壳形变特征，还没有被人们所充分认识，成为地震预测的重大障碍之一。

一次地震所释放的应变，只有重新孕育得到恢复之后，才能发生下一次地震。因此，上一次地震的同震应变场的大小和形状对于预测再次发生地震的潜在可能性是至关重要的。但是，在过去所发生的地震中，只有极少数具有精确的同震形变测量结果，这是因为过去监测网的精度和密度都不够。为了获取同震形变信息，要求以大约每10km一点的密度布设高精度监测网。由于很多地震都是发生在板块边界上的，所以沿板块边界观测的两次地震间的长期形变，是了解应变积累机制的重要线索。为了监测震前、同震和震后地壳运动的全过程，大地测量是唯一的手段。

地壳形变与地震活动之间存在着多种层次的时空关系，最基本的时空关系是：①孕震过程中近源区的形变异常更加显著；②震级越大震前出现的异常越显著；③一般情况下，孕震过程进入中期阶段，特别是进入中短期阶段之后，形变异常更为显著。

以大地测量学科为基础的地壳形变测量将为进行地震预测研究提供重要的基础资料，但利用地壳形变预报地震，以下3个问题是主要障碍(江在森，2001)：

(1)地壳形变与应变的关系问题。从地震预测来看，我们通过大地壳形变观测直接能得到的是观测点的相对位移，可以得到形变场的空间分布，而对于地震预测有直接意义的是地壳弹性应变能的积累情况。如果能够建立地壳形变与应变的关系，通过大地形变复测确定地壳弹性应变的空间分布，这对于判定强震危险区就有特别重要的意义。介质不均匀性是产生应变分布不均匀的条件，也是应变能在特定地区得以迅速积累的条件（即孕震条件）。一般讲的地壳形变中包含应变和蠕变，问题在于如何取得真正的地壳应变的空间分布，如何区分应变与蠕变等。从应变积累的角度，亦有人认为弹性应变可以部分地转换为塑性应变，一旦转换为塑性应变之后也就不储备应变能了。而介质的复杂性使得很难对具体区域的形变与应变的关系客观定量地给出，这可能是大地形变观测异常并不一定对应地震的一个原因。

（2）地表形变与深部的关系。大地形变监测得到是地表形变量，而地震通常发生在地下 10km 以下，虽然较强烈的地震孕育信息不可能不传递到地表，但由于目前对深部构造与浅部构造的关系不很清楚，我们很难建立比较可靠的深部与浅部和地表的形变或应变之间关系。由地表观测值反演深部的情况，通常因深浅构造结构及介质物性参数不清，使得难以逼近实际。

（3）地壳形变观测难以确定应力临界值。即使我们知道岩石的介质力学参数（如作理论与经验假设），由于地壳介质始终处于围压过程中，我们只能通过某一时段的大地形变观测结果来推算该时间段内的应力应变、应变能的增量值，无法推求实际绝对量值的大小。从这个意义上来看，所谓大地形变资料反映的应变积累量只是相对观测时间段内的增量（相对第一期观测时的变化量）。因而不能根据观测资料得到的应力、应变、应变能水平和岩石抗破裂（错动）强度来判定是否到达临界值。只能研究构造形变、应变变化的非平稳过程，根据理论和经验上不同构造环境下地壳介质在不同应力水平（不同阶段）的应力-应变的变化特性来判定孕震过程可能进入什么阶段，来进行地震预测。这些依赖于多种构造孕震环境下（多种类型的地震）孕震过程的较完整的形变观测资料的积累，目前的条件还不成熟。

随着地壳形变台网的建设，各种观测数据的积累，可以获得高时空分辨率的速度场、应变-应力场，再结合数值模拟方法，研究各种构造孕震环境、复杂介质条件和动力条件下强震孕育过程的地壳形变场演变，探讨地震机理，推进地震预测研究的深入，逐步由经验的地震预测向物理模型预测过渡。

2017 年 6 月 7 日至 8 日，由中国地震局、科技部、中国科学院、中国工程院和国家自然科学基金委员会联合主办的全国地震科技创新大会在京召开。会上提出了我国地震科技发展的目标：力争到 2020 年建成开放合作、充满活力的国家地震科技创新体系，形成具有我国地域特色的若干地震科技优势领域，并取得一批突破性研究成果；创新科技成果转化机制，丰富地震科技产品；打造一支结构合理、能攻坚克难、具有一流水平的地震科技人才队伍，使我国地震科技总体水平达到发达国家同期水平。会上特别强化地震科技创新，大力实施国家地震科技创新工程，实施"透明地壳""解剖地震""韧性城乡"和"智慧服务"四项科学计划，在认识地球、减轻灾害、与地球和谐相处等方面取得重大进展。争取到 2030 年，我国步入世界地震科技强国之列。

8.4　地震危险性分析及评估方法

地震危险性分析及评估是地震预测预报的一个重要环节。根据我国特殊的构造背景和孕震环境，强震活动空间分布广、复发周期长等特点，开展地震预测的一个基本科学思路是"长-中-短-临渐进式"，主要从3个工作环节来实现强震危险性时空逼近的预测(江在森等，2017)：

(1)地震长期或中长期危险区预测：重点是通过研究构造背景及较长期动态观测资料来确定10年尺度(或稍长)可能发生强震的地点和强度。

(2)地震大形势与中期预测：重点是从大尺度至局部地震构造区域观测资料的动态变化来研究判断中国大陆1~3年至数年地震活动趋势和强震活动主体区(通常是数年至10年尺度)及1~3年强震危险地点。

(3)地震短期、临震预测：重点是发震时间预测，主要针对长期-中期地震危险区加强地震短临动态跟踪分析，研究获取孕震过程进入临震阶段的异常变化，以最终实现更准确的强震发生时间的预测。

强震长期危险区预测和中期预测是最终实现地震短临预测的基础和先导。本节主要介绍中长期地震危险性分析及评估方法。

8.4.1 利用应变累积释放评估地震危险性

地震的发生是地壳应变累积和释放的过程，在足够长的时间内地震释放的应变能应该接近断层积累的应变能。我们可以利用GNSS资料及地震资料分别计算地震矩累积率和地震矩释放率，进行积累率与释放率对比分析，从而评估地震的危险性。

首先在研究区内进行潜在震源区分块，再利用相关方法计算潜在震源区主应变率，并采用 Savage 和 Simpson(1997)提出的方法，通过式(8.1)将各分区内的二维的应变率张量转换为地震矩累积率，

$$\dot{M}_0^{\text{GNSS}} = 2\mu H \sum_i A^i \text{Max}(\ |\dot{\varepsilon}_1|,\ |\dot{\varepsilon}_2|,\ |\dot{\varepsilon}_1 + \dot{\varepsilon}_2|\ )^i \tag{8.1}$$

式中，μ 为弹性层的剪切模量，H 为弹性应变积累所在的孕震层厚度，A^i 为计算单元面积，$\dot{\varepsilon}_1$、$\dot{\varepsilon}_2$ 为主应变率，Max 是提取计算单元内应变率张量特征值绝对值的最大值，将落在单个震源分区内的计算单元的面积和应变率之积求和，再与其他参数结合即可得到震源分区的地震矩积累率。

为了获得可对比的应变释放指标，由地震目录提供的各潜在震源分区内的地震通过震级和地震矩公式(8.2)计算各地震矩，计算总的地震矩释放需要知道完整的历史地震目录，根据 Hanks、Kanamori (1979)和 Wang 等(2010)提出的公式计算地震矩释放率

$$M_0^{(\text{seismic})} = 10^{\frac{3}{2}(M_{\text{W}}+6.03)} \tag{8.2}$$

$$\dot{M}_0^{(\text{seismic})} = \frac{M_0^{(\text{seismic})}}{T} \tag{8.3}$$

式中，M_{W} 为矩震级 $M_{\text{W}} = \dfrac{2}{3}\lg M_0 - 6.03$，$T$ 表示时间间隔。

也可以由 Wang 等(2010)给出的式(8.4)计算各地震矩 M_0，计算前需将地震目录中记录的震级统一为面波震级，再将各地震矩进行累加与地震目录跨越的时间相除即可得到地震矩释放率。

$$\lg M_0 = 1.6073 M_S + 7.5967 \tag{8.4}$$

根据计算的地震矩积累率(大地测量矩积累率)与地震矩释放率的数值关系,可以得到剩余地震矩率为:

$$\Delta \dot{M}_0 = \dot{M}_0^{(\mathrm{GNSS})} - \dot{M}_0^{(\mathrm{seismic})} \tag{8.5}$$

如果剩余地震矩率 $\Delta \dot{M}_0 > 0$,表示地震矩率亏损,该区域地震危险性较高;如果剩余地震矩率 $\Delta \dot{M}_0 < 0$,表示地震矩率盈余,该区域地震危险性较低。

在使用该方法进行应变累积释放分析时,需要注意:①对研究区进行合理的震源分区划分,保证分区内孕震变形模式一致;②采用尽可能长时间的 GNSS 观测数据计算应变积累以代表稳定的震间构造变形速率;③对于孕震层厚度的取值要合理考量,可采用上地壳厚度或研究区平均的发震深度,如可以获得各地震准确的发震深度则推荐使用后者;④顾及区域地震复发周期,计算应变释放率时应采用尽可能长时间的地震目录,并保证使用的震级记录完整,对于完整性震级以下地震引起的应变释放应进行合理补偿。

8.4.2　断层发震能力与最大震级估算

断层发震能力评估主要依据地震矩平衡原理,分析断裂的地震矩累积量与地震矩释放量之间的关系(Stein,Hanks,1998)。一般认为在震间期同一断裂带上地震矩累积量与释放量趋于平衡,当地震矩释放量大于地震矩累积量时,超出部分称为地震矩剩余;当地震矩累积量大于地震矩释放量时,超出部分称为地震矩亏损,根据地震矩亏损量可估算某一断裂上潜在发生地震的震级。

地震矩累积率是断裂错动率和其面积以及地壳介质剪切模量的乘积,计算公式如下(Ward,1994):

$$M_f = M_p + M_n \tag{8.6}$$

其中,$M_p = \mu L d |v_p|$,对应断裂走滑所造成的应变能积累速率,μ 为地壳介质的剪切模量,通常可取该值为 $3 \times 10^{10}\,\mathrm{Pa}$,$L$ 为断层的长度,d 为断层闭锁深度,v_p 为断裂的滑动速率;$M_n = \sqrt{2}\mu L d v_n$ 对应于断裂挤压或者拉张所造成的应变能积累率,v_n 为断裂的挤压(拉张)速率。

根据求得的断裂运动速率、闭锁深度、长度信息以及区域剪切模量值,利用式(8.6)即可计算统计时段内断裂的地震矩累积率。在统计时段选择上,对于有历史强震发生的断裂,取最早一次历史强震至今;对于没有历史强震记载的断裂,取已有研究成果给出的断裂强震复发周期。然后,将地震矩累积率与统计时段相乘可得到统计时段内断裂的地震矩累积量。

对于面波震级可先转换到矩震级,根据刘瑞丰等(2006)给出的正交回归方法,通过实际地震目录分析表明中国地震台网和美国地震台网(NEIC)面波震级之间的关系,结果表明中国地震台网测定的面波震级总体上比 NEIC 测定的结果偏高 0.2 级。沙海军和吕跃军(2018)利用 1990—2016 年中国地震台网目录和 GCMT 矩震级目录,通过对 860 个面波震级大于 4.5 的浅源地震目录的加权最小二乘分析,得到面波震级(M_S)和矩震级(M_W)的经验关系式及其标准差，如式(8.7)所示：

$$M_{\mathrm{W}} = 0.082 M_{\mathrm{S}}^2 - 0.201 M_{\mathrm{S}} + 4.145, \quad \sigma = 0.14, \quad r = 0.96 \qquad (8.7)$$

式中，σ 为标准差，r 为相关系数。可按照式(8.7)对收集的地震目录中面波震级进行改正，然后按照式(8.6)计算地震目录中在断裂上发生的各地震(通常计算 6 级以上)释放的地震矩，再累加得到统计时段内断裂的地震矩释放量。

对于地震目录中完整性震级以下的地震，可利用式(8.8)(Molnar，1979)先计算地震矩年均释放率 $\dot{M}_0$，再将其与统计年尺度长相乘得到整体地震矩。式中 $M_0^{1-B}{}_{(\mathrm{max})}$ 为最小完整性震级根据式(8.2)计算的地震矩，A 和 B 为与区域地震 G-R 关系中的 a 值和 b 值有关的参数，其中 $A = 10^{a + \frac{9.1b}{1.5}}$，$B = b/1.5$。此部分地震的地震矩释放量通常较小，如断层上发生过 6 级以上强震，则部分地震矩可忽略不计，如断层上统计时间尺度内未发生过地震，则该部分计算是有必要的。

$$\dot{M}_0 = \frac{A}{1 - B} M_0^{1-B}{}_{(\mathrm{max})} \qquad (8.8)$$

将计算得到的断裂地震矩累积量减去地震矩释放量可得到断裂的地震矩亏损量，按照式(8.9)估算该断裂潜在发生地震的最大震级。

$$M_{\mathrm{W}} = \frac{2}{3} \lg M_0 - 6.03 \qquad (8.9)$$

进行断层发震最大震级估算时，需要注意以下问题：① 计算地震矩累积率前，通常将选用的断裂运动速率和闭锁深度与已有的研究结果及相关资料进行对比，确保选用的运动速率和闭锁深度的合理性；② 通过广泛的资料收集和文献调研尽可能提升统计时段内地震目录的完整性；③ 由于面波震级与矩震级差异较小，两者转换公式多为统计关系式，会带入一定的误差，一些研究认为二者差别不足以引起结果的明显差异，在计算地震矩释放量时直接将面波震级等同于矩震级(李煜航，等，2014；刘代芹，等，2016)；④ 由于断裂运动速率、闭锁深度和历史复发周期有一定的误差，历史地震目录可能不完整，因此估算得到的断层发震最大震级存在一定的偏差；⑤ 如果断裂发生的历史地震最大震级大于估算的发震最大震级，选取历史地震最大震级为最终结果。

一般的基于地球物理大地测量资料进行地震危险性评估，可以按照如下步骤进行：首先基于已有的 GNSS、InSAR 和区域精密水准等大地测量观测资料，研究获取高精度水平速度场、应变率场，垂直速度场及其梯度分布，识别应力/应变增强集中区，聚焦孕震构造带；其次，基于形变资料，结合地震地质和地震活动性资料获取断层滑动速率、断层闭锁程度时空特征、库仑应力分布、断层应变累积与释放特征；再者，基于多源数据的综合分析，给出典型构造区的潜在危险区，结合区域小震目录在对震级完整性分析的基础上，基于 G-R 关系给出各潜在危险区 b 值等地震活动参数；将区域应变率场结果分配到各个潜在危险区，计算各潜在危险区的应变累积率，基于震级-频度关系和年应变累积率计算了各个潜在危险区的地震发生率，结合 Weibull 概率密度函数，定量给出各潜在危险区强震发震概率。可以从定性和定量相结合的角度研判强震发生的地点、震级和发震紧迫程度，并给出综合预测结果(武艳强，等，2020；邵志刚，等，2022)。

8.5 地震预警与快速响应

党的二十大明确了新时代新征程中国共产党的使命任务，吹响了以中国式现代化全面推进中华民族伟大复兴的前进号角，为防震减灾事业现代化建设指明了方向，并提出了更高要求。我们要深刻把握中国式现代化的中国特色和本质要求，坚持"防震减灾，造福人民"。地震预警与快速响应对防震减灾具有十分重要的作用。

8.5.1 地震预警与快速响应概述

地震产生和孕育的过程非常复杂，与漫长的地质年代相比，我们对地震的了解和认识显得非常肤浅和短暂，而地震预报在短期内也没有实质性的突破。近 20 年以来，随着数字地震学的出现，以及通信技术和自动处理技术的进步，出现了实时地震信息系统。这使得在地震发生后，可以利用震源附近地震台站观测到的地震波初期信息，快速估计地震参数并预测地震对周边地区的影响，力求在破坏性地震波到达之前，发布地震动强度和到达时间的预警信息，提醒公众提前采取应急处置措施，进而减轻地震人员伤亡和地震灾害损失，这个过程称为地震预警（Earthquake Early Warning，EEW）（Satriano，2010）。

地震预警技术利用最初几秒的地震波信号预测地震动强度为潜在的受影响地区发布警报信息，以达到减灾的目的。地震预警的构想最早是由 1868 年美国的 Cooper 博士针对旧金山市所提出的。在当时距离旧金山市约 100km 的霍利斯特（Hollister）地区地震活动非常剧烈，于是他设想在该地区周围布设地震观测台站，那么当破坏性地震发生后第一时间确定地震三要素（震中位置、地震大小及发震时刻），然后利用地震波传播时间与电磁波传播时间之间的时间差，抢在破坏性地震波到来之前敲响市政大楼上的大钟，从而发出地震警报，于是人们就可以采取一些相应的应急处置措施，以减小地震灾害及次生灾害造成的人员及财产损失。随着计算机技术、数据传输处理技术、地震监测仪器以及地震观测方法的不断发展，Cooper 博士的这一构想正逐渐成为现实。

地震的破坏来自地震波，而地震波包含 P 波（纵波）和 S 波（横波）两种形式，其中 S 波能引起地面强烈的水平晃动，是地震时造成建筑物破坏的主要原因，也是地震之所以成灾的"罪魁祸首"。由于地震发生后 P 波和 S 波的传播速率是不同的，P 波在地壳中以 6~7km/s 的速度传播，而 S 波则以 3~4km/s 的速度传播。地震预警的原理就是利用破坏性 S 波的传播速度小于首先抵达的、幅值较小的 P 波的传播速度以及电磁波传播速度远大于地震波传播速度的特性，通过获取布设在各地的实时传输地震监测台站的记录信息，快速地对地震发生的位置和强度进行分析判定，并对预警目标区可能遭受的地震影响程度做出估计，一旦其超过预先设定的某一水平就立即发布相关警报信息。图 8.1 是地震预警原理示意图。

图 8.2 是岳汉等（2020）在总结大地震破裂模型的快速反演、震源反投影、大地测量、地震波与形变观测数据的联合反演、复杂地球模型中破裂过程的反演及强地面运动模拟等方面的工作给出的大地震震源研究的时间线图，此图实质上也反映了地震预警与快速响应的关系。

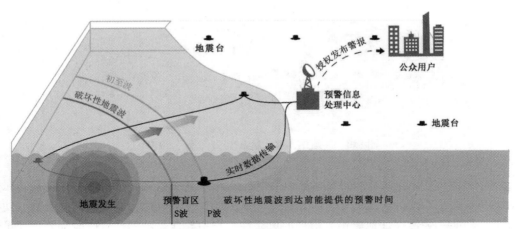

图 8.1 地震预警原理示意图

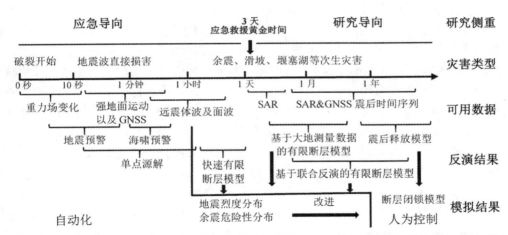

在该时间线上，研究侧重、灾害类型、可用数据的获取时间、反演以及模拟结果的完成时间用不同颜色的文字标出。各种数据获取以及研究结果产生的时间范围用大括号标出。下半部分自动化和人为控制的研究类别用灰色多边形标出。

图 8.2 大地震震源研究的时间线呈现为一个不等比例的射线（岳汉，等，2020）

根据工作方式的不同，地震预警可分为异地预警、现地（原地）预警以及混合预警等三种模式（张红才，2013）。

1. 异地预警模式（regional warning）

地震预警必须首先侦测确定一个破坏性的地震后才能发布有用的地震预警信息。而确定一个地震是否具有破坏性最简单的判据就是能否观测到破坏性的地震动。异地预警模式就是在距预警目标区一定距离外的潜在震源区布设观测台站，当观测到破坏性地震动后再向预警目标区发布警报信息（图 8.3）。

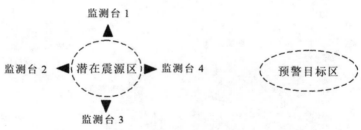

图 8.3　异地预警模式示意图(王文俊，2010)

Cooper 博士为旧金山市设计的地震预警系统采用了这一模式。采用异地预警模式时需要对潜在震源区有比较清楚的了解，这样才能够更加合理有效地布设地震监测台站，使其发挥最大功能。为了保证地震预警信息的可靠性，采用异地预警模式时一般都要等到足够数量的台站触发并能相互验证时才发布相关信息，因此异地预警模式也被称为组网模式。

2. 现地(原地)预警模式(on-site warning)

如果潜在震源区距离人口密集的地区较近，若此时还只是一味地等观测到破坏性地震动后再发布警报信息，那么震中附近势必会有相当大范围的一些区域内不能及时接收到警报信息，即"预警盲区"(blind zone)，与此同时其他区域内的可用反应时间也会大幅减少。假设浅源地震的峰值地震动以 3.0km/s 的速度传播，那么每延迟 1s，预警盲区的半径将增加 3.0km。相关研究表明，仅由震中周围首先触发台站的 P 波前 3s 信息就能对地震是否具有破坏性做出相当准确的判断，因此这也提供了地震预警的另一种思路。

现地(原地)预警模式就是利用在某地布设的地震观测台站触发后前若干秒的信息对地震是否具有破坏性迅速进行判断，并向当地发布警报信息(图 8.4)。由于破坏性地震动大多伴随 S 波出现或是紧随其后出现，因此现地(原地)地震预警模式不论在任何地区都能有效地增加预警时间，减小预警盲区的范围，同时有可能为震中附近地区提供少量的应急反应时间。现地(原地)预警模式仅依靠少数触发台站的信息，因此现地(原地)预警模式也称为单台模式。

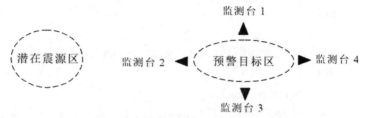

图 8.4　现地(原地)预警模式示意图(王文俊，2010)

3. 混合预警模式(hybrid warning)

在地震预警研究的早期，受台网密度、观测技术等条件的限制，大多考虑采用现地(原地)预警模式，随着观测仪器、观测技术、数据传输处理方式等的不断发展，以上两种预警模式之间的区别已经变得越来越小，同时采用现地预警模式和异地预警模式的混合预警模式也变得越来越流行。混合预警模式能够充分结合这两种模式的优势，并且现有的台网资源也能够得到充分利用。

地震预警主要是利用电磁波传播速度远远大于地震波传播速度以及地震初始波传播速度大于后继破坏性地震波传播速度的规律，对于一个特定的预警目标区，从发出预警信息到破坏性地震动到达的时间差称为预警时间。对于现地预警，以 P 波到达预警目标区时间起算，理论预警时间为：

$$T_{eew} = T_s - T_p - \Delta t_d = \frac{\sqrt{\Delta^2 + z_\theta^2}}{v_\varphi} - \Delta t_d \qquad (8.10)$$

式中，$v_\varphi = \frac{v_p v_s}{v_p - v_s}$ 为虚波波速；v_p 为 P 波波速；v_s 为 S 波波速；Δ 为预警目标区震中距；z_θ 为震源深度；T_s 和 T_p 分别为 S 波和 P 波走时；Δt_d 为位于预警目标区台站 P 波到达后，包含了仪器记录传输延迟的地震参数计算处理用时。

以 P 波到达距离震源最近台站时间起算，异地预警的理论预警时间为：

$$T_{eew} = T_s - T_{p1} - \Delta t_{d1} = \frac{\sqrt{\Delta^2 + z_\theta^2}}{v_s} - \frac{\sqrt{\Delta_1^2 + z_\theta^2}}{v_p} - \Delta t_{d1} \qquad (8.11)$$

其中，Δ_1 为距离震中最近台站的震中距；T_{p1} 为距离震中最近台站 P 波走时；Δt_{d1} 为距离震中最近台站 P 波到达后，包含仪器记录传输延迟的地震参数计算处理用时。

如果理论预警时间 $T_{eew} \leq 0$，则在理论上是没有预警时间的，也就是说对靠近震源位置的预警目标区，由于距离很近，在破坏性地震波到达预警目标区前已经没有任何的可反应时间，这就是之前所说的预警盲区。

以华南地区为例，其波速结构为 $v_p = 6.01 \text{km/s}$，$v_s = 3.55 \text{km/s}$，假定 $z_\theta = 20 \text{km}$，$\Delta t_d = 0\text{s}$，$\Delta t_{d1} = 0\text{s}$ 以及最近台站震中距 $r_1 = 15 \text{km}$。如果地震发生在震中距离某预警目标区 60km 处，不计算记录延时及处理时间，对现地预警，理论预警时间约为 7s；对异地预警，其理论预警时间约为 14s。因此地震监测台站越密集，预警目的地距离震中越远，预警时间就越长。而预警时间越长，则供公众实施应急处置措施的时间就越及时、越充分。

8.5.2 快速地震定位方法

地震定位是地震学中的基本问题之一，也是地震预警中首先要解决的关键问题之一。地震定位速度和定位结果精度都将直接影响地震预警的成败。在传统的地震定位中，一般需要在地震发生后获得全部地震波形才进行处理，其时效性远远不能满足地震预警的需要。由于预警定位过程中可用的信息十分有限，往往仅有震中附近的少数几个触发台站的信息能够利用，可以说是一种"超级地震速报"。

地震定位指测定地震震源位置 $(x_\theta, y_\theta, z_\theta)$ 和发震时刻 t_θ，其中震源位置通常由经度 x_θ、纬度 y_θ 和震源深度 z_θ 给出，为地震破裂的起始位置，以及发震时刻为破裂的起始时刻。定位一般采用不同地震台站和不同震相的多个到时来确定，通常会受到台网布局、可用定位震相信息、地震波到时的读数精度、地壳速度模型等诸多因素的影响。目前，地震预警中常用的定位方法有单台定位法、多台定位法和持续定位法等。

1. 单台定位法

在传统的地震定位方法中，最简便的定位方法就是利用单台方位角和单台震中距进行地震定位。其中方位角的计算可以利用三分量地震记录直接求取，或利用偏振属性求取以及利用初动求取等。而关于震中距的计算，则主要采用统计方法，即计算出某个区域的多个震例的 τ_p^{max}（最大卓越周期）和 P 波前几秒的最大振幅 A_p 与震中距 r 的统计关系，然后据此来求取。但是，由于单台方位角和震中距的计算误差比较大，所以在地震预警中，还引入凸多边形来进行强约束，使震中距的误差尽可能减小，以最大限度地减小定位误差。

在图 8.5 所示的一个由 10 个台站组成的地震观测台网（图中三角形表示观测台站所在位置，x、y 坐标只表示相对位置），如果各观测台站均正常运行（即没有台站停止工作或工作异常），那么事先就可以采用 Voronoi 剖分方法做出该台网的 Voronoi 图（即由一组连接两相邻点直线的垂直平分线所组成的连续多边形），从而确定各观测台站的值守区域。换言之，如果台网中某个台站是首个被触发台站，那么震中只可能处于该台站值守区域以内，绝不可能超出这一范围。

如果台网内某一地点发生一个足够大的地震（图 8.5(b)中五角星位置，暂不考虑震源深度），"足够大"意味着台网中各个台站都会相继触发，不会因为地震太小而没有或者只有少数几个台站触发。那么，在首个台站被触发之前，由现有观测记录是无法对地震进行定位的（如图 8.5(b)，图中黑色圆圈表示该地震的 P 波波前）。而一旦首个台站触发，那么就可以根据 Voronoi 图确定可能的震中所处范围，即首个触发台站的值守区域，如图 8.5(c)所示。此时就可以对震中位置做出粗略判断，即将该区域的形心位置确定为首次定位震中。也有学者将首个触发台站所在位置确定为首次定位震中，这两种定义方法所确定的震中与真实震中之间可能都存在着不小的差距，但由于此时没有更多的信息可以利用，因此认为这两种方法定义的震中位置都是合理的。随着时间的推移（第二个台站尚未触发之前），首个触发台站的值守区域会逐渐缩小，即 Voronoi 图区域内不满足触发条件的一部分面积会逐渐被去除，此时震中只可能位于剩下的这些区域范围内，同样定义此时所剩区域的形心为参考震中位置，如图 8.5(d)所示。

Voronoi 图的边界线最初是直线段，即相邻两个台站连线的垂直平分线，但随着时间的推移，这些边界线逐渐演变为双曲线。如图 8.6 所示，假设震中位于 (x_θ, y_θ)，首个触发台站坐标为 (x_{S_1}, y_{S_1})，与它相邻的另一个台站坐标为 (x_{S_2}, y_{S_2})，震源深度为 z_θ，P 波速度为 v_p，当前时间距首台触发 Δt，如图 8.6 所示，此时 Voronoi 图的边界线方程可写为：

$$\sqrt{(x_\theta - x_{S_2})^2 + (y_\theta - y_{S_2})^2 + z_\theta^2} - \sqrt{(x_\theta - x_{S_1})^2 + (y_\theta - y_{S_1})^2 + z_\theta^2} = v_p \Delta t \quad (8.12)$$

当 $\Delta t = 0$ 时，式(8.12)即为两个台间的垂直平分线方程；当 $\Delta t > 0$ 时，式(8.12)则为以这两个台站为焦点、与 Δt 相关的双曲线方程中的一支（开口朝向首个触发台站）。第二个台站触发之前，随着 Δt 的增加，双曲线将逐渐靠近首个触发台站。上述定位过程中忽略了可能由于线路传输或者其他原因造成的到时信息延迟。

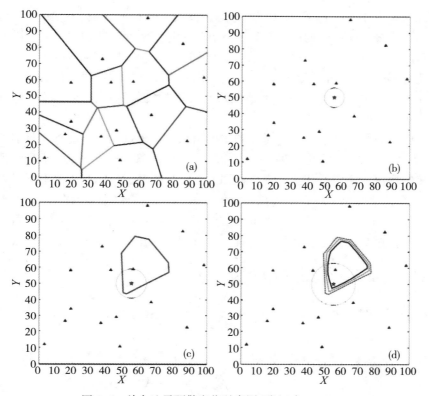

图 8.5　单台地震预警定位示意图(张红才，2013)

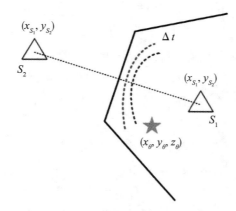

图 8.6　首个触发台站与相邻台站的边界线关系(张红才，2013)

2. 多台定位法

当第二个台站触发后，根据前两个触发台站的触发信息可以进一步将可能的震中区域缩小，从而得到更加准确可靠的地震定位结果。即当第二个台站触发后，根据单台站定位的公式，此时震中只可能位于由这两台组成的双曲线段上，双曲线的方程如式(8.12)所示。需要注意的是，在单台站定位公式中忽略了震源深度的影响，实际上，式(8.12)只代表了震源深度为 0km 时的可能位置。考虑不同震源深度，此时就能做出一簇代表不同震源深度的双曲线，即可能的震中是处于具有一定宽度的一簇双曲线上的。随着时间的推移，这簇双曲线中有一部分也将因为与现有已知信息（触发顺序、等待时间）矛盾而逐渐被排除，此时震中只可能位于剩下的这些区域内。由于每条双曲线都代表了一定的震源深度，因此在实际应用中就可以根据本地区最有可能的震源深度范围选择深度值进行地震定位。

当三个以上观测台站触发后，可以利用的信息更加丰富，此时能够将可能的震中区域进一步缩小，定位结果也将更准确。下面从地震动传播基本规律出发，推导利用前三台 P 波到时信息的快速地震定位公式。现有如图 8.7 所示的局部坐标系，该坐标系以首个触发的台站 S_1 所在位置为坐标原点，连接首个触发台站 S_1 至第二个触发台站 S_2 的方向为局部坐标系的 X 轴正向，显然，满足右手定则的方向即为局部坐标系的 Y 轴正向。此时，前三个触发台站在这个局部坐标系内的位置坐标分别为 $(0, 0)$、$(d_{12}, 0)$ 和 (x_3, y_3)，以及 d_{12}、d_{23} 和 d_{13} 分别是台站两两间的间距，即 $\begin{cases} d_{23} = \sqrt{(x_3 - d_{12})^2 + y_3^2} \\ d_{13} = \sqrt{x_3^2 + y_3^2} \end{cases}$。

如果震中位于图 8.7 的五角星处，那么这三个台站的震中距 Δ_i 和震源距 r_i 分别是：

$$\begin{cases} \Delta_1^2 = x_\theta^2 + y_\theta^2 \\ \Delta_2^2 = (x_\theta - d_{12})^2 + y_\theta^2 = d_{12}^2 - 2x_\theta d_{12} + \Delta_1^2 \\ \Delta_3^2 = (x_\theta - x_3)^2 + (y_\theta - y_3)^2 = d_{13}^2 + \Delta_1^2 - 2x_\theta x_3 - 2y_\theta y_3 \\ r_i = \sqrt{\Delta_i^2 + z_\theta^2}, \quad (i = 1, 2, 3) \end{cases} \tag{8.13}$$

根据地震动走时方程有 $\begin{cases} S_{21} = r_2 - r_1 = v_p(T_{P_2} - T_{P_1}) = v_p t_{21} \\ S_{31} = r_3 - r_1 = v_p(T_{P_3} - T_{P_1}) = v_p t_{31} \end{cases}$，其中，$S_{21}$、$S_{31}$ 分别表示第二个、第三个触发台站与首个触发台站的震源距之差，它们又分别与两台间的 P 波到时差相关。对其进一步推导可得：$\begin{cases} r_2^2 - r_1^2 = S_{21}^2 + 2S_{21}r_1 = \Delta_2^2 - \Delta_1^2 \\ r_3^2 - r_1^2 = S_{31}^2 + 2S_{31}r_1 = \Delta_3^2 - \Delta_1^2 \end{cases}$，将其代入式（8.12），可得：

$$\begin{cases} d_{12}^2 - 2x_\theta d_{12} = S_{21}^2 + 2S_{21}r_1 \\ d_{13}^2 - 2x_\theta x_3 - 2y_\theta y_3 = S_{31}^2 + 2S_{31}r_1 \end{cases} \tag{8.14}$$

对式（8.14）进一步化简，有：

$$\begin{cases} x_\theta = p_1 + p_2 r_1 \\ y_\theta = b_1 + b_2 r_1 \end{cases} \tag{8.15}$$

其中，$p_1 = \dfrac{d_{12}}{2} - \dfrac{S_{12}^2}{2d_{12}}$，$p_2 = -\dfrac{S_{21}}{d_{12}}$，$b_1 = \dfrac{d_{13}^2 - 2x_3 p_1 - S_{31}^2}{2y_3}$ 和 $b_2 = -\dfrac{x_3 p_2 + S_{31}}{y_3}$。

式（8.15）表示震中位置坐标，可以写成与首个触发台站 S_1 的震源距 r_1 相关的参数方程，显然这是一个直线方程：

$$y = kx + y_0 \tag{8.16}$$

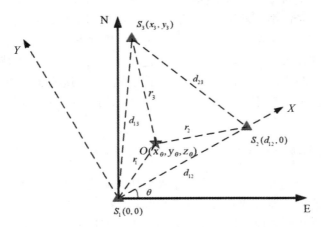

图 8.7 三台站定位采用的局部坐标系(张红才，2013)

其中，$k = \dfrac{b_2}{p_2}$，$y_0 = \dfrac{b_1 p_2 - b_2 p_1}{p_2}$ 和 $p_2 \neq 0$。这也说明由前三台 P 波到时信息就可以将震中限制在一条有限长度的直线段上，即得到一条震中轨迹线。实际上，仅由前三台 P 波到时信息并不能准确计算得到震源距 r_1，此时只能将可能的震中位置限制在一段直线段中。线段上的每个点都是可能的震中位置，但轨迹线上所有的点并不都是满足要求的，还要由一些其他条件进行限制，例如可能的触发顺序、走时差等。

如果捡拾到第四个台站触发(4P 情形)或是捡拾到首个触发台站的 S 波震相信息(3P1S 情形)，那么震源距 r_1 就可以准确计算得到，震中所在位置坐标因此也就可以求解得到。此时 r_1 的表达式分别为：$r_1 = \dfrac{1}{2} \dfrac{d_{14}^2 - S_{41}^2 - 2(x_4 p_1 + y_4 b_1)}{S_{41} + x_4 p_2 + y_4 b_2}$ 或 $r_1 = \dfrac{v_p v_s}{v_p - v_s}(t_{s1} - t_{p1})$，其中，$t_{s1}$ 为第一个触发台站的 S 波到时，v_s 为 S 波波速，d_{14} 和 S_{41} 的含义与前文类似。

此时的震中轨迹线方程(式(8.15))从表面上看只是一条直线方程，实际上它却是一条空间曲线，已知信息中包含对震源深度的约束：$z_\theta^2 = \lambda_1 (x_\theta - x_m)^2 + \lambda_2$，其中，$\lambda_1 = \dfrac{1 - p_2^2 - b_2^2}{p_2^2}$，$x_m = p_1 + p_2 \dfrac{p_1 p_2 + b_1 b_2}{1 - p_2^2 - b_2^2}$ 和 $\lambda_2 = \dfrac{(b_1 p_2 - b_2 p_1)^2 - p_1^2 - b_1^2}{1 - p_2^2 - b_2^2}$。对于一个合理的定位结果，震源深度参数也应该有比较合理的取值。

3. 持续定位法

地震发生后，随着波形信息的增加及震相的持续捡拾，针对不同的信息量需要采用不同的定位流程，以达到持续定位持续修正结果的目的，具体步骤如下(马强，2008)：

(1)当捡拾到第一个台站触发后，即以该台站的 Voronoi 区域的形心位置作为初次定位震中，并选定一定的时间间隔(如 0.5s)更新定位结果。

(2)当捡拾到第二个台站触发后，则改用双曲线段的中点作为参考震中，同样按照一定的时间间隔来更新定位结果。

(3)当捡拾到第三个台站的 P 波触发信息后将可能的震中位置限制于有限长度的一段

震中轨迹线中，并在该轨迹线上搜索同时满足合理震源深度及触发顺序要求的区段，将该区段的中点定义为参考震中，并按照一定的时间间隔更新定位结果。

（4）当捡拾到第四个台站的 P 波触发信息或是捡拾到第一个触发台站的 S 波到时信息后，就可以计算得到比较准确的震中结果。上述定位过程中，容许等待时间都设置为 1s，即容许理论触发时间与当前时刻误差小于 1s 的区域存在，这样也就能够比较合理地考虑由于信号传输或是波速假定不均匀时可能会造成的影响，得到的定位结果也将更加稳定可靠。

8.5.3　预警震级实时确定方法

在地震预警中，地震大小也是地震基本参数快速确定中的最基本问题。目前描述地震强弱的量有地震的能量、地震的震级、地震矩和烈度等，其中震级为最常用的估计地震大小的标度。考虑到通用性和简便性，在地震预警中仍然以震级来描述地震大小。地震是一种异常复杂的自然现象，地震震级的确定涉及震源过程、传播介质、场地条件、仪器记录等各方面因素的影响，而对地震预警，只能用有限台站、有限记录、有限时间段来确定震级，且这些信息大部分来自较早到来的 P 波，因此更增加了地震预警中震级确定的难度。目前比较常用的预警震级确定方法有 3 种，分别是与周期（频率）相关方法、与幅值有关方法及与强度相关方法。

1. 与周期（频率）相关的方法

天然地震的发生总是伴随着断层的错动，如果假定断层破裂面积 Σ 随震级的增大而单调增加，在断层滑动速率相同的情况下，显然断层滑动时间（或上升时间）越长，地震记录中长周期地震动的成分也将越丰富。与周期相关的预警震级方法就是基于这一基本原理，从初始阶段的波形记录提取相关地震动特征周期信息，然后再由其估计地震的规模。基于这一原理的预警震级算法主要有以下两种：

1）τ_p^{max} 方法

τ_p^{max} 方法是 Nakamura 于 1988 年提出的一种利用实时速度记录计算地震动卓越周期的算法，计算公式为：

$$\tau_i^p = 2\pi \sqrt{\frac{X_i}{D_i}} \tag{8.17}$$

其中，$X_i = \alpha X_{i-1} + x_i^2$，$D_i = \alpha D_{i-1} + (\mathrm{d}x/\mathrm{d}t)_i^2$，$\tau_i^p$ 是时间为 i 秒时测定的卓越周期，x_i 是记录的地面运动速度值，X_i 是平滑后地面运动速度导数的平方值，α 为平滑参数，它决定了平滑的速度，一般取值为 0.999。τ_p^{max} 则是自台站触发若干秒内（一般取 3s）计算得到的 τ_i^p 中的最大值。需要注意的是，τ_p^{max} 是谱幅值和频率的非线性函数，对不同的幅值和频率分量有着不同的权重。

2）τ_c 方法

该方法是 Kanamori 于 2005 年提出了一种改进后的特征周期计算方法，计算公式为：

$$\tau_c = \frac{2\pi}{\sqrt{k}} \tag{8.18}$$

其中，$k = \dfrac{\displaystyle\int_0^{\tau_0} \ddot{u}^2(t)\,\mathrm{d}t}{\displaystyle\int_0^{\tau_0} u^2(t)\,\mathrm{d}t}$，积分区间 $[0, \tau_0]$ 为从台站触发后开始，积分上限（时间窗长度）τ_0
的选择需要根据一定的经验确定。如果 τ_0 选择得太长，那么可用于预警信息发布的时间
就会减少；而如果 τ_0 选择过短，又不能较为准确地估计地震的规模，建议一般取 τ_0 为 3s。

在实际应用中发现，τ_c 方法相对于 $\tau_p^{\max}$ 方法有着更多的优越性，震级计算结果的稳健
性和可靠性都得到了很大提高，即使使用单个台站的波形数据也能够得到比较稳定可靠的
震级估计结果。

2. 与幅值有关的方法

利用地震动幅值计算预警震级的方法似乎与传统的一些震级计算方法更接近，也更容
易理解。实际上，它们之间存在着本质的区别。由于地震预警可用信息十分缺乏，往往只
是少数几秒钟的信息，相对于整个波列的信息而言这是相当有限的，因此预警震级的计算
并不能简单地等同于传统的震级计算。常见的计算方法有：

1）M_{L10} 方法

该方法是 Wu 等 1998 年为台湾地区即时强地动地震速报观测网的应用而提出的。基
本原理是，在首个触发台站触发的 10s 内，由所有相继触发台站的波形记录综合计算得到
一个震级估计结果。台湾地区的统计关系式为：

$$M_L = 1.28M_{L10} - 0.85 \pm 0.13 \tag{8.19}$$

M_{L10} 方法在一定程度上能够给出比较可靠的震级估计结果，但由于是在首个台站触发
10s 后才发布震级结果，因此可用于预警信息发布的时间被大大削减，即使台站紧邻震
中，预警盲区的半径也会达到 30～40km；当地震震级较大时，单台震级计算结果还存在
饱和的可能；同时，为了消除能量辐射方向性的影响，往往需要多台计算结果的平均才能
最终得到比较可靠的震级估计结果。

2）P_d 方法

地震动的幅值会随着震中距的增大而衰减，地震震级的测定过程就是利用了这种衰减
关系。类似的，地震预警中若已知 P 波（或 P 波前若干秒）的幅值，那么也可以根据这种
衰减关系推算出地震的震级。Wu 等 2007 年利用发生在美国南加州地区地震的强震记录，
统计给出了 P_d 与地震震级间的关系：

$$\lg P_d = -3.463 + 0.729M - 1.374\lg r \tag{8.20}$$

其中，r 为震源距。

现有研究表明，P_d 方法是稳定性和可靠性都非常好的预警震级算法之一。即使采用单
个台站 P_d 的震级估计结果的离散性也比其他算法要小。然而，P_d 方法也会有震级饱和现
象的存在，当时间窗长度为 3s 时，饱和震级约为 6.5 级，而当时间窗长度为 4s 时，饱和
震级可以提高至 7.0 级。同时，P_d 参数对于震级的敏感性会比 τ_c 参数差一些。但从 P_d 的
定义中可以看出，当台站触发后 3s 就能获取该参数，大大减少了获取参数过程中的时间
损耗。此外，P_d 参数的获取十分简便易行，只需要对地震动记录进行简单的仿真和滤波处
理就能获得该参数。

3. 与强度相关的方法

地震震级本质上是反映地震规模或强度的物理量，因此可以直接选用强度参数来估计震级。国际上也已经发展了很多个采用强度参数的预警震级算法。

1）累积绝对速度（CAV）

通过对加速度记录 $a(t)$ 的绝对值积分即可获得 CAV，计算公式为：

$$CAV = \int_0^{t_{max}} |a(t)| \mathrm{d}t \tag{8.21}$$

其中，积分下限 0 表示从台站触发起计，积分上限 t_{max} 则须根据具体需求事先进行人为设定。CAV 参数并不直接用于震级 M 的估算，而是作为鉴别地震是否具有破坏性的关键指标。一旦单个台站的 CAV 值超出了预先设置的某一水平，预警系统立即启动；而当 3 个以上的台站的 CAV 值超出阈值后，系统即发布第一次警报信息；随后，预警系统会将阈值调高，如果再有 3 个以上台站的 CAV 值超过这个阈值后，系统将立即发布第二次预警信息。由于 CAV 参数计算需要等待一定的时间，因而地震预警信息发布的时效性也会受到一定的影响。

2）烈度震级 M_I

鉴于以上特征参数在计算预警震级时大多会出现震级饱和现象，Yamamoto 等于 2008 年提出了烈度震级 M_I，计算公式为：

$$M_I = \frac{I}{2} + \lg r + \frac{\pi fT}{2.3Q} + b - \lg C_j \tag{8.22}$$

式中，r 为震源距，f 为卓越频率，T 为 S 波走时，Q 为品质因子，b 为系统校正值，C_j 为台站校正值，I 为由台站记录计算得到的 JMA 计测烈度值：$I = 2\lg v_a + 0.94$，这里 v_a 为对三分量加速度时程带通滤波后再组合而成的合成时程中持时大于等于 0.3s 的有效加速度幅值，可以理解为具有一定持时的有效加速度值。M_I 定义使用 S 波段计测烈度值，因此在实际应用中还需根据经验统计关系将 P 波段的计测烈度计算结果转换为 S 波段的计测烈度值。由于加速度记录是对位移记录的两次微分，因此烈度震级 M_I 更多地受到记录中短周期成分的影响，它比单纯地使用位移记录能更准确可靠地对台站的烈度进行估计。同时，烈度震级 M_I 也是一种可以在线实时计算的方法，根据台站记录结果就可以对震级估计结果及时进行更新。

总之，由于地震预警中可用的信息十分有限，仅仅依靠幅值相对较小的 P 波段单一的周期参数或幅值参数很难得到理想的、稳定的地震震级估计结果。同时，实际的地震是非常复杂的、单一的周期参数或幅值参数在一定程度上能够反映地震的规模，但不可能反映地震的全部特征，这也决定了单一的周期参数或幅值参数用于预警震级估计时估计结果的离散性。此外，采用不同参数估计得到的预警震级间可能还会存在一些差异，这些都是在地震震级算法中需要考虑的地方。

8.5.4　预警目标区地震动估计

地震动，有时称为地面运动，是由震源释放出来的地震波引起的地表附近土层的震动。地震动的主要参数包括有峰值加速度 PGA、峰值速度 PGV、峰值位移 PGD、反应谱在给定周期和阻尼比的幅值等，这些不同的参数反映了地震影响的不同特征。地震动参数的估计是地震工程学的重点研究内容，主要目的是为抗震设计提供一个定量的设计标准。在地震工程上对地震动的估计一般有三种方式：一是由地震烈度估计，二是由强地面运动方程（地震动衰减规律）确定，三是通过理论计算得到。

在地震预警中，对地震动的估计是为震害快速评估服务并进而进行预警决策的，也就是说需要在破坏性地震动到达之前估计地震动的大小和特征，进而估计对各种结构的影响程度。在地震预警中，因为在地震发生后已经有一些距离震源较近台站的有限波段信息，且已经得到地震基本参数，可以采取以下方法进行目标区地震动估计：

(1) 地震发生后，随着台站逐步触发，首先可以对震源位置和地震震级进行持续确定，然后直接应用地震动衰减规律：

$$\lg Y = f(M, r) = a + bM + c\lg r \tag{8.23}$$

其中，Y 为地震动参数（如 PGA、PGV、PGD、反应谱在给定周期和阻尼比的幅值等），M 为地震震级，r 为震源距，a、b 和 c 为拟合系数，就可以估计预警目标区或者整个区域的地震动大小，这种方法可直接应用于现地预警的地震动场估计。例如，2007 年 Wu 等给出了美国南加州地区 PGV 公式：$\lg(\text{PGV}) = 0.920\lg P_d + 1.642 \pm 0.326$。需要注意的是，该方法只是对某地区总体衰减关系的拟合，无法考虑到每个地震个体的影响。

(2) 如果在某些台站已经接收到地震波并已经预测到后续地震动大小时，结合实际记录处的预测峰值参数，应用网格插值的方法来估计整个区域地震动分布。假定已经有一个或者多于一个的台站得到 P 波记录，则可以获取这些台站的地震动参数 Y_i，它们满足现有衰减规律：

$$\lg Y_i = a + bM + c\lg r_i \tag{8.24}$$

令预警目标区需要估计的地震动参数为 Y_g，震源矩为 r_g，假设它们同样满足现有衰减规律，则有：

$$\lg Y_g = a + bM + c\lg r_g \tag{8.25}$$

将式 (8.25) 和式 (8.24) 相减，由于对于同一次地震其地震基本参数相同，则有：

$$Y_g = Y_i \left(\frac{r_g}{r_i}\right)^c \tag{8.26}$$

如果触发台站多于一个，可以对目标区的地震动参数按距离倒数的平方加权平均。由式 (8.26) 可以看出，地震动分布场的估计是不用震级的，且随着接收台站的逐渐增多及各台站信息量的逐渐增多，对地震动分布场的估计是持续的。如果把区域划分为网格，对每个网格应用以上公式则可以求出整个区域的地震动分布图。

8.5.5 地震预警系统

地震预警系统是一套可迅速侦测地震并向地震灾区发布地震预警信息的系统。一般情况下，它通过声音或图像或是两者都有的警告信息提示强烈摇晃的地震波（S 波）在数秒内即将来袭。通过地震预警系统公众可以及时地接收到地震预警相关信息，利用一定的时间差快速地做出准备和反应，从而最大限度地较少损失。

一般地震预警系统由地震监测系统、实时通信系统、中央处理系统和预警发布系统四

275

个部分组成。其中，地震监测系统的主要任务是通过地震仪等传感器采集相关数据，实时通信系统将地震监测系统采集到的数据发送到预警信息处理中心，中央处理系统对相关数据处理后转换成信息并做出综合决策，如果中央处理系统判断发生地震则将通过预警发布系统迅速对预警目标客户进行警报(图 8.1)。地震预警发布系统的特点是高度集成、实时监控、快速响应，尤其是快速响应这一点至关重要，因为地震预警系统就是和地震波赛跑，多跑快 1s，就能多获得 1s 的应急反应时间。

在过去的 20 年间，国际上经历了一个地震预警系统建设的高峰期。美国、日本、墨西哥、罗马尼亚都已经建立起地震预警系统；土耳其、意大利、瑞士、韩国以及我国大陆地区等也正在对地震预警系统进行测试(图 8.8)，其应用领域从一般性的防震减灾扩展到重要工程领域。下面简要介绍几个主要地震预警系统的基本情况(赵记东，赵强，2009；张红才，等，2013；李佳威，等，2017)。

图 8.8　全球地震预警系统(修改自 Zollo et al.，2014)

1. 国外地震预警系统

1)墨西哥地震预警系统

墨西哥地震预警系统源于 1991 年开始运行的墨西哥城市地震预警系统 SAS(Seismic Alert System)和 2003 年开始提供服务的瓦哈卡地震预警系统 SASO(Seismic Alert System of Oaxaca)，它们均采用异地预警模式。其中，SAS 于 1989 年开始建设，最初在格雷罗(Guerrero)海岸布置了 12 个地震台站，该系统是向公众自动提供地震警报的先驱。历史上，在墨西哥市，由于距离格雷罗海岸较远，该系统曾经提供了长达 100s 的预警。1999年，瓦哈卡州政府建立了 SASO，在易发地震的瓦哈卡中北部地区和海岸线布置了 37 个台站。SAS 和 SASO 在大街小巷发布紧急通告，同时，还用扩音器来散布预警信息。

2005 年，在瓦哈卡、墨西哥市政府和内政部的倡议下，墨西哥市和瓦哈卡市的地震预警进行整合，形成了墨西哥地震预警系统。2010 年，联邦政府对墨西哥地震预警系统进行了升级并扩大了可能影响墨西哥市的地震区域，在哈利斯科州(Jalisco)、科利马州

（Colima）、格雷罗州和普埃布拉州（Puebla）等地区布置了 64 个地震台站，直到 2012 年 4 月沿着格雷罗地震带布置了 12 个地震台站。最终，联邦政府在托卢卡（Toluca）、瓦哈卡、阿卡普尔科（Acapulco）、奇尔潘辛戈（Chilpancingo）和格雷罗等城市建立了地震预警系统，并根据人口密度、城市发展和与地震危险区的距离，将该系统扩展至其他城市。

2）日本地震预警系统

2007 年 10 月，日本国家地震预警系统正式运行，成为世界上第一个覆盖全国范围的地震预警系统，它属于异地预警模式。日本有着世界上最密集的地震观测台网，相当于每隔 7~10km 就有一个地震台，具有很好的实施地震预警条件。当地震发生后，邻近震源的地震台会根据接收到的 P 波信号，首先判断地震强度，一旦地震震级在 JMA 4 级以上时，预警系统便会发出预警。若是后续其他测站的计算结果异于最初的估计，达到水平方向误差 0.2°，垂直方向误差 20km，地震震级比原先估计的大 0.5 级或小 1 级时，预警系统会更新先前所发出的预警。甚至有可能当第一个测站收到地震波信号，预警系统发出了预警，但后续其他测站却没有收到地震波信号（表示数据可能有误），此时预警系统也会取消预警。

在 2011 年日本大地震发生时，震中附近的几百万人在最严重的震动发生前约 15~20s 接收到了该预警系统发布的地震预警信息，同时也让更多周边地区的人在不太严重的振动开始前有更多的预警时间。这些人中大约 90% 能够预先采取行动拯救自己及其家庭成员的生命，或根据事先计划采取其他措施。

同时，日本还运行着目前最新型、最先进的铁路地震预警系统——紧急地震检测与报警系统（Urgent Earthquake Detection and Alarm System，UrEDAS），它采用现地预警模式。考虑到多台站系统的复杂性和网络系统的脆弱性，UrEDAS 采用单台信号报警。UrEDAS 系统能在检测出 P 波后的 3s 内，估计出震中位置、震级和震源深度等地震参数，然后换算出铁路沿线的地震动加速度，以判断是否需要对正在行驶的列车进行管制。该系统最先被安装在新干线的列车上，随后推广至一般铁路。

3）美国地震预警系统

1974 年，美国加州地震预警系统由斯坦福法案开始研究讨论建设，1989 年洛马普列塔（Loma Prieta）地震后，为了在旧金山和奥克兰地区对该地震的余震进行预警，该地曾经建立了地震预警的原型系统。2009 年美国加州完成了预警系统的研究，且 ElarmS（Earthquake Alarm Systems）系统开始实时测试，该系统能根据地震波形计算出不同的地震参数，如 P 波触发时间、p_d、τ_p^{max} 和信噪比，并且会计算每秒的峰值振幅。该系统每秒都在实时更新，同时会提供其预测的强地面运动分布图（Alert Map）。加州预警系统（即 CISN Shake Alert）由分布在约 400 个场地中的近 600 个地震仪器组成，这套系统由美国地质调查局（USGS）组织，加州理工学院、加州大学伯克利分校和华盛顿大学参与其中。在戈登和贝蒂穆尔基金会的支持下，在北美西海岸联合发展了该预警系统，其中华盛顿大学的西北太平洋地震台网（PNSN）发挥了重要作用。2012 年该系统开始试运行，目前有多套预警系统依托加州统一地震台网（CISN）进行在线实时测试，其中包括现地地震预警系统、升级后的 ElarmS-2 系统、Pre SEIS 系统、虚拟地震家以及 2015 年 4 月加入的 FinDer 等。2016 年 2 月 15 日，美国加州大学伯克利分校伯克利地震实验室与德意志电信合作开发了一款名为 My Shake 的手机应用程序，它试图利用手机自带的加速度感应器来监测地震，并向用户发送预警信息。

ShakeAlert 2.0 系统是 USGS 与合作伙伴在美国西海岸共同开发的地震预警系统，它可以在地震初期自动检测地震、预测地震震级、估计随后可能发生的强震动，并在破坏性地震动到达之前向可能受到影响的地区发布预警信息，提醒公众采取相应措施，从而减轻地震造成的人员伤亡和财产损失。据统计，自从 2018 年投入使用以来，ShakeAlert 系统可以检测出超过一半 $M \geqslant 4.5$ 的地震。目前，加州 ShakeAlert 2.0 系统已经达到公共警报的要求，并正式向公众发布测试预警信息（刘赫奕，等，2021）。

4）罗马尼亚地震预警系统

罗马尼亚是一个地震多发地区，其绝大多数破坏性地震集中在喀尔巴阡山东南部的瓦兰恰（Vrancea）地区，它们对罗马尼亚境内的大城市区域以及邻近的欧洲区域是永久的威胁。自 20 世纪 40 年代以来，该地区共发生了 4 次强烈地震，其中 1977 年地震在布加勒斯特造成了 35 栋高层建筑倒塌和 1500 人伤亡。这些地震集中发生在一个小的震源区内，与首都布加勒斯特的距离相对固定（约为 130km）。

为此，来自罗马尼亚国家地球物理研究所和德国卡尔斯鲁厄大学的研究人员在瓦兰恰地区布设了 3 台地震观测仪器，并基于这个小台网建立了专门为布加勒斯特市提供地震预警信息的应急服务系统。目前，该系统能够为罗马尼亚布加勒斯特地区提供约 20～25s 的应急反应时间。同时，该系统还为霍里亚·胡卢贝伊（Horia Hulubei）物理和核工业国家研究所的核设施提供预警信息服务，以保证瓦兰恰地区危险地震波到达之前可以及时将核燃料存放到安全的位置。此外，该系统还计划近期开始向其他用户提供预警信息。

2. 国内地震预警系统

1）我国台湾地区地震预警系统

1986 年 11 月 15 日发生于中国台湾花莲海外的 M 7.8 级地震导致距震中 120km 外、地处盆地的台北市遭受严重破坏，这促使台湾开始着手地震预警系统的研发和建设。从 1994 年起，台湾地区开始地震预警的实验。台湾最早在花莲地区安装了一个原型地震预警系统，该系统利用布设在花莲地区的 10 台强震仪（间距 20km），通过数据专线实时汇集至花莲气象站进行处理，并将处理结果传至台北"台湾气象局"进行展示与分析。该原型系统已于 1998 年停止观测。除了花莲地区外，"台湾气象局"于 1999 年还以相同的模式组建了嘉南地震速报子网。

2001 年，台湾地区首个地震预警系统正式投入运行并沿用至今。该系统以布设于全岛的约 100 个实时传输强震台站为基础，采用异地预警模式，并采用虚拟子网（Virtual Sub-Network，VSN）的方法进行快速地震定位，同时根据 P 波和 S 波的能量来估计地震震级。实践表明，该系统可为距震中 70km 外的地区提供平均约 20s 的应急反应时间。最近，台湾地区在测试一个现地预警系统，它可以有效减小预警盲区的范围。

2）我国大陆地区地震预警系统

受现有地震台网密度所限，我国大陆至今尚无正式投入使用的地震预警系统。除在少数几个核电站及重点工程使用地震预警系统外，我国大陆投入测试的预警系统有首都圈地震预警原型系统和福建省地震预警系统。其中，首都圈地震预警原型系统由中国地震局地球物理研究所和台湾大学地球科学系在 2007 年开始合作建设并实时测试运行，2010 年完成全部建设。该原型系统主要基于首都圈地震台网所属的 94 个宽频带(BB)地震台和 68 个短周期(SP)地震台，这些地震台分别位于首都圈西部山区和东部平原地区，平均台间距约 50km。福建省地震局在 2009 年建成了一套实验性的预警原型系统，2012 年 11 月对该套系统进行了线上测试。该预警系统在福建地区有 125 个台站，平均台间距 31km，平均时间延迟大约为 1.3s。此外，这套系统还纳入了台湾地区 16 个台站及邻近省份的 25 个台站。该系统于 2017 年对福建地区的公众提供预警服务。此外，2010 年 1 月中国地震局启动了国家地震预警系统建设项目"国家地震烈度速报与预警工程"，计划建成一套覆盖全国范围的地震预警系统，包括新建 4000 个实时地震监测台站和超过 1 万个低成本的感应器，其中包括 4 个全国重点地震预警区：北京首都圈地区、东南沿海地区、南北地震带和新疆北部地区。项目已于 2015 年 6 月获得国家发展和改革委员会批准，并于 2022 年底完成全部工程建设并开展试运行。

目前，虽然地震预警系统处于蓬勃发展期，但是它在实际应用中仍面临诸多挑战。例如，在硬件上，系统设备的维护与更新直接关系到预警成败；在软件上如何缩小预警系统的时间延迟进而最大限度地减小"预警盲区"，如何准确检测地震事件，如何快速准确地估算震中，震级和强地面运动参数等。这些问题与挑战带来了对地震预警系统的质疑，但同时也为预警系统的发展指明了方向。

8.5.6　高频 GNSS 在地震预警中的应用

传统 GNSS 通常利用日均值来分析和研究长周期的地壳形变信息，可为中长期地震预测提供可靠的依据，但它不能捕捉地壳瞬时形变信息。随着接收机技术的进步和存储能力的提高，人们可以获取高频(1Hz)甚至超高频(20~50Hz)的 GNSS 观测数据，从而将 GNSS 应用从静态领域扩展至高频高动态领域。当前的地震预警系统主要以地震仪和强震仪为主，但在近场区域或强震中，地震仪容易出现限幅现象，强震仪存在积分漂移问题，这导致在一些大地震中，采用传统地震仪器的地震预警系统无法及时发布准确的震源参数信息，虽然采用远场地震波形数据可以准确地反演震源参数，但即使是远场 P 波，也需要 6~13 分钟的传播时间，这显然无法满足震源参数实时反演的需求。相比于传统的地震观测仪器，高频 GNSS 可以直接测定地震引起的近场高动态地面位移，因此是对传统地震仪器很好的补充，有望提高现有地震预警系统的准确性和时效性。2003 年，Larson 等(2003)利用 1Hz 的高频 GNSS 观测数据对 2002 年美国 Denali M_W 7.9 级地震的远场地震波进行了重建，奠定了高频 GNSS 地震学的研究基础(图 8.9)。目前，高频 GNSS 作为一种新的地震波形获取手段，已在震相识别、地震预警以及地震破裂过程反演等方面得到了广泛的研究与应用。

1. 高频 GNSS 确定地震预警震级

及时准确的震级发布是地震预警系统的主要任务之一。传统地震预警系统主要利用地震仪或强震仪记录的地震 P 波到达后数秒内的地震波形的特征值来确定震级，这类方法有主周期法、P 波峰值位移法等。其中 P 波峰值位移法具有较高的精度，但它存在震级饱和的缺点，容易低估震级，例如 1999 年 Chi-Chi M_W 7.6 级地震，1999 年 Hector Mine M_W 7.1 级地震，2003 年 Tokachi-Oki M_W 8.3 级地震均出现了震级低估的现象。相比于 P 波峰值位移法，主周期法虽然在大震中不会出现震级饱和的现象，但其精度较低。与传统的地震观测仪器不同，高频 GNSS 可以直接记录地面位移，Crowell 等（2013）构建了震级与 GNSS 峰值地面位移 PGD 和震中距 R 的经验模型，通过收集历史地震中的 PGD 数据，对经验模型的模型系数进行拟合，建立经验公式，就可在新的地震发生后，利用观测到的 PGD 快速确定新地震的震级。峰值地面位移的计算公式为：

$$PGD = \max \sqrt{north^2 + east^2 + up^2} \tag{8.27}$$

其中，north，east 和 up 分别为地震发生后北方向、东方向和垂直方向的地面位移序列。

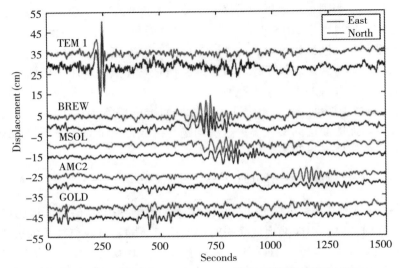

图 8.9　1Hz 高频 GNSS 观测数据记录到的 Denali M_W 7.9 级地震的动态变形过程（Larson et al., 2003）

震级与 PGD 的经验关系可以表示为：

$$\lg(PGD) = A + B \cdot M_W + C \cdot M_W \cdot \lg(R) \tag{8.28}$$

式中，A，B 和 C 为模型系数。

利用 GNSS PGD 经验模型计算的震级在强震中并不会出现震级饱和的现象且精度较高，其有效性已在多个实际震例中得到验证。例如，Zang 等（2020）利用历元差分算法处理了 2019 年美国 Ridgecrest M_W 7.1 级地震的 1Hz 高频 GPS 数据，并分析了不同测站个数对预警震级计算的影响，发现采用近场 4 个台站的 GPS 数据计算的预警震级在震后 15s 达到 M_W 6.85，震后 20s 超过 M_W 7.0，震后 25s 达到稳定，最终稳定的震级为 M_W 7.05（图 8.10，彩图见附录二维码），其与事后确定的震级 M_W 7.1 非常接近。

除 PGD 外，也可利用峰值地面速度 PGV 计算预警震级，与 PGD 公式类似，PGV 与震级之间的经验关系表示为：

$$\lg(PGV) = A + B \cdot M_W + C \cdot M_W \cdot \lg(R) \tag{8.29}$$

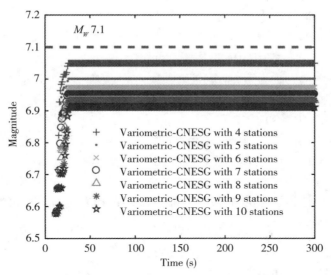

图 8.10　不同个数 GPS 台站计算的 2019 美国 Ridgecrest M_W 7.1 地震的预警震级（Zang et al.，2020）

2. 高频 GNSS 确定地震震源机制

实时震源机制反演不仅能够确定地震的震级大小，还能得到地震的断层参数，这为实时或准实时的断层滑动分布反演和破裂过程反演提供了先决条件。传统采用地震波数据进行震源机制反演的方法众多，而采用高频 GNSS 波形进行反演的方法主要为 CAP 法（Zhao，Helmberger，1994）和 gCAP 法（Zhu，Ben-Zion，2013）。例如，Zheng 等（2012）将 GPS 位移波形用于 CAP 方法，发现采用 5Hz 高频 GPS 波形反演的 2010 年 El Mayor-Cucapah M_W 7.2 级地震的震源机制与 Harvard CMT 提供的结果具有很好的一致性。然而，采用 CAP、gCAP 方法时，需要对 GNSS 波形进行滤波预处理，并需识别、截取不同的震相，而在实时场景下，如何确定准确的滤波窗口，提取正确的震相仍然是一个难题，这限制了这些方法的应用。与采用 GNSS 波形反演的方法不同，Melgar 等（2011）发展了一种采用近场静态同震位移进行地震矩张量反演的方法 fastCMT，该方法可以实时反演地震矩张量，可用于地震预警。

地震矩张量 $\boldsymbol{M}$ 为二阶对称张量，有 6 个独立的参数：

$$\boldsymbol{M} = \begin{pmatrix} m_{xx} & m_{xy} & m_{xz} \\ m_{yx} & m_{yy} & m_{yz} \\ m_{zx} & m_{zy} & m_{zz} \end{pmatrix} \tag{8.30}$$

$$\begin{cases} m_1 = m_{xy} \\ m_2 = m_{xz} \\ m_3 = m_{zz} \\ m_4 = 0.5(m_{xx} - m_{yy}) \\ m_5 = m_{yz} \end{cases} \tag{8.31}$$

fastCMT 方法将地震矩张量约束为纯偏矩张量，即约束矩张量的迹为 0，此时只需反演 5 个参数即可，反演模型为：

$$u_i^k = G_{i,j}^k m_j;\quad (i = x,\ y,\ z;\ j = 1,\ 2,\ 3,\ 4,\ 5;\ k = 1,\ 2,\ 3\cdots,\ n) \tag{8.32}$$

其中，k 为测站号，i 为三维空间中的某一个分量，j 为矩张量分量，u_i^k 是第 k 个测站在 i 方向的同震位移观测值，m_j 为第 j 个矩张量参数，$G_{i,j}^k$ 是第 j 个矩张量在 k 测站 i 方向的格林函数。

fastCMT 采用 EDGRN/EDCMP 程序（Wang et al., 2003）计算格林函数，该程序可以计算半无限空间下分层各向同性地球介质模型的格林函数。采用格网搜索的方法确定矩心的位置，具体的方法是以震中或者最开始接收到地震信号的几个测站位置的平均位置为中心，以一定的范围在水平和垂直方向建立立体网格，以每一个格网点为矩心分别进行矩张量反演，并计算每一个格网点的方差缩减 VR，最终选择方差缩减最大的格网点的反演结果作为地震的矩张量解，方差缩减的计算公式为：

$$VR = \left[1 - \frac{\sum\limits_{i=1}^{n} \left[u_i - (\boldsymbol{Gm})_i \right]^2}{\sum\limits_{i=1}^{n} u_i^2} \right] \times 100\% \tag{8.33}$$

3. 高频 GNSS 确定地震断层滑动分布与动态破裂过程

虽然利用近场高频 GNSS 数据可以对地震矩张量进行实时反演，但是矩张量反演属于点源反演，无法具体呈现断层面的滑动情况，而有限断层的空间滑动分布反演能够清晰地显示发震断层的破裂情况。在利用高频 GNSS 静态同震位移实时反演断层的滑动分布时，需要事先知道断层的参数，其中断层的几何参数可根据经验公式估算，断层的走向和倾角一般采用离震中最近的已知断层的参数（Allen, Ziv, 2011），或根据实时矩张量反演的结果确定。例如，Crowell 等（2012）分别在已知的断层和 fastCMT 结果确定的断层上模拟实时状态反演了 2003 年 Tokachi-Oki M_{W} 8.3 级地震的滑动分布，结果表明两种方式下均可在震后 2 分钟内获得较理想的断层静态滑动分布（图 8.11）。此外，也可基于贝叶斯理论在实时状态下同时反演断层参数与滑动分布（Minson et al., 2014）。

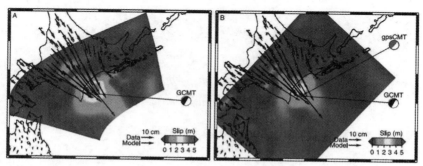

图 8.11　震后 116 秒在已知断层（A）与 fastCMT 结果确定的断层（B）上反演的静态滑动分布（Crowell et al., 2012）

与断层的静态滑动分布反演不同，破裂过程是从时空两个方面对震源进行描述的。目前大多数研究是联合高频 GNSS 数据、地震波数据和其他大地测量数据对震源的机理进行详细研究。Ji 等（2004）最早采用 1Hz GPS 数据，联合强震仪数据和远震数据反演了 2003 年 San Simeon 地震的破裂过程。Wen 等（2021）联合高频 GPS 数据、远震数据和 InSAR 数据，反演了 2020 年墨西哥 Oaxaca M_W 7.4 地震的破裂过程（图 8.12，彩图见附录二维码）。与多种数据联合反演不同，Miyazaki 等（2004）只采用高频 GPS 数据反演了 2003 年 9 月 25 日 Tokachi-Oki 地震的破裂过程，其反演的最大滑动区域与其他学者使用传统地震数据反演的结果大体一致，表明近场高频 GPS 可以用于有限断层的滑动分布反演。考虑到破裂过程反演耗时较多的问题，Zhang 等（2014）提出了 IDS 方法，该方法能够实现地震破裂过程的自动反演，有望用于实时破裂过程反演。

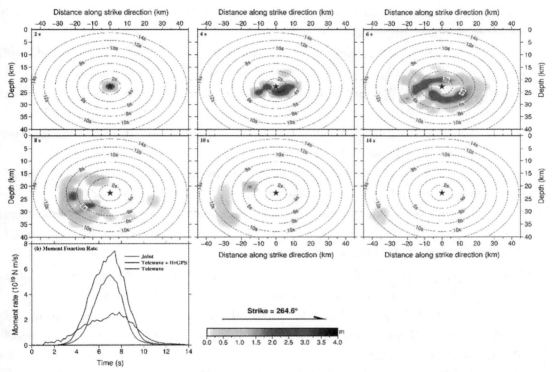

图 8.12　联合高频 GPS 数据、远震数据和 InSAR 数据反演的 2020 年墨西哥 Oaxaca M_W 7.4 地震的破裂过程（Wen et al.，2021）

　　虽然近场高频 GNSS 在预警震级、震源机制、断层静态滑动分布与动态破裂过程的实时反演中得到广泛研究与应用，但是相比于传统的地震记录，高频 GNSS 的采样率依然较低，背景噪声依然较大，其不利于地震波到时拾取、震中定位等其他预警方面的应用。而将高频 GNSS 网与传统地震仪器观测网相融合，实现多源数据融合处理，获得高频高精度的地震波形，有望在未来的地震预测预警中发挥更重要的作用。

◎ 本章参考文献

[1] Ader T, Avouac J P, Liu-Zeng J, et al. Convergence rate across the Nepal Himalaya and interseismic coupling on the Main Himalayan Thrust: Implications for seismic hazard [J]. Journal of Geophysical Research: Solid Earth, 2012, 117(B4): B04403.

[2] Allen R M, Ziv A. Application of real-time GPS to earthquake early warning [J]. Geophysical Research Letters, 2011, 38(16): L16310.

[3] Avouac J P, Tapponnier P. Kinematic model of active deformation in central Asia [J]. Geophysical Research Letters, 1993, 20(10): 895-898.

[4] Bird P, Jackson D D, Kagan Y Y, et al. GEAR1: A global earthquake activity rate model constructed from geodetic strain rates and smoothed seismicity [J]. Bulletin of the Seismological Society of America, 2015, 105(5): 2538-2554.

[5] Burchfiel B C, Zhiliang C, Yupinc L, et al. Tectonics of the Longmen Shan and adjacent regions, central China [J]. International Geology Review, 1995, 37(8): 661-735.

[6] Crowell B W, Bock Y, Melgar D. Real-time inversion of GPS data for finite fault modeling and rapid hazard assessment [J]. Geophysical Research Letters, 2012, 39(9): L09305.

[7] Crowell B W, Melgar D, Bock Y, et al. Earthquake magnitude scaling using seismogeodetic data [J]. Geophysical Research Letters, 2013, 40(23): 6089-6094.

[8] England P, Molnar P. The field of crustal velocity in Asia calculated from Quaternary rates of slip on faults [J]. Geophysical Journal International, 1997, 130(3): 551-582.

[9] Failko Y. Evidence of fluid-filled upper crust from observations of postseismic deformation due to the 1992 M_W7.3 Landers earthquake [J]. Journal of Geophysical Research: Solid Earth, 2004, 109(B8): B08401.

[10] Fielding E J, Lundgren P R, Bürgmann R, et al. Shallow fault-zone dilatancy recovery after the 2003 Bam earthquake in Iran [J]. Nature, 2009, 458(7234): 64-68.

[11] Ge W-P, Molnar P, Shen Z-K, et al. Present-day crustal thinning in the southern and northern Tibetan Plateau revealed by GPS measurements [J]. Geophysical Research Letters, 2015, 42(13): 5227-5235.

[12] Hanks T C, Kanamori H. A moment magnitude scale [J]. Journal of Geophysical Research: Solid Earth, 1979, 84(B5): 2348-2350.

[13] He P, Wen Y, Xu C, et al. New evidence for active tectonics at the boundary of the Kashi Depression, China, from time series InSAR observations [J]. Tectonophysics, 2015, 653: 140-148.

[14] Houseman G, England P. Crustal thickening versus lateral expulsion in the Indian-Asian continental collision [J]. Journal of Geophysical Research: Solid Earth, 1993, 98(B7): 12233-12249.

[15] Huang M-H, Bürgmann R, Freed A M. Probing the lithospheric rheology across the eastern margin of the Tibetan Plateau [J]. Earth and Planetary Science Letters, 2014, 396: 88-96.

［16］Hussain E, Wright T J, Walters R J, et al. Constant strain accumulation rate between major earthquakes on the North Anatolian Fault［J］. Nature communications, 2018, 9(1): 1392.

［17］Ji C, Larson K M, Tan Y, et al. Slip history of the 2003 San Simeon earthquake constrained by combining 1-Hz GPS, strong motion, and teleseismic data［J］. Geophysical Research Letters, 2004, 31(17): L17608.

［18］Jiang G, Xu C, Wen Y, et al. Contemporary tectonic stressing rates of major strike-slip faults in the Tibetan Plateau from GPS observations using least-squares collocation［J］. Tectonophysics, 2014, 615: 85-95.

［19］Jiang G, Xu X, Chen G, et al. Geodetic imaging of potential seismogenic asperities on the Xianshuihe-Anninghe-Zemuhe fault system, southwest China, with a new 3-D viscoelastic interseismic coupling model［J］. Journal of Geophysical Research: Solid Earth, 2015, 120 (3): 1855-1873.

［20］Jónsson S, Segall P, Pedersen R, et al. Post-earthquake ground movements correlated to pore-pressure transients［J］. Nature, 2003, 424(6945): 179-183.

［21］Kanamori H. Real-time seismology and earthquake damage mitigation［J］. Annu. Rev. Earth Planet. Sci., 2005, 33: 195-214.

［22］Khoshmanesh M, Shirzaei M. Episodic creep events on the San Andreas Fault caused by pore pressure variations［J］. Nature Geoscience, 2018, 11(8): 610-614.

［23］Larson K M, Bodin P, Gomberg J. Using 1-Hz GPS data to measure deformations caused by the Denali fault earthquake［J］. Science, 2003, 300(5624): 1421-1424.

［24］Li S, Wang Q, Yang S, et al. Geodetic imaging mega-thrust coupling beneath the Himalaya ［J］. Tectonophysics, 2018a, 747: 225-238.

［25］Li Y, Shan X, Qu C, et al. Crustal deformation of the Altyn Tagh fault based on GPS［J］. Journal of Geophysical Research: Solid Earth, 2018b, 123(11): 10309-10322.

［26］Liang S, Gan W, Shen C, et al. Three-dimensional velocity field of present-day crustal motion of the Tibetan Plateau derived from GPS measurements［J］. Journal of Geophysical Research: Solid Earth, 2013, 118(10): 5722-5732.

［27］Massonnet D, Rossi M, Carmona C, et al. The displacement field of the Landers earthquake mapped by radar interferometry［J］. Nature, 1993, 364(6433): 138-142.

［28］Melgar D, Bock Y, Crowell B W. Real-time centroid moment tensor determination for large earthquakes from local and regional displacement records［J］. Geophysical Journal International, 2012, 188(2): 703-718.

［29］Middleton T A, Parsons B, Walker R T. Comparison of seismic and geodetic strain rates at the margins of the Ordos Plateau, northern China［J］. Geophysical Journal International, 2018, 212(2): 988-1009.

［30］Minson S E, Murray J R, Langbein J O, et al. Real-time inversions for finite fault slip models and rupture geometry based on high-rate GPS data［J］. Journal of Geophysical Research: Solid Earth, 2014, 119(4): 3201-3231.

［31］Miyazaki S-I, Segall P, Fukuda J, et al. Space time distribution of afterslip following the 2003 Tokachi-Oki earthquake: Implications for variations in fault zone frictional properties ［J］. Geophysical Research Letters, 2004, 31(6): L06623.

［32］Molnar P. Earthquake recurrence intervals and plate tectonics ［J］. Bulletin of the Seismological Society of America, 1979, 69(1): 115-133.

［33］Molnar P, Tapponnier P. Cenozoic Tectonics of Asia: Effects of a Continental Collision: Features of recent continental tectonics in Asia can be interpreted as results of the India-Eurasia collision［J］. Science, 1975, 189(4201): 419-426.

［34］Satriano C, Wu Y-M, Zollo A, et al. Earthquake early warning: Concepts, methods and physical grounds［J］. Soil Dynamics and Earthquake Engineering, 2011, 31(2): 106-118.

［35］Savage J C, Simpson R W. Surface strain accumulation and the seismic moment tensor［J］. Bulletin of the Seismological Society of America, 1997, 87(5): 1345-1353.

［36］Stein R S, Hanks T C. $M \geqslant 6$ earthquakes in southern California during the twentieth century: No evidence for a seismicity or moment deficit［J］. Bulletin of the Seismological Society of America, 1998, 88(3): 635-652.

［37］Stevens V, Avouac J. Interseismic coupling on the main Himalayan thrust［J］. Geophysical Research Letters, 2015, 42(14): 5828-5837.

［38］Tapponnier P, Zhiqin X, Roger F, et al. Oblique stepwise rise and growth of the Tibet Plateau［J］. Science, 2001, 294(5547): 1671-1677.

［39］Thatcher W. How the continents deform: The evidence from tectonic Geodesy［J］. Annual Review of Earth and Planetary Sciences, 2009, 37: 237-262.

［40］Tong X, Sandwell D, Schmidt D. Surface creep rate and moment accumulation rate along the Aceh segment of the Sumatran fault from L-band ALOS-1/PALSAR-1 observations［J］. Geophysical Research Letters, 2018, 45(8): 3404-3412.

［41］Tong X, Sandwell D, Smith-Konter B. High-resolution interseismic velocity data along the San Andreas Fault from GPS and InSAR［J］. Journal of Geophysical Research: Solid Earth, 2013, 118(1): 369-389.

［42］Wang H, Wright T. Satellite geodetic imaging reveals internal deformation of western Tibet ［J］. Geophysical Research Letters, 2012, 39(7): L07303.

［43］Wang H, Wright T, Biggs J. Interseismic slip rate of the northwestern Xianshuihe fault from InSAR data［J］. Geophysical Research Letters, 2009, 36(3): L03302.

［44］Wang H, Liu M, Shen X, et al. Balance of seismic moment in the Songpan-Ganze region, eastern Tibet: Implications for the 2008 Great Wenchuan earthquake［J］. Tectonophysics, 2010, 491: 154-164.

［45］Wang Q, Zhang P-Z, Freymueller J T, et al. Present-day crustal deformation in China constrained by global positioning system measurements［J］. Science, 2001, 294(5542): 574-577.

［46］Wang R, Martín F L, Roth F. Computation of deformation induced by earthquakes in a multi-layered elastic crust—FORTRAN programs EDGRN/EDCMP [J]. Computers & Geosciences, 2003, 29(2): 195-207.

[47] Ward S N. A multidisciplinary approach to seismic hazard in southern California[J]. Bulletin of the Seismological Society of America, 1994, 84(5): 1293-1309.

[48] Wen Y, Li Z, Xu C, et al. Postseismic motion after the 2001 M_W 7.8 Kokoxili earthquake in Tibet observed by InSAR time series[J]. Journal of Geophysical Research: Solid Earth, 2012, 117(B8): B08405.

[49] Wen Y, Xiao Z, He P, et al. Source characteristics of the 2020 M_W 7.4 Oaxaca, Mexico, earthquake estimated from GPS, InSAR, and teleseismic waveforms [J]. Seismological Research Letters, 2021, 92(3): 1900-1912.

[50] Wright T, Parsons B, Jackson J, et al. Source parameters of the 1 October 1995 Dinar (Turkey) earthquake from SAR interferometry and seismic bodywave modelling[J]. Earth and Planetary Science Letters, 1999, 172(1-2): 23-37.

[51] Zang J, Xu C, Li X. Scaling earthquake magnitude in real time with high-rate GNSS peak ground displacement from variometric approach[J]. GPS Solutions, 2020, 24: 1-10.

[52] Zhang P-Z, Shen Z, Wang M, et al. Continuous deformation of the Tibetan Plateau from global positioning system data[J]. Geology, 2004, 32(9): 809-812.

[53] Zhang Y, Wang R, Zschau J, et al. Automatic imaging of earthquake rupture processes by iterative deconvolution and stacking of high-rate GPS and strong motion seismograms[J]. Journal of Geophysical Research: Solid Earth, 2014, 119(7): 5633-5650.

[54] Zhao L-S, Helmberger D V. Source estimation from broadband regional seismograms[J]. Bulletin of the Seismological Society of America, 1994, 84(1): 91-104.

[55] Zheng G, Lou Y, Wang H, et al. Shallow seismicity forecast for the India-Eurasia collision zone based on geodetic strain rates [J]. Geophysical Research Letters, 2018, 45(17): 8905-8912.

[56] Zheng G, Wang H, Wright T J, et al. Crustal deformation in the India-Eurasia collision zone from 25 years of GPS measurements[J]. Journal of Geophysical Research: Solid Earth, 2017, 122(11): 9290-9312.

[57] Zheng Y, Li J, Xie Z, et al. 5Hz GPS seismology of the El Mayor-Cucapah earthquake: estimating the earthquake focal mechanism [J]. Geophysical Journal International, 2012, 190(3): 1723-1732.

[58] Zhu L, Ben-Zion Y. Parametrization of general seismic potency and moment tensors for source inversion of seismic waveform data[J]. Geophysical Journal International, 2013, 194(2): 839-843.

[59] Zhu S, Xu C, Wen Y, et al. Interseismic deformation of the Altyn Tagh fault determined by interferometric synthetic aperture radar (InSAR) measurements[J]. Remote Sensing, 2016, 8(3): 233.

[60] Zollo A, Festa G, Emolo A, et al. Source characterization for earthquake early warning[J].

Encyclopedia of Earthquake Engineering, 2014: 1-21.

[61] 陈运泰．地震预测：回顾与展望[J]．中国科学(D 辑：地球科学)，2009，39(12)：1633-1658.

[62] 陈运泰，滕吉文，张中杰．地球物理学的回顾与展望[J]．地球科学进展，2001，(5)：634-642.

[63] 程佳，徐锡伟，陈桂华．基于特大地震发生率的川滇地区地震危险性预测新模型[J]．地球物理学报，2020，63(3)：1170-1182.

[64] 黄玮琼，李文香，曹学锋．中国大陆地震资料完整性研究之一——以华北地区为例[J]．地震学报，1994，16(3)：273-280.

[65] 江在森，丁平，王双绪，等．中国西部大地形变监测与地震预测[M]．北京：地震出版社，2001.

[66] 李佳威，秦玉峰，蒋策．地震预警系统的实践及与实时地震学发展之间的关系[J]．科技导报，2017，35(5)：65-72.

[67] 李煜航，郝明，季灵运，等．青藏高原东缘中南部主要活动断裂滑动速率及其地震矩亏损[J]．地球物理学报，2014，57(4)：1062-1078.

[68] 李长军，任金卫，孟国杰，等．利用地震震源机制资料和形变场模型估算中国大陆及其邻区的地震矩亏损[J]．地球物理学进展，2015，30(6)：2489-2497.

[69] 刘代芹，Mian L，王海涛，等．天山地震带境内外主要断层滑动速率和地震矩亏损分布特征研究[J]．地球物理学报，2016，59(5)：1647-1660.

[70] 刘桂萍．我国地震预测回顾与展望[J]．城市与减灾，2020，(6)：5-9.

[71] 刘赫奕，宋晋东，李山有．美国 ShakeAlert 地震预警系统 2.0 版本的发展[J]．地球与行星物理论评，2021，52(6)：634-646.

[72] 刘瑞丰，陈运泰，Bormann P，等．中国地震台网与美国地震台网测定震级的对比(Ⅱ)——面波震级[J]．地震学报，2006(1)：1-7.

[73] 马强．地震预警技术研究及应用[D]．哈尔滨：中国地震局工程力学研究所，2008.

[74] 马宗晋．中国重大自然灾害及减灾对策：分论[M]．北京：科学出版社，1993.

[75] 马宗晋，陈鑫连，叶叔华，等．中国大陆区现今地壳运动的 GPS 研究[J]．科学通报，2001(13)：1118-1120，1145.

[76] 沙海军，吕悦军．中国地震台网面波震级与矩震级统计关系[J]．地震地磁观测与研究，2018，39(6)：31-36.

[77] 邵志刚，武艳强，季灵运，等．中国大陆活动地块边界带主要断层的强震震间晚期综合判定[J]．地球物理学报，2022，65(12)：4643-4658.

[78] 邵志刚，武艳强，江在森，等．中国大陆强震中期综合预测工作简介[J]．国际地震动态，2017(7)：14-23.

[79] 孙丽．地震预警的新发展：新型传感器网络的应用[J]．地球与行星物理论评(中英文)，2023，54(1)：105-107.

[80] 王芃，邵志刚，刘琦，等．基于多学科物理观测的地震概率预测方法在川滇地区的应用[J]．地球物理学报，2019，62(9)：3448-3463.

[81]王文俊. 地震预警系统研究[D]. 阜新：辽宁工程技术大学，2011.

[82]武艳强，江在森，朱爽，等. 中国大陆西部 GNSS 变形特征及其与 $M \geqslant 7.0$ 强震孕育的关系[J]. 中国地震，2020，36(4)：756-766.

[83]徐伟进，高孟潭. 中国大陆及周缘地震目录完整性统计分析[J]. 地球物理学报，2014，57(9)：2802-2812.

[84]叶叔华. 现代地壳运动与地球动力学研究-中国大陆主要活动构造带现今地壳运动及动力学研究[M]. 北京：地震出版社，2001.

[85]岳汉，张勇，盖增喜，等. 大地震震源破裂模型：从快速响应到联合反演的技术进展及展望[J]. 中国科学：地球科学，2020，50(4)：515-537.

[86]张国民，傅征祥，桂燮泰. 地震预报引论[M]. 北京：科学出版社，2001.

[87]张国民，张晓东，吴荣辉，等. 地震预报回顾与展望[J]. 国际地震动态，2005(5)：39-53.

[88]张红才. 地震预警系统关键技术研究[D]. 哈尔滨：中国地震局工程力学研究所，2013.

[89]张红才，金星，李军，等. 地震预警系统研究及应用进展[J]. 地球物理学进展，2013，28(2)：706-719.

[90]张培震. 中国大陆岩石圈最新构造变动与地震灾害[J]. 第四纪研究，1999(5)：404-413.

[91]赵纪东，张志强. 地震预警系统的发展、应用及启示[J]. 地质通报，2009，28(4)：456-462.

[92]赵永红，杨家英，惠红军，等. 地震预测方法 I：综述[J]. 地球物理学进展，2014，29(1)：129-140.

[93]周硕愚，吴云，江在森. 地震大地测量学及其对地震预测的促进——50 年进展、问题与创新驱动[J]. 大地测量与地球动力学，2017，37(6)：551-562.

[94]朱令人，李海华. 论中国特色的地震分析预报科学思路[C]. //中国地震学会第四次学术大会论文摘要集，北京：中国地震学会，1992：138.

第9章 同震重力变化及卫星时变重力检测

地震会引起地球表面及内部发生形变，导致质量重新分布，从而引起地球重力场的变化。一些特大地震产生的重力场变化效应可以被现代的卫星时变重力观测捕捉到。目前用于观测地球重力场时变效应的卫星重力计划主要为 GRACE，该卫星重力观测任务于 2002 年 4 月实施，至 2017 年 10 月由于卫星电池寿命原因停止运行。其后续 GRACE Follow-On 重力卫星已于 2018 年 5 月开始运行，将继续监测地球重力场的时变特征。

检测大地震引起的重力变化信号是目前 GRACE 时变重力场应用的热点之一。利用 GRACE 卫星重力观测资料提取大地震引起的同震重力变化信号，可检测海域地震引起的地壳变化，作为其他地震监测手段的有效补充，验证及改善地球模型；约束地震断层滑动分布模型；监测地震多发区的大尺度地壳变化，为地震研究提供重要信息。GRACE 在其观测期间检测到了多个大地震引起的重力变化效应，包括 2004 年苏门答腊大地震的同震和震后效应、2010 年智利大地震的同震效应、2011 年日本大地震的同震和震后效应，以及 2012 年苏门答腊岛南部海域大地震等。本章介绍 GRACE 卫星时变重力检测大地震同震变化效应，内容包括：卫星时变重力场及其应用、同震重力变化的理论模型、同震重力变化的卫星重力检测、同震重力变化检测梯度法及其应用实例和同震重力变化的卫星时变重力研究展望。

9.1 卫星时变重力场

现代地学研究通常将地球视作一个整体的系统，该系统主要由岩石圈（固体）、水圈（液体）和大气圈（气体）组成。在地球系统中重力场、电场及磁场等反映地球各层相互作用的基本物理特性，制约着地球及其邻近空间所发生的物理事件。其中地球重力场反映地球物质的空间分布、运动和变化，确定地球重力场的精细结构及其时间变化不仅是现代大地测量的重要科学目标之一，也可以为解决目前的资源环境和灾害等问题提供必要的地球空间基础信息。

地球是不断变化的动力系统，地球重力场是固体地球动力学过程以及地质历史的再现。高精度的地球重力场及其时变信息对于地球动力学和地球内部物理的研究具有重要意义，尤其有助于研究岩石圈动力机制、地幔对流与岩石圈漂移、岩石圈异常质量分布、冰川均衡调整及其引起的海平面变化以及对固体地球的影响、冰盖与冰河的质量平衡、大陆冰雪的变化、板块相互作用机制、板块内部构造、海底岩石圈与海山动力学、海平面变化的物理机制、地球自转、陆地地壳运动与海平面变化效应的分离等。

时变重力场信息包括各种不同时间尺度的信号，其中中长时间尺度（几年到几十年甚至几百年）的变化反映中长期的地球动力学过程，主要包括地幔对流、板块运动及其消长（板块更新过程），全球气候变化引起地球冰雪负荷（主要是极地冰盖、冰原和陆地冰川），以及冰后地球均衡调整导致的物质迁移效应。短期（几天到几个月）变化反映地壳局部构造运动，例如活动构造带和地震孕震发震过程、火山活动等，也包括全球气候季节性或年际异常变化导致的全球水量分布变化（水循环过程变化）。本章侧重于同震重力变化，它属于短期重力场变化效应的范畴。

全球范围内测定重力和探测近地空间重力场信息的技术近几十年来得到长足发展，尤其是近十几年来的卫星重力测量技术得到了非常广泛的科学应用。卫星跟踪卫星技术和卫星重力梯度测量技术被认为是 21 世纪初最有价值和最具有应用前景的高效重力探测技术，是目前卫星重力计划得以实施的重要基础。卫星跟踪卫星技术应用于 GRACE 以及 GRACE Follow-On 卫星重力计划，除了可以较精确地确定地球重力场的空间分布特征（静态），还可以测定地球重力场的短期变化（动态）。GRACE 卫星重力计划采用卫星跟踪卫星技术的"高-低跟踪"（高轨卫星跟踪低轨卫星，一般采用 GPS 卫星作为高轨卫星）与"低-低跟踪"（两个在同一低轨上一前一后、相隔一定距离的双星跟踪）相结合的测量模式。利用卫星重力观测确定地球重力场的基本原理是基于牛顿力学第二定律，当给定了在地球重力场作用下的运动质点（即卫星）在某时间段内各时刻的位置及运动状态，则可根据质点的运动规律求解地球外部重力场。

9.1.1 卫星时变重力的科学应用

GRACE 卫星时变重力观测资料用于恢复全球时变重力场，可检测地球系统的物质迁移（Tapley et al.，2004）。GRACE 时变重力场的解算中，大气、海洋潮汐、固体潮以及极潮等的影响已由先验模型扣除（Bettadpur，2012），其重力变化信号主要反映非潮汐的海水质量变化、陆地水变化、冰川消融及冰后回弹、地球动力学效应引起的物质重新分布等。GRACE 在全球气候变化、全球水循环及陆地水文学、两极冰盖和山地冰川变化及质量平衡、陆海洋质量迁移及全球海面变化、冰后回弹以及地震等地球科学研究领域具有重要应用（Cazenave，Chen，2010；Wouters et al.，2014；Tapley et al.，2019）。

1. 陆地水储量变化及全球水循环

陆地水储量变化是全球水循环的一个重要因素，反映了陆地区域土壤含水量、降雪以及地下水含量的总变化，与区域（或流域）的降水、蒸发和地表径流及地下潜流密切相关，是陆地水循环和全球气候变化、区域水资源储备的一个重要衡量标准。然而由于观测数据有限，根据实地资料难以精确评估陆地水储量的变化。全球和区域水模型主要为气候研究服务，对陆地和大气之间水交换的建模较为准确，但在反映陆地水储量变化方面误差较大（Cazenave，Chen，2010）。GRACE 提供了一种基于空间测量监测全球陆地水储量变化的新手段，其观测具有全球覆盖以及对大尺度质量变化信号敏感的优越性，可有效监测全球各大流域水储量变化。

自 GRACE 任务实施，人们得以更好地理解和量化全球各洲几大流域的水文变化特征。Tapley 等（2004）利用 GRACE 观测数据在约 400km 的空间尺度上研究了全球陆地质量迁移的周年变化，发现在南美亚马孙流域（Amazonas basin）、非洲刚果河（Congo）流域、东南亚恒河（Ganges）和湄公河（Mekong）等流域存在较为明显的周年的季节性水文变化，其中亚马孙流域为全球陆地水的周年变化最明显区域，其效应导致的大地水准面变化幅度可达 1cm。利用 GRACE 检测全球流域水储量变化，初期研究主要集中于季节变化（周年和半年变化），并与全球陆地水模型进行比对验证。

随着 GRACE 数据段的增长，其观测可用于研究一些较大流域的年际变化。Chen 等（2009）联合 GRACE 数据、水模型和实地降水数据研究亚马孙流域的水储量变化，分析该流域的特大干旱效应，并分析了 GRACE 对全球大流域水文年际变化的响应能力以及利用 GRACE 改善区域水模型的可能性。亚马孙流域 2005 特大干旱与 2002—2003 年厄尔尼诺事件（El Nino event）以及北热带大西洋的暖异常相关。这进一步证实了 GRACE 对于区域水文变化以及全球气候异常的检测能力。随着 GRACE 数据质量的不断提高，对于一些相对较小的地面水体储量变化也能灵敏地检测到信号。Ni 等（2017）利用长达十余年的 GRACE RL05 数据成功地检测到非洲 Volta 湖的水储量季节性和年际变化信号，并根据卫星测高资料进行了比对验证。Rodell 等（2018）基于卫星时变重力给出了目前全球可用淡水资源的短临变化趋势分布，Scanon 等（2018）则利用卫星重力资料的约束，指出目前通用的全球陆地水模型对大多数流域的十年尺度水储量上升或下降趋势均存在不同程度的低估。

人类活动对陆地水储量变化的影响也不容忽视，部分效应可被 GRACE 检测到。Chao 等（2008）根据全球各大水库的分布及其建造历史的统计分析，指出人工水库在近 50 年来引起的水储量变化，对全球平均海面上升的贡献约为 -0.55mm/a。Rodell 等（2009）利用 GRACE 及水模型的研究结果表明，在 2002 至 2008 年期间印度北部地下水流失速率平均为 17.7km³/a。Yi 等（2016）指出人类活动影响对亚洲区域性的水储量缺失作用相比于气候驱动效应的贡献同样不可忽略，并在华北地区用测井资料证实了卫星重力所观测的地下水缺失效应。

利用 GRACE 检测的陆地水储量变化来约束和改进全球或区域水模型，也逐渐为时变重力及水文研究学者们所关注。Güntner（2008）讨论了 GRACE 观测与水模型的相互比对验证及其对水模型可能的改进作用，将 GRACE 的陆地水储量变化同化进入水模型中是今后的发展趋势，有望在较大程度上提高水模型的精度。Tangdamrongsub 等（2015）分析了将 GRACE 陆地水储量观测加入欧洲莱茵河流域的区域陆地水模型同化过程，结果表明卫星重力资料对于区域水模型建模在实地数据分布稀疏地区具有显著改进作用（在局部区域模型精度可提高约 35%）。Tian 等（2017）则联合 GRACE 观测与土壤湿度模型资料得到同化陆地水模型，并指出其在反映地下水变化方面具有明显优势。

2. 两极冰盖和山地冰川变化

两极冰盖的消融及其引起的物质重新分布和质量平衡效应，与全球变暖以及现今的海面上升密切相关。如果南极和格陵兰岛的冰盖完全融化，将分别导致海面上升大约 50m 和 7m（Cazenave，Chen，2010）。因此，研究两极冰盖消融对于全球气候变化趋势预测以及沿海地区人们的生活至关重要。人类对冰盖的实地观测受时间及空间分辨率的限制，而且仅能测量表面变化，难以检测到冰盖和积雪的内部变化。而 GRACE 时变重力对整体的质量变化敏感，提供了一种可以直接监测冰盖物质平衡的方法。

基于 GRACE 时变重力观测，可定量地估计南极和格陵兰冰盖区域在近年来的质量变化趋势，并已取得系列研究成果。近年来多项研究表明，南极西部和格陵兰东部地区存在明显的冰质量减少趋势，同时还采用了其他类型的观测数据(如冰面实地观测、卫星测冰 ICESat 等)来验证 GRACE 观测结果。随着 GRACE 月模型数据解算的改进以及数据时间段的增加，人们对两极冰盖质量变化分布的了解越来越清晰，并能检测冰盖质量变化的年际特征，特别是近几年冰融化的加速效应。Velicogna（2009）研究表明，南极地区在 2006 年至 2009 年期间的冰消融速率为 220~246Gt/a，较 2002—2005 期间增长了将近一倍。Chen 等（2011）基于 GRACE 的研究结果表明，格陵兰地区的冰盖消融，在 2002 年至 2009 年期间，不同时间段内东西部不同地区分别呈现不同的速率，其中 2007 年开始格陵兰东南部区域出现融化速率显著减慢效应。随着数据时段的增长，后续的冰盖卫星重力观测分析研究则逐渐关注格陵兰或南极冰盖的局部区域更细节尺度的质量季节性、年际及长期趋势的综合分析(Alexander et al., 2016; Engels et al., 2018; King et al., 2018)。

对于山地冰川的质量变化效应，尽管它只占全球冰质量的少部分(不到 10%)，但由于消融效应明显，因而对全球海面上升以及气候变化的贡献也不容忽视。Lemke 等（2007）指出，1993—2003 年期间全球山地冰川消融平均速率约为 -288Gt/a，对海面上升的贡献约为 0.8mm/a。定量估计冰川消融效应对于研究全球气候变化以及海面上升具有重要意义。但由于实地测量的任务艰难，常规观测对于冰川变化的监测能力有限。GRACE 提供了一种检测冰川区域质量变化的良好手段，具有区域广、覆盖率高的优点。然而，由于冰川的空间尺度较两极冰盖小，而且在确定区域质量变化时受周围水文效应的影响，因此利用 GRACE 检测山地冰川质量变化的难度较两极冰盖融化效应要高，目前只能检测到消融较为明显的冰川变化信号（Chen et al., 2007a; Matsuo, Heki, 2010; Li et al., 2019）。

3. 海水质量及全球海面变化

全球海面变化包括两部分的影响：其一是由海水的温度盐度等的改变引起的体积变化（即 steric 部分），其二是海洋与大气、陆地和冰川之间的水交换导致的海水质量变化（non-steric 部分），其中海水质量变化可由 GRACE 检测到（Chambers, 2006; Tapley et al., 2019）。GRACE 时变重力观测首次提供了一种直接定量估计全球海水质量变化对海面上升影响的手段。

Allison 等（2009）研究指出，由 GRACE 确定的海水质量变化所引起的海面上升速率目前的上限值为 2mm/a，与基于现今冰盖和冰川消融估计的结果相当。因此将 GRACE 观测所得海水质量变化速率与全球冰融化速率相联合，可以为冰川均衡调整（Glacier Isostatic Adjustment, GIA）模型改正提供约束。但是，目前冰盖和冰川消融速率的确定误差较大，所以对 GIA 模型的约束也比较有限。根据独立的方法来提高 GIA 模型的精度反而显得重要，以便反过来约束全球冰质量的减少。因此，对于 GRACE 海水质量变化率、冰盖冰川消融速率以及 GIA 模型改正，若能精确估计其中的两者，便能对第三者进行约束。但由于三者的误差均较大，目前尚难以对其一进行精确约束。

卫星测高可以较为精确地测定现今全球平均海面变化（Cazenave, Llovel, 2010; Cazenave et al., 2018），包括海水质量变化（non-steric）和温盐度变化（steric）两部分的综合影响。所以，如果根据 GRACE 确定了海水质量变化速率，则可联合卫星测高结果对温盐度引起的海面变化部分进行约束。由于实测的海洋温度和盐度（例如 Argo 计划的浮标剖面测量，Lyman et al.，2010；Cazenave et al.，2018）仅局限于深度~2000m 的海洋上部水体，卫星测高联合 GRACE 观测将为研究深部海水的温度和盐度提供有效信息。但由于 GRACE 海水质量变化观测精度有限，目前能推断的深部海水温度和盐度的信息也受到较大限制。

陆地水储量变化会对全球海面上升产生影响。利用 GRACE 观测可以估计全球陆地水净储量的变化，从而确定陆地水与海洋之间的交换作用对全球海面上升的贡献。在几年至十年时间尺度内，全球陆地水净储量变化对海面上升的贡献较为微弱，例如 Llovel 等（2010）根据 2002 至 2009 年期间 GRACE 所反映的全球陆地水净储量平均变化趋势，估计出其对海面变化的贡献为-0.2mm/a，比目前海水质量变化所引起海面上升速率上限估计值（2mm/a）要小一个数量级。利用 GRACE 观测定量分析全球平均海面变化速率，陆海分界区域的信号泄露效应会显著影响定量结果，因此对于 GRACE 观测在陆海之间信号泄露的有效改正至关重要（Chen et al.，2013，2018）。

此外，GRACE 还可应用于固体地球物理效应的研究，例如冰川均衡调整效应的检测和约束，以及检测大地震变化引起的物质迁移，本章着重介绍的同震重力变化效应属于该范畴，后文将从同震重力变化的理论模型和 GRACE 观测检测等方面来叙述。GRACE 时变重力在同震重力变化应用研究方面的现状及展望将在 9.5 节中介绍。

9.1.2　卫星时变重力场模型数据处理方法

GRACE 卫星时变重力场模型数据一般为截断至一定阶数（例如 60 阶）的球谐系数产品。由于 GRACE 卫星观测轨道本身的制约以及解算中采用的大气和海洋等模型不确定度等因素影响，其时变重力场模型中含有明显的"南-北"条带噪声。通常采用空间平滑的方法来削弱该噪声的影响，从而突出时变重力场信号（Wahr et al.，1998），但需注意空间平滑同时也会削弱有效信号。Swenson，Wahr（2006）发现 GRACE 时变重力场模型球谐系数中含有明显的相关性误差，该误差对于南北条带的产生具有显著贡献，并提出了一种高通滤波器以滤除相关性误差。这种用于去除球谐系数之间相关性误差的滤波通常称为去相关性滤波。

1. 空间平滑

利用 GRACE 时变重力场模型球谐系数确定地球系统的物质重新分布时，所得质量变化受到南北条带噪声的显著干扰。实际应用中基于空间平均的方法消除高频（也即小空间尺度）条带，从而突出相对较大尺度的质量变化信号。空间平滑实质为采用一定空间分布的权函数来对原质量变化分布进行加权，空间平滑权函数中最常用的是各向同性的高斯平滑滤波（Wahr et al.，1998）。各向同性高斯平滑的基本思路为：对于需要平滑的数据点，以该点为中心选取一定半径的圆形区域，在区域内建立高斯函数，函数在中心点的值最大，而在区域边缘的值为中心点值的一半，该函数又称为平滑核函数。核函数所在圆形区域的半径通常由经验给出，称为"平滑半径"。尽管高斯平滑滤波本质上是在空间域上对质量变化分布进行加权平均，但实际处理中可以转换为对球谐系数作加权（也即频域处理），使得处理过程相对简单：对各阶球谐系数进行加权，同阶系数的权比因子相同，各阶的权比因子随着阶数的增加而衰减，这归因于高阶系数所含误差较大。由于重力场各阶系数所加的权因子均小于 1 且随阶数的增加而递减，空间平滑后所得信号的幅度会减小，此为空间平均带来的信号损失。目前通常采用比例因子恢复的方法来改正空间平滑引起的信号衰减。

各向同性高斯滤波的同阶系数权因子相同（也即与球谐系数阶次中的"次"无关），而更为复杂且接近实际情况的滤波则同时也据此来决定权比因子（这是因为实际上球谐系数的高次系数误差也相对更大），被称为非各向同性高斯滤波。由于球谐函数本身的性质，对各阶系数加权决定了南北方向的空间分辨率，而对系数按次加权则决定东西向的分辨率，因此非各向同性高斯滤波在南北和东西向的分辨率不相同，东西向分辨率要相对较低。

根据地球重力场的球谐展开理论，随时间变化的地球外部引力场可表示为（Heiskanen，Moritz，1967）：

$$V(r,\ \theta,\ \lambda,\ t) = \frac{GM}{r} + \frac{GM}{r}\left[\sum_{l=2}^{N}\left(\frac{a}{r}\right)^l \sum_{m=0}^{l}\left(C_{lm}(t)\cos m\lambda + S_{lm}(t)\sin m\lambda\right) \cdot \overline{P}_{lm}(\cos\theta)\right]$$

（9.1）

式中，$V(r,\ \theta,\ \lambda,\ t)$ 为与空间位置和时间变化相关的地球外部引力位，$(r,\ \theta,\ \lambda)$ 对应球坐标系下的向径、余纬和经度，t 为时间，a 为地球赤道平均半径，$C_{lm}(t)$ 和 $S_{lm}(t)$ 是时变球谐系数，$\overline{P}_{lm}(\cos\theta)$ 为完全正规化的 l 阶 m 次缔合勒让德函数。

选取一段时间内（如几年）的平均为背景场，则每月的时变重力场模型可以表达为该月重力场相对于背景场的变化。由于 GRACE 主要检测地球时变重力场的低阶部分，而地球椭率及地形对低阶重力场随时间的变化量影响较小，因此可以在半径为 a 的球面上表示每月重力场的变化，将其近似为地球表面上的重力场变化。球面上的每月重力变化可表示为：

$$\Delta g(\theta,\ \lambda) = \frac{GM}{a^2}\sum_{l=2}^{N}(l+1)\sum_{m=0}^{l}\left(\Delta C_{lm}\cos m\lambda + \Delta S_{lm}\sin m\lambda\right) \cdot \overline{P}_{lm}(\cos\theta)$$ （9.2）

式中，ΔC_{lm} 和 ΔS_{lm} 为月模型球谐系数相对于背景场平均系数的变化量，a 值为地球赤道平均半径，通常采用的 a 值为 6378136.3m。

对式（9.2）表述的重力变化分布进行各向同性高斯滤波，各阶系数加权后的重力变化如下式（Wahr et al.，1998）：

$$\Delta g_{\text{Gauss}}(\theta,\ \lambda) = \frac{GM}{a^2}\sum_{l=2}^{N}(l+1)W_l\sum_{m=0}^{l}\left(\Delta C_{lm}\cos m\lambda + \Delta S_{lm}\sin m\lambda\right) \cdot \overline{P}_{lm}(\cos\theta)$$ （9.3）

式中，W_l 为 l 阶的各向同性高斯平滑权因子。W_l 随着阶数的增加而衰减，且与高斯平滑半径的选取有关，可以由逐步递推的方法得到。

高斯平滑对 GRACE 时变重力场的南北条带误差具有压制作用，而且随着平滑半径的增大，条带误差的滤除作用增强；但是，平滑对信号本身也会起到削减作用，因此平滑半径不能选得过大，而是应该在压制明显的条带误差的基础上尽量保留信号，以保证其空间分辨率，尽可能突出细节信号。

2. 去相关性滤波

Swenson 和 Wahr（2006）发现 GRACE 月重力场模型球谐系数之间存在相关性：对于一定次（如 6 次）及以上的系数，其同次不同阶的系数，奇数和偶数阶之间分别是相关的，且该相关性表现为相对低频的系统偏移。假定同次不同阶系数的曲线（随阶数变化）由信号、相关性误差以及随机误差三部分构成，则利用高通滤波可以在较大程度是滤除相关性误差，目前一般采用多项式拟合的方法来拟合扣除。例如，对大于（或等于）6 次（$m \geqslant 6$）的系数，对于某一给定的次，各阶系数按照奇数和偶数阶分为两组，每组进行 3 次多项式拟合，将拟合的低频部分扣除，剩余的高频部分则认为是剔除了相关性误差的有效信号（注意其中也包含一定的随机误差），该滤波方法可称为"P3M6 去相关性滤波"（Chen et al.，2007）。其中 P 为多项式拟合的阶数，M 为选定的次，该次以下的系数不进行滤波，而高于或等于该次的系数需加以去相关性滤波。实际数据处理中通常还在拟合时加入滑动窗口以增强滤波的效果。

尽管去相关性滤波可以较大程度地削减系数中的相关性误差，但其同时会使得真实信号失真，因为球谐系数中的有用信号各部分之间并非完全独立，因此基于多项式拟合的高通滤波也会对信号起到一定的移除作用。Swenson 和 Wahr（2006）通过经验方法得到了一个比例因子，以恢复被去相关性滤波所削减的信号幅度。然而滤波对信号的变形作用不仅表现在变化幅度上，而且也表现在空间分布特征的扭曲上；同时，经验方法得到的比例因子具有较强的人为性，也不具有普适性。因此需注意，出于不同的处理数据目的，可选择采用不同参数配置的去相关性滤波方法。

9.2　同震重力变化的正演模型

为了验证 GRACE 观测所得同震变化信号的可靠性，需要与地震位错理论模型正演结果进行比对。利用位错模型，可以基于地球模型以及地震的断层参数，从理论上计算地震引起的同震和震后变化效应。本节将简要阐述位错模型，重点关注利用位错模型计算同震重力变化时需注意的几个关键问题，主要包括：正演计算通常采用的两个位错模型，分别为 Wang 等（2006）平面半空间黏弹性模型以及 Sun 等（2009）球形弹性模型，并对其数值计算应用实例中输入参数以及输出结果加以说明；着重阐述利用位错模型计算重力变化时的三个关键处理环节，包括地表垂直形变的空间改正、海水改正以及模型计算结果的空间平滑。经过以上三个处理步骤，位错模型计算结果才能达到与 GRACE 观测相同的物理含义以及一致的空间分辨率，便于 GRACE 观测结果的分析验证和解释。

9.2.1　同震重力变化正演位错模型

位错模型可以从理论上计算地震引起的变化效应，包括形变、应变以及重力场变化等。Steketee（1958）最早将位错理论引入地震学（孙文科，2011）。最初的位错理论采用均质弹性模型，主要计算地震断层错动引起的同震地表位移。随后的几十年，位错模型逐步发展得更加复杂和精细，更接近地球的实际情况，例如考虑分层模型、引入黏弹性介质、由平面半空间发展至球形地球模型、考虑物质的横向不均匀性等（Wang et al.，2006；

Sun et al., 2009)。同时，根据位错理论还可以计算除形变以外的其他变化效应，并可以预测震后变化。

关于地震引起的重力变化，Okubo（1989，1991，1992）研究了半无限空间介质内张裂和剪切断层分别引起的重力变化问题，并给出了点源和有限断层的同震重力位和重力变化的解析表达式。后来的位错模型计算重力变化又考虑了更为复杂的因素影响，如分层构造以及地球曲率的影响等。这里仅对所采用的两个位错模型进行简介。

地震重力变化正演预测中较为通常采用的两个位错模型为：Wang 等（2006）提出的"分层黏弹性考虑自身引力效应的平面半空间模型"，以及 Sun 等（2009）提出"球对称无旋转弹性各向同性模型"。其中，Wang 等（2006）模型为平面黏弹性模型，用于计算地震近场区域的同震和震后变化，而 Sun 等（2009）模型为球形弹性模型，可计算地震引起的同震变化的全球分布。由于大多数情况下同震重力变化研究侧重于近场区域，而且平面半空间模型计算起来效率相对较高（由于其仅计算近场区域，无需考虑全球效应，计算量相对较小），本章在后面实例分析中主要采用 Wang 等（2006）模型进行正演计算（即基于PSGRN/PSCMP 程序）。

上述两个模型计算过程中均需要输入地球介质模型参数以及地震断层滑动模型参数，具体可参见后文的地震实例分析。需要指出，位错模型计算结果与地球模型参数和断层滑动模型密切相关，不同的地壳分层模型以及不同的断层滑动分布所得的地震变化结果存在较大差异。因此，有必要采用多种观测数据对同震变化效应进行监测，从而约束地球模型参数以及断层滑动模型，而 GRACE 卫星重力观测则是一种有效手段。此外，对于地震引起近场变化效应，平面半空间分层模型与球形分层模型的结果较为相近（Sun et al., 2009），因此在近场效应的模型正演中，出于计算效率考虑，一般可以首选 Wang 等（2006）的模型。但是，计算远场效应则必须采用 Sun 等（2009）球形位错模型。

关于本章的位错正演计算，Wang 等（2006）模型输出的计算结果为发生于形变地表的物理量变化（其中大地水准面变化除外，其主要反映重力位的变化）。需要注意，若采用 Sun 等（2009）模型，则可根据与不同类型的观测比对需要来设置参数，分别计算形变地表和空间固定点的同震变化效应。本章侧重于利用位错模型的计算结果来验证 GRACE观测结果，仅对其应用中需要注意的几个关键问题进行说明。

9.2.2　位错模型正演同震重力变化的改正及平滑滤波

位错模型正演的重力变化是用来验证 GRACE 观测结果，因此模型正演结果所包含的物理信息以及空间分辨率等均需与 GRACE 达到一致。但是，位错模型本身计算的结果与卫星重力观测在这些方面存在差异，因此需要进行一些改正或做必要的归算处理。本小节将阐述三个关键问题：地表垂直形变引起的空间改正、海水质量改正以及空间平滑处理。

1. 地表垂直形变引起的空间改正

对于地震近场区域的模型正演一般可采用 Wang 等（2006）的位错模型，该模型（即PSGRN/PSCMP 程序）计算的结果为变形地表上的重力变化值，与地面重力测量结果相对应。GRACE 所得的重力变化来自空间的卫星观测，因此并不包含由地表垂直形变引起的空间改正效应部分，而是"空间不动点"的重力变化（Sun et al., 2009）。为了使得模型计算的重力变化与 GRACE 一致，需要将模型计算值经过空间改正恢复至空间不动点。该空间改正可表达为（Heiskanen，Moritz，1967）：

$$\Delta g(\theta, \lambda) = \delta g(\theta, \lambda) + \beta \cdot u_z(\theta, \lambda) \tag{9.4}$$

式中，$\Delta g(\theta, \lambda)$ 为空间不动点处的重力变化，$\delta g(\theta, \lambda)$ 为 Wang 等（2006）模型计算的变形地表重力变化，重力变化以向下为正方向；$u_z(\theta, \lambda)$ 为模型计算的地表垂直形变，向上为正；β 为地表处垂直重力梯度的大小：$\beta = 2g(R)/R$，这里 R 为地球平均半径，$g(R)$ 为地表平均重力值，Wang 等（2006）模型的 PSGRN 程序中参数 R 和 $g(R)$ 分别为 6371km 和 9.82m/s^2，因此本章中采用值为 $\beta = 308.3\mu\text{Gal/m}$。

这里以 2010 智利 M_W 8.8 地震为例，说明由地表垂直形变引起的空间改正效应的影响。基于 Wang 等（2006）位错模型，计算中采用 5 层分布的半空间地球模型，各层参数来自地壳模型 CRUST2.0（Bassin et al.，2000），见表 9-1。地震断层滑动模型采用美国地质勘探局（USGS）发布结果（Hayes，2010），震中位置（35.9° S，72.7° W），震源深度 35km，断层破裂面长 540km，宽 200km，走向为 17.5°，倾角 18°，破裂面深度从 1.6km 至 63.4km。断层破裂面在地表的投影如图 9.1 中白色矩形所示。

Wang 等（2006）位错模型所计算的为发生形变地表上同震重力变化，经过地表垂直形变的空间改正后，为空间固定点的重力变化。计算所得地震引起的同震变化结果如图 9.1 所示（彩图见附录二维码），其中图 9.1（a）为地表（固体地球表面，在海域为海底）垂直形变，图 9.1（b）为发生变形的固体地表重力变化，图 9.1（c）为经过空间改正后恢复的空间不动点重力变化，图 9.1（d）为结果（c）经海水质量补充效应改正后的结果，海水改正效应将在下一小节中阐述。

表 9-1　智利 M_W 8.8 地震区域 5 层分布的半空间地球模型（各层参数来自 CRUST2.0）

深度 （km）	密度 （10^3kg/m^3）	P 波速度 （km/s）	S 波速度 （km/s）	黏滞度 （$\times10^{19}$ Pa·s）	物质类别
0~0.5	2.10	2.50	1.20	∞	弹性体
0.5~21	2.70	6.00	3.50	∞	弹性体
21~43	2.85	6.40	3.70	∞	弹性体
43~65	3.10	7.10	3.90	∞	弹性体
65~∞	3.45	8.00	4.60	1.0	麦克斯韦体

地震效应引起的地表重力变化（变形地表）包括两部分，一为地震导致质量迁移引起的重力变化，另一为由于地表形变引起的计算点位置变化而导致的重力变化。比较图 9.1（a）与（b），若忽略地表垂直形变与形变地表重力变化在物理量单位上的差异，仅考虑其空间分布，可发现两者的分布特征非常相似，而符号刚好相反；同时，形变地表重力变化与垂直形变的比值与地表处的垂直重力梯度（约为 −0.3086mGal/m）大致相当，这说明计算点位置变化引起的重力变化占据主导地位。经过空间改正恢复到空间不动点后（图 9.1（c）），重力变化的幅度有所降低，并且其空间分布完全不同，正负变化特征反过来了。

经过空间改正后，空间不动点的重力变化则完全由物质迁移效应所引起，与 GRACE 观测所反映的重力位场变化相一致。

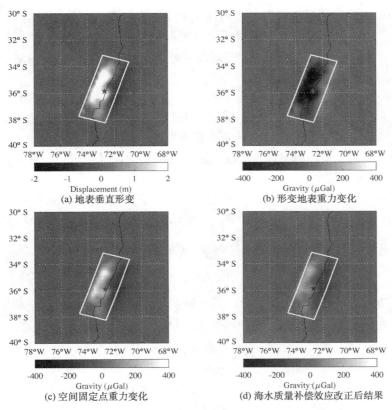

图 9.1　位错模型计算的 2010 智利 M_W 8.8 地震的同震变化

2. 海水质量补偿效应改正

对于发生在海域和陆地的地震，Wang 等（2006）位错模型的 PSGRN/PSCMP 程序计算参数是不同的。在计算海域地震的重力变化时，模型假定固体地球表面覆盖了一层厚度为 3km 的水层，水的密度为 $1.0 \times 10^3 kg/m^3$（PSGRN 程序中采用的参数，具体可参见该程序的说明文档）。因此，当地震引起固体地球表面发生垂直形变时，由于海水的补偿作用，海域地震与陆地地震引起的重力变化将出现不同的结果。然而，PSGRN/PSCMP 程序仅能一次统一设置地震区域为陆地或海洋区域。所以，对于发生于陆海边界的地震（例如 2010 智利地震），则不能通过设置程序参数的方法来解决问题。

我们采用统一设置为陆地参数然后在海域进行海水质量改正的方法来得到模型正演重力变化。海水改正与海底地表的垂直形变直接相关，可由布格层改正得到（Heki，Matsuo，2010），可表达为：

$$\Delta g_{cor}(\theta, \lambda) = \Delta g(\theta, \lambda) - 2\pi G\rho \cdot u_Z(\theta, \lambda) \qquad (9.5)$$

式中，$\Delta g_{cor}(\theta, \lambda)$ 为海水改正后的重力变化，$\Delta g(\theta, \lambda)$ 为未经海水改正的重力变化（空间

不动点)，G 为万有引力常数，ρ 为海水密度，$u_z(\theta, \lambda)$ 为海底的垂直形变(向上为正)。计算中采用 PSGRN 程序中给出的参数值：$G = 6.6732 \times 10^{-11} \mathrm{m}^3/(\mathrm{kg} \cdot \mathrm{s}^2)$，$\rho = 1.0 \times 10^3$ $\mathrm{kg/m}^3$。

海水效应改正对位错模型计算的重力变化影响不容忽视，其量级可达到几百个 μGal，从图 9.1（c）与图 9.1(d) 的比较可以显而易见。特别地，尤其是对于空间平滑(见下面小节描述)后的重力变化，对其幅度和空间变化均有较大影响(具体将在后文由图 9.2 实例结果说明)。

3. 空间平滑

GRACE 卫星在离地面一定高度处观测，因此仅对较大尺度的长波信号敏感，空间分辨率有限，约在 300km。而位错模型计算的重力变化为地面点附近处的值，高阶信息较为丰富。为了便于与 GRACE 观测进行比较，需要将模型计算结果进行空间平滑，以达到和 GRACE 一致的空间分辨率。

模型计算的重力变化空间平滑的基本思想为：将其展开为球谐系数，然后加以高斯平滑。球面上的任意函数 $f(\theta, \lambda)$，可以展开为球谐级数 (Heiskanen，Moritz，1967)：

$$f(\theta, \lambda) = \sum_{n=0}^{N} \sum_{m=0}^{n} (a_{nm}\cos m\lambda + b_{nm}\sin m\lambda) \cdot \overline{P}_{nm}(\cos\theta) \tag{9.6}$$

其中，a_{nm}、b_{nm} 为球谐系数，$\overline{P}_{nm}(\cos\theta)$ 为完全正规化缔合勒让德函数。

若给定了 $f(\theta, \lambda)$ 在球面上的分布，则可以基于球谐函数的正交性，利用球面积分方法确定其球谐系数 a_{nm} 和 b_{nm}(Heiskanen，Moritz，1967)：

$$\begin{cases} a_{nm} = \dfrac{1}{4\pi} \iint_{\sigma} f(\theta, \lambda) \cdot \cos m\lambda \cdot \overline{P}_{nm}(\cos\theta)\,\mathrm{d}\sigma \\ b_{nm} = \dfrac{1}{4\pi} \iint_{\sigma} f(\theta, \lambda) \cdot \sin m\lambda \cdot \overline{P}_{nm}(\cos\theta)\,\mathrm{d}\sigma \end{cases} \tag{9.7}$$

将上述球面积分进行格网离散化，则可以得到由位错模型计算的重力变化球谐展开后的各阶次球谐系数。

在实际计算中，由于利用平面半空间位错模型计算的为近场区域重力变化，并非全球分布，因此，可以将剩余的球面部分补齐为零值分布，从而进行球面积分。经实验检验，所得的系数在区域边界处会存在一定的误差，但在区域以内恢复的结果满足精度要求。在后文实例分析中，采用球面积分法求定展开系数，并将其截断至 60 阶，以与 GRACE 数据的空间分辨率相对应，随后进行 300km 的高斯平滑。

仍以 2010 智利 M_W 8.8 地震为实例，展示空间平滑对位错模型正演结果的效应。图 9.2 为 300km 高斯平滑后的模型正演结果与 GRACE 观测(数据来自 CSR 产品，RL05，地震前后两年的数据段)结果比较。相较于图 9.1 中的重力变化，图 9.2(彩图见附录二维码)平滑后的结果幅度明显降低，而且主要呈现较大尺度的空间模式。说明空间平滑压制了大部分短波信号，从而突出了中长波信号。图 9.2(a) 与图 9.2(b) 的对比显示，海水改正前后，陆海区域信号的强弱特征正好反过来了，经海水改正后，海域信号明显较弱。由图 9.2（c）和图 9.2(d) GRACE 观测结果的比对表明，经过海水改正后的模型结果与观测较为符合，证实了海水质量补偿效应改正的必要性。

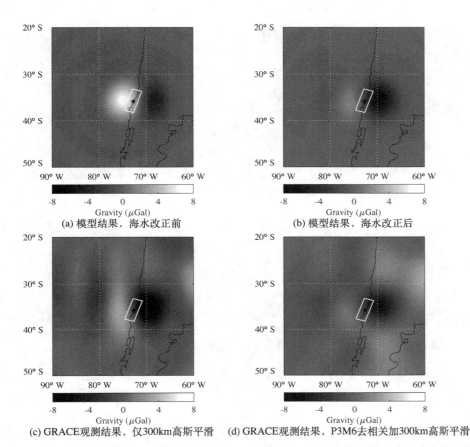

(a) 模型结果，海水改正前   (b) 模型结果，海水改正后

(c) GRACE观测结果，仅300km高斯平滑   (d) GRACE观测结果，P3M6去相关加300km高斯平滑

图 9.2 位错模型计算以及 GRACE 观测所得的 2010 智利 M_W 8.8 地震的同震重力变化比较（均为 300km 高斯平滑后结果）

9.3 同震重力变化的卫星时变重力检测

卫星时变重力数据反映了地球系统的物质重新分布，而表征质量变化目前常用的物理量有三个：大地水准面变化、等效水高变化以及重力变化。本节首先介绍这三个物理量的球谐表达，然后阐述从 GRACE 数据中提取同震变化信号的三种方法，进而给出一个基于 2004 年苏门答腊 M_W 9.3 地震的信号检测实例。

9.3.1 GRACE 反映质量变化信号的三个物理量

除了重力变化外，表达重力场的时变特征还可以采用大地水准面的变化 ΔN。每月大地水准面变化的全球分布可表示为（Wahr et al., 1998）:

$$\Delta N(\theta, \lambda) = a \sum_{l=2}^{N} \sum_{m=0}^{l} (\Delta C_{lm} \cos m\lambda + \Delta S_{lm} \sin m\lambda) \cdot \overline{P}_{lm}(\cos\theta) \tag{9.8}$$

式中，a 为球面半径（本章中采用的值为 6378136.3m），θ 和 λ 为余纬和经度，ΔC_{lm} 和 ΔS_{lm} 是月模型球谐系数相对于背景场（如几年内的平均场）系数的变化量，$\overline{P}_{lm}(\cos\theta)$ 为完全正规化缔合勒让德函数。

为了便于比较，仍将上文中的重力变化全球分布表达式列于此：

$$\Delta g(\theta,\ \lambda) = g_0(a)\sum_{l=2}^{N}(l+1)\sum_{m=0}^{l}(\Delta C_{lm}\cos m\lambda + \Delta S_{lm}\sin m\lambda)\cdot\overline{P}_{lm}(\cos\theta) \qquad (9.9)$$

其中，$g_0(a) = GM/a^2$，GM 为地心引力常数。

另外，为了更加直观地表示质量变化，同时也为方便研究全球水变化，Wahr 等（1998）假定地球系统的质量变化发生于地表的一个薄层，同时考虑质量变化引起的负荷效应影响，可将质量变化转换为等效水高的形式：

$$\Delta h(\theta,\ \lambda) = \frac{a\rho_{ave}}{3}\sum_{l=2}^{N}\frac{2l+1}{1+k_l}\sum_{m=0}^{l}(\Delta C_{lm}\cos m\lambda + \Delta S_{lm}\sin m\lambda)\cdot\overline{P}_{lm}(\cos\theta) \qquad (9.10)$$

式中，ρ_{ave} 为地球平均密度（5517kg/m³），k_l 为勒夫数（数值见 Wahr et al.，1998）。等效水高虽然可以较为直接地反映质量变化，但该质量变化并非地球质量迁移的真实量度，因为实际上地球质量的重新分布不是完全发生于地球表面，而是包含了地球内部的物质运动，因此等效水高实质上只是反映重力场的变化，而不是地球物质的真实迁移。

9.3.2　卫星重力观测中提取同震变化信号的一般方法

GRACE 观测中时变信号源于多种因素的共同作用，包括周期变化（如水文效应）、长期趋势变化（如冰川消融、冰后回弹、地下水流失）等。同时，观测还受误差影响，含有一些高频的扰动。为了利用 GRACE 数据研究同震变化，需要从其观测中削弱其他效应的影响，从而提取出同震变化信号。基于同震变化信号自身的时空变化特征，目前较为常用的提取方法有叠积法、时间序列拟合以及经验正交函数法。

1. 叠积相差法

叠积相差法是指利用地震前后各一定长度时间段内的平均场相差的方法来提取地震前后的重力场变化。由于 GRACE 观测中大多数情况下周期变化信号占主要部分，而周期变化又以周年和半年项为主，因此采用地震前后一年或几年平均相差的方法，才能有效地压制周期信号的干扰。同时，地震引起的重力场时变效应表现为地震发生时刻的突跳信号，而该变化在短期内（如几个月至几年）不会完全恢复，因此在研究时间段内相当于"永久"变化信号，采用数据叠积的方法可以有效加强该信号，同时削弱随机误差的影响。

Chen 等（2007b）在利用 GRACE 数据检测 2004 年苏门答腊 M_W 9.3 地震效应时，采用了 2 年数据叠积相差的方法。该方法有效地压制了地震区域周年项和半年项变化的影响，并减弱了观测中的条带误差效应，突出了地震前后的阶跃信号，成功地检测到了地震引起的同震重力变化。此外，周新等（2011）在研究 2010 智利地震时也用到了叠积方法。叠积法简单有效，而且易于实现，本节后面实例分析以及下一节地震实例检测中，也均采用该方法。

但是叠积法也存在缺陷。由于在某时间段内平均，从而会引入长期变化（如线性趋势项或年际变化项）的影响，同时也难以分离地震引起的同震和震后变化信号（Chen et al.，

2007b)。

2. 时间序列拟合法

时间序列拟合是基于一些先验信息对 GRACE 观测的时间序列进行最小二乘拟合，从而提取出同震变化信号。对于地震近场区域内某点的 GRACE 观测时间序列，假定其主要由常数项、趋势项、周年和半年项以及同震阶跃项组成，则该序列可以写为如下表达式：

$$f(t) = A_0 + A_{tr} \cdot t + A_{an}^c \cdot \cos\pi t + A_{an}^s \cdot \sin\pi t + A_{se}^c \cdot \cos2\pi t + A_{se}^s \cdot \sin2\pi t + A_{ju} \cdot H(t_{co}) + \varepsilon \tag{9.11}$$

式中，$f(t)$ 为时间序列（即 GRACE 观测），A_0 为常数项，A_{tr} 为线性趋势项；A_{an}^c 和 A_{an}^s 分别对应周年变化项的余弦和正弦分量（可反映周年变化的振幅和相位信息），A_{se}^c 和 A_{se}^s 则分别对应半年变化项的余弦和正弦分量；A_{ju} 为同震阶跃项，其中 $H(t_{co})$ 为分段阶跃函数，t_{co} 代表地震发生的时间：

$$H(t_{co}) = \begin{cases} 0, & t < t_{co} \\ 1, & t \geq t_{co} \end{cases} \tag{9.12}$$

此外，式（9.11）中 ε 为剩余残差项，包括其他效应以及观测误差的影响。

利用每个月的观测数据，基于式（9.11）组成观测方程，根据最小二乘平差求解出各项的系数，则可以分别提取出趋势项、周期项、地震变化项等。该方法的优势在于可分离同震以及震后变化，同时也可顺便提取出其他信号，例如 Heki 和 Matsuo（2010）就基于时间序列拟合方法提取出了 2010 智利地震的同震重力变化，同时在拟合中还扣除了陆地水变化的影响。Chen 等（2007b）利用时间序列检测到了 2004 苏门答腊地震的震后变化信号。但是，该方法的缺点在于拟合结果依赖于先验信息，如果拟合中采用的各项与实际情况相差较大，则所检测到的同震变化信号也不可靠，而且拟合结果还与采用的数据长度相关。

需要指出的是，在拟合中也可以采用更多周期项，但是并非越多越好：GRACE 观测数据长度有限，引入较长周期项则会同时削弱长期趋势项的贡献；GRACE 数据为每月采样间隔，引入短周期信号也没有实际意义。同时，线性趋势项也可以按照震前和震后分别的时间段来拟合，以提取震前异常以及震后回复信号。另外，对于震后变化，有时也采用指数变化来拟合其由于地幔黏滞响应所产生的松弛回复效应（参见 de Linage et al., 2009）。

3. 经验正交函数法

De Viron 等（2008）采用经验正交函数（Empirical Orthogonal Function, EOF）的方法从 GRACE 观测中提取地震引起的重力变化效应。EOF 方法的基本原理如下：

在某研究区域内的 GRACE 观测构成了一组时空变化信号，它在给定的某个月为随空间（地理位置）变化的函数，而在给定观测点则为随时间变化的函数。假定该信号由 N 组不同的子信号组成：

$$X_i(t_j) = \sum_{k=1}^{N} A_k(t_j) X_k(i) \tag{9.13}$$

式中，$A_k(t_j)$ 代表第 k 个子信号的时间变化部分，$X_k(i)$ 为第 k 个子信号的空间变化。

对于该区域的 GRACE 观测在研究时间段内的所有数据，将其构成矩阵 $\boldsymbol{A}$（代表总的时空变化信号），基于奇异值分解（Singular Value Decomposition，SVD）可以得到该信号的各成分时间变化及相应的空间分布特征：

$$A = ULV^{\mathrm{T}} \tag{9.14}$$

式中，U 为分解后的特征向量矩阵，其每一个特征向量代表一个空间分布信号，对角阵 L 的各元素表示该空间分布在整个信号中所占比例，而 V 矩阵中相应的向量则表示该特征分布的时间演化规律。按照特征值的大小将各特征向量进行排序，并忽略所占比例小的特征向量，取前几个主要向量，就可提取出信号的主要分量及其随时间变化特征。由前几个主要信号重构组成的信号，叫做原信号的主成分，因此 EOF 方法也叫做"主成分分析"（Principal Components Analysis，PCA）。

对地震区域的 GRACE 观测数据进行 EOF 重构，由于同震变化信号具有独特的空间分布和时间演化特征，将存在于分解后的一个或几个主成分之中，从主成分的空间分布及时间变化规律即可辨识出其与同震变化信号的直接联系；同时，为了压制周期变化的干扰，突出同震变化信号，有时也可采用拟合的方法先扣除周期项，再进行 EOF 分析（详见 de Viron et al.，2008）。

经验正交函数方法的优势在于可以直接分析时空变化信号，从中提取出具有各自空间分布和时间演化特征的主分量，无需知道对于特定信号的先验信息（例如地震的发生时间），可以直接从 GRACE 观测所得地表重力变化二维分布的时间序列中提取出同震变化信号。而上两小节所述的叠积法和时间序列拟合法，均需要地震发生时间的先验信息，拟合法则还需假定知道数据中所含其他信号的特征。Chao 和 Liau（2109）基于 EOF 重构方法分析了自 2004 年苏门答腊大地震以来的多个 M_{W} 8.5 以上大地震的 GRACE 检测，表明在不给定地震发生时间的前提下 EOF 方法基于 15 余年的 GRACE 数据可有效提取同震信息，并指出 EOF 对于苏门答腊以及日本大地震的震后信号也具有一定的灵敏度。

然而，经验正交函数方法的缺点在于，对于发生于数据时间段两端的事件引起的信号不敏感，难以分离出其特征信号。而目前 GRACE 检测地震效应的关键问题之一就在于：根据地震发生后的一个或几个月观测数据，尽快地检测到同震变化信号，以便为研究地震提供有用信息。因此，EOF 方法对于短期数据检测地震变化，则显得不足。若侧重于基于地震后较短时间的观测即可快速检测同震变化信号，则叠积平均和时间序列拟合的方法更为适用，而且两者的结合可以在检测同震变化信号的同时，分离震后变化信号。

除上述三种方法以外，还有其方法用以提取 GRACE 数据中的同震变化信号，例如：Panet 等（2007）基于小波多尺度分析的方法分离苏门答腊地震的同震与震后变化效应等，Han 和 Simons（2008）采用 Slepian 空间谱区域基本函数（Slepian spatiospectral localizing basic functions）分析方法研究了 2004 苏门答腊地震效应的 GRACE 检测，Wang 等（2012）利用 Slepian 方法研究了 GRACE 对 2010 智利地震断层模型的约束作用。Yang 等（2017）研究表明采用一种径向基函数的方法可以有效提高局域引力场反演的精度，该局部信号反演及提取方法有望应用于同震信号的提取。

9.3.3 卫星重力检测 2004 苏门答腊大地震效应实例分析

这里以 2004 年苏门答腊 M_W 9.3 地震为例，阐述利用 GRACE 月重力场模型数据，分别基于大地水准面变化、等效水高变化、重力变化来检测该地震引起的同震变化效应。采用得克萨斯大学空间研究中心（University of Texas Center for Space Research，UTCSR）发布的 Level-2 (RL04) GRACE 月重力场模型数据，数据段从 2003 年 1 月至 2006 年 12 月，共 47 个月，其中 2003 年 6 月数据由于 GRACE 卫星观测问题而缺失。GRACE 数据处理采用 P3M6 去相关性滤波和 300km 高斯平滑。

1. GRACE 观测中同震信号提取

将 GRACE 月重力场模型数据在苏门答腊 M_W 9.3 地震前后分别两年平均，其中震前数据包括 2003 年 1 月至 2004 年 11 月，震后数据为 2005 年 1 月至 2006 年 12 月，地震发生的当月（2004 年 12 月）数据排除在外。利用震后平均场与震前平均场之差来提取地震前后重力变化，由于两年叠积平均将压制周期变化的影响，因此可分离出同震变化信号。这里除给出等效水高变化之外，还给出了相应的水准面以及重力变化的结果，并与地震位错模型正演所得相应物理量变化效应进行比较验证。

图 9.3(a) 和图 9.3(c)（彩图见附录二维码）分别表示地震前后两年的平均水准面变化和等效水高变化的全球分布（0.5° × 0.5° 格网），图 9.3(b) 和图 9.3(d) 为相应的近场分布，近场区域范围为（−10~20°N，80~110°S）。考察 2004 苏门答腊地震区域，可明显看到"正-负"变化特征，在水准面变化分布图上空间尺度相对较大且变化幅度较小，而在等效水高变化图上则较为清晰可辨。该"正-负"变化分布在近场分布图上显示得更明显，其中大地水准面变化幅度为 −4.4~+0.6mm，等效水高变化为 −29.5~+14.9cm，正负变化分布于地震断层破裂两边，反映了断层错动引起的抬升与沉降以及地壳地幔密度变化所导致的物质重新分布特征。

尽管水准面变化和等效水高变化均由重力场模型球谐系数得到，其中包含了相同的质量变化信息，但是水准面变化主要反映了较大尺度的重力变化，而等效水高则对较小尺度的信号更为敏感，这与等效水高球谐级数式（9.10）中的 $(2l+1)/(1+k_l)$ 项对较高阶系数的放大作用相关。同时，还可以发现等效水高的全球变化分布（图 9.3(c)）相比于水准面变化全球分布（图 9.3(a)），南北条带误差较严重，尤其是在低纬度地区更为明显。这说明 $(2l+1)/(1+k_l)$ 项在放大高阶信号（对应于小空间尺度）的同时，也放大了高阶系数所含的误差。

图 9.4（彩图见附录二维码）则显示了地震前后两年的重力变化分别在全球和近场的分布。苏门答腊地震附近区域重力变化为 −12.0~+6.1μGal。

2. 位错模型正演验证

采用位错模型正演计算 2004 苏门答腊地震的同震重力场变化。计算程序 PSGRN/PSCMP 来自 Wang 等（2006），该位错模型程序基于半空间分层的不完全解析方法以及正交化技术来精确计算分层效应的影响。模型正演中断层滑动模型采用 Hoechner 等（2008）基于 GPS 位移观测反演所得结果，模型共 12 × 36 = 432 个子断层，其深度在 5 至 53km。采用的平面半空间地球模型共分为 4 层（来源于 CRUST 2.0 模型），参数见表 9-2。

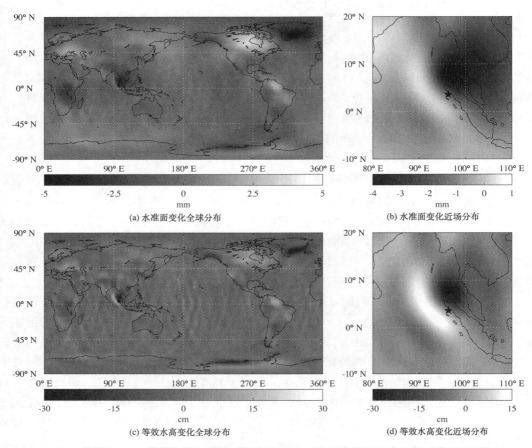

图 9.3　GRACE 检测的 2004 苏门答腊地震前后两年平均的水准面和等效水高变化示意图(图修改自 Li &
Shen 2011；图中黑色五角星表示震中位置)

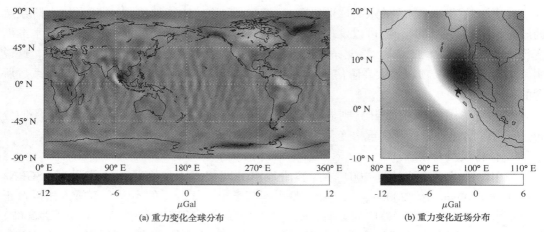

图 9.4　GRACE 检测的 2004 苏门答腊地震前后两年平均的重力和重力梯度垂向分量变化示意图(根据 Li
& Shen 2011 重新绘制)

表 9-2   **苏门答腊 M_W 9.3 地震 4 层分布的半空间地球模型**

深度 （km）	密度 （×10^3 kg/m³）	P 波速度	S 波速度 （km/s¹）	黏滞度 （×10^{19} Pa·s）	物质类别
0~16	2.60	6.00	3.46	∞	弹性体
16~30	2.80	6.70	3.87	∞	弹性体
30~60	3.40	8.00	4.62	∞	弹性体
60~∞	3.40	8.00	4.62	1.0	麦克斯韦体

    表 9-2 中最下面的半空间层（上地幔）的黏滞度，主要与震后变化相关，而对于同震变化则影响较小，由于本节仅采用该模型计算同震重力变化，因此黏滞度参数对计算结果没有影响。

    利用位错模型计算了地震的近场 30°×30° 区域的同震水准面变化、重力变化，如图 9.5 所示（采用 0.1°×0.1° 格网）。为了与 GRACE 观测结果比较，模型正演中的计算点均为空间固定点。

    图 9.5（彩图见附录二维码）的位错模型正演所得物理量变化中，图 9.5(a) 为水准面变化，幅度为 −14.4~+15.5mm；图 9.5(b) 为重力变化，幅度为 −304.0~+447.8μGal。与前一节中的 GRACE 观测结果相比，模型计算结果无论是在变化幅度还是空间分布上，均与 GRACE 观测相差很大，这是由 GRACE 空间分辨率较低所致。将模型计算结果展开为球谐系数，截断至 60 阶，并采用 300km 高斯平滑，平滑后的结果如图 9.6 所示（彩图见附录二维码）。

    图 9.6 显示，模型正演结果经过 300km 空间平滑后，变化幅度有了较大下降，其中重力变化量下降了约两个数量级，水准面变化由于本身侧重于较大尺度信号，因而幅度受平滑影响相对要小；而在空间分布上，平滑后主要体现较大空间尺度的特征。与 GRACE 观测结果相比，平滑后的模型正演同震变化在量级以及空间分布上均较为符合，在水准面和重力变化分布上呈现"正-负"变化。模型计算结果经平滑后，变化幅度分别为：水准面 −3.9~+0.9mm，重力 −14.6~+6.7μGal。在具体的变化幅度上，模型计算结果与 GRACE 观测存在一些差异。同时，在空间分布上，模型计算与 GRACE 观测也不完全一致，例如重力变化分布就在东西向拉伸得稍长一些，而在地震震中以南区域，GRACE 观测结果延伸较远，而模型计算结果则相对不明显。产生这些差异的原因可能与 GRACE 观测误差的影响、模型的不确定度以及数据滤波的影响等因素相关。但从总体上看，模型正演结果，无论是水准面还是重力变化，均与 GRACE 观测结果较为一致，说明 GRACE 数据提取到的地震区域重力场变化效应，是由地震引起的，基于 GRACE 时变重力检测到的效应为同震变化信号。

    在 300km 的空间分辨率下，采用地震前后两年 GRACE 月重力场模型平均叠积的方法提取到的地震前后水准面、等效水高以及重力的正负变化分别为：−4.4~+0.6mm，−29.5~+14.9cm 和 −12.0~+6.1μGal，该结果在一定程度上可以反映地震效应引起的这三个物理量变化的对应关系。利用位错模型正演所得同震变化与 GRACE 观测结果无论在空间分布还是变化幅度上均较为一致，说明 GRACE 检测到的地震前后重力场变化信号主要由同震效应引起，证实了 GRACE 观测检测大地震的能力。

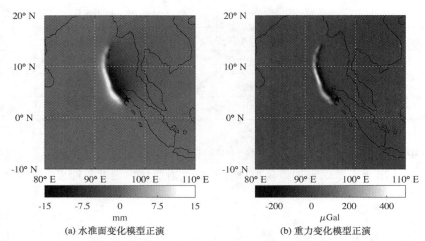

(a) 水准面变化模型正演　　　　　　　　　　　(b) 重力变化模型正演

图 9.5　位错模型正演计算的苏门答腊地震近场同震水准面、重力及水平重力梯度变化示意图（图修改自 Li & Shen，2011；图中黑色五角星表示震中位置。）

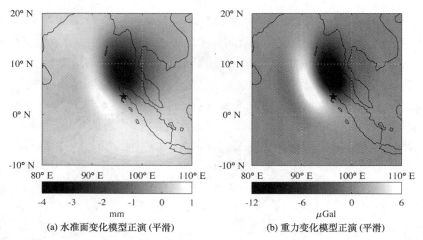

(a) 水准面变化模型正演（平滑）　　　　　　　(b) 重力变化模型正演（平滑）

图 9.6　模型计算的苏门答腊地震近场同震变化（图 9.5）经过 300km 高斯平滑的结果示意图（图修改自 Li & Shen，2011）

　　实例分析中得到的 GRACE 数据结果与位错模型正演的同震变化虽然大致上比较符合，但在细节上存在一定差异。如利用两年叠积平均法得到的地震前后 GRACE 重力变化为 −12.0～+6.1μGal，而模型计算值为 −14.6～+6.7μGal；同时，水平重力梯度变化分量的 GRACE 观测以及模型计算结果在幅度上也存在差异。引起观测与模型结果差异的原因主要包括以下方面：两年叠积平均会引入震后效应的影响，将震后变化也视为同震信号（Chen et al.，2007b；de Linage et al.，2009）；地震区域附近的水文变化的影响，以及空间平滑所导致的信号泄漏效应（Wahr et al.，1998）；位错模型自身存在误差，同时 2005 年 3

月 28 日发生的尼阿斯（Nias）M_W 8.7 地震（震中位于 2004 苏门答腊 M_W 9.3 地震震中以南）也对结果产生影响，尼阿斯地震效应由于叠积方法而包括于 GRACE 观测结果中，从而在一定程度上影响同震信号提取。

除了上述影响因素以外，另一个重要原因在于本节所采用的 GRACE 去相关性滤波本身对同震变化信号的影响：去相关性滤波会使得同震变化信号在变化幅度以及空间分布上均发生变形，因而导致从 GRACE 数据中提取的同震变化与模型正演结果存在较大差异。而采用北向重力梯度而不进行去相关性滤波的方法则可有效解决该问题，避免同震变化信号由于滤波而失真，同时又能压制南北条带误差，从而更有效地提取有用信号。

9.4 同震变化效应检测的梯度方法

在 2004 苏门答腊地震效应 GRACE 检测实例分析中，处理 GRACE 数据时采用了先去相关性滤波再加以空间平滑的方法，以压制南北条带误差从而在 GRACE 数据中提取同震变化信号。然而，去相关性滤波在滤除误差的同时，也会对真实信号产生影响，使其失真。实际上，俯冲型地震引起的水平重力梯度分量同震变化将显示出"正-负-正"的分布特征，并且北向重力梯度对于 GRACE 的南北条带误差具有较强的压制作用，可用于更有效地提取同震变化信号。

前人研究（如 Han et al., 2010, 2011）表明，利用 GRACE 的卫星间距离以及加速度计观测等 Level-1B 数据，可以从大空间尺度重力变化的角度来约束地震断层滑动模型。为了利用 GRACE 的 Level-2 月重力场模型系数来约束断层滑动模型，则需要有效的数据处理方法在压制条带误差的同时尽可能保留地震的真实信号。本节简要介绍同震变化效应检测的梯度方法，主要侧重于北向梯度分量方法的基本原理和数据处理方法。

9.4.1 梯度法检测同震变化效应的理论模型

1. 卫星时变重力梯度的三个分量

在球面上的任意一点处，建立局部直角坐标系（也即站心坐标系），其中 X 轴指向北，Y 轴指向东，Z 轴向下指向球心。那么，基于重力变化的球谐展开式 (9.9)，相应的重力梯度变化在三个坐标轴向的分量可分别由该式对余纬 θ、经度 λ 以及向径 r 求导得到（Li, Shen, 2011）：

$$\Delta g_X(\theta, \lambda) = \frac{GM}{a^3} \sum_{l=2}^{N} (l+1) \sum_{m=0}^{l} (\Delta C_{lm} \cos m\lambda + \Delta S_{lm} \sin m\lambda) \cdot \frac{d[\overline{P}_{lm}(\cos\theta)]}{d\theta} \quad (9.15)$$

$$\Delta g_Y(\theta, \lambda) = \frac{GM}{a^3} \sum_{l=2}^{N} (l+1) \sum_{m=0}^{l} m(-\Delta C_{lm} \sin m\lambda + \Delta S_{lm} \cos m\lambda) \cdot \frac{\overline{P}_{lm}(\cos\theta)}{\sin\theta} \quad (9.16)$$

$$\Delta g_Z(\theta, \lambda) = \frac{GM}{a^3} \sum_{l=2}^{N} (l+2)(l+1) \sum_{m=0}^{l} (\Delta C_{lm} \cos m\lambda + \Delta S_{lm} \sin m\lambda) \cdot \overline{P}_{lm}(\cos\theta) \quad (9.17)$$

其中，缔合勒让德函数 $\overline{P}_{lm}(\cos\theta)$ 对余纬 θ 的一阶导数可以由递推方法严格求得（Holmes, Featherstone, 2002）。

2. 位错模型正演确定水平梯度分量的差分方法

由于 Wang 等（2006）位错模型程序可以计算地面上不同位置处的重力变化，因此可采用地面上邻近点重力值差分的方法来得到水平重力梯度变化的模型正演结果。差分法计算重力梯度变化的北向和东向分量表达式为：

$$\begin{cases} \Delta g_X^{\text{Model}}(\theta, \lambda) = \dfrac{\Delta g(\theta, \lambda) - \Delta g(\theta + \delta\theta, \lambda)}{R \cdot \delta\theta} \\[3mm] \Delta g_Y^{\text{Model}}(\theta, \lambda) = \dfrac{\Delta g(\theta, \lambda + \delta\lambda) - \Delta g(\theta, \lambda)}{R\sin\theta \cdot \delta\lambda} \end{cases} \tag{9.18}$$

其中，R 为地球平均半径，$\delta\theta$ 和 $\delta\lambda$ 为地面上余纬和经度小量，一般建议取值为 0.00001°，换算为距离则在赤道附近区域约为 1.1m。经实验检验，选取差分距离为 11m 时的结果与 1.1m 的结果非常接近，说明采用 1.1m 距离的差分得到水平重力梯度变化结果已经具有较高的精确度。

计算地震引起的重力梯度变化的严密方法在于改进位错模型程序，从理论表达式上直接计算重力梯度。但位错模型程序本身较为复杂，而且本文侧重点不在于研究位错理论本身，而在于 GRACE 检测，位错模型正演只是用于验证 GRACE 观测结果，同时基于实际计算验证表明，差分法所得重力梯度已具有较高的精度，因此在本章对理论上严格计算位错重力梯度变化的问题不做探讨。

注意这里主要关注水平方向重力梯度对 GRACE 观测中同震变化信号提取的独特作用，因此位错模型计算也以重力梯度变化的水平分量为主，而对于垂直分量（即径向梯度），由于在位错模型程序中改变计算点位置的径向坐标比较困难，同时径向梯度变化还涉及空间改正和层间改正的问题，则需考虑更复杂的因素。

对于模型计算的水平重力梯度的空间平滑，也可以采用球面积分计算球谐展开系数的方法。对于重力梯度的三个方向分量，可以采用如下的方法将其进行球谐展开和平滑：

由于任意球面函数 $f(\theta, \lambda)$ 在球面上均可展开为球谐级数（Heiskanen，Moritz，1967）：

$$f(\theta, \lambda) = \sum_{l=0}^{N} \sum_{m=0}^{l} (\Delta C'_{lm}\cos m\lambda + \Delta S'_{lm}\sin m\lambda) \cdot \overline{P}_{lm}(\cos\theta) \tag{9.19}$$

因此，若将重力梯度的北向或东向分量全球分布认为是上述球面函数，将其按式（9.19）球谐展开，则可得到新的球谐系数 $\Delta C'_{lm}$ 和 $\Delta S'_{lm}$，但应注意该系数与式（9.9）中引力位场球谐系数不同，这里反映的是重力梯度的变化信息。将模型正演（基于差分法）所得重力梯度分布展开为新的球谐系数 $\Delta C'_{lm}$ 和 $\Delta S'_{lm}$，即可将位错模型计算的重力梯度展开为球谐系数从而进行空间平滑。

模拟实验研究表明（Li，Shen，2011），利用 GRACE 数据提取同震重力变化信息时，采用去相关性滤波将会显著影响同震变化信号的变化幅度以及空间分布。北向重力梯度对于南北条带误差具有明显的压制作用，因此采用北向重力梯度，进行空间平滑而不加以去相关性滤波处理，可更有效地从 GRACE 观测中提取地震变化信息。因此，北向重力梯度方法提供了从 GRACE 数据中更为完全地提取同震变化信号的一种手段，可用于 GRACE 卫星时变重力从大空间尺度的角度对地震断层滑动模型进行约束（Dai et al.，2014；Rahimi et al.，2019）。

9.5 同震重力变化的卫星时变重力研究进展

随着 GRACE 观测数据的逐渐积累，以及 GRACE 月模型场解算方法的不断改进，GRACE 时变重力场中所含的细节信号也越来越丰富，而且国际上的地球物理模型（例如全球陆地水以及海底压强模型等）也越来越精确，同时地震位错理论和位错模型也在逐步向真实地球逼近。此外，卫星重力检测技术也在不断发展，将来新一代的卫星时变重力观测精度也有望进一步提高，从而可以更精细地检测和分析同震变化信号。因此，研究卫星时变重力数据的误差处理以及信号分离，以更有效地从卫星重力测量数据中提取同震重力变化信息，可为断层模型以及地层黏滞参数提供约束条件，具有重要的科学意义。

9.5.1 卫星重力研究同震变化效应的优越性

由于 GRACE 卫星重力的全球覆盖观测以及不受地面条件限制的优势，其在研究同震（乃至震后）变化效应方面具有独特的作用。除此之外，卫星重力具有对于整体的质量迁移敏感的特点，也即可检测大地震引起的地壳及地球深部形变引起的质量变化信号。本节从两方面阐述卫星重力研究大地震同震变化效应的新近研究成果，主要包括检测同震变化信号以及约束和反演地震模型。

1. 检测同震变化信号

Sun 和 Okubo（2004）根据理论模型得到的研究结果表明：拉张型地震在矩震级 M_W 7.5 以上以及剪切型地震在矩震级 M_W 9.0 以上所引起的同震重力变化信号可以被 GRACE 卫星重力检测到。由于绝大多数大地震均包含拉张和剪切分量，可被 GRACE 检测的矩震级应在 M_W 7.5 和 M_W 9.0 之间。随后发生的 2004 Sumatra-Andaman 地震证实了这一结论。Han 等（2006）首次报道了 GRACE 对 2004 Sumatra-Andaman 地震同震重力变化效应的检测。除了利用 6 个月的 GRACE Level-1B 数据成功检测到该地震的重力信号，他们还发现该地震引起了深度直到下地壳和上地面边界处的地壳膨胀效应。这一发现有力地证实了 GRACE 卫星重力对于研究大地震形变的独特作用。

基于 GRACE Level-2 数据，Chen 等（2007b）利用改进的滤波技术成功提取到了 2004 Sumatra-Andaman 大地震质量变化效应引起的重力变化信号。之后，其他系列研究也报道了该大地震的 GRACE 检测结果（例如，de Linage et al.，2009；Broerse et al.，2011）。除了报道从 GRACE 检测出地震信号，这些研究也侧重于 2004 年苏门答腊大地震重力变化效应不同的相关问题方面。例如，de Linage 等（2009）着重分析了同震和震后重力变化的分离问题。Broerse 等（2011）讨论了同震引力的变化对海洋的贡献。Heki 和 Matsuo（2010）及 Han 等（2010）分别基于 GRACE 的 Level-2 月模型数据和 Level-1B 的星间距数据对 2010 年智利地震的同震重力变化效应进行了检测，得到了较为一致的"正-负"重力变化分布。随着 2011 日本大地震的发生，系列研究对其同震变化信号进行了卫星重力检测（e.g.，Matsuo and Heki，2011；Han et al.，2011；Zhou et al.，2012）。后续几年发生的震级相对较小的地震，由于 GRACE 数据质量的提升，其同震信号也被成功检测到，例如：2012 印度洋 M_W 8.6 地震（Han et al.，2015）、2013 鄂霍次克海（Okhotsk）M_W 8.3 地震

（Tanaka et al.，2015；Xu et al.，2017）。这表明卫星时变重力检测和分析大地震变化效应在卫星重力应用以及地震大地测量领域是一个被持续关注的热点问题。

2. 约束及反演断层滑动模型

随着 GRACE 数据质量（例如，发布了更新版本的 GRACE 月模型）及数据处理技术的改进，有不少学者不仅检测了地震的影响，还约束和反演相应的地震滑动模型。Han 等（2010）通过基于对不同参数模型预测结果的试验分析，讨论了采用 GRACE 数据约束 2010 智利地震断层滑动模型的可能性。Han 等（2011）从 2011 年的日本大地震实例分析中发现，GRACE 重力观测变化对断层面倾角及地震矩（或断层滑动量）等部分震源参数较为敏感，而对其他参数相对不敏感，这与 GRACE 观测的有限空间分辨率相关。Cambiotti 等（2011）通过对 2004 年苏门答腊大地震进行形心矩张量（CMT）分析，基于 GRACE 观测约束的反演结果发现地震矩释放的发生主要位于下地壳，而不是岩石圈地幔，同时还证实了 GRACE 时变重力检测到的地震变化信号对震源的深度和倾角敏感。Han 等（2013）通过长达十年的 GRACE 时变重力场观测资料，反演了 GRACE 任务实施期间内的几次大地震的震源参数。Dai 等（2016）则基于相对更灵敏的梯度方法检测同震信号并约束震源参数，并逐个给出了 GRACE 任务期间 $M_\mathrm{W}>8.5$ 地震的实例检验。Zheng 等（2017）针对震级相对较小的 2007 明古鲁（Bengkulu）M_W 8.5 地震，联合 GPS 及 GRACE 观测进行了同震滑动模型反演，表明 GRACE 在海域对同震滑动量的有力约束作用。Cambiotti（2020）则基于更长时段的 GRACE 数据分析了卫星时变重力观测同时反演 2011 日本大地震的同震滑动和震后黏弹松弛模型的可行性。此外，Qu 等（2020）联合 GRACE 和 GRACE Follow-On 观测数据研究了 2010 智利大地震的同震和震后变化信号分离的可行性，指出基于更长时段的观测有助于较微弱的同震/震后信号的可靠提取和分离。Tang 等（2020）在 GRACE 整个观测时段重力变化序列分析的基础上评估了特大地震效应对全球海面变化速率估计的影响，并基于信号拟合分离结果指出 GRACE 任务期间 M_W 8.8 级以上地震对全球海面变化速率的影响不容忽视。上述系列研究均证实 GRACE 对于约束和反演大地震断层滑动模型的重要作用，尤其对发生于海域或陆海边界区域的地震，可提供有效的观测约束，随着观测时段的逐步加长，卫星重力观测分离各种信号的能力增强，其对于大地震形变分析的贡献将越来越显著。

9.5.2　卫星重力研究同震变化效应的局限性及发展趋势

如前所述，GRACE 提供了一个从空间观测地球系统质量迁移的独特手段。通过恰当的数据处理方法和技术（例如空间滤波及信号提取），GRACE 时变重力可以应用于研究大地震的同震和震后重力变化效应。由于其具有连续观测和空间覆盖率广的优势，以及不受限于地面观测条件，GRACE 观测可以为地震大地测量提供有效的补充。除了对于发生于海域或陆海边界的大地震所引起重力变化信号的检测具有独特的优势，GRACE 还具有对整体物质重新分布敏感的特点，也即可用于监测地壳内部的物质迁移。GRACE 观测曾用于检测和约束 2004 年苏门答腊大地震引起的同震地壳膨胀效应（Han et al.，2006）。GRACE 任务的十多年期间发生的几个大地震重力变化信号被成功检测的案例已充分证实了 GRACE 时变重力在地震学应用研究方面的巨大潜力。

　　然而，GRACE 时变重力测量有其自身的局限性。首先，有限的空间分辨率是其应用的一个重大挑战。因为 GRACE 两颗卫星在离地面 400 至 500 千米观测，而且两颗卫星之间的距离 220 千米，GRACE 空间重力测量对较小空间尺度的重力变化信号不敏感。从 GRACE 数据所提取的地震变化信号仅包含长波部分的信息(也即对应于约 350km 半径空间分辨率的信号，若采用球谐阶数截断至 60 的月重力场时变数据)。另外，有限的时间分辨率(通常情况下为每月一个全球重力场模型)以及较明显的观测噪声也使得在地震发生之后采用很短时间段的 GRACE 观测数据检测到地震变化信号难以实现 (Chen et al.，2022)。为了更好地获取地震信号，需要采用较长的 GRACE 数据段(包括震前和震后数据)。但是，这将不可避免地导致同震和震后效应之间的相互干扰。除此之外，尽管 GRACE 重力观测具有对垂直方向整体物质迁移敏感的特点，但这同时也带来信号各部分贡献分离的困难，要实现地表及内部质量变化贡献的分离，须借助于 GRACE 观测以外的其他资料约束。GRACE 观测到的质量变化信号来源较为综合和复杂，除了地震引起的重力场变化信号，还包含其他诸如陆地水储量变化、冰川均衡调整（GIA）等非地震变化信号的影响，目前的陆地水变化和 GIA 的观测/模型精度较低，给 GRACE 观测中信号的可靠分离带来了困难。

　　虽然 GRACE 数据处理研究人员们设计了很多去相关性滤波方法来消除或压制其条带误差，但任何去相关性滤波器在压制误差的同时也均难以避免地会对有用信号产生影响。特别地，由于同震重力变化信号通常具有类似于 GRACE 条带误差的"正负条带"空间分布模式，去相关性滤波将显著地导致同震信号失真，而且这很可能在不可忽略的程度之内。因此，如何在压制 GRACE 观测噪声的同时尽可能保持我们感兴趣的地震变化信号，仍然是 GRACE 的地震学应用领域一个很大的挑战。在根据 GRACE 观测数据提取地震变化信号(尤其是同震信号)时，若采用去相关性滤波压制条带误差，则在数据处理及信号提取过程中需格外谨慎。而目前在使用 GRACE 数据时大多数研究人员通常经验性地采用去相关性滤波和空间平滑相结合的方式来削弱条带误差和高频噪声，这会导致明显的信号衰减和泄漏，不利于有用信号的可靠提取。现在一般采用尺度因子和迭代恢复的数据处理方式来削弱这些效应的影响，但是其恢复的准确性尤其是质量变化空间分布特征的准确性较低，因此在地震变化信号的提取时需要特别注意数据处理方法对信号本身的"人为影响"。

　　由于 GRACE 在其空间及时间分辨率上的局限性，以及其观测具有较大的不确定度，同时存在包含各种效应混合以至难以有效分离的难点，这些挑战使得 GRACE 观测难以如同 GPS 地表形变测量一样可以用来独立地反演地震断层滑动模型。此外，GRACE 的地震应用研究领域存在的另一个问题在于：GRACE 观测和模型正演预测之间仍存在较大差异。尽管目前绝大多数相关研究者均采用模型预测和观测结果之间在信号幅度数量级以及正负空间分布模式的符合程度来验证从 GRACE 数据所提取信号与地震效应的相关性，实际上模型结果与观测信号在确切幅度以及严格的空间分布特征方面还是难以较好吻合，存在较为明显的差异。导致该差异的主要原因可能有以下方面：①GRACE 观测噪声的影响；②正演预测模型存在较大不确定度；③GRACE 数据滤波对信号的干扰；④GRACE 观测中各种信号贡献的有效分离存在较大的不确定性。因此，GRACE 时变重力的地震学应用研究领域仍存在较大的发展空间，包括(但不限于)数据滤波处理、信号的提取和有效分离、误差评估以及模型和观测所存在的差异的物理解释等方面。

　　另一个关于 GRACE 的地震学应用研究的重要问题在于：GRACE 卫星时变重力测量究竟可以检测到多大的地震？为了研究这一问题，de Viron 等（2008）根据模拟实验分析得到了 GRACE 在现有观测精度条件下对于不同震级水平的大地震（在矩震级 M_W 8.0 以上的地震）在不同情况下的可检测概率。Han 等（2013）研究发现，对 GRACE 数据采用较为精细的区域信号提取技术，可以检测到 2012 年 4 月的 M_W 8.6 印度洋走滑型地震引起的同震变化信号，乃至 2007 年 9 月的 M_W 8.5 印尼 Bengkulu 岛地震。2013 年 Okhotsk M_W 8.3 地震的同震变化效应，目前也被 GRACE 检测到（Tanaka et al.，2015；Xu et al.，2017）。Xu 等（2021）从 GRACE 以及 GRACE Follow-On 月模型系数误差评估的角度分析了 M_W 8.0 及以上地震引起的重力场变化信号被检测的可能性，指出发生在特定区域的特定类型 M_W 8.0 地震的同震变化信号水平位于目前卫星重力检测能力范围之内。但需指出，地震引起的重力变化信号的强度与地震的震级并不直接（或正比例）相关，这是由于地震震源机制存在较大的复杂性。因此，从严格意义上说只能采用地震引起的重力变化信号的幅度及其空间范围（而不是该地震的震级）来衡量其可被 GRACE 观测（或其它卫星重力测量任务）检测的可能性。Cambiotti 等（2020）基于大量地震模型正演模拟分析以及未来卫星重力测量计划的发展趋势，综合评估了不同类型、不同区域以及不同震级地震的重力场变化信号在不同发震参数情况下，被新一代重力卫星检测的可行性。随着现今卫星重力观测数据质量的不断提高（例如，数据产品版本的逐步更新）、数据处理技术的改进（新的滤波和信号提取及恢复方法的涌现）以及未来新一代重力卫星技术水平的发展，更小的地震引起的重力变化效应被卫星重力成功检测到也将逐步成为可能。

　　卫星重力可否监测到特大地震的震前变化效应也是一个值得关注的问题，并且对于防震减灾具有十分重要的实际意义。Panet 等（2018）首次报到 GRACE 卫星时变重力检测到了 2011 日本大地震震前数月至半年时间内的几百千米以上空间尺度（上至千千米级）重力异常变化信号，在卫星重力的地震应用领域引起了较大反响。但同时由于其提取到的信号较为微弱，其检测结果的可靠性也引起了较大争议，Wang 和 Burgmann（2019）随后基于同样的方法在地震区域以外的全球其他地区也提取到了幅度及空间分布模式相似的重力异常信号，并指出 Panet 等（2018）的震前信号检测结果可能受到观测噪声和其他效应的显著影响。Bedford 等（2020）基于高精度 GNSS 地表形变观测指出 2011 日本大地震存在千公里空间尺度、数月时间尺度的地表及内部形变效应，进一步表明大地震前几个月之内地壳及地球深部的异常活动可导致大空间尺度的重力场变化效应。作为对 Wang 和 Burgmann（2019）所提质疑的回应，Panet 等（2022）进一步研究了 2011 日本大地震震前重力场变化信号提取的可靠性，并基于显著性检验的方法论证了采用不同机构所发布 GRACE 数据检测其震前变化信号的可行性；同时，Panet 科研团队在另外一项研究 Bouih 等（2022）中论述了 GRACE 卫星重力检测 2010 智利大地震震前重力场变化信号的可行性。尽管目前大地震震前变化信号的检测研究正在逐步深入，但 2011 日本大地震、2010 智利大地震以及 GRACE 观测期间其他大地震的震前信号探测，仍有待第三方或更多研究团队的验证。因此，大地震可能存在的震前重力异常变化效应可否被卫星重力测量捕获，仍是有待深入研究的论题；并且随着今后空间观测技术以及信号分析方法的改进，从卫星重力测量的角度有可能促进地震前兆研究得到一定的突破。

另一方面，美国喷气推进实验室（JPL）、戈达德航天飞行中心（GSFC）以及得克萨斯大学空间研究中心（CSR）近年来推出了 GRACE Mascon 解，直接给出地表质量变化的格网数据，在很大程度上削弱了 GRACE 条带误差，并且不需要加以额外的去噪滤波，其信号强度和空间分辨率较原来的球谐系数解有较明显提高，Zhang 等（2020）发现利用GRACE mascon 解所提取到的地震重力变化信号幅度可达到球谐系数解的两倍。此外，Chen 等（2020）利用正则化方法将 GRACE 滤波的空间约束转换到频谱域，这种方法在一定程度上提高了 GRACE 数据空间分辨率和信号强度，可以使得时变重力场模型球谐系数解的有效信号阶次进一步提高，有助于检测到更小空间尺度质量迁移引起的重力变化乃至更小震级地震产生的重力变化信号。因此，采用卫星时变重力场新型的数据解来更细致研究地震变化效应，也是未来值得深入探索的一个方向。

此外，GRACE 和 GOCE 卫星重力测量相结合也为进一步的空间重力测量地震变化研究提供了良好的机会（例如，Fuchs et al.，2013；Xu et al.，2019）。随着 GRACE 卫星重力计划的结束，其后续任务 GRACE Follow-On 于 2018 年 5 月发射（目前正在运行）正在获取更长时段的时变重力场观测数据，以及未来新一代卫星重力测量计划（例如 GRACE II）将有望达到更高的精度以及空间和时间分辨率，在联合多种卫星重力观测技术的基础上，人类有望在卫星重力测量的地震学应用研究领域取得更大进展。

◎ 本章参考文献

［1］Alexander P M, Tedesco M, Schlegel N-J, et al. Greenland Ice Sheet seasonal and spatial mass variability from model simulations and GRACE（2003-2012）［J］. The Cryosphere, 2016, 10：1259-1277, doi：10. 5194/tc-10-1259-2016.

［2］Allison I, Alley R B, Fricker H A, et al. Ice sheet mass balance and sea level［J］. Antarct. Sci., 2009, 21：413-426.

［3］Bassin C, Laske G, Masters G. The current limits of resolution for surface wave tomography in North America［J］. EOS Trans AGU, 2000, 81, F897.

［4］Bedford J R, Moreno M, Deng Z, et al. Months-long thousand-kilometre-scale wobbling before great subduction earthquakes［J］. Nature, 2020, 580, 7805：628-635, doi：10. 1038/s41586-020-2212-1.

［5］Bettadpur S. Level-2 Gravity Field Product User Handbook, GRACE 327-734（CSR-GR-03-01）［J］. Gravity Recovery and Climate Experiment, Rev 3. 0, May 29, 2012.

［6］Bouih M, Panet I, Remy D, et al. Deep mass redistribution prior to the 2010 M_W 8. 8 Maule（Chile）Earthquake revealed by GRACE satellite gravity［J］. Earth Planet. Sci. Lett., 2022, 584：117465, doi：10. 1016/j. epsl. 2022. 117465.

［7］Cambiotti G, Bordoni A, Sabadini R, et al. GRACE gravity data help constraining seismic models of the 2004 Sumatran earthquake［J］. J. Geophys. Res., 2011, 116：B10403, doi：10. 1007/s11589-012-0849-z.

[8] Cambiotti G. Joint estimate of the coseismic 2011 Tohoku earthquake fault slip and post-seismic viscoelastic relaxation by GRACE data inversion[J]. Geophys. J. Int., 2020, 220: 1012-1022, doi: 10. 1093/gji/ggz485.

[9] Cambiotti G, Douch K, Cesare S, et al. On Earthquake Detectability by the Next-Generation Gravity Mission[J]. Surveys in Geophysics, 2020, 41: 1049-1074, doi: 10. 1007/s10712-020-09603-7.

[10] Cazenave A, Palanisamy H, Ablain M. Contemporary sea level changes from satellite altimetry: What have we learned? What are the new challenges? [J]. Advances in Space Research, 2018, 62: 1639-1653, doi: 10. 1016/j. asr. 2018. 07. 017.

[11] Cazenave A, Chen J L. Time-variable gravity from space and present-day mass redistribution in the Earth system[J]. Earth Planet. Sci. Lett., 2010, 298: 263-274, doi: 10. 1016/j. epsl. 2010. 07. 035.

[12] Cazenave A, Llovel W. Contemporary sea level rise[J]. Annu. Rev. Mar. Sci., 2010, 2: 145-173.

[13] Chambers D P. Observing seasonal steric sea level variations with GRACE and satellite altimetry[J]. J. Geophys. Res., 2006, 111, C03010, doi: 10. 1029/2005JC002914.

[14] Chao B F, Liau J R. Gravity changes due to large earthquakes detected in GRACE satellite data via empirical orthogonal function analysis[J]. Journal of Geophysical Research: Solid Earth, 2019, 124(3): 3024-3035, doi: 10. 1029/ 2018JB016862.

[15] Chao B F, Wu Y H, Li Y S. Impact of Artificial Reservoir Water Impoundment on Global Sea Level[J]. Science, 2008, 320(5873): 212-214, doi: 10. 1126/science. 1154580.

[16] Chen J L, Wilson C R, Tapley B D, et al. Patagonia icefield melting observed by GRACE [J]. Geophys. Res. Lett. vol., 2007a, 34(22): L22501, doi: 10. 1029/2007GL031871.

[17] Chen J L, Wilson C R, Tapley B D, et al. GRACE detects coseismic and postseismic deformation from the Sumatra-Andaman earthquake[J]. Geophys. Res. Lett., 2007b, 34: L13302, doi: 10. 1029/2007GL030356.

[18] Chen J L, Wilson C R, Tapley B D, et al. 2005 drought event in the Amazon River basin as measured by GRACE and estimated by climate models[J]. J. Geophys. Res., 2009, 114: B05404, doi: 10. 1029/2008JB006056.

[19] Chen J L, Wilson C R, Tapley B D. Interannual variability of Greenland ice losses from satellite gravimetry[J]. J. Geophys. Res., 2011, 116: B07406, doi: 10. 1029/2010JB007789.

[20] Chen J L, Wilson C R, Tapley B D. Contribution of ice sheet and mountain glacier melt to recent sea level rise [J]. Nature Geoscience, 2013, 6: 549-552, doi: 10. 1038/ NGEO1829.

[21] Chen J L, Tapley B D, Save H, et al. Quantification of ocean mass change using gravity recovery and climate experiment, satellite altimeter, and Argo floats observations [J]. Journal of Geophysical Research: Solid Earth, 2018, 123: 10212-10225, doi: 10. 1029/2018JB016095.

[22] Chen J L, Cazenave A, Dahle C, et al. Applications and Challenges of GRACE and GRACE Follow-On Satellite Gravimetry[J]. Surveys in Geophysics, 2022, 43: 305-345, doi: 10. 1007/s10712-021-09685-x.

[23] Chen Q, Shen Y, Kusche J, et al. High-resolution GRACE monthly spherical harmonic solutions[J]. J. Geophys. Res. Solid Earth, 2020, 126, e2019JB018892. https://doi.org/10. 1029/2019JB018892.

[24] Dai C, Shum C K, Wang R, et al. Improved constraints on seismic source parameters of the 2011 Tohoku earthquake from GRACE gravity and gravity gradient changes[J]. Geophys. Res. Lett., 2014, 41: 1929-1936, doi: 10. 1002/2013GL059178.

[25] Dai C, Shum C K, Guo J, et al. Improved source parameter constraints for five undersea earthquakes from north component of GRACE gravity and gravity gradient change measurements[J]. Earth Planet. Sci. Lett., 2016, 443: 118-128, doi: 10. 1016/ j. epsl. 2016. 03. 025.

[26] De Linage C, Rivera L, Hinderer J, et al. Separation of coseismic and postseismic gravity changes for the 2004 Sumatra-Andaman earthquake from 4. 6 yr of GRACE observations and modelling of the coseismic change by normalmodes summation[J]. Geophys. J. Int., 2009: 176: 695-714, DOI: 10. 1111/j. 1365-246X. 2008. 04025. x.

[27] De Viron O, Panet I, Mikhailov V, et al. Retrieving earthquake signature in grace gravity solutions[J]. Geophys. J. Int., 2008, 174: 14-20, DOI: 10. 1111/j. 1365-246X. 2008. 03807. x.

[28] Engels O, Gunter B C, Riva R E M, et al. Separating geophysical signals using GRACE and high-resolution data: A case study in Antarctica[J]. Geophysical Research Letters, 2018, 45: 12340-12349, doi: 10. 1029/2018GL079670.

[29] Fuchs M J, Bouman J, Broerse T, et al. Observing coseismic gravity change from the Japan Tohoku-Oki 2011 earthquake with GOCE gravity gradiometry[J]. J. Geophys. Res. Solid Earth, 2013, 118: 5712-5721, doi: 10. 1002/jgrb. 50381.

[30] Güntner A. Improvement of global hydrological models using GRACE data[J]. Surveys in Geophysics, 2008, 29, 4-5: 375-397, doi: 10. 1007/s10712-008-9038-y.

[31] Hayes G. Finite Fault Model-Updated Result of the Feb 27, 2010 M_W 8. 8 Maule[J]. Chile Earthquake. USGS website, 2010. http://earthquake. usgs. gov/earthquakes/eqinthenews/2010/us2010tfan/finite_fault. php.

[32] Han S C, Shum C K, Bevis M, et al. Crustal dilatation observed by GRACE after the 2004 Sumatra-Andaman earthquake[J]. Science, 2006, 313(5787): 658-666, doi: 10. 1126/science. 1128661.

[33] Han S C, Sauber J, Luthcke S. Regional gravity decrease after the 2010 Maule (Chile) earthquake indicates large-scale mass redistribution[J]. Geophys. Res. Lett., 2010, 37, L23307, doi: 10. 1029/2010GL045449.

[34] Han S C, Sauber J, Riva R. Contribution of satellite gravimetry to understanding seismic

source processes of the 2011 Tohoku-Oki earthquake[J]. Geophys. Res. Lett., 2011, 38, L24312, doi: 10. 1029/2011GL049975.

[35] Han S C, Riva R, Sauber J, Okal E (2013). Source parameter inversion for recent great earthquakes from a decade-long observation of global gravity fields[J]. J. Geophys. Res. Solid Earth, 118: 1240-1267, doi: 10. 1002/jgrb. 50116.

[36] Han S C, Sauber J, Pollitz F. Coseismic compression/dilatation and viscoelastic uplift/subsidence following the 2012 Indian Ocean earthquakes quantified from satellite gravity observations[J]. Geophys. Res. Lett., 2015, 42, doi: 10. 1002/2015GL063819.

[37] Heiskanen W A, Moritz H. Physical geodesy [M]. San Francisco: Freeman and Company, 1967.

[38] Heki K, Matsuo K. Coseismic gravity changes of the 2010 earthquake in central Chile from satellite gravimetry[J]. Geophys. Res. Lett., 2010, 37, L24306, doi: 10. 1029/2010GL045335.

[39] Hoechner A, Babeyko A Y, Sobolev S V. Enhanced GPS inversion technique applied to the 2004 Sumatra earthquake and tsunami[J]. Geophys. Res. Lett., 2008, 35, L08310, DOI: 10. 1029/2007GL033133.

[40] Holmes S A, Featherstone W E. A unified approach to the Clenshaw summation and the recursive computation of very high degree and order normalised associated Legendre functions[J]. Journal of Geodesy, 2002, 76: 279-299, doi: 10. 1007/s00190-002-0216-2.

[41] King M, Howat I M, Jeong S, et al. Seasonal to decadal variability in ice discharge from the Greenland Ice Sheet[J]. The Cryosphere, 2018, 12: 3813-3825, doi: 10. 5194/tc-12-3813-2018.

[42] Lemke P, Ren J, Alley R B, et al. Observations: changes in snow, ice and frozen ground [R]. In: Solomon, S., Qin, D., Manning, M., Chen, Z., Marquis, M., Averyt, K. B., Tignor, M., Miller, H. L. (Eds.), Climate Change 2007: the Physical Science Basis. Contribution of Working Group I to the Fourth Assessment report of the Intergovernmental Panel on Climate Change. Cambridge University Press, Cambridge, UK, and New York, USA, 2007.

[43] Li J, Chen J L, Ni S N, et al. Long-term and inter-annual mass changes of Patagonia Ice Field from GRACE[J]. Geodesy and Geodynamics, 2019, 10(2): 100-109, doi: 10. 1016/j. geog. 2018. 06. 001.

[44] Li J, Shen W B. Investigation of the co-seismic gravity field variations caused by the 2004 Sumatra-Andaman earthquake using monthly GRACE data[J]. Journal of Earth Science, 2011, 22: 280-291, doi: 10. 1007/s12583-011-0181-x.

[45] Llovel W, Becker M, Cazenave A, et al. Global land water storage change from GRACE over 2002-2009: inference on sea level. C. R[J]. Geosciences, 2010, 342: 179-188.

[46] Lyman J M, Godd S A, Gouretski V V, et al. Robust warming of the global upper ocean [J]. Nature, 2010, 465: 334-337. doi: 10. 1038/nature09043.

[47] Matsuo K, Heki K. Time-variable ice loss in Asian high mountains from satellite gravimetry

［J］. Earth Planet. Sci. Lett., 2010, 290: 30-36, doi: 10. 1016/j. epsl. 2009. 11. 053.

［48］Ni S N, Chen J L, Wilson C R, et al. Long-Term water storage changes of Lake Volta from GRACE and satellite altimetry and connections with regional climate［J］. Remote Sensing, 2017, 9: 842-856, doi: 10. 3390/ rs9080842.

［49］Okubo S. Gravity change caused by fault motion on a finite rectangular plane［J］. J. Geod. Soc. Jpn., 1989, 35: 159-164.

［50］Okubo S. Potential and gravity changes raised by point dislocations［J］. Geophys. J. Int., 1991, 105: 573-586.

［51］Okubo S. Potential gravity changes due to shear and tensile faults［J］. J. Geophys. Res., 1992, 97: 7137-7144.

［52］Panet I, Bonvalot S, Narteau C, et al. Migrating pattern of deformation prior to the Tohoku-Oki earthquake revealed by GRACE data［J］. Nature Geoscience, 2018, 11: 367-373, doi: 10. 1038/s41561-018-0099-3.

［53］Panet I, Narteau C, Lemoine J-M, et al. Detecting preseismic signals in GRACE gravity solutions: Application to the 2011 Tohoku M_W 9. 0 Earthquake［J］. J. Geophys. Res. Solid Earth, 2022 (Published online: 06 August 2022). https: //doi. org/10. 1029/2022JB024542.

［54］Qu W, Han D, Lu Z, et al. Co-Seismic and Post-Seismic Temporal and Spatial Gravity Changes of the 2010 M_W 8. 8 Maule Chile Earthquake Observed by GRACE and GRACE Follow-on［J］. Remote Sensing, 2020, 12, 2768, doi: 10. 3390/rs12172768.

［55］Rahimi A, Li J, Naeeni M R, et al. On the extraction of co-seismic signal for the Kuril Island earthquakes using GRACE observations［J］. Geophys. J. Int., 2018, 215: 346-362, doi: 10. 1093/gji/ggy287.

［56］Rodell M, Velicogna I, Famiglietti J S. Satellite-based estimates of groundwater depletion in India［J］. Nature, 2009, 460: 999-1002, doi: 10. 1038/nature08238.

［57］Rodell M, Famiglietti J S, Wiese D N, et al. Emerging trends in global freshwater availability［J］. Nature, 2018, 557: 651-659, doi: 10. 1038/s41586-018-0123-1.

［58］Scanon B, Zhang Z, Save H, et al. Global models underestimate large decadal declining and rising water storage trends relative to GRACE satellite data［J］. Proceedings of the National Academy of Sciences of the United States of America, 2018, 115(6): E1080-E1089, doi: 10. 1073/pnas. 1704665115.

［59］Swenson S, Wahr J. Post-processing removal of correlated errors in GRACE data［J］. Geophys. Res. Lett., 2006, 33, L08402, doi: 10. 1029/2005GL025285.

［60］Steketee J A. On Volterra's dislocations in a semi-infinite elastic medium［J］. Can. J. Phys., 1958, 36: 192-205.

［61］Sun W, Okubo S, Fu G, et al. General formulations of global co-seismic deformations caused by an arbitrary dislocation in a spherically symmetric earth model—applicable to deformed earth surface and space-fixed point［J］. Geophys. J. Int., 2009, 177: 817-833, doi: 10. 1111/j. 1365-246X. 2009. 04113. x.

［62］Tanaka Y, Heki K, Matsuo K, et al. Crustal subsidence observed by GRACE after the 2013 Okhotsk deep-focus earthquake［J］. Geophysical Research Letters, 2015, 42, 3204-3209, doi: 10. 1002/2015GL063838.

［63］Tang L, Li J, Chen J L, et al. Seismic impact of large earthquakes on estimating global mean ocean mass change from GRACE［J］. Remote Sensing, 2020, 12, 935, doi: 10. 3390/rs12060935.

［64］Tangdamrongsub N, Steele-Dunne S C, Gunter B C, et al. Data assimilation of GRACE terrestrial water storage estimates into a regional hydrological model of the Rhine River basin ［J］. Hydrol. Earth Syst. Sci., 2015, 19, 207912100, doi: 10. 5194/hess-19-2079-2015.

［65］Tapley B D, Watkins M M, Flechtner F, et al. Contributions of GRACE to understanding climate change［J］. Nature Climate Change, 2019, 9: 358-369, doi: 10. 1038/s41558-019-0456-2.

［66］Tapley B D, Bettadpur S, Ries J, et al. GRACE measurements of mass variability in the Earth system［J］. Science, 2004, 305(5683): 503-505.

［67］Tian S, Tregoning P, Renzullo L J, et al. Improved water balance component estimates through joint assimilation of GRACE water storage and SMOS soil moisture retrievals［J］. Water Resources Research, 2017, 53: 1820-1840, doi: 10. 1002/2016WR019641.

［68］Wahr J, Molenaar M, Bryan F. Time variability of the Earth's gravity field: Hydrological and oceanic effects and their possible detection using GRACE［J］. J. Geophys. Res., 1998, 103(B12): 30205-30229.

［69］Wang L, Shum C K, Simons F, et al. Coseismic slip of the 2010 M_W 8. 8 Great Maule, Chile, earthquake quantified by the inversion of GRACE observations ［J］. Earth Planet. Sci. Lett., 2012: 335-336, 167-179, doi: 10. 1016/j. epsl. 2012. 04. 044.

［70］Wang L, Burgmann R. Statistical significance of precursory gravity changes before the 2011 M_W 9. 0 Tohoku-Oki earthquake ［J］. Geophysical Research Letters, 2019, doi: 10. 1029/2019GL082682.

［71］Wang R, Lorenzo-Martín F, Roth F. PSGRN/PSCMP — a new code for calculating co- and post-seismic deformation, geoid and gravity changes based on the viscoelastic-gravitational dislocation theory［J］. Computers & Geosciences, 2006, 32: 527-541, doi: 10. 1016/j. cageo. 2005. 08. 006.

［72］Wouters B, Bonin J A, Chambers D P, et al. GRACE, time-varying gravity, Earth system dynamics and climate change［J］. Reports on Progress in Physics, 2014, 77 (116801), doi: 10. 1088/0034-4885/77/11/116801.

［73］Xu C Y, Su X, Liu T, et al. Geodetic observations of the co- and post-seismic deformation of the 2013 Okhotsk Sea deep-focus earthquake［J］. Geophysical Journal International, 2017, 209(3): 1924-1933, doi: 10. 1093/gji/ggx123.

［74］Xu M, Wan X, Chen R, et al. Evaluation of GRACE/GRACE Follow-On Time-Variable Gravity Field Models for Earthquake Detection above M_W 8. 0s in Spectral Domain［J］.

Remote Sensing, 2021, 13, 3075, doi: 10. 3390/rs13163075.

[75] Xu X, Ding H, Zhao Y, et al. GOCE-Derived coseismic gravity gradient changes caused by the 2011 Tohoku-Oki Earthquake[J]. Remote Sensing, 2019, 11(1295): 1-19, doi: 10. 3390/rs11111295.

[76] Yang F, Kusche J, Forootan E, et al. Passive-ocean radial basis function approach to improve temporal gravity recovery from GRACE observations [J]. J. Geophys. Res. Solid Earth, 2017, 122: 6875-6892, doi: 10. 1002/2016JB013633.

[77] Yi S, Sun W K, Feng W, et al. Anthropogenic and climate-driven water depletion in Asia [J]. Geophys. Res. Lett., 2016, 43: 9061-9069, doi: 10. 1002/grl. 54890.

[78] Yi S, Sun W, Heki K, et al. An increase in the rate of global mean sea level rise since 2010. Geophys[J]. Res. Lett., 2015, 42: 3998-4006, doi: 10. 1002/2015GL063902.

[79] Zhang L, Tang H, Chang L, et al. Performance of GRACE mascon solutions in studying seismic deformations [J]. J. Geophys. Res. Solid Earth, 2020, 125, e2020JB019510. https://doi. org/10. 1029/2020JB019510.

[80] Zheng Z, Jin S, Fan L. Co-seismic deformation following the 2007 Bengkulu earthquake constrained by GRACE and GPS observations[J]. Physics of the Earth and Planetary Interiors, 2018, 280: 20-31, doi: 10. 1016/j. pepi. 2018. 04. 009.

[81] Zhou X, Sun W, Zhao B, et al. Geodetic observations detecting coseismic displacements and gravity changes caused by the $M_W = 9.0$ Tohoku-Oki earthquake[J]. J. Geophys. Res., 2012, 117, B05408, doi: 10. 1029/2011JB008849.

[82] 孙文科. 地震位错理论[M]. 北京: 科学出版社, 2011.

第10章　重力场的地球物理解释

现代地球科学的任务是致力于把地球作为一个整体的静态或动态系统来研究，该系统主要由岩石圈(固体)、水圈(液体)和大气圈(气体)组成，而重力场、电磁场和大气层及电离层则反映其基本的物理特性，它们制约着地球及其邻近空间所发生的物理事件。其中，地球重力场反映地球物质的空间分布、运动和变化，因此，确定地球重力场的精细结构及其时间变化不仅是现代大地测量的主要科学目标之一，而且也将为现代地球科学在解决人类面临的资源、环境和灾害等问题方面提供重要的基础地球空间信息。本章安排的内容包括利用重力资料反演地球内部物质分布问题、重力场与构造应力场和地球重力场在地球物理中的应用。

10.1　引言

地球是一个不断变化的动力系统，高精度的地球重力场及其时变信息对于地球动力学和地球内部物理的研究具有重要意义，特别是对岩石圈动力机制、地幔对流与岩石圈漂移、岩石圈异常质量分布、冰后回弹质量调整、冰后回弹引起的海平面变化以及对固体地球的影响、冰盖与冰河的质量平衡、大陆冰雪的变化、板块相互作用机制、板块内部构造、海底岩石圈与海山动力学、海平面变化的物理机制、地球自转、陆地地壳运动与海平面变化的分离等方面的研究提供重要的依据。

现代大地测量、地球物理、地球动力学和海洋学等相关地学学科的发展均迫切需要更加精细的地球重力场支持。其中用 GPS 水准测定正高要求在 100 千米波长范围内有厘米级精度的大地水准面；研究地球深部结构则要求在几十千米到几千千米的波长范围内具有厘米级精度的大地水准面和 $\pm 1 \text{mGal}(1\text{mGal}=10^{-5}\text{m}/\text{s}^2)$ 精度的重力异常。目前最新地球重力场模型只能以亚分米级的精度满足中低轨卫星定轨的要求；利用卫星测高测定的海面高来研究海面地形和洋流，则要求有相应波长的厘米级海洋大地水准面；建立全球高程系统要求在 $50\sim100\text{km}$ 的波长范围内具有优于 5cm 精度的大地水准面。目前全球大地水准面的精细程度与上述要求大约还相差一个量级，因此确定全波段厘米级大地水准面是 21 世纪物理大地测量的主要目标之一。实现这一目标首先取决于在全球范围内测定重力和探测近地空间重力场信息的技术发展水平。传统重力探测技术获取全球均匀分布的高精度重力场信息的能力受到了限制，迫切需要新的技术突破。新一代卫星重力计划，包括卫星跟踪卫星技术和卫星重力梯度测量技术，被认为是 21 世纪初最有价值和最具应用前景的高效重力探测技术，其主要科学目的除了测定地球重力场的精细结构及长波重力场随时间的变化以外，还包括以全球尺度精密探测电磁场和全球大气层及电离层。这一技术的实施无疑对利用现代地球科学知识研究地球岩石圈、水圈和大气圈及其相互作用具有重大贡献。鉴于该技术所具有的重要科学和现实意义，利用新一代卫星重力数据恢复厘米级精度重力场已成为当今物理大地测量研究的前沿和关注的热点。

精化全球和区域性的地球重力场参数一直是大地测量的基本任务，联合卫星重力、地球表面重力与卫星测高数据可以确定高精度、高分辨率的全球重力场参数。高精度的全球一致性的地球重力场信息可以应用于：①建立全球统一的高程基准；②区域性测绘垂直基准的统一；③远距离高程控制；④陆海、海洋与岛屿高程的高精度连接。高精度高分辨率大地水准面的确定，使得利用空间大地测量（GNSS）手段代替传统繁重的水准测量成为可能。

大地水准面是统一全球高程基准最适宜的参考面。由于高程基准不同，国与国之间的地形图或地面数字高程模型（DEM）将出现拼接差，世界最高峰珠穆朗玛峰的高程就会有多值性。我国公布的精确珠峰高程是以中国黄海平均海面起算的，而用印度洋或其他的海域平均海面起算，基于二者得到的高程可能相差 $1 \sim 2m$。地面点的海拔高程是人类社会经济活动所需要的重要信息，特别是水利资源的开发利用，预防洪水灾害，规划设计抗洪工程等。经济全球化趋势，要求包括地理信息在内的广泛的信息资源共享机制。在一个长期稳定的国际和平环境的条件下这种趋势的发展，将推动数字地球从概念走向实现，并进入世界网络社会。WGS-84 在某种意义上说实现了全球几何定位基准的统一，而与地球重力位相联系的垂向定位基准的统一，只有当一个全波段厘米级精度全球大地水准面模型的产生才会成为可能，这是世界各国大地测量学界共同努力的目标。地球重力场与大地测量学的关系如图 10.1 所示。

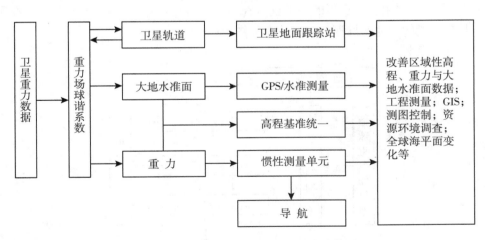

图 10.1　地球重力场在大地测量学中的作用

测定和研究精细地球重力场，包括确定厘米级大地水准面更重要的意义在于为相关地球学科（如地球物理学、大地构造学、地球动力学、地震学和海洋学）研究地球内部结构和动力学过程提供基础信息。重力场结构是地球质体密度分布的直接反映，重力测量数据是研究岩石圈及其深部构造和动力学的一种"样本"，获得精细的重力异常分布和大地水准面起伏对于解决当前岩石圈和地幔动力学研究中的一系列问题具有很重要的作用。例如，大地水准面的频谱结构是长波占优（相对幅度大于 90%），反映地球深部或地幔的长波密度异常分布。大地水准面起伏的中、短波部分与岩石圈内部负荷及地形有很强的相关性；利用卫星测高数据确定的高分辨率全球海洋大地水准面研究海底及其深部构造取得了瞩目的成果，发现当滤去长波分量后的海洋大地水准面起伏与海底地形起伏有很好的相似性。海山、海沟、海岭（洋脊）和断层等海底地形和构造单元，在海洋大地水准面起伏图像上清晰可辨，由此发现了许多过去未知的海底大山和海底断层等。重力数据和大地水准面起伏还用于研究岩石圈的热演化模型、弹性厚度以及小尺度地幔对流等动力学问题。利用重力数据研究地球内部结构和动力学的问题相当广泛，但已有的研究表明，这些问题的研究一般要求数据分辨率优于 50km，重力异常应有毫伽（mGal）量级的精度，相应于短波大地水准面有厘米级精度水平，长波则要求重力异常有更高的精度。

　　地球重力场是稳态海洋环流探测重要的参考依据。海面动力地形的高度是以大地水准面为起算面的，建立准确的洋流动力模式更需要精密的大地水准面支持。在利用卫星测高监测海洋动力现象时，需要将测高海面高（相对于椭球面的高度）归算到以大地水准面为参考面的高度，才能对监测结果进行合理的利用和物理解释，例如海平面变化的物理解释、厄尔尼诺（El Nino）、拉尼娜（La Nina）现象的监测、海洋热量输送模式的反演等。卫星重力计划特别适合测量和监测全球海底压力及其变化、全球海洋质量变化、全球海底资源调查、全球海深计算等一系列目前难以很好解决的问题。地球重力场信息对相关地球学科研究的作用如图 10.2 至图 10.4 所示。

　　实现 1cm 精度大地水准面及相应精度水平的全球重力场模型仍是一个十分艰巨的任务。至 20 世纪末利用长期积累的卫星重力资料并联合地面重力数据建立的最好的重力场模型，其各波段的大地水准面的精度分布如图 10.5 所示。

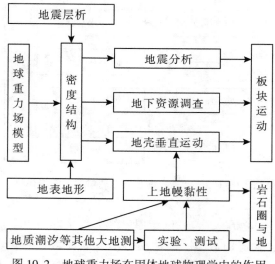

图 10.2　地球重力场在固体地球物理学中的作用

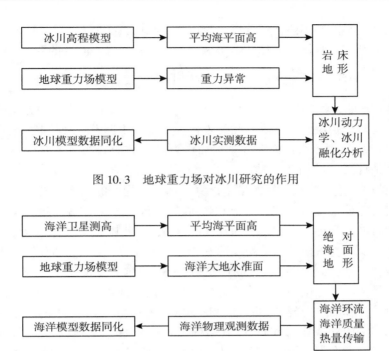

图 10.3　地球重力场对冰川研究的作用

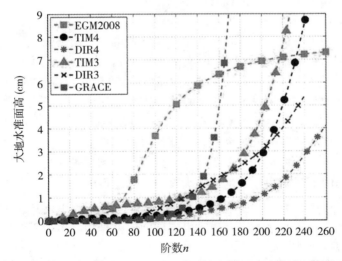

图 10.4　地球重力场在海洋物理学中作用

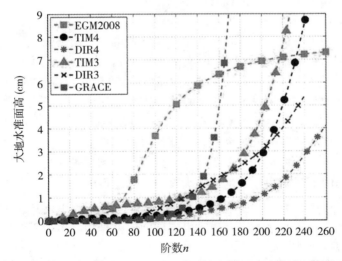

图 10.5　不同位模型大地水准面的精度估计，几种重力场模型大地水准面误差（Yi et al., 2014）

21 世纪初开始实施新一代卫星重力计划，其中包括 CHAMP 卫星（2000—2010 年）、GRACE 卫星（2002—2017 年）和 GOCE 卫星计划（2009—2013 年），GOCE 卫星计划最终目标是恢复地面分辨率为约 100km 的近全波段的 1cm 精度重力场模型。这一设计精度，或者说期望精度在何种条件下才能真正达到，是一个需要进一步研究的问题。首先，仅由卫星跟踪数据恢复的"纯"卫星重力模型，理论上可收敛到包围地球的最小球面边界，在其之下和地表之间的空间则不能保证该模型应用的正确性，已公布的 CHAMP 重力模型用于计算地面重力异常与实测值之差达几十毫伽，可能反映出这一问题的存在，这里还要考虑模型向下延拓由于衰减因子 $\left(\dfrac{a}{r}\right)^{n+1}\Rightarrow1$ 产生的误差放大效应；其次，将卫星重力模型与地面重力数据（例如 1°×1° 或 0.5°×0.5° 平均重力异常）通过联合平差的方法改进卫星重力模型，或同时将模型扩展到 360 阶，此类联合重力模型相当于对卫星重力模型加入了地面重力数据的"约束"，则用联合模型计算地面重力场参数应与实测值符合，其残差量级为平差结果精度估计反映的内符合精度水平，主要取决于地面实测值的精度。EGM96（360阶）就是这样的联合重力模型，用此模型计算全球不同地区的大地水准面，再与该地区由 GPS 水准测定的大地水准面比较，由于 EGM96 均未包含地面 GPS 水准数据，则比较的差值因地区不同可能差别很大，在北美为 0.3~0.4m，在我国青藏高原可达 2~3m，在所有那些重力数据稀少或空白地区差值均可达几米甚至几十米。因为所有类似 EGM96 这样的联合重力模型，其联合的地面 1°×1° 或 0.5°×0.5° 平均重力异常的精度分布很不均匀，相当多的重力测量空白区是用一个先验重力模型填充的，或用地球物理方法估算的。例如，用地形均衡原理计算的重力异常。目前全球 1°×1° 平均重力异常的精度为 ±1~±62mGal，但有 70% 为 ±5mGal（Nakada，Lambeck，1987；Rapp，1986；李建成，等，2003）。EGM96 用于我国领土平均精度为 0.5m 左右，大致相当于用 EGM96 计算全球大地水准面的平均精度（晁定波，2003）。上述两方面的问题表明，要实现恢复厘米级精度的全球大地水准面和相应地球重力场模型，就目前拥有的地面重力数据来说，即使是 1°×1° 分辨率，还没有条件实现这一目标。

这一目标实现的艰巨性，除了表现在重力场逼近的理论上还需进一步完善，例如研究重力数据向下延拓的新理论和新方法（申文斌，2004），大地水准面的严格定义和实现以及用重力模型计算大地水准面时如何处理其外部地形质量问题等（Shen，Han，2013），最困难和最具挑战性的工作是解决地球表面相当一部分地区无实测重力数据或数据点过稀的问题。就 1°×1° 分辨率而言，新一代卫星重力数据可望以略低的精度水平"填充"重力空白地区或提高重力点稀疏地区的分辨率，并可能比过去用低精度重力模型或地球物理方法填充的精度高一个量级，这将是一个重要进展，但要达到相当于厘米级精度的水平仍旧是困难的。采用现有的向下延拓法，产生分米级误差是完全可能存在的，已有一些理论被用来尝试解决这一问题，得到了一些试验研究成果。但是，要最终解决这一难题，还寄望于两个方面的努力：一方面研究并提出更精密更稳健的向下延拓方法，另一方面研究在人员甚至飞机难以到达的自然环境恶劣地区进行重力测量的新技术。现代高科技的发展使人类有能力在月球和火星表面进行各种环境参数的探测，在全球任何地区都可进行重力测量的时代应该为时不远，只要我们认识到发展这一技术的必要性和重要性。就目前已有的先进科技水平和经济发展水平，实现此设想并非是完全不可行的。这里还要提到的是占地球面积71% 的海洋地区，目前利用卫星测高技术，联合陆地和船测重力数据，已可确定分米级精度水平的海洋大地水准面，反演的海洋重力异常精度在 1°×1° 分辨率上，精度优于 5mGal（高于陆地平均异常的精度）。由于各种物理环境的影响，且难于有精确的校正模型，应用卫星测高技术确定海洋重力场已难于突破 1dm 的精度水平。联合新一代卫星重力数据，在 0.5°×0.5°分辨率上，可望将精度提高到亚分米级水平。但能否提高到 1cm 的精度水平（这对研究海洋动力学问题，如平均环流，有重要意义）还需要研究和基于实测数据的实验，保守的看法达到这一高精度水平将十分困难。

不同的科学目标对重力场精度和分辨率的需求不尽相同。表 10-1 分别从大地水准面和重力场的角度给出了固体地球、海洋物理、大地测量等其他领域对重力场精度、时间和空间分辨率的基本需求（Rebhan et al.，2000）。

表 10-1　　不同科学目标对重力场精度和分辨率的要求（引自 Rebhan et al.，2000）

应用对象		精度		空间分辨率（半波长：km）	时间分辨率（月）
		大地水准面（cm）	重力异常（mGal）		
固体地球物理	岩石圈和上地幔密度结构		1~2	100	
	沉积物盆地		1~2	50~100	
	断层		1~2	20~100	
	构造运动		1~2	100~500	1~6
	地震灾害		1	100	1~6
	海底岩石圈及其与软流圈相互作用		0.5~1	100~200	12
海洋学	短尺度	1~2	1~5	100	1
	海盆尺度	0.1~0.2		200~1000	1~3
冰盖	岩床		1~5	50~100	
	冰盖垂直运动	2		100~1000	2~6
大地测量	GPS/水准	1		100~1000	
	高程基准统一	1		100~20 000	
	惯性导航系统		1~5	100~1000	
	测高径向轨道（误差<1cm）		1~3	100~1000	
水资源变化	地表水		0.5~1	100~500	1~6
	地下水		0.5~1	200~500	1~6
海平面变化	以上多数应用对重力场分辨率和精度的要求都适用于研究海平面变化				

10.2　利用重力资料反演地球内部物质分布问题

给定地球内部密度分布，就唯一地决定了外部重力场。但反过来，根据外部重力场并不能唯一地确定地球内部密度分布。虽然根据外部重力场不能确定内部密度分布，但可提供有效约束；此外，在提供相关约束条件之后可得到最小二乘解。重力反演等价于引力反演，因为二者只相差一个已知的离心力，因此，本节的讨论实际上也是利用引力数据反演地球内部问题的讨论。

10.2.1　引力反演

一个物体若已知其外部形状 S 及其内部密度分布 ρ，则可由以下牛顿积分公式计算该物体的引力位 V：

$$V(P) = G \iiint_{\Omega} \frac{\rho(Q)}{l_{PQ}} \mathrm{d}\tau_Q \tag{10.1}$$

式中，P 为引力位计算点，可以是物体外部空间一点，也可以是物体内部点；Q 为体元 $\mathrm{d}\tau$ 积分流动点；l_{PQ} 为 P，Q 两点间的距离；Ω 是 S 包围的物体体积；G 是引力常数。由已知函数 $\rho(Q)$ 计算 $V(P)$，称为引力的正解问题，或正演问题，是一个可以精确实现计算的确定性问题，即有确定性的唯一解。牛顿积分是一种线性运算，式（10.1）可简写为

$$V = N\rho \tag{10.2}$$

其中，N 表示由式（10.1）积分运算定义的线性算子，常称"牛顿算子"，即函数 ρ 经算子 N 的变换可得函数 V。函数 ρ 和 V 均假定在整个欧氏空间 R^3 上，且在 S 外部 $\rho = 0$，在 S 内部 ρ 是分段连续，V 则在 R^3 中处处连续可微，同时假定曲面 S 是光滑的，即任意阶次可微。设想将式（10.1）积分离散化，例如将体积 Ω 划分为由足够多的小立方体组成，取每个小立方体的平均密度，积分算子的核函数取对应小立方体中心的值，则式（10.2）的右边的算子 N 便离散化为有限项（项数等于小立方体的总个数）的和式，N 则转化为一向量，即线性方程的系数向量，根据引力位的可叠加性，用这种离散化处理方法计算任一点 P 的引力位 $V(P)$（引力位正解问题）可达到任意指定的精度，只要给定的密度分布 $\rho(Q)$ 足够精确。在引力位正解问题的实际计算中通常都是采用这种处理方法，即数值积分法。

在式（10.2）中，当已知物体产生的引力位函数 V，要求解物体的密度分布函数 ρ，称为引力位的反演问题，或反演问题。这个问题是研究地球重力场信息地球物理解释，或一般地说地学解释所要解决的基本问题。由式（10.2），引力位反演问题可表示为

$$\rho = N^{-1}V \tag{10.3}$$

其中，N^{-1} 为 N 的逆算子。假若在整个 R^3 空间给定了连续函数 V，则不仅可以确定逆算子 N^{-1}，而且只要 V 是二次可微函数，可以得到函数 ρ 的唯一解，由描述引力位和密度关系的 Poisson 方程

$$\Delta V = -4\pi G\rho \tag{10.4}$$

可得

$$\rho = -\frac{1}{4\pi G}\Delta V \tag{10.5}$$

显然有

$$N^{-1} = -\frac{1}{4\pi G}\Delta \tag{10.6}$$

其中，Δ 为 Laplace 算子，在空间直角坐标系 (x, y, z) 中为

$$\Delta = \frac{\partial^2}{\partial x^2} + \frac{\partial^2}{\partial y^2} + \frac{\partial^2}{\partial z^2}$$

Poisson 方程是关于 S 内部引力位的关系式，即函数 ρ 和函数 ΔV 是一个常系数 $\left(-\dfrac{1}{4\pi G}\right)$ 的比例关系，在 S 外部必须满足 Laplace 方程 $\Delta V = 0$ 和 $\rho = 0$。现在我们研究的物体是整个地球，S 是地球表面，并假定 S 外部没有物质存在，以及地球是静止的（即没有自转，不考虑离心力位）。对于地球的引力位函数 V，现在我们可以以一定的分辨率和精度给出定义在 S 外部空间的地球引力位函数，例如各种阶次的地球引力位模型，而恰恰是 S 内部的地球引力位我们还几乎一无所知，因此不能直接应用式(10.5)计算 ρ。以式(10.3)表达的引力位反演问题的提法是：已知地球表面形状 S，并假定是"光滑"的，又已知 S 上或包括其外部空间的引力位函数 V，要求由式(10.1)，即式(10.2)反演密度函数 ρ，注意已知的是地球质体产生的外部位，要求的是质体的密度分布。这是一个著名的不适定问题，它不存在唯一解。由位理论知，对式(10.2)，我们总可以人为地构造一种密度分布 ρ_i，使它正好产生给定的外部引力位 $V_{\text{外}}$，而且这种构造有无穷多种选择，即 $i = 1, 2, \cdots$。现在我们又假定对算子 N 作前述的离散化处理，则式(10.2)转化为一线性方程组：$V_{\text{外}} = N\rho_i$，N 为该方程的系数矩阵，显然此时矩阵 N 将是奇异的，或者说是亏秩的，由线性代数中关于矩阵的广义逆理论，式(10.3)中的 N^{-1} 则是某种类型的广义逆，通常是一种多值解表达式，除非规定了解空间的特定范数并引入了相应正规化约束条件才可能获得唯一解，对不熟悉广义逆理论的读者，可以借助线性代数中关于相容的非齐次线性方程组 $AX = b$（在这里 A、X、b 分别相当于 N、ρ 和 V）的一般解理论来理解以下要介绍的关于引力位反演问题的一般理论。

10.2.2 零位密度和调和密度

现将式(10.2)看成一个代数线性方程组，为示区别，用下式表示

$$N'\boldsymbol{\rho}' = \boldsymbol{V}' \tag{10.7}$$

式中，$\boldsymbol{V}'$ 是方程的 m 维常数项向量；$\boldsymbol{\rho}'$ 是待求 n 维参数向量；N' 是 $m \times n$ 阶系数矩阵，设其秩 $\text{rank}(N') = r < n$，$\bar{N}' = [N' \vdots V']$ 为 N' 的增广矩阵，假定 $\text{rank}(N') = \text{rank}(\bar{N}') = r$，即方程组是相容的，则该非齐次线性方程组 $N'\boldsymbol{\rho}' = \boldsymbol{V}'$ 有解，设其中一个特解为 H；对应齐次方程 $N'\boldsymbol{\rho}' = 0$ 有无穷多组非零解向量，但是有一个线性无关的解组 $\boldsymbol{\rho}'_0$：$= [\bar{\rho}'_1,$ $\bar{\rho}'_2, \cdots \bar{\rho}'_{n-r}]^{\text{T}}$，其中，$\bar{\rho}'_i (i = 1, 2, \cdots, n-r)$ 是一个非零解向量，$\boldsymbol{\rho}'_0$ 则是线性无关非零解向量子空间，称为该齐次方程组的基础解系。由线性方程组理论知，非齐次方程组 $N'\boldsymbol{\rho}' = \boldsymbol{V}'$ 的通解可表示为

$$\rho' = \rho'_0 + \rho'_H \tag{10.8}$$

这个通解仍是一个多解表达式，不是唯一解。

事实上式(10.2)是一线性泛函方程，其中 ρ 和 V 都是函数，属函数空间，N 是线性泛函算子，引力位反演问题的现代理论是以泛函分析作数学工具，这里为避免采用过多严格的泛函分析概念，以下用比较初等的数学概念，按求解线性方程组的类比方法给出引力位反演问题形如式(10.8)的通解，较详细的叙述可参阅文献(Moritz, 1990)。

前面已指出，式(10.3)中的逆算子 N^{-1} 不是唯一的，它有无穷多个密度分布解可产生给定的外部位。为从数学上进一步讨论这种不适定性，假定已知地球外部引力位函数

$V_{外}$，不妨认为它是地壳密度分布 $\rho_{地壳}$、地幔密度分布 $\rho_{地幔}$ 和地核密度分布 $\rho_{地核}$ 各自产生引力位 $V(\rho_{地壳})$、$V(\rho_{地幔})$ 和 $V(\rho_{地核})$ 叠加而成，即有 $V_{外} = V(\rho_{地壳}) + V(\rho_{地幔}) + V(\rho_{地核})$，在此和式中仅有 $V_{外}$ 是已知的，并认定 $\Delta V_{外} = 0$，如果现在假定我们用某种方法确定了等式右边第一项 $V(\rho_{地壳})$，我们可以有无穷多的方法人为地"试凑"出 $V(\rho_{地幔})$ 和 $V(\rho_{地核})$，使其与 $V(\rho_{地壳})$ 的叠加等于 $V_{外}$，此时 V 就在整个 R^3 中有了定义，由此可按式（10.5）唯一地确定 $\rho_{地壳}$、$\rho_{地幔}$ 和 $\rho_{地核}$，且可保证它们在地表 S 的外部空间均为零。若换一种"试凑"法，又可得到另一种相应的密度分布。若事先给定了 $V(\rho_{地壳})$ 和 $V(\rho_{地幔})$，显然也就确定了 $V(\rho_{地核}) = V_{外} - V(\rho_{地壳}) - V(\rho_{地幔})$，同理可解得一种对应的密度分布。若 $V(\rho_{地壳})$、$V(\rho_{地幔})$ 和 $V(\rho_{地核})$ 都未知，则"试凑"其和等于 $V_{外}$ 的"自由度"就更大了。现在若令 $V_{外} = 0$，显然我们可以"试凑"出三个非零项 $V(\rho_{地壳}^0)$、$V(\rho_{地幔}^0)$ 和 $V(\rho_{地核}^0)$，使其叠加之和等于零外部位，同样可以按式（10.5）解得非零密度分布函数集合 $\rho_{地壳}^0$、$\rho_{地幔}^0$ 和 $\rho_{地核}^0$，可以证明，它构成了函数空间 $V_{外}$ 的一个子空间，即零空间，所有的 $V(\rho_{地壳}^0)$、$V(\rho_{地幔}^0)$ 和 $V(\rho_{地核}^0)$ 都属于此零空间，我们称其为牛顿算子 N 的核，即满足

$$N\rho_0 = 0 \qquad\qquad (10.9)$$

式中，$\rho_0 = \{\rho_{地壳}^0, \rho_{地幔}^0, \rho_{地核}^0\}$，$N$ 的标记为 $\mathrm{Ker}(N) = N^{-1}(0)$，$\rho_0$ 则称为零位密度，相当于式（10.8）中的基础解系 ρ_0'。

显然，ρ_0 中的元素必定有正有负，并保持总质量为零，否则式（10.9）不成立。因此，从实际应用的观点来看，$V_{外}$ 可认为是位异常，或者说是扰动位，则 ρ 是相应的密度异常，可有正有负。

事实上，我们可以很容易地设计出一种构造零位密度的方法，如图 10.6（为易于直观理解，图中用一维函数图像代替三维图像）。任取一函数 V_0，定义该函数在 S 之外和 S 之上恒等于零，再将 V_0 延拓至 S 之内整个地球体内部，并保证其处处连续且至少可以二次分段可微，这样 V_0 就在整个 R^3 空间有定义，则可按式（10.5）唯一确定相应于 V_0 的零位密度 ρ_0，即

$$\rho_0 = -\frac{1}{4\pi G}\Delta V_0 \qquad\qquad (10.10)$$

显然，在 S 外有 $\rho_0 = 0$，在 S 内 ρ_0 对应于 V_0 分段连续。由包括一切这样的可得选函数 V_0 的集，可得到对应的一切分段连续的零位密度集。

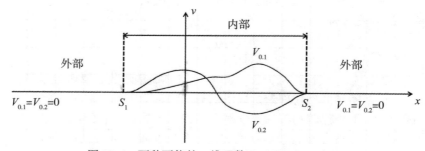

图 10.6　两种可能的一维函数 V_0（Moritz，1990）

现在来引出调和密度。设有一外部调和位 V，可以找到产生 V 的唯一连续的密度分布 ρ_H，它在 S 内是一个调和函数，即满足

$$\Delta\rho_H = 0(\text{在 } S \text{ 内部}) \tag{10.11}$$

ρ_H 应该是"光滑"的，且是至少二次可微的，称为调和函数分布，由 Poisson 方程(式 10.4)，则有

$$\Delta^2 V \equiv \Delta(\Delta V) = 0 \tag{10.12}$$

上式称为 V 的双调和方程，在某种适当的边界条件下，双调和方程的解存在且唯一。

现以一个匀质球为例，其外部位等效于一个以球的总质量 M 集中于一点的点质量的外部位，即

$$V = \frac{GM}{r} \tag{10.13}$$

其中，$r = \sqrt{x^2 + y^2 + z^2}$，当球半径 $R = 1$，则调和密度为

$$\rho_H = \frac{M}{4\pi/3} = \frac{\text{球质量／常数}}{\text{球体积}}(\text{在 } S \text{ 之内}) \tag{10.14}$$

其中，常数为球的半径(当 $R \neq 1$)，对单位匀质球，略去推导，其内部位可表示为 (Moritz, 1990)

$$V_H = 2\pi G\rho_H\left(1 - \frac{1}{3}r^3\right) \tag{10.15}$$

现将式(10.2)应用于调和函数 ρ_H，即

$$V = N_H\rho_H \tag{10.16}$$

或

$$\rho_H = N_H^{-1}V \tag{10.17}$$

式中，N_H 为作用于调和密度函数的牛顿算子，显然 ρ_H 是方程(10.2)的一个特解，相当于一个非奇次线性方程的特解 ρ_H'(见式(10.8))。类似地，方程 $N\rho = V$ 的通解就是该方程的特解 ρ_H，加上方程 $N_\rho = 0$ 的通解 ρ_0，即

$$\rho = \rho_0 + \rho_H \tag{10.18}$$

这样，求引力位反演问题通解的方法是：首先将给定的外部位 $V_{外}$ 延拓到 S 的内部，并保证延拓的连续和分段二次可微，其内部位为 $V_{内}(= V_0)$，得到在整个 R^3 中的位 $V = \{V_{外}, V_{内}\}$；按式(10.10)求得零位密度 ρ_0，按式(10.18)求得 ρ_H。式(10.18)是引力位反演问题的一种原理性通解，上述方程并未告诉我们如何将 $V_{外}$ 向 S 内部延拓，上述方法的实现并非易事，下面来介绍 Lauricella 方法利用球的格林函数导出反演问题的显式表达。

10.2.3 Lauricella 方法(格林函数法)

Lauricella 方法的推导从以下格林第二恒等式(Heiskanen，Moritz，1967；管泽霖，宁津生，1981)出发

$$\iiint_v (U\Delta F - F\Delta U)\mathrm{d}v = \iint_S \left(U\frac{\partial F}{\partial c} - F\frac{\partial U}{\partial n}\right)\mathrm{d}S \tag{10.19}$$

上式中的 F 在上述文献中是用 V 表示，这一恒等式对任何光滑可微的函数 U 和 F 都

成立，式中 v 和 S 分别是质体所占空间域和质体表面，$\mathrm{d}v$ 和 $\mathrm{d}S$ 分别是体积分元和面积分元，Δ 是 *Laplace* 算子，$\partial/\partial n$ 表示沿法线方向的导数，指向以离开 v 物体为正。令

$$F = \Delta V \tag{10.20}$$

其中，V 仍然表示引力位，由此得

$$\iiint_v (U\Delta^2 V - \Delta V \Delta U)\,\mathrm{d}v = \iint_S \left(U\frac{\partial \Delta V}{\partial n} - \Delta V \frac{\partial U}{\partial n} \right) \mathrm{d}S \tag{10.21}$$

将上式中的 U 和 V 互换，再从式（10.21）减去该互换后的方程，得

$$\iiint_v (U\Delta^2 V - V\Delta^2 U)\,\mathrm{d}v = \iint_S \left(-V\frac{\partial \Delta U}{\partial n} + \Delta U \frac{\partial V}{\partial n} - \Delta V \frac{\partial U}{\partial n} + U\frac{\partial \Delta V}{\partial n} \right) \mathrm{d}S \tag{10.22}$$

设想选择一个满足双调和方程的函数 U，即有

$$\Delta^2 U = 0 \tag{10.23}$$

同时设想式（10.22）右边第三和第四项均等于零，则在 S 内部一点 P 上的 V_P 就可表达为如下形式和线性泛函的组合

$$V_P = L_1 V_S + L_2 \left(\frac{\partial V}{\partial n} \right)_S + L_3 \Delta\rho \tag{10.24}$$

其中，L_1，L_2 和 L_3 为线性泛函算子，即式（10.22）中相应项积分算子，分别作用于 S 上的 V（即 V_S），和 $\partial V/\partial n$ 以及 $\Delta\rho$，对式（10.5）作 Δ 运算，可得 $\Delta\rho$ 与 $\Delta^2 V$ 的比例关系，则式（10.22）左边第一项就是 $\Delta\rho$ 的泛函（即 $L_3\Delta\rho$）。我们已假定在 S 上的 V（即 V_S）及 $(\partial V/\partial n)_S$ 是给定的，而 $\Delta\rho$ 是可以任意确定的，因此可求得内部位 $V_{内}$（即 V_P）的一般解，应用格林函数可以实现上述设想，这就是 Lauricella 方法的基本思想。下面进行相关的数学推导（Moritz，1990）。

首先对式（10.22）作实用化的转换，为此选择 U，令

$$U = l \tag{10.25}$$

其中，l 为计算点 $P(x_P, y_P, z_P)$ 至积分流动点 (x, y, z) 之间的距离（见图 10.7）。

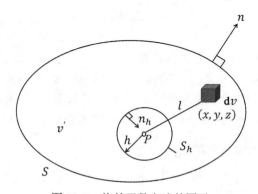

图 10.7　格林函数方法的图示

$$l^2 = (x - x_P)^2 + (y - y_P)^2 + (z - z_P)^2 \tag{10.26}$$

则有

$$\Delta l = \frac{2}{l} \tag{10.27}$$

$$\Delta^2 l = 2\Delta\left(\frac{1}{l}\right) = 0 \tag{10.28}$$

因此所选函数 $U = l$ 满足式(10.23)的要求，唯一存在的问题是 $1/l$ 在点 P(此处 $l = 0$)奇异，不能直接应用式(10.22)，需要对此奇异点作出处理。为此，在体域 v 中以点 P 为中心挖去一个半径为 h 的小球，球面用 S_h 表示，由 S 和 S_h 围成体域 v'，则式(10.22)可直接应用于 v'，v' 在 S_h 上的法线为 n_h，按规定指向离开 v'，即指向点 P，经此处理则总有 $l \neq 0$，由此式(10.22)可转换为

$$\iiint_{v'} l\Delta^2 V \mathrm{d}v' = \int_S\int_{S_h}\left(-2V\frac{\partial}{\partial n}\left(\frac{1}{l}\right) + \frac{2}{l}\frac{\partial V}{\partial n} - \Delta V\frac{\partial l}{\partial n} + l\frac{\partial \Delta V}{\partial n}\right)\mathrm{d}S \tag{10.29}$$

上式中的 n 包含体域 v' 两个界面 S 和 S_h 的外法线，并且这里采用了新符号

$$\int_S\int_{S_h}\mathrm{d}S = \iint_S \mathrm{d}S + \iint_{S_h}\mathrm{d}S_h \tag{10.30}$$

由于 h 可以足够小($h \to 0$)以及 V 的连续性，则在小球内部和表面 S_h 有 $V \approx V_P$，因此有

$$\iint_{S_{hj}}\left[-2V\frac{\partial}{\partial n_h}\left(\frac{1}{l}\right)\right]\mathrm{d}S_h \approx -2V_P\iint_{S_h}\frac{\partial}{\partial n_h}\left(\frac{1}{l}\right)\mathrm{d}S_h \tag{10.31}$$

由图 10.7 可知

$$\frac{\partial}{\partial n_h} = -\frac{\partial}{\partial l} \tag{10.32}$$

顾及上式和在 S_h 上 $l = h$，可得

$$\frac{\partial}{\partial n_h}\left(\frac{1}{l}\right) = -\frac{\mathrm{d}}{\mathrm{d}l}\left(\frac{1}{l}\right) = \frac{1}{l^2} = \frac{1}{h^2} \tag{10.33}$$

还有

$$\mathrm{d}S_h = h^2\mathrm{d}\sigma \tag{10.34}$$

其中, $\mathrm{d}\sigma$ 为单位球面元，则积分式(10.31)可写为

$$-2V_P\iint_{\sigma}\frac{1}{h^2}h^2\mathrm{d}\sigma = -8\pi V_p \tag{10.35}$$

下面设法消去在 S_h 上进行积分的其他项。当 $h \to 0$ 时有

$$\iint_{S_h}\frac{2}{l}\frac{\partial V}{\partial n}\mathrm{d}S_h = \iint_{\sigma}\frac{2}{h}\frac{\partial V}{\partial n}h^2\mathrm{d}\sigma \to 0 \tag{10.36}$$

进而有

$$-\iint_{S_h}\Delta V\frac{\partial l}{\partial n}\mathrm{d}S_h = \iint_{\sigma}\Delta V h^2\mathrm{d}\sigma \to 0 \tag{10.37}$$

上式的导出顾及以下关系

$$\frac{\partial l}{\partial n} = \frac{\partial l}{\partial n_h} = -\frac{\partial l}{\partial l} = -1$$

以及

$$\iint_{S_h} l \frac{\partial \Delta V}{\partial n} dS_h = \iint_\sigma \frac{\partial \Delta V}{\partial n} h^3 d\sigma \to 0 \qquad (10.38)$$

最后，当 $h \to 0$，方程（10.29）的极限形式为

$$\iiint_v l\Delta^2 V dv = -8\pi V_P + \iint_S \left[-2V \frac{\partial}{\partial n}\left(\frac{1}{l}\right) + \frac{2}{l}\frac{\partial V}{\partial n} - \Delta V \frac{\partial l}{\partial n} + l\frac{\partial \Delta V}{\partial n} \right] dS \qquad (10.39)$$

进一步消去上式右边积分中的最后两项，为此引入一个辅助函数 H，它在整个体域 v 上正则并双调和（$\Delta^2 H = 0$ 且二次连续可微），在边界面 S 上有

$$H_S = l_S, \quad \left(\frac{\partial H}{\partial n}\right)_S = \left(\frac{\partial l}{\partial n}\right)_S \qquad (10.40)$$

H 与函数 $U = l$ 的差别仅在于：H 及 ΔH 在整个 v 上处处正则（无奇异点），而 ΔU 在点 P 奇异，P 点此时认为是固定的。双调和方程 $\Delta^2 H = 0$ 应满足边界条件（10.40），当 S 足够光滑，解 H 存在且唯一。将 H 应用于方程（10.22），并顾及式（10.40）和 $\Delta^2 H = 0$，得

$$\iiint_v H\Delta^2 V dv = \iint_S \left(-V\frac{\partial \Delta H}{\partial n} + \Delta H \frac{\partial V}{\partial n} - \Delta V \frac{\partial H}{\partial n} + H\frac{\partial \Delta V}{\partial n} \right) dS \qquad (10.41)$$

将式（10.39）减去式（10.41），并令

$$G' = l - H \qquad (10.42)$$

得

$$\iiint_v G'\Delta^2 V dv = -8\pi V_P - \iint_S V\frac{\partial \Delta G'}{\partial n} dS + \iint_S \Delta G' \frac{\partial V}{\partial n} dS \qquad (10.43)$$

可以看到，由于引入边值条件（10.40），方程（10.39）最后两项被消去，由此可得

$$V_P = -\frac{1}{8\pi}\iint_S V\frac{\partial \Delta G'}{\partial n} dS + \frac{1}{8\pi}\iint_S \Delta G' \frac{\partial V}{\partial n} dS - \frac{1}{8\pi}\iiint_v G'\Delta^2 V dv \qquad (10.44)$$

由 Possion 方程，上式中的 $\Delta^2 V$ 为

$$\Delta^2 V = -4\pi G\Delta\rho \qquad (10.45)$$

将式（10.44）与式（10.24）比较，最初的设想通过引入格林函数 G' 得以实现，式（10.44）提供了内部位 $V_内 = V_\rho$ 的显式表达，从而引力位 $V = \{V_外, V_内\}$ 在整个 R^3 中有了定义。顺便指出，在文献（Moritz，1990）中将格林函数和引力常数开始使用同一符号，这里将格林函数用 G' 表示，为避免符号混淆，Moritz 又引入了一个新的符号 G_2，定义为

$$G_2 = \frac{G}{2} \qquad (10.46)$$

由此式（10.44）可写为

$$V_P = -\frac{1}{4\pi G}\iint_S \frac{\partial \Delta G_2}{\partial n} V dS + \frac{1}{4\pi G}\iint_S \Delta G_2 \frac{\partial V}{\partial n} dS + \iiint_v G_2 \Delta\rho dv \qquad (10.47)$$

现在回到式（10.18）即 $\rho = \rho_0 + \rho_H$，与 ρ_H（满足 $\Delta\rho = 0$）对应的内部位为 $V_P = V_H$，则由式（10.47）得

$$V_H = -\frac{1}{4\pi G}\iint_S \frac{\partial \Delta G_2}{\partial n} V dS + \frac{1}{4\pi G}\iint_S \Delta G_2 \frac{\partial V}{\partial n} dS \qquad (10.48)$$

对应 ρ_0(零位密度, 满足在 S 上 $V_S = 0$), 对应的内部位 $V_P = V_0$, 由式(10.47)得

$$V_0 = \iiint_v G_2 \Delta\rho \, \mathrm{d}v \qquad (10.49)$$

则引力位反演问题的通解有以下等价形式

$$V_P = V_0 + V_H \qquad (10.50)$$

至此我们还有一个问题要解决, 就是如何确定辅助函数 H, 从而确定 G' 的表达式。若 S 是任意光滑曲面, 即使是旋转椭球面, 一般是很难求得的。现假定 S 是球面, 则很容易得出格林函数 G' (见式(10.42)), 利用对内部点 P 作 Kelvin 变换, 即相对球面作反转, 如图 10.8 所示, 即将 P 反转为同半径上的 P', 此时有

$$rr' = R^2 \qquad (10.51)$$

定义函数 l_1

$$l_1 = \frac{r}{R} l' \qquad (10.52)$$

则满足条件的辅助函数 H 可取为

$$H = \frac{1}{2} \cdot \frac{l^2}{l_1} + \frac{1}{2} l_1 \qquad (10.53)$$

格林函数 G' 为

$$G' = l - \frac{1}{2} \cdot \frac{l^2}{l_1} - \frac{1}{2} l_1 \qquad (10.54)$$

有关 $\Delta^2 H = 0$ 及边界条件(10.40)的证明这里从略, 读者可参阅文献(Moritz, 1990, 166-167 页)。

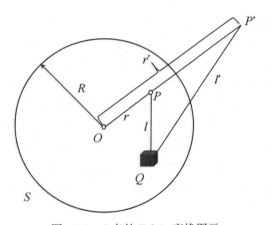

图 10.8 P 点的 Kelvin 变换图示

10.3 重力场与构造应力场

组成宇宙万物的物质都处在永恒的运动之中, 地球内部的物质, 特别是地壳和上地幔

的物质作为其中的重要组成部分，自然也存在着大规模的、持续的和有规律的运动。引起运动的力源相当复杂，有地球内部原因，也有来自宇宙空间诸因素，其中重力是最强大的力源。重力能够使地球上一切物体尽可能地取其最小位能，从而地球处于一种相对稳定状态。但是由于地球物质在不同深度、不同尺度上具有纵横向非均匀性，使得地球总是处于一种不稳定状态，重力的作用又要使它恢复到稳定状态，这样，地球物质将产生大规模垂直与水平物质运移，密度不均成为构造驱动力源。地球密度的变化包含了地球动力学信息，精密重力测量能够反映出这种密度变化，也就是说重力观测值蕴含着构造驱动力信息，重力变化与构造应力之间有着密切的联系。重力测量是研究不同深度地球物质纵横向非均匀性的有效手段，利用地球物质的质量分布可以分析应力状态，获得地震区重力场特征，进而研究这种特征与构造应力及地震成因的关系（向文，李辉，1999）。在实现了重力场向应力场转换之后，重力演化过程与地震孕育过程的对应关系就不再是建立在概率统计意义上，而是建立在物理意义的基础之上，为地震预报从经验统计预报向客观物理预报的过渡打下良好的基础。

10.3.1　重力场与构造应力场的内在关系

重力的不稳定性引起均衡调整过程，制约着大地构造的发育，表现为各种吸引与排斥，如挤压和拉张、活动与稳定等运动形式。重力均衡的建立、破坏、再建立旋回性发展构成了统一的地球动力学过程，研究地球动力学过程中的重力作用具有十分重要的意义。在物体的平衡运动方程中能够建立起重力与应力的函数关系。我们将地球内部物质划分成一个个长方体微元，其在直角坐标系中的平衡方程如下：

$$\frac{\partial \sigma_{ij}}{\partial_j} + \rho g_i = 0 \quad (i, j = x, y, z) \tag{10.55}$$

式中，σ_{ij} 是应力张量分量，(x, y, z) 是直角坐标，ρg_i 分别是 3 个坐标轴方向上所受的体应力。这是一个静力平衡方程，只有不存在重力水平差异的情况下才能够得出。地球内部压力随深度而增加，岩石必然承受随深度而增加的上覆物的重量，由于在水平方向上总是存在着重力差异，随深度而增加的压力要达到静力平衡是不可能的，必须在水平方向上产生应力差，也就是构造应力，所以在前面提到的应力平衡方程中应该加上水平构造应力这一项。水平构造应力因水平重力差异而引起，同时，它又会驱动地球内部块体产生运动，能够产生水平或垂直的断层运动。地震的发生与断层构造运动紧密相关，据统计世界上很多大地震都是以平推断层占优势，平推断层地震主要是水平构造应力作用的结果，所以研究水平构造应力对地震预报有着十分重要的意义。岩石圈内水平构造应力的变化情况能够由重力场变化特征反映出来。断层运动的平稳—失稳—突变—恢复过程，与地震发生的孕育—临震—余震过程相互对应。伴随整个过程，重力也有明显的相应变化。与地震有关的地面垂直变形可引起地面高程的变化，水平向压力和张力对地壳岩石的作用以及岩石中张性裂缝的形成可引起观测点下方介质密度的变化，深部触发大地震的岩浆和其它流体进入震源区可引起观测点下方质量发生变化。所有这些变化都能引起地面上某点的重力变化。从另一方面说，重力变化较大的地方，地壳底面起伏变化也大，这是由于受到水平构造应力挤压后，原本处于均衡状态的地壳受到破坏，地壳底面起伏发生变化，从而地表重力值也发生变化。在整个变化过程中，地表重力变化过程与地壳构造应力作用过程息息相关。现在重力高精度测量达到了一个新的水平，能够反映出地球动力学特征，将其转换成应力场特征图和应力降动态图，通过重力测量就能够研究监测区域的动态应力场特征。

10.3.2　利用重力资料研究区域构造应力场

若地壳处于流体静力状态，单位地块质量产生的静岩压力 P 为：

$$P = \sigma_{xx} = \sigma_{yy} = \sigma_{zz} \tag{10.56}$$

式中，σ_{zz} 为垂直压力，σ_{xx} 和 σ_{yy} 为水平侧压力。

根据阿基米德原理，地壳所受向上的浮力等于被排开的地幔岩质量：

$$\rho_c gh = \rho_m gb \tag{10.57}$$

式中，ρ_c 为地壳平均密度，ρ_m 为地幔密度，b 为地壳柱体沉入地幔的深度，g 为平均重力加速度值，h 为地壳平均厚度。地壳中并非都为静岩压力平衡状态，当 3 个主应力不等时，认为是存在构造应力的缘故。构造应力 $\Delta\sigma_{xx}$ 是在静岩压力上附加的一种应力，由相邻地块地形高低不同、密度不同、板块驱动力、热应力等附加应力引起的。

由液体静力平衡原理得：

$$F_c + F = F_m \tag{10.58}$$

其中，F_m 为地幔水平侧向力，F_c 为水平侧向力，F 为水平构造应力：

$$\begin{cases} F = \int_0^h \Delta\sigma_{xx} \mathrm{d}z \\ F_m = \int_0^h \rho_m gz\mathrm{d}z \\ F_c = \int_0^h \rho_c gz\mathrm{d}z \end{cases} \tag{10.59}$$

由式(10.57)~式(10.59)可得：

$$\frac{1}{2}\rho_c gh^2 + \Delta\sigma_{xx}h = \frac{1}{2}\rho_m gb^2 \tag{10.60}$$

由式(10.60)进一步推得：

$$\Delta\sigma_{xx} = -\frac{gh\rho_c\Delta\rho}{2\rho_m} \tag{10.61}$$

密度异常为 $\Delta\rho$、厚度 h 的布格片引起的重力异常 Δg_h：

$$\Delta g_h = -2\pi fh\Delta\rho \tag{10.62}$$

其中，f 为万有引力常数，$\Delta\rho = \rho_m - \rho_c$。用通常均衡改正的均衡柱体面积作为小地块计算的单位面积，设单位地块密度为 ρ_i，将它替换地壳平均密度 ρ_c，得：

$$\begin{cases} \Delta\sigma_{xx} = \dfrac{g\rho_i g_h}{4\pi f\rho_m} \\ g_h = \sqrt{g_x^2 + g_y^2} \end{cases} \tag{10.63}$$

其中，g_x、g_y 分别为重力异常水平分量。根据希尔伯特三维空间位场转换获得重力异常水平方向分量：

$$\begin{cases} g_x = -\dfrac{1}{2\pi} \displaystyle\int_{-\infty}^{+\infty} \int_{-\infty}^{+\infty} \dfrac{(x-\xi)g_z}{\left[(x-\xi)+(y-\eta)+H^2\right]^{\frac{3}{2}}} \mathrm{d}\xi \mathrm{d}\eta \\ g_h = -\dfrac{1}{2\pi} \displaystyle\int_{-\infty}^{+\infty} \int_{-\infty}^{+\infty} \dfrac{(y-\xi)g_z}{\left[(x-\xi)+(y-\eta)+H^2\right]^{\frac{3}{2}}} \mathrm{d}\xi \mathrm{d}\eta \end{cases} \tag{10.64}$$

其中，(ξ, η) 是流动坐标，遍及整个测量区域；g_z 是对应流动坐标的重力异常值；H 是空间延拓高度；积分区域可以有限化和网格离散化。任一点的最大主应力方向 α 可由重力异常水平分量值确定 $\alpha = \arctan(g_y/g_x)$。

利用 EGM2008 重力场模型可以获得区域重力异常数据。EGM2008 重力场模型是由美国 NGA 组织（National Geo-spatial-intelligence Agency）发布的超高阶地球重力场模型，该模型采用 GRACE 卫星测量数据、卫星测高数据和地面重力数据等计算得到，目前空间分辨率可达 $5' \times 5'$，能够较好地反映重力场的中高频部分，为更精细地研究重力场特征提供了可能。利用 EGM2008 模型得到研究区域重力异常数据的模型为：

$$\Delta g = \frac{GM}{r^2} \sum_{n=2}^{N} (n-1) \sum_{m=0}^{n} (\overline{C}_{nm} \cos m\lambda + \overline{S}_{nm} \sin m\lambda) \overline{P}_{nm}(\cos\theta) \tag{10.65}$$

其中，G 为地球引力常数，M 为地球质量，n、m 分别为阶数和次数，$\overline{C}_{nm}$ 和 $\overline{S}_{nm}$ 为球谐函数系数，$\overline{P}_{nm}(\cos\theta)$ 为规格化的勒让德函数，θ 和 λ 分别为归化纬度和经度。结合式（10.63）~式（10.65）即可确定水平构造应力场。

除了利用重力异常进行反演构造应力场外，也可以利用垂线偏差计算构造应力。垂线偏差是指重力向量 g 与椭球面法线之间的夹角，表征大地水准面的倾斜程度。通常情况下，垂线偏差 u 可以用子午圈分量 ξ 和卯酉圈分量 η 两个分量表示：

$$u = (\xi^2 + \eta^2)^{1/2} \tag{10.66}$$

子午圈分量 ξ 代表垂线偏差南北分量，卯酉圈分量 η 代表垂线偏差东西分量。垂线偏差与重力分量之间的关系为：

$$\tan u = -g_x/g_z \tag{10.67}$$

垂线偏差 u 是小量，所以 $\tan u \approx u$，将 g_z 用平均重力 g 代替，并将垂线偏差观测值从弧度秒转化为角度秒 $u'' = \rho''$，其中 $\rho'' = 1296000/2\pi \approx 206265$，简化公式（10.67）得 $g_x = -gu''/\rho''$，并假定 g_y 为零，将其代入公式（10.63）得到利用垂线偏差求取构造应力的公式为：

$$\sigma_{xx} = -\frac{g^2}{4\pi G} \frac{\rho_c}{\rho_m} \frac{u''}{\rho''} \tag{10.68}$$

10.4　地球重力场在地球物理中的应用

10.4.1　概述

测定和研究地球重力场的空间分布、频谱结构及其随时间的变化是大地测量学的一个主要分支之一，即物理大地测量学；重力场是地球质体产生的反映地球物质分布的物理场，是地球最重要的一种物理场，因此地球重力场当然也是地球物理学研究的重要领域。大地测量学侧重于研究测定地球重力场的方法和技术、利用观测的重力数据建立全球和局部重力场数学模型的理论和方法；地球物理学则侧重于研究利用重力测量数据和重力模型，并联合各种地球物理探测数据（例如地震、深部钻探、地电、地磁、低热等数据），分析解释涉及地球物质分布的固体地球构造模式、动力学机制及相关的各种地球物理和动力学现象，并由此建立由若干固体地球介质和结构参数表达的地球构造模型以及地球动力学模型，据此推测地球动力学环境的变化、预测地震和地质变化、评估地下矿产资源。地球重力场是大地测量学与地球物理学一个主要交叉研究领域，主要表现在各自提供的信息在实现各自的研究目标的同时也可以互相支持和补充，例如物理大地测量学研究解算和建立重力场模型需要地球物理提供地壳密度数据、地壳厚度、地球潮汐数据（也是大地测量研究内容）等；地球物理研究地球构造模型和动力学模型，除了需要重力数据和模型的支持外，还需要大地测量（主要是空间大地测量）提供地壳运动和形变资料（反演弹性和黏滞参数）、地球总质量和地球形状参数等。本节围绕重力场的地球物理解释，介绍这一交叉领域的一个侧面。

就静态重力场（假定地球处于静止状态的地球引力场）而言，重力测量数据主要包括大地水准面起伏、重力异常和重力梯度，对重力数据进行谱分析（或者作球谐分析），可以建立以球谐函数作基函数展开的引力位球谐级数，即地球重力场模型，按展开的阶次划分重力场频谱结构的不同成分，一般分为长波（低频）、中波（中频）、短波（高频）和甚短波（甚高频）。长波反映全球（大于4000km）尺度地球物质（密度）分布，主要是地球深部物质分布（如地幔和地核）；中波（500~4000km）反映区域中尺度物质分布和构造，主要是上地幔岩石圈结构；短波（100~500km）反映局部地壳构造；甚短波（<100km）则反映局部地形起伏。我们将主要介绍中长波重力场的大地构造解释，即壳—幔层的重力场特征，主要包括岩石圈板块的各类构造单元。

时变重力场包括各种不同时间尺度重力场的变化，中长时间尺度（几年到几十年和几百年）的变化反映中长周期的地球动力学过程，主要包括地幔对流、板块运动及其消长（板块更新过程），长周期全球气候变化引起地球冰雪负荷（主要是极地冰盖、冰原和陆地冰川）的变化，例如全球变暖导致冰雪消融；也包括冰后回弹和地球自转变化产生的重力变化。短周期（几天到几个月）变化反映地壳局部构造运动，例如活动构造带和地震孕震发震过程，火山活动等，也包括全球气候季节性或年季异常变化导致全球水储量分布变化（水循环过程变化）。本节将主要介绍长周期地球动力学过程的重力场效应，并包含在前述岩石圈板块构造单元重力场特征的描述中；短周期重力场变化将主要介绍局部构造活动的重力场效应。地球重力场的地球物理解释是一个很广泛的研究领域，涉及面广，虽然已有相当多的研究成果见之于各种文献和专著，但目前还未形成系统的和成熟的理论和方法体系，内容比较系统完整的著作是重力勘探方面，即重力探矿，主要是利用重力异常资料解释地壳浅层局部密度异常，评估矿储资源，本书不涉及这些内容，有兴趣的读者可阅读教材《重力场与重力勘探》（曾华霖，2005）。随着重力测量技术的发展，特别是前述新一代卫星重力探测计划的实施，厘米级精度高分辨率重力场模型的出现，将会进一步推动重力场地球物理解释理论和方法的发展，并逐步形成它自身的完整体系。

10.4.2　几种主要海底构造单元的典型大地水准面特性

海洋占地球表面积的 71%，海底大地构造包含了全球大地构造各类特征单元，例如对称扩张海脊(又称洋中脊)、深海海沟(消减带)、大山链和孤立海山、断裂带等。大地水准面起伏是长波(数千千米)占优，其功率谱占 90% 以上，反映下地幔或核-幔边界的密度变化，以上构造单元是洋壳和海洋岩石圈组成部分，典型波长为 2000～3000km，是去掉低于 10 阶大地水准面后的剩余中波分量，其特性与这些构造单元较强相关(参阅 Anderson 和 Cazenave 主编的 *Space geodesy and geodynamics*《空间大地测量与地球动力学》)。

1. 对称扩张海脊

在对称扩张海脊区域，大地水准面高程异常是由岩石圈的冷缩引起的，并随着海底年龄的增长，大地水准面高从海脊顶部下降到多年(老龄)海盆。典型的大地水准面高度变化，在 1000～2000km 的距离上为 5～10m。这一区域的大地水准面形状可用于约束岩石圈冷缩模型或约束板块推动力的大小。一般说来，缓慢扩张的海脊，如中大西洋海脊，比快速扩张的海脊(如东太平洋海脊)有强得多的大地水准面特征。

2. 深海海沟

深海海沟在大地水准面上有很典型的特征，在海沟轴的正上方，大地水准面呈现出一深为 5～20m，宽为 100～400km 的窄波谷。从海沟到陆地的一侧，通常波谷与所出现的岛弧重合程度迅速增加。当把这一波谷加上短波变化，我们可以观测到从离消减板块向海一侧的海沟轴 1000～3000km 处突然出现的大面积正大地水准面异常。长波大地水准面高大约在海沟附近达到它的最大值，典型幅度在十到几十米之间变化。虽然消减带的具体表现各有不同，但都将产生上述特征趋势的大地水准面异常。一些学者对这些异常的解释，尽管有不同的描述，但都把大面积的正大地水准面异常归因于与插入到软流圈中稠密、冷却的消减板块有关的热效应，而短波大地水准面较低则是板块在海沟轴上消减和弯曲的结果。所观测到的海沟负异常的非对称形状是向海一侧板块的绕曲所致，也可能是由于海底存在着偶然的外缘隆起。

3. 断裂带

在断裂带的上方，大地水准面异常表现为1～3m幅度的阶梯状信号，从断裂带年轻的比较浅的一边向下延伸到年老较深的一边，其结果与海洋岩石圈演化的热模型所预测的相同，对断裂带大地水准面进行分析，也可估算岩石圈冷缩模型参数。

4. 火山链和孤立海山

火山链和孤立海山给出较大的正值大地水准面异常，其幅度可达5～6m，宽 150km，有时位于较小的相邻最低点的两侧，这些异常是由两项对立的效应产生的，即起因于地形的正值大地水准面异常和起因于岩石圈内部均衡补偿的负值大地水准面异常。

10.4.3　对称扩张海脊中央(海岭)区的重力异常特性

许多穿越中央海岭的航船，都取得了重力测线资料。这些测线虽因局部条件不同而有差异，但它们的重力异常图都有着相类似的形状。图 10.9 是"维马"号研究船在其第 17 次航行穿过大西洋中央海岭的重力异常、海底深度分布和假设的地壳结构剖面。图的左端接近(36°N，49°W)，右端接近(25°N，29°W)。图中给出空间异常和布格异常，其中布格异常是采用二维模式，并取基岩密度为 2.60g/cm³ 计算得到。其地震波速度结构模型为：层 2 是基岩，$v_p = 4.5 \sim 4.8$km/s；层 3 是底部地壳，$v_p = 6.5 \sim 7.0$km/s；地幔岩石的速度 $v_p = 7.9 \sim 8.4$km/s。直接处于海岭下方的地幔速度和密度较低。

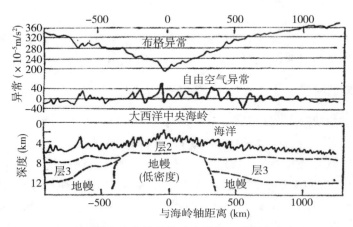

图 10.9　大西洋中央海岭处的重力异常（引自张少泉，1988）

从图 10.9 可以看出，穿过中央海岭的空间异常的平均值，比邻近海底大 0.2×10^{-3}m/s² $\sim 0.3 \times 10^{-3}$m/s²。在海岭附近，海洋深度最小，仅 $2 \sim 3$km，该处地壳最薄，莫霍界面的深度一般是 7km 左右。沿着海岭的重力补偿必定主要出现在上地幔顶部，这就需要有相当低的地幔密度，因而海岭处的布格异常值比附近的要低 1.5×10^{-3}m/s²。

在这里，由重力异常所建立的密度模型与由地震测深所得速度模型、由海洋磁测所建立的海底扩张概念以及由地面热流所建立的热模型是一致的。由于海底扩张，上地幔的低波速、低密度、高温物质不断上涌，从而开始海洋地壳的更新历史（张少泉，1988）。

10.4.4　海沟重力异常特性

海沟重力异常的特征是，在海沟轴上有大幅度的负异常，而在朝向陆地的岛弧上是正异常。其负异常值可达 -3.0×10^{-3}m/s² $\sim -2.0 \times 10^{-3}$m/s²，其正异常值可达 3.0×10^{-3}m/s²，两者互差竟达 5.0×10^{-3}m/s² $\sim 6.0 \times 10^{-3}$m/s²，显然是一个重力异常的高梯度带。

塔尔沃尼和黑斯(Talwani and Hayes)于 1967 年在理论上用岩石($\rho = 2.0$g/cm³)把 5km 以下的海沟及其邻近的海洋填平。与此类似，在朝向海洋的内壁上，把深度小于 5km 的岩石去掉，其目的在于把空间异常中的地形影响和结构影响分开，他们把这种异常称为 5km 异常。5km 异常的最小值位于海沟内壁面上，而不是海沟轴上，即从空间异常最小值的位置向岛弧方向移动 $10 \sim 50$ 千米。造成这种位置偏移的原因，可能是由于很厚的低密度沉积物造成的，也可能是海沟轴附近的消减板块向下弯曲时，该板块上部的较低密度物质产生的，或许，两者兼而有之。

海沟重力异常的另一个特点是，在朝向海洋的海沟内壁上，具有长波长正异常特征。

异常波长为几百千米，幅度达 $0.5\times10^{-3}\mathrm{m/s^2}$，它大于邻近的深海盆地异常值。除了长波正异常，还存在一些短波负异常，但后者小于前者。因而合成的结果体现为正异常。

　　总之，上述海岭与海沟的重力异常结果有力地支持海岭隆起，其地幔物质密度低，海沟下陷(相应于板块下弯)，其物质密度亦低的观点，而这些观点恰是海底扩张和板块构造学说的必然推论。因此，重力测量成为板块学说的另一重要支柱。顾功叙(1981)指出："近年来板块构造学说的问世，是地球科学发展中的一个无可争辩的重大转折，其根据主要来自海洋，是大量海洋地球物理和海底地质观测结果的产物。今后海洋重力的观测研究，必将对这一学说的进一步完善和论证起到应有的作用"。

10.4.5　均衡异常的解释

　　布格异常经过均衡改正(补偿改正)，得到均衡异常。如果均衡异常很小，表明地壳基本上处于均衡状态。但是在地球上存在着许多均衡异常值大的地区。

　　大均衡异常的最显著实例是印度尼西亚群岛。沿着岛弧观测到一个均衡异常到 $-200\times10^{-5}\mathrm{m/s^2}$ 的狭窄带(图 10.10)。根据列岛显示的褶皱作用和逆掩断层，维宁·曼尼兹(1958)认为，这些地区的地壳受强烈的横向压力。负异常意味着补偿不足，这部分未补偿的物质亏损，可能是较轻的地壳向下弯曲到较致密的地幔中。由均衡负异常提示的地壳向下弯曲，成为地球内存在横向压应力的重要证据。

图 10.10　印尼岛弧的均衡负异常示意图 (引自张少泉，1988)

　　较大的均衡异常的另一个显著实例是塞浦路斯岛。该地区具有非常大的正异常。正异常显示地下物质过剩。该岛地质情况相当复杂，因为有不同时代的基性岩。其中，含有橄榄石的辉长岩露头，被认为是地幔物质进入地壳的监视"橱窗"。人们曾根据重力资料推断基性岩分布和深度范围，并对地幔致密物质的上移模型做出推论。

　　总之，均衡异常(无论是正是负)或与地幔物质上移或与地壳强烈下弯有关。地幔物质上移需要动力，地壳下弯需要支撑，起因可能又与上地幔的物质对流和横向密度变化有关。因此，均衡异常往往需要结合地球深部(主要是地幔)的结构和运动来解释。

10.4.6　重力与地幔对流的关系

　　对全球重力场模型的分析，其中很重要的一部分是地幔对流的结果。其结论有重要意义，因为板块构造运动假说仍然只是一个运动假说，其驱动机制尚不清楚。重力数据可对横向密度异常（它与对流有密切关系）施加约束，为对流模型提供一种独立的检验，最终这些观测结果可能对驱动机制的了解有所贡献。仅有的其他独立地球物理观测结果是地震波速和地表热流的横向变化，但这两种量都还不能以和重力场相同的空间分辨率加以测量，而地表热流观测又被岩石圈大大地过滤了。为了建立实测重力场与地幔对流的关系，从 Pekeris(1935) 的开创性工作开始，后来许多学者为此做出了努力，例如 Kaula (1972) 研究过重力与板块构造活动之间的关系，指出板块的汇聚带与正重力异常密切相关，对某些消减带尤其如此，但板块的分带则没有。Rumcorn(1964，1967) 等曾尝试建立重力与对流模型的定量关系，他建立了重力位 ΔW 与整个地幔对流可能作用在岩石圈基底上的应力之间的简单关系，他的模型指出在某些板块边缘上是挤压的，而某些洋脊上是拉张的，但其中的一个严重缺陷是假定了岩石圈由于上地幔中横向温度变化或由于对流作用在岩石圈上的力而没有响应（即对流的响应中没有变形）。Mckenzie 等 (1980) 研究过重力与对流的平面形状之间的关系，描述了整个地幔对流（或仅限于上地幔对流）的数值和实验模型。

Richter(1973) 提出两种尺度的对流，一种是伴随着深部回流的大尺度板块运动，另一种是仅限于软流圈的小尺度的对流。Richter 认为软流圈之上的板块运动可令小尺度的环流单元呈纵向转动，转轴平行于板块运动的方向。因此预期热流和海底地形会反映出这样一种图像，对流单元的上升冀高于平均热流，且海底逐渐升高。高热流区的重力根据来自海底变形的影响和来自对流单元内密度分布的影响不同，可为正也可为负。纵向对流转动的纵横比（横截面上垂直方向与水平方向之比）约为 1：1 的量级，若这种转动仅限于软流圈，则预期重力异常的波长约为 500~1000km。同时认为只有在快速运动的太平洋板块下面才会出现这种较小尺度的对流方式，而且即使在那里，这样的转动也不是软流圈稳定流(动)的特征。其他一些作者在其相关的研究中，研究了 Richter 所预期的上述次生流的图像，但未能得到令人信服的证据。

研究地幔对流的重力效应还涉及其它多种地球物理量，例如包括对流产生的热源密度异常（反差）及其重力效应，热流引起的地表变形及其重力效应，研究表明这两种重力效应符号相反，反映在位系数的变化上，后者大于前者，因而预期热流与重力以及地形与重力之间的相关性是正的。此外研究地幔对流机制还涉及地幔的黏滞度，Hager(1984) 研究了这一问题，得出了在给定黏滞度的情况下，质量的沉降情况和大地水准面的形状，并指出当质量异常达到某个边界，超过此边界黏滞度将急剧增加，此时上边界变形较小，下边界变形较大，总的效应是产生正的大地水准面异常，因此异常的符号是黏滞度结构的函数，而且在原则上如果对内部密度反差有其他独立约束，就有可能根据全球重力场推算出地幔的黏滞度。

地幔对流的假说虽然被多数学者接受，但还很不成熟，以上是部分作者就地幔对流的相关重力效应研究结果的概要，其中涉及有关地幔对流理论模式的一些专用名词术语，在此假定读者已有相关地球动力学基础知识，对此可参阅有关大地构造学和地球动力学方面的教科书和文献。

10.4.7　利用高精度重力观测研究地球自由振荡

地球一旦局部受到某些剧烈因素(如大地震、火山爆发或地下核爆炸等)的激发,就会产生自由振荡,并以一系列驻波叠加的方式运动。地球自由振荡传统上被分为球型振荡($_nS_l$)和环型振荡($_nT_l$)两大类,由于真实地球的椭球形状、自转和三维内部结构,这两类振荡均能引发全球性的地表垂向和水平向惯性力,导致地表形变位移和重力变化,因而地表长周期连续重力和形变观测仪器,如重力仪、地震仪、应变仪、倾斜仪,甚至井水位监测仪、GPS 连续观测和激光自转感应器等(例如,Igel et al.,2011;Mitsui,Heki,2012;Nader et al.,2012,2015;Yan et al.,2016),均可以记录到这种响应信号。

超导重力仪(Superconducting Gravimeter,SG)是当前最好的相对重力仪,具有超高的观测精度、稳定性和连续性,可用于观测各种由于地球质量变化和体积变形造成的地表重力变化信号,如固体潮、海潮、自转和极移、地球自由振荡、核模、大气交互作用和构造板块运动等导致的全球动力学效应。随着 1997 年 7 月 1 日全球动力学计划(Global Geodynamics Project,GGP)的实施,地球自由振荡的检测研究有了前所未有的机遇。研究结果表明:对于低于 1.0mHz,SG 具有比最优地震仪更好的检测水平;低于 1.5mHz 时,二者检测能力相当(Rosat et al.,2002;Widmer-Schnidrig,2003)。低频自由振荡及谱线分裂对地球内部介质的参数更敏感,它的检测与研究已经成为约束和改进地球一维模型的一种重要方法,因此,目前利用超导重力观测数据研究低频自由振荡及谱线分裂已成为一个国际上的研究热点和前沿问题(许闯,等,2014)。

地球自由振荡的观测最早可以追溯到 1961 年。Benioff 等(1961)利用应变仪记录数据研究了 1952 年地震和 1960 年智利地震激发的球型自由振荡,并估算了$_0S_3$ 与$_0S_{18}$的品质因子。Ness 等(1961)采用弹簧重力仪观测数据对 1960 年智利地震激发的球型自由振荡进行了研究,并对不同地球模型进行了比较。Van Camp(1999)首次利用 SG 观测数据检测了伊朗 M_W 7.9 地震激发的自由振荡。Rosat 等(2003)利用多台 SG 观测数据首次观测到 2001 年秘鲁 M_W 8.4 地震激发的$_2S_1$谱线分裂现象。雷湘鄂等(2007)利用武汉台站 SG 观测数据研究了 2004 年苏门答腊大地震激发的地球自由振荡及其谱线分裂。Ding 和 Shen(2013)利用 SG 观测数据探测到$_0S_2$、$_1S_2$、$_3S_1$的全部剥离单线态。许闯等(2014)利用 4 个不同台站的 SG 观测数据系统研究了 2011 年日本 M_W 9.1 大地震激发的低于 1.5mHz 自由振荡及谱线分裂。Shen 和 Ding(2014)利用 SG 观测数据研究 2004 年苏门答腊 M_W 9.0、2008 年智利 M_W 8.8 和 2011 年日本 M_W 9.1 大地震激发的地球自由振荡,并利用整体经验模态分解(EEMD)方法,探测到$_0S_2$、$_2S_1$、$_0S_3$、$_0S_4$、$_1S_2$、$_3S_1$的全部分裂谱线(如图 10.11)。总而言之,对于地球自由振荡弹性简正模(或地震简正模),以 1mHz 以下的低频模态为例,它们包括 10 个球型模态和 4 个环型模态;其中,除$_0T_5$,其他所有模态的分裂谱线均已被完全探测到。

地球内核平动振荡(也被称为 Slichter 模)是一阶球型振荡的第一个泛音$_1S_1$,以重力作为其恢复力(不同于上述弹性简正模),因而具有较长的本征周期,一般被认为有数个小时;其三重分裂周期是确定地球内外核密度差异的重要物理量,对于约束地球深内部密度结构具有重要研究价值。地球内核平动振荡引起的地表重力变化非常微弱,极易淹没于其周期所在的亚潮汐频段背景噪声中，且可能会受其他一些地球物理过程或事件（如海浪、潮汐效应等）的干扰，探测难度极大。

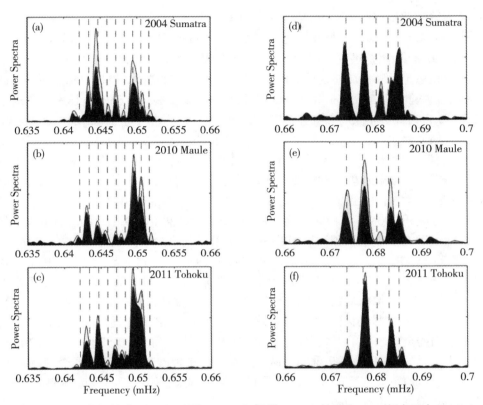

（a）~（c）2004 年苏门答腊 M_{w} 9.0 地震、2010 年智利 M_{w} 8.8 地震和 2011 年东日本 M_{w} 9.1 大地震震后所得到的 $_0S_2$ 的功率谱；（d）~（f）为对应地震后所得到的 $_0S_3$ 的功率谱。黑色和灰色阴影分别表示未经过 EEMD 处理和经过 EEMD 处理后的功率谱图，竖直虚线表示相应谱峰的 PREM 模型预测频率（引自 Shen 和 Ding，2014）。

图 10.11 苏门答腊 M_{w} 9.0 地震、智利 M_{w} 8.8 地震和东日本 M_{w} 9.1 大地震震后所得到的 $_0S_2$ 和 $_0S_3$ 的功率谱

    Smylie（1992）通过在频率域内叠积欧洲 4 个 SG 观测残差序列，首次在其积谱中发现了 3 个弱共振信号，与其利用亚地震波近似理论计算的 CORE11 地球模型下的 Slichter 模预测周期极为接近，该结果的发表引起了国际地学界极大关注和讨论。以 Jensen、Hinderer 和 Crossley 为代表的研究团队基于此结果做出了大量的重复操作和模拟验证实验，均未能获得与 Smylie（1992）相同或相近的结果（例如，Jensen et al.，1995；Hinderer et al.，1994，1995；Crossley et al.，1995），使得该结果的真实性受到极大的质疑。此外，Crossley 等（1992）对 Smylie（1992）的理论计算结果提出了严厉批评，因为其在计算时采用了并不合理的静态勒夫数描述内核平动振荡运动，且与其他众多理论研究结果存在显著差异。这些理论计算结果证明了 Smylie（1992）的理论依据不可靠，由此间接证明其观测结果也不可

靠。后续众多学者的研究也近乎推翻了该声称结果，但 Smylie(1992)的频域积谱方法被广泛应用于 Slichter 模三重分裂信号的探测。此外，SG 也被公认为是最适合探测 Slichter 模三重分裂信号的仪器。

在频率域的叠积探测中，Hinderer 等(1994)估算了法国和加拿大 2 台 SG 观测序列的互谱密度，但未有与 Slichter 模有关的探测结果。Sun 等(2004)、徐建桥等(2005，2010)和 Jiang 等(2013)利用范围更广的 SG 台站观测数据的积谱，给出了多组 Slichter 模的候选值。随着叠积思想由频率域转变至时间域，更多有效的探测技术被提出和应用于实践。在时间域的叠积探测中，Courtier 等(2000)提出了一种多台站实验(MSE)技术，并通过叠积全球 6 个 SG 台站共 294106 小时的观测数据给出了一组非常接近于 Smylie(1992)探测结果的候选值，该方法得到了 Rosat 等(2003，2006)和 Guo 等(2006)的验证。Guo 等(2006)在MSE 方法的基础上提出了一种更有效的加权叠积形式以降低台站背景噪声，但未能给出 Slichter 模候选值。Rosat 等(2007，2008)分别尝试小波分析和非线性谐波分析方法叠积不同 SG 数据集，但均未有相对有效的观测结果。Ding 和 Shen(2013)利用一种最优序列分析方法，通过叠积 2004 年苏门答腊地震后 9 个 SG 台站共 14000 小时的观测数据，给出了一组非常接近于 PREM 模型预测周期的 Slichter 模候选值。申文斌等(2013，2016)分别利用 2004 年苏门答腊 M_W9.0 和 2011 年日本 M_W9.1 地震后的大量 SG 数据，利用整体经验模态分解方法与 MSE 和 OSE 相结合给出了与理论周期极为接近的"可能观测值"。Ding 等(2015)利用 OSE 和 AR-z 谱叠积了全球 14 个 SG 台站的观测残差序列，给出了 3 组 Slichter 模三重分裂信号的候选值。Luan 等(2019)利用 OSE 和积谱方法，处理和分析了迄今为止最全面的全球超导重力数据(包括 49 个 SG 观测序列)，找到了 1 组与 PREM 模型预测值极为接近的 Slichter 模三重分裂信号。总之，是否已观测到甚至能否观测到 Slichter 模三重分裂，目前争议依然很大，且出现了一些"可能观测结果"与理论预测值非常接近，但这些结果有待进一步确认。

综上所述，地球自由振荡简正模的谱峰特征是球形和弹性地球结构、衰减、旋转、椭率、横向不均匀性和各向异性等综合效应的体现。对其检测与研究可作为独立于地震波速的条件约束，用于地球内部大尺度密度结构或者大地震的震源机制反演。

10.4.8　利用卫星重力资料反演约束地壳及岩石圈厚度

地壳是类地行星的表层结构，一般来说它很薄，占行星的体积比很小。地壳是地幔部分熔融的产物，其厚度是地幔物质熔融程度的直接度量，因而成为岩石学和地球动力学研究的一个重要物理参量。对地球而言，地壳分布呈现出海陆两分的格局，这与地球的板块构造运动密切相关。大陆地壳的平均年龄约 20 亿年，而海洋地壳的平均年龄只有大约 8千万年。海洋地壳大约以 $17km^3/a$ 的速率在大洋中脊处形成，并且大约以同样的速率在海沟处俯冲进入地幔，它的厚度变化不大，约在 5~10km 范围内(Schubert et al.，2001)。与海洋地壳相对应的是，大陆地壳在地球演化历史中经历了一系列的碰撞、熔体侵入、热侵蚀和化学交代作用等物理化学过程。陆壳厚度变化很大，平均约 35km，在大山脉地区地壳很厚，这与板块碰撞造山运动相关，如印度板块与欧亚板块碰撞形成的青藏高原，具有全球最大的地壳厚度，厚达 65km 以上(方剑，1999；Schubert et al.，2001；高星，等，

2005；黄建平，等，2006）。重力和地震观测是获取地球地壳厚度的主要地球物理观测。随着观测数据的增加，目前已能以较高精度获取地球地壳厚度信息（Mooney et al.，1998；Tenzer et al.，2009）。基于重力和地形数据，采用基于波数域上球面 Parker 公式的反演方法（Parker，1972；Wieczorek，Phillips，1998）可以较好地确定地壳厚度，这种方法不需要进行均衡假定。

　　对于地球岩石圈而言，其存在各种形式的载荷，例如地球表面的山体、盆地、冰盖和沉积层等，地球内部的岩浆侵入和地层逆掩等（Watts，2011；陈波，2013）。在均衡调整过程中，岩石圈对这些载荷的响应不仅取决于载荷的空间尺寸（或几何大小），还与载荷加载的时间尺度有关（图 10.12）。载荷加载之后，在同震形变时间尺度上（0~120s），地壳及地幔物质可视为一个整体的弹性半空间模型，表现出明显的弹性特征；在震后形变时间尺度上（约 10 年），地壳及深部物质可近似为弹性薄板耦合于黏弹性半空间体之上的模型；在相对较短的地质时间尺度上（冰川回弹时间尺度，约 104 年），整个岩石圈被视为弹性板，而上地幔以深的物质则是黏弹性半空间体；在地质时间尺度上（>106 年），岩石圈则被视为漂浮在非黏性流体的软流圈之上的弹性薄板（Watts，2010）。

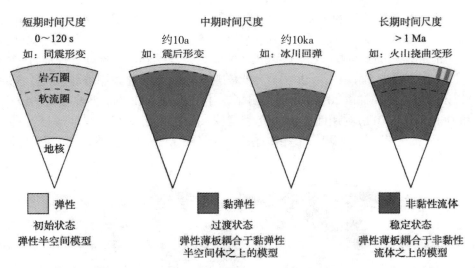

图 10.12　地球外部圈层在载荷加载后不同时间尺度下的弹塑性响应（引自侍文，等，2022；修改自 Watts，2010）

　　将岩石圈视为弹性薄板，该薄板受到载荷加载作用后会发生弯曲。与岩石圈板块中实际应力分布所产生的弯矩（bending moment）相等的理论弯曲弹性薄板厚度，被称为岩石圈有效弹性厚度（effective elastic thickness，T_e）。有效弹性厚度 T_e 反映岩石圈在地质时间尺度的长期载荷作用下抵抗变形的能力（Chen et al.，2013；胡敏章，等，2015），T_e 越大意味着岩石圈抵抗变形的能力越强，即越难发生挠曲变形；反之，岩石圈则越易发生挠曲变形。有效弹性厚度在物质上并不存在，没有任何实际地质或物理界面与之对应，但它反映了现今大陆岩石圈抵抗变形的能力代表了大陆岩石圈的综合强度。

岩石圈受力变形采用弹性板挠曲方程表示（Turcotte，Suchubert，2002）：

$$D \frac{\partial^4 w}{\partial x^4} + (\rho_m - \rho_{\text{infill}})gw = \rho_{\text{load}}g\,h_{\text{load}} \tag{10.69}$$

式中，w 是弹性薄板的挠曲变形，x 是水平坐标，ρ_m 和 ρ_{infill} 分别是地幔密度和挠曲凹地的填充物质密度，g 是重力加速度，ρ_{load} 和 ρ_{load} 是载荷的密度和高度，D 是弹性薄板的挠曲刚度。

挠曲刚度 D 可由下式求得：

$$D = \frac{E\,T_e^3}{12(1 - \nu^2)} \tag{10.70}$$

式中，T_e 是岩石圈有效弹性厚度，E 为杨氏模量，ν 为泊松比。利用公式（10.69）和式（10.70）可以建立特定载荷加载下弹性薄板的挠曲变形与有效弹性厚度的关系。

由于岩石圈在上部地形负载作用下发生挠曲变形的直接体现是引起重力异常，所以重力异常和地形数据成为估计 T_e 的理想数据。目前基于重力异常和地形数据估计陆地区域 T_e 比较常用的是谱方法（Kirby，2014；胡敏章，等，2020），如基于布格重力异常的地形相干性方法（Forsyth，1985；Pérez-Gussinyé et al.，2004；Chen et al.，2013；李永东，等，2013）、基于自由空气异常的地形导纳法等（陈石，等，2011；佘雅文，等，2018；付广裕，王振宇，2020）、莫霍面地形导纳法（杨亭，等，2013）、导纳法和相干性单独反演方法（Pérez-Gussinyé et al.，2009；Chen et al.，2018）以及导纳和相干性联合反演方法（Audet，2019；Lu et al.，2020；Shi et al.，2020）。针对谱方法中存在的频率泄露问题，Simons 等（2000）以及 Kirby 和 Swain（2011）分别提出了基于多窗分析和 Fan 小波分析的改进方法。Audet 和 Bürgmann（2011）利用此方法研究了全球大陆的岩石圈有效弹性厚度及各向异性（图 10.13，彩图见附录二维码）。除谱方法外，部分学者通过直接求解岩石圈在地形载荷

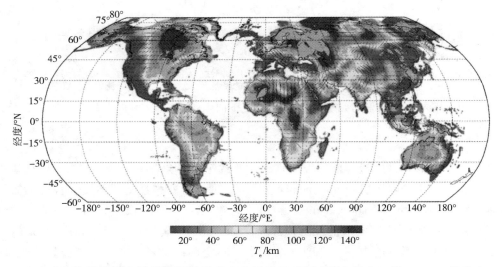

图 10.13　全球大陆岩石圈有效弹性厚度及其各向异性示意图（引自侍文，等，2022；修改自 Audet，Bürgmann，2011）

作用下发生挠曲形变的偏微分方程来计算 T_e，如空间域的有限差分法（Jordan，Watts，2005；姜效典，等，2014；胡敏章，等，2020）。目前对于中国大陆地区 T_e 的计算，由于所用重力数据、处理过程和估计算法的不同，不同研究给出的 T_e 存在较大差异，并且所得结果的空间分辨率较低，普遍采用的谱方法也不利于对 T_e 的横向变化特征展开研究（胡敏章，等，2020）。还需指出的是，目前中国区域 T_e 计算大多基于重力场模型数据计算，缺乏地表实测重力异常的约束。如果采用基于地表实测重力的布格重力异常或自由空气重力异常数据来估计 T_e，预期可提高估计精度，为基于 T_e 的地球物理解释和应用提供更加精确可靠的数据支持。

◎ 本章参考文献

[1] Andersen O B, Knudsen P, Berry P A M. The DNSC08GRA global marine gravity field from double retracked satellite altimetry[J]. J. Geod., 2010, 84: 191-199.

[2] Andersen O B, Knudsen P, Berry P A M. The DNSC08GRA global marine gravityfield from double retracked satellite altimetry[J]. Journal of Geodesy, 2010, 84: 191-199.

[3] Anderson A J, Cazenave A. Space geodesy and geodynamics[J]. Academic Press, London, 1986.

[4] Audet P. PlateFlex: Software for mapping the elastic thickness of the lithosphere (Version v0. 1. 0)[J]. Zenodo, 2019, accessed 2020, doi: 10. 5281/zenodo. 3576803.

[5] Audet P, Bürgmann R. Dominant role of tectonic inheritance in supercontinent cycles[J]. Nature Geosci., 2011, 4(3), 184-187.

[6] Benioff H, Press F, Smith S. Excitation of the free oscillations of the Earth by earthquakes[J]. J. Geophys. Res. Solid Earth, 1961, 66(2): 605-619.

[7] Blom N, Boehm C, Fichtner A. Synthetic inversions for density using seismic and gravity data[J]. Geophysical Journal International, 2017, 209(2): 1204-1220.

[8] Johannes B, Fuchs M J. GOCE gravity gradients versus global gravityfield models[J]. Geophysical Journal International, 2012, 189 (2): 846-850.

[9] Camp M V. Measuring seismic normal modes with the GWR C021 superconducting gravimeter[J]. Phys. Earth Planet. Int., 1999, 116(1-4): 81-92.

[10] Camelbeeck T, De Viron O, Van Camp M, et al. Local stress sources in Western Europe lithosphere from geoid anomalies[J]. Lithosphere, 2013, 5(3): 235-246.

[11] Chen B, Chen C, Kaban M K, et al. Variations of the effective elastic thickness over China and surroundings and their relation to the lithosphere dynamics[J]. Earth Planet. Sci. Lett., 2013, 363: 61-72.

[12] Chen B, Haeger C, Kaban M K, et al. Variations of the effective elastic thickness reveal tectonic fragmentation of the Antarctic lithosphere[J]. Tectonophys, 2018, 746 (30): 412-424.

[13] Chen W, Tenzer R, Li H. A regional gravimetric Moho recovery under Tibet using

gravitational potential data from a satellite global model [J]. Studia Geophysica et Geodaetica, 2017.

[14] Cheng M J, Ries C, Chambers D P, Evaluation of the EGM2008 gravity model[R]. in External Quality Evaluation Reports of EGM08, Newton's Bull//J. Huang and C. Kotsakis, Int. Assoc. of Geod. and the Int. Gravity Field Serv., Toulouse, France, 2009.

[15] Courtier A N, et al. Global superconducting gravimeter observations and the search for the translational modes of the inner core[J]. Physics of the Earth and Planetary Interiors, 2000, 117(1): 3-20.

[16] Crossley D J, Jensen O G, Hinderer J. Effective barometric admittance and gravity residuals [J]. Phys. Earth Planet. Inter. 1995, 90(3-4): 221-241.

[17] Crossley D J, Rochester M G, Peng Z R. Slichter modes and Love numbers[J]. Geophys. Res. Lett. 1992, 19(16): 1679-1682.

[18] Ding H, Shen W. Search for the Slichter modes based on a new method: Optimal sequence estimation[J]. J. Geophys. Res. Solid Earth 2013c, 118(9): 5018-5029.

[19] Ding H, Chao F, et al. The Slichter mode of the Earth: Revisit with optimal stacking and autoregressive methods on full superconducting gravimeter data set [J]. Journal of Geophysical Research: Solid Earth, 2015, 120(10): 7261-7272.

[20] Erol B. Spectral evaluation of earth geopotential models and an experiment on its regional improvement for geoid modelling[J]. Journal of Earth System Science, 2012, 121 (3): 823-835.

[21] Ferderer R, Mariano J, Shoffner J. Society of Exploration Geophysicists SEG Technical Program Expanded Abstracts 2017-Houston, Texas (24 September to 29 September) SEG Technical Program Expanded Abstracts 2017-Inversion of gravity data using general local isostasy, 2017: 1718-1722.

[22] Lm F, We H, Aj H. Dynamics of the India-Eurasia collision zone[J]. J. Geophys. Res. 2001, 106(B8): 16435-16460.

[23] Floberghagen R, Fehringer M, Lamarre D, et al. Mission design, operation and exploitation of the gravityfield and steady-state ocean circulation explorer mission [J]. Journal of Geodesy, 2011, 85: 749-758.

[24] Donald, W, Forsyth. Subsurface loading and estimates of the flexural rigidity of continental lithosphere[J]. J. Geophys. Res., 1985, 90(B14): 12623-12632.

[25] Ghalehnoee M H, Ansari A, Ghorbani A. Improving compact gravity inversion using new weighting functions[J]. Geophysical Journal International, 2017, 208(2): 546-560.

[26] Gruber T, Visser P, Ackermann C, et al. Validation of GOCE gravityfield models by means of orbit residuals and geoid comparisons[J]. Journal of Geodesy, 2011: 845-860.

[27] Guimaraes G N, Matos A, Blitzkow D. An evaluation of recent GOCE geopotential models in Brazil[J]. Journal of Geodetic Science, 2012, 2 (2): 144-155.

[28] Guo J Y, Dierks O, Neumeyer J, et al. Weighting algorithms to stack superconducting

gravimeter data for the potential detection of the Slichter modes [J]. Journal of Geodynamics, 2006, 41(1): 326-333.

[29] Hager B H, Hager B H. Subducted slabs and the geoid: Constraints on mantle rheology and flow[J]. Journal of Geophysical Research: Solid Earth, 1984, 89(B7): 6003-6015.

[30] Hayford J F. Gravity and isostasy[J]. Science, 1917, 45(1163): 350-354.

[31] Heiskanen W A, Moritz H. Physical geodesy[J]. Bulletin Géodésique. 1967: 364.

[32] Hinderer J, Crossley D, Hui Xu H. A two-year comparison between the French and Canadian superconducting gravimeter data[J]. Geophysical Journal International, 1994, 116(2): 252-266.

[33] Hinderer J, Crossley D, Jensen O. A search for the Slichter triplet in superconducting gravimeter data[J]. Phys. Earth Planet. Inter. 1995, 90(3-4): 183-195.

[34] Igel H, Nader M F, Kurrle D, et al. Observations of Earth's toroidal free oscillations with a rotation sensor: The 2011 magnitude 9. 0 Tohoku-Oki earthquake[J]. Geophys. Res. Lett. 2011, 38(21): L21303.

[35] Xu J, et al. Detection of inner core translational oscillations using superconducting gravimeters[J]. Journal of Earth Science, 2013, 24(5): 750-758.

[36] Jensen O, Hinderer J, Crossley D J. Noise limitations in the core-mode band of superconducting gravimeter data[J]. Phys. Earth Planet. Inter. 1995, 90(3-4): 169-181.

[37] Jordan T A, Watts A B. Gravity anomalies, flexure and the ela- stic thickness structure of the India-Eurasia collisional system [J]. Earth Planet. Sci. Lett., 2005, 236 (3-4): 732-750.

[38] Kaula W M. Global gravity and mantle convection-sciencedirect [J]. Developments in Geotectonics,, 1972, 4: 341-359.

[39] Kenyon S, Forsberg R, Coakley B. New gravityfield for the Arctic[J]. EOS Transactions American Geographysical Union, 2013, 89(32): 289-290. DOI: 10. 1029/2008E0320002.

[40] Kirby, Jon F. Estimation of the effective elastic thickness of the lithosphere using inverse spectral methods: The state of the art[J]. Tectonophys, 2014, 631: 87-116.

[41] Kirby J F, Swain C J. Improving the spatial resolution of effective elastic thickness estimation with the fan wavelet transform [J]. Comput. & Geosci. 2011, 37 (9): 1345-1354.

[42] Kirby J F, Swain C J. Global and local isostatic coherence from the wavelet transform[J]. Geophys. Res. Lett., 2004, 31(24): 24608.

[43] Lei X, Sun H, Hsu H, et al. Check of Earth's free oscillations excited by sumatra-andaman large earthquake and discussions on the anisotropy of inner core[J]. Science in China Series D (in Chinese), 2007, 37(4): 504-511.

[44] Lemoine F G, Kenyon S, Factor J, et al. The Development of the Joint NASA GSFC and the National Imagery and Mapping Agency (NIMA) Geopotential Model EGM96[J]. Tech. rep., NASA Technical Paper 1998. NASA/TP1998206861.

［45］Lu Z, Li C F, Zhu S, et al. Effective elastic thickness over the Chinese mainland and surroundings estimated from a joint inversion of Bouguer admittance and coherence［J］. Physics Earth and Planet. Inter. 2020, 301：106456.

［46］Luan W, Shen W B Ding H. Potential Slichter triplet detection using global superconducting gravimeter data［J］. Surveys in Geophysics, 2019, 40(5)：1129-1150.

［47］Mayer-Gürr T, Kurtenbach E, Eicker A. ITG-GRACE：global static and temporal gravityfield models from GRACE data［J］. //In：Flechtner F M, Gruber T, Güntner A, Mandea M, Rothacher M, Schöne T, Wickert J (Eds.), System earth via geodetic-geophysical space techniques. Springer, Berlin, Heidelberg, 2010：159-168.

［48］Watts A B, Mckenzie D P, Parsons B E, et al. Planform of mantle convection beneath the Pacific Ocean［J］. Nature, 1980, 288：442-446.

［49］Mitsui Y, Heki K. Observation of Earth's free oscillation by dense GPS array：After the 2011 Tohoku megathrust earthquake［J］. Sci. Rep. 2012, 2：931.

［50］Mooney W D, Laske, D, T. G. Masters. CRUST 5. 1：A global crustal model at 5°×5° ［J］. J. Geophys. Res., 1998, 103：727-747.

［51］Moritz H. The figure of the Earth：theoretical geodesy and the Earth's interior ［J］. Anesthesiology, 1988, 69(3A)：191-199.

［52］Nader M F, Igel H, Ferreira A, et al. Normal mode coupling observations with a rotation sensor［J］. Geophys. J. 2015, Int. 201(1).

［53］Igel H, Nader M F, Kurrle D, et al. Toroidal free oscillations of the Earth observed by a ring laser system：a comparative study［J］. J. Seimol., 2012, 16(4)：745-755.

［54］Nakada M, Lambeck K. Glacial Rebound and Relative Sea-Level Variations：a new appraisal［J］. Geophysical Journal International, 1987, 90(1)：171-224.

［55］Ness N F, Harrison J C, Slichter L B. Observations of free oscillations of the Earth［J］. J. Geophys. Res. 1961, 66(2)：621-629.

［56］Pail R, Bruinsma S, Migliaccio F, C Förste, et al. First GOCE gravityfield models derived by three different approaches［J］. Journal of Geodesy, 2011.

［57］Parker R L. The rapid calculation of potential anomalies, Geophys［J］. J. Roy Astr. Soc., 1972, 31：447-455.

［58］Pavlis N K, Holmes S A, Kenyon S C, et al. The development and evaluation of the earth gravitational model 2008 (EGM2008)［J］. Journal of Geophysical Research：Solid Earth, 2012, 117 (B4).

［59］Pekeris C L. Thermal convection in the interior of the Earth［J］. Geophysical Journal International, 1935, 3：343-367.

［60］M Pérez-Gussinyé, Lowry A R, Watts A B, et al. On the recovery of effective elastic thickness using spectral methods：Examples from synthetic data and from the Fennoscandian Shield［J］. J. Geophys. Res., 2004, 109(B10)：B10409.

［61］M Pérez-Gussinyé, Metois M, M Fernández, et al. Effective elastic thickness of Africa and its relationship to other proxies for lithospheric structure and surface tectonics[J]. Earth Planet. Sci. Lett., 2009, 287(1-2): 152-167.

[62]Rapp R H C J Y. Spherical harmonic expansions of the Earth's gravitational potential to degree 360 using 30′ mean anomalies[M]. Dep. of Geod. sci. ohio State Univ. rep, 1986.

[63] Rebhan H, Johannessen J, Aguirre M, et al. The gravity field and steady-state ocean circulation explorer mission-GOCE[J]. ESA Earth Observation Quarterly, 2000, 66: 6-11.

[64]Richter, Frank M. Convection and the large-scale circulation of the mantle[J]. Journal of Geophysical Research, 1973, 78(35): 8735-8745.

[65]Rosat S, Hinderer J, Crossley D. A comparison of the seismic Noise levels at various GGP stations[J]. Bull. Inf. Marees Terrestres, 2002, 135: 10689-10700.

[66] Rosat S, Hinderer J, Crossley D, et al. The search for the Slichter mode: comparison of noise levels of superconducting gravimeters and investigation of a stacking method[J]. Phys. Earth Planet. Inter. 2003, 140(1-3): 183-202.

[67] Rosat S, Rogister Y, Crossley D, et al. A search for the Slichter triplet with superconducting gravimeters, Impact of the density jump at the inner core boundary[J]. Journal of Geodynamics, 2006, 41(1): 296-306.

[68] Rosat S, Sailhac P, Gegout P. A wavelet-based detection and characterization of damped transient waves occurring in geophysical time-series, theory and application to the search for the translational oscillations of the inner core[J]. Geophysical Journal International, 2007, 171(1): 55-70.

[69] Rosat S, Fukushima T, Sato T, et al. Application of a non-linear damped harmonic analysis method to the normal modes of the Earth[J]. Journal of Geodynamics, 2008, 45 (1): 63-71.

[70] Runcorn S K. Changes in the Earth's moment of inertia [J]. Nature, 1964, 204 (4961): 823.

[71]Runcorn S K. Flow in the mantle inferred from the low degree harmonics of the geopotential [J]. Geophysical Journal International, 1967, 14(1-4): 375-384.

[72]Schubert G D. Turcotte L, Olson P. Mantle convection in the Earth and planets [M]. Cambridge: Cambridge University Press, 2001.

[73]Shen W, Han J. Improved geoid determination based on the shallow-layer method: a case study using EGM08 and CRUST2. 0 in the Xinjiang and Tibetan regions[J]. Terr. Atmos. Ocean. Sci., 2013, 24: 591-604.

[74] Shen W, Hao D. Detection of the inner core translational triplet using superconducting gravimetric observations[J]. Journal of Earth Science, 2013, 24(5): 725-735.

[75] Shen W, Hao D. Observation of spheroidal normal mode multiplets below 1 mHz using ensemble empirical mode decomposition[J]. Geophys. J. Int. 2014, 196(3): 1631-1642.

[76]Shi J, Ma L, et al. Uncertainty analysis of gravity data inversion[J]. World Geology, 2018.

[77]Shi W, S Chen S, Han J C, et al. Effective elastic thickness of the lithosphere from joint

inversion in western China and its implications[J]. Earthquake Sci. 2020, 33(1): 1-10.

[78] Simons F J, Zuber M T, Korenaga J. Isostatic response of the Australian lithosphere: Estimation of effective elastic thickness and anisotropy using multitaper spectral analysis[J]. J. Geophys. Res. -Solid Earth, 2000, 105(B8): 19163-19184.

[79] Smylie D E. The inner core translational triplet and the density near Earth's center[J]. Science, 1992, 255(5052): 1678-1682.

[80] Sun H P, Xu J Q, Ducarme B. Detection of the translational oscillations of the Earth's solid inner core based on the international superconducting gravimeter observations[J]. Chinese Science Bulletin, 2004, 49(11): 803-813.

[81] WSE Sjöberg. Gravitational potential changes of a spherically symmetric earth model caused by a surface load[J]. Physics and Chemistry of the Earth, 1999, 137 (2): 449-468.

[82] Talwani M, Hayes D E. Continuous gravity profiles over island-arcs and deep-sea trenches [J]. Trans. Am. Geophys. Union, 1967, 48, 217.

[83] Tenzer R, Hamayun, Vajda P. Vajda. Global maps of the CRUST 2. 0 crustal components stripped gravity disturbances[J]. J. Geophys. Res., 2009, 114 (B05408), doi: 10. 1029/2008JB006016.

[84] Turcotte, DonaldLawson. Geodynamics[M]. 2nd ed. Cambridge: Cambridge University Press, 2022.

[85] Watts A B. Isostas, Encyclopedia of Solid Earth Geophys [J]. Springer Netherlands, Dordrecht, 2011: 647-662.

[86] Watts A B. Treatise on Geophysics, Volume 6: Crust and Lithosphere Dynamics [J]. Elsevier, 2010.

[87] Weise A, Jahr T. The improved hydrological gravity model for moxa observatory, germany [J]. Pure and Applied Geophysics, 2017, 175(2): 1-9.

[88] Widmer-Schnidrig R. What can superconducting gravimeters contribute to normal-mode seismology? [J]. Bull. Seismol. Soc. Am. 2003, 93(3): 1370-1380.

[89] Wieczorek M A, Phillips R J. Potential anomalies on a sphere: Applications to the thickness of the lunar crust[J]. J. Geophys. Res., 1998, 103: 1715-1724.

[90] Jianqiao X U, Heping S, Jiangcun Z. Experimental detection of the inner core translational triple[J]. Chinese Science Bulletin, 2010, 55(3): 276-283.

[91] Rui Y, Woith H, Wang R, et al. Earth's free oscillations excited by the 2011 Tohoku M_W 9. 0 earthquake detected with a groundwater level array in mainland China[J]. Geophys. J. Int. 2016, 206(3): 1457-1466.

[92] Yi W, Rummel R. A comparison of GOCE gravitational models with EGM2008[J]. Journal of Geodynamics, 2014, 73: 14-22.

[93] 陈波. 中国及邻区岩石圈有效弹性厚度及其动力学意义[D]. 武汉: 中国地质大学 (武汉), 2013.

[94] 陈石, 王谦身, 祝意青, 等. 青藏高原东缘重力导纳模型均衡异常时空特征[J]. 地球

物理学报，2011，54（1）：22-34.

[95]德林格尔，等．海洋重力学[J].北京：海洋出版社，1981.

[96]付广裕，王振宇．新疆精河6.6级地震周边地区密度构造、均衡异常以及岩石圈挠曲机理[J].地球物理学报，2020，63（6）：2221- 2229.

[97]方剑．利用卫星重力资料反演地壳及岩石圈厚度[J].地壳形变与地震，1999，19：26-31.

[98]高星，王卫民，姚振兴．中国及邻近地区地壳结构[J].地球物理学报，2005，48：591-601.

[99]管泽霖，宁津生．地球形状及外部重力场[M].北京：测绘出版社，1981.

[100]韩建成，陈石，李红蕾，等．陆地高精度重力观测数据的应用研究进展[J].地球与行星物理论评，2022，53（1）：17-34.

[101]黄建平，傅容珊，许萍，等．利用重力和地形观测反演中国及邻区地壳厚度[J].地震学报，2006，28：250-258.

[102]胡敏章，李建成，李辉，等．西北太平洋岩石圈有效弹性厚度及其构造意义[J].地球物理学报，2015，58（2）：542-555.

[103]胡敏章，金涛勇，郝洪涛，等．青藏高原东南缘岩石圈有效弹性厚度及其构造意义[J].地球物理学报，2020，63（3），969-987.

[104]姜效典，李德勇，宫伟，等．青藏高原东西向差异形变与隆升机制[J].地球物理学报，2014，57（12）：4016-4028.

[105]李建成，陈俊勇，宁津生，等.地球重力场逼近理论与中国2000似大地水准面的确定[J].武汉：武汉大学出版社，2003.

[106]李永东，郑勇，熊熊，等．青藏高原东北部岩石圈有效弹性厚度及其各向异性[J].地球物理学报，2013，56（4）：1132-1145.

[107]佘雅文，付广裕，高原，等.华北地区中东部岩石圈挠曲与均衡特性以及地震活动性分析[J].地球物理学报，2018，61（11）：4448-4458.

[108]申文斌．引力位虚拟压缩恢复法[J].武汉大学学报（信息科学版），2004，29（8）：720-724.

[109]向文，李辉．重力场与构造应力场内在关系的理论研究[J].地壳形变与地震，1999，19（1）：32-36.

[110]申文斌，栾威．利用超导重力数据探测Slichter模三重分裂信号[J].地球物理学报，2016，59（3）：840-851.

[111]侍文，陈石，韩建成，等．岩石圈有效弹性厚度估算方法研究进展[J].地球与行星物理论评，2022，53（3）：301-315.

[112]许闯，钟波，罗志才，等．利用超导重力数据检测日本$M_{\mathrm{W}}9.0$地震的低频自由振荡及谱线分裂[J].地球物理学报，2014，57（10）：3103-3116.

[113]徐建桥，孙和平，傅容珊．利用全球超导重力仪数据检测长周期核模[J].地球物理学报，2005，48（1）：69-77.

[114]杨亭，傅容珊，黄金水．利用Moho地形导纳法（MDDF）反演中国大陆岩石圈有效弹

性厚度[J]. 地球物理学报, 2013, 56(6): 1877-1886.

[115] 游永雄. 重力场转换区域构造应力场的研究[J]. 地球物理学报(增刊), 1994, 37: 259-271.

[116] 曾华霖. 重力场与重力勘探[M]. 北京: 地质出版社, 2005.

[117] 晁定波. 关于我国似大地水准面的精化及有关问题[J]. 武汉大学学报(信息科学版), 2003, 28(S1): 110-114.

第 11 章　海面地形和海平面变化的大地测量观测与解释

本章安排的内容包括联合卫星重力和卫星测高确定海面地形、海平面变化、利用验潮站观测数据确定全球海平面变化、联合多源多代卫星测高数据计算全球海平面变化和全球海平面变化的物理机制及解释。

11.1　引言

地球重力场作为地球系统物质属性产生的一个最基本的物理场，反映由地球各圈层相互作用和动力过程决定的物质空间分布、运动和变化，承载了地球系统演化进程中的一切与其重力场作用机制相关信息，其时空演化是地球系统动力过程的历史再现。大地测量学，包括物理大地测量学，其科学目标是研究确定地球形状及其外部重力场，主要任务是为地球空间定位定义参考坐标系和建立相应的参考框架，因此物理大地测量学与所有研究地球各圈层物质运动及其动力学机制的学科有着"天然"的交叉领域。在传统地球科学向现代地球科学迈进的进程中，不仅凸显了物理大地测量学与海洋学科交叉研究的重要作用和贡献，也解决了地球系统科学发展中诸多与地球重力场相关的科学问题，这也是物理大地测量学现代化发展的结果。

物理大地测量的主要任务之一就是确定大地水准面，Gauss 提出大地测量中"geop"的名称，他认为在 geop 中有一个是"地球的数学形状"，即等位面或地球重力场水准面，法国的 Listing 最早提出"大地水准面"这一专用名词。我们通常以静止的平均海水面延伸到陆地内部形成的封闭等位面定义大地水准面，但随着测量的精度和相关需求的提高，人们对上述定义的严密性提出了疑问。进入 21 世纪，科学家们将确定 1cm 精度的大地水准面作为既定目标，这将不能再采用与平均海面重合的概念。如果不放弃平均海面定义的大地水准面，就必须对其进行一些修正，认为大地水准面是排除了行星引力和海流影响后，在地球重力场作用下的一个均匀海洋表面，并称它为"理想的海洋面"（Rapp，Lelgeman）、"无干扰的平均海面"（Fisher，Moured 和 Fubara）和"不变的、静止的海洋面"（Vonbun）等，但是即使采用这些实际不存在的海洋面来表示虚构的大地水准面，仍然不能满足于 1cm 精度的大地水准面定义。

从严格的理论出发，精确的大地水准面定义必须以整个地球为研究对象，所定义的大地水准面应当与统一系统的几何水准、物理大地测量和海洋学中相应的问题协调，要能反映平均海面的观测数据与地球重力场之间的关系，这些观测资料也必须是在某一时间内完成的，也就是说大地水准面应具有"时刻（历元）"的特征。与之对应，还要考虑所定义的大地水准面适用的时间尺度(有效期),此外,还需顾及从一个历元到另一个历元之间大地水准面的长期连续变化,使其定义不会产生跳跃现象。大地水准面已具备四维的时空特征,是时空变化的函数。目前要满足上述所有要求来定义大地水准面基本上是不可能的,只能按照不同的目的和要求,以及所采集的各种数据将对应不同的大地水准面定义。

Rizos 将大地水准面的定义归纳为四种形式。在这四种形式的定义中必备一些共同条件,如选定一个历元,不包括潮汐影响,而且是地球重力场中的一个水准面,再根据具体的不同情况,给予不同的大地水准面定义(管泽霖,等,1996)。

(1)"大地测量的"大地水准面定义:它必须使全球所有高程基准上的海面地形的平均值为零。这种定义中应用的数据是验潮站上的地区性平均海面数据。

(2)"海洋的"大地水准面定义:它必须使全球海洋上、等面积样本的海面地形的平均值为零。采用的是海洋水准和卫星测高的数据。

(3)"海洋和大地测量的"大地水准面定义:它必须使海洋上全球海面地形的等面积样本和验潮站的海面地形的平均值为零。这种定义是上述两种定义的综合,采用上述两者的数据。

(4)"大地测量边值问题的"大地水准面定义:它必须使海面地形的平均值在解算大地测量边值时不包含海面地形的零阶球谐项。它采用重力和卫星测高或海洋水准的数据。

大地水准面的时变特征包括短周期的影响和长期变化,在上述大地水准面的定义中,已消除了短周期潮汐和海水运动所产生的质量迁移以及气象和大气压变化的影响,但对于大地水准面长期变化的影响,在大地测量尺度内可以忽略,而它的长期积累的影响是不可忽视的。引起大地水准面长期变化的因素基本上有两类,第一类是大地水准面定义的变化而产生的;另一类是大地水准面形状变化而引起的。与大地水准面定义有关的变化,包括万有引力常数 G 的变化和地球本身的膨胀(或收缩),前者不改变大地水准面的位置,只影响大地水准面上的重力位值,后者使地球的密度减小(或增大),大地水准面的位置将发生变化,但不改变大地水准面上的重力位;第二类由大地水准面形状变化所产生的影响,也有两种情况,一种是与大地水准面最合适的椭球形状发生变化,例如地球自转的日长长期增加,或者对称于赤道的板块运动,它们都会引起椭球形状产生变化;另一种是由于构造板块运动产生的质量迁移而引起的大地水准面差距产生的变化。

平均海面是自然界中一个很重要的分界面,它是许多学科的研究依据。在大地测量学中,将"静止的"平均海面看成是大地水准面,国家高程基准通常采用这个平均海面作为参考基准;在海洋学中,垂直基准分为高程基准和深度基准,通常海洋高程基准采用多年平均的海平面高为参考面,而深度基准面则选择平均海面下一定距离作为参考基准面,所有这些基准面都以平均海面为参考。海平面由于受到海洋环流的时变及海水温度、密度变化等的影响,具有明显的运动特性,严格意义上的"静止"平均海面并不存在。平均海面根据其测量方式及选用观测数据的不同来定义,计算平均海面的数据主要来源于验潮站和卫星测高观测。在长期验潮站上,根据验潮结果,可以得到一组海水面高度的时间序列,这些时间序列按一天的离散值取平均就得到日平均海面,可以消除小时的潮汐影响;若按一个月的小时(或天数)取平均值,就得到月平均海面,以消除每天的海洋潮汐变化;若取一年内各月的加权平均值(权为每月的天数),可以得到年平均海面,以消除气象因素的影响。用多个年平均值再取平均就得到验潮站长期的平均海面，它可以消除一些周期较长的潮汐影响。卫星测高革新了海洋高程测量模式，极大地提高了海洋观测数据的空间覆盖率和时间分辨率，基于卫星测高观测，可建立一系列全球和区域平均海平面高模型，随着卫星测高技术的不断发展和成熟，平均海平面模型的研究不断向前推进。验潮站的平均海面反映了验潮站点或局部海域平均海面的时空特征，而利用卫星测高数据建立的平均海面高模型则更好的描述了整个海洋的海面起伏。

海面地形(Dynamic Ocean Topography)是指平均海平面相对于大地水准面的起伏，对于研究地球形状、确定全球统一的高程基准、大地水准面的求定、地球重力场模型的精化和洋流、潮汐的确定以及海洋环境的监测等都具有重要的意义和作用。现今丰富的卫星测高资料可以精确求定全球平均海面高，如果有一个由重力数据独立确定的海洋大地水准面，那就可以对海面地形起伏和绝对表面环流进行估计。鉴于海面动力地形起伏的幅度(±1m)与目前大地水准面模型的精度(在大部分海洋环流尺度上只有几十厘米)接近，多年以来，海洋学界一直迫切地寻找一个高精度的地球重力场模型和大地水准面，用于海洋环流等方面的研究。目前，利用现有卫星重力的观测结果确定的海洋大地水准面在100～200km空间尺度上可以达到2cm的精度，卫星雷达测高可以同样的分辨率和精度实测平均海水面高，两者的差就是海洋稳态海面地形，它可以直接被转换成海洋环流。

海平面变化一直是海洋学、气候学等领域的一个研究热点，也是研究难点之一，近年来已逐渐成为全球关注的焦点。海平面变化是地球水圈、大气圈、固体圈在一定的气候环境(主要是温度)相互作用的结果，反映海洋动力环境变化的全过程，人们之所以关注全球海平面变化，不仅是这一现象与全球气候变化有着密切关联，还由于海平面上升将对人类的生存环境构成最直接的威胁。近百年来，由于温室气体的不断增加，造成了全球性气温上升，导致海水受热膨胀、陆地冰川融化、极地冰盖解体，引起全球平均海平面上升，过去100年全球平均海平面升高了10～25cm，预计21世纪将再上升50cm左右。监测全球平均海平面变化，研究全球工业化以来平均海平面加速变化的成因是当前相关学科共同面对的主要课题。

新一代卫星重力技术不仅从数量上极大地丰富了已有的重力数据，质量上也有很大提高，这为各相关学科利用重力场信息研究地球系统动力过程及系统内物质运动和时空分布的可行性提供了保证，特别有利于全球气候变化及灾害事件的研究。例如，海平面变化研究中需要解决的一项关键问题是如何从海平面变化观测资料中把由全球气候变暖导致的海水热膨胀和冰川冰盖融化经河流入海、降水等水质量造成的海平面变化两者分离。由于利用重力卫星获得的时变重力场信息可用于确定全球海洋水体总质量的变化，即由重力场模型的时变序列反演海水质量时变分布引起的海平面变化，目前，联合卫星重力资料、卫星测高和海洋同化模式资料，定量研究海水质量变化、海水温度变化对全球平均海平面季节变化贡献已经取得了很大的进展。利用现有和未来的重力卫星观测结合卫星测高观测和海洋现场观测资料可以构建高空间分辨率的静态大地水准面以及高精度的动态大地水准面，分别给出全球以及区域海水质量迁移和热容效应对平均海平面变化的各自贡献，为研究近海区域和全球平均海平面高及其长期变化的成因、发展气候数值模式、研究海洋资料同化等问题，提供独立有效的信息源和附加检核。基于上述成果，大地测量学者终于对海洋大地水准面的研究和确定有了突破性的进展，由于可以在短期内连续获得有关海面的信息，为四维的海洋大地水准面的研究提供了条件，并可用于平均海面与大地水准面的差异——海面地形的研究以及海流和潮汐的研究中，也大大扩展了大地测量学的学科范畴（王正涛，2011）。

　　本章旨在综述利用验潮站、卫星测高、新一代重力卫星计划等大地测量技术联合海洋水文等观测系统，研究确定海面地形和全球海平面变化及其主要分量的理论与方法，分析海平面变化的主要成分与诱因，探讨海平面变化与气候变化的相关关系，并基于当前已取得的若干成果作出数值分析和物理解释。

11.2　联合卫星重力和卫星测高确定海面地形

　　海面地形（Dynamic Ocean Topography，DOT）通常也称为绝对海面地形（Absolute Dynamic Topography，ADT），定义为海平面在参考椭球面上的高度与大地水准面起伏的差值（管泽霖，等，1996），即平均海平面相对于大地水准面的高度，如图 11.1 所示，这一名称是沿袭陆地的地形含义而得到的。海面地形等同于海洋学中的海面重力位势差，分为两部分：一部分是与时间无关的长期项，称为稳态海面地形（Mean Dynamic Topography，MDT）；另一部分是随时间变化的，称为时变海面地形，也就是海平面异常部分。前者通常指平均海平面相对于大地水准面的起伏，后者是瞬时海平面相对于平均海平面的起伏。

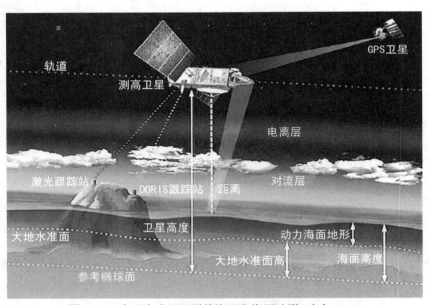

图 11.1　大地水准面、平均海面和海面地形（改自 ESA）

　　海面地形，如果没有受到潮汐的影响，其数值量级有 3~4m 左右，其中随时变化部分约占四分之一（管泽霖，1996），但海面地形受海平面变化的影响较大，存在各种周期变化。海平面短周期变化是由于天体的引潮力、气压和风的影响而产生的。风的速度和方向可用地区的大气压力梯度来表达，它与海平面高度成反比，此外还有海啸的影响，在开阔的海洋上可能引起 10~20cm 幅度的变化。中周期的海平面变化主要受涡流的影响，典型的涡流直径为 100~300km，持续时间为 2~3 年，平均流速为 2km/d，有些地区可达 10km/d，它可以在一些地区停留几个星期。当周围的暖水呈逆时针旋转时，海面就上升；若周围的冷水呈顺时针旋转时，海面就下降。由涡流引起的海平面变化量级可达 1m 多。对于海平面的长期变化，除了在时间上能加以区分外，与中周期变化的区别很难明确区分，主要是因为长周期变化没有典型的特征，中周期的极限情况(例如涡流)就是长周期变化。此外，还有一些物理因素引起的季节变化，如大气压、风压和太阳辐射所产生的海水热交换，也可使整个或地区的海面有长周期变化，其平均值约为 10cm。在实际中，不可能得到完全与时间无关的稳态海面地形，总有一些长期变化存在，因此就提出"似稳态海面地形"这一名称，它是指在某一时间尺度内可以认为是稳定的。大地测量的时间尺度是 100 年，似稳态海面地形就认为在 100 年内是稳态的，长于这一尺度就要考虑它的变化，本书中除非特别指明，不再区分两者的差异，统称为海面地形。海面地形的计算一般可以用三种方法：第一种，利用几何水准连接各验潮站间的平均海面来确定，称为几何水准方法；第二种，用海洋的物理参数，例如海水温度、盐度、大气压力和海流速度等数据来确定，称为海洋水准方法，或称为海洋水文法；第三种，基于海面地形的定义，利用测高卫星和重力卫星等观测得到的平均海面和大地水准面来确定，称为卫星重力测量方法。

测定沿海岸海面地形的几何水准法的原理非常简单。如果在沿海岸验潮站上使用长期验潮结果分别确定了各自的平均海面，再利用几何水准将这些验潮站的平均海面连接起来，若以其中的一个验潮站作为基准，就可以确定这些验潮站与基准验潮站平均海面之间的位差，得到海面地形，这就是几何水准法测量的基本思想。需要注意的是，用这种方法确定的海面地形仅具有相对意义。若利用几何水准法测量不同验潮站的位差为零，则表明这些验潮站在同一个水准面上，海面地形之差为零，否则就存在着海面地形之差。只有在起始验潮站的海面地形已知，或大地水准面与平均海面一致的情况下，才能得到海面地形值。此外，对于按平均海面确定的高程基准，由于在高程基准验潮站上存在着海面地形，因此由平均海面所确定的水准零点并不总是在大地水准面上，这将影响到几何水准的直接结果，它们之间的差值为验潮站上的海面地形。

利用几何水准联测验潮站上的平均海面，只能确定沿海岸线各验潮站上的海面地形的相对值。在开阔的海洋上，则只能依赖于海洋水准法和卫星测量的方法。海洋学者对海面地形进行了间接解算，发展了位距水准法和地旋水准法。位距水准法是利用海水温度和盐度数据确定海水的分层密度，然后根据垂向密度积分来计算海面动力地形，用于确定深海地区的海面地形；地旋水准法是利用表层漂流浮标轨迹数据确定地转流场，进而根据海面地形与地转流之间的地转平衡关系进行反演，用于确定海峡或近海的局部海面地形。

需要注意的是，几何水准法和海洋水准法确定的海面地形不能很好地吻合，在不同的沿海岸地区表现出较大的差异，在一些沿海岸地区吻合得很好，但在另一些地区不仅相差很大，甚至两者的倾斜方向也完全相反，差值的大小远远超出了它们的内部精度，分析其原因，主要在于固体潮、海洋负荷潮和潮汐参考系统对水准测量结果的影响和海洋水准法的理论和实际观测数据还不尽如人意。有关几何水准和它的误差影响问题，在大地测量学中已有若干对应的解决方案，例如有些误差在水准测量时通过操作上的适当措施来消除，有的可加以适当的改正使误差得以削弱，但对于固体潮、海洋负荷潮和潮汐参考系统，采取不同的处理方法将使几何水准产生系统性的偏差。对于海洋水准法，其中位距水准法数据采集难度大，深层资料少，而且需要假定的"无运动面"来作为垂直密度积分的起算面，在深海洋流运动明显的区域存在较大的误差，而位旋水准法反演的海面地形虽然具有较多的小尺度细节特征，但由于海水表层运动十分复杂，反而导致这种方法难以估计高精度的海面地形。以上两种方法均是通过间接方法求定海面地形，在数据处理过程中存在较多的近似和假设条件，可以说这些方法都存在一定缺陷，导致了所确定的海面地形在精度和空间分辨率上都相对较差，限制了海面地形研究的进一步发展。

　　从海面地形的定义出发，大地测量学者对海面地形的求定进行了长期的探索和试验。20 世纪 90 年代末，随着卫星测高技术的逐步成熟，测高卫星可以获得高精度高分辨率的全球平均海面高资料，若已知大地水准面，根据其定义，即可计算海面地形：

$$\zeta = H - N \tag{11.1}$$

式中，ζ 为海面地形，H 为海面高，N 为大地水准面高。

　　卫星测高技术的概念由 1969 年 Kaula 首次提出，历经 50 年的发展，卫星测高技术已经非常成熟。目前全球陆续发射了超过 20 颗测高卫星，极大地提高了海洋观测数据的空间和时间分辨率，众多学者利用卫星测高观测数据建立了一系列全球和区域平均海平面高模型，这些模型空间分辨率最高达到 $1' \times 1'$，由其确定的平均海面高度的精度已经达到 2cm，基本实现了海洋区域完全覆盖。国内外主要平均海面高模型简介见表 11-1。

表 11-1　　　　　　　　国内外主要平均海面高模型简介(改自 Jin, 2016)

模型	OSU MSS95	GSFC00.1	KMSS04	WHU2013	CLS15	DTU21
分辨率	$3.75' \times 3.75'$	$2' \times 2'$	$2' \times 2'$	$2' \times 2'$	$1' \times 1'$	$1' \times 1'$
Topex	93.02-94.04	93-98(6a)	93-01(9a)	92.12-02.04	93-03(10a)	93-04(12a)[2]
Topex/TDM			02-03(0.7a)	02-05	02-05	02-03(1.5a)
ERS-1/35	92.11-93.11	Phase C、G			94-95	
ERS-1/168	94.04-94.09	94.04-95.03	94.04-95.03	94.04-95.03	94.04-95.03	94.04-95.03
Geosat/ERM	86.11-87.11	87-88(2a)		87-88(2a)	87-88(2a)	
Geosat/GM		85-86(1.5a)	85-86(1.5a)	85-86(1.5a)		85-86(1.5a)
ERS-2		95-98(3a)	95.05-01.05	95.05-03.06	93-99(5a)[1]	95-02(8a)
GFO		00-01(2a)	01.01-08.01	01-08	00-02(3a)
Envisat-1			02.09-10.10	03-10	02-04(3a)
Jason-1			02.04-08.10	02-09	02-09
Jason-2			08.10-13.01	08-13	09-12
Jason-1/C			12.05-13.06	12-13	12

续表

模型	OSU MSS95	GSFC00.1	KMSS04	WHU2013	CLS15	DTU21
Cryosat-2				10.07-13.12	11-14	7 years
Sentinel-3A						5 years
Sentinel-3B						3 years

[1] 包括 ERS-1 Phase C(6-18 周期)，Phase G(1-2 周期)，及 ERS-2(1-49 周期)共 5 年数据；

[2] 包括 Topex 和 Jason-1 共 12 年数据。

　　最早利用卫星测高技术计算海面地形开始于 1979 年，Mather 采用 Geos-3 卫星测高数据计算了一个 4 阶的稳态海面地形球谐模型，随后多位学者采用 Seasat 测高数据计算了 6 阶稳态海面地形球谐模型(Douglas，1984；Engelis，1983，1986；Engelis，Rapp，1984)。在 Geosat 任务开始之后，Marsh(1989)，Engelis，Knudsen(1989)，Denker，Rapp(1990)，Nerem(1990)，Visser(1993)等利用 Geosat 卫星测高数据计算了 10~15 阶海面地形球谐模型。T/P 测高卫星任务的成功实施，使得海面高的测量精度得到了极大的提升，稳态海面地形模型计算精度也因此有了较大的提升，NASA 和 NIMA 联合计算得到了 EGM96 稳态海面地形模型。在此时期，国内学者也进行了相关的研究，例如管泽霖(1991)采用 Seasat 数据以及 GEMT1 模型确定了一个 8 阶稳态海面地形模型；姜卫平(2001)采用 Geosat 数据确定了中国海及邻海海洋大地水准面模型，然后根据平均海面高模型 WHU2000 计算了 15'×15' 中国海及邻海稳态海面地形模型(图 11.2)。

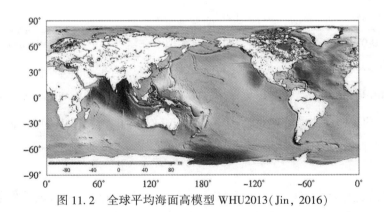

图 11.2　全球平均海面高模型 WHU2013(Jin，2016)

　　在卫星重力探测计划实施之前，海洋大地水准面的确定主要依赖于卫星测高数据，因此难以有效地将海面地形从海面高中分离出来，而利用激光测卫(SLR)技术和 GPS 跟踪卫星摄动轨道仅能恢复长波的大地水准面，远不能满足海面地形确定的高精度、高空间分辨率的需求。这一瓶颈直到 21 世纪新一代卫星重力计划开始实施后才得以有效改善，CHAMP、GRACE、GOCE 和 GRACE-Follow-On 卫星重力探测计划的相继成功实施，使得我们可以高精度地确定一个不依赖于卫星测高技术的独立大地水准面，摆脱了对卫星测高数据的依赖，其精度相对于利用卫星测高数据计算的海洋大地水准面有了极大的提高，并且实现了全球海域的无缝覆盖。结合由卫星测高技术获取的高精度海面高模型，即可确定高精度高分辨率的海面地形模型。目前公布的由纯重力卫星数据解算的阶次较高的重力场模型见表 11-2。

表 11-2 卫星重力场模型及其主要参数

（来自 icgem. gfz-potsdam. de）

模型名称	发布年份	阶次	所用数据	作者
Tongji-GMMG2021S	2022	300	S（Goce），S（Grace）	Chen, J. et al., 2022
ITSG-Grace2018s	2019	200	Grace	Mayer-Gürr, T. et al., 2018
EIGEN-GRGS. RL04. MEAN-FIELD	2019	300	Grace	Lemoine, J. M. et al., 2019
GOCO06s	2019	300	Grace GOCE	Kvas, A. et al., 2021
GO_CONS_GCF_2_DIR_R6	2019	300	Grace GOCE Lageos	Bruinsma, S. L. et al., 2019
Tongji-Grace02k	2018	180	Grace	Chen, Q. et al., 2018
GOSG01S	2018	220	GOCE	Xu, X. et al., 2018
IGGT_R1	2017	240	GOCE	Lu, B. et al., 2017
GO_CONS_GCF_2_SPW_R5	2017	330	GOCE	Gatti, A. et al., 2016
Tongji-Grace02s	2017	180	Grace	Chen, Q. et al., 2016
NULP-02s	2017	250	GOCE	A. N. Marchenko et al., 2016
HUST-Grace2016s	2016	160	Grace	Zhou, H. et al., 2016
ITU_GRACE16	2016	180	Grace	Akyilmaz, O. et al., 2016
ITU_GGC16	2016	280	GOCE, Grace	Akyilmaz, O. et al., 2016
EIGEN-6S4(v2)（图 11. 3）	2016	300	GOCE, Grace, Lageos	Förste, C. et al., 2016

2000 年 7 月，CHAMP(Challenging Minisatellite Payload)重力卫星成功发射，掀起了联合卫星测高和卫星重力技术研究海面地形和海洋环流的新一轮热潮。Gruber（2002）采用 CHAMP 数据计算得到的海洋大地水准面(EIGEN-1S)以及卫星测高计算的平均海面高确定了高分辨率高精度海面地形。2002 年 3 月，德国航空中心（DLR）联合 NASA 发射了 GRACE(Gravity Recovery and Climate Experiment)卫星，首次获得了地球重力场的时变信息，同时也大幅提高了重力场中长波信号的精度。Tapley（2003）采用 GRACE 重力场模型 GGM01 确定了稳态海面地形及相应的大尺度海洋环流，相比于海洋学结果 WOA01，GRACE 的稳态海面地形表现出更多的细节信号。2005 年，Tapley 采用 GGM02 重力场模型计算得到了更高精度的海面地形。张子占（2005）采用 GGM01C 重力场球谐模型及

KMSS01 平均海面高模型，利用小波分析方法建立了全球稳态海面地形模型，并对其谱特征进行了分析；王正涛（2006）采用自主研制的 GRACE 卫星重力场模型 WHU-GM-05 并联合 T/P 和 Jason-1 卫星测高数据计算了全球 30′×30′ 的海面地形模型及海洋环流；张子占（2008）利用 EIGEN-GL04S1 重力场模型计算了南极附近稳态海面地形，其结果优于海洋学的结果。目前国际上较为广泛采用的 DNSC08、VM08-HR、CNES_CLS09 和 DTU10 等稳态海面地形模型都是基于 GRACE 重力场模型建立的。

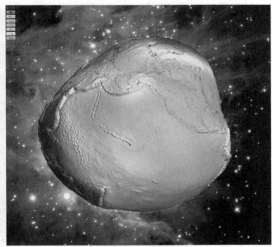

图 11.3　EIGEN-6S4 描述的大地水准面（来自 icgem. gfz-potsdam. de）

　　GRACE 卫星计划在海面地形确定和海洋环流探测方面获得了巨大的成功，极大地提升了海面地形和海洋环流的时空分辨率及精度。2009 年 3 月，欧空局（ESA）成功发射了 GOCE（Gravity field and steady-state Ocean Circulation Explorer）地球重力场和海洋环流探测卫星，使得联合卫星测高和卫星重力技术研究海面地形和海洋环流进入了一个新阶段。Knudsen（2011）利用 2 个月 GOCE 数据确定的重力场模型以及 DTU10 MSS 全球平均海面高模型确定了全球稳态海面地形，并计算了全球表层的地转流，清楚地显示了全球稳态海流的特征，有效地揭示了全球主要海流系统，相比于 GRACE 的结果，分辨率得到了极大的改善；Farrell（2012）采用 ICESat 和 Envisat 测高数据建立了北冰洋地区平均海面高模型 ICEn MSS，联合 GOCE 与 GRACE 重力数据确定的大地水准面计算了5.5 年的稳态海面地形，显示的稳态海面地形高以及格陵兰寒流等主要要素特征与海洋学结果一致；万晓云（2013）和彭利峰（2013）分别验证了 GOCE 在海洋环流研究领域的巨大优势。

　　由卫星测高数据计算得到的海面高模型一般是以点值格网化后的空间格网形式存在，表现为空间域，而由卫星重力观测得到的大地水准面通常表现为地球重力场的球谐系数，即为谱域，因此要获得两者的差值必须将其中一者转换到另一者的域中，与之对应产生了两种计算海面地形的数值算法，即空域法和谱域法。

11.2.1　空域法

空域法是将卫星重力场模型通过球谐综合算法得到空域网格形式的大地水准面高，然后与对应的网格平均海面高模型在空间域直接求差，得到对应格网点的海面地形高度值，即

$$\zeta(\phi, \lambda) = H(\phi, \lambda) - N(\phi, \lambda) \tag{11.2}$$

式中，ϕ 和 λ 分别为纬度和经度，$H(\phi, \lambda)$ 为利用卫星测高数据计算得到的格网海面高，$N(\phi, \lambda)$ 为格网大地水准面高，可以用重力场球谐系数进行计算（Heiskanen et al.，1967）：

$$N(\phi, \lambda) = \frac{GM}{r\,\gamma_0} \sum_{l=2}^{\infty} \left(\frac{a}{r}\right)^l \sum_{m=0}^{l} \overline{P}_{lm}(\sin\phi)\,(\overline{C}_{lm}\cos m\lambda + \overline{S}_{lm}\sin m\lambda) \tag{11.3}$$

式中，GM 为引力常数和地球质量的乘积，r 为格网点到地心的距离，$\overline{\gamma_0}$ 为平均椭球体表面正常重力的全球平均值，a 为地球长半径，$\overline{P}_{lm}(\sin\phi)$ 为完全正则化的缔合勒让德多项式，$\overline{C}_{lm}$ 和 $\overline{S}_{lm}$ 为无量纲的地球重力位系数扣除参考椭球对应的正常位系数后得到。

需要注意的是，平均海面高度和大地水准面数据采用的参考椭球框架和潮汐模型一般是不同的。例如，平均海面高度模型一般采用平均潮汐模型，而用来计算大地水准面的重力场模型一般采用的是自由潮汐模型或零潮汐模型。在计算海面地形时，我们必须对二者的参考椭球和潮汐模型进行统一，Smith 等（1998），Hughes 等（2008）对这些改正项做了详细说明。

空域法计算海面地形简单直接，但大地水准面和平均海面高信号的频域尺度并不完全一致，用含有更多高频信号（小尺度细节特征）的平均海面高减去不含高频信号（小尺度信号）的大地水准面，将导致小尺度的平均海面高信号混入海面地形中，对海面地形的计算带来误差。为了抑制由信号的频域尺度不一致而产生的信号误差，需要引入谱域法。

11.2.2　谱域法

谱域法通常也称为球谐系数法，是将平均海面高和大地水准面高统一采用球谐系数表示，进而得到海面地形的球谐表达形式。由于海平面高模型具有较高的空间分辨率，目前平均海面高模型的最高分辨率为 $1' \times 1'$，相当于球谐系数展开到 10800 阶/次，而目前分辨率最高的纯卫星重力场模型 GO_CONS_GCF_2_SPW_R6 仅为 300 阶/次，对应分辨率近似 $60' \times 60'$。由于海面高中含有大量的高频信息，而海面地形一般是长波占优，为了避免高频噪声对海面地形信号的影响以及使海面高和大地水准面具有相同的分辨率，通常的做法是将海平面高截断到与大地水准面相同的阶次，使二者具有同样的空间尺度，有效减小噪声的影响（张子占，等，2007；万晓云，等，2013）。

若将地球看作一个近似球体，同时假设海洋遍布整个地球表面，则海平面高可以表示为球谐综合的形式：

$$H(\phi, \lambda) = R \sum_{l=0}^{L_{\max}} \sum_{m=0}^{l} \overline{P}_{lm}(\sin\phi)\,(C_{lm}^{H}\cos m\lambda + S_{lm}^{H}\sin m\lambda) \tag{11.4}$$

式中，$N_{\max}$ 为球谐综合的最高阶/次，C_{lm}^{H} 和 S_{lm}^{H} 为海平面的 Stokes 球谐系数，其中勒让德函

数满足正交性:

$$\frac{1}{4\pi}\int_{\sigma} \overline{P}^2{}_{lm}(\sin\phi)\begin{pmatrix}\cos\\\sin\end{pmatrix}^2 m\lambda \mathrm{d}\sigma = 1 \tag{11.5}$$

式中, $\int_{\sigma}\mathrm{d}\sigma$ 表示单位球上的积分。利用勒让德函数的正交性, 球谐系数可以由以下两式计算:

$$\begin{cases} C_{lm}^H = \dfrac{1}{4\pi}\int_{\sigma} H(\phi,\lambda)\,\overline{P}_{lm}(\sin\phi)\cos m\lambda \mathrm{d}\sigma \\[3mm] S_{lm}^H = \dfrac{1}{4\pi}\int_{\sigma} H(\phi,\lambda)\,\overline{P}_{lm}(\sin\phi)\sin m\lambda \mathrm{d}\sigma \end{cases} \tag{11.6}$$

由于 $H(\phi,\lambda)$ 是以地球海洋表面离散格网点的形式赋值, 其不具有解析函数形式, 无法用解析方法来求解球谐系数, 只能根据有限的海面高格网值和采样间隔, 通过数值积分的形式求解球谐系数:

$$\begin{cases} C_{lm}^H = \dfrac{1}{4\pi}\sum_{l=0}^{L_{\max}}\sum_{m=0}^{l} H(\phi,\lambda)\,\overline{P}_{lm}(\sin\phi)\cos m\lambda \mathrm{d}s \\[3mm] S_{lm}^H = \dfrac{1}{4\pi}\sum_{l=0}^{L_{\max}}\sum_{m=0}^{l} H(\phi,\lambda)\,\overline{P}_{lm}(\sin\phi)\sin m\lambda \mathrm{d}s \end{cases} \tag{11.7}$$

其中, $\mathrm{d}s$ 是积分面元, 定义为:

$$\mathrm{d}s = \Delta\lambda(\sin(\phi_i + \Delta\phi) - \sin\phi_i) \tag{11.8}$$

其中, $\Delta\lambda$ 和 $\Delta\phi$ 分别为纬度方向和经度方向的采样间隔。

同时, 利用卫星重力观测计算相同阶次的大地水准面球谐系数 C_{lm}^N 和 S_{lm}^N, 根据海面地形定义, 海面地形的球谐系数在数值上等于:

$$\begin{cases} C_{lm}^\zeta = C_{lm}^H - C_{lm}^N \\ S_{lm}^\zeta = S_{lm}^H - S_{lm}^N \end{cases} \tag{11.9}$$

需要注意的是, 由于 $H(\phi,\lambda)$ 只存在于海洋, 在计算时通常利用大地水准面高度值对 $H(\varphi,\lambda)$ 的陆地进行补值, 以保证其全球覆盖。Bingham 等(2008)、Hughes 等(2008)和 Abertella 等(2009, 2010)对谱域法的原理和计算流程做了具体阐述和分析。

对比空域法和谱域法, 空域法简单直接, 且不存在谱域法易出现的假频现象, 但缺陷是没有统一平均海面高和大地水准面的信号尺度, 其结果中会混入小尺度的平均海面高信号, 降低海面地形的计算精度; 谱域法虽然相对复杂, 但其严格统一了平均海面高和大地水准面的信号尺度, 可减少开阔大洋区域信号的误差。但在海陆边界区域, 由于平均海平面模型仅限于海洋区域, 陆地上的缺失信号导致谱域法产生 Gibbs 现象, 影响近海区域海面地形结果的精度。白希选等(2011)利用 GOCE 重力场(TIM3)和 CLS09 平均海面高度场, 分别基于空域法和频域法计算了海面地形, 通过与 NOAA 提供的表层漂流浮标地转流场的对比, 分析了两种方法的特点, 在开阔大洋和强地转流区域, 采用谱域法可以获取到更精细的地转流信息; 在岛屿分布复杂且大地水准面起伏较大的海域, 空域法更为有效。由于当前中小尺度的大地水准面信号仍存在明显的误差, 上述两种方法确定的海面地形相应含有较多的高频噪声，需对初始计算的海面地形结果做进一步的滤波处理。2020年，Siegismund 等提出了一种通过将平均海平面模型扩展至陆地区域的算法，显著减弱了谱域滤波时的 Gibbs 现象。

11.2.3　噪声的滤波方法

采用以上方法计算得到的海面地形初始结果中含有较大的高频信号误差，这些误差主要是由平均海面高、大地水准面自身信号存在的高频噪声以及计算过程中引入的计算误差产生的。为了抑制这些高频误差，需要对海面高计算的初始结果进行滤波，滤波时需要选择合适的滤波方法并确定最佳滤波尺度。

海面地形的噪声滤波方法有很多种，不同的研究学者根据不同区域的海面地形特征及其频谱特点选择了不同的滤波方法进行滤波，表 11-3 列出了不同学者对海面地形滤波时所采用的滤波方法(白希选，2016)。

表 11-3　　　　　　　　　　　　　海面地形滤波时采用的滤波方法

空域滤波方法	高斯滤波	Knudsen（2011）；Mulet（2012）；白希选
	Hamming 滤波	Jayne（2006）
	各向异性滤波	Bingham（2010，2011a，2011b）
	主成分分析自适应滤波	Vianna（2009）
	非线性扩散滤波	Bingham（2010）；Siegismund（2013）
频域滤波方法	球谐函数截断	Bingham（2014）
	球谐函数高斯滤波	Abertella（2012）；冯贵平（2014）
组合滤波方法	频域球谐截断与空域高斯滤波	Siegismund（2013）
	小波滤波	张子占（2007）

由表 11-3 可知，海面地形噪声的滤波方法可以分为空域、频域和组合滤波三种。空域滤波通过滤波尺度确定滤波平滑中心点周围的邻域，将邻域内所有的点与空域滤波器确定的权重系数相乘再做累加得到滤波后的结果，它是基于邻域操作的。空域滤波器的关键是如何选择合适的滤波器窗函数。海面高信号从低频到高频呈现指数衰减的趋势，而海面高噪声误差则是从低频到高频呈指数增长的特点，因此指数型滤波窗函数得到了广泛应用。Knudsen（2011）、Mulet（2012）及白希选（2015）均采用了指数型的高斯空域窗函数对海面地形进行了滤波处理，很好地提高了信噪比。Jayne（2006）根据 Hamming 窗函数对应频谱有限带宽的特点和空域加窗范围有限的特点，采用了 Hamming 窗对海面地形进行了空域滤波，该滤波器可以在抑制噪声的同时，更好地确定海面地形的截止频率并减小海陆边界区域滤波核函数畸变的影响。Bingham（2010）从保留更强的海面地形梯度特征出发，引入了图像滤波中的空域各向异性滤波器。结果表明，空域各向异性滤波器可以减小海面高信号的衰减，进而获得更强的地转流流速，但采用空域各项异性滤波器对海面高

进行滤波时，其空间尺度并不固定，因而在联合 Argo 等数据分析深层地转流时面临困难。频域滤波方法通过抑制海面地形的高阶项系数来减小高频噪声的影响。球谐函数截断属于低通滤波的范畴，球谐截断方法在海面地形起伏较大和数据不连续的地区滤波时会造成较强的振铃效应，因此很难有效的平滑海面地形。而球谐函数高斯滤波方法由于其在空域内平滑且无旁瓣的特征可以较好的达到降噪的目的。海面地形的噪声随着阶数的增加而增大，所以在频域法计算时降低截断的阶次可以有效降低海面地形信号中的误差。张子占（2007）根据二进小波基的多分辨率分解特性和时频局部化功能，利用二进小波基对海面高空间网格进行多层分解，在对分解得到的频域的小波系数进行阈值处理后，重构为空域形式的海面地形。Siegismund（2013）提出了组合频域球谐系数截断与空域高斯滤波的方法，获取了比单一滤波结果更加精细的地转流和海面地形。

目前计算海面地形最流行的滤波方法是低通高斯滤波（彭利峰，2013；万晓云，2013）。该滤波方法可保留海面地形中的低频成分，滤掉高频成分，其本质是一种加权平均，数据点采用高斯函数定权，权由计算点与周围数据点之间的距离决定，计算点滤波后的海面地形高度值通过给定的搜索半径 r 范围内的数据点加权平均得到：

$$h_c(\phi, \lambda) = \frac{\sum_{i=1}^{n} w_i h_d(\phi_i, \lambda_i)}{\sum_{i=1}^{n} w_i} \tag{11.10}$$

式中，$h_c(\phi, \lambda)$ 表示计算点滤波后的海面地形高度，$h_d(\phi_i, \lambda_i)$ 表示给定数据点滤波处理前的海面地形高度，n 是搜索范围内数据点的个数，w_i 为数据点的权，可以用高斯函数表示：

$$w_i = \exp(-\sigma d^2)^2 \tag{11.11}$$

式中，d 是数据点 (ϕ_i, λ_i) 与计算点 (ϕ, λ) 之间的球面距离，σ 是平滑因子，由所选取的半权（half-weight）参数 τ 来确定：

$$\exp(-\sigma \tau^2) = \frac{1}{2} \Rightarrow \sigma = \ln(2) \tau^{-2} \tag{11.12}$$

虽然较大的滤波尺度可以很好地抑制高频噪声但同时也会削弱海面地形信号。因此我们要合理地选择滤波尺度，尽量抑制高频噪声同时保留足够的信号。目前滤波尺度最优确定的流程主要是：首先以多源实测数据计算得到的海面高模型作为真值；然后以不同空间尺度对海面高模型进行滤波；最后将不同尺度的滤波结果同真值进行对比以确定最佳滤波尺度。影响滤波尺度的因素主要有数据源的误差、计算方法和研究区域的大小等。数据源误差越小，则确定的最优滤波尺度就越小，因此计算方法一致，利用较低分辨率和精度的重力场模型计算的滤波尺度会明显大于采用高分辨率高精度的重力场模型确定的滤波尺度，例如白希选（2015）采用精度更高的 TIM5 GOCE 重力场模型计算的滤波尺度明显小于 Knudsen（2011）确定的结果；相同区域不同方法计算的滤波尺度也不相同，例如，Knudsen（2011）和彭立峰（2013）等学者的研究结果表明，频域法在开阔大洋区域确定的滤波尺度整体小于空域法得到的结果；不同海域的海面高信号中噪声的大小也不相同，白希选（2015）分区域分析了海面地形的空域滤波尺度特征，结果表明，低纬度地区相对于高纬度地区滤波尺度较小，分别对应 102km 和 154km，在全球范围内滤波尺度约为 127km。研究发现，不同纬度带的滤波尺度差异明显的原因与 GOCE 大地水准面误差具有明显的纬度带特征有关，即 GOCE 大地水准面的误差在赤道区域较大，而在高纬度区域偏低有关（白希选，2016）。无论是空域法滤波或是频域法滤波，都将不可避免造成平均海平面高频信号的失真问题，更重要的是，两种方法都无法对海面地形建模结果进行误差估计，从而对海面地形的精度评价以及数据融合造成障碍。针对这一问题，Becker 等人于 2012 年提出了一种融合算法，通过建立误差模型从平均海平面及重力场模型中分离海面地形信号，并在观测方程中对海面地形的误差分布进行了精确估算，该算法还可以将浮标、验潮站等海洋实测数据融合进模型中以得到更加精细的海面地形信号。

当前利用大地测量技术确定海面地形，平均海面高模型已经完全满足需求，而大地水准面资料的分辨率和精度虽然已大幅提高，但整体仍然偏低，目前 GRACE+GOCE 重力场可以确定 100~150km 尺度的海面地形，其外符合精度达到 6cm，内符合精度达到 3cm，仅能满足确定大中尺度海面地形的需求，整体仍低于海面高的空间尺度。为了促进大地测量方法得到的海面地形的结果在海洋学研究中的应用，还需对大地测量海面地形的高频信号进行补充。目前最优的方法是联合大地测量海面地形结果及其他海洋实测数据，如表层漂流浮标流速资料、Argo 温度盐度资料、船测和航测重力资料等，来确定小尺度的海面地形特征。Rio 等（2004）提出了一种多源数据融合确定高分辨率海面地形的方法，即在大尺度海面地形信号方面采用卫星大地测量法的结果（GRACE 海面地形），然后在融合温度盐度数据确定中尺度的海面地形信号，最后融合实测测高数据和浮标流速数据确定小尺度的海面地形。利用这种方法，Rio 等推出了 Rio05 海面地形模型以及后来的改进版本 CLS 系列海面地形模型，Mulet 等人在 2018 年发布了 CNES-CLS18 MDT 模型，其空间分辨率为 0.125°，该模型利用最优滤波算法去除了 CNES-CLS15 MSS 和 GOCO05s GGM 中的噪声信号。Maximenko 等（2009）则基于全局代价函数，融合了卫星大地测量海面地形及表层漂流浮标流速数据，建立了 Max09、Max11 系列海面地形模型。Lysaker（2009）在 Fram 海峡区域利用船测重力资料提高区域 GEOID 空间分辨率，并在此基础上联合测高数据确定了该区域的高空间分辨率海面地形。Vianna 等人利用 DNSC08 平均海面高模型和 EGM08 重力场模型建立的 0.1°×0.1°MDT 模型 VM08-HR。Andersen（2009）采用了 DNSC08 平均海面高模型和 EGM08 重力场模型，利用直接法进行解算目前分辨率最高（1′×1′）的 MDT 模型 DNSC08 MDT，之后 Andersen 等又联合更新的 DTU10 平均海面高模型和 EGM08 重力场模型推出了 DTU10 MDT 模型（Andersen et al., 2010）；DTU12 MDT 模型采用了 GOCE 数据且精度和分辨率均较高，其利用了 DTU10 平均海面高模型和 EIGEN6C 重力场模型，分辨率为 0.125°×0.125°，后续又推出了更新模型 DTU13 MDT，分辨率达到 1′×1′。2021 年，Knudsen 等人发布了 DTU17c MDT 模型，为了加强 MDT 在洋流区域的信号，DTU17c MDT 同化了 1992 年至 2015 年的浮标数据，并使用准高斯滤波算法以保留更多洋流信号。DTU21 MSS 为最新的平均海面高模型，采用多种测高数据计算的，代表 20 年平均值（1993—2012 年）。最新的海面地形模型 DTU22 使用了 DTU21 MSS 平均海面高模型和 XGM2019e 大地水准面模型计算得到，在沿海地区，DTU22 MDT 使用了不同带宽和各向异性的高斯滤波器。以上研究表明，联合层漂流浮标流速资料、Argo 温度盐度资料、船测和航测重力数据均可补充卫星大地测量海面地形缺失的小尺度信号，从而提高海面地形的空间分辨率。表 11-4 给出了国际上众多学者基于不同的平均海面高模型和地球重力场模型建立的一系列全球 MDT 模型。

表 11-4　　　　　　　　国际上主要的 MDT 模型（改自彭利峰，2014）

MDTs	Time Period	Resolution	Type/Approach	MSS/Geoid	Filter
MaxNi04	1993—1998	0.5°×0.5°	Hybird/drifters	GSFC00/GGM01	Ave
Rio05	1993—1999	0.5°×0.5°	Hybird/(hydro &drifters)	CLS01/ EIGEN02	Gauss
VM08-HR	1993—2004	0.1°×0.1°	Geodetic/Pointwise	DNSC08/EGM08	SSA
JPL08	1993—2004	0.5°×0.5°	Geodetic/Pointwise	DNSC08/EGM08	Gauss
DNSC08	1993—2004	1′×1′	Geodetic/Pointwise	DNSC08/EGM08	Gauss
CNES-CLS18	1993—2012	0.125°×0.125°	Hybird/(hydro &drifters)	CLS15/GOCO05s	Gauss
Max09	1992—2002	0.5°×0.5°	Hybird/drifters	GSFC00/GGM02	Ave
WHU2014		6′×6′	Geodetic/Pointwise	WHU2009/EIGEN-6C3	Gauss
DTU10	1993—2009	1′×1′	Geodetic/Pointwise	DTU10/EGM08	Gauss
DTU12	1993—2009	0.125°×0.125°	Geodetic/Pointwise	DTU10/EIGEN6C	Gauss
DTU13	1993—2013	1′×1′	Geodetic/Pointwise	DTU13/EIGEN6C	Gauss
DTU15	1993—2012	1′×1′	Geodetic/Pointwise	DTU15/EIGEN-6C4	Gauss
DTU17c	1993—2012	1′×1′	Hybird/drifters	DTU15/OGMOC	Gauss
DTU22	1993—2012	1′×1′	Geodetic/Pointwise	DTU21/XGM2019e	Gauss

11.2.4　海面地形和海洋环流

在海洋学中，海面地形的一个重要作用是联合海面高异常数据确定时变的海面动力地形，进而同化入海洋模式或直接估计海洋环流的时间变化。目前测高数据确定的海面高异常的空间尺度可以达到 0.25°（约 30km），已经满足了研究时变地转流的需求。

由于地转流与海面动力地形的梯度存在对应关系，即在确定 MDT 以后，可直接根据地转平衡理论确定地转流。理想的由地转平衡表示的力场不随时间变化，因此也没有能量的变化。然而，理论和实际观测均表明海水的大规模运动不完全是由地转平衡驱动的，而是稍有偏差，所以海洋学家常使用"准地转流"的概念。尽管如此，对海洋内部的大尺度流动作尺度分析时可以发现，非线性效应和摩擦效应都是很小的，对于几乎所有的大尺度流动现象，科里奥利力都占支配地位，所以仍可以将海流近似地看作是地转流。

单位质量的海水，运动方程都可以表示成以下矢量形式：

$$\frac{d\boldsymbol{V}}{dt} = -\frac{1}{\rho}\nabla p - 2\boldsymbol{\Omega} \times \boldsymbol{V} + \boldsymbol{g} + \boldsymbol{F} \tag{11.13}$$

式中，$\boldsymbol{V}$ 为海水的运动速度，ρ 代表海水密度，∇p 为压强梯度，$\boldsymbol{\Omega}$ 为地球自转角速度，$\boldsymbol{g}$

是重力加速度，$\boldsymbol{F}$ 为其他力。

假设建立一个空间直角坐标系，x 轴为东方向，y 轴为北方向，z 轴朝上，展开式为：

$$\begin{cases} \boldsymbol{u} = -\dfrac{1}{\rho}\dfrac{\partial p}{\partial x} - 2\Omega(w\cos\phi - v\sin\phi) + F_x \\[2mm] \boldsymbol{v} = -\dfrac{1}{\rho}\dfrac{\partial p}{\partial y} - 2\Omega u\sin\phi + F_y \\[2mm] \boldsymbol{w} = -\dfrac{1}{\rho}\dfrac{\partial p}{\partial z} + 2\Omega u\cos\phi + F_z \end{cases} \tag{11.14}$$

式中，ϕ 代表纬度，u、v、w 分别为海水沿着 x、y、z 轴方向的速度分量。由于 u、v 在数量级上比 w 大，因此我们可以忽略 w 的影响，当忽略其他力的作用时，上式可化简为：

$$\begin{cases} \boldsymbol{u} - fv = -\dfrac{1}{\rho}\dfrac{\partial p}{\partial x} \\[2mm] \boldsymbol{v} + fu = -\dfrac{1}{\rho}\dfrac{\partial p}{\partial y} \\[2mm] \dfrac{\partial p}{\partial z} = -g\rho \end{cases} \tag{11.15}$$

其中，$f = 2\Omega\sin\phi$ 为科氏力系数。流体静力学条件下，也就是海水处于平衡状态下，我们可进一步得到地转平衡关系：

$$\begin{cases} fv = -\dfrac{1}{\rho}\dfrac{\partial p}{\partial x} \\[2mm] fu = -\dfrac{1}{\rho}\dfrac{\partial p}{\partial y} \\[2mm] \dfrac{\partial p}{\partial y} = -g\rho \end{cases} \tag{11.16}$$

该公式描述了压力梯度和科氏力之间的地转平衡关系。通过该公式可以计算出海洋中任意深度 z 处的流速：

$$\begin{cases} u = -\dfrac{g}{f}\displaystyle\int_{z_0}^{z}\dfrac{\partial p}{\partial y}\mathrm{d}z + u_0 \\[3mm] v = \dfrac{g}{f}\displaystyle\int_{z_0}^{z}\dfrac{\partial p}{\partial x}\mathrm{d}z + v_0 \end{cases} \tag{11.17}$$

本式即为地转流方程，其中 u_0 和 v_0 为某一参考深度 z_0 处的流速，其所处的等压面就是参考面。公式中积分部分代表相对速度，相对速度可由 Argo 提供的温盐观测数据来确定，而参考速度通常是未知的，这也是物理海洋学中最基本的问题之一。为了解决此问题，我们通常是假设一个无运动的等压面，在这个假设下，上面公式可以写成：

$$\begin{cases} u = -\dfrac{g}{f}\displaystyle\int_{z_0}^{z}\dfrac{\partial p}{\partial y}\mathrm{d}z \\[3mm] v = \dfrac{g}{f}\displaystyle\int_{z_0}^{z}\dfrac{\partial p}{\partial x}\mathrm{d}z \end{cases} \tag{11.18}$$

而在球坐标系下，空间域的地转平衡公式可以写为（Hwang，2000）：

$$\begin{cases} v_s = \dfrac{g}{fR\cos\varphi}\dfrac{\partial\eta}{\partial\lambda} \\ u_s = -\dfrac{g}{fR}\dfrac{\partial\eta}{\partial\varphi} \end{cases} \tag{11.19}$$

式中，w 为地球自转速率，$f=2\omega\cdot\sin\varphi$ 代表科氏力系数，u_s 代表地转流速度的南北分量，v_s 是东西分量，λ，φ 分别代表经度和纬度，R 为平均赤道半径，g 为重力加速度。式中 η 可由下式计算：

$$\eta(\theta,\lambda)=\frac{GM}{r_e g(\theta)}\sum_{l=2}^{L}\left(\frac{a}{r_e}\right)^l\sum_{m=0}^{l}\overline{P}_{l,m}(\cos\theta)\left[C_{l,m}^{\eta}\cos(m\lambda)+S_{l,m}^{\eta}\sin(m\lambda)\right] \tag{11.20}$$

式中，$(C_{l,m}^{\eta},S_{l,m}^{\eta})$ 和 $(C_{l,m}^{H},S_{l,m}^{H})$ 分别代表海面动力地形和平均海面高对应的球谐系数，a 是参考椭球的长半轴，r_e 为椭球面上的地心距离，(l,m) 为球谐系数的阶和次，λ 和 θ 分别是球心经度和余纬，GM 代表地球引力常数，g 是椭球面正常重力值，$\overline{P}_{l,m}(\cos\theta)$ 是规则化连带勒让德函数。因此地转流也可以用以下公式计算：

$$v_s=\frac{g}{fR\sin\theta}\sum_{l=0}^{L}\sum_{m=0}^{l}m(-C_{l,m}^{\eta}\sin m\lambda+S_{l,m}^{\eta}\cos m\lambda)\overline{P}_{l,m}(\cos\theta)$$

$$u_s=\frac{g}{fR}\sum_{l=0}^{L}\sum_{m=0}^{l}(C_{l,m}^{\eta}\cos m\lambda+S_{l,m}^{\eta}\sin m\lambda)\overline{P'}_{l,m}(\cos\theta) \tag{11.21}$$

式中，$\overline{P'}_{l,m}$ 是 $\overline{P}_{l,m}$ 的一阶导数。在频域内用此公式计算地转流可以方便地对地转流进行频谱分析，从而给出地转流的细部特征（Jin，2014；冯贵平，2014）。需要注意的是，由于赤道附近科氏力系数 f 趋近于 0，此时地转平衡公式存在奇异性，因此以上公式不适用于计算赤道区域地转流。赤道地区的地转流一般采用 Lagerloef（1999）提出的方法计算。

毫无疑问，在今后的研究中，仍需在多源数据融合方面进行深入研究，以期更进一步地提高海面地形的空间分辨率，并将其应用在海洋模式数据同化等方面。由于大地水准面资料的分辨率偏低仍然是制约确定小尺度海面地形的主要因素，因而，确定高精度高分辨率大地水准面仍然是大地测量学者的重要研究方向。图 11.4（彩图见附录二维码）给出了 WHU2014 MDT 和 DTU22 MDT 模型及相应表层海洋环流结果（彭利峰，2014；Knudsen，2022）。

地旋水准是在流体动力学的基础上建立的，它认为由于 Coriolis 力产生的速度与压力的水平梯度平衡。在理论和实际的观测中可知，大尺度的海水运动虽然不纯粹是由于地旋而引起的，但与地旋流的差异不大。

在海面上，当 $\rho_w\gg\rho_A$ 时，有

$$f_cV=g\frac{\partial\zeta_s}{\partial l}+\frac{\partial P_A}{\rho_w\partial l} \tag{11.22}$$

地旋流是靠海面地形引起的压力水平梯度维持的，大气压力梯度的贡献（见式(11.22)第二项）要小得多，因此有时将它略去。

式(11.22)可以用于两个方向，一个是按海面地形来确定海流；另一个是由海流确定海面地形，即地旋水准。

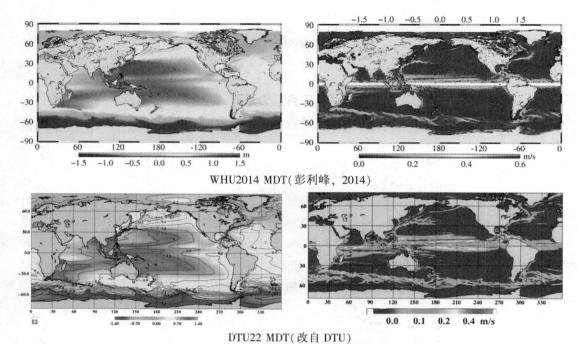

WHU2014 MDT(彭利峰，2014)

DTU22 MDT(改自 DTU)

图 11.4　海面地形及相应海洋环流示意图

在式(11.22)中已略去了所有的摩擦力、非线性项、扁率改正，并假设没有加速度，同时压力场是由流体静力平衡而产生的。

由 Lagrangian 方程可以得到式(11.22)的一般形式：

$$
\begin{cases}
\ddot{x} - f_c\dot{y} = -g\dfrac{\partial\zeta_s}{\partial x} - \dfrac{1}{\rho_W}\dfrac{\partial P_A}{\partial x} + F_x \\[2mm]
\ddot{y} - f_c\dot{x} = -g\dfrac{\partial\zeta_s}{\partial y} - \dfrac{1}{\rho_W}\dfrac{\partial P_A}{\partial y} + F_y
\end{cases}
\tag{11.23}
$$

其中，$\dot{x}$、$\dot{y}$、$\ddot{x}$、$\ddot{y}$ 和 F_x、F_y 分别表示面速度、加速度和摩擦力在 X 轴和 Y 轴上的分量，x 向东为正，y 向北为正。

与式(11.22)相应的两个分量为

$$
\begin{cases}
f_c\dot{y} = g\dfrac{\partial\zeta_s}{\partial x} - \dfrac{1}{\rho_W}\dfrac{\partial P_A}{\partial x} \\[2mm]
f_c\dot{x} = -g\dfrac{\partial\zeta_s}{\partial y} - \dfrac{1}{\rho_W}\dfrac{\partial P_A}{\partial y}
\end{cases}
\tag{11.24}
$$

式(11.22)中海流的速度 V 和方向 A 为

$$
\begin{cases}
V = \left[\dot{x}^2 + \dot{y}^2\right]^{\frac{1}{2}} \\[2mm]
A = \arctan\left(\dfrac{\dot{x}}{\dot{y}}\right)
\end{cases}
\tag{11.25}
$$

　　在海洋学的动力方法中，用位距水准确定的海面地形来计算海流速度。在卫星测高中则用由它确定的海面地形来计算海流速度，通过比较所确定的海流与实际海流的情况是否一致，并以此检验海面地形确定的可靠程度。应用观测得的海流速度矢量(包括大气压力)，按地旋水准来确定有限范围内地区性的海面倾斜，也可用于拼接深海内由位距水准确定的海面地形与沿海岸验潮站确定的海面地形。

11.3　海平面变化

　　由地壳、地幔、地核、水圈、大气圈和生物圈组成的地球系统是一个运动系统(陶世龙等，1999)。地球各圈层之间不断发生着物质循环与能量流动。海洋是水圈的主体，约占地球表面积的71%，海平面变化是地球系统各种动力过程的综合反映。在海盆容积不变的前提下，由于冰川消长(影响最大，如第四纪冰期与间冰期的海平面升降达100~200m)、地球深部水排出及流入、海水温度-密度变化等因素导致海洋体积变化，从而引起海平面变化。若海水体积不变，当洋底板块扩张与俯冲、海底沉积物堆积、区域性构造运动等因素导致海盆容积变化，进而引起海平面变化；同时，按定义大地水准面基本与海平面一致，地球公转轨道参数和自转参数的变化会引起地球形态改变、质量重新分配，大地水准面要调整以适应新的轨道和自转参数，这将导致海洋体积变化从而引起海平面波动。全球海洋变化具有多周期的时间尺度，从季节变化(表面混合层)至年代变化(亚热带环流)，再到世纪性变化(经向翻转环流)，许多海洋观测数据的时空分辨率较差，地区分布具有多样性，观测数据的持续时间不统一，尽管海平面的变化具有相似的特征，但针对不同的时间和空间尺度，研究海平面变化所采用的观测手段和数据各异。通常将海平面变化分为区域相对海平面变化和全球海平面变化，与之相对应主要有两种确定海平面变化的速率及其空间分布特征的方式，一种是通过验潮站观测数据，可提供上百年的高精度海平面观测值，另一种是利用多源多代卫星测高任务提供的全球海洋2~3cm观测精度的海面高。

　　利用验潮站和卫星测高数据可确定海水体积变化引起的总体海平面变化。在年代甚至更长的时间尺度上，全球气候变化和海水与其他储水区的质量交换(包括冰川、冰帽、冰盖、其它陆地储水区)过程都将导致全球平均海平面变化，还有一些海洋学因素，如海洋环流和大气压变化，会对区域海平面变化产生影响。此外，陆地垂直运动，如冰后回弹、板块运动、地表升降，会对局部海平面观测值产生影响，虽然不会改变海水体积，但由于它们使海盆的形状和体积发生改变，从而对全球平均海平面有一定影响。根据海水体积变化的原因，可将海平面变化分为两个部分：一部分是由海水温度和盐度变化引起海水密度变化，进而引起海平面变化，称为比容海平面变化；另一部分是由海水与其他储水区质量交换产生的海平面变化。海水密度和海水质量变化都会使得海水体积发生变化，独立量化这些分量对了解人类活动对气候的影响以及弹性地球的反映有重要作用。

11.3.1　总体海平面变化

　　验潮站观测值是研究海平面变化最基础的数据，从长达百年的验潮站观测数据中获得的海平面变化的长期稳定趋势，是目前研究年代际尺度以上变化特征的唯一直接数据源。

大部分验潮站位于北半球大陆沿岸或岛屿上，特别是在北美洲、欧洲和日本沿岸，另外一部分验潮站位于岛礁和南半球大陆海岸线(图 11.5)。由于验潮站分布于大陆或岛屿沿岸，其观测值会受到验潮站所处板块垂直运动影响，验潮站观测数据确定的海平面变化是相对海平面变化，需要进行垂直形变改正才能得到相对地心的绝对海平面变化。其中，板块运动和人类活动引起的垂直位移可借助于大地测量技术予以顾及，冰后回弹(Post Glacial Rebound，PGR)可以利用模型进行改正，但通常情况下并不是所有验潮站都有相关的大地测量数据，且这些数据中还存在一定的误差，使得分离验潮站垂直运动和绝对海平面变化变得困难。板块垂直运动主要影响局部海平面变化确定，对全球海平面变化的影响较小。此外，南半球的海洋面积占全球海洋总面积约 60%，对总体海平面变化的影响十分重要，但南半球验潮站数目少，建立年代不同，观测时间不一致，验潮站数据的选取对海平面变化确定有较大影响，特别是区域海平面变化趋势，利用不同的方法和权重得到的海平面变化趋势各异。

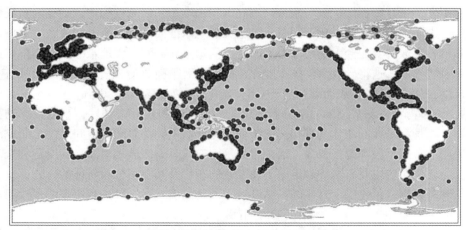

图 11.5　全球验潮站分布(来自 PSMSL)

　　20 世纪 70 年代发展起来的卫星测高技术，克服了上述影响验潮站数据的因素。卫星测高利用雷达脉冲波直接测量卫星到海平面高度，结合在地面参考框架中定义的已知卫星轨道至地心精确距离，可以获得海平面至地心绝对距离，从而避开了板块垂直运动的影响。卫星测高能够获得全天候几乎全球覆盖的海平面观测数据，大大地提高了海平面观测空间分辨率，其重复周期轨道特点，可以获得卫星重复周期间隔的海洋观测时间序列，进而可建立海平面变化时间序列，使得海平面变化研究发生了革命性转变。自 1993 年以来，测高卫星成为观测全球海平面变化的重要手段，卫星测高技术提供了不依赖地理位置、不受陆地垂直位移影响、全球覆盖的高精度高分辨率海平面观测值，极大地改善了海平面变化确定精度和分辨率，揭示了开阔海域更为复杂的海平面变化分布模式。虽然卫星测高技术受卫星寿命的限制，决定了其不能像验潮站一样获得上百年的观测数据，但随着测高卫星任务不断提出，卫星测高技术也逐渐趋向多样化，联合所有可利用的卫星测高资源获取海洋信息和海平面变化成为目前发展的趋势。

20 世纪以来，全球总体海平面变化呈现加速上升的趋势，观测结果表明，19 世纪中叶以来的海平面上升速率比过去 2000 年来的平均速率都高，在 1901–2010 年间全球海平面平均上升速率为 1.9±0.2mm/a，而在 1993–2010 年间全球海平面平均上升速率为 3.2±0.4mm/a；预计到 2100 年全球平均海平面的最大上升高度将达到 0.82m。

11.3.2　比容海平面变化

验潮站和卫星测高观测数据虽然提供了高精度的总体海平面变化，但仍需进一步分析海平面变化成因，以认识气候变化对海平面变化的影响及其相互作用。当前，海洋内部温度和盐度等信息主要依靠海洋测量船和浮标等现场观测数据获取，这些数据是确定比容海平面变化的输入源。

20 世纪 60 年代，抛弃式海水深温仪（Expandable BathyThermograph，XBT）的发明使得大规模海水上层温度变化测量成为现实，此后，一系列气候研究计划，如热带海洋与大气实验（Tropical Ocean and Global Atmosphere，TOGA）、全球海洋环流实验（World Ocean Circulation Experiment，WOCE），使得 XBT 数量不断增加。到 20 世纪 90 年代，每年已有几乎 40000 条海洋上层 450m 或 750m 的 XBT 剖面测量数据。1985 年至 1994 年实施的TOGA 计划调查热带海洋海况变化对全球气候的影响，该计划建立了一个由 70 个定点浮标组成的赤道大气-海洋观测阵列，提供了超过 20000 条的海水垂直剖面测量数据，取得了大量关于洋流、海平面高度、海洋上层约 500m 的海水温度，以及大气温度、湿度、风速和风向等数据资料，目前仍在继续收集和传输赤道太平洋的重要信息。之后，自动剖面浮标的发明提供了一种获取大规模海洋观测数据的新方法，打破了全球海洋水文数据空间和时间采样的限制。将这种浮标投放在海洋中的某个区域后，它会自动潜入设定深度的等密度层上，随深层海流保持定深漂浮，到达预定时间后，自动上浮，并在上升过程中利用自身携带的各种传感器进行连续剖面测量。当浮标到达海面后，通过卫星定位，与数据传输卫星系统自动地将测量数据传送到卫星地面接收站，当全部测量数据传输完毕后，浮标会再次自动下沉到预定深度，重新开始下一个循环过程。1990 年到 2002 年间实施的WOCE 计划首次设计使用了自持式拉格朗日自动循环探测仪（Autonomous Lagrangian Circulation Explorer，ALACE），在全球海洋范围内测量海水绝对流速，并通过特定的传感器测量海水温度和盐度，该计划投放了大约 1000 只 ALACE 浮标。新一代自动浮标可以运行约 100 个循环周期，每个测线剖面包含海洋上层 1500m 海水温度和盐度，以及剖面上任一点海流速度，它能够布放在除长期被冰覆盖的海面之外任何一个地方自动运行，与卫星遥测技术进行实时定位和数据传输。

在 TOGA 和 WOCE 计划之后，政府间海洋学委员会（Intergovernmental Oceanographic Commission，IOC）提出了以深海为观测对象的 ARGO（Array for Real-time Geotropic Oceanography）计划，旨在借助最新研发的一系列高新海洋技术（如自动剖面浮标、卫星通讯系统和数据处理技术等），建立一个实时、高分辨率的全球海洋中、上层监测系统，从而能够快速、准确、大范围地收集全球海洋上层海水温度与盐度剖面资料。ARGO 计划设计了多种浮标，设计寿命约 3~5 年，可以在下沉和上升的过程中随海水漂流做滑翔运动，也可沿设计的路线进行剖面测量，获得空间分布更合理的观测数据。这种浮标可以以

2000m 的潜入深度约每隔 10~14 天运行一个周期，每个投放的浮标可以获得 80~100 个剖面的海水温度和盐度观测数据。ARGO 计划目前仍在健康运行的有 3900 多个浮标（图 11.6），每个月可提供约 12000 个剖面的海洋温度、盐度和海流速度等的观测数据。ARGO 全球海洋观测网的建成提供了海量的、实时的、高分辨率的海洋次表层观测数据，只需 2 个月时间就可获得过去上百年观测才能得到的信息。

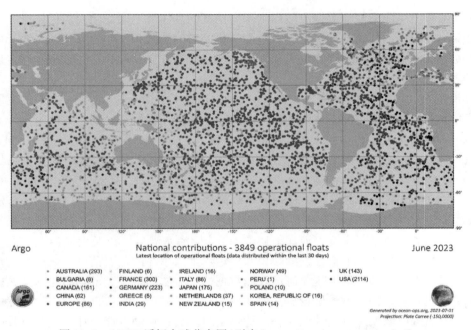

图 11.6　ARGO 浮标全球分布图（引自 http：//www. argo. ucsd. edu/）

隶属于美国国家海洋大气局（National Oceanic and Atmospheric Administration，NOAA）的国家海洋数据中心（National Oceanographic Data Center，NODC）自 1994 年起开始实施收集当时最新海洋垂直剖面测量数据的计划，发布了世界海洋数据集 WOD 系列，该系列数据集收集的数据上至 19 世纪，并包含了全球温盐剖面计划（Global Temperature-Salinity Profile Program，GTSPP）所收集的 1990 年以来温度和盐度数据。NODC 基于该系列数据集，根据海水深度分层统计和分析生成了世界海洋地图集 WOA 系列，包括温度、盐度、溶解氧、硝酸盐、磷酸盐和硅酸盐等多种数据，每种数据模型又包含多年平均 0.25°× 0.25°、1°×1° 和 5°×5° 月格网模型，其空间分辨率和模型精度已能满足基本海洋和气候学研究。

在 WOD98 数据集发布以前，比容海平面变化的研究多集中在局部海域，而后基于 WOD 系列数据集，国际上对比容海平面变化开展了广泛研究。基于实测数据的全球尺度变化研究首次由 Levitus 等人（2000）给出，其结果认为全球海水温度变化集中在上层 300m 深度内，该研究同时利用全球海洋观测数据集 WOD98，建立了 1945—1998 年间的 1°×1° 格网海水上层 500m 的年平均温度场和 1945—1996 年间 1°×1° 格网海水上层 3000m 的 5 年平均温度场。Antonov 等(2002)对该数据模型进行扩展，给出了海水盐度格网数据，计算得到 1957—1994 年间全球比容海平面变化为 0.55±0.07mm/a。Churchetal(2013)研究表明，全球平均海平面在 1993—2010 年间以约 3mm/a 的速率上升，其中三分之一来自热比容分量，剩余部分来自海水质量变化，盐比容分量的贡献可忽略不计。最新的研究显示在区域海平面上升中，热比容分量是主导因子，但盐比容分量的贡献在某些区域可能与热比容分量相当，且部分抵消热比容分量的影响。

11.3.3　海水质量变化

海水质量变化引起的海平面变化是总体海平面变化的另外一个组成部分，是由海水与其它含水层，包括陆地水循环、冰川和极地冰盖的融水、地球深部水的物质交换所产生的。

在全球水循环的大气候环境下，海平面会随着陆地与海洋的水量交换发生变化。陆地上水以包括土壤含水、地下水、积雪、冰川、冰盖和陆地表面的蓄水区(包括江河湖泊和湿地等)在内的多种形式存在，它们在全球的分布极不均匀、随气候环境变化明显。在全球尺度上估算陆地水储量的变化大多数依靠陆地水文学模型，并联合全球大气和海洋环流模型及少部分的现场观测值，将陆地水质量 W 随时间的变化与降雨 P、蒸发 E 和水量流失 R 建立陆地水质量收支方程：

$$\frac{dW}{dt} = P - E - R \tag{11.26}$$

求解该方程即可得到陆地水质量变化。

陆面过程模型描述了陆面和大气之间的物质和能量交换，其主要驱动数据为降雨，模型一般给出了格网时间序列的土壤湿度、积雪深度、地表径流和地下水位等。早期模型仅建立单层格网土壤湿度模型，如 H96 模型(Huang et al., 1996)。近代模型所采用的陆面过程模式更为复杂，采用高频率的气候观测数据描述土壤、植被和大气之间的质量和能量交换。全球土壤湿度项目(Global Soil Wetness Project，GSWP)(Dirmeyer et al., 1999)及其后续项目 GSWP-2(Dirmeyer 等，2005)严格控制了全球土壤湿度观测数据的可靠性，给出了几乎全球分布(60°S—90°N)的 1°×1°格网逐日土壤含水量，该模型对估计陆地水对全球海平面变化贡献发挥了重要作用。陆地动力模型(Land Dynamics model，LaD)(Milly, Shmakin, 2002)建立了包含土壤湿度模型、地下水位和积雪深度的 1°×1°格网模型时间序列，但其时间分辨率为一个月。作为一个高分辨率的陆面模拟系统，全球陆面数据同化系统(Global Land Data Assimilation System，GLDAS)融合来自地面和卫星的观测数据来提供最优化近实时的地表状态变量，包括地表大气压、总蒸发水量、积雪融化、多层土壤湿度和地表径流等，可提供 1979 年以来的 1°×1°格网模型和 2000 年 2 月 24 日以来的 0.25°×0.25°格网模型，且能达到 3 小时的高时间分辨率。根据全球各气象站的月降雨量资料和温度再分析资料，美国国家海洋和大气管理局(NOAA)气候预报中心(Climate Prediction Center，CPC)建立了 1948 年至今的 0.5°×0.5°格网月平均土壤含水量、蒸发量和流失量，该模型保持每月更新，拥有最长时间序列的，是进行近实时监测陆地水储量变化的重要工具。

在过去的一个世纪里，陆地(包括南极大陆)冰川退化现象已成为一个不争的事实。虽然陆地冰川只占了全球冰川分布的小部分，但对海平面上升的影响甚至大于两极冰盖(Bindoff et al.，2007)，Meier 等(2007)指出 1996—2006 年间冰川和冰帽消融对海平面变化影响为 1.11±0.24mm/a，而极地冰盖消融贡献为 0.67±0.20mm/a，两者之和约占了总海平面变化 60%。冰盖与冰川消融导致的全球冰—水质量的重新分布是造成海洋密度、海洋动态响应以及海洋整体质量变化的主要因素。而且格陵兰和南极冰川冰盖及陆源冰川对海平面上升的贡献呈现增加的趋势：1993—2004 年全球平均海平面上升速率约为 2.7mm/a，其中冰川、冰盖融化的贡献约占 47%；2004—2015 年全球平均海平面上升速率为 3.5mm/a，而冰川、冰盖融化的贡献增加至 55%左右。冰川和冰帽比两极冰盖对气候变化更加敏感，可作为气候变化的指示器，Oerlemans(2005)利用全球 169 条冰川历史温度数据反演得到 1900—1945 年间全球平均温度上升较大，达到 0.5℃，1945—1970 年处于下降趋势，1970 年之后又开始上升。但全球冰川分布广泛，一般位于人类难以到达地区，常规测量手段无法对其进行监测。历史冰川消融数据都是对局部典型区域的质量均衡研究得出，如阿拉斯加山脉和青藏高原等，通过监测面积变化和若干典型监测点高程变化，并结合 DEM(Digital Elevation Model)模型实现动态监测。南极和格陵兰岛冰盖蕴含了全球 99%的淡水，南极的水量流失主要表现在冰架消融和冰山崩裂，其冰面融化非常微小，而格陵兰岛的冰面融化和冰山崩裂均较严重(Cazenave，Nerem，2004)，如果这两个地区冰盖全部融化，可使全球海平面上升近 70m(Lemke et al.，2007)。

极地冰盖质量均衡估计方法主要有：①由直接观测量单独估计每个可能对整体冰盖质量有影响的个体质量变化，如降雪量、冰面消融、冰山崩裂等；②对冰面高程进行连续观测，进而近似得到其体积变化，该方法需要考虑结冰的厚度以及冰后回弹和板块的垂直运动；③由冰芯钻探得到的历史温度变化所建立的冰盖数值模型；④现阶段建立的冰盖对全球温度变化反映的气候模型。卫星大地测量的发展让人们对这些难以到达地区的冰川和极地冰盖变化情况有了全新的了解。遥感影像资料是目前监测冰川和冰盖比较普遍的方法，它基于面测量的方式，具有高空间分辨率以及几乎不受云雨天气制约等突出的技术优势，尤其是近代发展的 InSAR 技术有较高形变敏感度(最高精度可达毫米量级)，采用多时相的复雷达图像相干信息进行地表垂直形变的提取，观测精度可以优于厘米级，在研究冰盖变化等方面表现出极好的效果。InSAR 的面测量方式对冰流监测表现出较大优势，其精度为 10~30m/a(Rignot，Kanagaratnam，2006)，一般冰川移动速率都较大，通常每个月有厘米级到米级的位移变化，所以很容易监测到这种变化。GNSS 技术可以准确地确定地面点的位置和高程，在可到达的冰川表面布测若干 GNSS 点作为参考点，可以精确得到参考点的高程，通过多期重复观测即可获取冰川高程的变化，利用 GNSS 技术获得的冰川边界重复观测高程数据还可以得到冰川的退缩速率。GNSS 技术在冰面高程监测领域的应用已日臻成熟并完善，其测量精度已达到亚厘米级，在时间域的分辨率可达到数分钟甚至更高到几十秒级。此外，卫星雷达测高利用波形重跟踪方法对不同表面的雷达脉冲回波波形分析，可将卫星雷达测高应用拓展到陆地和冰面(褚永海，2007)。利用卫星雷达观测波形资料，对平坦地区的冰面高程进行跟踪改正，并进行大气传播误差改正、固体潮和极潮改正，对于具有复杂地形的冰川和冰盖表面，还需进行地面倾斜改正。基于该方法，冰面高程在平坦地区的精度可达到 1～3m，冰面倾斜地区平均误差为 10～35m。在得到冰面高程之后，根据卫星雷达测高重复周期观测值或交叉点上观测值计算其高程变化，然后，根据冰面高程变化和冰块厚度及质量改变的关系，可反演冰盖质量变化。相比于卫星雷达测高的脉冲信号，激光具有更小的反射面积，且对冰面反射更为敏感，非常适合对冰盖高变化进行测量，Arendt 等（2002）利用机载激光测高对阿拉斯加山脉的 67 条冰川进行了监测，结果表明 1955—1995 年间其平均高程变化约-0.52m/a，外推到整个阿拉斯加山脉，冰川变化对海平面的贡献为 0.14±0.04mm/a，对 28 条冰川重复观测显示 1995—2001 年间其平均变化加快到-1.8m/a，外推到整个山脉对海平面变化贡献为 0.27±0.10mm/a，其量级达到同期全球冰川消融贡献量的一半，而阿拉斯加山脉冰川含量仅占全球冰川含量的约13%（Meier，Dyurgerov，2002）。2003 年 1 月，NASA 发射了用于两极冰盖测量的 ICESat（Ice，Cloud，and land Elevation Satellite）激光测高卫星，该卫星所携带的地学激光测高系统主要用来测量冰盖高程及其随时间的变化、云层和气溶胶的外形、陆地高和植被的厚度以及海冰的厚度。利用长期重复观测，可以测定极地冰盖质量的年际和长期变化，分析其对全球海平面和气候的影响。卫星激光测高技术作为一种先进的对地观测集成测量技术，伴随着全球气候变化现象的日趋显著，近年来已成为国际上的研究的热点（Thomas et al.，2006）。InSAR、卫星雷达测高和卫星激光测高技术通过接收地面反射信号进行测量，可实现全天候连续观测，但其观测目标均为一个面，受冰面地形复杂影响，观测精度有限，由于卫星重复周期较长，时间分辨率不高。GNSS 卫星精密定位技术可以获得高精度的绝对冰面高程信息，对观测点的连续监测可大大提高时间采样率，缺陷在于只能实现少数点位精密观测，致使空间分辨率低。因此，将 InSAR、卫星测高和 GPS 技术等多种卫星观测手段相结合，可以实现时空分辨率和精度的优势互补，有效确定高精度高时空分辨率的冰面高程变化及其总体质量变化对海平面变化的贡献。

除了地球表面的浅层水之外，在地球的深部地幔同样蕴含着大量的水。地表与地球内部之间以及地球内部不同区域之间的水循环是控制地球动力学和地球化学演化的关键过程之一。俯冲板块主要由海洋沉积物、海洋地壳和部分上地幔组成，随着俯冲过程的不断进行，海洋中的水会通过俯冲板块运输到地球深部，与此同时，全球板块运动和火山喷发也会将地球深部的水释放到浅层地表，这都将引起海水质量变化。2002 年，美国国家宇航署和德国空间飞行中心联合实施了重力场恢复与气候试验（Gravity Recovery and Climate Experiment，GRACE）重力卫星计划，旨在获取高精度地球重力场的中长波分量及其时变特征，基于地球质量变化与重力场变化的关系，利用 GRACE 中长波时变重力场可在一定尺度上反演地表质量重新分布（Wahr et al.，1998）。目前 GRACE 可提供阶次达到 60、时间分辨率为 1 个月甚至 10 天的地球重力场模型时变序列，在消除了大气、海洋负荷引潮力和相关地球动力过程引起的时变重力场部分后，GRACE 时变重力场模型序列可以在全球尺度上反演地表质量迁移，包括陆地水储量变化、极地冰盖消融和地球深部水运移等所有影响海水质量变化的因素总和。自 GRACE 计划实施以来，利用其提供的时变重力场数据反演全球和局部质量变化，特别是对亚马孙河流域、长江流域等主要水系的陆地水储量变化，极地地区如南极、格陵兰岛等的冰川质量变化，全球海水质量变化等的研究受到广泛关注，成为国内外地学界及水文等相关领域的一个研究热点。更关键的是，GRACE 时变重力场可以用于定量估计海水质量变化的时空分布，使得分离海平面变化中海水质量变化影响和海水温度、盐度变化导致的体积变化影响成为可能，加深了人们对全球海平面变化机理的认识和理解(金涛勇，等，2010)。

11.4　利用验潮站观测数据确定全球海平面变化

通过验潮站观测数据确定全球海平面变化趋势的方法具有持续性和长久性的特点，但验潮站数据计算的海平面变化是相对于其所处的陆地的变化，而地壳板块在不停地运动，尤其是垂直运动(包括冰后回弹(PGR)、局部地壳沉降以及震后形变等)，为得到绝对的海水体积引起的海平面变化则必须移去陆地的垂直位移。其中，冰后回弹可以利用模型进行改正，其它垂直位移影响必须借助于大地测量或地质的数据加以校正，但通常情况下并不是所有验潮站都有相关的大地测量数据，且这些数据中还存在一定的误差。通过对验潮站进行筛选，避开较大的垂直位移，以及对验潮站数据取平均可以减小对全球海平面变化估计的影响。验潮站数据的选取，以及 PGR 信号的改正模型，对海平面变化的确定有较大影响，特别是区域海平面变化趋势。

11.4.1　验潮站数据选取

大部分验潮站位于北半球大陆的海岸线，少部分验潮站位于海岛礁和南半球大陆的海岸线，但南半球绝大部分是海洋，南极附近几乎没有长期的验潮站观测数据。提供验潮站观测数据的机构很多，英国 Proudman 海洋实验室的永久平均海平面服务(Permanent Service for Mean Sea Level，PSMSL)专门负责收集、发布、分析和内插全球分布的验潮站观测数据(Woodworth，Player，2003)。由于各机构提供的数据在单个验潮站上采用的参考基准都不一致，原始的验潮站数据无法用于研究海平面变化。PSMSL 利用提供的各验潮站历史基准资料对收集的每个验潮站进行重新处理，并探测剔除一些粗差数据，形成了各验潮站上具有统一参考基准的 RLR 验潮站数据集，为保证各观测值尽量为正值，还作了 7000mm 的偏移，该数据集已被许多学者广泛用于研究海平面变化(Douglas，1991，1997；Chambers et al.，2002；Church et al.，2004)。

RLR 数据集有超过 60000 个站年的数据，并且还在以每年 1375 个新的可用站年的速度增加。图 11.7(彩图见附录二维码)给出了大约 200 个授权机构提供的 2067 个站点数据。为了获取全球覆盖的验潮站海平面观测数据，应选择尽可能多的验潮站，但这些数据集中可能存在相同时间内不同基准的重复观测站或相似的观测数据序列，故需对这些数据进行初步筛选。当两个数据的相关系数大于 0.98，计算的海平面变化趋势差距小于 0.2mm/a，经纬度位置小于 0.2°时，认为这两个数据是一样的，仅选取观测时间较长或质量较好的验潮站(金涛勇，2010)。

基于验潮站的全球海平面变化研究受到两种地球物理噪声的深刻影响：一是地壳垂直运动；二是海平面变化的低频信号。地壳垂直运动直接影响验潮观测值，海平面变化的低频信号，如年代际信号，在一定的时间尺度上对海平面变化趋势产生系统偏差。验潮站数量众多，并不是所有的验潮站数据都适合于确定海平面变化，需要对现有的验潮站观测数据进行预编辑，剔除低质量数据。编辑标准为：

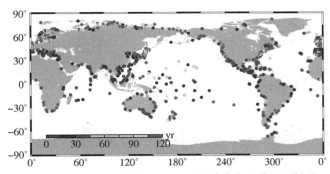

图 11.7 由 PSMSL 提供的 RLR 验潮站分布及其观测年限

（1）验潮站总观测时间长于 20 年，以避免潮汐和年代际海平面变化等低频信号的混淆。

（2）验潮站上的观测时间序列应保证至少 70% 的完整度，即缺失的数据不能多于 30%。海平面记录并不是一个稳定的时间序列，可能会出现长达 10 年的较大而不可估计的波动，如果数据空白期过长，会对海平面变化趋势的确定带来明显的影响，此外，它还可能暗示验潮站仪器有较大的偏差。

（3）验潮站不能位于板块碰撞的边界和盛冰期积雪覆盖较厚的区域，板块碰撞的边界的垂向运动较大，不易用模型进行描述，且 PGR 改正值一般较大，两者均会产生较大误差，很难与真实海平面变化进行分离。由该验潮站数据计算的海平面变化速率及其误差都不能超过 10mm/a。

（4）地理位置相近的验潮站之间应该具有一致的长期海平面变化趋势（低频信号），低频海平面变化信号具有较大的空间尺度，在几百千米之内的验潮站一般有相似的低频海平面变化大小和趋势。目前还没有更好的方法来评估单一验潮站记录的质量，故实际计算中可控制相近两验潮站数据的相关系数，即该验潮站数据至少有 70% 以上与 3° 范围内的其他验潮站数据的相关系数大于 0.6。

经上述准则编辑后，符合条件的验潮站共 642 个，对这些验潮站观测数据在 1900—2008 年的观测值个数进行统计，如图 11.8 所示（彩图见附录二维码）。

11.4.2 冰后回弹和逆气压改正

大部分验潮站位于大陆海岸线，仅少部分验潮站位于海岛礁。验潮站观测数据计算的海平面变化相对于所处的陆地，而地壳板块在不停地运动，特别是垂直运动，包括冰后回弹、局部地壳沉降等，为得到绝对的海平面变化必须移去陆地的垂直位移。借助于大地测量或地质数据可直接计算板块的垂直位移，但通常情况下并不是所有验潮站都有相关的大地测量数据。在验潮站选择过程中已对其垂直位移进行了限定，剔除了具有异常变化的验潮站，故通常仅对冰后回弹进行改正，图 11.9（彩图见附录二维码）给出了冰后回弹改正模型 ICE-6G-D。

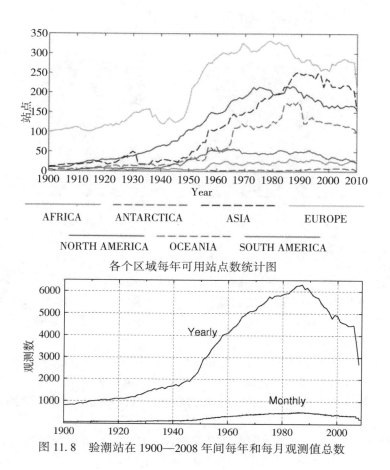

各个区域每年可用站点数统计图

图 11.8 验潮站在 1900—2008 年间每年和每月观测值总数

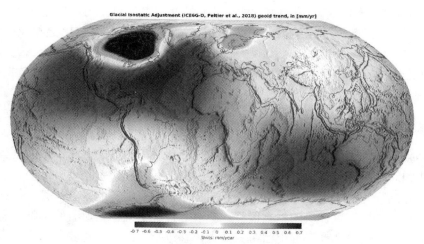

图 11.9 ICE-6G-D 冰后回弹改正模型(引自 Peltier, 2018)

此外,由于海水的不可压缩性,海平面对其表面大气压具有一种流体静力学响应,受

大气压力作用而产生形变，当气压增大时，海面降低，通常 1mbar 的大气压约产生 1cm
的海平面变化。验潮站观测值需进行逆气压的改正以获取真实的海平面变化，其关系为：

$$IB = -9.948 \times (P_{tide} - \overline{P})　　　　　　　　　(11.27)$$

其中，P_{tide} 为验潮站处大气压，$\overline{P}$ 为全球海洋范围平均大气压。

常采用的大气压模型包括欧洲中期天气预报中心的 40 年再分析资料 ERA-40，美国国
家大气研究中心的 50 年再分析资料 NCEP/NCAR。两个模型都提供了 2.5°×2.5°分辨率全
球分布数据，前者有效时间为 1957 年 9 月至 2002 年 8 月，而后者提供了 1948 年至今的
全部数据。图 11.10 给出了利用 NCEP/NCAR 大气压数据在选取的 642 个验潮站上计算的
逆气压改正每月全球平均值时间序列，其长期性趋势约为 −0.33mm/a。

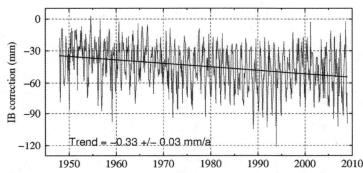

图 11.10　利用 NCEP/NCAR 大气压计算的全球月平均验潮站逆气压改正时间序列

11.4.3　全球平均海平面变化确定

对选取的验潮站观测时间序列进行拟合并作冰后回弹改正后得到单站海平面变化长期
性趋势，如图 11.11 所示。

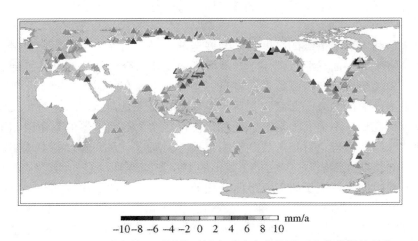

图 11.11　所选验潮站上观测值时间序列确定的海平面变化长期性趋势

若将所有验潮站上的海平面变化趋势平均，得到全球平均海平面变化，则会因验潮站分布不均匀而产生偏差(Peltier，Tushingham，1989)，常用的处理方法是将验潮站先分海区计算平均变化后，再在全球按海区面积加权平均。若选取的验潮站众多，无法简单地划分出所属海区，可首先在 10°×10° 范围内，以单站拟合的标准偏差定权计算该范围内的加权平均海平面变化趋势，从而削弱验潮站分布不均匀的影响，然后将 10°×10° 格网海平面变化趋势等权平均，得到全球平均海平面变化趋势，见表 11-5。

表 11-5   验潮站确定的全球平均海平面变化长期性趋势

时间段	验潮站个数	长期性趋势(无逆气压改正)	长期性趋势(逆气压改正)
1993—2003	414	3.10	2.78
1993—2007	401	2.88	2.67
1985—2003	439	2.54	2.45
1985—2007	371	2.64	2.54
1978—2007	454	2.33	2.37
1968—2007	556	1.83	2.05
1958—2007	581	1.51	1.75
1948—2007	608	1.40	1.71
1938—2007	616	1.49	—
1928—2007	617	1.51	—
1918—2007	619	1.53	—
1908—2007	632	1.51	

11.5 联合多源多代卫星测高数据计算全球海平面变化

测高卫星是利用卫星搭载的高度计来开展全球海平面高度测量的新型卫星，可以获取全球范围高分辨率海平面观测数据用于开展海平面变化研究。卫星测高技术拥有不依赖于地理位置，可提供全球分布观测数据的特点，是研究全球和区域海平面变化趋势的理想技术。基于卫星测高数据的海平面变化相对于地球质心，只受到冰后回弹对大尺度海盆形变产生的微小容积变化，不受其他局部陆地垂直位移影响。然而卫星的寿命限制了卫星测高不能像验潮站一样获得长达百年的长期观测数据，但通过一系列连续的卫星测高任务也可实现对海平面的长期连续监测。过去 50 多年的卫星测高观测信息，为确定海平面变化方面提供了必要的数据，可用于研究海平面变化的年际和季节性变化特征(王勇，等，2001；詹金刚，等，2003；王正涛，等，2004；文汉江，章传银，2006)。为了充分认识海平面变化，并作出预报，需要有更长的时间跨度(如 50~100 年)与高时空分辨率的监测数据，通过海平面变化全过程研究各种时间尺度的变化特性，包括较小幅度的季节性变化和年代际变化，以及更长时间尺度的变化特征。随着卫星测高精度的提高，科学家已能够从中发现微小的全球平均海平面年际变化（Nerem，1999），并希望长时间积累的卫星测高观测序列能够精确提供全球平均海平面年代际变化信息，补偿现今依赖验潮站记录的局限性。而单一卫星测高观测数据受卫星寿命限制，迄今最长也仅为 13 年左右（T/P 卫星），这就要求联合现今所有多源多代卫星测高观测数据，以及近百年的验潮站数据。为探测到这些低频率、小幅度的信号，还必须确保卫星测高观测时间序列非常稳定和可靠，并具有统一的时空基准和一致的数据处理方法。

测高卫星的信号在传播过程中受到大气对流层、电离层、潮汐和海况等因素的影响，因此在卫星测高数据预处理中需引入误差改正模型及方法来削弱各种信号误差，在选取适当参考面后就能获得海平面变化的时间序列。获取海平面变化的参考面可以选择参考椭球、大地水准面、平均动力海面地形的联合模型、卫星测高共线轨迹和高分辨率高精度的平均海平面模型等。卫星测高共线轨迹是根据测高卫星重复周期的特点，利用多个周期的测高卫星观测数据，进行长时间地面重复轨迹的平均，与平均海平面模型只有细微的差距，对单一测高卫星计算海平面变化是最好的参考面，但由于不同测高卫星的重复周期不同，各自平均共线轨迹的空间分辨率和参考时间不同，且大地测量任务的测高卫星没有重复周期，故在联合多源多代测高卫星计算海平面变化时，采用高分辨率高精度的平均海平面模型作为参考面更为适用。以全球平均海面高模型为参考面，并将其从上述测高卫星观测数据集中"移去"，可获得长时间全球分布海平面变化时间序列，利用最小二乘拟合就可以提取其全球平均或格网分布的变化量。然而，即使经过了严格精确的数据预处理，用于海平面变化计算的测高数据集中依然存在误差，如不同测高卫星之间的系统偏差、低频漂移误差等，这些因素对建立长时间统一的卫星测高海平面变化时间序列都需谨慎考虑。

11.5.1　利用验潮站数据校正测高海平面变化

验潮站观测数据具有长期稳定的特点，WOCE（World Ocean Circulation Experiment）提供了包括 1 小时、1 天和 1 个月采样率的高频率快速全球分布验潮站观测数据，其时间延迟仅 1~3 个月，可较好地保持与卫星测高数据完整的时间一致性。将卫星测高数据与验潮站对应时间观测数据进行同步比较，可实现对两种数据的互相验证，并且充分发挥各自优点，一方面，利用验潮站长期稳定的特点校正卫星测高观测数据的低频率信号漂移；另一方面，可利用开阔海域高精度高分辨率的卫星测高数据验证验潮站在远海的监测能力。

借助高频率长期稳定可靠的验潮站观测数据，确定卫星测高数据低频漂移，首先要获得卫星测高与验潮站之间真实的系统偏差，建立相应差值时间序列。由于卫星测高和验潮站观测数据之间的系统偏差建立在两者在相同时间和地点上获得相等海平面高度的基础上，但这两种数据源还受到了其他误差的影响，如卫星信号传播误差、潮汐改正等，卫星测高观测点不一定刚好经过验潮站，其观测时间也未必相同，所有这些影响都必须仔细考虑，并给予改正。

11.5.2　数据预处理

卫星测高观测数据易受到各种环境因素的影响，如信号传播误差、潮汐等，必须先对其进行相应的各种地球物理改正以削弱误差。对于 T/P 测高卫星，在原始数据处理手册提供的相关改正中，针对近年来发现的问题及对相关改正的深入认识和分析，对 TMR 微波辐射计湿分量改正的漂移、电离层改正噪声影响、海况偏差改正模型误差进行了改进，并利用最新的 GOT4.7 海洋潮汐模型替换了数据中的 CSR3.0 改正模型。

　　验潮站主要分布于大陆沿岸或海岛礁，受观测条件和观测手段等影响，其观测数据可能会出现基准变化或数据空白。而且验潮站观测值相对于观测尺的某一水准零点或水准面，由于验潮站所处地壳板块运动，如冰后回弹、局部地壳沉降以及震后垂直形变等，会使观测数据不可靠。针对这些问题，要给出合理的标准，选取合适的验潮站。在同步比较中存在的问题及其解决方法如下(金涛勇，2012)：

　　(1)因验潮站数据未作逆气压改正，在卫星测高数据中移去逆气压改正，以保证两者的一致性，其次，验潮站位置须位于测高数据观测纬度范围之内。

　　(2)各验潮站建站时间各异，观测年限不同，当所选取的验潮站观测时间序列较短时，本身就很难精确确定海平面变化特征，更难用于探测基于测高数据计算的海平面变化是否存在漂移。按参考验潮站处理策略，限定参与校正的验潮站总观测时间不少于 10 年，与校正的测高数据重复观测时间不少于 2 年。

　　(3)当某验潮站上计算的海平面长期性趋势较大，但与卫星测高数据序列所得长期性趋势相当，说明该点上观测数据可靠，可以采用；如果相差较大，则认为受到较大的板块运动影响，应剔除该验潮站。

　　(4)验潮站观测数据本身也可能存在较大数据误差，解决方法是通过对每个验潮站观测时间序列分析，如拟合提取海平面变化特征后的拟合残差大于 150mm，则判定该验潮站存在漂移，予以剔除。

　　符合条件的验潮站分布图如图 11.12 所示。

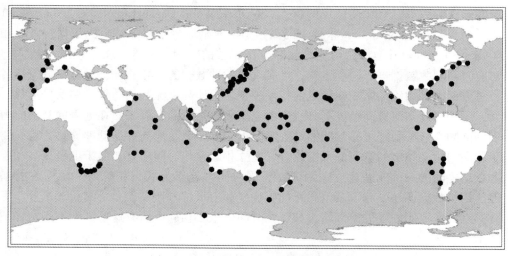

图 11.12　首次编辑后选取的验潮站分布

11.5.3 差值时间序列建立

卫星测高测定海面高的参考基准为参考椭球面，但验潮站观测数据相对于观测尺的某一水准零点或水准面，且所有验潮站的参考基准不一致，WOCE 发布的数据仅为验潮站记录，未给出参考基准，故不能直接与卫星数据进行比较。然而可以获取两种数据的海平面变化的差值，以避免对其参考基准的统一。

在观测时间 t 时，设验潮站观测记录为 h_d，其参考基准为 g_d，该验潮站上卫星测高测定的海面高为 h_a，其偏差为 Δ，则有：

$$h_d + g_d = h_a + \Delta \tag{11.28}$$

对卫星测高数据，以全球平均海平面模型为参考面计算海平面差距 v_a：

$$v_a = h_a - h_m \tag{11.29}$$

式中，h_m 为平均海平面模型在该验潮站上的海平面高。

由式(11.28)、式(11.29)，可得：

$$\Delta = h_d - v_a + g_d - h_m \tag{11.30}$$

式中，对于每一个验潮站，$g_d - h_m$ 为常数，但所有验潮站上并不一定相等。

卫星测高星下观测点采样频率一般为 1Hz，相邻采样点沿轨距离为 5~8km，重复周期任务测高数据相邻弧段赤道处距离为 80km(ERS-1/2、ENVISAT)~315km(T/P、Jason-1/2)，大地测量任务数据相邻弧段赤道处间距最小约 5km。卫星测高观测点未必会恰好经过验潮站，且验潮站的记录时间也不一定会与测高观测点相同。在一个很小的范围内，可假设海平面变化随地理位置的变化较小，因此，可选择验潮站周围较小范围内的卫星测高观测值来建立该验潮站上差值时间序列。根据符合条件的卫星测高观测值的观测时间选取相应的验潮站观测值，依此建立该验潮站上两种数据的偏差时间序列。

利用验潮站数据确定测高海平面变化的低频漂移，前提是两种数据在相同时间和地点上捕获尽可能相同的海平面信号，即实际上两者应具有较大的相关度，并且其差值标准差尽量小。得到每个验潮站上差值时间序列后，按下列步骤做进一步处理(金涛勇，2012)：

(1)将两种数据在卫星测高观测周期内平均，以削弱高频噪声的影响，然后剔除差值时间序列观测空白比例大于 30% 的站点。

(2)受海洋潮汐影响，卫星测高数据利用 GOT4.7 潮汐模型进行改正，WOCE 快速验潮站每日观测数据也由每小时的观测数据经过低通滤波扣除全日和半日的潮汐影响后平均得到。然而 59 天周期的 M2 分潮与 62 天的 S2 分潮会发生频率混叠，故对建立的差值时间序列作 60 天周期平滑以削弱混频效应。

(3)当两种序列的相关系数小于 0.5 时，认为两者相关性较弱，说明某种数据存在较大的误差，该验潮站上的时间序列不予考虑。

(4)由于验潮站多数位于大陆沿岸，边界流、海岸束缚波和陆海水交换等会使这些点上的观测值发生变化，而卫星测高数据离海岸有一段距离，其海平面观测值并不包含这部分信号。所建立的偏差时间序列中理论上低频漂移应占主要成分，如果对该偏差时间序列的海平面变化特征分析结果显示季节性变化较大，则说明两种数据观测的信号不一致，验潮站数据受到了某些季节性变化信号的影响，当两种数据季节性变化幅度大于 2cm 时，则剔除该数据。

经剔除后，验潮站的分布如图 11.13 所示。

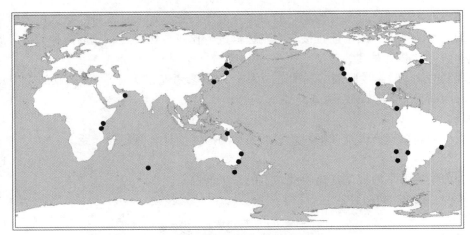

图 11.13　验证后删除的验潮站分布

为保证两种数据的协调一致性，上述所做的工作包括逆气压改正一致性、测高周期内观测值平均和潮汐混频效应改正等。表 11-6 给出了不同改正后两种数据时间序列的相关性和差值 RMS，可以看出，所作改正得到理想效果，最终建立的差值时间序列相对于原始观测序列精度有较大提高，相关性更强。

表 11-6　所选验潮站与测高观测数据差值相关系数及其均方根误差统计（金涛勇，2012）

差　值	相关系数			RMS（cm）		
	Mean	RMS	STD	Mean	RMS	STD
原始观测值	0.65	0.67	0.15	10.41	11.36	4.56
10 天测高周期内平均	0.78	0.79	0.13	6.76	7.40	3.01
60 天潮汐混叠效应改正	0.87	0.88	0.12	3.64	4.01	1.68

经上述编辑后，图 11.14（彩图见附录二维码）和图 11.15（彩图见附录二维码）分别给出了所选取验潮站上两种观测数据建立的海平面变化时间序列相关性和移去差值平均值后的 RMS，其中，85% 验潮站上相关性大于 0.8，83% 验潮站上 RMS 小于 5cm，仅少数位于大陆沿岸的站点上表现较差。

图 11.16 列举了 4 个验潮站上两种数据所建立海平面差值的时间序列，分别位于印度洋（PORT LOUIS）、太平洋西岸（HAMADA）、大西洋最北端（LERWICK）和太平洋最南端（MACQUARIE），各图中左下角给出了两种数据的相关程度和差值 RMS，两种数据的相关性高且差值较小。

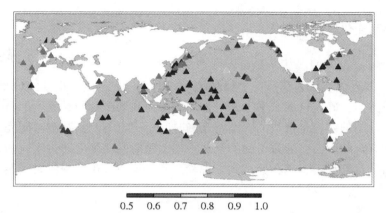

图 11.14 所选验潮站上两种数据建立海平面变化时间序列相关性

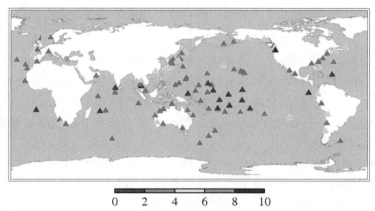

图 11.15 所选验潮站上两种数据建立海平面变化时间序列差值 RMS

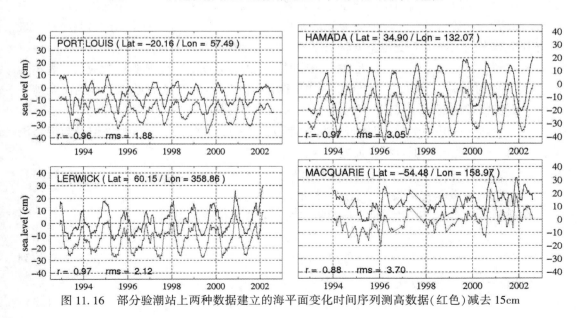

图 11.16 部分验潮站上两种数据建立的海平面变化时间序列测高数据(红色)减去15cm

11.5.4　海平面变化漂移计算

Chambers 等(1998)曾利用较长观测时间内验潮站观测值的平均作为其参考面确定海平面差距 v_d，并近似地认为在每一个验潮站上均值 $(\overline{h_d + g_d})$ 与 h_m 近似相等，设其差距为偶然误差。然而，确定这两个参考面时采用的海面高观测时间长度不严格一致，其差距可能出现系统性的偏差，且选取的验潮站观测时间不一定与测高观测时间完全重合，即验潮站数据可能有观测空白，导致得到的全球平均差距时间序列上产生不同的系统偏差，使计算的海平面变化漂移不正确，经试算发现验潮站平均值采用的观测时间段不同，结果有较大差距。

$$v_d = h_d + g_d - (\overline{h_d + g_d}) = h_d - \overline{h_d} \tag{11.31}$$

Mitchum(1998)则将各验潮站上得到的差值时间序列减去其平均值，虽然可以消除两个参考面差距，但同时假设了差值时间序列具有零均值，该假设也不一定成立。

$$\Delta = \Delta - \overline{\Delta} = h_d - v_a - \overline{(h_d - v_a)} \tag{11.32}$$

事实上，如已知验潮站的参考基准 g_d，则可得到两种数据的绝对偏差 $b = g_d - h_m$。Christensen 等(1994)利用美国加利福尼亚州的 Harvest 采油平台验潮站观测数据对 T/P 卫星进行了绝对校正，该平台配有大地测量观测仪器，可得到精确的地心位置。随着 GNSS 和 SLR 等技术的发展，采用与验潮站并置观测的方法，可为卫星测高数据提供绝对检验，探测潜在的系统偏差。

虽然验潮站绝对偏差未知，但我们知道每个验潮站上的绝对偏差相等，那么可直接提取每个验潮站上的测高海平面变化漂移，而不受到其偏差的影响，然后对选取的全球分布验潮站进行加权平均获得全球平均的海平面变化漂移，但该方法不能得到海平面变化差值的时间序列。所以，通过利用相同参考历元对每个验潮站上的差值时间序列进行最小二乘拟合后减去其常数偏差，得到所有验潮站上具有相同参考历元的无偏差差值时间序列，进而得到全球平均的海平面变化差值时间序列，并估计得到其漂移量。

设每一个验潮站上匹配的卫星测高偏差时间序列是时间 t 和验潮站 n 的函数，表示为 δ_{nt}。对观测时间 t，计算统一的全球平均海平面变化差值 Δ_t，从而形成卫星测高全球平均海平面变化差值时间序列，进而获得其随时间的漂移量。

在验潮站 n 的某一个观测时间 t 时，卫星测高偏差由该验潮站上的观测记录与卫星测高海平面差距得到，经拟合移去偏差后有：

$$\delta_{nt} = \Delta_t = h_d - v_a + \varepsilon_{nt} \tag{11.33}$$

式中，ε_{nt} 为两种数据在该验潮站上该时刻的总误差。

在观测时间 t 时，利用全球分布的验潮站由上式可得观测方程：

$$\delta = X\Delta + \varepsilon \tag{11.34}$$

式中，δ 为该时刻所有验潮站上两种海平面差距的差值，$\delta = (\delta_{1t}, \cdots, \delta_{nt})^{\mathrm{T}}$，$X$ 为单位列向量，$\Delta = (\Delta_t)$。该式的最小二乘解为：

$$\Delta = (X^{\mathrm{T}}R^{-1}X)^{-1}X^{\mathrm{T}}R^{-1}\delta \tag{11.35}$$

该时刻上卫星测高漂移参数 Δ 的方差为：

$$\sigma^2 = (\boldsymbol{X}^{\mathrm{T}} \boldsymbol{R}^{-1} \boldsymbol{X})^{-1} \tag{11.36}$$

式中，$\boldsymbol{R}$ 为误差协因数阵。

在不同验潮站不同时间上所得到的差值方差不等。在沿岸的验潮站上，可能由于海岸边界流，陆海水交换等使得差值方差较小，即使在开阔海域海岛附近的验潮站上，也会由于验潮站和卫星测高观测的真实海平面信号不同而导致方差各异。

当所有验潮站上的差值不相关时，观测时间 t 时的全球偏差可采用加权平均的方法计算，其权（$\boldsymbol{R}^{-1}$）与差值的方差成反比。然而，两个不同位置验潮站上差值序列中残余的海平面信号可能会存在相关关系。其次，即使差值全部是由噪声引起的，但测高仪的噪声可能在较短时间内是相关的，即有色噪声，由此会影响卫星测高的相邻观测值，使同一观测时间上不同验潮站差值相关。Mitchum（1998）证明了考虑该项相关性的偏差估计精度，相对于假设所有差值不相关时精度仅提高10%左右，说明其相关性很弱。因此，本文计算了各验潮站上差值时间序列方差 σ_n^2，假设每个验潮站上差值的方差不随时间变化，即所有卫星测高观测周期相同验潮站上差值方差相同，并假定所有验潮站上差值序列不相关，可确定各观测时间上卫星测高数据的漂移量及其精度估计。

图 11.17 给出了在卫星测高观测周期内平差后的全球平均偏差时间序列。利用线性、年际和半年周期拟合后，得到其长期性趋势变化为 $-0.34 \pm 0.07 \mathrm{mm/a}$。需要指出的是，海平面变化在不同的时间段内长期性趋势不同，见图 11.17。对于较短观测时间的测高数据，如仅 18 个月的 Geosat/GM 观测数据，由于无法探测明显的海平面变化周年特征，在与验潮站校正中可能会引入较大误差，不适合单独确定海平面变化漂移量。针对这种情况，利用该方法分别给出了以下卫星观测数据段得到的海平面变化低频漂移，见表 11-7。还要注意的是，利用卫星测高数据计算海平面变化时，对数据作的改正不同，得到的海平面变化也不会相同，则海平面变化漂移量也会得到不同的结果。也就是说，本节给出的各卫星漂移趋势仅适合本节所采用的观测段时间和误差改正项（金涛勇，2012）。

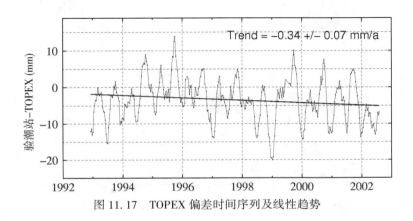

图 11.17 TOPEX 偏差时间序列及线性趋势

表 11-7　　　　　　　　　　　各测高卫星海平面变化低频漂移

测高卫星	漂移量（mm/a）	开始周期	结束周期	开始时间	结束时间	验潮站个数
Geosat	4.80±1.03	GM	ERM	1985.04	1988.09	45
ERS-1	0.61±1.87	C、G	E、F	1992.04	1996.06	59
ERS-2	−2.79±0.43	1	77	1995.05	2002.09	102
Topex	−0.34±0.07	8	364	1992.12	2002.07	115
Envisat-1	−2.20±0.76	10	77	2002.10	2009.03	88
Jason-1	0.09±0.16	1	259	2002.01	2009.01	99

11.5.5　统一海平面变化时间序列建立

　　上述过程确定了单颗测高卫星测定海平面变化的低频漂移，然而测高卫星之间由于参考框架和相关误差的影响会存在相对的系统偏差。当两颗测高卫星具有相同的观测时间，直接对验潮站的测高卫星观测值的平均作差可得到其系统偏差，或通过计算双星交叉点获得海面高差。但如果两颗测高卫星具有不同的观测时间，引入验潮站数据可以获得各测高卫星与验潮站相应海面高的偏差，起到连接不同测高卫星观测数据的作用，再利用两个测高卫星与验潮站的绝对偏差得到其系统偏差。根据单星测高海平面变化漂移，及其与 TOPEX 观测海平面的相对偏差，将以全球平均海面高模型为参考面的单星海平面变化时间序列改正后得到以 TOPEX 测高卫星为基准的统一海平面变化时间序列，如图 11.18 所示。利用自 1991 年以来运行的包括 T/P、Jason-1、Jason-2、Jason-3、ERS-2、GFO 和 Envisat 的卫星测高观测构建了统一平均海平面变化时间序列（来自 NOAA），其基于 66°S 和 66°N 之间的测高数据计算全球平均海平面，显示海平面上升速度约为 3mm/a。

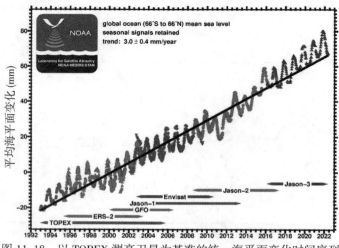

图 11.18　以 TOPEX 测高卫星为基准的统一海平面变化时间序列

　　基于多源多代卫星测高数据所确定全球平均海平面变化经校正后建立的统一平均海平面变化时间序列,能够提取全球平均海平面变化的长期性趋势,用于研究和预测全球气候变化。海洋的变化具有多样性,某些局部地区的变化对气候变化也会产生极大的影响,如厄尔尼诺和拉尼娜现象等。这些极端现象一般都会伴随有异常的海平面变化,通过研究局部地区的海平面变化特征对分析局部和全球气候变化也有很大帮助,这就要求我们不仅要知道全球平均海平面变化特征,还应了解和认识海平面变化随全球地理分布的变化特征。利用校正后的 T/P 和 Jason-1 测高数据,经基准统一后格网化生成了 1993—2008 年间 ±66° 范围内 1°×1° 空间分辨率海平面变化时间序列,并提取其长期性趋势分布如图 11.19 所示(彩图见附录二维码),长期性趋势计算中误差分布如图 11.20 所示(彩图见附录二维码)。

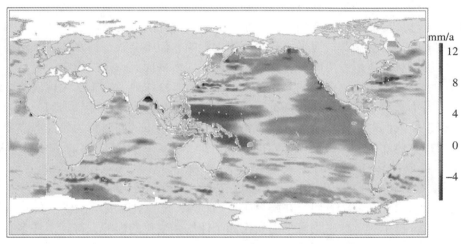

图 11.19　1993—2008 年间 ±66° 范围内 1°×1° 海平面变化长期性趋势分布

图 11.20　1993—2008 年间 ±66° 范围内 1°×1° 海平面变化长期性趋势计算中误差分布

11.6　全球海平面变化的物理机制及解释

引起海平面变化的原因有很多。海平面的变化等效于海水总的体积变化，海水密度和海水质量的变化都会使得海水的体积发生改变，独立地量化这些分量对了解人类活动对气候的影响以及弹性地球的反应有重要作用，对预测 21 世纪的海平面上升速度有极大的帮助。在年代及更长的时间尺度上，有两个主要的过程导致全球平均海平面的变化，并进一步使海水的体积发生改变：①热膨胀；②海水与其他储水区的质量交换，包括冰川、冰帽、冰盖、其他陆地储水区，以及与人类生活相关的陆地水和大气的交换等，大部分与最近的气候变化相关。所有这些过程都会导致不同地理位置的海平面变化和全球平均海平面变化。还有一些海洋学因素，如海洋环流和大气压的变化，也会对区域的海平面变化产生影响，但对全球尺度的海平面变化影响较小。此外，大陆的垂直运动，如冰后回弹、板块运动、地质沉降，会对局部的海平面观测值产生影响，但不会改变海水体积，然而，由于它们使海盆的形状和体积发生改变，从而对全球平均海平面有一定的影响。

自 20 世纪 60 年代后，在全球海洋及太平洋赤道等特殊地区实施了大规模的海洋表层温度和盐度等水文要素的测量，获得了海量近实时的、高分辨率全球较均匀分布的海洋表层观测数据，使人们对海洋和全球气候变化有了全新的认识。同时，为研究海洋变化，利用数据内插技术建立了一些格网模型时间序列，如 NODC 利用其收集的 WOD94~WOD09 系列数据集生成的多年平均月格网模型时间序列 WOA94~WOA09，Levitus 等（2000；2005）格网模型时间序列，以及 Ishii 等（2003；2006；2009）格网模型时间序列等。基于这些数据模型，国内外众多学者研究并解释了近 50 年来的海水温度、盐度变化及其引起的海平面变化，分析了对全球平均海平面变化和全球气候变化的影响，得到了许多有意义的成果（Cabanes et al.，2001；Willis et al.，2004；Antonov et al.，2005；Lombard et al.，2005a）。

作为水文学循环的一部分，地球的海洋、大气和陆地之间通过降雨、蒸发、冰冻、消融和径流等不断地进行水质量的交换，尽管地球系统的水质量总量不变，但融于各个子系统（大气、海洋、土壤、冰川等）的质量在不停地改变。其中，海洋和陆地始终拥有远大于大气的水储量，它们之间交换的"水"的质量也是巨大的，对局部以及全球气候有重要的影响。传统的海水质量变化确定主要依赖有限的海底压力测量数据，或海洋学模型，不能反映真实的总体海水质量变化，且实测的海底压力数据受环境限制而分布极其有限。随着卫星测高技术的发展，海平面的总体变化量得到了较为精确的确定，其变化量是比容和海水质量变化产生的海平面变化的叠加，而比容海平面的变化可以由实测的海水温度和盐度数据计算得到，从卫星测高数据所得海平面变化中扣除此变化量即得到海水质量变化，但其精度仍会受到实测海水温度、盐度数据误差和分布不均匀以及测高数据误差等的影响。

2002 年发射的 GRACE 重力卫星，旨在获取高精度地球重力场的中长波分量及其时变特征。目前 GRACE 可提供阶次达到 60、时间分辨率约 1 个月甚至 10 天的地球重力场模型时变序列，在消除了大气、外天体引潮力和相关地球动力过程引起的时变重力场部分后，GRACE 时变重力场反映的主要是陆地冰川冰盖和表层水储量以及海水质量变化信息，因而可以用来估算海水质量变化。Wahr 等（1998）首次提出了由 GRACE 卫星的时变重力场数据可以反演地球表面物质质量分布的变化，包括陆地水存储、海水质量和大气质量等，并利用水文学、海洋学和大气模型进行了验证，给出了时变重力场球谐系数反演质量变化的数学模型。Chambers（2004；2006a，2006b）对 GRACE 时变重力场反演海洋质量变化作了详细的研究，包括一阶项和 C_{20} 项球谐系数对反演结果的影响，数据处理中相关项的改正等，其数值结果验证了由 GRACE 数据反演海洋质量变化的可行性和可靠性。

11.6.1　海水比容变化

比容海平面变化是因海水密度改变而引起的海平面变化，包括热容和盐容两个分量，前者是由温度变化引起，称为热容海平面变化，后者是由盐度变化引起，称为盐容海平面变化。当海水温度升高或盐度降低时，海平面上升；当海水温度降低或盐度升高时，海平面就下降，其根本原因是由温度和盐度引起的密度变化，导致海水体积的改变。热容海平面变化量级大约是盐容海平面变化的 10 倍，是容积海平面变化的主要分量。由于缺乏长期可靠的海洋盐度数据，且盐容海平面变化的量级小，很多研究都忽略其影响。

比容海平面变化可由海洋观测温度和盐度数据计算（Chambers，2006b）：

$$\Delta \eta_{\mathrm{SSL}}(\varphi,\ \lambda,\ t) = -\frac{1}{\rho_0}\int_{-h}^{0} \left[\rho(\varphi,\ \lambda,\ t,\ S,\ T,\ P) - \bar{\rho}(\varphi,\ \lambda,\ \bar{S},\ \bar{T},\ \bar{P})\right]\mathrm{d}z$$

$$(11.37)$$

式中，ρ_0 为海水平均密度，φ 和 λ 为计算点纬度和经度，t 为观测历元，海水密度 ρ 是盐度 S，温度 T 和压强 P 的函数（Fofonoff，Millard，1983），P 可由海水深度得到。平均海水密度 $\bar{\rho}$ 由平均盐度、温度和压强确定。比容海平面变化的量级不仅与温度和盐度的变化相关，而且与不同深度的温度和盐度变化、海水平均温度和盐度、海水压力等相关。例如，相同的温度变化所引起的热容海平面变化，海底 1000m 比海面要大得多。

选取两种海水温度和盐度观测数据，其中第一种数据仅提供 12 个多年月平均格网模型，只能提取季节性比容海平面变化特征，而第二种数据提供了约 60 年的月平均格网模型时间序列，可提取比容海平面变化长期性趋势：

（1）美国国家海洋数据中心海洋气候实验室提供的 1°×1° 格网 WOA09 海洋月平均温度和盐度模型（Levitus et al.，2009），其垂直分层为 24 层，深度为 0～1500m，另外还提供了年平均模型，垂直分层为 33 层，深度为 0～3300m。

（2）日本气象局海洋学家 Ishii 最新生成的海洋温度和盐度资料（Ishii，Kimoto，2009）。该资料基于 WOD05 实测数据和 WOA05 模型，采用近实时的 GTSPP 温盐剖面数据，其中，添加了日本海洋数据中心提供的上述两种数据中未使用的 XBT（eXpendable Bathy Thermograph，"抛弃式"深海温度测量仪）数据，并进行了 XBT 和 MBT（Mechanical Bathy Thermograph，机械式深海温度测量计）的偏差校正后得到，其时间跨度为 1945—2006 年，时间分辨率为 1 个月，空间分辨率为 1°×1°，沿海水深度 0～700m 垂直分 16 层。

以计算时间内海水温度和盐度的算术平均为平均值，根据式（11.37）计算得到了 1945—2006 年间格网比容海平面变化时间序列。采用线性、周年和半周年余弦项对该格网时间序列拟合提取其变化特征，得到 1945—2006 年间格网比容海平面变化长期性趋势（图 11.21，彩图见附录二维码），从图中可以看出，南半球变化比较平缓，北半球变化起伏较大，原因可能是北半球陆地较多，由此形成的海洋环流直接输送海水热量，使得这些区域的海水温度和盐度变化大，特别是墨西哥湾流和黑潮这两大暖流流经地表现了较大的起伏，而太平洋赤道附近受厄尔尼诺等极端现象影响也出现较大的变化。

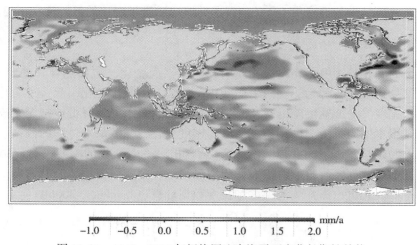

图 11.21　1945—2006 年间格网比容海平面变化长期性趋势

将格网比容海平面变化时间序列按等面积平均后得到月平均变化时间序列，如图 11.22 所示，仍具有非常明显的周期性特征。拟合后得到长期性趋势为 0.25 ± 0.01 mm/a，周年变化幅度为 1.77 ± 0.21 mm，相位为 $60°\pm7°$。将最大海水深度限定为 700m，以 WOA09 年平均模型作为平均值计算其比容海平面变化，并提取周年特征得到其幅度为 1.51 ± 0.84 mm，相位为 $79°\pm17°$。由于 WOA09 模型得到的比容海平面变化时间序列只有 1 年，利用该序列提取的周年特征误差较大，但在 1 倍中误差范围内，与 Ishii 数据计算结果吻合得较好。两种数据对比也验证了比容海平面变化所存在的周年特征。

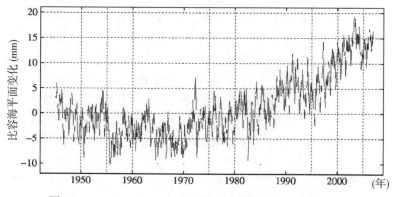

图 11.22　1945—2006 年月平均比容海平面变化时间序列

利用 Ishii 海水温度和盐度数据在 0~700m 深度计算得到 1955—2003 年和 1993—2003 年期间的比容海平面变化长期性趋势分别为 0.34±0.01mm/a 和 1.26±0.06mm/a，其中热容海平面变化长期性趋势分别为 0.31±0.01mm/a 和 1.44±0.05mm/a，盐容海平面变化长期性趋势分别为 0.03±0.01mm/a 和−0.18±0.04mm/a，与 Antonov 等（2002，2005）和 Ishii 等（2006）结果符合较好，见表 11-8。

表 11-8　　　　　　　　　　　　　热容及盐容海平面变化比较

	热容海平面变化（mm/a）		盐容海平面变化（mm/a）
	1955—2003 年	1993—2003 年	
Antonov 等（2002，2005）	0.33±0.04	1.23±0.20	0.05±0.02（1957—1994）
Ishii 等（2006）	0.31±0.07	1.2±0.3	0.04±0.01（1955—2003）
本文结果	0.31±0.01	1.44±0.05	0.03±0.01（1955—2003）

将 Ishii 月平均海水温度和盐度数据按年平均后计算得到比容海平面变化时间序列，如图 11.23 所示，并给出了热容和盐容海平面变化时间序列。比容海平面变化从 1945 年至 20 世纪 60 年代末呈较弱的下降趋势，其后一直保持上升趋势，在 1991 年和 2003 年出现了两次较大的峰值，1995—2003 年间上升速度最快。热容海平面变化与总的比容海平面变化具有很高的一致性，其相关性达到 0.99，而盐容海平面变化非常微弱，说明热容海平面变化是比容海平面变化的主要贡献，这也是许多学者仅考虑海水热膨胀的原因。

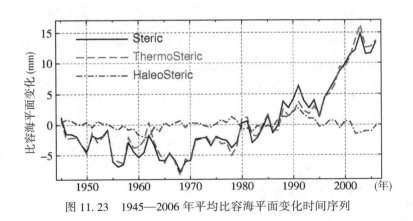

图 11.23　1945—2006 年平均比容海平面变化时间序列

比容海平面变化在 1991—1992 年与 2003—2004 年间出现了较大变化（图 11.23），因此，选择 1993—2003 年联合 T/P 卫星计算得到的海平面变化进行了比较和分析。图 11.24 和图 11.25（彩图见附录二维码）分别给出了利用 T/P 测高数据和 Ishii 数据确定的±66°范围内海平面变化和比容海平面变化长期性趋势分布，两者在大部分区域表现了很强的相似性和相关性（图 11.26，彩图见附录二维码），特别是在太平洋赤道附近，说明该区域发生的厄尔尼诺和拉尼娜现象与海水温度变化有极大的相关性，主要区别位于南半球海洋开阔海域，这些地方远离陆地，实测的海水温度和盐度数据稀少，使得所确定的比容海平面变化非常平滑，无法显示细部变化特征，与卫星测高数据计算的海平面变化差距较大。

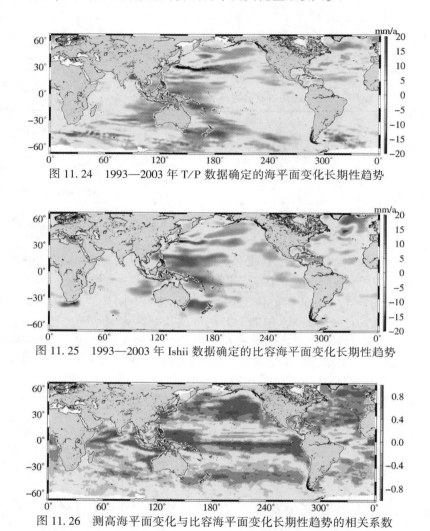

图 11.24　1993—2003 年 T/P 数据确定的海平面变化长期性趋势

图 11.25　1993—2003 年 Ishii 数据确定的比容海平面变化长期性趋势

图 11.26　测高海平面变化与比容海平面变化长期性趋势的相关系数

11.6.2　卫星重力反演海水质量变化

1. 基本原理

地球是一个不断变化的动力系统，当某一区域内的物质重新分布时，引起密度分布的变化，则该区域内大地水准面产生变化。球谐系数变化与密度变化的关系为（Wahr et al., 1998）：

$$\begin{Bmatrix} \Delta C_{nm} \\ \Delta S_{nm} \end{Bmatrix} = \frac{3}{4\pi a \rho_{ave}(2n+1)} \int \Delta\rho(r,\ \theta,\ \lambda) \overline{P}_{nm}(\cos\theta) \left(\frac{r}{a}\right)^{n+2} \begin{Bmatrix} \cos(m\lambda) \\ \sin(m\lambda) \end{Bmatrix} \sin\theta \mathrm{d}\theta \mathrm{d}\lambda \mathrm{d}r$$

$$(11.38)$$

式中，ρ_{ave} 是地球平均密度，约为 $5517\mathrm{kg/m^3}$。

地球表面的质量迁移现象主要集中在地球表面厚度为 $10\sim15\mathrm{km}$ 的薄层内，其密度变化反映了包括大气、海洋、冰川以及陆地水储量等的变化。将密度变化在薄层内积分可得到表面质量的变化，以单位面积内的表面质量变化定义为表面密度变化：

$$\Delta\sigma(\theta,\ \lambda)=\int_{layer}\Delta\rho(r,\ \theta,\ \lambda)\mathrm{d}r \tag{11.39}$$

假设薄层的厚度 H 足够小，使得 $(n_{\max}+2)H/a\ll1$，则 $(r/a)^{n+2}\approx1$，从而

$$\begin{Bmatrix}\Delta C_{nm}\\\Delta S_{nm}\end{Bmatrix}=\frac{3}{4\pi a\rho_{ave}(2n+1)}\int\Delta\sigma(\theta,\ \lambda)\overline{P}_{nm}(\cos\theta)\begin{Bmatrix}\cos(m\lambda)\\\sin(m\lambda)\end{Bmatrix}\sin\theta\mathrm{d}\theta\mathrm{d}\lambda \tag{11.40}$$

上式描述了地球表面质量异常导致的大地水准面变化。同时，由于固体地球的滞弹特性，其表面负荷的变化引起地球的形变，进而影响到大地水准面的变化，用一组负荷勒夫数 k_n 表示：

$$\begin{Bmatrix}\Delta C_{nm}\\\Delta S_{nm}\end{Bmatrix}=\frac{3k_n}{4\pi a\rho_{ave}(2n+1)}\int\Delta\sigma(\theta,\ \lambda)\overline{P}_{nm}(\cos\theta)\begin{Bmatrix}\cos(m\lambda)\\\sin(m\lambda)\end{Bmatrix}\sin\theta\mathrm{d}\theta\mathrm{d}\lambda \tag{11.41}$$

综合前面两式可得到大地水准面的总体变化为：

$$\begin{Bmatrix}\Delta C_{nm}\\\Delta S_{nm}\end{Bmatrix}=\frac{3(1+k_n)}{4\pi a\rho_{ave}(2n+1)}\int\Delta\sigma(\theta,\ \lambda)\overline{P}_{nm}(\cos\theta)\begin{Bmatrix}\cos(m\lambda)\\\sin(m\lambda)\end{Bmatrix}\sin\theta\mathrm{d}\theta\mathrm{d}\lambda \tag{11.42}$$

由此，得到了地球表面质量异常对大地水准面变化的总体贡献。下面，将地球表面质量异常进行级数展开：

$$\Delta\sigma(\theta,\ \lambda)=a\rho_w\sum_{n=0}^{\infty}\sum_{m=0}^{n}\overline{P}_{nm}(\cos\theta)(\Delta C'_{nm}\cos(m\lambda)+\Delta S'_{nm}\sin(m\lambda)) \tag{11.43}$$

式中，ρ_w 是水的密度，为 $1000\mathrm{kg/m^3}$，$\Delta C'_{nm}$，$\Delta S'_{nm}$ 为地球表面质量异常展开的无量纲球谐系数。进一步，得到：

$$\begin{Bmatrix}\Delta C'_{nm}\\\Delta S'_{nm}\end{Bmatrix}=\frac{1}{4\pi a\rho_w}\int\Delta\sigma(\theta,\ \lambda)\overline{P}_{nm}(\cos\theta)\begin{Bmatrix}\cos(m\lambda)\\\sin(m\lambda)\end{Bmatrix}\sin\theta\mathrm{d}\theta\mathrm{d}\lambda \tag{11.44}$$

对比可得：

$$\begin{Bmatrix}\Delta C'_{nm}\\\Delta S'_{nm}\end{Bmatrix}=\frac{\rho_{ave}(2n+1)}{3\rho_w(1+k_n)}\begin{Bmatrix}\Delta C_{nm}\\\Delta S_{nm}\end{Bmatrix} \tag{11.45}$$

得到大地水准面球谐系数变化表示的地球表面质量异常：

$$\Delta\sigma(\theta,\ \lambda)=\frac{a\rho_{ave}}{3}\sum_{n=0}^{\infty}\sum_{m=0}^{n}\overline{P}_{nm}(\cos\theta)\frac{2n+1}{1+k_n}(\Delta C_{nm}\cos(m\lambda)+\Delta S_{nm}\sin(m\lambda))$$

$$\tag{11.46}$$

其中，ΔC_{nm}，ΔS_{nm} 可由 GRACE 时变重力场模型计算得到。因此，式(11.46)为 GRACE 时变重力场模型反演地球表面质量异常的基本公式，$\Delta\sigma(\theta,\ \lambda)/\rho_w$ 就得到了等效水高表示的地球表面质量变化。

根据误差传播定律，由 GRACE 地球重力场模型恢复表面质量异常的基本公式，可得地球表面质量异常反演的误差为：

$$\delta(\Delta\sigma(\theta,\lambda)) = \frac{a\rho_{\text{ave}}}{3}\sum_{n=0}^{\infty}\sum_{m=0}^{n}\overline{P}_{nm}(\cos\theta)\frac{2n+1}{1+k_n}(\delta\overline{C}_{nm}\cos(m\lambda)+\delta\overline{S}_{nm}\sin(m\lambda))$$

$$(11.47)$$

全球范围内地球表面质量异常误差的方差为:

$$\text{Var} = \frac{1}{4\pi}\int_{0}^{2\pi}d\lambda\int_{0}^{\pi}\delta(\Delta\sigma(\theta,\lambda))^2\sin\theta d\theta$$

$$(11.48)$$

$$= \sum_{n=0}^{\infty}\sum_{m=0}^{n}a^2K_n^{\ 2}(\delta\overline{C}^2_{\ nm}+\delta\overline{S}^2_{\ nm}) = \sum_{n=0}^{\infty}K_n^{\ 2}\delta N_n^{\ 2}$$

其中, $K_n = \frac{\rho_{\text{ave}}}{3}\frac{2n+1}{1+k_n}$, $\delta N_n^{\ 2} = a^2\sum_{m=0}^{n}(\delta\overline{C}^2_{\ nm}+\delta\overline{S}^2_{\ nm})$ 为大地水准面高的阶方差。

GRACE 观测数据解算的大地水准面高的位系数阶方差随着阶数的增加迅速增大,由式(11.48)知,地球表面质量异常计算误差将随阶数增加也迅速增大,而高阶项球谐系数对计算地球表面质量异常具有重要的贡献,因此,其误差对反演结果产生重大影响,将降低单点表面质量变化估计精度。在计算中,需采用适当的滤波方法减弱高阶项球谐系数误差。目前常用的滤波方法有高斯滤波、Fan 滤波、各向异性滤波以及 DDK 滤波等。此外,重力场模型系数 C_{20} 项反映了地球形状的扁度(扁率)产生的扰动位,GRACE 卫星由于近圆轨道设计而对重力场 C_{20} 项不敏感,导致该项解算精度不高,与此同时,在 GRACE 时变重力场模型解算中,将 GRACE 地球坐标系原点与地球瞬时质量中心重合,使得无法估计反映出包含海洋、陆地和大气质量交换所体现的一阶项变化,而实际上我们说的海洋或陆地的质量变化是相对于一个固定的地球质量中心(如国际地球坐标系 ITRF 原点)对应的地球质量空间分布,理论上,在计算中应考虑这些影响。

为避免这些误差的影响,一般采用精度较高的激光测卫(Satellite Laser Ranging, SLR)结果来替换 GRACE 数据本身所解算的 C_{20} 项球谐系数,并增加了一阶项球谐系数变化。考虑到 GRACE 重力场模型球谐系数高阶项对海水质量变化反演有重要贡献,但其误差在计算中也会被放大,即使引入 500km 的高斯滤波后,结果会较滤波前比较理想,然而还是会出现很多南北向条纹状信号,如图 11.27(a)所示(彩图见附录二维码),当选择较小的高斯滤波半径时,类似信号还会更多,表明 GRACE 计算误差具有较大的空间相关性。Swenson 等(2006)研究发现其重要原因是参与反演的 GRACE 重力场球谐系数变化 ΔC_{nm} 和 ΔS_{nm} 中存在相关误差,即在相同的较高次系数(大约 8 次以上)中,当用两个多项式分别拟合其奇数或偶数阶系数时,发现两者表现为较强的负相关,而在较低次系数中为随机变化特性。经多项式拟合后,其系数残差之间相关性消失,由此反演的质量变化中南北向条纹状信号也减弱。说明 GRACE 计算误差的空间相关性是由此产生,但目前为止还不能从物理角度给予较好的解释。基于该思想,通常保留 11 阶次以下球谐系数不变,对 2 次以上且阶数大于 11 的相同奇数或偶数次系数,分别利用一个 7 阶多项式进行拟合,然后利用拟合后的残差作为球谐系数的变化量,再由式(11.46)计算海水质量变化。相关误差滤波效果如图 11.27(b)所示,南北向条纹明显减少(金涛勇,等,2010)。

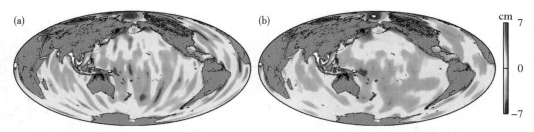

图 11.27　相关误差滤波前(a)和滤波后(b)全球海水质量变化示意图

在利用高斯滤波函数计算海水质量变化中，由于滤波平均半径较大，当计算区域处于海洋边界时，不仅包含了海洋信号，而且含有陆地信号，导致陆地水文和大气信号向海洋泄露，污染海洋计算区域密度变化的 GRACE 重力场信号，造成海洋边界反演海水质量变化结果失真，同样，在陆地水储量变化反演中也会出现这样的问题。信号泄漏的影响可通过迭代的方法进行改正(Wahr et al.，1998)。首先，根据 GRACE 时变重力场信号反演出陆地表面质量变化，计算时，考虑海洋信号向陆地的泄露，需选择尽量小的平均半径，同时需保证所选取半径对陆地表面质量变化反演的真实性，因此，应尽量消除 GRACE 时变重力场高阶项误差的影响。陆地表面质量变化可由下式得到：

$$\overline{\Delta\sigma}^{\mathrm{cont}}(\theta,\ \lambda)=C(\theta,\ \lambda)\frac{2\pi a\rho_{\mathrm{ave}}}{3}$$
$$\sum_{n=0}^{\infty}\sum_{m=0}^{n}\frac{2n+1}{1+k_n}W_n\overline{P}_{nm}(\cos\theta)(\Delta C_{nm}\cos(m\lambda)+\Delta S_{nm}\sin(m\lambda))$$

(11.49)

其中，

$$C(\theta,\ \lambda)=\begin{cases}1 & \text{陆地}\\ 0 & \text{海洋}\end{cases}$$

(11.50)

由式(11.49)得到的陆地表面质量变化可估计在海洋上的信号泄露。根据式(11.44)将陆地表面质量变化进行级数展开，反解得到对应的球谐系数变化，然后可由式(11.46)计算海洋范围内的质量变化，这部分海水的质量变化可认为是陆地表面质量变化在海洋上的信号泄露。当然，也可以从 GRACE 的球谐系数变化中扣除陆地表面质量变化产生球谐系数变化后，作为对海水质量变化产生的球谐系数变化，再利用式(11.46)计算海水质量变化。

$$\begin{cases}\Delta C^{\mathrm{ocn}}{}_{nm}\\ \Delta S^{\mathrm{ocn}}{}_{nm}\end{cases}=\begin{cases}\Delta C_{nm}-\Delta C^{\mathrm{cont}}{}_{nm}\\ \Delta S_{nm}-\Delta S^{\mathrm{cont}}{}_{nm}\end{cases}$$

(11.51)

图 11.28(a)(彩图见附录二维码)给出了 2006 年 4 月信号泄露改正前的全球海水质量变化，在南美亚马孙流域、北极圈附近、澳大利亚北部、亚洲恒河流域及非洲赞比西河流域等信号泄露较大。利用 GRACE 月重力场球谐系数变化，选取 250km 的高斯平滑半径计算全球陆地水储量变化，将此变化作球谐级数展开，获得相应的球谐系数变化。然后，利用此变化量作为计算全球海水质量变化的陆地水文信号泄露，在原始月重力场球谐系数变化计算的全

球海水质量变化中扣除，得到信号泄露改正之后的海水质量变化(图 11.28(b))。信号泄露对全球平均海水质量变化影响为 10%左右(图 11.29)(金涛勇，等，2010)。

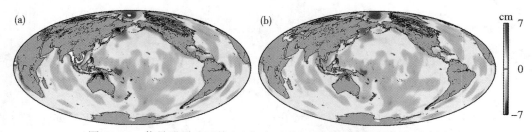

图 11.28　信号泄露改正前(a)和改正后(b)全球海水质量变化示意图

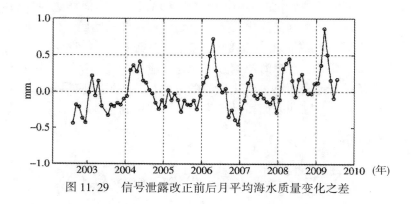

图 11.29　信号泄露改正前后月平均海水质量变化之差

2. 海平面变化与海水质量变化

基于全球测高海平面变化与海洋学比容海平面变化，同时考虑冰后回弹对于海面高的影响，由测高海平面高变化等于海水质量变化等效水高与比容海平面变化之和，可得到由于全球海水质量变化引起的等效水高。因此，联合 Jason-1 卫星 GDR-c 数据确定的全球海平面变化和比容海平面变化，对 GRACE 反演海水质量变化结果进行了验证。由于 Jason-1 卫星 GDR 数据获取时间有一定的延迟，且 Ishii 海水温盐数据时间序列最长到 2006 年 12 月，故选取了两个时间段对三种结果进行了相互比较：一是 2003 年 1 月至 2006 年 12 月共 4 年整，比容海平面变化计算数据包括 Ishii 数据时间序列和 WOA09 模型；二是 2002 年 8 月至 2009 年 7 月共 7 年整，仅采用 WOA09 模型。

为在相同的尺度上比较三种数据，作了如下处理(金涛勇，等，2010)：

(1)对选取的 Jason-1 卫星 GDR-c 数据进行了包括逆气压改正的所有误差改正，并在 GRACE 月重力场模型中恢复了大气质量与正压海洋信号的时变效应影响。

(2)利用 GRACE 月重力场模型，经一阶项和 C_{20} 替换，500km 高斯滤波，相关误差滤波，陆地水文信号泄露改正后，计算给出了 1°×1°格网月平均海水质量变化时间序列。

(3)因 GRACE 月重力场模型和 Ishii 海水温盐数据均给出的是自然月平均值，故以 WHU2009 平均海面高模型为参考，计算了 Jason-1 测高数据各有效观测点上海平面变化，然后在自然月内对所有观测点上海平面变化格网化得到 1°×1°月平均海平面变化时间序列。

（4）对测高数据确定的海平面变化和海水温盐数据确定的比容海平面变化依次作了如下处理：60 阶次球谐系数展开；与 GRACE 数据相同的 500km 半径高斯平滑；恢复为 1°×1°格网海平面变化，分别得到与 GRACE 数据相同尺度上的海平面变化和比容海平面变化格网时间序列。

将上述得到的三种 1°×1°格网月平均海平面变化时间序列，以面积定权（Wang，Rapp，1994）计算了其月平均值，以每月月中为观测时间建立时间序列，并利用下式拟合提取其长期性趋势和季节性变化：

$$y = a + bt + c\sin(2\pi t) + d\cos(2\pi t) + e\sin(4\pi t) + f\cos(4\pi t) \qquad (11.52)$$

式中，y 为海平面变化观测的时间序列，t 为对应观测时间，a 为偏差项，b 为长期性趋势，c、d 为周年变化系数，e、f 为半周年变化系数。

2003 年 1 月—2006 年 12 月间，GRACE 月重力场模型反演的全球海水质量变化长期性趋势为−0.42±0.30mm/a，周年变化振幅为 8.2±0.5mm，相位为 263°±3°；2002 年 8 月—2009 年 7 月间，其长期性趋势为−0.36±0.12mm/a，周年变化振幅为 8.4±0.4mm，相位为 266°±2°。当时间序列从 4 年变化到 7 年时，两个结果相差很小，但其计算中误差更小，说明时间序列越长，计算结果越可靠。

表 11-9 给出了不同学者利用 GRACE 月重力场模型的计算结果，其中 Cazenave 和 Willis 的长期性趋势扣除了其采用冰后回弹改正，分别为 2mm/a 和 1mm/a。

表 11-9　　　　　　　　　　**GRACE 月重力场模型反演的海水质量变化**

数据源	周年变化		长期性变化（mm/a）
	幅度（mm）	相位（°）	
Chambers 等（2002.08—2003.12）	8.6±1.1	265±8	—
Chen 等（2002.04—2004.01）	7.22	264	—
Cazenave 等（2003.01—2007.12）	—	—	−0.12
Willis 等（2003.07—2007.06）	6.8±0.6	261±5	−0.20
Jin（2003.01—2006.12）	8.2±0.5	263±3	−0.42±0.30
Jin（2002.08—2009.07）	8.4±0.4	266±2	−0.36±0.12

利用 Jason-1 测高数据和海水温盐数据经相同尺度处理后得到两个时间段内海平面变化特征如表 11-10 所示。两个时间段内，由 Jason-1 数据得到的总体海平面变化周年特征基本相同，与 GRACE 结果类似，采用时间序列越长，中误差越小。在 2003 年 1 月—2006 年 12 月间，利用 Ishii 实测海水温盐数据和 WOA09 模型计算的比容海平面变化周年特征吻合较好，但由于 WOA09 模型仅包含 12 个月数据，计算中误差较大。此外，Jason-1 数据在 2003 年 1 月—2006 年 12 月间和 2002 年 8 月—2009 年 7 月间提取的长期性趋势分别为 1.7±0.4mm/a 和 1.9±0.2mm/a。海盆形状和容积受到冰后回弹的影响而不断地发生改

变，即海盆相对深度加深，使海平面具有 0.3mm/a 的下降趋势（Douglas，Peltier，2002b），需在测高所确定的海平面变化中进行改正。由 Jason-1 数据在两个时间段内确定的海平面变化长期性趋势为 2.0±0.4mm/a 和 2.2±0.2mm/a。Ishii 数据在 2003 年 1 月—2006 年 12 月间提取的长期性趋势为-0.48±0.28mm/a，与 Wills 等人（2008）利用 Argo 实测数据得到 2003 年 7 月—2007 年 6 月间变化趋势-0.5±0.5mm/a 一致。

表 11-10　　　　　　卫星测高和海水温盐数据得到的海平面变化周年特征

海平面变化	2003.01—2006.12		2002.08—2009.07	
	幅度（mm）	相位（°）	幅度（mm）	相位（°）
Jason-1 总海平面变化	5.4±0.6	285±6	5.0±0.4	284±5
Ishii 比容海平面变化	5.0±0.4	92±5	—	—
WOA09 比容海平面变化	4.1±1.0	95±8	4.1±1.0	95±8

联合 Jason-1 测高海平面变化和 Ishii 及 WOA09 比容海平面变化时间序列，在对应月份相减后可得到海水质量变化时间序列（见表 11-11）。在 2003 年 1 月—2006 年 12 月间，联合 Jason-1 测高数据和 Ishii 及 WOA09 海水温盐数据得到的海水质量变化周年特征基本相同，与 GRACE 反演得到的幅度在 1 倍中误差内吻合很好，但相位存在一定的差距，约在 2 倍中误差范围内。而在 2002 年 8 月—2009 年 7 月间，由于数据量增加，计算结果更加趋于稳定，联合 Jason-1 测高数据和 WOA09 模型计算的海水质量变化与 GRACE 反演的幅度完全相等，相位差距也更小。

表 11-11　联合卫星测高和海水温盐数据反演的海水质量变化及其与 GRACE 结果的比较

海水质量变化	2003.01—2006.12		2002.08—2009.07	
	幅度（mm）	相位（°）	幅度（mm）	相位（°）
Jason-1 — Ishii	8.9±0.7	276±5	—	—
Jason-1 — WOA09	8.6±0.6	277±4	8.4±0.4	276±3
GRACE	8.2±0.5	263±3	8.4±0.4	266±2

图 11.30 和图 11.31 分别给出了两个时间段内移去偏差和长期性趋势后联合 Jason-1 测高数据和海水温盐数据计算海水质量变化时间序列，及 GRACE 反演结果。图中反映出了明显的年际变化特征，三种海水质量变化时间序列吻合较好，其中 2003 年 1 月—2006 年 12 月间基于 Ishii 和 WOA09 数据的反演结果与 GRACE 所得时间序列的相关性分别达到 0.78 和 0.80，2002 年 8 月—2009 年 7 月间两个时间序列相关性也达到了 0.80。然而，从图 11.30 中还是发现 GRACE 反演结果较稳定，另外两种联合反演的时间序列存在一定的抖动，其影响因素可能包括卫星测高预处理误差，格网化和球谐分析产生的误差，忽略 700m 以下海水温度和盐度变化影响，以及海平面变化年代际特性等低频信号影响。

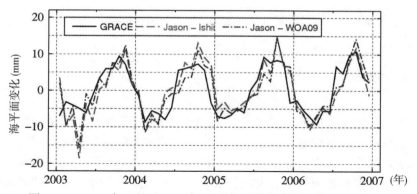

图 11.30　2003 年 1 月至 2006 年 12 月间三种海水质量变化时间序列

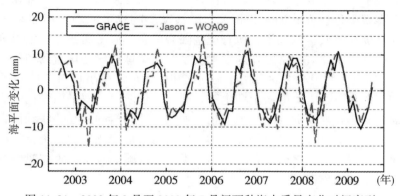

图 11.31　2002 年 8 月至 2009 年 7 月间两种海水质量变化时间序列

　　比较三种数据获得的海平面变化及其两个主要分量长期性趋势，当采用 2mm/a 作为 GRACE 反演海水质量变化冰后回弹改正时，海水质量变化量级达到了总海平面变化的 75%左右。与 IPCC 公布的 1993—2003 年间海平面变化趋势(Bindoff et al., 2007)相比，全球海平面变化仍处于上升趋势，但速率减缓；海水质量增加速度更快，且在总海平面上升中贡献更大，参阅相关文献结果(Cazenave et al., 2009)发现两极冰盖融化速度明显加快，是海水质量增加速度加快的一个主要因素；比容海平面变化在近几年基本持平或具有微弱的上升趋势，表明全球温度逐渐升高，冰川融化加速。

表 11-12　　　　　　　　　　　　　海平面变化及其分量长期性趋势比较

长期性趋势（mm/a）	1993—2003	2003.01—2006.12	2002.08—2009.07
总体海平面变化	3.1±0.7	2.0±0.4	2.2±0.2
比容海平面变化	1.6±0.5	−0.48±0.28	—
海水质量变化	1.2±0.4	1.58±0.30	1.64±0.12

续表

长期性趋势(mm/a)	1993—2003	2003.01—2006.12	2002.08—2009.07
南极冰盖融化	0.21±0.35	0.56±0.06	—
格陵兰岛冰盖融化	0.21±0.07	0.38±0.05	—

验潮站观测数据和卫星测高技术提供了总的全球海平面变化，大量的海洋水文观测数据和新一代卫星重力任务观测数据也分别用于确定比容和质量两个海平面变化分量，使人们对海平面变化的量级和主要分量有了一定认识，然而对于更完全的海平面变化分量还了解不够，如极地冰盖和冰川消融、大坝蓄水和地下水开采等。相关研究结果表明，海平面变化上升速率加快约始于 18 世纪末期(Jevrejeva et al.，2008)，主要原因可能是工业化革命进程促进的温室气体排放使全球平均气温升高，进而导致海水温度上升和全球冰川融化加速。现今人类城市化进程的加快和相关人类活动影响也可能进一步加速这一趋势的发展，并导致各种极端气候事件频发，所有这些因素都会对海平面变化产生影响。海洋动力环境变化与全球气候变化有非常密切的因果关系，在全球气候变化监测和预报中起决定性作用，海洋-大气耦合作用产生的海洋环流变化和厄尔尼诺等事件对全球和局部气候变化有极大的影响，严重危及人类的安全和生存。因此，现阶段对海平面变化的研究需要深入到各影响层面，并结合海洋的动力环境变化，顾及相关因素的相互关联和耦合，研究建立一个集多种技术的、有良好协调互补效应的一体化海平面变化监测系统，为更准确预测未来海平面变化，预报中短期气候变化，评估人类活动影响，制定灾害应对措施，提供更强更可靠的先进科学技术支撑。

◎ 本章参考文献

[1]Albertella A，Rummel R. On the speetral consistency of the altimetric ocean and geoid surface：A one-dimensional example[J]. J. Geod.，2009，83(9)：805.815.

[2]Albertella A，Rummel R，Savcenko R. Dynamic ocean topography from GOCE some preparatory attempts[J]. ESA Living Planet Symposium. Bergen，Norway，2010a.

[3]Albertella A，Wang X，Rummel R. Filtering of altimetric sea surface heights with a global approach[J]. Gravity，Geoid and Earth Observation. Springer，Berlin，Heidelberg，2010b：247-252.

[4]Akyilmaz O，Ustun A，Aydin C，et al. High resolution gravity field determination and monitoring of regional mass variations using low-Earth orbit satellites[J]. http：//icgem. gfz-potsdam. de/home，2016.

[5]Andersen O B，Knudsen P. DNSC08 mean sea surface and mean dynamic topography models [J]. Journal of Geophysical Research-Solid Earth，2009，114(11001)，2008JC005179.

[6]Marchenko A N，Marchenko D A，Lopushansky A N. Gravity field models derived from the second degree radial derivatives of the GOCE mission：a case study[J]. Ann. Geophys.，

2016, 59(6): 1-11.

[7] Andersen O B, Knudsen P. The DTU10 mean sea surface and mean dynamic topography-Improvements in the Arctic and coastal zone[J]. Ocean Surface Topography Science Team Meeting, Lisbon, Portugal, 2010.

[8] Bingham R J, Haines K, Hughes C W. Calculating the ocean's mean dynamic topography from a mean sea surface and a geoid[J]. J. Atmos. Ocean. Technol., 2008, 25(10): 1808-1822.

[9] Bingham R J. Nonlinear anisotropic diffusive filtering applied to the ocean's mean dynamic topography[J]. Remote Sens. Lett., 2010, 1(4): 205-212.

[10] Bruinsma S L, Förste C, Abrikosov O, et al. ESA's satellite-only gravity field model via the direct approach based on all GOCE data[J]. Geophys. Res. Lett., 2014, 41(21): 7508-7514.

[11] Cazenave A, Nerem R S. Present-day sea level change: Observations and causes[J]. Rev. Geophy., 2004, 42(3), 2003RG000139.

[12] Chen J, Zhang X, Chen Q, et al. Static Gravity Field Recovery and Accuracy Analysis Based on Reprocessed GOCE Level 1b Gravity Gradient Observations[J]. EGU General Assembly Conference Abstracts. 2022: EGU22-6771.

[13] Chen Q, Shen Y, Francis O, et al. Tongji-Grace02s and Tongji-Grace02k: high-precision static GRACE-only global Earth's gravity field models derived by refined data processing strategies[J]. J. Geophys. Res. Solid Earth, 2018, 123(7): 6111-6137.

[14] Farrell S L, McAdoo D C, Laxon S W, et al. Mean dynamic topography of the Arctic Ocean[J]. Geophys. Res. Lett., 2012, 39(1), 2011GL050052.

[15] Förste C, Bruinsma S, Rudenko S, et al. EIGEN-6S4: A time-variable satellite-only gravity field model to d/o 300 based on LAGEOS, GRACE and GOCE data from the collaboration of GFZ Potsdam and GRGS Toulouse[J]. Researoh Gate, 2016, 9. Disp. doi: 10.5880/icgem, 2016, 2016.

[16] Hofmann-Wellenhof B, Moritz H. Physical geodesy[M]. Springer Science & Business Media, 2006.

[17] Hughes C W, Bingham R J. An Oceanographer's Guide to GOCE and the Geoid[J]. Ocean Sci., 2008, 4(1): 15-29.

[18] Hwang C, Chen S-A. Circulations and eddies over the South China Sea derived fromTOPEX/Poseidon altimetry[J]. J. Geophys. Res., 2000, 105 (C10): 23943-23965.

[19] Ishii M, Kimoto M. Reevaluation of historical ocean heat content variations with time-varying XBT and MBT depth bias corrections[J]. J. Oceanogr., 2009, 65: 287-299.

[20] Jayne S R. Circulation of the North Atlantic Ocean from altimetry and the gravity recovery and climate experiment geoid[J]. J. Geophys. Res., 2006, 111(C3), 2005JC003128.

[21] Jin S, Feng G, Andersen O. Errors of mean dynamic topography and geostrophic current estimates in China's marginal seas from GOCE and satellite altimetry[J]. J. Atmos. Ocean.

Technol., 2014, 31(11): 2544-2555.

[22] Jin T, Li J, Jiang W. The global mean sea surface model WHU2013[J]. Geod. Geodyn., 2016, 7(3): 202-209.

[23] Knudsen P, Bingham R, Andersen O, et al. A global mean dynamic topography and ocean circulation estimation using a preliminary GOCE gravity model[J]. J. Geod., 2011, 85: 861-879.

[24] Kvas A, Brockmann J M, Krauss S, et al. GOCO06s-a satellite-only global gravity field model[J]. Earth Syst. Sci. Data, 2021, 13(1): 99-118.

[25] Lemoine, J M, Bourgogne S, Biancale R, et al. EIGEN-GRGS. RL04. MEAN-FIELD-Mean Earth gravity field model with a time-variable part from CNES/GRGS RL04. https://grace. obs-mip. fr/variable-models-grace-lageos/mean-fields/release-04, 2019.

[26] Mayer-Gürr T, Behzadpur S, Ellmer M, et al. ITSG-Grace2018-monthly, daily and static gravity field solutions from GRACE[J]. GFZ D. Serv., 2018.

[27] Maximenko N, Niiler P, Centurioni L, et al. Mean dynamic topography of the ocean derived from satellite and drifting buoy data using three different techniques[J]. J. Atmos. Ocean. Technol., 2009, 26(9): 1910-1919.

[28] Knudsen P, Andersenl O, Maximenko N, et al. A new combined mean dynamic topography model-DTUUH22MDT, 2022 Ocean Surface Topography Science Team Meeting, 10/31-11/4, 2022, Venice, Italy.

[29] Richard Peltier W, Argus D F, Drummond R. Comment on "An assessment of the ICE-6G_C (VM5a) glacial isostatic adjustment model" by Purcell et al[J]. J. Geophys. Res. Solid Earth, 2018, 123(2): 2019-2028.

[30] Rio M H, Hernandez F. A mean dynamic topography computed over the world ocean from altimetry, in situ measurements, and a geoid model[J]. J. Geophys. Res. Oceans, 2004, 109(C12).

[31] Siegismund F. Assessment of optimally filtered recent geodetic mean dynamic topographies [J]. J. Geophys. Res. Oceans, 2013, 118(1): 108-117.

[32] Smith D A. There is no such thing as "The" EGM96 geoid: Subtle points on the use of a global geopotential model[J]. Int. Geoid Serv. Bull., 1998, 8: 17-28.

[33] Tapley B D, Chambers D P, Bettadpur S, et al. Large scale ocean circulation from the GRACE GGM01 Geoid[J]. Geophys. Res. Lett., 2003, 30(22), 2003GL018622.

[34] Wahr J, Molenaar M, Bryan F. Time variability of the Earth's gravity field: Hydrological and oceanic effects and their possible detection using GRACE[J]. J. Geophys. Res. Solid Earth, 1998, 103(B12): 30205-30229.

[35] Xu X, Zhao Y, Reubelt T, et al. A GOCE only gravity model GOSG01S and the validation of GOCE related satellite gravity models[J]. Geod. Geodyn., 2017, 8(4): 260-272.

[36] Zhou H, Luo Z, Zhou Z, et al. A new time series of GRACE monthly gravity field models: HUST-Grace2016[J]. GFZ D. Serv., 2016.

[37]白希选，闫昊明，朱耀仲，等．基于区域滤波的 GOCE 稳态海面动力地形和地转流[J]．地球物理学报，2015，58(05)：1535-1546.

[38]白希选，闫昊明，朱耀仲，等．利用卫星大地测量技术研究海面动力地形及地转流的进展[J]．地球物理学进展，2016，31(05)：2063-2071.

[39]冯贵平，金双根，J. M. S. Reales．利用卫星测高、GRACE 和 GOCE 资料估计全球海洋表面地转流[J]．海洋学报(中文版)，2014，36(09)：45-55.

[40]管泽霖，李叶才．用海面地形模型 WSST·90B 确定的海洋环流[J]．武汉测绘科技大学学报，1991(04)：9-16.

[41]管泽霖，管铮，翟国君．海面地形与高程基准[M]．北京：测绘出版社，1996.

[42]金涛勇．多源海洋观测数据确定全球海平面及其变化的研究[D]．武汉：武汉大学，2010.

[43]金涛勇，李建成，王正涛，等．近四年全球海水质量变化及其时空特征分析[J]．地球物理学报，2010，53(01)：49-56.

[44]金涛勇，李建成．利用验潮站观测数据校正测高平均海平面变化线性漂移[J]．武汉大学学报(信息科学版)，2012，37(10)：1194-1197.

[45]彭利峰，姜卫平，金涛勇，等．利用 GOCE 重力场模型确定全球稳态海面地形及表层地转流[J]．海洋学报(中文版)，2013，35(2)：15-20.

[46]彭利峰．利用卫星测高资料精密定量研究全球海洋环流及其变化[D]．武汉：武汉大学，2014.

[47]陶世龙．地球科学概论[M]．北京：地质出版社，1999.

[48]文汉江，章传银．由 ERS-2 和 TOPEX 卫星测高数据推算的海面高异常的主成分分析[J]．武汉大学学报(信息科学版)，2006(3)：221-223.

[49]万晓云，于锦海．由 GOCE 引力场模型和 CNES-CLS2010 平均海面高计算的稳态海面地形[J]．地球物理学报，2013，56(6)：1850-1856.

[50]王正涛，李建成，晁定波，等．利用卫星测高数据研究海面高月异常变化与厄尔尼诺现象的相关性[J]．武汉大学学报(信息科学版)，2004(8)：699-703.

[51]王正涛，党亚民，晁定波．超高阶地球重力位模型确定的理论与方法[M]．北京：测绘出版社，2011.

[52]詹金刚，王勇，柳林涛．中国近海海平面季节尺度变化的时频分析[J]．地球物理学报，2003(1)：36-41.

[53]张子占，陆洋．GRACE 卫星资料确定的稳态海面地形及其谱特征[J]．中国科学(D辑：地球科学)，2005(2)：176-183.

[54]张子占，陆洋，许厚泽．利用卫星测量技术和小波滤波方法探测表层地转流[J]．中国科学(D辑：地球科学)，2007(6)：753-760.

第12章 地球物理大地测量技术的应用

习近平在党的二十大报告中强调，推进国家安全体系和能力现代化，坚决维护国家安全和社会稳定。需要提高公共安全治理水平，提高防灾减灾救灾和急难险重突发公共事件处置保障能力，加强国家区域应急力量建设。地球物理大地测量技术的应用可以为深入推进防灾减灾事业现代化建设，有力保障全面建设社会主义现代化国家贡献力量。

本章主要讲述地球物理大地测量技术在地震地质灾害与环境监测中的应用，包括地球物理大地测量技术在地震预测预报研究、诱发地震研究、火山灾害监测、滑坡灾害监测与预报，以及地下水储量变化监测中的应用。

12.1 地球物理大地测量技术在地震预测预报研究中的应用

12.1.1 GNSS 技术的相关应用

从 1992 年国家攀登计划"现代地壳运动与地球动力学研究项目"支持下建立的中国大陆大尺度地壳运动 GNSS 监测网，到 1998 年国家重大科学工程建设的"中国地壳运动观测网络"项目，再到 2007 年"中国陆态网络工程"项目，中国 GNSS 观测网络有了很大的发展。中国地壳运动观测网络和陆态网络工程的建设，使我国利用现代空间技术建立地壳运动观测水平跨入国际先进行列，成为我国地球科学基础研究的大型实验基地。我国 GNSS 地壳运动观测与研究主要集中在大陆板内运动、大陆现今地壳运动速度场与应变率场、活动地块与边界带现今运动、大震破裂过程的精细研究与 GNSS 地震学探索等。

1. 中国大陆显著变形区现今地壳运动场与应变率场

中国大陆现今地壳运动类型复杂、性质多样、变形强烈且具有明显的分区性。岩石圈的构造运动和变形过程在地壳表面表现为一种变动的速度场、应变场，是地球动力学研究的主要对象。理论上，任何地壳变动都表现为地面两点间的几何变化，GNSS 观测技术能够突破传统测量观测精度等的局限性，是精确量测现今地壳变动最行之有效的方法之一，完全能以必要的精度和时空分辨率，提供大范围和准实时的地壳运动定量数据，使得在短时间内获取大范围地壳运动速度场成为可能。由于现今地壳形变、应变场与地震活动关系密切，应变高值区往往是地震活动频繁的地带，是研究地震活动、预测地震危险性的重要依据。大范围、高精度的 GNSS 观测数据，一方面促进了对构造变形的认识，另一方面对研究大陆地震活动及判定地震危险性具有重要的参考意义。

在统一的参考框架下，综合处理中国大陆 1992—2001 年各构造区域共 354 个 GNSS 站点资料，Wang 等(2001)首次给出中国及周边地区现今构造运动速度场(图 12.1)，研究认为印度恒河平原北部相对于稳定欧亚板块沿着 N19°~22°E 方向的北向运动速率约为 36~38mm/a，代表了印度次大陆与欧亚板块之间的缩短量，其中印度板块和阿拉善块体之间存在约 38mm/a 的缩短量，青藏高原内部吸收了超过 30% 的印度欧亚总的汇聚缩短。青藏高原东部相对于西部具有更快的东向速率，且东向速度分量由中东部的 21~26mm/a 的东向速率衰减至高原东边界的 14~17mm/a。相关方面的研究被国际权威学者认为是亚洲大陆地壳变动研究中最深刻的一项成果，可直接回答亚洲大陆许多构造变动重大问题，深化了对该区域运动学与动力学问题的理解。

使用覆盖青藏高原及周边 533 个 GNSS 速度场数据，Zhang 等（2004）揭示出青藏高原现今阶段大于 100km 的平均空间距离上的构造运动是连续介质变形过程。高原东部吸收了 85%~94% 的印度板块相对于欧亚板块之间的相对运动，而西部吸收了 79%~91% 的相对运动，其余的被天山及以北的地壳缩短所吸收。并且认为高原内部现今构造变形不是以逆冲和地壳增厚为特征，GNSS 的观测结果支持地壳物质向东的迁移流动吸收了青藏高原内部的地壳缩短。而青藏高原内部地壳物质的向东流动引起了高原东边界的地壳缩短和增厚。青藏高原周边 GNSS 数据显示跨印度次大陆、阿拉善地块、华南地块和鄂尔多斯地块处于低应变状态，显示出靠近刚性块体边界的局部应变特征。青藏高原物质的非刚性侧向东流的特征在后续的研究中得到了进一步的证实，Gan 等（2007）使用约 726 个 GNSS 观测数据描述整个青藏的基本运动学状态，论述高原物质东西运移的理论机理，认为高原内部物质的自西向东流动类似于一条"冰川流动带"，是下地壳黏滞性通道流驱动上地壳高塑性物质东向逃逸的过程。

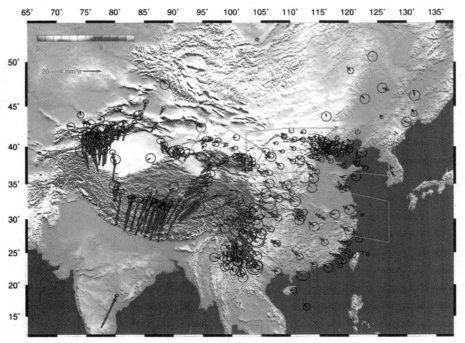

图 12.1　中国大陆地壳运动速度场示意图（Wang et al.，2001）

之前研究主要关注中国大陆的水平运动特征，由于 GNSS 相对较差的垂向观测精度，中国大陆的垂向运动特征缺乏整体、系统的认识。Liang 等（2013）使用 1999—2013 年的青藏高原及周边区域的 750 个 GNSS 观测站数据，精细地刻画出了青藏高原现今地壳运动的三维变形图像（图 12.2，彩图见附录二维码）。水平运动速度场进一步细化了青藏高原陆陆挤压变形、物质东向流动的变形过程；而垂向速度场显示了青藏高原相对于北部的塔里木盆地总体上处于持续抬升过程，但在部分区域，抬升运动并不明显或者是处于下沉状态。但是，Ge 等（2015）通过 GNSS 速度场计算覆盖青藏高原的应变率场的研究结果，推算出现今高原整体高程正在下降，认为青藏高原自 10~15Ma 以来，高原内部地壳经历减薄过程。Zheng 等（2017）利用覆盖中国大陆的 1556 个站及其周边区域的 1020 个站的 GNSS 观测数据对中国大陆及其周边区域的地壳运动与变形速度场进行了分析，认为青藏高原地壳经历着显著的扩展，表现为地壳的减薄，并且高原北部和南部的减薄速率相当，且地壳的扩展主要发生在地形高度大于约 4750m 的区域，这一结论与 Ge 等（2015）的研究结果相一致，并且都认为巨大的重力势能是青藏高原扩张的主要动力。

利用 GNSS 资料研究地壳运动所反映的构造形变特征及其与强震的关系时，虽然速度场可给出最直观的图像，但由于速度场是相对于参考基准的，并不能直接定量地反映构造形变，而在速度场基础上进一步获得应变率场就可进一步定量反映构造形变。利用处理得到的 GNSS 地壳运动水平变形速度场结果，Gan 等（2007）获得了基于连续介质假设的中国大陆水平运动应变场。图 12.3 清晰地显示较大一部分的印度板块和欧亚板块的汇聚变形被喜马拉雅弧形构造带所吸收，沿弧形构造带主压应变可达 30~60nstrain/a，最大甚至可达到约 70nstrain/a。沿主压应变沿汇聚变形向北骤减，到拉萨块体主压应变降到 15~20nstrain/a。青藏高原中部拉张应变可达 15~25nstrain/a，表现为显著的东西向拉张，该区域的东西拉张应变与该地区广泛分布的南北向正断层有密切的关系。除南北向的地壳缩短和中部的东西向拉张变形外，青藏高原最主要的地壳运动和变形还体现为绕喜马拉雅东构造结的顺时针旋转。图 12.4 刻画了地壳物质呈现明显的剪切流动现象。GNSS 计算出来的物质流动通道西北部的张应变速率可达 7.1±3.0nstrain/a，挤压应变速率为 9.8±4.1nstrain/a，左旋剪切应变速率可达 4.3±2.4nstrain/a。但是，主张应变在流动通道的中部区域（也就是喜马拉雅东构造结东北部）转变为主压应变，而主压应变则转换成主张应变，在该地区主压应变和主张应变分别达 7.6±2.0nstrain/a 和 13.6±2.0nstrain/a。拉张应变在流动通道的东南部区域最为显著，可达 22.7±1.4nstrain/a，主压应变也有 14.2±1.2nstrain/a 之多。

2. 中国大陆主干断裂带活动特征

中国大陆岩石圈新生代和现今构造变形最显著的特征是巨大的晚第四纪活动断裂十分发育，将中国大陆切割成为不同级别的活动地块（张培震，1999）。活动地块边界构造活动强烈，内部相对稳定，绝大多数强烈地震发生在地块边界的活动构造带上。

喜马拉雅前缘逆冲带是印度-欧亚大陆碰撞区最主要的构造断裂带之一，吸收和调节着印度-欧亚两大板块之间大部分的汇聚变形，第四纪运动速率在 10~24mm/a 之间，并且沿断裂带呈现不均匀分布的特点，控制着断裂带大地震的发生（Ader et al.，2012；Stevens et al.，2015；Li 等，2018）。Zheng 等（2017）利用最全面的GNSS观测资料，经过分析，认

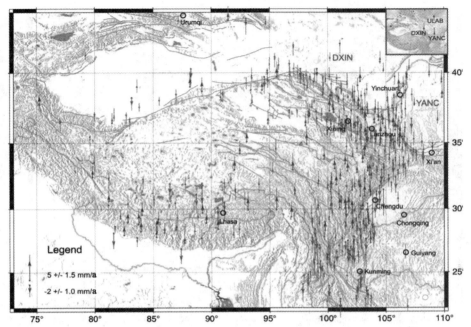

垂向速度场是相对于三个相对稳定的站点 DXIN、YANC 和 ULAB 计算得到的

图 12.2 青藏高原垂向速度场运动特征示意图(Liang et al., 2013)

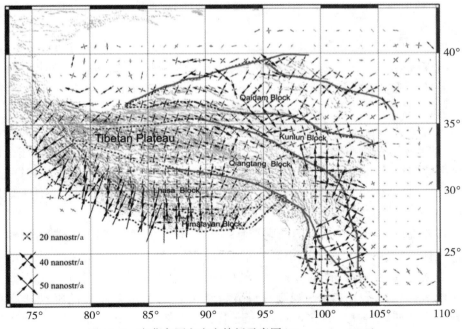

图 12.3 青藏高原主应变特征示意图(Gan et al., 2007)

415

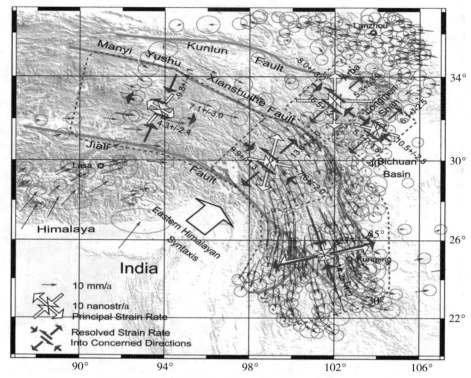

图 12.4　喜马拉雅东构造物质流动带的应变特征示意图(Gan et al., 2007)

为汇聚变形沿喜马拉雅构造带并无明显变化，运动特征相对均匀，约为 15mm/a。龙门山位于南北地震带中段，是青藏高原东缘最主要的逆冲褶皱带区域，并且与四川盆地形成了显著地形差异，断裂带两侧地形起伏可达 6000m(Burchfiel et al., 1995)。2008 年的汶川8.0 级地震和 2013 年的芦山 7.0 级地震就发生在该断裂带上。现今的 GNSS 观测结果表明，龙门山断裂带的缩短变形速率较低，为 1~2mm/a(Zhang et al., 2004；Zheng et al., 2017)，与地质学方法给出的结果相一致(Burchfiel et al., 1995)。较低的运动速率，并不能说明该区域构造活动不明显；相反，可能表明该区域已经积累了相当大的弹性应变能，断层活动进入地震周期的末期，具有发生地震的可能性。汶川地震的发生，使人们逐渐认识到了这一点。

位于青藏高原东北缘的六盘山断裂带是一条重要的边界断裂带，分割着青藏高原和鄂尔多斯块体。GNSS 给出的六盘山断裂带缩短速率约为 1.6±1.1mm/a，现今活动速率较弱。东西横跨约 1500km 的阿尔金断裂带是一条大型左旋走滑构造带，为青藏高原的北边界。Li 等(2018)利用 GNSS 观测资料分析结果表明阿尔金断裂的滑动速率自西向东逐渐减小，从西段的 12.8±0.4mm/a，减小到东段的 0.1±0.2mm/a，并且认为苏拉姆和阿克塞迹弯之间的三个断层段分别具有发生 M_W 7.7，M_W 7.6 和 M_W 7.8 级地震的可能性。昆仑断裂带是青藏高原另一条非常重要的走滑断裂带，长度可达 1600km，该断裂带在一定程度上控制着松潘块体和青藏高原北部之间的相对运动。跨断层的 GNSS 剖面分析结果显示昆仑断裂带现今运动明显，且具有明显的分段特征，约94°E，约 101°E 和约103°E 处的左旋走滑速率分别达 12.8 ± 1.9mm/a，6.1 ± 0.9mm/a 和 0.7 ± 2.1mm/a。鲜水河-小江断裂带是川滇地区最重要的活动构造之一，由一系列活动断裂带组成，从北向南包括鲜水河断裂带、安宁河断裂带、则木河断裂带和小江断裂带。该断裂带在一定程度上促进了川滇地区绕喜马拉雅东构造结的顺时针旋转。GNSS 观测结果显示，鲜水河、安宁河和则木河的断裂的左旋走滑速率可达 9mm/a，而小江断裂带的左旋走滑速率略低，但也可达 7mm/a。

大陆逃逸模型认为青藏高原以主要走滑断裂为界分割为若干次级块体，通过边界走滑断裂的较大滑动速率产生大陆内部刚性块体之间的差异运动，具有"非连续变形特征"，这些大型走滑断裂在板块碰撞初期即形成并且控制着青藏高原的演化（Avouac et al.，1993；Tapponnier 等，2001；Thatcher，2009）。精确地确定这些走滑断裂带的滑动速率对认识青藏高原的变形模型至关重要（Molnar et al.，1975；Avouac et al.，1993；Tapponnier et al.，2001；Houseman et al.，1993）。

虽然 GNSS 技术的发展和观测台站布设的日趋完善，可以利用 GNSS 计算区域应变场空间分布及演化特征，并进一步转换成地震矩，进而预报区域未来地震活动的危险性。利用此方法开展地震预报工作依赖于大地测量观测数据的空间分辨率，但在一定程度上可以克服地震目录和活动断裂不完备等情况存在的缺陷。利用覆盖中国大陆的 1556 个站及其周边区域的 1020 个站的 GNSS 观测数据和 1977～2016 年历史地震目录数据，Zheng 等（2018）对印度欧亚碰撞带的浅源地震进行了预测（图 12.5，彩图见附录二维码），认为该区域每 100 年 $M_W\geqslant7.5$，$M_W\geqslant7.0$，$M_W\geqslant6.5$ 和 $M_W\geqslant6.0$ 地震分别有 11 次、36 次、109 次和 326 次。同时指出喜马拉雅中西段具有发生 $M_W\geqslant7.5$ 级，甚至 8.0 级以上地震的可能性。阿尔金断裂带中段具有发生 $M_W\geqslant7.0$ 和 $M_W\geqslant7.5$ 级以上地震的可能性，与 Li 等（2018）的研究结果一致。

同时，利用 GNSS 观测资料还可以求出断层面上的应力积累速率。首先利用 GNSS 观测资料拟合推估出主要活动断层所在位置上的变形信号，并根据弹性力学应力应变公式求解这些位置上的应变积累速率；然后利用胡克定律将求得的应变速率转换为应力积累速率；最后根据断层几何学和运动学参数将其进一步转化为库仑破裂应力的积累速率（Jiang et al.，2014）。整体上来说，青藏高原东部活动断层的构造应力积累速率高于西部（图 12.6，彩图见附录二维码）。其中，鲜水河断裂带的应力积累速率最大，达到 6.95kPa/a。最大积累速率达到 2kPa/a，且平均速率超过 0.9kPa/a 的活动断裂有：阿尔金断裂、大凉山断裂、东昆仑断裂、甘孜-玉树-风火山断裂、海原断裂、清水河断裂、红河断裂、文县断裂、昆仑山口-江错断裂、鲜水河断裂、小江断裂、亚东-谷露断裂和雁石坪断裂。应力积累水平（平均积累速率小于 0.2kPa/a）较低的断裂有大柴旦-宗务隆山断裂、龙门山断裂、中昆仑断裂、岷江断裂和南山断裂。

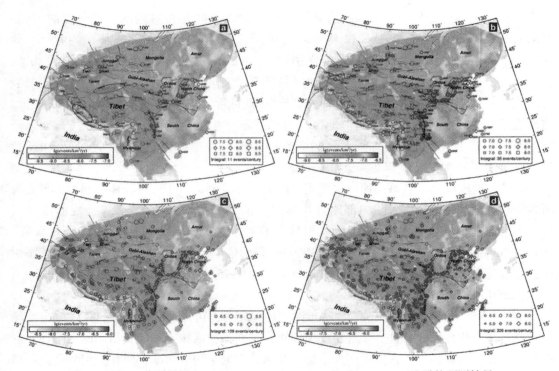

图(a)～图(d)分别是 $M_W \geqslant 7.5$，$M_W \geqslant 7.0$，$M_W \geqslant 6.5$ 和 $M_W \geqslant 6.0$ 地震的预测结果

图 12.5　中国大陆浅源地震预测结果(Zheng et al.，2018)

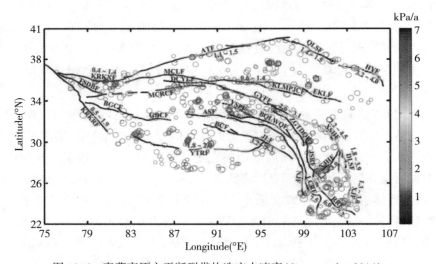

图 12.6　青藏高原主干断裂带构造应力速率(Jiang et al.，2014)

12. 1. 2　InSAR 技术的相关应用

合成孔径雷达(SAR)是一种主动式微波遥感，用来记录地物的散射强度信息及相位信

息，前者反映了地表属性（含水量、粗糙度、地物类型等），后者则蕴含了传感器与目标物之间的距离信息。而合成孔径雷达干涉测量技术（InSAR）集合成孔径雷达技术与干涉测量技术于一体。干涉的基本原理是同一区域两次或多次过境的 SAR 影像的复共轭相乘，来提取地物目标的地形或者形变信息。基于卫星平台的各种设备可提供覆盖范围广泛、时间间隔长的观测，正是研究地球科学的最佳技术之一。利用不同时相的 SAR 图像，可以获取高精度的地壳形变场，这是研究地震地壳形变周期的重要参数之一，对于约束和模拟断层的构造应力积累与机理研究（如震间阶段）及应力释放（如同震及震后阶段）具有重要作用。

20 世纪 90 年代以来，InSAR 技术以其高空间分辨率、广覆盖范围和高精度测量优势，在全地震周期形变监测中提供了重要的技术手段。特别是随着新一代 SAR 卫星（Sentinel-1、ALOS-2 等）的发射升空和多平台时序 InSAR 分析技术的不断发展，不仅应用于提取 100km 以上大型走滑活动断裂带的形变特征，在提取断层分段区域的精细形变场方面也取得了重大进展，精细形变场为我们研究断层活动细节特征提供了重要约束，可以进一步精化断层变形模型，进而探究断层的运动特征和驱动机制。

Tong 等（2013）联合 GNSS 和 SAR 数据，采用"移去-恢复"法提取了整个圣安德列斯断裂的震间形变特征，其给出的震间形变图像具有较高的空间分辨率，可达 200m，极大地推进了对圣安德列斯断裂带震间蠕滑和闭锁状态的认识。Tong 等（2018）利用 ALOS-1 数据对整个苏门答腊转换断层的震间形变进行成像，发现北苏门答腊断层沿断裂带走向呈现出倒转的 U 型变形特征，并且断层的蠕滑速率随时间呈现衰减趋势；Khoshmanesh 等（2018）利用 SAR 数据对圣安德列斯断裂中段的动态震间形变进行了研究，发现该段蠕滑呈现出间歇性特征，即在空间和时间上蠕滑都呈现出瞬态特征。Hussain 等（2018）对土耳其北安那托利亚断层的震间应变演化特征进行了研究，清晰地揭示了横跨北安那托利亚断层的位移梯度，整个断裂带表现出一致性的右旋剪切形变。

Wang 等（2009）首次利用 ERS-1/2 SAR 数据对鲜水河断裂带西段的震间变形特征进行了研究，认为鲜水河断裂带西段的蠕滑速率可达 9~12mm/a，且地壳 3~6km 呈闭锁状态。Jiang 等（2015）考虑了地壳结构对震间模型的影响，开发了新的三维震间模型，在此基础上，利用 GNSS 和 SAR 数据对整个鲜水河断裂带的震间形变特征进行了研究，并厘定了潜在凹凸体分布，认为松林口-色拉哈等段具有较高的地震危险（图 12.7，彩图见附录二维码）。Zhu 等（2016）精化了阿尔金断裂带的震间形变，滑动速率可达 8.0±0.7mm/a，闭锁深度为 14.5±3km。He 等（2015）对西南天山喀什地堑的构造运动及断层几何进行了研究，其中南阿图什断层的构造几何为 31°，闭锁深度和蠕滑速率分别为 10.6±0.4km 和 2.3±0.1mm/a；Wang 等（2012）利用 SAR 数据研究了青藏高原西部的形变特征，认为喀喇昆仑的现今运动速率为 0~6mm/a，这一结果低于地质学的长期运动速率。

12.1.3 重力技术的相关应用

地球重力场是基本的地球物理场之一，它与地球形状和地球内部结构密切相关，地球内部或地表的任何质量改变均可引起地球重力场的改变。地震的孕育和发展伴随地壳构造运动以及物质的再分布，使得地壳表面和内部发生空间位移、物质迁移和密度变化等物理过程，这些物理过程叠加作用引起地表重力场的动态变化。因此，进行重复重力测量获取地球重力场及其变化，从中分离地震孕育信息，是提取地震预报所需的前兆信息的重要途径之一（祝意青，等，2008）。

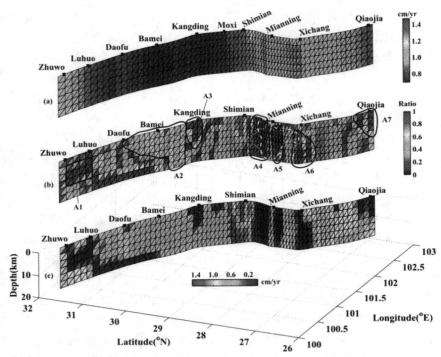

（a）断层的长期滑动速率；（b）断层震间耦合比分布；（c）震间蠕滑速率分布

图 12.7　联合 GNSS 和 InSAR 技术确定的鲜水河-安宁河-则木河断裂带运动特征（Jiang et al.，2015）

1. 中国大陆重力场动态变化研究

中国大陆是研究板块特别是板内现代运动和变形的最理想区域，尤其是青藏高原的隆起及其地壳南北向的缩短，更是各国科学家关注的热点。"中国地壳运动观测网络"是"九五"国家重大科学工程之一，而重力观测是中国地壳运动观测网络中的重要内容，是以服务于地震监测为主，兼顾其他领域应用的综合性科学工程，重力观测特别是重力场动态变化的监测具有重要意义。

重力变化的监测是地震监测预报工作中的重要一环，对震前、同震及震后的重力变化监测有助于我们了解震源机制乃至作出地震中短期预测，与此同时，结合水准资料，还可以监测活跃构造区地壳的垂直运动特征。祝意青等（2012）利用国家重大科学工程"中国地壳运动观测网络"1998—2008 年 10 年间的绝对和相对重力观测资料对中国大陆重力场的动态变化特征进行了研究（图 12.8），结果表明，中国大陆重力场的时空演化特征较好地反映了中国大陆 I 级活动地块的变动特征及其与大震孕育发生的关系。构造活动断裂带由于其剧烈的差异性运动，造成地壳变形显著的非连续性，产生急剧的重力变化，这往往有利于应力的高度积累，进而孕育地震。地震通常发生在活动板块的边界或活动断裂带上，且与重力场变化空间上分布的不均匀性和时间上的不连续性息息相关。空间上，中国大陆 M_S 6.8 级以上地震主要表现为发生在重力场变化较为剧烈的地区；时间上，主要表现为发生在重力变化发生转折的时段。同时，研究发现观测到的重力变化对中国大陆 2000 年以来发生的 4 次 7 级以上大震均有较好的反映。2001 年昆仑山口西 8.1 级地震前，震中及其附近区域出现明显的区域性重力异常变化及其伴生的重力变化高梯度带，揭示了区域应力积累的程度。2008 年汶川 8.0 级地震前的重力观测结果显示，震中及其附近区域呈现出明显的区域性重力异常及重力变化高梯度带，这可能是地震孕育过程中观测到的重力前兆。基于重力资料显示的异常变化，祝意青等（2008）对汶川 8.0 级和于田 7.3 级地震进行了较为准确的中期预测。尤其是汶川地震地点的预测，预测震中在汶川震中的东北，映秀与北川两个极震区之间，离中国地震台网测定的汶川 8.0 级震中相距不到 75km。

图 12.8 1998—2008 年 10 年间中国大陆重力变化图（单位：$\times 10^{-8}\text{m/s}^2$）（祝意青，等，2012）

川滇地区地处青藏高原东南部，是中国大陆地壳运动最强烈、地震活动频度最高、强度最大的地区之一。特殊的构造部位和强烈而频繁的地震活动，以及地震与构造的各种典型而复杂的关系，使这里成为研究地壳运动变化及其与地震活动规律关系的热点地区。祝意青等（2015）基于川滇地区 2011—2014 年的重力复测资料，系统地分析了区域重力场时-空动态变化（图 12.9）。沿鲜水河-安宁河断裂带的西侧发生大幅度的相对重力负值变化、其东侧出现相对重力正值变化，断层带两侧的重力差异运动在 $150 \times 10^{-8}\text{m} \cdot \text{s}^{-2}$ 以上；沿则木河-小江断裂西侧发生较大幅度的相对重力正值变化、其东侧出现相对重力负值变化，断裂带两侧的重力差异均在 $100 \times 10^{-8}\text{m} \cdot \text{s}^{-2}$ 以上；反映沿鲜水河-安宁河-则木河-小江断裂带的构造活动显著，构造活动断裂带由于其差异运动强烈而构造变形非连续性最强，有利于应力的高度积累而孕育地震。2013 年芦山 7.0 级地震、2014 年鲁甸 6.5 级和康定 6.3

级地震前，震中区及其附近观测到明显的区域性重力异常及重力变化高梯度带，可能是地震孕育过程中观测到的重力前兆。

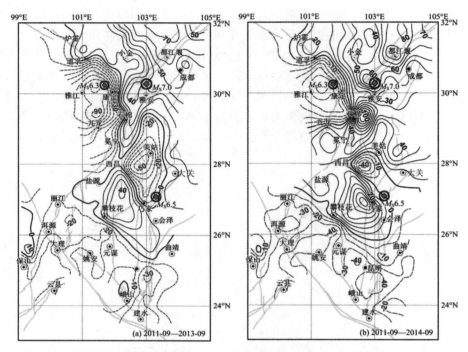

图 12.9　川滇地区重力场累积变化动态图像（单位：$10^{-8}\mathrm{m/s^2}$）（祝意青，等，2015）

西天山地区构造运动活跃，是当今板块内部地震活动最为强烈的构造带之一，具备发生中强以上地震的能力。增强对西天山中强地震危险性评估的能力，深入探讨该地区地震前后各地球物理场变化，具有重要的科学意义。基于 2013—2015 年西天山地区流动重力观测资料，结合区域地震目录，朱治国等（2017）分析研究了区域重力场时空变化与地震的关系。研究发现，西天山地区重力场变化的"增强-减弱-增强"过程与区域地震活动趋势的"活跃-平静-活跃"相对应（图 12.10）。地震多出现在重力变化接近为零的断层附近，而震中附近区域重力变化则较为剧烈，震中区重力场水平梯度方向接近区域断层走向。西天山区域现今构造运动明显受到周围板块的强烈影响，从而使地壳内部物质发生迁移变化，地壳的密度也随之改变，能量在不断地汇集，使得该区域成为地震活跃的区域。

华北平原形成于新生代以来的裂谷作用。断裂活动引起的地震造成了惨重的灾害。华北平原的大地震具有较长的复发周期，历史地震记载无法给出完整的地震活动图像，而通过地表断裂活动性调查与古地震研究的方法划分潜在震源区，在华北平原存在较大的局限性。因此，利用重力场观测资料，合理地预测华北平原的强震构造带，指导该区域的潜在震源区划分，具有重要的意义。祝意青等（2013）结合区域 GNSS 测量资料与活动构造分析，对华北中部地区 2009—2011 年的重力场变化特征及其强震危险含义进行了研究。图 12.11 显示，华北中部围绕晋冀蒙交界地区的构造块体边界带及其周缘出现较大空间范围

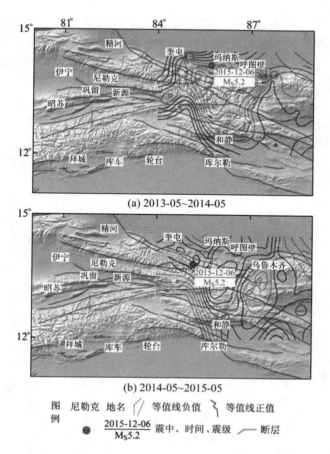

图 12.10 西天山地区 2013—2015 年重力场变化等值线(朱治国，等，2017)

的趋势性显著重力变化，伴有多点局部重力变化异常区以及与主要活动断裂带展布基本一致的重力变化高梯度带，反映该地区出现了显著的重力异常变化。京西北盆-岭构造区核心地带的北西、南东两侧地区发生大幅度的相对重力负值变化，其中，沿南东侧太行山山前断裂带及北西侧岱海-黄旗断裂带两侧的重力差异运动均达 $100 \times 10^{-8} \mathrm{m} \cdot \mathrm{s}^{-2}$ 左右，说明断裂带构造活动显著。区域重力场差分动态图像较清晰地反映了京西北盆-岭构造区及其附近的重力场整体经历了"准均匀-非均匀-断陷带北段侧向显著变化-局部硬化"的演化过程；重力场累积变形图像则可能反映了"区域应力场增强-区域断裂与断块差异运动与变形显著-局部运动受阻"的动态变化特征。重力场的异常变化表明，华北中部的晋冀蒙交界及其附近地区，以及河北石家庄至安阳等附近地区存在中-长期尺度的强震危险背景。

2. 重力异常变化在地震预测中的应用

通过大量强震震例的分析与总结，李辉等(2009)、祝意青等(2009、2012)、申重阳等(2009、2011)研究提出了利用多时空尺度重力场变化(相邻两期重力变化、累积重力变化等)，根据重力场变化趋势(重力场变化与背景场关系等)，重力异常的持续时间、幅度、范围及重力异常变化梯度特征等进行强震危险性预测方法，在我国西部的强震预测中取得了一定实效，对 2008 年汶川 8.0 级和于田 7.3 级、2012 年新源-和静 6.6 级、2013 年芦山 7.0 级和岷县漳县 6.6 级、2014 年于田 7.3 级、2016 年门源 6.4 级和阿克陶 6.7 级、2017 年九寨沟 7.0 级等强震均进行了准确的年度地震中期预测。利用重力观测资料对中国 10 多次强震预测方面的情况，见表 12-1。

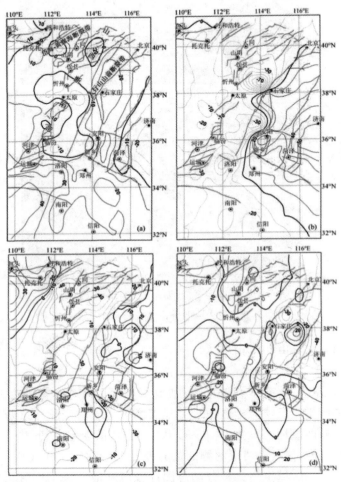

（a）2009-09—2010-03；（b）2010-03—2010-09；（c）2010-09—2011-03；（d）2011-03—2011-09

图 12.11　华北中部地区近年重力场累积变化动态图像（祝意青，等，2013）

表 12-1　　　　　**2008 年以来 6 级以上强震年度预测情况（祝意青，等，2020）**

预测震中	预测震级 (M_S)	预测时窗	实际震级 (M_S)	实际震中	发震时间
36.0°N,80.0°E 附近	6~7 级	2007—2008 年	新疆于田 7.3 级	35.6°N,81.6°E	2008-03-21
31.6°N,103.7°E 附近	6~7 级	2007—2008 年	四川汶川 8.0 级	31.0°N,103.4°E	2008-05-12

续表

预测震中	预测震级 (M_S)	预测时窗	实际震级 (M_S)	实际震中	发震时间
25.6°N,100.2°E 附近	6~7 级	2009 年	云南姚安 6.0 级	25.6°N,101.1°E	2009-07-09
43.6°N,84.3°E 附近	6 级以上	2012 年	新疆新源 6.6 级	43.4°N,84.8°E	2012-06-30
30.2°N,102.2°E 附近	6 级左右	2013 年	四川芦山 7.0 级	30.3°N,103.0°E	2013-04-20
35.5°N,105.2°E 附近	6~7 级	2011—2013 年	甘肃岷县 6.6 级	34.5°N,104.2°E	2013-07-22
35.6°N,81.6°E 附近	7 级左右	2014 年	新疆于田 7.3 级	36.1°N,82.5°E	2014-02-12
28.8°N,102.1°E 附近	7 级左右	2014 年	云南鲁甸 6.5 级	27.1°N,103.3°E 30.3°N,101.7°E	2014-08-03 2014-11-22
37.5°N,02.2°E 附近	6 级左右	2016 年	青海门源 6.4 级	37.68°N,101.62°E	2016-01-21
39.3°N,75.7°E 附近	6~7 级	2016 年	新疆阿克陶 6.7 级	39.27°N,74.04°E	2016-11-25
43.5°N,85.5°E 附近	6 级左右	2016 年	新疆呼图壁 6.2 级	43.83°N,86.35°E	2016-12-08
34.7°N,101.9°E 附近	6~7 级	2016—2017 年	四川九寨沟 7.0 级	33.20°N,103.82°E	2017-08-08

自 2007 年以来,中国地震局重力学科利用中国大陆地壳运动观测网络重力资料和全国重点危险区的地震重力观测资料开展了中国大陆地震预测,流动重力的预报准确率达40%以上。2008 年以来中国大陆发生了 6 次 7 级以上大震,流动重力均出现明显的异常变化。曾利用流动重力复测资料,对 2008 年汶川和于田、2013 年芦山、2014 年于田、2017九寨沟 5 次大震进行了较准确的年度预测,对 2010 年玉树地震进行了中长期危险性判定。特别是对汶川与芦山地震的中期预测,2 次地震均发生在预测的龙门山断裂带上(祝意青等,2020)。

总体来说,强震或大震发生之前,地面重力观测资料能不同程度地反映出强震孕育发生过程中的重力异常变化。通过对重力观测资料多年的地震预测效果检验,认为对地面重力观测资料进行认真、深入细致的分析与研究,有可能对未来强震或大震做出准确的中期预测,尤其是发震地点的判定。

12.2 地球物理大地测量技术在诱发地震研究中的应用

12.2.1 诱发地震的含义和研究概况

由第二届地球物理学名词审定委员会审定,2022 年科学出版社出版的《地球物理学名词》(第二版)是这样定义诱发地震的:由地震或人类活动等因素引发的,并且引发地震的因素占与地震相联系的应力变化或能量的一个相当可观份额的地震。由地震活动本身诱发的地震通常又称地震触发,如主震触发余震,还有地震动态触发、地震静态触发等概念,本节主要介绍由人类活动因素引发的地震。因此,诱发地震可以包括水库诱发地震、矿山诱发地震、核试诱发地震以及由于流(气)体开采与抽取诱发的地震。

1. 水库诱发地震

按照定义，水库诱发地震(reservoir-induced earthquake)指水坝与水体的载荷及其引起的水坝周边水资源环境改变等因素诱发的地震。另有水库触发地震和水库引发地震概念，水库触发地震(reservoir-triggered earthquake)是指水坝与水体的载荷及其引起的水坝周边水资源环境改变等因素触发的地震，而水库引发地震(reservoir-stimulated earthquake)是指水库触发地震与水库诱发地震的总称，有时简称为水库地震。如果不涉及地震发生机理分析，通常不区分水库诱发地震和水库触发地震的概念，也通常用水库地震来表述水库诱发地震/水库触发地震。水库地震有别于天然地震，它是指因人工修建水库，蓄水后水位变化而引发的地震，是一种与人类工程活动相关的地质灾害现象。水库地震的发生涉及地质、构造、岩体和应力水平等多种因素。

水库诱发地震问题始于 20 世纪 40 年代，但直到 1962 年中国新丰江水库发生 6.1 级、1963 年赞比亚-津巴布韦卡里巴(Kariba)水库发生 6.25 级、1966 年希腊克里玛斯塔(Kremasta)水库发生 6.3 级和 1967 年印度柯依纳(Koyna)水库发生 6.5 级 4 个 6 级以上的水库诱发地震震例后，才引起了人们足够的重视。据不完全统计，目前国外已有 100 余座水库发生了水库诱发地震，我国发生水库诱发地震的水库共有 37 个(常廷改，胡晓，2018)，我国水库诱发地震震例基本参数见表 12-2。

从 20 世纪 50 年代至今，全球地球物理、大地测量、地震和水利科技工作者已经对 100 余座水库地震的个案进行了研究，研究内容集中在以下几个方面(周硕愚，等，2017)：①水库坝高、库型、库容、蓄(泄)水进程与地震活动相关性；②地层(岩性)介质、地质构造、地形地貌与地震活动的相关性；③断裂活动与地震活动的相关性；④地壳形变与地震活动的相关性；⑤水库地震与水文地质环境的相关性；⑥地应力、孔隙压力与地震活动的相关性；⑦水库地震发震标志与水库地震成因机制；⑧水库地震危险性评价、监测与应急预案。而水库诱发地震的机理和预测是重点研究内容，水库诱发地震的物理机制可以概括为以下 4 种(常廷改，胡晓，2018)：①应力增强机制，认为水库蓄水所增加的荷载会导致岩体中应力增强，一旦超过岩体自身强度即引发地震；②强度弱化机制，认为水库蓄水后水头升高引起地下孔隙水压力升高，导致滑动面有效应力减小而引发地震；③岩体弱化机制，认为水库蓄水向深部岩体扩散过程中，水体会软化和弱化岩体，导致滑动面摩擦系数降低而引发地震；④局部应力集中机制，认为库区岩体结构和介质建造的不均匀性和各向异性，控制着蓄水过程地应力和孔隙水压力的分布，导致局部应力和孔隙水压力的高度集中，从而引发地震。水库诱发地震的分类情况，如果根据成因的不同，可将水库诱发地震分为 3 种类型：①构造型：由库水穿过或邻近库区已处于临界状态的发震断层而诱发的水库诱发地震；②裂隙型：库水引起地表岩体应力调整而产生的浅层微震；③岩溶型：由于水库蓄水引起的岩溶洞穴、岩溶管道、地下暗河的围岩等出现的重力失稳。水库诱发地震的预测可以根据库区的地质环境、地应力状态、孕震构造、岩体的导水性、可溶岩分布及喀斯特发育情况、发震机理等初步判定可能发震地段。根据发震断层的长度、喀斯特发育程度、已有震例的工程类比或参照区域地震活动水平初步估计水库诱发地震的强度。目前水库诱发地震危险性评价与预测主要分为定性方法(工程地质类比法)、半定量方法(概率统计法、模糊数学、神经网络算法等)以及综合性方法三类。2000 年以来，我国先后出版了《水库诱发地震危险性评价》(GB 21075—2007)，《水库诱发地震评价与预测》，《水库诱发地震监测技术规范》(SL 516—2013)等规范及专著。2017 年 9 月，"十三五"国家重点研发专项"300m 级特高坝抗震安全评价与控制关键技术"将水库诱发地震机理与判别准则作为重点研究方向之一(常廷改，胡晓，2018)。

2. 矿山诱发地震

矿山诱发地震(mining-induced earthquake)是指由矿山采掘活动及其引起的地下水活动状态变化等因素诱发的地震。矿山诱发地震可简称为矿震，矿震是由采矿引起地壳浅部岩体失稳而诱发的矿山震动，是伴随矿山开采始终的一种动力显现形式，是一种由采矿活动诱发，伴随矿山开采的动力地质灾害(窦林名，等，2007)。由于矿震震源浅(−1200m ~ −500m)，接近矿体，在震级达到 2 级以上时就有可能产生破坏。矿震的规模还随开采深度增加而可能加大。全球统计结果表明，开采深度大于 500m 的矿山就有发生 3 级以上矿震的可能(李世愚，等，2006)。矿震的表现形式与天然构造地震雷同，皆以构造应力作为主导驱动力，地质构造(断裂、褶曲、盆地等)作为孕震体或发震体，差别在于矿震发生在特殊的煤矿区，震源生成、发展过程中掺杂着人类采掘煤矿引起的附加应力(肖和平，1999)。矿震的震源机制与天然地震的震源机制有相似之处。矿震在本质上是岩体应力集中且积累足够应变能的部位在破裂时释放应变能的过程，矿震与构造应力和构造活动相关。对北票矿区的研究可以知道，矿区 I 级断裂所形成的区域应力场是该矿区矿震的主要成因，断裂面失稳滑动是地震的主要表现形式，矿区开采则是地震的诱导因素(张宏伟，1998)。对门头沟煤矿研究表明，矿震的机制与成因受开采引起的重力、原岩构造力和现今应力场的综合影响(张少泉，1996)。矿震的发生与区域应力场相关，矿震和天然地震都是区域地壳运动变形的反映(潘一山，等，2005)。

表 12-2　　中国水库诱发地震震例基本情况(修改自常廷改，胡晓，2018)

序号	水库名称	省份	坝高/m	发震日期	震级	蓄水前地震活动水平
1	新丰江	广东	105.0	1962.3.19	6.1	弱
2	南水	广东	81.3	1970.2.26	2.3	无
3	前进	湖北	50.0	1971.10.26	3	无
4	柘林	江西	63.5	1972.10.14	3.2	无
5	南冲	湖南	45.0	1974.7.25	2.8	无
6	参窝	辽宁	50.3	1974.12.22	4.8	弱
7	石泉	陕西	65.0	1976.10.13	3.3	弱
8	乌溪江	浙江	129.0	1979.10.7	2.8	无
9	冯村	陕西	30.8	1984.6	2.9	弱
10	乌江渡	贵州	165.0	1980.6.20	1	无
11	龙羊峡	青海	175.0	1981.11.13	2.3	弱

序号	水库名称	省份	坝高/m	发震日期	震级	蓄水前地震活动水平
12	邓家桥	湖北	13.0	1983.10.30	2.2	无
13	盛家峡	青海	35.0	1984.3.7	3.6	弱
14	鲁布革	云南	103.0	1988.12.17	3.1	弱
15	东江	湖南	157.0	1989.7.24	2.3	无
16	铜街子	四川	81.0	1992.7.17	2.8	弱
17	大化	广西	78.5	1993.2.10	4.5	弱
18	隔河岩	湖北	151.0	1993.5.30	2.6	弱
19	丹江口	湖北	97.0	1993.11.29	4.7	弱
20	水口	福建	101.0	1996.4.21	3.8	无
21	漫湾	云南	126.0	1994.11.5	4.6	弱
22	黄石	湖南	40.0	1997.9.21	2.3	无
23	天生桥一	贵州广西	178.0	2000.8.13	3.9	强
24	大桥	四川	93.0	2002.3.2	4.6	强
25	珊溪	浙江	130.8	2006.2.9	4.6	弱
26	云鹏	云南	96.5	2007.3.25	3.6	弱
27	光照	贵州	200.5	2008.10.4	3.4	弱
28	龙滩	广西	220.0	2007.7.17	4.2	强
29	三峡	湖北	185.0	2013.12.16	5.1	弱
30	瓦屋山	四川	142.6	2009.3.29	3.2	弱
31	瀑布沟	四川	186.0	2010.11.8	2.3	强
32	小湾	云南	292.0	2009.8.6	3.5	强
33	恰甫其海	新疆	108.0	2006.11.1	3.8	强
34	岩滩	广西	111.0	1994.6.21	3.5	无
35	小浪底	河南	154.0	2003.6.8	3.6	弱
36	向家坝	云南四川	162.0	2014.10.1	4.5	强
37	溪洛渡	云南四川	285.5	2014.4.5	5.3	强

在天然的地震成因说中，所谓的发震构造多半指活动断层，地震断层说在天然地震的成因说中往往占据统治地位。然而，许多矿山的矿震宏观统计结果表明，重力说和断层说这两种说法均不够全面，它们都忽略了更重要的构造背景。这里所说的构造，首先是向斜构造，其轴部及其附近往往是应力集中部位。煤层中的向斜构造往往是发生矿震的最重要条件，而应力大小又与深度呈正相关。在开采达到一定深度时，就有可能诱发向斜轴部及

附近的矿震，主要是在该部位的大小断层。反之，如果不具备高应力条件，即使存在断层，也不一定发生矿震。

矿震成因与地下流体作用有关。矿震成因中甲烷（可能还包括二氧化碳）流体的作用与十几千米深部水同属超临界状态，因而解吸作用相似，对于地震的发生都起到了触发和释放应变能的作用。这个观点如果得到证实，将为研究构造地震成因和震前地球物理场的变化，提供千米尺度实验依据（李世愚，等，2005）。

矿震是一种动力学现象，在它的孕育和发生过程中影响因素众多、发生原因极为复杂。地应力、采动应力与矿震关系研究是基础，地应力的大小和方向及不同区域地应力的差异和矿震的发生具有密切的关系，采动过程中的应力分布规律是矿震发生的直接影响因素，可通过大量的地应力测量，观测采动过程中矿体岩层的应力分布规律，研究矿体地应力分布规律和特点，并通过数值模拟研究地应力和采动应力对矿震的影响。可在密集台网的矿区开展震源参数研究，利用数字波形资料，精确计算出这些中小地震的震源谱、应力降、震源尺度等震源参数，结合层析成像技术详细了解矿震演变过程，研究区域应力场的空间分布特征和动态特征，深化对地壳介质在应力作用下发生破裂或位错过程的认识，探讨应力场变化与较大矿震的关系。同时结合地质构造建立有限元模型进行数值模拟计算，研究矿区应力变化及矿震的孕育过程，进而对矿震发震成因进行研究。

矿震会造成井下采掘空间破坏及设备损伤与人员伤亡，诱发矿井瓦斯事故、水害及顶板事故等次生灾害。强烈的矿震灾害还能造成地表建筑剧烈震动甚至损坏，严重威胁矿区人民群众的生命财产安全，导致矿震由采矿安全问题演化为公共安全问题。同时，矿震是影响矿山安全精准开采的重要因素。截至 2020 年 12 月，我国仍有 132 对在产矿震灾害矿井，涉及至少 195 个可采煤层，分布在 20 个省，产能 4 亿吨/年，占全国煤矿总产能 10%以上（袁亮，2021）。为此，需要完善矿震治理科技创新顶层设计，加强矿震灾害防治基础理论研究，研发具有自主知识产权的矿震监测预测技术及装备，推动现代信息、材料、先进制造技术和矿震灾害治理融合发展，从源头创新和技术进步解决矿震治理的重大问题和挑战。

3. 核试验诱发地震

核试验诱发地震（nuclear test induced earthquake），又称"地下核试验引发地震（earthquake caused by underground nuclear test）"。由地下核爆炸产生的冲击波导致局部地区地下动态应力急剧变化诱发的地震。

1999 年 10 月《全面禁止核试验条约》（以下简称《条约》）正式生效之后，签署《条约》的成员国再未进行过任何核武器试验。目前进行过核试验的国家有 8 个，分别为美国、前苏联、英国、法国、中国、印度、巴基斯坦和朝鲜，根据联合国的统计，进行核试验次数最多、方式最齐的国家是美国，美国一共进行了 1054 次核试验。朝鲜始于 2006 年 10 月 9日，截至 2017 年 9 月 3 日，朝鲜民主主义人民共和国共进行过六次被证实的核试验，地点分别位于咸镜北道的五处核试验场，均为地下核试验，其中 2017 年 9 月 3 日的核试验诱发了 M_L 6.3 级地震。

一般可以用地震学方法对地下核试验进行远区监测，估计事件的位置及爆炸当量，但受到地震台站数量和分布位置的限制，事件定位及爆炸当量估算存在较大的不确定性。

SAR 遥感可获取大范围高空间分辨率地表形变场,与地震台记录信息互为补充。Vincent 等(2003)首次利用 DInSAR 方法对美国 1992 年内华达核试验事件进行了相对精确的(优于 50~100m)定位;Wei(2017)利用 D-InSAR 方法估计了第四次朝鲜核试验的位置、腔尺寸和爆炸当量;Wang 等(2018)结合大地测量和星载遥感的方法估计了第六次朝鲜核试验的位置、腔尺寸及爆炸当量,分析了核爆 8min 后的塌落过程;Myers 等(2018)结合 InSAR 和地震学方法估计了 6 次朝鲜核试验及核爆后伴随事件的绝对位置。曾琪明等(2019)利用 InSAR 小基线集(SBAS)方法得到了朝鲜第六次核爆后其中心 17km×22km 范围内一些部位不同时刻(2017 年 9 月 10 日—2018 年 6 月 1 日每 12 天间隔)的累积地表形变量,发现 SBAS-InSAR 能有效观测第六次核试验的热辐射后效阶段形变过程,爆炸中心附近在爆炸后 10 余天仍存在地表抬升现象,随后开始下沉,不同地方下沉速率和下沉量不同;形变的时间序列表明在朝鲜第六次朝鲜核试验后的 8 个多月里,核试验区爆炸后地表形变初始短时间内朝向卫星移动,然后向远离卫星方向移动(即雷达视线向地表形变为负)的趋势,最大形变达到 181mm。

4. 流(气)体开采与抽取诱发的地震

近年来,随着页岩油/气开发的推进,流(气)体开采与抽取诱发地震这一类型的地震也受到越来越多的关注(Keranen et al.,2014;Fryer et al.,2020),已经成为社会许多行业关注的一个话题,尤其是流体注入操作(Foulger et al.,2018)。地下流体注采活动诱发地震研究高居地球科学领域前十热点前沿第六位(中国科学院,等,2019)。事实上,注入操作,如碳收集和储存(CCS)(Zoback,Gorelick,2012)、废水倾注(Ellsworth,2013)、水力压裂(Skoumal,2018)和增强型地热系统(EGS)刺激,都容易诱发地震活动。页岩气开采诱发地震在中、美、加三国都有不少震例,对于流体注入诱发地震一般的解释为:流体的注入会增加地下介质的孔隙压力,从而引起有效正应力减小,导致断层的滑动产生地震。但美国中部、加拿大西部和我国四川盆地的诱发地震诱因并不完全相同:美国中部地震发生的诱因主要是废水回注(如 Weingarten et al.,2015;Elsworth et al.,2016;McGarr,Barbour,2017);加拿大西部地震发生的主要诱因是页岩气开发过程中的水力压裂活动(如 Atkinson et al.,2016;Bao,Eaton,2016;Schultz et al.,2018);而我国在四川盆地废水回注和水力压裂都引起了比较明显的地震活动,在 2014 年大规模页岩气开发前,废水回注和注水采盐两类工业活动都引起了比较明显地震活动性增强(Lei et al.,2008,2013;张致伟,等,2012;朱航,何畅,2014;Zeng et al.,2014;Sun et al.,2017)。近几年,水力压裂活动被认为是引起盆地内部新一轮地震活动性增强的原因(Lei et al.,2017,2019;Tan et al.,2020)。

目前关注得比较多的是水库诱发地震和流(气)体开采与抽取诱发地震两类。下面章节重点介绍此两类地震的应用情况。

12.2.2　地球物理大地测量技术在三峡水库诱发地震研究中的应用

长江三峡水库自 2003 年 5 月蓄水以来至今已有 20 年,库区坝前水位由 60 余米逐步抬升至 135m、156m 和 175m,每年达 30~40m 涨落,巨大的库水作用及长期的周期性水位动态变化对三峡库区及周边地区的地震活动产生了深远影响。截至 2019 年底,三峡重点监视区监测到 M 0 以上地震事件约 7677 次，其中 0~0.9 级 6543 次，1.0~1.9 级 1017 次，2.0~2.9 级 102 次，3.0~3.9 级 7 次，4.0~4.9 级 7 次，5.0 级以上 1 次，最大地震为 2013 年 12 月 16 日巴东 M 5.1 地震(孟庆筱，等，2021)。

为了保障长江三峡这个举世瞩目的特大型水利枢纽工程的安全运行，深入开展水库地震研究，中国地震局建立了国内外规模最大、观测手段最全、技术先进的水库地震监测系统。综合利用高精度 GNSS、InSAR、激光测距、精密水准、精密重力、库盆形变、洞体连续形变等多种观测技术，建成在空间上点、线、面结合，在时间上长、中、短兼顾的高精度、高时空分辨率的地壳形变观测网(见图 12.12)，用于大型水库地震的地壳形变监测。学者们也利用精密重力测量、GNSS 与形变观测、震源机制及发震构造等不同观测手段和方法，对三峡水库地震进行了深入研究。

王志勇等(2005)研究了不同力学参数地球模型对三峡库首区地壳垂直变形的影响，结果表明，PREM 比 Gutenberg-Bullen 模型更接近基于三峡地壳分层结构和弹性参数改化的 PREM 模型的结果；利用地球物理学中较完善的负荷格林函数法，结合精密的蓄水荷载模型和合适的地球模型，其垂直变形模拟结果对监测与地震关系密切的断层运动有重要意义；通过 GPS 观测和模拟结果的对比，发现 2003 年蓄水在香溪出现最大幅值约 20mm 的残差沉降，他们合理地解释为该地段的岩溶渗水荷载的效应。杜瑞林等(2004)在 Farrell 方法的基础上，结合该地区高精度数字高程模型(DEM)，在将水库库容增量约束在 100 亿立方米左右的前提下，对水体载荷引起的整个库区的垂直变形场进行了模拟和分析，并与实测结果进行了对比分析。胡腾等(2010)进一步基于三峡库区 DEM 及 GPS 站点位置坐标数据，建立了三峡库区有限元网格模型，采用弹性有限元分析方法模拟计算水库蓄水至 135m、156m 和 175m 时库区地壳的垂直形变场；随后根据 Farrell 提出的质量负载原理产生的地壳形变理论计算库区蓄水至 135m 时的库区垂直形变场；通过两种模拟方法对比可以看出变形等值线圈都包络河谷线，变形最大处都出现在香溪段，同时区域沉降是一个综合地质作用，水体的重力作用是主要诱因。

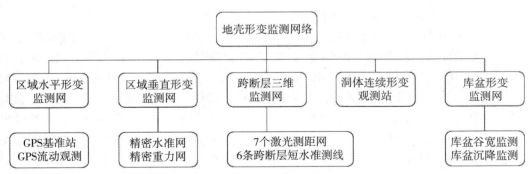

图 12.12　三峡水库地区地壳形变监测网络结构图(杜瑞林，等，2016)

2013 年 12 月 16 日 13:04 在湖北省恩施州巴东县(北纬 31.09，东经 110.44)发生 M 5.1 地震，该地震属于水库地震，距长江江边约 6.7km，距三峡大坝约 66km，GNSS、重力测量和定点形变观测都对此次地震进行了研究。

乔学军等(2013)利用湖北省 CORS 网及三峡地区地震 GPS 形变监测网 2011—2013 年间的观测数据，计算了 GPS 水平运动场和面膨胀率场，发现该区域整体的应变率相对较低，量级约为×10^{-9}/a，同时巴东站(ESBD，震中距约 7km)和古夫站(YCGF，震中距约 45km)的高频同震位移波形显示，两个测站均没有记录到同震形变信息。

刘少明等(2014)对三峡地区的流动重力和台站重力监测网资料进行了处理分析，巴东 5.1 级地震前重力异常变化主要表现为：宜昌台潮汐因子震前的 11 月在周边均为下降趋势的背景下表现为上升变化；宜昌台潮汐因子震前出现半年的趋势性转折下降变化；巴东 5.1 级地震前三峡库首区重力场经历了一个反复升降的变化过程，但巴东地震震中区大多处于正负重力变化转换的梯度带上，且地震前 1 年的重力变化一直处于上升状态，震中区震前存在持续挤压的构造活动背景。

吕品姬等(2014)对在距巴东 5.1 级地震震中 400km 范围内分布的 18 个倾斜应变观测台站、36 套观测仪器的观测资料进行了处理分析，安康台的垂直摆倾斜观测东西向分量在震前出现原始数据年变异常；潮汐因子异常出现在石柱黄水台和宜昌台的个别测项。陈俊华等(2014)对记录到的大量余震，通过地震序列进行时序分析、地震精定位、震源参数分析，结合该区域地震地质背景，对地震成因做了分析，他认为，巴东 M 5.1 主震是在三峡 175m 高水位运行期，在库水渗透作用下诱发的具有塌陷特征的非典型构造地震；M 2.0 以上的较大余震，从波形和频谱特征等分析，多属构造地震，由主震后该区域构造应力场的调整引起；M_L 2.0 以下较小余震多具塌陷型地震的特征，应是灰岩区岩溶塌陷引起的；b 值分析结果显示该序列地震较为完整，b 值为 0.8358，大于该区域构造地震的 b 值(0.6)，具有水库诱发地震的特征。

12.2.3　地球物理大地测量技术在流(气)体开采与抽取诱发地震研究中的应用

页岩气开采过程中水力压裂活动常常会引起地表变形和地震等地质灾害，对人民群众生命和财产安全造成极大危害，目前川南地区页岩气开采诱发地震的研究主要关注的是长宁-昭通和荣县-威远两个页岩气田。

1. 长宁页岩气田三次地震基本情况

自 2009 年开始页岩气勘探和开采以来，四川盆地西南部已发生多次 $M>4$ 的地震，其中最引人注意的是 2017 年到 2019 年间在长宁页岩气田发生的三次破坏性地震，即 2017 年 1 月 27 日 M_W 4.7 地震、2018 年 12 月 16 日 M_W 5.2 地震和 2019 年 1 月 3 日 M_W 4.8 地震(图 12.13，彩图见附录二维码)。这三次地震中，2018 年 M_W 5.2 地震影响最大，造成 9 座房屋倒塌，17 人受伤，390 多座房屋严重受损，并引发了山体滑坡和岩崩。2017 年 M_W 4.7 地震和 2019 年 M_W 4.8 地震也造成了人员受伤和数百间房屋受损。除此之外，这三次地震影响了震中附近页岩气开采水力压裂作业平台的安全运行，一度导致页岩气生产暂停。

虽然前人利用地震学手段对这三次地震进行了相关研究，但由于地震台站的分布较为稀疏且不均，这三次地震的震源特性和发震构造仍不清晰。一方面地震学给出的震源深度一般比质心深度大 2~4 倍(表 12-3)。另一方面不同研究给出的重定位结果一致性较差，例如 Lei 等(2017)给出的 2017 年地震重定位结果显示发震断层的走向为 NE 向，而 Meng

等(2019)得出的结果则是 NW 向。

　　由于这三次地震的发震断层尚未确定，以往对其与水力压裂操作和触发机制关系的推测缺乏有力的证据。InSAR 技术已广泛用于包括天然地震在内的构造形变方面的研究，借助 InSAR 数据的高空间分辨率优势，人们能够对发震断层的三维几何以及地震的破裂模式进行精细成像。Wang 等(2022)使用 Sentinel-1 卫星遥感数据研究了这三次地震，获取了精细断层几何结构和滑移分布，对于揭示地震震源机制及地震与水力压裂活动的物理联系具有重要意义。

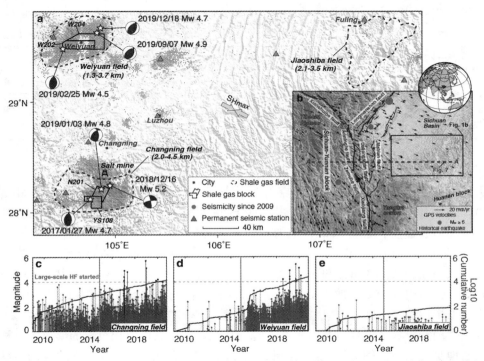

图 12.13　2009 年 1 月 1 日至 2020 年 12 月 31 日四川盆地西南部地震活动及三个页岩气田地震活动的时间分布

表 12-3　　　　　　　　　　　　　　　　三次地震震源机制

地震事件编号	震中		节面 I			节面 II			震源深度(km)	质心深度(km)	震级		来源
	E (°)	N (°)	Strike (°)	Dip (°)	Rake (°)	Strike (°)	Dip (°)	Rake (°)			M_L/M_S	M_W	
2017/01/27 M_W 4.7	104.745	28.111	354	51	73	200	42	110	2.95	1.8	4.9	4.67	Lei et al., 2017
	104.833	28.184							7.12		4.7		Meng et al., 2019
	104.86	28.15	352	41	47	223	61	121		12	5.3	4.9	GCMT
	104.737	28.114				217	69/49	105		1.7		4.86	Wang et al., 2022

地震事件编号	震中		节面 I			节面 II			震源深度(km)	质心深度(km)	震级		来源
	E (°)	N (°)	Strike (°)	Dip (°)	Rake (°)	Strike (°)	Dip (°)	Rake (°)			M_L/M_S	M_W	
2018/ 12/16 M_W 5.2	104.95	28.24	170	83	12	79	78	173	12	3.0	5.7	5.17	Lei et al., 2019a
	104.948	28.219	349	76	−5	80	85	−166		3.0	5.7	5.17	易桂喜，等, 2019
	105.013	28.295	349	83	−3	80	87	−173	17.5		5.3	5.28	USGS
	104.909	28.252	338	77/83	31					1.0		5.04	Wang et al., 2022
2019/ 01/03 M_W 4.8	104.86	28.20	352	55	51	227	50	132	4.50	1.9	5.3	4.8	Lei et al., 2019a
	104.861	28.192	351	46	46	226	59	126		2	5.3	4.81	易桂喜，等, 2019
	104.95	28.21	349	41	43	223	63	122	12		4.8	5.0	GCMT
	104.918	28.190	355	48	59	217	50	119	11.5		4.8	4.85	USGS
	104.848	28.215	347	51/47	53					1.6		4.99	Wang et al., 2022

2. 长宁页岩气区块构造背景及水力压裂作业概况

大地构造上，四川盆地属扬子克拉通，其西部与青藏高原的川滇地块相邻（图12.13）。地质和地球物理证据表明四川盆地下部为早震旦纪形成的克拉通基底，具有较高的纵波和横波速度，说明四川盆地的地壳和上地幔具有较高的力学强度（Clark et al.，2005；Li，Van Der Hilst，2010）。另外，GNSS 观测表明四川盆地内部变形较为一致，且量级较小，仅为5mm/a（Wang, Shen，2020；图12.13）。以上结果表明四川盆地地壳应变积累率较低，盆地内部较低的地震活动水平也说明了这一点，历史上没有记录到 $M_W \geq 6.0$ 级地震的发生（图12.13）。

四川盆地相对稳定的构造环境有利于晚震旦世至中三叠世海相页岩的形成、沉积，目前，该盆地是我国最大的页岩气产区。长宁、威远、焦石坝三个页岩气区块是四川盆地主要的页岩气产区（图12.13），这三个气田的页岩气储层均发育在下志留纪的龙马溪组内，埋深为2~4km，富含有机质泥岩和页岩。2020年，长宁、威远、焦石坝页岩气产量分别为 $5.6 \times 10^9 m^3$、$3.9 \times 10^9 m^3$ 和 $6.7 \times 10^9 m^3$。研究区包括长宁气田 N201 和 YS108 两个页岩气区块（图12.14，彩图见附录二维码），初步统计在这两个区块内有42个左右的水力压裂平台，水力压裂流体注入在30~60m 厚的页岩地层中，注入深度为2.3~3.0km。

在长宁气田发生的三次 $M_W \geq 4.7$ 级地震中，2017年地震发生在 YS108 区块西北角，地震发生前 Y6-Y8 三口水力压裂井正在作业（图12.14，彩图见附录二维码）。另外两个地震发生在 N201 区块的北部边界附近，其中2018年地震震中附近有 N23 和 N24 两个作业平台2019年地震震中附近有 N17、N18 和 N19 三个作业平台，N18 和 N17 的压裂操作与2019年地震密切相关。

3. 数据处理

搜集 Sentinel-1 卫星的两个升轨（55 和 128）和一个降轨（164）的数据来获取这三个地

震引起的地表形变。首先利用 Gamma 软件将从同一轨道上获得的单视复数影像处理成干涉图，并利用欧洲航天局提供的精确轨道数据和 USGS 提供的 30m 分辨率的 SRTM 数据去除地形相位；为了提高相位信噪比，使用小滤波窗口对干涉图进行滤波；然后，使用最小费用流法对相位进行解缠，并将结果地理编码到 WGS-84 坐标系中；最后分别利用经验的线性相位高程模型和二次多项式函数去除大气相位和可能的长波长误差。

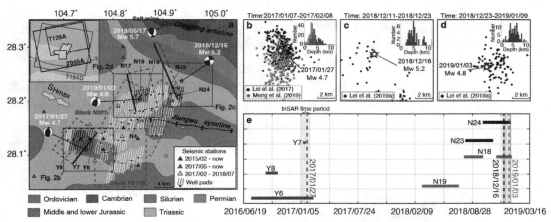

图 12.14　（a）长宁页岩气田水力压裂作业平台及 $M_w \geq 4.7$ 地震位置；（b）~（d）InSAR 干涉图成像时间内的重定位地震分布；（e）根据 Meng 等（2019）和 Lei 等（2017，2019a）汇编出的压裂井台作业时间窗口

4. 断层位置及几何形状反演结果

利用 GBIS 反演软件（Bagnardi，Hooper，2018）反演这三次地震的发震构造。在反演过程中各幅干涉图的权重由其相应的标准差确定，且地震学震源机制给出的所有断层节面均作为候选断层（表 12-3），并在 InSAR 反演中进行测试，进而确定可能的最优断层位置和几何形状。

对于 2017 年地震，震源机制给出了约 200° 和约 350° 两个走向的候选断层。对于第一种情况，大地测量反演的发震断层走向为 217°，倾角为 69°；对于第二种情况，大地测量反演得到的发震断层走向为 352°，倾角为 25°。这两个节面的大地测量反演结果与相应的震源机制解一致，且都能够拟合 InSAR 观测结果。因此，仅通过非线性反演无法确定哪一个断层节面为发震断层，为进一步确定发震断层，这两个断层节面都将包含在后续的分布式断层滑移反演中。

对于 2018 年地震，震源机制解给出了约 80°、170° 和约 350° 三个走向的候选断层。采用与 2017 年地震一样的反演策略对这三个断层节面进行测试。对于第一种情况，大地测量反演的走向角收敛于 0° 附近，而不是 80° 附近，表明向发震断层为 E—W 走向的可能性较低。对于另外两种情况（约 170° 和约 350°），反演结果均具有较好的收敛性，且反演得到的断层几何信息与震源机制解具有较好的一致性，也能够较好地解释 InSAR 观测数据。与 2017 年地震一样，仅依靠非线性反演无法从两条候选断层中识别出最优的发震断层，因此在后续的线性反演中需要对这两个断层节面进行进一步的验证。

对于 2019 年地震，震源机制同样给出了两条候选断层，走向分别为约 225° 和约

350°。大地测量反演结果显示第一种情况的断层走向无法在 180°~270° 内收敛，表明发震断层为 NE—SW 走向的可能性较低。第二种情况的大地测量反演结果与震源机制解一致，模拟的地表形变与 InSAR 观测值匹配较好。基于以上结果可以唯一确定 2019 年地震的发震断层走向为 SE—NW，空间上位于显著形变区域的西侧。

　　5. 分布式滑移分布反演结果

　　为了获得这三次地震的精细滑移分布，进一步使用 CosInv 软件（Wang et al.，2020）进行线性反演。根据同震地表变形的空间范围，将上述非线性反演确定的候选断层沿走向和倾向分别扩展至 9km 和 7km，并离散成均匀的 0.4km×0.4km 的矩形位错单元。为了确保反演结果的稳定性和解的合理性，采用改进的拉普拉斯算子（Jiang et al.，2013）附加滑动平滑约束，并根据滑移分布粗糙度与 InSAR 观测值拟合残差确定最佳的光滑因子。

　　对于 2017 年地震，反演了在非线性反演中无法区分的两条候选断层的滑动分布。对于第一种情况，大地测量线性反演重新估计的最佳断层倾角为 49°，接近相应震源机制解给出的 42°（表 12-3），反演得到的滑动分布能够较好地拟合三个轨道的 InSAR 观测值（图 12.15，彩图见附录二维码）。对于第二种情况，重新估计的断层倾角为 17°，比震源机制

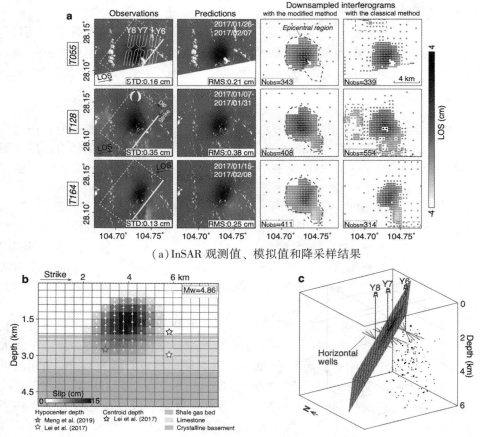

（a）InSAR 观测值、模拟值和降采样结果

（b）同震滑动分布模型，白色箭头指示滑移方向　（c）InSAR 反演的断层三维几何与钻井的空间关系

图 12.15　2017 年 1 月 27 日 M_W 4.7 地震的同震变形和滑动分布模型

解结果小 2~3 倍，反演得到的滑动分布虽然能够拟合升轨 55 和 128 两个轨道的观测数据，但无法解释降轨 164 的观测数据，拟合残差比观测值的标准差大 2 倍，可达约 0.5cm。以上结果排除 2017 年地震发震断层为 NW—SE 走向的可能性。

对于 2018 年地震，同样对两个走向的候选断层进行了滑移分布反演。对于第二种情况（154°），拟合残差随着倾角的减小而减小，但即使在倾角为 90° 的情况下也无法得到最优的倾角。相比之下，对第三种情况（338°）重新估算的倾角为 83°，接近震源机制解，且反演结果能够较好地解释 InSAR 观测结果（图 12.16，彩图见附录二维码）。因此，2018 年地震的发震断层走向为 338°。

2019 年地震的发震断层在上述非线性反演中被唯一确定，重新估计的断层倾角为 47°，与相应的震源机制解结果吻合得较好（表 12-3），反演得到的滑动分布能够较好地解释三个轨道的 InSAR 观测结果（图 12.17，彩图见附录二维码）。

6. 三次地震的诱发机制分析

2017 年地震的滑动主要集中在 0~3km 深度处，最大滑动量为 15cm，位于 1.5km 深度处（图 12.15）。2018 年地震的滑动同样主要集中在 0~3km 深度处，最大滑动量为 8.5cm，位于 1km 深度处（图 12.16）。分布式断层滑动结果和 InSAR 相干图表明 2018 年地震可能已破裂到地表。2019 年地震主要滑移发生在 2.6km 深度以上，最大滑移 11cm 发生在约 1.6km 深度处（图 12.17）。可以发现，InSAR 约束的三次地震主要滑移都集中在页岩气层上方，因此可以认为这三次地震成核于储气层附近，向上破裂并穿过上覆的沉积层。这是研究得出的能够推断这三次地震是由水力压裂诱发的第一个有力证据。

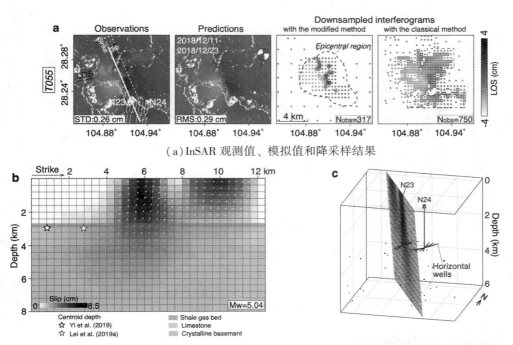

（a）InSAR 观测值、模拟值和降采样结果

（b）同震滑动分布模型，白色箭头指示滑移方向　　（c）InSAR 反演的断层三维几何与钻井的空间关系

图 12.16　2018 年 12 月 16 日 M_W 5.2 地震的同震变形和滑动分布模型

前人研究多从地震和水力压裂的时空关系来确定这三次地震是否为水力压裂诱发的地震，但把这三次地震定性为页岩气开采诱发的地震仍缺乏有力的证据。图 12.15、图 12.16、图 12.17 显示反演得到的发震断层与水力压裂井相交，直接形成了高渗透流动通道，从而在钻井和水力压裂作业过程中，压裂液可以直接进入断裂带。因此，这三次地震的触发机制可能是由直接注入断层内的高压流体引起的，断层面上有效正应力的降低造成了地震的发生。这是能够推断这三次地震是由水力压裂诱发的第二个有力证据，也是最关键的证据。

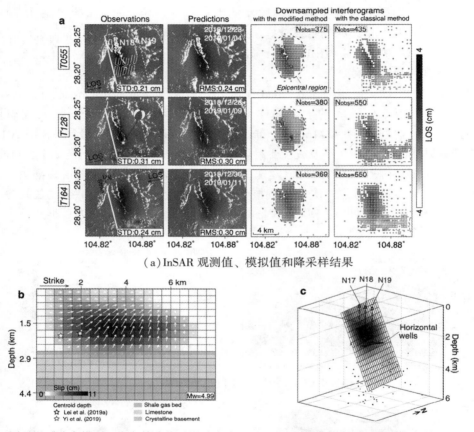

（a）InSAR 观测值、模拟值和降采样结果

（b）同震滑动分布模型，白色箭头指示滑移方向　（c）InSAR 反演的断层三维几何与钻井的空间关系

图 12.17　2019 年 1 月 3 日 $M_{\rm W}$ 4.8 地震的同震变形和滑动分布模型

12.3　地球物理大地测量技术在火山灾害监测中的应用

12.3.1　全球火山灾害监测研究概况

火山喷发是地球自形成以来就一直存在的一种自然现象，它将地球内部物质带至地

表，为地球上生命的起源和演化提供了物质基础，还为现代工业的发展提供了许多重要的矿产资源。同时火山喷发也给人类带来了巨大灾难，火山喷出的火、气、烟、灰、碎屑、岩浆等，发生的爆炸、轰击、冲击、燃烧、掩埋等，以及引起的碎屑流、熔岩流、泥石流、地震、海啸等都会造成严重的灾害。例如，公元 79 年意大利维苏威火山喷发，当时繁华的庞贝古城被火山灰所掩埋；希腊桑托里尼的火山喷发导致公元前 1400 年间米诺斯文明突然消失；1815 年印度尼西亚坦博拉火山大喷发，造成的直接死亡人数约 1 万人，喷发次年全球气候异常，致使 8.2 万人死于喷发后的饥荒和疫病，因此这次大喷发成为有史以来最猛烈、死亡人数最多、对气候影响最大的火山喷发之一；我国长白山天池火山曾在公元 946 年发生了一次千年一遇的大喷发，摧毁了方圆 50km 半径内的森林生态，甚至在 2400km 以外的库页海沟以及北极附近的格陵兰冰川，都保留有明显的源自天池火山的火山灰(许建东，2017)；2022 年 1 月 15 日中午 12 时 26 分 30 秒(当地时间下午 4 时 26 分 30 秒)，汤加海域洪阿哈阿帕伊岛火山(南纬 20.5 度，西经 175.4 度)喷发并引发大范围海啸，喷涌而出的蘑菇云团面积达到 $400\sim500km^2$，喷发柱高达 58km，当地地表 GNSS 监测站记录到 50.2cm 的地表抬升，事件激发了全球范围的海啸波和大气冲击波、大气重力波、地震波、声波和次声波(胡羽丰，等，2022)。

火山形成要取决以下 3 个主要条件：①是否有岩浆和流体(气、液)，这是形成火山的物质基础；②是否有岩浆和流体喷发的通道，即构造环境，这是火山喷发的条件；③是否有引发岩浆和流体喷发的动力，这是火山喷发的决定因素。在地球上，能同时具备这些地质条件的地区主要集中于大洋中脊、板块俯冲带、碰撞带和裂谷带。所以环太平洋带，即太平洋板块与欧亚大陆和美洲大陆的俯冲带，以及太平洋中脊、大西洋中脊、地中海沿岸、青藏高原以及东非大裂谷等地区是全球火山最集中的地区，亚洲的印度尼西亚、菲律宾、日本、俄罗斯(远东地区)，北美洲的美国(阿拉斯加和西海岸)，拉丁美洲的墨西哥、哥斯达黎加、厄瓜多尔、秘鲁、智利，大洋洲的新西兰，非洲的埃塞俄比亚、肯尼亚、坦桑尼亚，欧洲的意大利以及大洋中的夏威夷、汤加、留尼汪、佛得角、冰岛等岛屿都是火山发育的地区。中国的火山多分布在东部大陆边缘和青藏高原，前者属于环太平洋火山带的一部分，后者与地中海火山带相关。除了陆地上的火山，海底的火山更是星罗棋布。据研究推测，世界上的海底火山可能高达百万数量级，其中高 1000m 以上的就有 3.9 万座。火山按其活动性可分为活火山和死火山。活火山通常是指全新世(11700 年前至今)以来有过喷发记录的火山；相反，在这期间没有喷发记录的火山，就称其为死火山；活火山处于喷发状态是短暂的，大部分时间是处于静止状态，这种处于静止状态的活火山又被称为休眠火山。比如长白山火山在过去 1000 年间有过多次喷发，是活火山，但它现在处于相对静止状态，是休眠火山。

全球大约有 1500 座在一万年以来有过喷发的活火山，其中五百余座火山在人类历史时期喷发过。火山警戒等级是衡量火山活动危险程度的标识，美国地质调查局(USGS)火山灾害项目将火山警戒等级划分为 4 个等级，即Ⅰ级(正常)、Ⅱ级(通报)、Ⅲ级(监视)和Ⅳ级(警告)，其各自所代表的危险程度依次上升。火山活动越强烈，引发的火山灾害也越严重(王佳龙，2017)。近年来，火山喷发造成的严重灾害事件时有发生，在一些经济、科技发达的地区，如日本、美国、冰岛等，均在活火山周围布设了严密的监测台站，三维一体不间断地对火山活动情况进行实时监测，常常在火山喷发之前做出准确的预警，并在火山周围划定危险区，大大地减轻了火山喷发可能造成的灾害。目前国际上常用的火山监测手段包括地震、形变、重力、电磁、地化、温度（喷泉、喷气）、水文、遥感及视频实时观测等。

1990 年以来，我国开始了全面系统的活动火山地质调查和潜在火山灾害研究工作，并有重点地对以长白山天池火山、镜泊湖火山、五大连池火山、龙岗火山、琼北海口火山和腾冲火山为代表的 6 个火山开展了系统监测，逐步建立了火山监测与研究的专业队伍。"十五"期间，在我国长白山天池、腾冲、镜泊湖、琼北等火山区持续进行地震、地形变与流体地球化学的流动监测，结合固定台站监测数据进行分析研究，建立火山基础数据库，分析火山活动性，确定监测和防灾对策，并建立了火山信息网络系统为政府和公众服务。"十一五"期间，开展"火山监测、预测关键技术与方法研究"和"中国主要活动火山喷发序列研究与灾害预测"研究，通过火山地震观测、GPS 和大地水准测量、遥感分析、野外地质调查与数值模拟等手段，研究火山喷发与各种火山前兆活动的关系，探索火山喷发预测与火山灾害评估的方法，并以长白山天池火山和腾冲火山群为试点，发展了适合我国特点的活动火山调查和监测技术，为未来我国大陆地区活动火山的全面普查和监测工作打下了基础。我国的火山监测台网由火山观测点(站)、火山监测站、区域火山台网部、国家火山台网中心四级结构组成(许建东，2017)。

（1）火山观测点：为获取火山活动信息而建立的观测点，包括单种测点或多种测点，实施相关观测数据的采集、存储和传输。①火山地震测点，监测火山区域内的地震活动。火山地震测点应配置宽频带数字地震观测系统，部分测点因条件特殊，可配置短周期或甚宽频带数字地震观测系统；②火山重力测点，观测火山区地表重力变化，包括流动重力测点和定点相对重力测点；③火山形变测点，监测火山区地表变形，包括流动水准测点、连续 GPS 测点、流动 GPS 测点、定点倾斜观测点和跨断层测距观测点等；④火山流体测点，采集火山流体样品，主要是泉点或喷气孔。

（2）火山监测站：负责特定区域火山活动监测、数据常规处理、数据速报、数据存储管理和观测站维护、火山地震速报和火山异常事件的国家级火山观测台站。

（3）区域火山台网部：负责区域火山观测台网的运行监控、数据汇集、数据处理、数据存储、数据传输、数据管理，承担本区域火山地震速报及前兆异常上报等任务。

（4）国家火山台网中心：设在中国地震局地质研究所的国家火山台网中心，负责全国火山观测台网及火山流动观测的数据汇集、数据分析处理、数据存储管理、数据服务，承担火山异常判断、火山灾情分析、组织会商和上报等任务。应用现代先进的科学技术，国家火山台网中心还分别设立了火山气体测试实验室、火山岩矿实验室、火山灾害模拟实验室，承担着全国火山岩测试、火山挥发份测试、火山灾害模拟等实验室工作，以及通过互联网提供数据服务和火山宣传工作(www. volcano. org. cn)。国家火山台网中心为我国火山监测、预警、防灾、减灾及相关的科学研究提供高标准的基础技术平台，最终达到增强防御火山灾害的能力，有效地减轻火山灾害。

12.3.2 Cerro Azul 火山形变监测、岩浆源建模及解释

1. Cerro Azul 火山活动概况

Cerro Azul 火山位于 Galápagos 群岛西部 Isabela 岛的最南端，海拔 1640m，是 Isabela 岛上高度第二的火山。Galápagos 群岛位于东太平洋，距离南美洲西岸约 1000km，隶属南美洲厄瓜多尔国。该群岛所在的 Nazca 板块宽阔而深厚，成型则较年轻（<10Ma），正在缓慢向东移动，群岛则位于板块边缘以南约 170km 处。群岛位于岩浆热点区，共包含 13 座火山岛屿，且所有岛屿中的火山均为"覆盆"状盾构火山（图 12.18）。研究证明，群岛上的火山活动均由位于 Cerro Azul 火山以北的 Fernandina 岛下方一个热点引发（Naumann，Geist，2000）。以从 Isabela 岛上的 Wolf 火山连接到 Alcedo 火山的延长线为界，Galápagos 群岛分为东西两部分，其中西部群岛上的火山多具有较年轻的结构，以弯曲山脊和更完整的火山口为主，火山体态偏大，火山口外侧山脊弯曲幅度大，具有破碎火山口特征（Feighner，Richards，1994）。目前，Galápagos 群岛上的火山活动主要集中于 Galápagos 群岛西部的 Isabela 岛和 Fernandina 岛上共七座火山中。

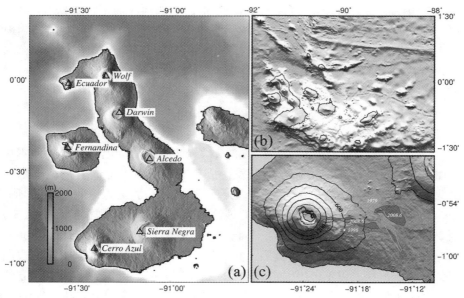

（a）Galápagos 群岛西部的 Isabela 岛和 Fernandina 岛，以及岛上七座火山地理坐标与地形；（b）Galápagos 群岛与北部 Nazca 板块边缘间的洋底地质构造；（c）Cerro Azul 火山周边地形及 1979 年、1998 年和 2008 年三次火山喷发事件中熔岩遗迹的位置，其中岩浆溢流裂缝以短线表示，熔岩流域以灰色区域圈画，白色五角星为 1998 年喷发事件中推测的岩体裂缝。图中地形使用 SRTM 数字高程模型。

图 12.18　Isabela 岛 Cerro Azul 火山周边区域地质背景

自 1932 年以来，Cerro Azul 火山发生了 13 次活动事件，其中 11 次喷发事件，2 次持续长时间（半年至一年以上）的无喷发形变记录（Amelung et al.，2000）。Cerro Azul 火山的最近几次喷发发生在 1979 年、1998 年和 2008 年。最近的一次喷发活动发生于 2008 年 5

月 29 日至 6 月 11 日，根据活动间隔分为两个阶段，第一阶段为 5 月 29 日至 6 月 1 日，熔岩直接从火山口中喷出，同时大量熔岩从岩石裂隙中溢流，岩脉裂隙的分布多位于破碎火山口边缘的环形断层和山脊侧面的径向放射状裂缝，熔岩数次从火山口的环状断裂带和火山口东部、东南部的放射状裂隙中溢出。在火山爆发后的 7 小时内，记录到多达 40 次地震群事件，其中最大的一次地震震级为 M_W 3.7 级（Amelung et al., 2000）。第一阶段后，6 月 1 日火山喷发暂停，经过一天的歇息，于 6 月 2 日开启了第二阶段，熔岩从更远的东部山脊侧翼上的宽裂缝中涌了出来，由于山脊处的地形比火山口附近更加平坦，火山外东南方向的平原中留下了一个由流动的熔岩提供补给的广阔的熔岩湖（Amelung et al., 2000）。在 Galetto 等（2019）对 Cerro Azul 火山 2008 年 5 月至 6 月的喷发事件的研究中，采集了 ALOS-1 和 Envisat 卫星观测的 SAR 影像并形成地表干涉形变场，对四组观测形变场数据进行大地测量建模，认为 2008 年发生在 Cerro Azul 火山的二段喷发成因是火山口正下方约 5km 处的一个岩浆源排出岩浆，使得岩浆涌入地下约 2km 处的另一岩浆源，进而通过该岩浆源通往地表火山侧脊的岩石裂隙喷涌溢流而出。2017 年 3 月 18 日至 3 月 25 日，Cerro Azul 火山发生岩浆运动，导致无喷发的形变活动。Guo 等（2019）的 Sentinel-1A 卫星对地观测与 InSAR 差分干涉处理结果表明，本次形变活动导致了 Cerro Azul 火山口周边区域发生大规模地面坍缩，在一周的时间内于卫星观测视线向上位移达到−32.9cm，同时火山东南侧、Sierra Negra 火山南侧广阔的平原上发生地表抬升，在卫星观测视线向上总位移为 41.8cm。研究认为，本次活动也是由两个形变源导致的，其中一个是仍位于火山口正下方约 5km 处的收缩岩浆源，另一个与其同深度的岩浆源接收了其中排出的岩浆，从而发生膨胀，导致火山口的坍缩和东南平原的隆升（Guo et al., 2019）。

2. InSAR 监测 Cerro Azul 火山长期形变场

2017 年 3 月，Cerro Azul 火山发生岩浆运动，其导致的大规模的地表形变被卫星观测影像捕获，此次事件距离上一次的 Cerro Azul 火山岩浆喷发活动已有 9 年，但本次形变事件中没有如前几次事件记录中一样发生喷发，活动期间火山内部的岩浆裂隙未导至火山口，而由此产生的形变也没有破裂至地表。厄瓜多尔理工学院地球物理研究所（Instituto Geofísico-Escuela Politécnica Nacional，IG）的地震数据记载中，大规模的形变从 3 月 18 日开始，至 3 月 25 日逐渐减弱，持续约一周。由于未发生岩浆喷发，SAR 卫星观测到的 Cerro Azul 火山地表回波场中无流体掩盖，相应的 InSAR 干涉影像在火山口周边的主要形变区具有良好的相干性。以 IG（2017）对事件的报告为依据，考虑到不同成像方位的数据可以提供更多关于地表位移场的信息（Wright, 2004；Liu et al., 2012；Wen et al., 2016），郭等（2019）收集了 2017 年 3 月 7 日至 2017 年 3 月 31 日之间的 Sentinel-1A 升轨和 2017 年 3 月 8 日至 2017 年 4 月 1 日的 Sentinel-1A 降轨卫星观测共计 6 幅 SAR 影像，对相邻影像对进行干涉差分，获得卫星观测视线向上的干涉位移场。根据卫星的重访时间，每张干涉图具有 12 天的较短时间基线和 62m 以内足够短的垂直基线。干涉而成的形变场中干涉条纹清晰可见，主要形变区没有大面积连续失相干现象（图 12.19，彩图见附录二维码）。Sierra Negra 火山以南的失相干区域偏离主形变区，推测可能是由于植被覆盖。

干涉条纹围绕两个形变中心形成了"∞"形的形变场，由 Cerro Azul 火山口的整体收缩沉降和东南部平原地表抬升共同作用形成。整个活动中期，地表形变场的负位移峰值为

LOS 向-32.9cm，位于火山口附近；正位移峰值为 LOS 向 41.8cm，位于火山口与南海岸之间的东南平原上，其中正位移表示朝向卫星的形变，负位移表示远离卫星的形变。

为进一步研究 Cerro Azul 火山长期形变场，使用 Galápagos 群岛 2014 年 12 月 13 日至 2018 年 6 月 19 日间的 Sentinel-1A 降轨卫星观测干涉图集，在 MintPy 程序中构建为时空基线网，同时评估了所使用干涉图集的成像质量。依据干涉图中观测点回波信号的振幅大小提取分布式散射点，组合形成散射点集。干涉图集中提取到的分布式散射点均匀分布于 Galápagos 群岛西部区域，对 Cerro Azul 火山周边区域覆盖情况良好。使用 InSAR 时间序列处理软件 MintPy 对干涉网络进行反演，估计分布式散射点集上的相位时间序列，计算时间和空间域上的 Cerro Azul 火山周边地表位移变化。在经过时空基线网构建、参考点选取、基线网平差、解缠误差改正、残余地形相位改正等步骤后，获取到了 Galápagos 群岛 Cerro Azul 火山在 2014 年 12 月 13 日到 2018 年 6 月 19 日之间，通过 Sentinel-1A 降轨卫星观测到 SAR 影像在 98 个时间节点上以小基线为基准两两干涉形成干涉图集的二维形变场时间序列和地面点在卫星视线向上的位移时变(郭倩，2020)。

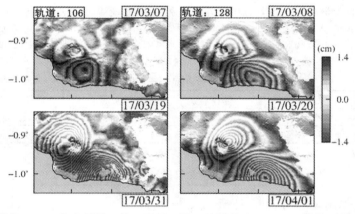

在 Galápagos 群岛 Isabela 岛上显示 3 月 8 日至 4 月 1 日间的 Sentinel-1A 降轨卫星观测影像差分得到的视线向上地表位移场。其中，干涉图上下的日期分别标注主从影像的观测日期，干涉图中每一圈干涉条纹代表视线向上靠近观测卫星的 2.8cm 位移。图中地形采用 SRTM 数字高程模型(Farr et al.，2000)。

图 12.19　2017 年 3 月 Cerro Azul 火山发生的形变事件

为详细表述 Cerro Azul 火山的形变过程，在 Isabela 岛与 Fernandina 岛全区域的 LOS 向二维形变场在时间序列上的时变之外，依据先前对 Cerro Azul 火山 2017 年 3 月形变活动的活动中期的研究，还额外提取了两个形变过程具有代表性的地面点，如图 12.20(彩图见附录二维码)和表 12-4 所示，分别提取了在时间序列观测范围内从 2014 年 12 月 13 日至 2018 年 6 月 19 日之间的时间节点上关键点在 LOS 方向上的位移变化序列。两个关键点 M 和 S，以 2017 年 3 月的岩浆运动导致地表形变活动的形变场中的 LOS 向位移为主要选取依据，分别选取在 Cerro Azul 火山口的活动中最大地表沉降区域，和 Cerro Azul 火山东南部平原上的活动中最大地表抬升区域。这两个关键点 M 和 S 上的位移-时间序列及相应的形变事件可以在图 12.21 和图 12.22 中找到。

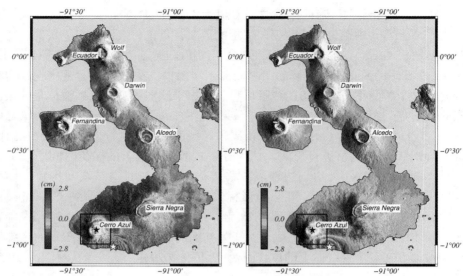

图中黑色方框标注了 Cerro Azul 火山口的区域，以黑色和白色五星标记了关键形变点 M（火山口区域的形变活动中 LOS 方向上最大收缩沉降点）和 S（东南平原地带在形变活动中 LOS 方向上最大地表抬升点）。

图 12.20　Sentinel-1A 降轨卫星观测 Galápagos 群岛 2014 年 12 月 13 日至 2018 年 6 月 19 日间的总形变（左）和由总形变计算 Isabela 岛和 Fernandina 岛上分布式散射点在卫星观测视线向上的年均位移速率（右）。

表 12-4　　　　　　　　　　　关键形变点 M 与 S 点的坐标与形变特征

关键形变点	经度(°)	纬度(°)	备注
M	−91.3751	−0.9208	火山口 LOS 向最大坍缩位移
S	−91.2882	−1.0098	Isabela 岛南部平原最大地表抬升位移

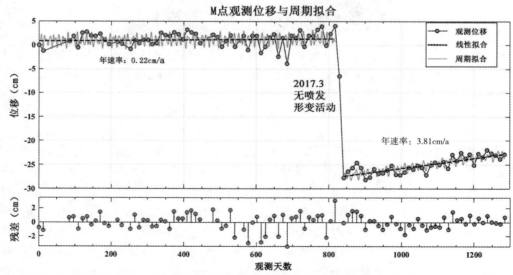

（深灰色线表示线性拟合，浅灰色线表示周期函数拟合。图中同时标示了线性拟合参数折算的点年均位移率。）

图 12.21　火山口处关键形变点 M 的位移-时间序列变化，以及形变活动前后的周期函数拟合残差

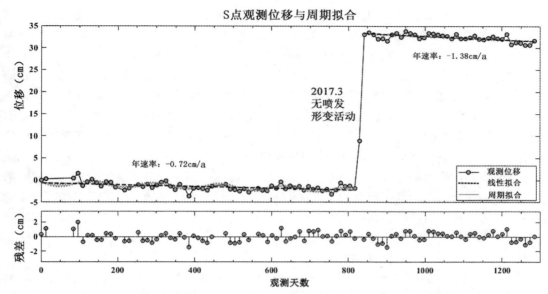

（深灰色线表示线性拟合，浅灰色线表示周期函数拟合。图中同时标示了线性拟合参数折算的点年均位移率。）

图 12.22 东南平原处关键形变点 S 的位移-时间序列变化，以及形变活动前后周期函数拟合残差

　　从二维地表形变场在 2014 年 12 月 13 日到 2018 年 6 月 19 日之间共 98 个时间节点的时间序列上的呈现规律，结合在形变关键点 M 和 S 上的点位移时间序列规律，以 2017 年 3 月发生在 Cerro Azul 火山的大规模无喷发岩浆运动导致的地表形变活动为分界线，将时间序列对火山活动的监测时间范围内的 Cerro Azul 火山运动状况可以分为三个阶段：

　　(1)形变活动前(时间序列观测起始时间 2014 年 12 月 13 日至 2017 年 3 月 8 日)。在这段时间的观测形变场中，Isabela 岛南部整体形变幅度较小，Cerro Azul 火山口附近有一个缓慢而微弱的朝向卫星接收器的方向运行的趋势。在点 M 的位移时间序列中，2017 年 3 月 8 日时间节点之前的序列整体可以提取到一个总位移为 4.2cm 的稳态抬升形变，尽管具有相当大的噪声干扰与信号跳变。与之相对应的是 Isabela 岛南部平原上的关键形变点 S 在这段时间中的位移序列，呈现出了缓慢而微弱的整体下沉趋势。在这一阶段，Isabela 岛南部整体较为平静，无论是 Cerro Azul 火山周边区域亦或是将在 2017 年 3 月由于岩浆在地下管道中的溢流导致大面积地表抬升的东南部平原上都没有观测到足够显著的位移形变信号，相应地由于大气电离层延迟效应、地形改正残差等经过 InSAR 时间序列处理，在形变场的时变过程中仍贡献了一定的残余误差，导致此阶段形变场中信噪比较低，真实形变的微弱趋势较难确定。

　　(2)形变活动中(2017 年 3 月 8 日至 2017 年 4 月 1 日)。此阶段在时间序列中虽只包含 2017 年 3 月 8 日、3 月 20 日和 4 月 1 日三个时间节点，共两个干涉段，但形变活动十分显著。差分干涉的成果显示出该阶段内 Cerro Azul 火山口在卫星视线方向上下沉达 32.9cm，而东南部平原隆升达 41.8cm，在地表形变干涉图中构成了显著的条纹特征。虽

然 Cerro Azul 火山缺乏 GNSS 的观测数据，但 InSAR 差分干涉的地表位移状态与地震仪数据观测地下震群的数量与移动位置相互印证，完整描绘了此次形变活动的变化过程。

（3）形变活动后（2017 年 4 月 1 日至 2018 年 6 月 19 日）。这段时间的二维 Isabela 岛地表形变场时间序列和两个关键点的 LOS 向位移序列中都可以观察到，火山口再次发生缓慢活动，但位移方向发生了显著变化。火山口附近形变活动后在发生缓慢朝向卫星接收器的位移；而东南部平原上却在形变活动后表现出了缓慢而清晰的 LOS 方向上远离卫星接收器的位移趋势。这可以视作显著的恢复性形变，即在大规模的形变活动发生后，可观测到地表发生小幅度的回弹形变。同时还可以发现，两个关键点 M 和 S 上，形变活动后的位移方向与形变活动前位移方向是相同的，即火山口的 M 点在形变活动前后都在发生微弱的朝向卫星接收器的位移，但是形变活动后的位移速率相比于形变活动前提升了较大幅度；同样地在火山东南的平原上的 S 点在形变活动前后都观测到微弱的远离卫星接收器的位移，但形变活动后的位移速率相比于形变活动前也更为显著。这也是恢复性形变与活动前长期的微弱形变在形变尺度上显著的差异。

3. 火山岩浆源的大地测量建模及解释

通过 InSAR 的时间序列技术提取到了 2014 年 12 月 13 日至 2018 年 6 月 19 日之间的 SAR 卫星观测 Galápagos 群岛 Isabela 岛在 98 个时间节点上的二维地表形变场。以 2017 年 3 月的 Cerro Azul 火山岩浆运动导致大规模形变事件为分界，将整个时间序列内的形变划分为形变活动前、形变活动中和形变活动后三个阶段。下面将以 Cerro Azul 火山周边形变时间序列的三个阶段为划分为基础，分别建立岩浆源模型，并联合分析整个观测时段内地下岩浆源的位置、形态和体积变化状态，以此对观测的形变事件序列做出合理解释。

采用开源的 Geodetic Bayesian Inversion Software（GBIS）程序包建立地下形变源模型，包括对源模型位置和形态参数的拟合。GBIS 反演软件提供七种基本的形变源模型，分别是点源 Mogi、有限球形源 McTigue、长椭球形源 Yang、Penny 形台状源 Penny、水平均匀开口台状源 Sill、倾斜均匀开口堤状源 Dike 和带走滑的断层模型 Fault（Bagnardi，Hooper，2018）。

点状 Mogi 源模型是地表形变反演地下岩浆源最常用的模型，当岩浆源的大小远远小于源的深度时，火山活动被认为是地下一个等效点源的压力变化引发地表位移（Mogi，1958），因而可忽略源本身的形状在岩浆运动中造成的变化（韩宇飞，等，2010）。点状 Mogi 源的模型参数有四个，除基础的源中心坐标在地表的投影 x_0、y_0 和源中心在地表以下的深度外，还包括一个指示岩浆源中岩浆溢流量变化的体积参数。使用 Mogi 源模型拟合地表形变场时，观测地面点的三维位移与源模型参数的关系为：

$$\begin{cases} U_x = \dfrac{(x - x_0)\Delta V}{(d^2 + r^2)^{\frac{3}{2}}} \\[3mm] U_y = \dfrac{(y - y_0)\Delta V}{(d^2 + r^2)^{\frac{3}{2}}} \\[3mm] U_z = \dfrac{d\Delta V}{(d^2 + r^2)^{\frac{3}{2}}} \end{cases} \quad (12.1)$$

其中，U_x，U_y 和 U_z 分别为坐标为 $(x，y，z)$ 的地面点在 x 方向、y 方向和 z（垂直）方向上的位移分量；$(x_0，y_0，-d)$ 为 Mogi 源模型的中心坐标，其中 d 为地表以下深度；ΔV 表示模型中岩浆的流通量；r 代表地面点与源模型中心在地表的投影坐标间的直线距离，即

$$r^2 = (x - x_0)^2 + (y - y_0)^2 \tag{12.2}$$

　　基于 McTigue（1987）理论的有限球形岩浆源用空间中的球状岩浆存储空间来模拟岩浆在活动中的储存方式和变化，它使用五个参数来表达岩浆源的位置和形态，除三个位置参数（源中心在地表的投影的两个水平方向坐标和地下深度）外，还需要源模型的球形半径与无量纲的压力参数，即用剪切模量除活动中的源压力变化值（DP/μ）。长形椭球状岩浆源（Yang et al.，1988）是在空间中的椭球体模型，它仅有一个方向上具有一条主半轴，而在与之垂直的任意方向上均具有同样长度的半轴，长形椭球状岩浆源在位置参数外具有额外的五个表达岩浆源形态的参数，分别是：椭球主半轴长度、椭球扁率、椭球主半轴在水平方向上的走向方位角，主半轴在垂直方向上的倾斜角和剪切模量除压力变化的无量纲压力常数。扁平 Penny 状的岩浆源（Fialko et al.，2001）是一类特殊的类似长平台形状的椭球岩浆源，它在位置参数外只需要两个形态参数，分别为岩浆源主轴半径和无量纲压力常数。基于断层位错理论的 Fault 源模型与均匀开口的倾斜 Dike 源模型、长矩形平台状 Sill 源模型的形变源形态可以被视为一个断层，岩浆从中流动进而形成均匀的拉张，形成压力源（Okada，1986；1992）。这三种源模型的参数在中心位置参数以外，还包括通用的断层面长度、宽度、走向方位角和断层间开口大小的四个参数，以及 Dike 源模型和 Fault 源模型中包括的断层面倾角，以及仅断层滑移 Fault 源模型中包含的断层走滑位移分量和倾滑位移分量参数。Fault 源模型和 Dike 源模型可能呈现在地表的位移观测结果是较为复杂的，当取得合适的倾角时，Dike 源模型有可能在地表导致具有三个形变环的形变场，其特征较为鲜明，易于识别。相较之下，Sill 源模型是 Dike 源模型的一种特殊情况，即仅在断层面倾角为 0 时成立，岩浆房表现出水平延伸和垂直拉张的特征，而在此条件下，地表形变场也呈单一形变中心的环形条纹分布，由 Sill 源模型引发的地表形变场，当深度参数较大、断层面长度与宽度相差较小时，会与点状 Mogi 源在地表形成的圆环状形变场具有类似特征，但是当长平台状 Sill 岩浆源模型的断层面长度与宽度之间差距增大时，形变源将在地表形成具有显著二次旋转对称性特征的椭圆环形形变场，这与由 Mogi 点源模型或球状源模型等所引发的均匀各向同性的圆环状形变场是不同的。

　　从形变活动期间的地表位移场（图 12.19）中可以看出，该事件有两个形变中心，分别位于火山口附近和火山口东南方的平原上，这种特征与七种简单源模型不一致。因此，考虑使用两个简单的岩浆源模型组成的联合模型反演，来估计形变活动中的地下岩浆模型。使用 Sentinel-1A 升降轨卫星差分干涉的四组干涉对，经过多次模拟实验，采用 Mogi 与 Sill 模型联合恢复地表形变场，得到了形变活动中对差分干涉图的最佳拟合。在对形变活动前和形变活动后的地表形变场选择拟合岩浆源模型时，沿用了形变活动中位于火山口下方的点状 Mogi 模型（郭倩，2020）。

　　表 12-5 是使用贝叶斯方法反演形变活动前和形变活动后的 Cerro Azul 火山口下方点状

岩浆源模型位置和形态，获得的形变前两个、形变后六个时间节点上的模拟 Mogi 岩浆源岩浆储量随时间的变化情况。

在 2017 年 3 月的 Cerro Azul 火山岩浆运动导致形变事件中，地下的岩浆源系统可以解释为同一深度下的双源联合结构。形变活动中前期，火山口下方点状岩浆源 Mogi 由于内部压力变化，东南侧的岩石壁发生破裂，其中存储的岩浆迅速涌出，压力骤降，火山口内部整体塌陷；而岩浆向东南方向溢流，形成了均匀狭长、上下开裂的长矩形平台状岩浆源 Sill，使得东南平原上大面积地表抬升。而到了活动中后期，虽然 SAR 影像的差分干涉地表形变场特征变化不大，仅可以直接观察到 Cerro Azul 火山口和东南平原上的整体位移量增加，但大地测量建模则揭示了岩浆运动的真实轨迹。在这一阶段，岩浆继续向东南方向输送，但旧的岩石裂隙已经不再继续上下开裂，而是充当了火山口下方小球状岩浆源中的残留岩浆和东南方向新的开裂岩石裂隙之间的岩浆管道，这与地震仪观测到的 3 月 20 日后岩浆运动导致的火山地震群向东南方向迁移形成了相互印证。

图 12.23 形象地描述了形变活动期间 Cerro Azul 火山地下岩浆源模型及其岩浆输送过程，以西北-东南走向上沿着火山口和东南平原的最大形变区连线为示意剖面。活动中前期，Mogi 岩浆源内部受到压力，增压使岩浆克服了东南方岩壁的压力，使得岩浆流入岩脉裂隙，Mogi 岩浆源中的压力得以降低，整体发生了收缩，而岩浆在东南岩脉处寻找出口，在压力下喷涌而出，流动的岩浆形成了长矩形平台状的岩浆源 Sill。活动中后期，Mogi 岩浆源中的压力尚未完全释放，岩浆在地下继续向火山东南方向溢流和扩张，而矩形平台状岩浆源 Sill 不再继续开裂，旧的 Sill 充当了收缩的 Mogi 与新的扩张的 Sill 之间传送岩浆的管道。在长期监测的三个阶段中，Cerro Azul 火山口下方模拟的点状 Mogi 岩浆源在水平和垂直方向上均未发生显著的位置迁移，而其中所储存的岩浆体积量是分别逐步增加的，这形成了一个完整的时变过程，表明在使用 SAR 影像观测数据做 InSAR 时间序列处理来恢复 Cerro Azul 火山长期的地表形变场演化过程，对 Cerro Azul 火山进行岩浆活动监测得到了合理的成果。可以推测，若对 Cerro Azul 火山的长期监测时段继续后延，则火山周边区域的长期形变会逐渐恢复至形变活动前的水平，继续缓慢积蓄岩浆，并酝酿下一次的大规模形变活动。结合 Guo 等（2019）中总结的 Cerro Azul 火山形变喷发历史以及活动中岩浆涌出溢流的位置，如果火山维持前几次的喷发和形变模式，这个积蓄岩浆的长期过程可能会持续十年之久。

表 12-5　　形变活动前与形变活动后 Cerro Azul 火山地下 Mogi 岩浆源模型参数表

活动阶段	模拟起算日期	截止日期	截止时间节点	经度（°）	纬度（°）	深度（m）	岩浆体积（m³）
形变活动前	2014/12/13	2016/07/23	40	−91.375	−0.8961	4770.99	$4.39×10^6$
		2017/03/08	59	−91.3797	−0.9039	4950.43	$7.66×10^6$

续表

活动阶段	模拟起算日期	截止日期	截止时间节点	经度（°）	纬度（°）	深度（m）	岩浆体积（m³）
形变活动后	2017/4/1	2017/06/12	67	−91.3849	−0.9112	4544.84	$1.87×10^5$
		2017/08/23	73	−91.383	−0.9164	4753.55	$6.79×10^5$
		2017/11/03	79	−91.3902	−0.9155	4559.32	$1.57×10^6$
		2018/01/14	85	−91.3845	−0.916	4539.69	$1.82×10^6$
		2018/03/27	91	−91.3824	−0.9137	4504.54	$2.62×10^6$
		2018/06/07	97	−91.3857	−0.9138	4786.76	$3.18×10^6$

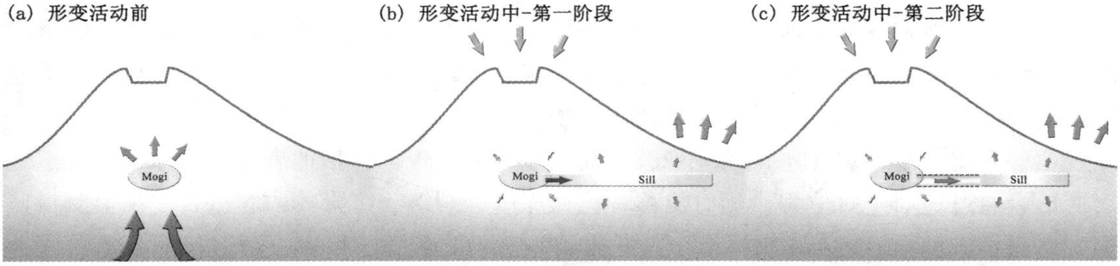

(a) 形变活动前　　(b) 形变活动中-第一阶段　　(c) 形变活动中-第二阶段

图 12.23　沿西北—东南走向的剖面上的岩浆在形变源中的传输过程模型

12.4　地球物理大地测量技术在滑坡地质灾害监测与预报中的应用

12.4.1　滑坡地质灾害分布和监测研究概况

滑坡是指斜坡上的土体或者岩体，受河流冲刷、地下水活动、雨水浸泡、地震及人工切坡等因素影响，在重力作用下，沿着一定的软弱面或者软弱带，整体地或者分散地顺坡向下滑动的自然现象。运动的岩(土)体称为变位体或滑移体，未移动的下伏岩(土)体称为滑床。滑坡是常见的地质灾害，它们发生频率高，分布地域广，造成的灾害严重。全球每年因滑坡灾害造成上亿美元的经济损失，死亡人数超4300人，2004年1月至2016年12月因非地震因素发生的滑坡数量达到4862个，造成的死亡人数达到55997人(Froude, Petley, 2018)。中国作为山地大国，包括高原和丘陵在内，约有山地面积666万公顷，占国土总面积的69.4%，而山地特有的能量梯度以及人类工程活动等使之成为滑坡等地质灾害的发育区。据自然资源部全国地质灾害通报，在2008—2019年，平均每年发生地质灾害13249起，而平均每年成功预报仅约1015起，其中平均每年成功预报数占年均地灾总数的比例为7.6%(张帅，等，2021)。

滑坡的力源来自重力作用，陡峭的山地是滑坡的基本场所，但滑坡事件的发生常有一些触发因素，如降水的作用、地震的影响以及不合理的人为开挖等。

滑坡等地质灾害的分布与地质构造、地形地貌和河流水系密切相关。中国滑坡主要集中在以下区域：①极高密度区，主要分布在川滇山地、长江三峡等；②高密度区，主要分布在秦巴山区、云贵高原等地；③中等密度区，主要分布在太行山、山西高原等地；④低密度区，主要分布在四川盆地、山东丘陵等地；⑤极低密度区，主要分布在东北平原长江中下游平原等地。

滑坡灾害监测按监测内容来说，主要分为 3 类（张帅，等，2021）：①地质体内部信息，包括位移场、力场、水环境场和温度场；②外部诱因信息，包括气象、地震、水岸侵蚀、人工活动削坡、加载、灌溉、库河水位升降等；③其他间接信息，包括动物行为异常、植被生长异常等。

早期，受限于技术装备条件，监测方法以宏观地质及动植物异常的定性监测为主。包括地表变形、地物变形、地下水异常、动物异常、地声异常及气味异常等。该方法经济实用、可信度高、直观易操作，适于滑坡进入加速变形阶段的监测，更适合群防群测，但监测精度较低、人力成本投入较大、时效性不强。

位移变化是其稳定性恶化和失稳破坏前最显著的表现，包括地表变形与深部位移。地表变形可通过地面绝对位移、相对位移、位移速度、裂缝、沉降等内容进行定量监测，监测方法与技术包括 GNSS 监测技术、光纤监测技术、遥感监测技术、测量机器人法、大地精密测量法（包括几何水准测量法、精密三角高程测量法等经典大地测量方法）等。但由于地表变形与滑面位移不一致，基于地表变形预测预报的准确度十分有限。此外，滑坡发展过程中不可避免地遭受各种外界因素（如降雨、温度、人类工程活动等）的干扰，导致表面位移-时间曲线易呈现一定的波动、震荡和阶跃性，进而易导致斜坡处于临滑阶段的误判。深部位移对于滑移面滑动位移的反应具有更好的一致性与直接性，在准确性与稳定性方面受外界因素的影响有限，使其在确定滑面位置、监测滑体内部变形、揭示斜坡蠕滑变形机制、评估其稳定性、指导滑坡预警与防治中得到广泛的应用，并且目前发挥着不可替代的作用。深部位移监测方法与技术包括光纤传感技术、时间域反射测试技术（Time Domain Reflectometry，TDR）技术、磁定位技术、测斜法、位移计法等，其中磁定位技术可实现滑体深部位移大变形的实时监测。

滑坡灾害的形成是一个复杂的地质-地球物理过程，受多种因素制约。大地测量可以监测到滑坡变形的全过程，可以预测可能造成的灾害影响，是滑坡监测中广泛使用的技术。我国曾利用大地测量对一些滑坡进行过成功的预报，20 世纪 80 年代长江三峡新滩巨大滑坡的预测就是大地测量用于滑坡监测的成功案例。最近几年，先进对地观测技术和人工智能技术也已广泛应用于滑坡灾害监测与预警，例如：集成多种遥感技术对滑坡进行综合监测研究（Zhong et al.，2012）、综合利用 3S 与其他地面变形观测技术及人工智能，对三峡库区某典型库岸边坡的变形过程进行监测（黄发明，2017）、基于天-空-地一体化的重大地质灾害隐患早期识别与监测预警（许强，等，2019）、广域滑坡灾害隐患 InSAR 显著性形变区深度学习识别技术（吴琼，等，2022）。

12.4.2　GNSS 技术在滑坡地质灾害监测中的应用

GNSS 因具有高精度、全天候、连续三维定位、无须通视等技术优势，从 20 世纪 90 年代开始就被用于滑坡变形监测。GNSS 静态相对定位、实时动态相对定位（Real-Rime Kinematic，RTK）、网络 RTK（NRTK）和精密单点定位（Precise Point Positioning，PPP）等技术相继应用于滑坡监测。GNSS 应用于滑坡监测的系统过程，首先需要在滑坡体附近的稳定区域部署基准站，然后在滑坡体变形区域部署监测站，每个测站均使用高精度 GNSS 监测接收机采集导航卫星信号，利用 4G 等通信网络将采集到的观测数据传回解算云平台。云平台选择相应的高精度定位技术对观测数据进行自动处理分析，并根据滑坡体的环境、通信条件等选择相应的稳定性技术及多源融合技术进行增强处理，最终得到具有较高可靠性的变形序列结果（张勤，等，2022）。

GNSS 滑坡监测是一个跨技术、全流程的实现过程（张勤，等，2022），如图 12.24 所示从数据接收、解算、精度提升等整个过程进行整体数据质量控制，才能确保 GNSS 实时变形监测数据的可用性和可靠性。

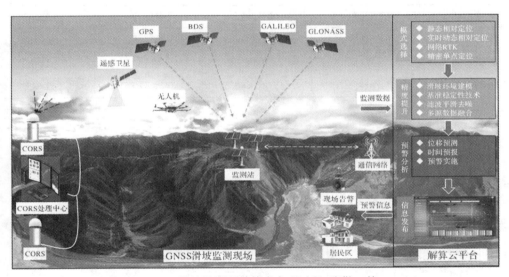

图 12.24　GNSS 滑坡监测预警技术实现过程（张勤，等，2022）

预警是 GNSS 滑坡监测的根本目的，具有拯救生命、减少财产损失的重要意义（张勤，等，2022）。GNSS 滑坡预警是采用单一 GNSS 监测信息或者结合其他多源传感器数据，通过预警理论模型综合分析确定滑坡隐患风险等级，并将告警信息发送给受滑坡威胁的群众及负责人员，以便采取灾害应急避险、撤离等措施，最大化保证人员安全、降低财产损失。

长安大学针对 GNSS 滑坡监测设备成本高、监测精度低、实时性差等问题，提出了采用物联网"传感器+云"的思维模式，研发高精度小型化千元级 GNSS 滑坡监测传感器设备。以"轻终端+行业云"的设计理念，在大幅度降低接收机成本的同时，利用行业云平台增强技术和精细模型改正，实现了对滑坡地表的毫米级 GNSS 实时监测。2019 年长安大学采用 GNSS 成功预警一起甘肃黑方台滑坡灾害。下面介绍甘肃黑方台滑坡监测实例分析（白正伟，等，2019）。

黑方台位于甘肃省临夏州永靖县盐锅峡镇黄河北岸，黄土台塬面积 13.7km²。台上农田常年采用大水漫灌的方式浇地，每年平均灌溉量超过 5×10⁶m³。受地形影响，地下水位聚集不散，台上部分区域地表下挖 1m 即可出水，近年来黑方台边缘频繁发生滑坡，危害严重。监测区域为黑方台党川滑坡，台塬顶部和底部的平均高差大于 70m，滑坡主体距离下方主要居民区水平距离约 400m，坡体正下方为水渠和农田。为了对滑坡体进行实时监测，在坡上布设了低成本 GNSS 监测设备 13 套。

对于滑坡灾害的精准预警，需要实时获取 3 个监测指标，分别是监测点的累计位移、变形速率和切线角。本次滑坡监测时间段为 2018 年 10 月 25 日至 2019 年 3 月 26 日。图 12.25 给出了滑坡体 GNSS 监测点（HF08）各方向累计位移和变形速率的时间序列结果，图中滑坡预警级别各阶段判据见表 12-6。

表 12-6　　　　　　　　　　滑坡预警级别定量划分标准（白正伟，等，2019）

滑坡变形阶段	等速	初加速	中加速	临滑
预警级别	注意级	警示级	警戒级	警报级
警报形式	蓝色	黄色	橙色	红色
改进的切线角	$\alpha \approx 45°$	$45° < \alpha < 80°$	$80° \leqslant \alpha < 85°$	$\alpha \geqslant 85°$

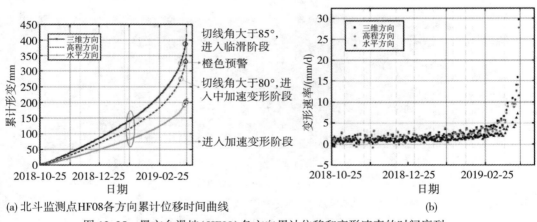

(a) 北斗监测点HF08各方向累计位移时间曲线　　　　　　　　　　　　　　(b)

图 12.25　黑方台滑坡（HF08）各方向累计位移和变形速率的时间序列

为了采用改进切线角作为滑坡演变各阶段判据，需要将位移时间 S-t 曲线变换为纵横坐标量纲一致的 T-t 曲线。选取 2018 年 11 月 3 日至 2019 年 1 月 24 日为等速变形阶段，由此算得等速变形阶段三维方向平均变形速率为 1.57mm/d，高程方向平均变形速率为 1.29mm/d，水平方向平均变形速率为 0.92mm/d。累计位移除以等速变形阶段各方向平均变形速率（$T = S/V$，V 为等速变形阶段平均变形速率），得到变换后的各方向 T-t 曲线

（图 12.26）。

根据改进切线角 α 作为滑坡预警判据，将滑坡变形预警阶段细分为等速变形阶段（$\alpha \approx 45°$），此阶段对应蓝色预警；初加速变形阶段（$45° < \alpha < 80°$），此阶段对应黄色预警；中加速变形阶段（$80° \leqslant \alpha < 85°$），此阶段对应橙色预警；临滑阶段（$\alpha \geqslant 85°$），此阶段对应红色预警。3 月 23 日 GNSS 水平方向、高程方向、三维方向切线角都超过 80°，3 月 25 日 GNSS 各方向切线角超过 85°。北斗监测系统将 GNSS 观测点的累计位移、变形速率和改进切线角等信息发送至成都理工大学预警平台，成都理工大学预警平台于 26 日凌晨 1 时 25 分发出橙色预警信息，4 时 34 分发出红色预警信息，3 月 26 日 4 时 59 分 40 秒，GNSS 监测点 HF08 处滑坡开始滑动。本次滑坡台塬边后退宽度约 8m，滑坡区域长度约 130m，滑坡总体积约 20000m³，由于提前发出了预警信息，疏散了生产作业人员，本次滑坡未造成人员伤亡和财产损失。

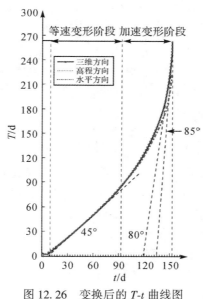

图 12.26 变换后的 T-t 曲线图

12.4.3 四川茂县新磨村滑坡 InSAR 监测及预报分析

2017 年 6 月 24 日，四川茂县叠溪镇新磨村发生了特大滑坡。新磨村地处四川茂县西北部岷江东岸。该地区的南侧为北东向的龙门山断裂地震带，北侧为南北向的虎牙断裂地震带，而茂县滑坡区位于南北向岷江断裂地震带和北西向松坪沟断裂地震带的交汇处，地震频发，震级较大的地震有 1933 年的叠溪地震（M 7.5）、1976 年的松潘平武地震（M 7.2）和 2008 年的汶川地震（M 8.0）。叠溪地震震中距滑坡发生区域仅几千米，地震在岷江形成了多个堰塞湖，该地区地质构造不稳定，地质灾害频发。而汶川地震造成 1.5 万起地质灾害，包括落石、泥石流和滑坡，引发的潜在地质灾害地点有 1 万多个。2017 年 6 月 24 日 6 时，四川省阿坝州茂县叠溪镇新磨村突发山体高位垮塌，造成了十余人遇难，数十人失联。为获取滑坡前的滑坡源区的位移信息，收集滑坡发生前 7 个月的 Sentinel-1 卫星 SAR 影像数据，采用小基线集（SBAS）技术对数据进行了时间序列处理分析，发现 InSAR 位移时间序列与加速蠕变模型相契合，茂县新磨村滑坡前其位移时间序列存在明显的减速—等速—加速的运动过程，通过选择 5 个代表区域分别计算了平均位移，确定了滑前主要形变区域。并根据位移时间序列选择了滑坡发生前三个月的值使用逆速度（inverse velocity）方法对滑坡发生时间进行了分别的计算和整体的计算。滑前主要形变区域相比其边缘区域能更好地拟合逆速度方法中的线性模型，其预测的时间也和实际发生时间更为接近；三个位于主要形变区域的区域平均位移整体预估的滑坡发生时间为 6 月 25 日，与实际发生时间相差仅一天。

1. InSAR 数据处理

茂县新磨村滑坡源区所在位置东经 103°39′46″，北纬 32°4′47″，垮塌区长约 200m，宽约 300m，平均厚度约 70m，体积约 $450×10^4 m^3$。山体沿岩层层面滑出，滑体迅速解体沿斜坡坡面高速运动，沿途铲刮坡面原有松散崩滑堆积物，体积不断增大，运动到坡脚原有扇状老滑坡堆积体后，开始向两侧扩散，直至运动到河谷底部和受到对面山体阻挡才停止运动。最终形成顺滑坡运动方向 1600m，顺河长 1080m，平均厚度大于 10m，体积约为 $1300×10^4 m^3$ 的滑坡堆积体。主要研究区域是滑坡区上部的崩塌区域。

滑坡前的位移量极小且不稳定，而滑坡事件突发性强。故而需要选用重访周期短，短波长的 SAR 卫星影像。实验使用的是 Sentinel-1 卫星 IW 模式下的 SAR 影像，从 2016 年 11 月 9 日到 2017 年 6 月 19 日，时间跨度为 222 天，共计 15 幅降轨影像。差分使用的 DEM 是分辨率为 30m 的 SRTM。

为了获取滑坡前位移的时间序列，并考虑到滑坡区域植被茂密，难以获得 PS 点，采用的是小基线集（SBAS）方法（Berardino et al.，2002）。同时为抑制噪声，保持一定程度的相干性，对所有影像进行了 10∶2 的多视处理，之后设定设置时间基线 90 天，空间基线± 150m，自动选择干涉对进行 DInSAR 处理，包括配准、干涉、差分和相位解缠和地理编码等操作，由于监测区域位于山区，存在时间失相干的问题，解缠的结果存在一定程度的跳变，所以对解缠结果作相位闭合检验并修正（Biggs et al.，2007）。根据解缠的结果，挑选出干涉效果好的干涉对进行后续计算，挑选的结果如图 12.27 所示，空间基线最长 142m，时间基线最长 90 天，共计 32 个干涉对。然后利用小基线集的方法提取滑坡前各点时间序列。

2. 滑坡监测结果与预报分析讨论

使用挑选出的干涉对利用小基线集（SBAS）方法计算得到的整体时序计算结果如图 12.28（彩图见附录二维码）所示，在 UTM 坐标系下的滑坡的上部区域选择了大小 3×3 的 5 个区域（实际地面大小为 90m×90m）（图 12.29）的平均位移进行了计算，结果如图 12.30 所示。从位移量看，从靠近山脊的一侧向远离山脊的一侧（A，B，C），也就是自西北向东南方向位移是逐渐减小的，4 月开始至滑坡发生前位移分别是 4.4cm、4cm、2.5cm。而位于山脊东侧的区域（D）滑坡发生前的位移相对较小，4 月开始至临滑位移共 2.7cm，从图 12.29（彩图见附录二维码）也能直观地观察到滑坡前的主要形变区域是靠近山脊西侧的区域（A，E）。图 12.30 中可以看到所选的 5 个区域的位移整体上保持一致，各区域运动

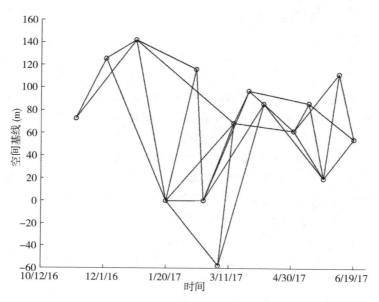

图 12.27 影像基线分布图

的速度从 2016 年 11 月到 2017 年 4 月都较为平缓，从 4 月开始，各个区域开始加速运动，滑坡发生的可能性不断提高，直至 6 月中下旬。根据茂县月平均降水量的历史统计，每年的 4 月到 10 月降水充沛，而降水是诱发滑坡发生的重要原因之一，根据计算结果滑坡前的各区域位移量和茂县各月的降水量十分吻合。而自 2017 年 5 月 1 日至滑坡发生前的滑坡附近叠溪镇和松坪沟两处降水观测站资料表明，滑坡发生前仅 2 个月的时段内累计降雨量达 200 多毫米，显著大于该地区同期降雨量。尽管滑坡发生前一周的降雨量较小，但 6 月 8 日至 15 日经历了一次持续降雨过程，累计降雨量约 80mm，最大日降雨量达到 25mm。

Fukuzono 在 1985 年提出的逆速度方法是以加速蠕变理论为理论基础并紧密结合滑坡位移监测曲线进行处理的一种经验方程预报方法（Fukuzono，1985；Intrieri et al.，2017）。该方法使用速度的逆和时间的关系对滑坡发生时间进行预测，该方法对降水引发的滑坡有很好的适用性（Carlà et al.，2017）。由 InSAR 资料得出的各区域的位移时间序列（图 12.31）与加速蠕变模型相契合，存在明显的减速-等速-加速的运动过程，故采用逆速度方法对滑坡时间进行预测。

4 月滑坡源区域各点开始加速运动，从最近的时间点开始计算其速度的逆和时间的关系，计算结果见表 12-7。图 12.32 是以上滑坡源区选择的 5 个区域的速度的逆和时间的点分布图，横轴为时间，各期速度对应的时间是两幅影像的时间中点，纵轴为速度的逆 v^{-1}，利用滑坡发生前的最后 5 个时间段从 4 月 8 日到 6 月 19 日的速度的倒数和时间进行线性回归分析，选择线性拟合较好的区域用 $\alpha = 2$ 的线性模型来预测滑坡发生时间。其中线性拟合得较好的区域为主要形变区域，即靠近西侧山脊部分的区域（A，B，E），R^2 均大于 0.95。

　　根据以上结果可以利用逆速度方法即速度和时间的函数关系对滑坡发生时间进行预测。利用这五个区域的计算的逆速度线性回归得到预测的滑坡时间分别为 6 月 30 日、6 月 23 日、6 月 19 日、7 月 3 日、6 月 23 日，与实际发生日期最大相差 9 天。而使用结合线性拟合较好的区域(A，B，E)整体预测得到时间为 6 月 25 日(图 12.32)，与实际发生日期 6 月 24 日仅相差一天。预测结果的误差小于 InSAR 影像的时间分辨率天数，因为一般 12 天到 24 天就有一幅重复影像，使用该方法预测估计的结果有效可信。

　　InSAR 使用的是面观测，噪声对单个点的影响不可忽视。与 Emanuele Intrieri 的结果相比，在时间上，由于其主要形变发生在滑坡前的几个月，仅选取了滑坡发生前 7 个月的 Sentinel 影像进行计算，但并不影响使用逆速度方法对滑坡发生时间的计算；在计算对象的选择上，并未使用选取滑坡源区域某一个特定的点，而是 90m×90m 区域位移平均值，这样更能代表滑坡源某个区域整体的运动情况，进而使用逆速度方法对选取的五个区域进行进一步的计算得到了各自的预测时间，并比较了各区域与该方法的拟合情况。从位移的时序结果上看，很难使用一个严格的标准去分离滑坡的主要运动区域和其他区域，故而选择了三个代表区域进行整体上预测，其预测结果相比于单个点的预测结果也更为可靠。

　　滑坡区域 4 月开始加速运动，距滑坡发生仅不到三个月，对速度逆进行线性拟合，发现明显趋势的需要 3~4 个值。以 Sentinel-1 为例，重访周期一般为 12 天，发现线性趋势则至少需要 3 景影像，也就是使用 Sentinel-1 卫星的 SAR 影像最少仅需要一个月时间就能发现滑坡的加速运动趋势。而使用的 InSAR 数据 3 月 27 日后到滑坡发生之间的影像有 6 景，进而根据位移计算得到的 4 月之后的速度逆的值有 6 个(表 12-7，在滑坡发生的前一个月时间里，已经可以确定速度逆线性趋势，在位移时间序列中能很明显地看到其速度增加的趋势。对于蠕变型滑坡，其形变持续而缓慢，短重访周期的 SAR 卫星能观测到其形变过程。时序 InSAR 技术能使用少量影像在短时间内确定其位移情况并结合滑坡预测方法有效地、高精度地对滑坡进行预警甚至预报。

　　事实上，当速度的逆不断降低时，即代表该区域位移速率不断增加，从模型上看，当速度为无穷大时，速度的逆趋近于 0，此时滑坡发生，由此可以推断甚至预测滑坡发生的时间。实际上，当速度的逆降低，速度增加，此时滑坡发生的可能性会增加。在雨季，滑坡的突发性非常强，单独采用 InSAR 数据监测可能在时间分辨率上存在缺陷，可以辅助其他监测手段如 GNSS、地基 SAR 等进行监测数据采样。当监测到滑坡区域速度的逆低于某个阈值时，即使滑坡事件还没有发生，此时也可以认为该区域的不稳定性在增加，危险程度很高，有可能的话结合其他观测手段重点监测，以减小或避免损失。

表 12-7　　　　　　　　　　　　　速度逆计算结果(单位：d/mm)

	A	B	C	D	E
17/4/2	1.8493	1.8210	1.9841	2.2780	1.9481
17/4/20	3.1563	4.0534	7.7539	4.5130	4.0474
17/5/8	2.4449	3.1039	6.4489	4.5381	2.9783
17/5/20	1.6000	1.8555	2.9028	2.5256	1.7624

	A	B	C	D	E
17/6/1	1.0554	1.0933	1.5442	1.6454	1.0760
17/6/13	0.9780	0.9538	1.4389	1.5649	0.9416

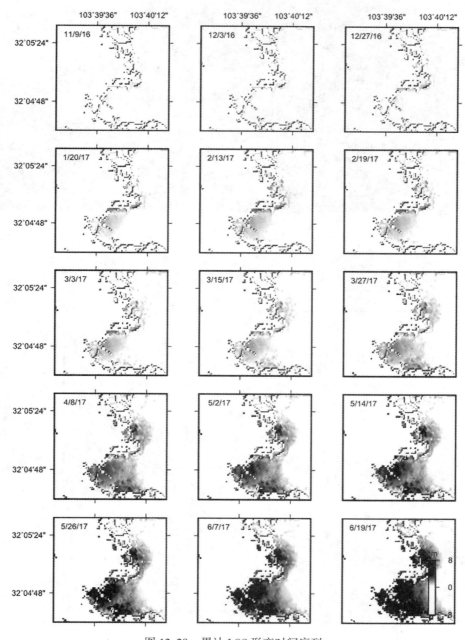

图 12.28 累计 LOS 形变时间序列

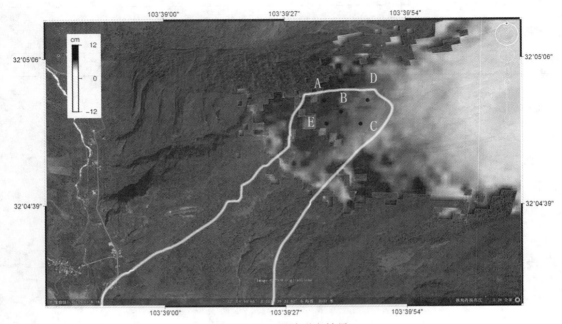

图 12.29　累计形变结果

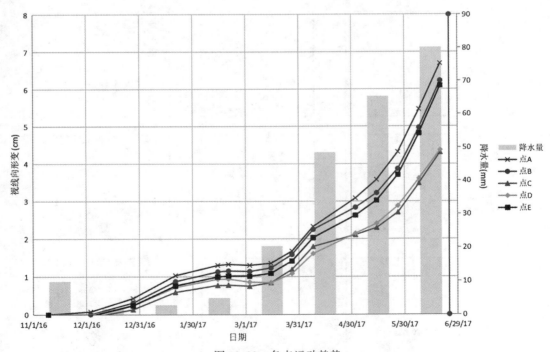

图 12.30　各点运动趋势

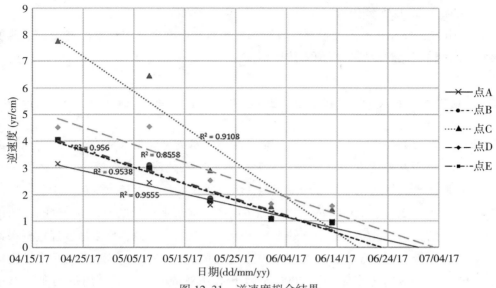

图 12.31 逆速度拟合结果

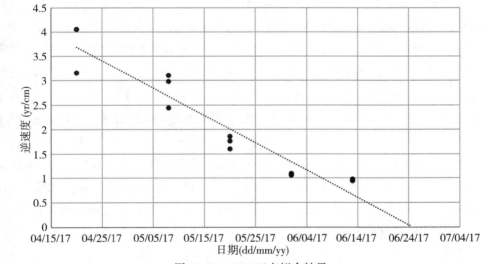

图 12.32 ABE 三点拟合结果

从上面的分析我们可以得到如下结论:

(1) InSAR 位移时间序列与加速蠕变模型相契合, 存在明显的减速—等速—加速的运动过程。

(2) 滑坡源区域各部分开始加速运动开始时间与该地雨季时间相吻合, 降水是诱发滑坡的主要原因之一。

(3) 滑前主要形变区域相比其边缘区域能更好地拟合逆速度方法中的线性模型, 其预测的时间也和实际发生时间更为接近；三个位于主要形变区域的区域平均位移整体预估的滑坡发生时间为 6 月 25 日，与实际发生时间相差仅一天。

（4）使用时序 InSAR 技术能使用少量影像在短时间内确定其位移情况并结合逆速度方法有效地、高精度地对滑坡进行预警甚至预报。

12.5　地球物理大地测量技术在地下水储量变化监测中的应用

地下水，是指赋存于地表以下的水。地下水是淡水的重要组成部分，大约占全球淡水总量的 33%。地下水枯竭会造成海平面上升，影响自然径流，进而导致地面沉降、土地盐碱化以及地下水质量恶化等生态环境问题，将严重制约社会可持续发展。中国人口占世界人口的比例约为 20%，而中国的淡水资源量仅占全球淡水总量的 5%~7%（Qiu，2010）。城市化和日益增长的粮食需求给中国的水资源带来了沉重的压力，许多地区通过开采地下水来弥补日益增长的用水需求，如黑河流域中游地区 1983—2000 年地下水开采量逐年增大（陈仁升，等，2003），华北平原 2000 年地下水开采量占水资源利用量的比例超过了70%（Liu et al.，2010）。近年来，中国局部地区地下水储量迅速下降导致的地下水枯竭已成为威胁国家水资源安全的主要因素（涂梦昭，等，2020）。地下水具有重要的资源属性和生态功能，在保障我国城乡生活生产供水、支持经济社会发展和维系良好生态环境中发挥着重要作用。近年来，随着经济社会发展，我国地下水开发利用程度不断加大，导致部分地区地下水超采和污染问题突出。为了加强地下水管理，《地下水管理条例》已经在2021 年 9 月 15 日国务院第 149 次常务会议上通过，2021 年 10 月 29 日公布，自 2021 年12 月 1 日起施行。而地下水调查、监测是实施地下水管理条例的最基本的相关基础工作内容。

地下水动态监测是地下水有效管理的必然要求，地下水动态监测主要分为地面站点监测和卫星遥感监测两类。地面站点监测的优势是测量直接、实时、精度高，但不少地区监测网络稀疏，且站点观测仅能代表局部信息，耗时耗力。卫星遥感监测具有大范围覆盖、较高时间分辨率、可提供近实时的全球信息等特点（岩腊，等，2020）。

美国地质调查局 USGS（United States Geological Survey）自 20 世纪 50 年代开始建立的全美水文监测站网，能够实现对地表水、地下水和水质的实时在线监测。除地面和卫星监测外，美国国家航空航天局 NASA（National Aeronauticsand Space Administration）建有较为成熟的全球陆面数据同化系统 GLDAS（Global Land Data Assimilation System）（Rodell et al.，2004），基于卫星遥感监测和数据同化，能够持续提供区域和全球水循环数据。中国气象局建有精度较高的中国陆面数据同化系统 CLDAS（China Land Data Assimilation System），能持续提供覆盖亚洲区域（0°~65°N，60°E~160°E）的水文要素包括降水、土壤水分等7km 左右分辨率的（准）实时数据集（岩腊，等，2020）。

水文模型可用于分析区域水储量变化,但模型输入驱动数据(如降水、辐射等)存在误差,模型物理过程涵盖范围有限,以及缺乏全面的观测资料对模型参数进行有效率定等,使水文模型在估算水储量方面存在地区依赖性和诸多不确定性因素。

2002年3月发射的"重力恢复与气候试验"(GRACE)卫星为高分辨率监测全球地下水储量及其变化,提供了一种新的可能手段(冯贵平,等,2019)。地球重力场是反映地球表层及内部物质密度分布和运动状态的基本物理场,其变化反映地球系统流体质量迁移与重新分布,包括大气、海洋与陆地水等。GRACE提供的时变重力场数据,可以反演得到全球陆地水总储存量的变化,其中陆地水储量TWS(Terrestrial Water Storage)是指储存在地表以及地下的全部水分,包括积雪、冰川、土壤水、地下水、河流湖泊水以及生物水等。陆地水文模型GLDAS包括土壤水、冰雪和生物水。因此,利用GRACE得到的陆地水储存总量减去GLDAS模型中的陆地水储量,就可得到全球地下水储量的变化(Jin et al.,2013),即地下水储量变化可以结合观测的地表水储量变化和模拟的土壤水储量变化从GRACE观测的总水储量变化中分离出来。

冯伟等(2013)利用GRACE重力卫星观测数据研究了我国华北地区地下水2003—2020年的变化情况。冯贵平等(2019)利用2002年8月—2011年2月GRACE资料得到的陆地水总储存量,扣除水文模型GLDAS中的地表水、冰雪、冰川和生物水,得到近10年全球每个月间隔的地下水储量变化时间序列,分析了全球地下水储量的周年和半周年变化及其长期变化特征,并重点分析了我国地下水储量的变化。

InSAR技术也可以监测地下水变化,何平等(2012)采用多时相InSAR技术研究了廊坊地区地下水体积变化。张铁勤等(2019)基于InSAR资料研究了北京市平原区地下水动态变化,分析了北京地区地面沉降与地下水位之间的内在关系。Castellazzi等(2018)利用InSAR数据、GRACE数据、GPS数据、地下水储量实测数据以及区域地面沉降情况分析地下水储量变化趋势并加以验证。

GPS站可以监测地表质量变化,进而监测全球和区域气候变化和水循环(魏娜,等,2015)。GPS测量作为一种高精度地壳形变观测手段,能够通过其连续观测的站点坐标变化时间序列有效反映出地表质量迁移所引起的地壳形变,相关研究表明,在扣除主要与构造运动有关的线性变化后,GPS垂直位移时间序列的周年尺度变化与年际变化主要由地表质量变化引起(姜卫平,等,2013,Yan et al.,2016),其变化能反映陆地水、大气和海洋等地表质量运移及相互作用的信息。贾路路等(2018)利用"陆态网"234个GPS台站和GRACE观测数据,比较了中国大陆GPS与GRACE所得的垂直形变,并将热膨胀效应对GPS垂直位移的影响及其引起的二者垂直形变的差异以及区域地壳结构对GRACE计算中国大陆垂直负荷形变的影响进行了定量分析和探讨。李婉秋(2019)对融合GNSS和GRACE数据监测区域陆地水负荷形变的理论与方法进行了研究,验证了GNSS高程方向位移监测区域水储量变化方法的可靠性,结合地球物理模型和实测资料分析了我国区域陆地水储量变化及其负荷形变时空特性。

GNSS技术监测陆地水储量变化最近取得了重要进展,姜中山等(2021a,2021b,

2021c，2021d）针对不同空间覆盖的 GNSS 测站分布情况，实现了基于密集 GNSS 观测数据的空域陆地水储量反演工作和基于稀疏 GNSS 数据的谱域陆地水储量反演工作。在利用密集 GNSS 观测数据基于格林函数方法反演陆地水储量方面，结合多源大地测量和水文观测数据分析了云南地区的陆地水储量时空变化特征（图 12.35，彩图见附录二维码），并证实了 GNSS 可以追踪到极端暴雨事件（弱于台风）引起的短期水储量变化。对四川地区的陆地水储量时空特征进行了深入研究，结合气候模式和地理特征分析了四川地区的水文动力学过程。在利用稀疏 GNSS 观测数据基于 Slepian 方法反演陆地水储量方面（图 12.33），研究者们利用中国大陆环境监测网络 GNSS 观测数据，提供了中国大陆地区大尺度陆地水储量的 GNSS 监测结果，进一步扩展了稀疏 GNSS 数据在水文大地测量中的应用。将巴西地区陆地水储量的 GNSS 监测结果开发为一种全新的干旱指数——GNSS-DSI，并利用该数据对巴西地区的极端干旱事件进行了定量的评估，证实了 GNSS 数据能够用于干旱监测的适用性和有效性，如图 12.34 所示（彩图见附录二维码）。

基于 GNSS 和 GRACE 卫星监测地下水储量变化仍存在数据空间分辨率较低以及监测结果不确定性大等问题，我们可以加密 GNSS 测站和利用精度更高的 GRACE-FO（GRACE-Follow On）数据，提高 GNSS 数据空间分辨率和地球重力场变化的测量精度。同时，还可以结合 InSAR 数据以及地下水储量实测数据进行综合分析，进一步提高监测地下水储量变化的可靠性。还可以根据不同的需求开展不同方式、多要素间的协同监测，实现对地下水储量变化的立体动态监测，为国民经济建设服务。

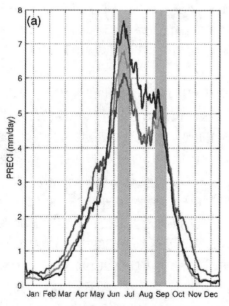
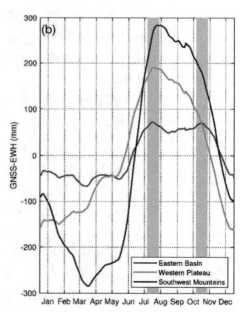

图 12.33　四川地区不同地理区域（川西高原、四川盆地与川西南山地）多年平均的单天降雨和 GNSS 反演的陆地水储量结果（Jiang et al.，2021a）

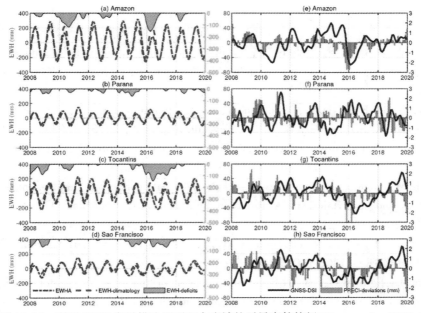

图 12.34 利用 GNSS 定量描述巴西四大流域的干旱事件特征(Jiang et al., 2021b)

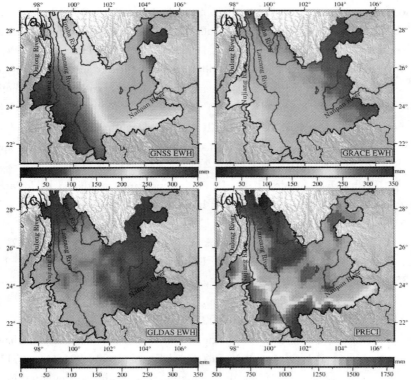

图 12.35 云南地区 GNSS、GRACE、GLDAS 得到的陆地水储量变化周年振幅以及多年平均年降雨量
(Jiang et al., 2021c)

◎ 本章参考文献

[1] Amelung F, Jónsson S, Zebker H, et al. Widespread uplift and 'trapdoor' faulting on Galapagos volcanoes observed with radar interferometry[J]. Nature, 2000, 407(6807): 993-996.

[2] Atkinson G M, Eaton D W, Ghofrani H, et al. Hydraulic fracturing and seismicity in the Western Canada Sedimentary Basin[J]. Seismol. Res. Lett., 2016, 87(3): 631-647.

[3] Avouac J P, Tapponnier P. Kinematic model of active deformation in central Asia[J]. Geophys. Res. Lett., 1993, 20(10): 895-898.

[4] Bagnardi M, Hooper A. Inversion of surface deformation data for rapid estimates of source parameters and uncertainties: A Bayesian approach[J]. Geochem. Geophys. Ceosyst., 2018, 19(7): 2194-2211.

[5] Bao X, Eaton D W. Fault activation by hydraulic fracturing in western Canada[J]. Science, 2016, 354(6318): 1406-1409.

[6] Berardino P, Fornaro G, Lanari R, et al. A new algorithm for surface deformation monitoring based on small baseline differential SAR interferograms[J]. IEEE Tran. Geosci. Remote, 2002, 40(11): 2375-2383.

[7] Biggs J, Wright T, Lu Z, et al. Multi-interferogram method for measuring interseismic deformation: Denali Fault, Alaska[J]. Geophys. J. Int., 2007, 170(3): 1165-1179.

[8] Burchfiel B C, Zhiliang C, Yupinc L, et al. Tectonics of the Longmen Shan and adjacent regions, central China[J]. Int. Geol. Rev., 1995, 37(8): 661-735.

[9] Carlà T, Intrieri E, Di Traglia F, et al. Guidelines on the use of inverse velocity method as a tool for setting alarm thresholds and forecasting landslides and structure collapses[J]. Landslides, 2017, 14: 517-534.

[10] Castellazzi P, Longuevergne L, Martel R, et al. Quantitative mapping of groundwater depletion at the water management scale using a combined GRACE/InSAR approach[J]. Remote Sens. Environ., 2018, 205: 408-418.

[11] Clark M K, Bush J W, Royden L H. Dynamic topography produced by lower crustal flow against rheological strength heterogeneities bordering the Tibetan Plateau[J]. Geophys. J. Int., 2005, 162(2): 575-590.

[12] Ellsworth W L. Injection-induced earthquakes[J]. Science, 2013, 341(6142): 1225942.

[13] Elsworth D, Spiers C J, Niemeijer A R. Understanding induced seismicity[J]. Science, 2016, 354(6318): 1380-1381.

[14] Farr T G, Rosen P A, Caro E, et al. The shuttle radar topography mission[J]. Rev. Geophys., 2007, 45(2), 2005RG000183.

[15] Feighner M A, Richards M A. Lithospheric structure and compensation mechanisms of the Galápagos Archipelago[J]. J. Geophys. Res. Solid Earth, 1994, 99(B4): 6711-6729.

[16] Feng W, Zhong M, Lemoine J M, et al. Evaluation of groundwater depletion in North China using the Gravity Recovery and Climate Experiment (GRACE) data and ground-based measurements[J]. Water Resour. Res., 2013, 49(4): 2110-2118.

[17]Fialko Y, Khazan Y, Simons M. Deformation due to a pressurized horizontal circular crack in an elastic half-space, with applications to volcano geodesy[J]. Geophys. J. Int., 2001, 146(1): 181-190.

[18]Foulger G R, Wilson M P, Gluyas J G, et al. Global review of human-induced earthquakes [J]. Earth Sci. Rev., 2018, 178: 438-514.

[19]Froude M J, Petley D N. Global fatal landslide occurrence from 2004 to 2016[J]. Nat. Hazard Earth Sys., 2018, 18(8): 2161-2181.

[20]Fryer B, Siddiqi G, Laloui L. Injection-induced seismicity: strategies for reducing risk using high stress path reservoirs and temperature-induced stress preconditioning [J]. Geophys. J. Int., 2020, 220(2): 1436-1446.

[21]Fukuzono T. A method to predict the time of slope failure caused by rainfall using the inverse number of velocity of surface displacement[J]. Landslides, 1985, 22(2): 8-13.

[22]Galetto F, Bagnardi M, Acocella V, et al. Noneruptive unrest at the Caldera of Alcedo Volcano (Galápagos Islands) revealed by InSAR data and geodetic modeling [J]. J. Geophys. Res. Solid Earth, 2019, 124(4): 3365-3381.

[23]Gan W, Zhang P, Shen Z K, et al. Present-day crustal motion within the Tibetan Plateau inferred from GPS measurements [J]. J. Geophys. Res. Solid Earth, 2007, 112 (B8): 2005JB004120.

[24]Ge W P, Molnar P, Shen Z K, et al. Present-day crustal thinning in the southern and northern Tibetan plateau revealed by GPS measurements[J]. Geophys. Res. Lett., 2015, 42(13): 5227-5235.

[25]Guo Q, Xu C, Wen Y, et al. The 2017 noneruptive unrest at the Caldera of Cerro Azul Volcano (Galápagos Islands) revealed by InSAR observations and geodetic modelling[J]. Remote Sens., 2019, 11(17): 1992.

[26]He P, Wen Y, Xu C, et al. New evidence for active tectonics at the boundary of the Kashi Depression, China, from time series InSAR observations[J]. Tectonophysics, 2015, 653: 140-148.

[27]Houseman G, England P. Crustal thickening versus lateral expulsion in the Indian-Asian continental collision[J]. J. Geophys. Res. Solid Earth, 1993, 98(B7): 12233-12249.

[28]Hussain E, Wright T J, Walters R J, et al. Constant strain accumulation rate between major earthquakes on the North Anatolian Fault[J]. Nat. Commun., 2018, 9(1): 1392.

[29]Intrieri E, Bardi F, Fanti R, et al. Big data managing in a landslide early warning system: experience from a ground-based interferometric radar application [J]. Nat. Hazard Earth Sys., 2017, 17(10): 1713-1723.

[30]Jiang G, Xu C, Wen Y, et al. Inversion for coseismic slip distribution of the 2010 M_W6.9 Yushu Earthquake from InSAR data using angular dislocations[J]. Geophys. J. Int., 2013, 194(2): 1011-1022.

[31]Jiang G, Xu C, Wen Y, et al. Contemporary tectonic stressing rates of major strike-slip faults in the Tibetan Plateau from GPS observations using least-squares collocation [J]. Tectonophysics, 2014, 615: 85-95.

[32]Jiang G, Xu X, Chen G, et al. Geodetic imaging of potential seismogenic asperities on the

Xianshuihe-Anninghe-Zemuhe fault system, southwest China, with a new 3-D viscoelastic interseismic coupling model[J]. J. Geophys. Res. Solid Earth, 2015, 120(3): 1855-1873.

[33] Jiang Z, Hsu Y-J, Yuan L, et al. Insights into hydrological drought characteristics using GNSS-inferred large-scale terrestrial water storage deficits[J]. Earth Planet. Sc. Lett., 2022, 578: 117294.

[34] Jiang Z, Hsu Y-J, Yuan L, et al. Estimation of daily hydrological mass changes using continuous GNSS measurements in mainland China[J]. J. Hydrol., 2021a, 598: 126349.

[35] Jiang Z, Hsu Y-J, Yuan L, et al. Monitoring time-varying terrestrial water storage changes using daily GNSS measurements in Yunnan, southwest China[J]. Remote Sens. Environ., 2021b, 254: 112249.

[36] Jiang Z, Hsu Y J, Yuan L, et al. Characterizing spatiotemporal patterns of terrestrial water storage variations using GNSS vertical data in Sichuan, China[J]. J. Geophys. Res. Solid Earth, 2021c, 126(12): e2021JB022398.

[37] Jin S, Feng G. Large-scale variations of global groundwater from satellite gravimetry and hydrological models, 2002-2012[J]. Glob. Planet. Change, 2013, 106: 20-30.

[38] Keranen K M, Weingarten M, Abers G A, et al. Sharp increase in central Oklahoma seismicity since 2008 induced by massive wastewater injection[J]. Science, 2014, 345(6195): 448-451.

[39] Khoshmanesh M, Shirzaei M. Episodic creep events on the San Andreas Fault caused by pore pressure variations[J]. Nat. Geosci., 2018, 11(8): 610-614.

[40] Kiyoo M. Relations between the eruptions of various volcanoes and the deformations of the ground surfaces around them[J]. Earthq. Spectra., University of Tokyo, 1958, 36: 99-134.

[41] Lei X, Huang D, Su J, et al. Fault reactivation and earthquakes with magnitudes of up to M_W 4.7 induced by shale-gas hydraulic fracturing in Sichuan Basin, China[J]. Sci. Rep., 2017, 7(1): 7971.

[42] Lei X, Ma S, Chen W, et al. A detailed view of the injection-induced seismicity in a natural gas reservoir in Zigong, southwestern Sichuan basin, China[J]. J. Geophys. Res. Solid Earth, 2013, 118(8): 4296-4311.

[43] Lei X, Wang Z, Su J. The December 2018 M_L 5.7 and January 2019 M_L 5.3 earthquakes in South Sichuan basin induced by shale gas hydraulic fracturing[J]. Seismol. Res. Lett., 2019, 90(3): 1099-1110.

[44] Lei X, Yu G, Ma S, et al. Earthquakes induced by water injection at ~3km depth within the Rongchang gas field, Chongqing, China[J]. J. Geophys. Res. Solid Earth, 2008, 113(B10): B10310.

[45] Li C, Van DerHilst R D. Structure of the upper mantle and transition zone beneath Southeast Asia from traveltime tomography[J]. J. Geophys. Res. Solid Earth, 2010, 115(B7): B07308.

[46] Li Y, Shan X, Qu C, et al. Crustal deformation of the Altyn Tagh fault based on GPS[J]. J. Geophys. Res. Solid Earth, 2018, 123(11): 10309-10322.

[47] Liang S, Gan W, Shen C, et al. Three-dimensional velocity field of present-day crustal

motion of the Tibetan Plateau derived from GPS measurements[J]. J. Geophys. Res. Solid Earth, 2013, 118(10): 5722-5732.

[48] Liu Y, Xu C, Wen Y, et al. Fault rupture model of the 2008 Dangxiong (Tibet, China) M_W 6. 3 earthquake from Envisat and ALOS data[J]. Adv. Space Res., 2012, 50(7): 952-962.

[49] Mcgarr A, Barbour A J. Waste water disposal and the earthquake sequences during 2016 near Fairview, Pawnee, and Cushing, Oklahoma[J]. Geophys. Res. Lett., 2017, 44 (18): 9330-9336.

[50] Mctigue D. Elastic stress and deformation near a finite spherical magma body: resolution of the point source paradox [J]. J. Geophys. Res. Solid Earth, 1987, 92 (B12): 12931-12940.

[51] Meng L, Mcgarr A, Zhou L, et al. An investigation of seismicity induced by hydraulic fracturing in the Sichuan basin of China based on data from a temporary seismic network: An investigation of seismicity induced by hydraulic fracturing in the Sichuan basin[J]. Bull. Seismol. Soc. Am., 2019, 109(1): 348-357.

[52] Molnar P, Tapponnier P. Cenozoic Tectonics of Asia: Effects of a Continental Collision: Features of recent continental tectonics in Asia can be interpreted as results of the India-Eurasia collision[J]. Science, 1975, 189(4201): 419-426.

[53] Myers S C, Ford S R, Mellors R J, et al. Absolute locations of the North Korean nuclear tests based on differential seismic arrival times and InSAR[J]. Seismol. Res. Lett., 2018, 89(6): 2049-2058.

[54] Naumann T, Geist D. Physical volcanology and structural development of Cerro Azul Volcano, Isabela Island, Galápagos: implications for the development of Galápagos-type shield volcanoes[J]. Bull. Volcanol., 2000, 61: 497-514.

[55] Okada Y. Surface deformation due to shear and tensile faults in a half-space [J]. Bull. Seismol. Soc. Am., 1985, 75(4): 1135-1154.

[56] Okada Y. Internal deformation due to shear and tensile faults in a half-space [J]. Bull. Seismol. Soc. Am., 1992, 82(2): 1018-1040.

[57] Qiu J. China faces up to groundwater crisis[J]. Nature, 2010, 466(7304): 308-308.

[58] Schultz R, Atkinson G, Eaton D W, et al. Hydraulic fracturing volume is associated with inducedearthquake productivity in the Duvernay play[J]. Science, 2018, 359 (6373): 304-308.

[59] Skoumal R J, Ries R, Brudzinski M R, et al. Earthquakes induced by hydraulic fracturing are pervasive in Oklahoma[J]. J. Geophys. Res. Solid Earth, 2018, 123(12): 10, 918-910, 935.

[60] Sun X, Yang P, Zhang Z. A study of earthquakes induced by water injection in the Changning salt mine area, SW China[J]. J. Asian. Earth. Sci., 2017, 136: 102-109.

[61] Tan Y, Hu J, Zhang H, et al. Hydraulic fracturing induced seismicity in the southern Sichuan Basin due to fluid diffusion inferred from seismic and injection data analysis[J]. Geophys. Res. Lett., 2020, 47(4): e2019GL084885.

[62] Tapponnier P, Zhiqin X, Roger F, et al. Oblique stepwise rise and growth of the Tibet

Plateau[J]. Science, 2001, 294(5547): 1671-1677.

[63] Thatcher W. How the continents deform: The evidence from tectonic Geodesy[J]. Annu. Rev. Earth Pl. Sc., 2009, 37: 237-262.

[64] Tong X, Sandwell D, Schmidt D. Surface creep rate and moment accumulation rate along the Aceh segment of the Sumatran fault from L-band ALOS-1/PALSAR-1 observations[J]. Geophys. Res. Lett., 2018, 45(8): 3404-3412.

[65] Tong X, Sandwell D, Smith-Konter B. High-resolution interseismic velocity data along the San Andreas Fault from GPS and InSAR[J]. J. Geophys. Res. Solid Earth, 2013, 118 (1): 369-389.

[66] Vincent P, Larsen S, Galloway D, et al. New signatures of underground nuclear tests revealed by satellite radar interferometry[J]. Geophys. Res. Lett., 2003, 30(22): 2141.

[67] Wang H, Wright T. Satellite geodetic imaging reveals internal deformation of western Tibet [J]. Geophys. Res. Lett., 2012, 39(7).

[68] Wang H, Wright T, Biggs J. Interseismic slip rate of the northwestern Xianshuihe fault from InSAR data[J]. Geophys. Res. Lett., 2009, 36(3): L03302.

[69] Wang M, Shen Z K. Present-day crustal deformation of continental China derived from GPS and its tectonic implications [J]. J. Geophys. Res. Solid Earth, 2020, 125 (2): e2019JB018774.

[70] Wang Q, Zhang P-Z, Freymueller J T, et al. Present-day crustal deformation in China constrained by global positioning system measurements[J]. Science, 2001, 294(5542): 574-577.

[71] Wang S, Jiang G, Lei X, et al. Three $M_W \geqslant 4.7$ earthquakes within the Changning (China) shale gas field ruptured shallow faults intersecting with hydraulic fracturing wells. J. Geophys[J]. Res. Solid Earth, 2022, 127(2): e2021JB022946.

[72] Wang S, Jiang G, Weingarten M, et al. InSAR evidence indicates a link between fluid injection for salt mining and the 2019 Changning (China) earthquake sequence[J]. Geophys. Res. Lett., 2020, 47(16): e2020GL087603.

[73] Wang T, Shi Q, Nikkhoo M, et al. The rise, collapse, and compaction of Mt. Mantap from the 3 September 2017 North Korean nuclear test[J]. Science, 2018, 361(6398): 166-170.

[74] Wei M. Location and source characteristics of the 2016 January 6 North Korean nuclear test constrained by InSAR[J]. Geophys. J. Int., 2017, 209(2): 762-769.

[75] Weingarten M, Ge S, Godt J W, et al. High-rate injection is associated with the increase in US mid-continent seismicity[J]. Science, 2015, 348(6241): 1336-1340.

[76] Wen Y, Xu C, Liu Y, et al. Deformation and source parameters of the 2015 M_W 6.5 earthquake in Pishan, western China, from Sentinel-1A and ALOS-2 data[J]. Remote Sens., 2016, 8(2): 134.

[77] Wright T J, Parsons B E, Lu Z. Toward mapping surface deformation in three dimensions using InSAR[J]. Geophys. Res. Lett., 2004, 31(1), 2003GL018827.

[78] Luyun Xiong, Caijun Xu, et al., Displacement field of Wenchuan earthquake based on iterative least squares for virtual observation and GPS/InSAR observations[J]. Remote

Sens., 2020, 12(6): 977.

[79]Yan H, Chen W, Yuan L. Crustal vertical deformation response to different spatial scales of GRACE and GCMs surface loading[J]. Geophys. J. Int., 2016, 204(1): 505-516.

[80]Yang X M, Davis P M, Dieterich J H. Deformation from inflation of a dipping finite prolate spheroid in an elastic half-space as a model for volcanic stressing[J]. J. Geophys. Res. Solid Earth, 1988, 93(B5): 4249-4257.

[81]Zeng X, Zhang H, Zhang X, et al. Surface microseismic monitoring of hydraulic fracturing of a shale-gas reservoir using short-period and broadband seismic sensors[J]. Seismol. Res. Lett., 2014, 85(3): 668-677.

[82]Zhang P, Shen Z-K, Wang M, et al. Continuous deformation of the Tibetan Plateau from Global Positioning System Data[J]. Geology, 2004, 32(9): 809-812.

[83]Zheng G, Wang H, Wright T J, et al. Crustal deformation in the India-Eurasia collision zone from 25 years of GPS measurements[J]. J. Geophys. Res. Solid Earth, 2017, 122 (11): 9290-9312.

[84]Zheng Y, Wu F. The timing of continental collision between India and Asia[J]. Sci. Bull., 2018, 63(24): 1649-1654.

[85]Zhong C, Li H, Xiang W, et al. Comprehensive study of landslides through the integration of multi remote Sen Sing. techniques: Framework and latest advances[J]. J. Earth Sci., 2012, 23(2): 243-252.

[86]Zhu S, Xu C, Wen Y, et al. Interseismic deformation of the Altyn Tagh fault determined by interferometric synthetic aperture radar (InSAR) measurements[J]. Remote Sens., 2016, 8(3): 233.

[87]Zoback M D, Gorelick S M. Earthquake triggering and large-scale geologic storage of carbon dioxide[J]. Proc. Natl. Acad. Sci. USA, 2012, 109(26): 10164-10168.

[88]白正伟, 张勤, 黄观文, 等. "轻终端+行业云"的实时北斗滑坡监测技术[J]. 测绘学报, 2019, 48(11): 1424-1429.

[89]曾琪明, 周子闵, 朱猛, 等. 朝鲜第六次核爆后InSAR地表形变测量与分析[J]. 科学通报, 2019, 64(22): 2351-2362.

[90]常廷改, 胡晓. 水库诱发地震研究进展[J]. 水利学报, 2018, 49(9): 1109-1122.

[91]陈俊华, 陈正松, 蒋玲霞, 等. 巴东 M_S 5.1 地震成因研究[J]. 大地测量与地球动力学, 2014, 34(3): 10-14.

[92]陈仁升, 康尔泗, 杨建平, 等. 黑河干流中游地区季平均地下水位变化分析[J]. 干旱区资源与环境, 2003, 17(5): 36-43.

[93]窦林名, 何学秋. 煤矿冲击矿压的分级预测研究[J]. 中国矿业大学学报, 2007, 36 (6): 717-722.

[94]杜瑞林, 乔学军, 王琪, 等. 长江三峡水库蓄水荷载地壳形变-GPS观测研究[J]. 自然科学进展, 2004, (9): 47-52, 122.

[95]杜瑞林, 徐菊生, 乔学军, 等. 地震大地测量学引论[M]. 北京: 科学出版社, 2016 年.

[96]冯贵平, 宋清涛, 蒋兴伟. 卫星重力监测全球地下水储量变化及其特征[J]. 遥感技术与应用, 2019, 34(4): 822-828.

[97]冯伟，王长青，穆大鹏，等．基于 GRACE 的空间约束方法监测华北平原地下水储量变化[J]．地球物理学报，2017，60(5)：1630-1642.

[98]郭倩．InSAR 时间序列分析监测 Cerro Azul 火山长期形变活动[D]．武汉：武汉大学，2020.

[99]国务院．地下水管理条例(国令第 748 号)[EB/OL]．http：//www. gov. cn/zhengce/content/2021-11/09/content_5649924. htm，2021-10-21/2021-11-09.

[100]韩宇飞，宋小刚，单新建，等．D-InSAR 技术在长白山天池火山形变监测中的误差分析与应用[J]．地球物理学报，2010，53(7)：1571-1579.

[101]何平，温扬茂，许才军，等．用多时相 InSAR 技术研究廊坊地区地下水体积变化[J]．武汉大学学报(信息科学版)，2012，37(10)：1181-1185.

[102]胡腾，杜瑞林，张振华，等．三峡库区蓄水后地壳垂直变形场的模拟与分析[J]．武汉大学学报(信息科学版)，2010，35(1)：33-36，32.

[103]胡羽丰，李振洪，王乐，等．2022 年汤加火山喷发的综合遥感快速解译分析[J]．武汉大学学报(信息科学版)，2022，47(2)：242-251.

[104]黄发明．基于 3S 和人工智能的滑坡位移预测与易发性评价[D]．北京：中国地质大学，2017.

[105]贾路路，王阅兵，连尉平，等．"陆态网"GPS 与 GRACE 的中国大陆地表垂直形变对比分析[J]．测绘学报，2018，47(7)：899-906.

[106]姜卫平，李昭，刘鸿飞，等．中国区域 IGS 基准站坐标时间序列非线性变化的成因分析[J]．地球物理学报，2013，56(7)：2228-2237.

[107]李辉，申重阳，孙少安，等．中国大陆近期重力场动态变化图像[J]．大地测量与地球动力学，2009，29(3)：1-10.

[108]李世愚，和雪松，张天中，等．地震学在减轻矿山地质灾害中的应用进展[D]．国际地震动态，2006，(4)：1-9.

[109]李婉秋．GNSS 与 GRACE 联合的陆地水储量变化监测及其负荷形变研究[D]．青岛：山东科技大学，2019.

[110]刘少明，孙少安，郝洪涛，等．湖北巴东 M_S 5.1 地震前的重力场变化[J]．大地测量与地球动力学，2014，34(3)：31-34.

[111]罗钧，赵翠萍，汪荣江．定量分析紫坪铺水库蓄水与汶川地震发生的关系[J]．地震，2018，38(2)：51-61.

[112]吕品姬，张燕，赵莹，等．巴东 M_S 5.1 地震前的潮汐形变观测异常分析[J]．大地测量与地球动力学，2014，34(3)：52-54，58.

[113]孟庆筱，姚运生，廖武林，等．三峡蓄水进程中库首区地震活动与库水位的关联性研究[J]．大地测量与地球动力学，2021，41(7)：714-720.

[114]潘一山，赵扬锋，马瑾．中国矿震受区域应力场影响的探讨[J]．岩石力学与工程学报，2005，24(16)：2847-2853.

[115]乔学军，赵斌．湖北省恩施州巴东县 M 5.1 地震 GNSS 监测与分析[EB/OL]．http：//www. eqhb. gov. cn/info/1007/4117. htm，2013-12-17/2013-01-28.

[116]阮祥，程万正，张永久，等．四川长宁盐矿井注水诱发地震研究[J]．中国地震，2008，24(3)：226-234.

[117]申重阳，李辉，孙少安，等．重力场动态变化与汶川 M_S 8.0 地震孕育过程[J]．地球物理学报，2009，52(10)：2547-2557．

[118]申重阳，谈洪波，郝洪涛，等．2009 年姚安 M_S 6.0 地震重力场前兆变化机理[J]．大地测量与地球动力学，2011，31(2)：17-22，47．

[119]申重阳，祝意青，胡敏章，等．中国大陆重力场时变监测与强震预测[J]．中国地震，2020，36(4)：729-743．

[120]涂梦昭，刘志锋，何春阳，等．基于 GRACE 卫星数据的中国地下水储量监测进展[J]．地球科学进展，2020，35(6)：643-656．

[121]王佳龙．近年全球火山喷发概述[J]．城市与减灾，2018，(5)：72-77．

[122]王志勇，汪汉胜，刘振东．三峡库首区地壳垂直变形的模型研究[J]．地球物理学进展，2005，20(4)：1196-1202．

[123]魏娜，施闯，刘经南．基于 GPS 和 GRACE 数据的三维地表形变的比较及地球物理解释[J]．地球物理学报，2015，58(9)：3080-3088．

[124]吴琼，葛大庆，于峻川，等．广域滑坡灾害隐患 InSAR 显著性形变区深度学习识别技术[J]．测绘学报，2022，51(10)：2046-2055．

[125]肖和平．煤矿矿震应力窗口效应[J]．华南地震，1999，19(1)：85-90．

[126]许建东．火山灾害与火山喷发预测预警[J]．城市与减灾，2017(1)：11-15．

[127]许强，董秀军，李为乐．基于天-空-地一体化的重大地质灾害隐患早期识别与监测预警[J]．武汉大学学报(信息科学版)，2019，44(7)：957-966．

[128]熊露雲．基于 GNSS 和 InSAR 观测的三维形变场提取方法研究[D]．武汉：武汉大学，2022．

[129]岩腊，龙笛，白亮亮，等．基于多源信息的水资源立体监测研究综述[J]．遥感学报，2020，24(7)：787-803．

[130]易桂喜，龙锋，梁明剑，等．2019 年 6 月 17 日四川长宁 M_S 6.0 地震序列震源机制解与发震构造分析[J]．地球物理学报，2019，62(9)：3432-3447．

[131]张宏伟，马翼飞，段克信．构造应力与矿区地震[J]．辽宁工程技术大学学报(自然科学版)，1998，17(1)：1-6．

[132]张培震．中国大陆岩石圈最新构造变动与地震灾害[J]．第四纪研究，1999(5)：404-413．

[133]张勤，白正伟，黄观文，等．GNSS 滑坡监测预警技术进展[J]．测绘学报，2022，51(10)：1985-2000．

[134]张少泉，任振启，张连城，等．"中尺度地震预报实验场"的思路与方案——门头沟煤矿矿山地震的观测与应用研究[J]．地震学报，1996，18(4)：118-121，123-124，126．

[135]张帅，贺拿，钟卫，等．滑坡灾害监测与预测预报研究现状及展望[J]．三峡大学学报(自然科学版)，2021，43(5)：39-48．

[136]张铁勤，何祺胜，荆琛琳，等．基于 InSAR 的北京市平原区地下水动态监测[J]．科学技术与工程，2019，19(12)：16-22．

[137]张致伟，程万正，梁明剑，等．四川自贡——隆昌地区注水诱发地震研究[J]．地球物理学报，2012，55(5)：1635-1645．

[138]中国科学院科技战略咨询研究院，中国科学院文献情报中心，科睿唯安．2019 研究

前沿及分析解读[M]. 北京：科学出版社，2021.

[139]周硕愚，吴云，江在森. 地震大地测量学及其对地震预测的促进——50 年进展、问题与创新驱动[J]. 大地测量与地球动力学，2017，37(6)：551-562.

[140]朱航，何畅. 注水诱发地震序列的震源机制变化特征：以四川长宁序列为例[J]. 地球科学(中国地质大学学报)，2014，39(12)：1776-1782.

[141]朱治国，艾力夏提·玉山，刘代芹，等. 西天山地区重力场变化与地震研究[J]. 大地测量与地球动力学，2017，37(9)：903-907，922.

[142]祝意青，梁伟锋，湛飞并，等. 中国大陆重力场动态变化研究[J]. 地球物理学报，2012，55(3)：804-813.

[143]祝意青，刘芳，李铁明，等. 川滇地区重力场动态变化及其强震危险含义[J]. 地球物理学报，2015，58(11)：4187-4196.

[144]祝意青，申重阳，刘芳，等. 重力观测地震预测应用研究[J]. 中国地震，2020a，36(4)：708-717.

[145]祝意青，闻学泽，张晶，等. 华北中部重力场的动态变化及其强震危险含义[J]. 地球物理学报，2013，56(2)：531-541.

[146]祝意青，徐云马，梁伟锋. 2008 年新疆于田 M_S 7.3 地震的中期预测[J]. 大地测量与地球动力学，2008，28(5)：13-15，132.

[147]祝意青，徐云马，吕弋培，等. 龙门山断裂带重力变化与汶川 8.0 级地震关系研究[J]. 地球物理学报，2009，52(10)：2538-2546.

[148]祝意青，张勇，张国庆，等. 21 世纪以来青藏高原大震前重力变化[J]. 科学通报，2020b，65(7)：622-632.

附　　录

（本书部分彩图请微信扫码查看）